RESET
It's a New Start!

Series
03

토목기사·토목산업기사 시험 완벽 대비서

수리·수문학

| 박경현 지음 |

BM 성안당
www.cyber.co.kr

■ 도서 A/S 안내

저자 문의 e-mail : jaoec@hanmail.net(박경현)

본서 기획자 e-mail : coh@cyber.co.kr(최옥현)

홈페이지 : http://www.cyber.co.kr   전화 : 031) 950-6300

머리말

현대사회는 자격과 능력으로 인정받는다. 토목인으로서 자격을 갖추는 일은 무엇보다도 자격증을 소지하는 일일 것이다. 토목기사 자격시험의 출제경향은 간단한 수식과 단순한 내용을 묻는 문제에서 이제는 기초이론과 내용의 응용, 체계적이고 다양화된 개념의 이해를 요구하는 경향으로 변화되고 있다. 이러한 점에서 개념의 이해를 위한 학습이 더욱 더 요구되고 있다.

수리학·수문학은 물의 이치와 물리·화학적 성질 및 생물학적 성질을 규명하고, 지구상에 존재하는 물의 생성, 순환, 분포 등을 연구하는 학문으로서 토목공학 분야에서 매우 중요한 과목으로, 물 관련 분야의 기초를 이루고 있다. 이에 강단에서의 오랜 강의 경험을 바탕으로 하여 개념정리와 실제적인 응용력을 배가시킬 수 있도록 내용을 구성하여 보다 효율적으로 수험준비를 할 수 있도록 하였다.

본서의 특징으로는
   1. 단순하게 요약하여 출간하는 일반 수험서와 달리, 간단한 용어의 설명과 함께 기본적인 이론과 내용을 정리하여 단시일 내에 개념과 요점을 동시에 체크할 수 있도록 하였다.
   2. 최근 기출문제의 분석과 함께 자주 출제되는 문제들을 엄선하여 수록하였다.
   3. 단원별로 기출문제의 출제빈도 분석표를 수록함으로써 중요도를 나타내고, 수험생들이 출제경향을 쉽게 파악할 수 있도록 하였다.
   4. 최근 기출문제를 수록하여 최종 마무리를 할 수 있도록 하였다.
   5. 단순한 공식의 무조건적 암기나 과거의 학습방법에서 탈피하여 보다 근본적인 이해와 적응능력을 키울 수 있도록 개념과 원리에 대한 이해를 높이는 방식으로 구성하였다.

앞으로 새로운 내용과 부족한 부분은 계속 성의 있게 보완·수정하여 독자들의 요구에 부응하도록 노력할 것을 약속드린다. 수험생들의 끊임없는 관심과 격려를 부탁드린다. 끝으로 이 책이 빛을 볼 수 있도록 도와주신 성안당출판사 이종춘 회장님과 구본철 이사님 이하 편집부 여러분께 감사드린다.

대학로 연구실에서
저자 박경현

기사

적용기간 : 2019.1.1 ~ 2021.12.31

필기과목명	문제 수	주요항목	세부항목	세세항목	
수리학 및 수문학	20	1. 수리학	1. 물의성질	1. 점성계수	2. 압축성
				3. 표면장력	4. 증기압
			2. 정수역학	1. 압력의 정의	2. 정수압 분포
				3. 정수력	4. 부력
			3. 동수역학	1. 오일러방정식과 베르누이식 2. 흐름의 구분 3. 연속방정식 4. 운동량방정식 5. 에너지 방정식	
			4. 관수로	1. 마찰손실	2. 기타손실
				3. 관망 해석	
			5. 개수로	1. 전수두 및 에너지 방정식 2. 효율적 흐름 단면 3. 비에너지 4. 도수 5. 점변 부등류 6. 오리피스 7. 위어	
			6. 지하수	1. Darcy의 법칙	2. 지하수 흐름 방정식
			7. 해안 수리	1. 파랑	2. 항만구조물
		2. 수문학	1. 수문학의 기초	1. 수문 순환 및 기상학 2. 유역 3. 강수 4. 증발산 5. 침투	
			2. 주요 이론	1. 지표수 및 지하수 유출 2. 단위 유량도 3. 홍수추적 4. 수문통계 및 빈도 5. 도시 수문학	
			3. 응용 및 설계	1. 수문모형	2. 수문조사 및 설계

산업기사

적용기간 : 2019. 1. 1 ~ 2021. 12. 31

필기과목명	문제 수	주요항목	세부항목	세세항목	
수리학	20	1. 수리학	1. 물의성질	1. 점성계수	2. 압축성
				3. 표면장력	4. 증기압
			2. 정수역학	1. 압력의 정의	2. 정수압 분포
				3. 정수력	4. 부력
			3. 동수역학	1. 오일러방정식과 베르누이식	
				2. 흐름의 구분	
				3. 연속방정식	
				4. 운동량방정식	
				5. 에너지 방정식	
			4. 관수로	1. 마찰손실	2. 기타손실
				3. 관망 해석	
			5. 개수로	1. 전수두 및 에너지 방정식	
				2. 효율적 흐름 단면	
				3. 비에너지	4. 도수
				5. 점변 부등류	6. 오리피스
				7. 위어	
			6. 지하수	1. Darcy의 법칙	2. 지하수 흐름 방정식

시험 정보 과년도 출제빈도 분석

제1편 수리학

CHAPTER **01** 유체의 기본성질

주요내용	과년도 출제문제 수		중요도	
	기사	산업기사	기사	산업기사
유체의 물리적 특성	4	5	★	★★
밀도와 단위 중량 그리고 비중	2	5	★	★★
압축성과 탄성 그리고 점성	8	11	★★	★★★

주요내용	과년도 출제문제 수		중요도	
	기사	산업기사	기사	산업기사
표면 장력과 모세관 현상	4	7	★	★★
단위와 차원	6	5	★★	★★★
합계	24	33		

CHAPTER 02 정수역학

주요내용	과년도 출제문제 수		중요도	
	기사	산업기사	기사	산업기사
정수압의 원리	12	13	★★	★
압력 측정	8	5	★	
수중 물체에 작용하는 전수압	21	41	★★	★★★
부력과 부체의 안정	16	37	★★	★★
상대 정지	8	4	★	
합계	65	100		

CHAPTER 03 동수역학

주요내용	과년도 출제문제 수		중요도	
	기사	산업기사	기사	산업기사
흐름의 정의와 분류	25	13	★★	★★
흐름의 기본 방정식	47	27	★★★	★★★
베르누이 정리의 응용	22	12	★★	★★
역적－운동량 방정식	18	7	★★	★★
오일러 방정식과 보정 계수	4	3	★	★
속도 포텐셜과 항력	16		★★	
합계	132	62		

CHAPTER 04 오리피스

주요내용	과년도 출제문제 수		중요도	
	기사	산업기사	기사	산업기사
오리피스 개론	2	1	★	★
오리피스 유량 계산	30	16	★★★	★★★
단관과 수문	5	1	★	
합계	37	18		

CHAPTER 05 위어

주요내용	과년도 출제문제 수		중요도	
	기사	산업기사	기사	산업기사
위어 개론	4	3	★	★
위어 유량 계산	18	16	★★★	★★★
유량 오차	4	2	★★	★
합계	26	21		

CHAPTER 06 관수로

주요내용	과년도 출제문제 수		중요도	
	기사	산업기사	기사	산업기사
개론	4	4		★
Hazen–Poiseuille 법칙	3	5	★	★
마찰 손실과 이외의 손실	13	9	★★★	★★★
평균 유속 공식	8	6	★	★
관수로의 유량	12	11	★	★★
관망	4		★	
유수에 의한 동력	8	3	★	
합계	52	38		

CHAPTER 07 개수로

주요내용	과년도 출제문제 수		중요도	
	기사	산업기사	기사	산업기사
개론	12	8	★	★
평균 유속 공식	2	3		
수로의 단면형	4	5		★
비에너지와 한계 수심	24	10	★★★	★★★
흐름의 상태와 도수	20	17	★★	★★★
부등류의 수면형	13	3	★★	
곡선 수로의 흐름과 단파	3	1		
합계	78	47		

CHAPTER 08 지하수와 수리학적 상사

주요내용	과년도 출제문제 수		중요도	
	기사	산업기사	기사	산업기사
지하수의 흐름	43	27	★★★	★★★
투수 계수 결정	4		★	
Dupuit 이론	3	1		
우물의 수리	16	13	★★	★★
유사이론과 수리학적 상사성	13	13	★★	★★
합계	79	54		

제2편 수문학

CHAPTER 09 수문학 일반

주요내용	과년도 출제문제 수		중요도	
	기사	산업기사	기사	산업기사
수문학의 일반 및 수문 기상학	15	17	★	★★
강수	53	28	★★★	★★★
합계	68	45		

CHAPTER 10 증발산과 침투

주요내용	과년도 출제문제 수		중요도	
	기사	산업기사	기사	산업기사
증발과 증산	12	7	★★	★
침투와 침루	7	2	★	
합계	19	9		

CHAPTER 11 하천유량과 유출

주요내용	과년도 출제문제 수		중요도	
	기사	산업기사	기사	산업기사
하천유량	10	2	★	
유출	13	7	★★	★
합계	23	9		

CHAPTER 12 수문곡선의 해석

주요내용	과년도 출제문제 수		중요도	
	기사	산업기사	기사	산업기사
수문곡선	13	3	★★	★
단위유량도	4	1	★	
합계	17	4		

차례
CONTENTS

제1편 수리학

CHAPTER 07 개수로

CHAPTER 08 지하수와 수리학적 상사

CHAPTER **11** 하천유량과 유출

CHAPTER **12** 수문곡선의 해석

제3편 부록 기출문제

[참고문헌]

1. 전성택 외 1인, 유체역학, 동화기술.
2. 이승목 외 4인, 기초유체역학, 신광문화사, 2010.
3. 박승덕 외 5인, 기초유체역학, 형설문화사, 2008.
4. 박영태, 수리수문학, 성안당, 2017.
5. 김영균, 수리수문학, 예문사, 2017.
6. 교재편찬위원회, 수리수문학 연습, 청운문화사, 1998.

Civil Engineering

제 **1** 편

수리학

유체의 기본성질

유체의 종류 및 기본 물리량

1 유체의 종류

(1) 유체의 정의

① 일반적으로 물질은 고체와 유체로 구분되며, 고체는 변형이 불가능한 강체와 변형이 가능한 변형체로 분류되고, 유체는 보통 액체와 기체로 나누어진다.

② 유체는 기체와 액체를 통틀어 일정한 고정된 형상을 갖지 않는 물체를 말한다.

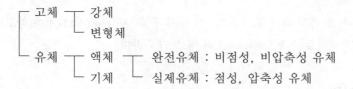

[그림 1-1] 유체의 종류

(2) 점성에 따른 분류

① 점성유체

유체가 흐를 때 유체의 점성 때문에 입자 상호간에 서로 힘(전단력)이 작용하여 전단응력이 발생하는 유체이다. 즉, 점성을 무시할 수 없는 유체로 점성에 의해 내부저항이 나타나는 유체를 말한다.

② 비점성유체

유체가 흐를 때 점성이 전혀 없거나 전단력이 작용하지 않아 전단응력을 무시해도 운동 상태가 충분히 설명될 수 있는 유체이다. 즉, 점성을 무시할 수 있는 유체를 말한다.

(3) 압축성에 따른 분류

① 압축성 유체

일정한 온도 하에서 압력을 변화시킴에 따라 체적이 쉽게 변하는 유체를 말한다. 액체에 비해 기체의 체적변화가 심하다.

② 비압축성 유체

압력의 변화에 따라 체적의 변화가 발생하지 않는 유체를 말한다. 유체 중 액체의 체적변화는 거의 생기지 않는다.

(4) 완전 유체(이상 유체)와 실제 유체

① 완전 유체(이상 유체)

흐르는 유체의 점성을 무시하여 전단응력이 발생하지 않으며 압력에 의한 체적이 변하지 않은 유체, 즉 비점성, 비압축성인 유체를 말한다.

② 실제 유체

점성 유체, 압축성 유체를 말한다. 실제 유체를 뉴턴(Newton) 유체라고도 하며, 수리학에서 물은 일반적으로 뉴턴(Newton) 유체로 간주한다.

2 기본 물리량

(1) 힘과 중력

① 힘(force)

정지하고 있는 물체를 움직이거나, 운동하는 물체를 정지시키거나 또는 움직이는 물체의 방향이나 속도를 변화시키려고 하는 물리적 작용을 힘이라고 한다.

$$F = ma \qquad \text{(1)}$$

여기서, F : 힘, m : 질량, a : 가속도$\left(= \dfrac{\Delta v}{\Delta t}\right)$

② 중력(gravity)

만유인력에 의해 지구가 지상(지구표면)의 물체를 잡아당기는 힘을 중력이라 한다.

$$F = ma = G\frac{mM}{R^2} \quad \text{......................................} \quad (2)$$

여기서, G : 만유인력상수, M : 지구의 질량, R : 지구의 반지름(= 6,370 km)

③ 무게(weight, 중량)

지구 위(표면)의 물체에 작용하는 중력을 무게라고 한다. 즉, 물체에 작용하는 중력이 크기이다.

$$W = mg \quad \text{...} \quad (3)$$

여기서, W : 무게, g : 중력가속도(= 9.80665 m/sec², 국제 협정 표준치)

(2) 강도(응력)와 압력

① 힘에 저항하는 능력을 강도(strength)라하고, 단위면적에 작용하는 힘의 크기로 나타낸다. 응력(stress)은 강도로 표시한다.

$$S = \frac{F}{A} \quad \text{...} \quad (4)$$

여기서, S : 강도(응력), A : 면적

② 압력(P)은 누르는 힘으로, 물리학에서 단위 면적당 수직으로 작용하는 힘이나 유체가 담겨 있을 때 한 점에서의 응력을 일컫는 말이다.

(3) 일과 일률

① 운동량(momentum)과 충격량(impulse)

질량 m인 물체가 속도 v로 운동하여 얻어지는 물리량을 운동량이라 한다.

$$M = mv = F(\Delta t) \quad \text{.....................................} \quad (5)$$

여기서, P : 운동량($= mv$), $F(\Delta t)$: 충격량

② 일(work)과 에너지(energy)

물체에 힘이 작용하여 힘이 가해진 방향으로 물체가 이동하는 것을 일이라 하며, 물체가 거리

S만큼 이동했을 때 힘은 일을 했다고 말한다. 일을 할 수 있는 능력을 에너지라고 한다.

$$W = Fs \quad \text{(6)}$$

여기서, s : 이동거리

③ 일률(동력, power)

단위시간에 하는 일의 양을 일률(동력)이라 하고, 수리학에서의 동력은 유수가 단위시간에 하는 일의 양을 의미한다.

$$P = \frac{W}{t} = \frac{Fs}{t} = Fv \quad \text{(7)}$$

여기서, P : 일률(동력), W : 일

SECTION 02 유체의 물리적 성질

1 유체의 기본 성질

(1) 단위질량(밀도, 비질량)

① 물체에서 단위 체적당의 질량을 말하며, 밀도 또는 비질량이라고도 한다.

$$\rho = \frac{m}{V} = \frac{w_0}{g}$$ .... (8)

② 각 유체의 단위질량

㉠ 담수(민물) : $\rho = 1\text{g/cm}^3 = 1\text{t/m}^3 = \dfrac{w_0}{g} = \dfrac{1,000\text{kg/m}^3}{9.8\text{m/sec}^2} = 102\text{kg} \cdot \text{sec}^2/\text{m}^4$

㉡ 해수(바닷물) : $\rho = 1.025\text{g/cm}^3 = 1.025\text{t/m}^3 = 104.6\text{kg} \cdot \text{sec}^2/\text{m}^4$

㉢ 수은의 단위질량 : $\rho = 13.6\text{g/cm}^3 = 13.6\text{t/m}^3$

(2) 단위중량(비중량)

① 단위 체적당의 중량을 말하고, 비중량이라고도 한다.

$$w = \frac{W}{V} = \frac{mg}{V} = \rho g$$ .... (9)

② 비체적은 단위중량의 역수로서 유체의 단위중량이 차지하는 체적이다.

$$v_s = \frac{1}{w} = \frac{V}{W}$$ .... (10)

(3) 비중

① 어떤 물체의 밀도(단위중량)와 물의 밀도(단위중량)와의 비(G, S)를 비중이라 한다.

$$G = \frac{\text{물체의 밀도}}{4\text{℃ 물의 밀도}} = \frac{\text{물체의 단위중량}}{4\text{℃ 물의 단위중량}} = \frac{w}{w_o}$$ .... (11)

② 밀도 또는 단위중량과 값이 같고 단위가 없다. 즉, 무차원이다.

③ 4℃ 물의 비중은 G=1이다.

2 물의 기본 성질

(1) 물의 점성(viscosity)

① 유체의 흐름이 벽면에 가까운 쪽의 유체속도가 위쪽의 속도보다 작으므로 아래쪽의 유체를 끌고 가려고 하며, 반대로 아래쪽의 유체는 위쪽의 유체를 멈추게 하려고 한다. 이는 유체의 점성 때문에 발생한다.

② 이와 같이 유체의 내부에서 조절작용을 일으키게 되는데, 이와 같은 작용을 일으키게 하는 유체의 성질을 점성이라 하며, 이 작용을 내부마찰이라 한다.

③ 유체 내부에 상대속도가 없으면 전단응력이 작용하지 않는다.

④ Newton의 점성법칙

$$\therefore \ \tau = -\mu \frac{dv}{dy} \quad \cdots\cdots\cdots\cdots\cdots\cdots\cdots\cdots\cdots\cdots\cdots\cdots\cdots\cdots\cdots\cdots\cdots\cdots\cdots\cdots \ (12)$$

여기서, τ : 전단응력, μ : 점성계수, $\frac{dv}{dy}$: 속도의 변화율

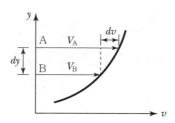

[그림 1-2] 뉴턴의 점성법칙

(2) 점성계수(μ)와 동점성계수(ν)

① 점성계수는 액체의 내부에서 상대적으로 저항하는 전단응력과 속도 변화율의 비를 말한다. 점성계수의 사용단위는

$$1\text{poise} = 1\text{g/cm} \cdot \text{sec} = 1\text{dyne} \cdot \text{sec/cm}^2 \quad \cdots\cdots\cdots\cdots\cdots\cdots\cdots\cdots\cdots\cdots\cdots\cdots \ (13)$$

② 물의 점성계수의 크기는 물의 온도가 증가함에 따라 감소하나 기체의 점성계수는 증가한다.

③ 일정한 온도 하에서 물에 외부의 압력이 증가하면 점성계수는 감소한다.

④ 물의 점성계수와 온도($t\,℃$)의 관계식

$$\mu = \frac{0.0179}{1+0.0337t+0.000221t^2}\,(g/cm \cdot sec)\,(0℃ < t < 50℃)\,\cdots\cdots\cdots\cdots\cdots (14)$$

⑤ 동점성계수는 점성계수를 밀도로 나눈 값을 동점성계수라고 한다.

$$\nu = \frac{\mu}{\rho}\,\cdots\cdots\cdots\cdots\cdots\cdots\cdots\cdots\cdots\cdots\cdots\cdots\cdots\cdots\cdots\cdots\cdots\cdots\cdots\cdots\cdots\cdots\cdots (15)$$

⑥ 동점성계수의 사용단위는 1stokes $=1cm^2/sec$이다.

⑦ 유동계수는 점성계수의 역수를 유동계수라 한다.

$$유동계수 = \frac{1}{\mu}\,\cdots\cdots\cdots\cdots\cdots\cdots\cdots\cdots\cdots\cdots\cdots\cdots\cdots\cdots\cdots\cdots\cdots\cdots\cdots\cdots (16)$$

(3) 물의 압축성

① 물체에 외부에서 압력을 가하면 체적이 압축되는 물의 성질을 압축성이라 하고, 압력을 제거하면 원상태로 되돌아오는 성질을 탄성이라고 한다.

② 물은 상온(10℃)에서 약 1,000기압의 압력을 가하면 체적은 약 5% 감소한다.

③ 물 압축성의 크기는 체적탄성계수와 압축계수를 사용하여 나타낸다.

　　㉠ 체적탄성계수

$$E_w = \frac{\Delta P}{\Delta V/V} = \frac{1}{C_w}\,\cdots\cdots\cdots\cdots\cdots\cdots\cdots\cdots\cdots\cdots\cdots\cdots\cdots\cdots\cdots\cdots\cdots\cdots (17)$$

　　㉡ 압축계수

$$C_w = \frac{\Delta V/V}{\Delta P} = \frac{1}{E_w}\,\cdots\cdots\cdots\cdots\cdots\cdots\cdots\cdots\cdots\cdots\cdots\cdots\cdots\cdots\cdots\cdots\cdots (18)$$

　　여기서, ΔP : 압력의 변화량, $\Delta V/V$: 체적변화율

④ 탄성계수와 압축계수와의 관계는 역수관계에 있다.

$$C_w \cdot E_w = 1\,\cdots\cdots\cdots\cdots\cdots\cdots\cdots\cdots\cdots\cdots\cdots\cdots\cdots\cdots\cdots\cdots\cdots\cdots\cdots\cdots\cdots\cdots (19)$$

(4) 표면장력(surface tension)

① 응집력은 같은 분자사이의 인력을 말하고, 부착력은 다른 분자 사이의 인력을 말한다. 풀 잎에 이슬방울이 형성될 때의 인력은 응집력이고, 액체가 고체의 표면에 부착하는 경우의 인력은 부착력이다.

② 물은 응집력보다 부착력이 크므로 관 벽을 타고 상승하지만, 수은은 부착력보다 응집력이 커서 반대로 하강한다.

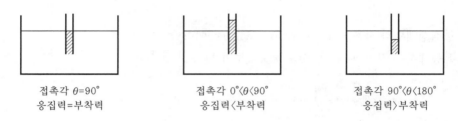

접촉각 $\theta=90°$
응집력=부착력

접촉각 $0°\langle\theta\langle90°$
응집력⟨부착력

접촉각 $90°\langle\theta\langle180°$
응집력⟩부착력

[그림 1-3] 응집력과 부착력

③ 표면장력

유체 중 액체의 평형상태는 액체 내부의 분자들끼리의 인력(응집력)에 의해 유지되고 있으나, 자유표면의 액체는 다른 분자사이의 접촉이 없어서 인력을 받지 못하므로 자체의 표면적을 최소화하려는 인장력이 작용하는데, 이를 표면장력이라고 한다. 즉, 단위길이당 발생하는 인장력을 말하고, 액체와 기체의 경계면에 작용하는 분자인력이다. 유체 반구의 평형조건식을 생각하면 $T\times\pi d = p\times\dfrac{\pi d^2}{4}$ 로부터

$$\therefore\ T=\frac{p\cdot d}{4} \quad\text{.. (20)}$$

여기서, T : 표면장력(gf/cm, dyne/cm), p : 유체 내부의 압력강도

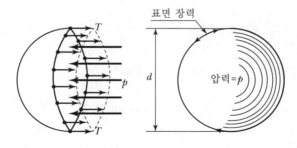

[그림 1-4] 표면장력

(5) 모세관 현상(capillarity in tube)

① 액체 속에 가느다란 관(모세관)을 세우면 유체 입자간의 응집력(표면장력)과 유체입자와 관 벽 사이의 부착력에 의해 액체의 수면이 관을 따라 상승 또는 하강하는 현상을 모세관현상이라고 한다.

② 모세관(유리관)을 연직으로 세운 경우

관내의 상승된 물의 표면에 평형을 생각하면 관 주위에 작용하는 표면장력의 수직성분과 관내 유체의 무게는 같다.

$$T\cos\theta \times \pi d = \omega \times \frac{\pi d^2}{4} \times h$$

$$\therefore \ h = \frac{4T\cos\theta}{w \cdot d} = \frac{2T\cos\theta}{w \cdot r} \quad \text{.............................} (21)$$

여기서, h : 모관상승고, T : 표면장력, d : 지름, r : 반지름

③ 평행한 2개의 연직평판을 세운 경우

모든 조건이 동일하다면 유리관의 상승고가 연직평판보다 2배 높다.

$$\therefore \ h = \frac{2T\cos\theta}{w \cdot d} \quad \text{...} (22)$$

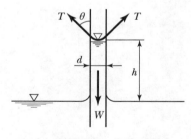

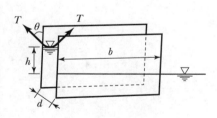

(a) 유리관을 세운 경우   (b) 연직평판을 세운 경우

[그림 1-5] 모세관 현상

(6) 물의 물리적 성질

① 일반 담수의 경우 표준대기압 상태에서 4℃의 순수한 물의 밀도가 최대이다. 이때 물은 가장 무겁고 부피는 최소이다.

② 수리학에서 다루는 물은 표준상태(4℃, 1기압)일 때를 기준으로 한다.

③ 물의 밀도는 $1g/cm^3 = 1t/m^3$이고, 물의 비중은 $G = 1$이다.

④ 온도가 높거나 낮을 때에는 같은 체적일 경우 무게가 적어진다.

⑤ 같은 무게의 물일 경우 온도가 낮거나 높아질 때 체적이 팽창한다.

⑥ 얼음이 물보다 비중이 낮아서 물 위에 뜬다.

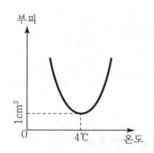 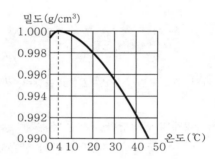

[그림 1-6] 물의 특성

SECTION 03 │ 단위와 차원

1 단위

(1) 단위(unit)의 정의

① 단위란 물리적인 양의 크기를 표시하는 일정한 기준량을 말한다. 물리량에는 기본량과 유도량이 있다.

② 기본량은 독립된 물리량으로 기본 물리단위 7개가 있다.

> 길이(m), 질량(kg), 시간(sec), 전류(A), 열역학적 온도($°K$), 물질의 양(mol), 광도(cd)

③ 유도량은 기본량으로부터 유도된 물리량을 말한다.

(2) 기본단위와 유도단위

① 기본단위는 기본량에 속하는 기본적인 단위(길이, 질량, 시간 등)이다.

② 유도단위는 조합된 단위로 기본단위로부터 유도된 단위(속력, 속도, 가속도, 압력, 응력, 운동량, 힘, 일, 일률 등)를 말한다.

(3) 중력단위와 절대단위

① 중력단위는 중력가속도(g)를 기준으로 한 단위(tonf, kgf, gf 등)이다.

② 절대단위는 질량을 기준으로 한 단위(N, dyne, J, erg, Watt 등)이다.

$$1\text{N}=1\text{kg} \cdot \text{m/sec}^2 \text{(M.K.S 단위)} \quad \cdots\cdots\cdots (23)$$

$$1\text{dyne}=1\text{g} \cdot \text{cm/sec}^2 \text{(c.g.s 단위)} \quad \cdots\cdots\cdots (24)$$

$$\therefore \ 1\text{N}=10^5 \text{dyne}$$

③ 중력단위와 절대단위의 관계

$$1\text{kgf}=1\text{kg}\times 9.8\text{m/sec}^2=9.8\text{kg} \cdot \text{m/sec}^2=9.8\text{N} \quad \cdots\cdots\cdots (25)$$

$$1\text{gf}=1\text{g}\times 980\text{cm/sec}^2=980\text{g} \cdot \text{cm/sec}^2=980\text{dyne} \quad \cdots\cdots\cdots (26)$$

(4) C.G.S 단위와 M.K.S 단위

① C.G.S 단위는 길이를 cm, 질량을 g, 시간을 sec를 사용하는 단위계이다.
② M.K.S 단위는 길이를 m, 질량을 kg, 시간을 sec를 사용하는 단위계이다.

(5) 국제단위(SI 단위)

① 길이를 m, 질량을 kg, 시간을 sec로 표시하고, 힘의 기본단위를 Newton(N)으로 표시하는 단위계이다.
② 주요 국제단위

물리량	단위명칭	기호	다른 단위와의 관계
힘(force)	뉴우튼(Newton)	N	$1N=1kg \cdot m/sec^2$
압력, 응력	파스칼(Pascal)	Pa	$1Pa=1N/m^2=1kg/m \cdot sec^2$
에너지, 일	주울(Joule)	J	$1J=1N \cdot m=1kg \cdot m^2/sec^2$
주파수(frequency)	헤르쯔(Hertz)	Hz	$1Hz=1/sec$
동력(power)	와트(Watt)	W	$1W=1J/sec=1kg \cdot m^2/sec^3$

※ $1l=10^3ml=10^{-3}m^3=10^3cm^3$　　　　$1ml=1cc=1cm^3$

(6) 공학단위

공학단위란 기본단위의 질량 대신에 힘(force, F)를 사용한 LFT계의 단위로 공학에서 근사 값으로 사용하는 단위이다.

② 차원(dimension)

(1) 차원의 정의 및 표시

① 기본적인 물리량에 의한 방정식 형태로 적절한 문자의 조합을 표시하는 것으로 단위의 대소에 관계없이 길이(L), 잘량(M), 시간(T)의 공통된 3개의 기본단위로 표시하는 것을 차원이라 한다.
② 차원의 표시(L.M.T 계와 L.F.T 계)

구 분	길이(length)	질량(mass)	시간(time)
L.M.T계	L	M	T
L.F.T계	L	F(중량)	T

(2) L.M.T 계를 L.F.T 계로 변환하는 방법

① Newton의 제2법칙(운동의 법칙)에서

$$F = ma = MLT^{-2}$$

$$\therefore \ M = FL^{-1}T^2 \quad \cdots\cdots\cdots\cdots\cdots\cdots\cdots\cdots\cdots\cdots\cdots\cdots\cdots\cdots (27)$$

② Newton의 운동방정식에서 힘은 운동량의 시간변화량과 같다.

$$F = ma = m\frac{dv}{dt} = \frac{d}{dt}(mv) \quad \cdots\cdots\cdots\cdots\cdots\cdots\cdots\cdots (28)$$

(3) 수리학에서 취급하는 주요 물리량의 차원

물리량	방정식	LMT계	LFT계	공학단위	
길이	l	$[L]$	$[L]$	길이	cm, m
면적	$A = l^2$	$[L^2]$	$[L^2]$	힘, 중량	kg, t
체적	$V = l^3$	$[L^3]$	$[L^3]$	시간	sec
속도	$v = dl/dt$	$[LT^{-1}]$	$[LT^{-1}]$	유속	m/sec
가속도	$\alpha = dv/dt$	$[LT^{-2}]$	$[LT^{-2}]$	가속도	m/sec^2
각속도	$\omega = d\theta/dt$	$[T^{-1}]$	$[T^{-1}]$	단위중량	t/m^3
각가속도	$\alpha_\theta = d\omega/dt$	$[T^{-2}]$	$[T^{-2}]$	압력강도	kg/cm^2
질량	m	$[M]$	$[FL^{-1}T^2]$	표면장력	g/cm
밀도	$\rho = m/V$	$[ML^{-3}]$	$[FL^{-4}T^2]$	유량	m^3/sec
힘	$F = ma$	$[MLT^{-2}]$	$[F]$	탄성계수	kg/cm^2
힘의 강도	$p = F/l^2$	$[ML^{-1}T^{-2}]$	$[FL^{-2}]$	점성계수	g · sec/cm^2
단위중량	$w = F/l^3$	$[ML^{-2}T^{-2}]$	$[FL^{-3}]$	동점성계수	cm^2/sec
점성계수	$\mu = \tau(dl/dv)$	$[ML^{-1}T^{-1}]$	$[FL^{-2}T]$	운동량	kg · sec
동점성계수	$\nu = \mu/\rho$	$[L^2T^{-1}]$	$[L^2T^{-1}]$	일, 에너지	kg · m
운동량	$M = mv$	$[MLT^{-1}]$	$[FT]$	각속도	1/sec
표면장력	$T = F/l$	$[FL]$	$[FL^{-1}]$	각 가속도	1/sec^2
에너지	$E = Fl$	$[ML^2T^{-2}]$	$[MT^{-2}]$		
동력	$P = dE/dt$	$[ML^2T^{-3}]$	$[FLT^{-1}]$		
탄성계수	$E = F/l^2$	$[ML^{-1}T^{-2}]$	$[FL^{-2}]$		

유체의 종류 및 기본 물리량

01 이상유체에 관한 다음 사항 중 옳은 것은?

[산업 92]

① 마찰력이 비교적 크다.
② 뉴턴의 점성법칙을 만족한다.
③ 점성을 무시한 흐름이다.
④ 흐름 경계면에서 유속은 존재하지 않는다.

해설 이상유체는 비점성, 비압축성 유체를 말한다.

02 완전유체(完全流體)에 대한 설명으로 올바른 것은?

[기사 12, 산업 04, 08]

① 불순물이 포함되어 있지 않은 유체를 말한다.
② 온도가 변해도 밀도가 변하지 않는 유체를 말한다.
③ 비압축성이고 동시에 비점성인 유체이다.
④ 자연계에 존재하는 물을 말한다.

해설 유체의 종류
ㄱ 이상유체(완전유체)는 비점성, 비압축성 유체를 말한다.
ㄴ 실제유체는 점성, 압축성 유체를 말한다.

03 전단응력 및 인장력이 발생하지 않으며 전혀 압축되지도 않고 손실수두(h_L)가 0인 유체를 무엇이라 하는가?

[산업 03, 09, 11]

① 관성유체   ② 완전유체
③ 소성유체   ④ 점성유체

해설 비점성, 비압축성인 유체를 이상유체 또는 완전유체라 한다.

04 실제 유체에서만 발생하는 현상이 아닌 것은?

[기사 99]

① 박리현상(Seperation)
② 경계층
③ 마찰에 의한 에너지 손실
④ 압력의 전달

해설 압력전달은 모든 유체에서 발생한다.

05 다음 중 이상유체(ideal fluid)의 정의를 옳게 설명한 것은?

[기사 12]

① 뉴턴(Newton)의 점성법칙을 만족하는 유체
② 비점성, 비압축성인 유체
③ 점성이 없는 모든 유체
④ 오염되지 않은 순수한 유체

해설 이상유체(완전유체)는 비점성, 비압축성 유체이다.

06 다음 중 이상유체의 정의를 가장 옳게 설명한 것은?

[산업 08]

① 점성이 없고 운동량을 가지고 있는 유체
② 점성이 없는 모든 유체
③ 점성이 없고 비압축성인 유체
④ $\tau = \mu \dfrac{dv}{dy}$ 를 만족하는 비압축성인 유체

해설 비점성, 비압축성인 가상적인 유체를 이상유체라 한다.

07 유체의 기본성질에 대한 설명으로 틀린 것은?

[산업 12]

① 압력변화와 체적변화율의 비를 체적탄성계수라 한다.

② 압축률과 체적탄성계수는 비례관계에 있다.

③ 액체와 기체의 경계면에 작용하는 분자 인력을 표면장력이라 한다.

④ 액체 내부에서 유체분자가 상대적인 운동을 할 때, 이에 저항하는 전단력이 작용한다. 이 성질을 점성이라 한다.

해설 유체의 기본성질

㉠ 압력변화와 체적변화율의 비를 체적탄성계수라 한다.

$$E_b = \frac{\Delta p}{\Delta V / V}$$

㉡ 압축률과 체적탄성계수는 반비례관계에 있다.

$$C = \frac{1}{E_b}$$

08 물의 성질을 설명한 것 중 옳지 않은 것은?

[산업 10]

① 압력이 증가하면 물의 압축계수(C_W)는 감소하고 체적탄성계수(E_W)는 증가한다.

② 내부마찰력이 큰 것은 내부마찰력이 작은 것보다 그 점성계수의 값이 크다.

③ 물의 점성계수는 수온(℃)이 높을수록 그 값이 커지고 수온이 낮을수록 그 값은 작아진다.

④ 공기에 접촉하는 액체의 표면장력은 온도가 상승하면 감소한다.

해설 유체의 기본성질

물의 점성계수는 수온이 높을수록 그 값이 작아지고 수온이 낮을수록 그 값은 커진다.

$$\mu = \frac{0.01779}{1 + 0.03368\,T + 0.00022099\,T^2}$$

∴ 온도와 점성계수의 관계는 반비례 관계이다.

09 물의 물리적 성질에 대한 설명으로 틀린 것은?

[산업 02]

① 1기압의 물은 4℃에서 최대 밀도를 갖는다.

② 비중을 표시하는 수치와 밀도를 표시하는 수치는 항상 동일하다.

③ 순수한 물은 4℃에서 가장 무겁고 비중은 1이다.

④ 해수는 담수에 비하여 비중이 크다.

해설 비중 $= \dfrac{\text{물체의 밀도}}{4℃\ \text{물의 밀도}}$ 이며, 그 수치는 항상 동일하지 않다.

10 체적이 8m³, 중량이 4ton인 액체의 비중은 얼마인가?

[기사 08]

① 3   ② 2

③ 1   ④ 0.5

해설 비중

㉠ 어떤 물체의 단위체적당 중량을 단위중량 또는 비중량이라 한다.

$$w = \frac{W}{V} = \frac{4}{8} = 0.5 \text{t/m}^3$$

여기서, W : 어떤 물체의 무게
V : 물체의 체적

㉡ 어떤 물체의 단위중량을 물의 단위중량으로 나눈 값을 비중이라 한다.

$$S = \frac{w}{w_w} = \frac{0.5}{1} = 0.5$$

여기서, w : 물체의 단위중량
w_w : 물의 단위중량

11 부피 5m³인 해수의 무게(W)와 밀도(ρ)를 구한 값으로 옳은 것은? (단, 해수의 단위중량은 1.025t/m³)

[기사 11]

① 5ton, $\rho = 0.1046\text{kg} \cdot \text{sec}^2/\text{m}^4$

② 5ton, $\rho = 104.6\text{kg} \cdot \text{sec}^2/\text{m}^4$

③ 5.125ton, $\rho = 104.6\text{kg} \cdot \text{sec}^2/\text{m}^4$

④ 5.125ton, $\rho = 0.1046\text{kg} \cdot \text{sec}^2/\text{m}^4$

해설 ㉠ 해수의 무게

$$W = wV = 1.025 \times 5 = 5.125 \text{ t}$$

㉡ 해수의 밀도

$$\rho = \frac{w}{g} = \frac{1.025 \text{t/m}^3}{9.8 \text{m/sec}^2} = 0.1046 \text{t} \cdot \text{sec}^2/\text{m}^4$$
$$= 104.6 \text{kg} \cdot \text{sec}^2/\text{m}^4$$

12 액체가 흐르고 있을 경우 어느 한 단면에 있어서 유속이 빠른 부분은 느린 부분의 물 입자를 앞으로 끌어당기려 하고 유속이 느린 부분은 빠른 부분의 물 입자를 뒤로 잡아당기는 듯한 작용을 한다. 이러한 유체의 성질을 무엇이라 하는가? [기사 11]

① 점성　　　　② 탄성
③ 압축성　　　④ 유동성

해설 점성

유체입자의 상대적인 속도차로 인해서 전단응력을 일으키는 물의 성질을 점성이라 한다. 점성으로 인해 유속분포는 관의 중앙에서 가장 빠르고 벽에서는 거의 0에 가까운 포물선 분포한다.

13 물에 대한 성질을 설명한 것으로 옳지 않은 것은? [산업 03]

① 점성계수는 수온이 높을수록 작아진다.
② 동점성계수는 수온에 따라 변하며 온도가 낮을수록 그 값은 크다.
③ 물은 일정한 체적을 갖고 있으나 온도와 압력의 변화에 따라 어느 정도 팽창 또는 수축을 한다.
④ 물의 단위중량은 0℃에서 최대이고 밀도는 4℃에서 최대이다.

해설 ㉠ 표준대기압(1기압)하의 물의 단위중량은 4℃에서 최대이며 순수한 물인 경우 $w = 1\text{t/m}^3$이다.
㉡ 표준 대기압(1기압)하의 물의 밀도는 4℃에서 최대이며 순수한 물인 경우 $\rho = 1\text{g}/\text{cm}^3 (= 1\text{t/m}^3)$이다.

14 상온에 있는 물의 성질 중 틀린 것은? [산업 03]

① 온도가 증가하면 동점성계수는 감소한다.
② 온도가 증가하면 점성계수는 감소한다.
③ 온도가 증가하면 표면장력은 증가한다.
④ 온도가 증가하면 체적탄성계수는 증가한다.

해설 온도가 증가하는 경우 물의 성질

㉠ 액체의 점성은 액체 분자간의 응집력에 의한 것이므로 온도가 증가하면 응집력이 작아지므로 점성계수가 작아진다.
㉡ 동점성계수가 작아진다.
㉢ 분자간의 인력이 작아지므로 표면장력이 작아진다.
㉣ 체적탄성계수가 커진다.

15 수리학적 계산에서 보통 취급하는 물의 성질을 열거한 것이다. 틀린 것은? [기사 96]

① 물의 비중은 기름의 비중보다 크다.
② 해수도 담수와 같은 단위무게로 취급한다.
③ 물은 보통 완전유체로 취급한다.
④ 물의 비중량은 보통 $1\text{g/cc} = 1,000\text{kg/m}^3 = 1\text{t/m}^3$를 쓴다.

해설 수리학적 계산에서 취급하는 물은 실제유체이다.

16 물의 점성계수(粘性係數)에 대한 설명 중 옳은 것은? [산업 03]

① 수온이 높을수록 점성계수는 크다.
② 수온이 낮을수록 점성계수는 크다.
③ 4℃에 있어서 점성계수는 가장 크다.
④ 수온에는 관계 없이 점성계수는 일정하다.

해설 액체의 점성은 액체 분자간의 응집력에 의한 것으로, 온도가 증가하면 응집력이 작아지므로 점성계수는 작아진다.

17 물의 밀도를 공학단위로 표시한 것은?

[기사 00]

① $102\text{kg} \cdot \text{sec}^2/\text{m}^4$
② $1,000\text{kg}/\text{m}^3$
③ $9,800\text{kg}/\text{m}^3$
④ $1,000\text{kg} \cdot \text{sec}^2/\text{m}^4$

해설 물의 공학밀도

$$\rho = \frac{w}{g} = \frac{1\text{t}/\text{m}^3}{9.8\text{m}/\text{sec}^2} = \frac{1}{9.8}\text{t} \cdot \text{sec}^2/\text{m}^4$$
$$= 102\text{kg} \cdot \text{sec}^2/\text{m}^4$$

18 용적 $V=4.8\text{m}^3$인 유체의 중량 $W=6.38\text{t}$일 때 이 유체의 밀도(ρ)를 구하면? [기사 98]

① $135.6\text{kg} \cdot \text{sec}^2/\text{m}^4$
② $125.6\text{kg} \cdot \text{sec}^2/\text{m}^4$
③ $115.6\text{kg} \cdot \text{sec}^2/\text{m}^4$
④ $105.6\text{kg} \cdot \text{sec}^2/\text{m}^4$

해설 ㉠ $w = \dfrac{W}{V} = \dfrac{6.38}{4.8} = 1.33\ \text{t}/\text{m}^3$

㉡ $\rho = \dfrac{w}{g} = \dfrac{1.33}{9.8}$
$= 0.1357\text{t} \cdot \text{sec}^2/\text{m}^4$
$= 135.7\text{kg} \cdot \text{sec}^2/\text{m}^4$

19 어느 유체의 비중이 3.0일 때, 이 유체의 비체적은? [기사 95]

① $\dfrac{1}{3,000}\,\text{m}^3/\text{kg}$
② $\dfrac{1}{29,400}\,\text{m}^3/\text{kg}$
③ $\dfrac{1}{3}\,\text{m}^3/\text{kg}$
④ $3,000\,\text{m}^3/\text{kg}$

해설 비체적 $= \dfrac{1}{\text{단위중량}}$
$= \dfrac{1}{3}\,\text{m}^3/\text{t} = \dfrac{1}{3,000}\,\text{m}^3/\text{kg}$

20 뉴턴(Newton)의 점성법칙에 관한 설명 중 틀린 것은? [기사 91, 96]

① 비례상수로 μ를 사용하며, 이를 점성계수라 하고 poise의 단위를 갖는다.
② 내부마찰력의 크기는 속도구배에 비례한다.
③ 밀도를 점성계수 μ로 나눈 것을 동점성계수라 하고 Stokes의 단위를 갖는다.
④ 내부마찰력의 크기는 두 층 간의 상대속도에 비례하고 거리에 반비례한다.

해설 ㉠ 동점성계수 : $\nu = \dfrac{\mu}{\rho}$ (stokes)

㉡ 내부마찰력 : $\tau = \mu \cdot \dfrac{dv}{dy}$

21 흐르는 유체에 대한 마찰응력의 크기를 규정하는 뉴턴의 점성법칙의 함수는? [기사 94, 05]

① 압력, 속도, 점성계수
② 각변형률, 속도경사, 점성계수
③ 온도, 점성계수
④ 점성계수, 속도경사

해설 ㉠ 마찰응력
$$\tau = \mu \frac{dv}{dy}$$
㉡ 점성법칙의 함수는 점성계수와 속도구배로 나타난다.

22 뉴턴(Newton)의 점성법칙에 의하여 전단응력 τ와 속도경사$\left(\dfrac{du}{dy}\right)$ 사이에는 $\tau = -\mu\dfrac{du}{dy}$ 라는 식이 성립한다. 이 식에 관한 설명으로 옳지 않은 것은? [산업 12]

① 이 식에서 압력의 요소가 없는 것은 τ와 μ가 압력에는 무관함을 의미한다.

② $\dfrac{du}{dy}=0$이고 μ의 크기에 관계없는 정지 상태의 점성유체의 전단응력은 0(Zero)이다.

③ μ를 동점성계수라고 하고 미터계 단위는 cm^2/sec이며 스톡스(stokes)라고 한다.

④ 이 식의 관계를 Newton의 점성법칙이라 한다.

해설 μ는 점성계수이고 단위는 $gf/cm \cdot sec$이며 poise라고 한다.

23 다음 설명 중에서 틀린 것은? [기사 98]

① 액체 내부의 한 면에서 액체가 상대적으로 운동할 때 이에 저항하는 전단력이 작용한다. 이 성질을 점성이라 한다.

② 압력변화와 체적변화율과의 비를 체적탄성계수라 한다.

③ 체적탄성계수를 일명 압축률이라 한다.

④ 액체와 기체와의 경계면에 작용하는 분자인력을 표면장력이라 한다.

해설 ㉠ 유체 속에서 마찰작용이 생기게 하는 성질을 점성(viscosity)이라 한다.
㉡ 체적탄성계수
$$E = \frac{\Delta P}{\Delta V/V} = \frac{1}{C}$$

24 벽면으로부터의 속도분포가 $v=4y^{\frac{3}{2}}$으로 주어진 경우 벽면에서 10cm 떨어진 곳의 속도경사 $\left(\dfrac{dv}{dy}\right)$는?(단, v는 [m/sec], y는 [m] 단위이다.) [산업 07]

① 1.9/sec
② 2.3/sec
③ 1.9sec
④ 2.3sec

해설 속도경사
$$V = 4y^{\frac{3}{2}}$$
$$V' = 4 \times \frac{3}{2}y^{\frac{1}{2}} = 6y^{\frac{1}{2}}$$
$$V'_{y=0.1} = 6 \times 0.1^{\frac{1}{2}} = 1.897/sec = 1.9/sec$$

25 바닥으로부터 거리가 y[m]일 때의 유속이 $v=-4y^2+y$[m/s]인 점성유체 흐름에서 전단력이 0이 되는 지점까지의 거리는? [기사 03]

① 0m
② $\dfrac{1}{4}$m
③ $\dfrac{1}{8}$m
④ $\dfrac{1}{12}$m

해설 ㉠ $\tau = \mu \cdot \dfrac{dv}{dy} = 0$이므로
∴ $\mu = 0$ or $\dfrac{dv}{dy}=0$
㉡ $V = -4y^2+y$에서
∴ 속도경사 $V' = \dfrac{dv}{dy} = -8y+1$
㉢ 전단력이 0이 되려면 속도경사가 0이므로
$$\frac{dv}{dy} = -8y+1 = 0$$
∴ $y = \dfrac{1}{8}$m

26 물의 체적탄성계수를 E라고 하고 압축률을 C라고 할 때 E와 C의 관계가 옳은 것은? [산업 07]

① $E \cdot C = 0$
② $E \cdot C = 1$
③ $E \cdot C = 10$
④ $E \cdot C = 100$

해설 물의 체적탄성계수(E)와 압축률(C)은 역수관계가 있다.

27 물의 체적탄성계수 E, 체적변형률 e 등과 압축계수 C의 관계를 바르게 표시한 식은? (단, e : 체적변형률 $\dfrac{dV}{V}$, dp : 압력의 변화량) [기사 10]

① $C = \dfrac{1}{E} = \dfrac{e}{dp}$

② $C = E = \dfrac{dp}{e}$

③ $C = \dfrac{dV}{V} = e$

④ $C = \dfrac{V}{dV} = \dfrac{1}{e}$

해설 유체의 압축성

㉠ 체적탄성계수 : $E_b = \dfrac{\Delta p}{\Delta V/V} = \dfrac{\Delta p}{e}$

㉡ 압축률 : $C = \dfrac{1}{E_b} = \dfrac{e}{\Delta p}$

28 어떤 액체의 동점성계수가 0.0019m²/sec 이고, 비중이 1.2일 때 이 액체의 점성계수는? [산업 81, 83, 94]

① 228kg/m · sec

② 228kg · sec²/m²

③ 0.233kg · m²/sec

④ 0.233kg · sec/m²

해설 ㉠ 비중 = $\dfrac{물체의\ 단위중량}{물의\ 단위중량}$

$1.2 = \dfrac{w}{1}$ 로부터　∴ $w = 1.2\ t/m^3$

㉡ $\nu = \dfrac{\mu}{\rho} = \dfrac{\mu}{\dfrac{w}{g}}$ 로부터

$0.0019 = \dfrac{\mu}{\dfrac{1.2}{9.8}}$

∴ $\mu = 2.33 \times 10^{-4} t \cdot sec/m^2$
$= 0.233 kg \cdot sec/m^2$

29 물의 온도가 30℃일 때 밀도가 0.9957g/cm³ 이면 점성계수 $\mu = 7.995 \times 10^{-3}$g/cm · sec 일 때 동점성계수는? [산업 06]

① 7.995×10^{-3}g/cm · sec

② 8.03×10^{-3}g/cm · sec

③ 7.995×10^{-3}cm²/sec

④ 8.03×10^{-3}cm²/sec

해설 $\nu = \dfrac{\mu}{\rho} = \dfrac{7.995 \times 10^{-3}}{0.9957}$
$= 8.03 \times 10^{-3} cm^2/sec$

30 동점성계수와 비중이 각각 0.0025m²/sec와 1.5인 액체의 점성계수는? [산업 06]

① 0.383kg · m²/sec

② 0.383kg · sec/m²

③ 0.283kg · m²/sec

④ 0.283kg · sec/m²

해설 $\nu = \dfrac{\mu}{\rho} = \dfrac{\mu}{w/g}$ 에서

$\mu = \nu \cdot \dfrac{w}{g} = 0.0025 \times \dfrac{1.5}{9.8}$

∴ $\mu = 3.83 \times 10^{-4} t \cdot sec/m^2$
$= 0.383 kg \cdot sec/m^2$

31 다음 설명 중 옳지 않은 것은? (단, C : 물의 압축률, E : 물의 체적탄성률, 0℃ 이상에서의 일정한 수온상태임.) [기사 93]

① 기압이 증가됨에 따라 C는 감소되고 E는 증대된다.

② 기압이 증가됨에 따라 E는 감소되고 C는 증대된다.

③ C와 E의 상관식은 $C = 1/E$로 된다.

④ E값은 C값보다 대단히 크다.

해설 $E = \dfrac{\Delta P}{\dfrac{\Delta V}{V}} = \dfrac{1}{C}$

32 실린더 내에서 압축된 액체가 압력 1,000kg/cm² 에서는 0.4m³인 체적을, 압력 2,000kg/cm² 에서는 0.396m³인 체적을 갖는다. 이 체적의 체적탄성계수는? [산업 94, 08]

① 10^5kg/cm^2

② 10^4kg/cm^2

③ $2 \times 10^5 \text{kg/cm}^2$

④ $2 \times 10^4 \text{kg/cm}^2$

해설 $E = \dfrac{\Delta P}{\dfrac{\Delta V}{V}} = \dfrac{2,000-1,000}{\dfrac{0.4 \times 10^6 - 0.396 \times 10^6}{0.4 \times 10^6}}$

$\quad = 10^5 \text{kg/cm}^2$

33 18℃의 물을 처음 부피에서 1% 축소시키려 고 할 때 필요한 압력은? (단, 이때 압축률 $\alpha = 5 \times 10^{-5} \text{cm}^2/\text{kg}$이다.) [산업 11]

① 100kg/cm^2 ② 200kg/cm^2

③ 300kg/cm^2 ④ 400kg/cm^2

해설 압축률

$C = \dfrac{\dfrac{\Delta V}{V}}{\Delta P} = \dfrac{0.01}{\Delta P} = 5 \times 10^{-5} \text{cm}^2/\text{kg}$

$\therefore \Delta P = 200 \text{ kg/cm}^2$

34 10℃의 물방울의 지름이 2mm일 때, 그 내부 의 압력과 외부의 압력차는?(단, 10℃에서 의 표면장력은 74.22dyne/cm이다.) [산업 81, 93]

① 1.50g/cm^2 ② 1.48g/cm^2

③ 0.50g/cm^2 ④ 0.88g/cm^2

해설 ㉠ $1 \text{dyne/cm} = \dfrac{1}{980} \text{g/cm}$

㉡ $P \cdot D = 4 \cdot T$

$\therefore P = \dfrac{4 \cdot T}{D} = \dfrac{4 \times 74.22}{0.2} \times \dfrac{1}{980} = 1.51 \text{g/cm}^2$

35 물방울의 지름 d, 표면장력의 크기 T, 그리 고 물방울 내 · 외부의 압력차를 ΔP라고 할 때 관계식으로 옳은 것은? [산업 09]

① $\Delta P = \dfrac{T}{d}$ ② $\Delta P = \dfrac{2T}{d}$

③ $\Delta P = \dfrac{4T}{d}$ ④ $\Delta P = \dfrac{T}{\pi d}$

해설 $Pd = 4T$

36 10℃의 물방울 지름이 3mm일 때 내부와 외 부의 압력차는? (단, 10℃에서의 표면장력 은 0.076g/cm이다.) [산업 06, 08]

① 1.01g/cm^2

② 2.02g/cm^2

③ 3.03g/cm^2

④ 4.04g/cm^2

해설 $PD = 4T$ 에서

$P \times 0.3 = 4 \times 0.076$

$\therefore P = 1.01 \text{ g/cm}^2$

37 20℃에서 직경이 0.3mm인 물방울이 공기 와 접하고 있다. 물방울 내부의 압력이 대기 압보다 10g/cm²만큼 크다고 할 때 표면장력 의 크기를 dyne/cm로 나타내면? [기사 08, 12, 산업 00]

① 0.075 ② 0.75

③ 73.50 ④ 75.0

해설 $PD = 4T$ 에서

$10 \times 0.03 = 4T$

$\therefore T = 0.075 \text{g/cm}$

$\quad = 0.075 \times 980 = 73.5 \text{dyne/cm}$

38 모세관 현상에서 수은의 특징을 옳게 설명 한 것은? [산업 00]

① 응집력보다 부착력이 크다.

② 응집력보다 내부저항력이 크다.

③ 부착력보다 응집력이 크다.

④ 접촉각 $0 < \dfrac{\theta}{2}$ 이며, $h > 0$ 이다.

해설 수은은 응집력이 부착력보다 크기 때문에 유리관 속의 수은은 유리관 밖의 표면보다 낮아진다.

39 다음과 같은 모세관 현상의 내용 중에서 옳지 않은 것은? [산업 00]

① 모세관의 상승높이는 모세관의 지름 D에 반비례한다.

② 모세관의 상승높이는 액체의 단위중량에 비례한다.

③ 모세관의 상승높이는 액체의 응집력과 액체와 관벽 사이의 부착력에 의해 좌우된다.

④ 액체의 응집력이 관벽과의 부착력보다 크면 관내 액체의 상승높이는 관내의 액체보다 낮다.

해설 모세관 현상에 의한 상승고

$$h = \frac{4 \cdot T \cos\theta}{w \cdot D}$$

∴ 모세관 상승높이는 액체의 단위중량에 반비례한다.

40 모세관현상에서 액체기둥의 상승 또는 하강 높이의 크기를 결정하는 힘은 어느 것인가? [산업 07]

① 응집력   ② 부착력

③ 표면장력   ④ 마찰력

해설 모세관 현상

㉠ 물 입자들 간의 응집력에 의해 발생하는 표면장력과 관 벽 사이의 부착력에 의해 수면이 상승하는 현상을 모세관현상이라 한다.

㉡ 수면 상승고(h)

• 연직유리관 : $h_a = \dfrac{4 \cdot T \cos\theta}{w \cdot D}$

• 연직평판 : $h_a = \dfrac{2 \cdot T \cos\theta}{w \cdot D}$

∴ 모세관현상을 결정하는 가장 큰 힘은 표면장력(T)이다.

41 모세관현상에 대한 설명으로 옳지 않은 것은? [산업 10]

① 모세관현상에 작용하는 부착력은 액체와 관벽 사이의 부착력을 말한다.

② 모세관현상에 작용하는 응집력은 액체분자 사이의 응집력을 말한다.

③ 부착력이 응집력보다 크면 액체기둥은 하강한다.

④ 상승하는 액체기둥의 높이는 표면장력에 의하여 좌우된다.

해설 모세관 현상의 경우 부착력이 응집력보다 크면 액체의 기둥이 상승하고, 부착력이 응집력보다 작으면 하강한다.

42 모세관 현상에서 모세관고(h)와 관의 지름(D)의 관계는? [산업 07]

① h는 D의 제곱에 비례한다.

② h는 D에 비례한다.

③ h는 D^{-1}에 비례한다.

④ h는 D^{-2}에 비례한다.

해설 모관상승고

$$h_c = \frac{4T \cos\theta}{wD}$$

43 정지하고 있는 물속에 지름 2.5mm의 유리관을 똑바로 세웠을 때 물이 관내로 올라가는 높이를 구한 값은?(단, 물의 온도 15℃일 때 물과 유리의 접촉각은 8°, $T = 0.075$g/cm) [산업 00]

① 0.18cm   ② 1.18cm
③ 1.80cm   ④ 1.00cm

해설 $h = \dfrac{4 \cdot T\cos\theta}{w \cdot D} = \dfrac{4 \times 0.075 \times \cos 8°}{1 \times 0.25} = 1.188 \text{cm}$

44 직경 4mm인 유리관을 물속에 세웠을 때 모세관 상승고가 7.5mm이었다. 이때의 표면장력은?(단, 유리관과 물의 접촉각은 8이고 물의 비중은 1g/cm³이다.)   [산업 11]

① 0.0734g/cm

② 0.0742g/cm

③ 0.0750g/cm

④ 0.0757g/cm

해설 모세관현상

㉠ 모관상승고(h)

$h = \dfrac{4T\cos\theta}{wD}$

㉡ 표면장력의 산정

$T = \dfrac{wDh}{4\cos\theta} = \dfrac{1 \times 0.4 \times 0.75}{4 \times \cos 8} = 0.0757 \text{g/cm}$

45 두 개의 평행한 평판 사이에 유체가 흐를 때 전단응력에 대한 설명으로 옳은 것은?   [산업 06]

① 전 단면에 걸쳐 일정하다.
② 벽면에서는 0이고, 중심까지 직선적으로 변화한다.
③ 포물선분포의 형상을 갖는다.
④ 중심에서는 0이고, 중심으로부터의 거리에 비례하여 증가한다.

해설 두 개의 평행한 평판사이의 전단응력은 $\tau = \mu \cdot \dfrac{dv}{dy}$ 이므로 중심에서는 0이고 중심으로부터의 거리에 비례하여 증가하는 직선형 유속분포가 된다.

46 직경 d인 원형관을 세웠을 때의 모관 상승고를 h_a, 간격 d인 나란한 연직 평판을 세웠을 때의 상승고를 h_b라고 할 때 옳은 것은?(단, 동일한 유체에 동일한 재료를 사용하였다.)   [산업 06]

① $h_a = 2h_b$ ② $h_b = 2h_a$
③ $h_a = 4h_b$ ④ $h_b = 4h_a$

해설 ㉠ 연직유리관 : $h_a = \dfrac{4 \cdot T\cos\theta}{w \cdot D}$

㉡ 연직평판 : $h_b = \dfrac{2 \cdot T\cos\theta}{w \cdot D}$

$\therefore h_a = 2h_b$

47 다음 중 표면장력의 단위로 옳은 것은?   [산업 08]

① dyn/cm⁴   ② dyn/cm³
③ dyn/cm²   ④ dyn/cm

해설 표면장력의 단위는 g/cm 또는 dyn/cm이다.

48 다음 중 표면장력의 차원으로 옳은 것은?   [산업 10]

① [F]   ② [FL^{-1}]
③ [FL^{-2}]   ④ [FL^{-3}]

해설 표면장력의 단위가 g/cm이므로[FL^{-1}]이다.

49 밀도를 나타내는 차원은?   [기사 01, 09]

① [FL^{-4}T^2]   ② [FL^{4}T^{-2}]
③ [FL^{-2}T^4]   ④ [FL^{-2}T^{-4}]

해설 $\rho = \dfrac{w}{g} = \dfrac{\frac{t}{m^3}}{\frac{m}{\sec^2}} = \dfrac{t \cdot \sec^2}{m^4}$

$\therefore$ [FL^{-4}T^2]

50 유체의 내부 마찰응력(τ)은, 그 단위면에 수직인 y방향의 유속의 변화율$\left(\dfrac{\Delta v}{\Delta y}\right)$에 비례하며, 비례상수가 점성계수($\mu$)이다. 점성계수($\mu$)의 차원을 바르게 나타낸 것은?

[산업 07]

① $[ML^{-2}T^{-2}]$ ② $[ML^{-1}T^{-1}]$
③ $[ML^{-1}T^{-2}]$ ④ $[ML^{2}T^{-1}]$

[해설] 점성계수의 단위가 $g/cm \cdot sec$이므로 차원은
∴ $[ML^{-1}T^{-1}]$

51 다음 물리량에 대한 차원을 설명한 것 중 옳지 않은 것은?

[산업 07]

① 압력강도 : $[ML^{-1}T^{-2}]$
② 밀도 : $[ML^{-2}]$
③ 점성계수 : $[ML^{-1}T^{-1}]$
④ 표면장력 : $[MT^{-2}]$

[해설] 차원(dimension)

㉠ 물리량의 크기를 질량[M], 힘[F], 길이[L], 시간[T]의 지수형태로 표시한 것을 차원이라 한다.
㉡ 차원 해석

물리량	LMT계	LFT계
압력강도	$L^{-1}MT^{-2}$	$L^{-2}F$
밀도	$L^{-3}M$	$L^{-4}FT^{2}$
점성계수	$L^{-1}MT^{-1}$	$L^{-2}FT$
표면장력	MT^{-2}	$L^{-1}F$

52 다음 중 점성계수(μ)의 차원으로 옳은 것은?

[기사 11]

① $[ML^{-1}T^{-1}]$ ② $[L^{2}T^{-1}]$
③ $[LMT^{-2}]$ ④ $[L^{-3}M]$

[해설] 점성계수의 차원

㉠ 점성계수의 공학단위는 $kg \cdot sec/m^{2}$이다.
㉡ 점성계수의 차원

• LFT계 차원 $= FTL^{-2}$
• LMT계 차원 $= ML^{-1}T^{-1}$

53 [FLT]계 차원으로 표현할 때 힘(F)의 차원이 포함되지 않는 것은?

[산업 08]

① 압력(P)
② 점성계수(μ)
③ 동점성계수(ν)
④ 표면장력(T)

[해설] 물리량들의 LFT계 차원의 표현

㉠ 압력 : FL^{-2}
㉡ 점성계수 : $L^{-2}FT$
㉢ 동점성계수 : $L^{2}T^{-1}$
㉣ 표면장력 : $L^{-1}F$
∴ 힘(F)의 차원을 갖지 않는 물리량은 동점성계수이다.

54 다음 중 무차원량(無次元量)이 아닌 것은?

[기사 07, 산업 11]

① 프루드수(Froude수)
② 에너지 보정계수
③ 동점성계수
④ 비중

[해설] ③ 동점성계수의 단위는 cm^{2}/sec이므로 무차원량이 아니다.

55 차원방정식 [LMT]계를 [LFT]계로 고치고자 할 때 이용되는 식으로 옳은 것은? [산업 06]

① $[M] = [FLT]$
② $[M] = [FL^{-1}T^{2}]$
③ $[M] = [FLT^{2}]$
④ $[M] = [FL^{2}T]$

[해설] 힘 $F = ma(kg.m/sec^{2})$로부터 $[F] = [MLT^{-2}]$
∴ $[M] = [FL^{-1}T^{2}]$

56 차원방정식 중 옳지 않은 것은?　　　[산업 03]

① 밀도 : $[FL^{-4}T^2]$

② 동점성계수 : $[L^2T^{-1}]$

③ 점성계수 : $[ML^{-1}T^{-1}]$

④ 일, 에너지 : $[ML]$

해설 에너지=힘×거리이므로 차원은

∴ $[F \cdot L]=[ML^2T^{-2}]$

57 다음 중 차원이 있는 것은?　　　[산업 12]

① 조도계수 n

② 동수경사 I

③ 상대조도 e/D

④ 마찰손실계수 f

해설 ① 조도계수의 단위는 $m^{-\frac{1}{3}} \cdot \sec$이다.

∴ $n=[L^{-\frac{1}{3}}T]$

58 다음 중 단위가 무차원인 것은?　　　[산업 10]

① 점성계수

② 압축률

③ 프루드(Froude)수

④ 속도경사

해설 단위가 없으면 무차원이다.

㉠ 점성계수 : $g/cm \cdot \sec$

㉡ 압축률 : cm^2/g

㉢ 속도경사 : $\sec^{-1}$

㉣ 프루드수 : 단위가 없다.

CHAPTER 02 정수역학

SECTION 01 | 정수역학의 기본원리

1 대기압

(1) 대기압(atmospheric pressure)의 정의

① 지구를 둘러싼 공기를 대기라 하고, 그 대기에 의하여 누르는 압력을 대기압이라 한다. 수리학에서는 대기압을 보통 1기압(atm)으로 가정하고, 대기압을 받는 수면을 자유수면이라고 한다.

② 1기압은 위도 45° 해면상에서 0℃일 때, 단위면적당 수은주 760mmHg의 무게를 받는 압력강도의 크기를 말한다. 물기둥의 높이로 환산하면 10.33m 높이에 해당하는 무게이다.

$$1기압(atm)=1.013bar=1,013mb=760mmHg=10.33mH_2O(mAq)$$
$$=w_o h=1t/m^3 \times 10.336m=10.33t/m^2=1.033kg/cm^2$$
.... (1)

$$1bar=10^6 dyne/cm^2=10^5 N/m^2$$

$$1mb=10^{-3}bar=10^3 dyne/cm^2$$

③ 표준기압은 물기둥 10.33m 높이에 해당하는 기압을 말한다.

④ 공학기압은 표준기압에서 $0.033kg/cm^2$을 무시한 기압을 말한다.

$$공학 1기압=1kg/cm^2$$
.... (2)

(2) 절대압력과 계기압력

① 절대압력(absolute pressure)

압력측정 시 대기압을 고려하는 압력으로 완전 진공을 기준으로 측정한 압력이다.

$$P = P_a + w_0 H$$
.... (3)

여기서, P_a : 대기압, H : 수심

② 계기압력(gauge pressure)

압력측정 시 대기압을 무시하는 압력으로 국소 대기압을 기준으로 측정한 압력을 말한다.

$$P = w_0 H \quad \text{..} (4)$$

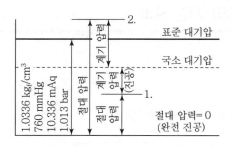

[그림 2-1] 압력 측정의 단위와 척도

2 정지 유체 내의 압력

(1) 정수압의 정의

① 유체 내에서 유체 입자의 상대적인 움직임이 없는 경우(상대 정지)나 정지 상태의 경우에 작용하는 물의 압력을 의미한다. 유체 속에서 마찰력이 작용하지 않는 상태($\tau = 0$)이므로 유체의 점성은 정수역학에 영향을 주지 못한다.

② 정수압은 정지되어 있는 유체가 가하는 힘의 크기, 즉 정수 중 또는 용기의 안쪽 벽면에 작용하는 물의 압력을 말하며, 어느 면적 전체에 작용하는 수압의 크기를 전정수압(전수압)이라 하고, 단위 면적에 작용하는 수압의 크기를 수압강도(p)라 한다.

$$\therefore \ p = \frac{P}{A} \quad \text{..} (5)$$

(2) 정수압의 강도

① 정수압의 강도는 단위면적에 작용하는 수압의 크기(수압강도)로 표시한다.
② 정수압의 크기는 수심에 따라 비례한다.

$$P = w_0\, h \quad \text{..} (6)$$

③ 정수 중 임의의 한 점에 작용하는 정수압은 모든 방향에 대하여 크기가 동일하다.

(3) 정수압의 방향

정수압은 면에 직각(수직)으로 작용한다.

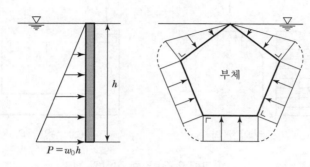

[그림 2-2] 정수압의 성질

3 압력의 전달

(1) 파스칼의 원리

① 밀폐된 용기 내 정수 중의 한 점에 압력을 가하면 그 압력이 물속의 모든 곳에 동시에 동일하게 전달되는 원리를 말한다.

② 압력 전달속도

$$C = \sqrt{\frac{E}{\rho}} \fallingdotseq 1{,}500\text{m/sec} \quad \cdots\cdots (7)$$

여기서, $E = 2.36 \times 10^8 \text{kg/cm}^2$, $\rho = 101.9 \text{kg} \cdot \text{sec}^2/\text{m}^4$

(2) 수압기의 원리

① 파스칼의 원리를 이용해서 큰 힘을 얻는 장치(Jack 등)를 수압기라고 한다.

② 수압기에서 얻어지는 하중은 등압선에서

$$\frac{f}{a} + wh = \frac{F}{A}$$

이다. wh는 작으므로 무시한다.

$$\therefore \frac{f}{a} = \frac{F}{A} \qquad \therefore F = \frac{A}{a} f \qquad \text{(8)}$$

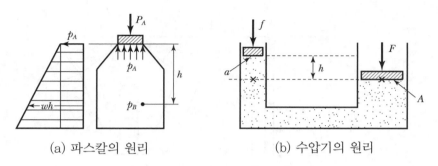

(a) 파스칼의 원리   (b) 수압기의 원리

[그림 2–3] 압력 전달의 원리

4 압력의 측정

(1) 액주계(manometer)

① 어느 특정지점의 압력이나 두 점간의 압력차, 또는 관내의 압력 등을 측정할 수 있는 장치를 액주계라고 한다.

② 수면이 올라간 액주의 높이(h)를 측정하여 압력이나 압력차를 측정하는 수압계의 원리가 된다.

③ 수압계(pressure gauge)는 밀폐된 용기 또는 관내의 수압을 측정하는 기구를 말하고, 관내의 압력이 비교적 작을 때 사용한다. 압력의 변화가 적는 경우 또는 압력 측정의 정도를 높이기 위해 경사액주계를 사용하기도 한다.

㉠ 연직수압계 A점의 압력 : $P_A = w_0 h$

㉡ 경사수압계 A점의 압력 : $P_A = w_0 h = w_0 l \sin\theta$ (9)

④ 수은 기압계는 대기압을 측정하는 장치이다.

$$P_o = P_v + wh \qquad \text{(10)}$$

여기서, P_o : 대기압, h : 수은 높이, w : 수은 비중량

P_v : 수은의 증기압(보통 무시)

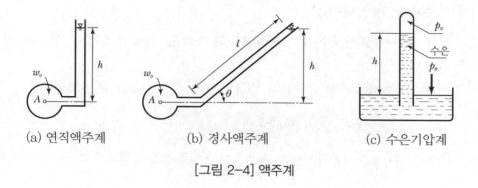

(a) 연직액주계   (b) 경사액주계   (c) 수은기압계

[그림 2-4] 액주계

(2) U자형 액주계

① U자형 액주계(piezometer)는 탱크나 용기 속의 압력을 측정하는 장치로 관내의 압력이 클 때 사용한다.

② 관의 길이를 줄이기 위해 비중이 큰 수은 등을 사용한다.

③ A점의 압력은 X-X면(등압면)의 평형을 생각하면 $P_A + w_1 h_1 = w_2 h_2$로부터

$$\therefore P_A = w_2 h_2 - w_1 h_1 \qquad (11)$$

④ 역U자형 액주계는 압력차가 비교적 작을 때 사용하며, 물의 경우 비중이 1보다 작고 물과 혼합되지 않는 벤젠 등을 사용한다. CD의 등압면에서 $P_A - w_1 h_1 - w_2 h_2 = P_B - w_1 h_3$으로부터

$$\therefore (P_A - P_B) = w_1(h_1 - h_3) + w_2 h_2 \qquad (12)$$

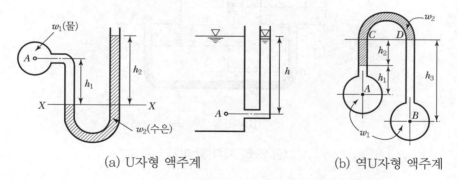

(a) U자형 액주계   (b) 역U자형 액주계

[그림 2-5] U자형 액주계(piezometer)

(3) 시차 액주계와 미차 액주계

① 시차 액주계(차동 수압계)는 두 개의 탱크나 관 속의 압력차를 측정할 때 사용하는 장치이다.

② 두 점의 압력차

CD의 등압면에서 평형을 생각하면 $P_A + w_1 h_1 = P_B + w_2 h_2 + w_1 h_3$으로부터

$$\therefore \ (P_A - P_B) = w_1(h_3 - h_1) + w_2 h_2 \quad \cdots\cdots\cdots\cdots\cdots\cdots\cdots\cdots\cdots\cdots (13)$$

③ 미차 액주계는 높은 정도의 압력을 측정할 때나 아주 작은 압력차를 측정할 때 사용한다.

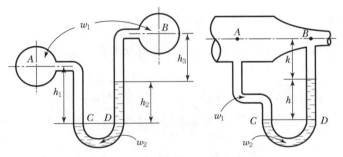

(a) 시차 액주계(차동 수압계)

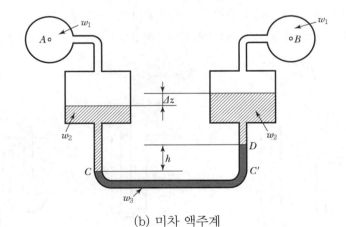

(b) 미차 액주계

[그림 2-6] 시차 및 미차 액주계

SECTION 02 | 전정수압

1 평면에 작용하는 수압

(1) 수면과 평행한 평면에 작용하는 수압

① 수면에 평행한 평면에 작용하는 전정수압은 평면을 저면(밑면)으로 하는 물기둥의 무게(W)와 같다.

$$\therefore \ P = W = w_0 h A = w_0 V \quad\text{...(14)}$$

② 전정수압의 작용점은 도형의 도심이다.

(2) 연직 평면에 작용하는 수압

① 수압은 수심에 비례하므로 수압강도는 삼각형분포를 가진다. 단위 폭 연직 평면에 작용하는 전정수압은

$$\therefore \ P = w_0 h_{\mathrm{G}} A \quad\text{...(15)}$$

② 모든 전정수압의 작용점은 압력분포도의 도심에 작용한다.

$$\therefore \ h_{\mathrm{C}} = h_{\mathrm{G}} + \frac{I_{\mathrm{G}}}{h_{\mathrm{G}} A} \quad\text{...(16)}$$

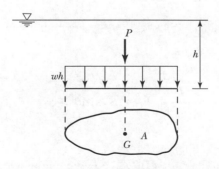

[그림 2-7] 수면과 평행한 평면에 작용하는 전수압

③ 평면형상의 성질

평면형상	면적	밑변에서 도심(G)까지의 높이	단면2차모멘트
	bh	$\dfrac{h}{2}$	$\dfrac{bh^3}{12}$
	$\dfrac{bh}{2}$	$y_1 = \dfrac{h}{3}$ $y_2 = \dfrac{2h}{3}$	$\dfrac{bh^3}{36}$
	$\pi r^2 = \dfrac{\pi d^2}{4}$	$r = \dfrac{d}{2}$	$\dfrac{\pi r^4}{4} = \dfrac{\pi d^4}{64}$
	$\dfrac{(b+b_1)}{2}h$	$y_1 = \dfrac{h}{3}\dfrac{(b+2b_1)}{(b+b_1)}$ $y_2 = \dfrac{h}{3}\dfrac{(2b+b_1)}{(b+b_1)}$	$\dfrac{h^3}{36}\dfrac{(b^2+4bb_1+b_1^2)}{(b+b_1)}$

(3) 경사 평면에 작용하는 수압

① 경사 평면에 작용하는 도심은

$h_G = S_G \sin\theta$ 이므로

$$\therefore \ P = w_0 h_G A = w_0 S_G A \sin\theta \ \text{.. (17)}$$

③ 작용점의 위치는

$$\therefore \ S_C = S_G + \frac{I_G}{S_G A}, \ h_C = S_C \sin\theta \ \text{또는}$$

$$\therefore \ h_C = h_G + \frac{I_G}{h_G A}\sin^2\theta \ \text{.. (18)}$$

34

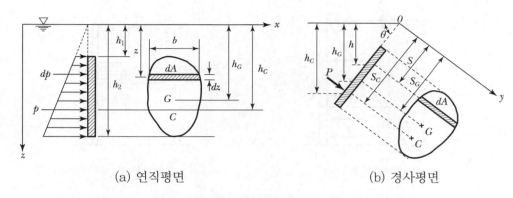

| (a) 연직평면 | (b) 경사평면 |

[그림 2-8] 평면에 작용하는 전수압

(4) 등압분할 및 횡목 설치

① 등압분할법

물의 흐름을 막기 위해 수문을 설치하거나 벽체를 설계할 때, 벽면 각 부분이 균일한 힘을 유지하도록 지지대(횡목)를 배치하여야 한다. 각 등압분할점의 수심(h_m)은

$$\therefore \ h_m = \sqrt{\frac{m}{n}} \cdot H \qquad \text{························ (19-a)}$$

여기서, n : 지지대 전체 개수, m : 임의 분할 점의 개수, H : 전체 수심

　　　　h_m : m점에서의 수심

② 지지대(횡목) 설치

지지대(횡목)의 설치 위치는 지지대가 받는 힘이 같게 유지되도록 각 구간의 수압이 동일하게 작용하는 점(수압분포도의 도심)에 설치한다. 횡목을 설치하는 수심(H_m)은

$$\therefore \ H_2 = \frac{2}{3} \frac{h_2^2 + h_1 h_2 + h_1^2}{h_1 + h_2} \qquad \text{·························· (19-b)}$$

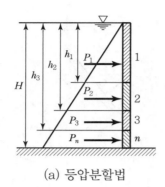
(a) 등압분할법

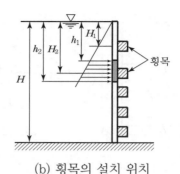
(b) 횡목의 설치 위치

[그림 2-9] 등압분할 및 횡목 설치

2 곡면과 원관에 작용하는 수압

(1) 곡면에 작용하는 전수압

① 곡면에 작용하는 전수압은 수압이 면에 직각으로 작용하므로 수평분력과 연직분력으로 나누어 구한 다음, 합력을 구한다.

② 곡면에 작용하는 수평분력은 그 곡면을 연직 투영면상에 투영된 평면상에 작용하는 수압과 같고, 그 작용점은 투영된 평면상의 수압의 작용점과 같다.

③ 곡면에 작용하는 연직분력은 그 곡면을 밑면으로 하는 물기둥의 무게와 같고, 그 작용점은 물기둥의 중심을 통과한다.

④ 서로 중복되는 부분은 중복된 부부만큼 빼준다.

⑤ 전정수압의 크기는

$$\therefore P = \sqrt{P_H^2 + P_V^2}$$ ·· (20)

⑥ 곡면을 갖는 수문(Sluice)에는 테인터 게이트(Tainter gate), 롤링 게이트(Rolling gate) 등이 있다.

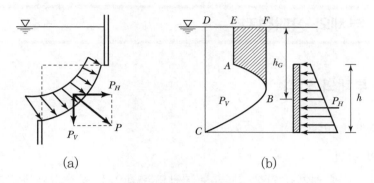

(a)   (b)

[그림 2-10] 곡면에 작용하는 전압력

(2) 원관에 작용하는 전수압

① 원관 내에 수압이 작용하면 인장응력이 발생하며, 원관 내에 작용하는 전수압은 모든 방향에 대해 동일한 조건이 되므로 반원만 생각한다.

② 반원에 대해 힘의 평형조건을 적용하면 $2T = pDl$이고, $T = \sigma_t t l (\because \sigma_t = \dfrac{P}{A} = \dfrac{T}{tl})$이므로 $2\sigma_t t l = pDl$이다.

㉠ 원환응력 $\therefore \ \sigma_t = \dfrac{pD}{2t}$ .... (21)

㉡ 관의 두께 $\therefore \ t = \dfrac{pD}{2\sigma_{ta}} = \dfrac{pr}{\sigma_{ta}}$ .... (22)

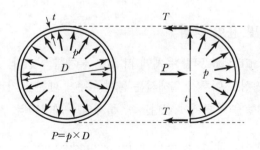

$P = p \times D$

[그림 2-11] 원관에 작용하는 수압

SECTION 03 | 부체와 상대정지

1 부력과 부체의 안정

(1) 부력(buoyant force)

① 부력의 정의

부력이란 수중 물체를 연직 상향으로 떠받드는 힘으로, 정지 유체에 잠겨 있거나 떠 있는 물체가 유체로부터 받는 전압력(전수압)을 말한다. 즉, 물체가 물속에 잠긴 부분의 체적만큼의 물의 무게이다.

② 물속에 잠겨있는 물체의 수평분력은 물체의 수평방향의 투영면에 작용하므로 이것은 항상 평형을 이루고 있다. 따라서 정수압은 항상 연직 방향만으로 작용한다.

$$B = w_0 V \quad \text{...} (23)$$

여기서, B : 부력, w_0 : 물의 단위중량, V : 물체의 수중부분의 체적

③ 아르키메데스의 원리

수중 또는 물에 떠있는 어떤 물체의 무게는 그 물체 때문에 밀려난 액체의 무게와 같다.

$$W' = W - B \quad \text{...} (24)$$

여기서, W' : 물속의 무게, B : 부력, W : 공기 중의 무게

(2) 부체의 평형조건 및 용어 정리

① 부체(부양체, floating body)란 유체에 떠 있는 물체를 말한다.

② 정수 중 물체가 평형을 이루기 위해서는 물체의 무게 때문에 가라앉으려는 힘과 부력에 의해 떠받드는 힘이 평형을 이루어야 한다. 즉, 물체의 무게(W)와 부력(B)은 같다.

$$\therefore\, w\overline{V} = w_0 V \quad \text{...} (25)$$

여기서, w : 물체의 단위중량, $\overline{V}$: 물체의 체적
w_0 : 물의 단위중량, V : 물체의 물속에 잠긴 부분의 체적

③ 물체의 무게(W)와 부력(B)의 관계

　㉠ $W > B$인 경우, 물체는 가라앉는다.(침몰)

　㉡ $W = B$인 경우, 물체는 수중에 정지한다. 물체의 일부 또는 전부가 수중에 잠긴다.

　㉢ $W < B$인 경우, 물체는 떠오른다.(부상)

④ 부심(C)은 부력을 받는 부분의 중심으로 부체가 배제한 체적의 무게 중심을 말한다.

⑤ 흘수란 수면에서 부체의 최심부까지의 깊이(수심)를 말한다.

⑥ 부양면이란 부체의 일부가 수면 위에 떠 있을 때 수면에 의하여 절단되었다고 생각되는 가상적인 단면을 말한다.

⑦ 경심(M)이란 부체의 중심선과 부심이 작용하는 중심선과의 만나는 점을 말한다.

⑧ 경심고(h)는 무게중심(G)에서 경심(M)까지의 거리($\overline{\text{MG}}$)를 말한다.

$$h = \overline{\text{MG}} = \overline{\text{CM}} - \overline{\text{CG}} = \frac{I_x}{V} - \overline{\text{CG}}$$ ······················· (26)

⑨ 경심고(h)의 일반식

$$\overline{\text{MG}} = h = \frac{Pl}{W\theta}$$ ···································· (27)

　여기서, P : 추의 무게, W : 추를 포함한 선박의 무게(배수용량)

　　　　　l : 추의 이동거리, θ : 기울어진 각도

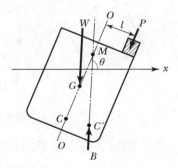

[그림 2-12] 경심고의 일반식

(3) 부체의 안정

① 부체가 기울어지면 부체의 무게중심은 변화가 없지만 부력을 받는 부심의 위치는 변화하게 된다.

② 안정

중력과 부력의 우력모멘트가 부체를 처음 정지의 위치로 되돌아가게 하는 복원모멘트가 작용한다. 경심 M이 무게중심 G보다 위에 있을 때이다.

③ 중립

부체가 정지 상태에 있다. 경심 M이 무게중심 G가 일치할 때이다.

④ 불안정

우력모멘트가 부체의 경사를 증대시켜 전도모멘트가 작용한다. 경심 M이 무게중심 G보다 아래에 올 때이다.

(4) 부체 안정의 판별식

① 안정 : $h = \overline{MG} > 0,\ \dfrac{I_x}{V} > \overline{CG}$ (M이 G 위에 위치, 복원모멘트 작용) ⋯⋯⋯⋯⋯⋯⋯⋯ (26)

② 불안정 : $h = \overline{MG} < 0,\ \dfrac{I_x}{V} < \overline{CG}$ (M이 G 아래에 위치, 전도모멘트 작용) ⋯⋯⋯⋯⋯ (27)

③ 중립 : $h = \overline{MG} = 0,\ \dfrac{I_x}{V} = \overline{CG}$ (M이 G와 동일 위치) ⋯⋯⋯⋯⋯⋯⋯⋯⋯⋯⋯⋯⋯⋯⋯ (28)

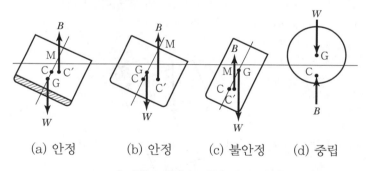

(a) 안정   (b) 안정   (c) 불안정   (d) 중립

[그림 2-13] 부체의 안정

2 상대정지의 문제

(1) 정수역학의 기본방정식

① 움직이지 않는 정지상태의 유체에 외력이 가해졌을 때 내부 압력의 변화(평형조건식)와 표면의 이동상태(등압면방정식)를 보면 상대속도가 없으므로 정역학(상대 평형)적으로 계산할 수 있다.

② 단위질량에 외력(F)이 작용하는 경우 정지유체의 평형조건식

$$dP = \rho(Xdx + Ydy + Zdz)$$ ················ (29)

여기서, X, Y, Z : 외력 F의 x, y, z 방향의 가속도 성분

③ 수준면(등압면)의 평형조건식
수면에서의 압력은 0이므로 $dP = 0$인 면을 등압면이라 한다.

$$Xdx + Ydy + Zdz = 0$$ ················ (30)

④ 액체의 자유표면은 대기압이 작용하는 하나의 등압면이다.

(2) 수평가속도를 받는 액체

① 용기(수조)에 물을 담고 수평방향으로 α의 가속도로 이동하는 경우 용기 속의 물은 중력가속도 g를 받는 동시에 관성 때문에 α와 크기가 같고 방향이 반대인 힘을 받게 된다.

② 등압면에서 평형조건식을 적용하면 $\tan\theta = \dfrac{(H-h)}{b/2} = \dfrac{\alpha}{g}$ 으로부터

$$\therefore \ \alpha = \frac{(H-h)g}{b/2}$$ ················ (31)

여기서, α : 수평 가속도, g : 중력 가속도, H : 수조의 높이, h : 수심, b : 수조의 길이

(3) 연직가속도를 받는 액체

① 연직상향의 가속도를 받는 경우의 수압은 정수압($P = wh$)보다 $wh\dfrac{\alpha}{g}$ 만큼 더 크다.

$$P_A = w_0 h\left(1 + \frac{\alpha}{g}\right)$$ ················ (32)

② 연직하향의 가속도를 받는 경우의 수압은 정수압보다 $wh\dfrac{\alpha}{g}$ 만큼 작아진다.

$$P_A = w_0 h\left(1 - \frac{\alpha}{g}\right)$$ ················ (33)

③ 연직 하향의 가속도 α가 중력 가속도 g와 같으면 $P = 0$이 되어 물속에는 압력이 작용하지 않는다.

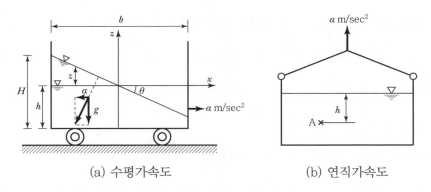

(a) 수평가속도   (b) 연직가속도

[그림 2-14] 가속도를 받는 액체

(4) 회전 원통속의 유체

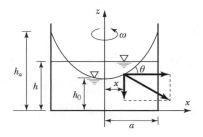

[그림 2-15] 회전 원통속의 유체

① 물이 든 원통을 기준 중심축을 기준으로 일정한 각속도(ω)로 회전할 경우의 수면형에서 등압면 방정식을 적용하여 구한다.

② 원통 벽에서 유체의 높이

$$h_a = h + \frac{\omega^2}{4g}a^2$$ ······· (34)

③ 원통 중심에서 유체의 높이

$$h_0 = h - \frac{\omega^2}{4g}a^2$$ ······· (35)

④ 유체 표면의 높이 관계

$$h_a - h_0 = \frac{\omega^2}{2g}a^2, \ h_a = \frac{\omega^2}{2g}a^2 + h_0, \ h = \frac{1}{2}(h_0 + h_a)$$ ······· (36)

여기서, ω : 회전각속도, a : 반지름, $\frac{\omega^2}{4g}a^2$: 유체의 상승 또는 하강 높이

예상문제 및 기출문제

01 대기압에 대한 설명 중 틀린 것은? [산업 01]

① 지구를 둘러싸고 있는 공기 무게에 의하여 지구표면이 받는 압력이다.

② 대기압은 보통 1기압으로 가정한다.

③ 대기압은 장소, 때, 온도에 따라 다르다.

④ 대기압을 압력의 기준으로 할 때 절대로 0이 되지 않으며 이것을 계기압력이라 한다.

해설 ㉠ 대기압은 지구표면을 둘러싸고 있는 약 1,500km 두께의 공기층의 무게에 의하여 지구표면이 받는 압력을 대기압이라 하며, 대기압을 1기압이라 한다.
㉡ 계기압력은 대기압을 압력의 기준($p_a = 0$)으로 한 압력이며, 공학에서는 주로 계기압력을 사용한다.

02 다음 중 절대압력(absolute pressure)이란?

[산업 09]

① 절대압력이란 주로 공학에 사용하는 압력이다.

② 계기압력에다 대기압을 더한 압력이다.

③ 계기압력에다 대기압을 뺀 압력이다.

④ 수면에서 0의 값을 갖는 압력이다.

해설 절대압력과 계기압력
㉠ 계기압력(공학압력)은 대기압(P_a)을 무시한 압력을 말한다.
$$P = w \cdot h$$
㉡ 절대압력은 대기압(P_a)을 고려한 압력을 말한다.
$$P = P_a + w \cdot h$$
∴ 절대압력이란 계기압력에 대기압을 더한 압력이다.

03 10m 깊이의 해수 중에서 작업하는 잠수부가 받는 압력은?(단, 해수의 비중은 1.025) [산업 06]

① 약 1기압 ② 약 2기압
③ 약 3기압 ④ 약 4기압

해설 압력의 산정
㉠ 절대압력의 산정
$$P = P_a + w \cdot h$$
$$= 10.33 \text{t/m}^2 + 1.025 \times 10$$
$$= 20.53 \text{t/m}^2 \fallingdotseq \text{약 2기압}$$
㉡ 대기 1기압
$$P_a = w_s \cdot h = 13.6 \text{g/cm}^3 \times 76 \text{cm}$$
$$= 1033.6 \text{g/cm}^2$$
$$= 10.336 \text{t/m}^2$$

04 그림과 같은 물을 가득 채운 용기가 있다. A점은 표준대기에 접하고 있을 때 B점의 절대압력은?

[기사 81]

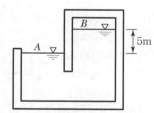

① 0.1533kg/cm^2

② 0.5330kg/cm^2

③ 1.5330kg/cm^2

④ 5.3330kg/cm^2

해설 절대압력(대기압 고려)
$$P_A = P_B + wh \text{으로부터}$$
$$10.33 = P_B + 5$$
$$\therefore P_B = 5.33 \text{t/m}^2 = 0.533 \text{kg/cm}^2$$
(1대기압 : $1.033 \text{kg/cm}^2 = 10.33 \text{t/m}^2$)

05 그림과 같이 물을 채운 용기에서 D점의 절대 압력은? (단, 대기압＝1.033kg/cm²)

[산업 05, 06]

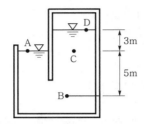

① 2.066kg/cm² ② 1.233kg/cm²
③ 1.033kg/cm² ④ 0.733kg/cm²

해설 $P_A = P_D + wh$ 에서
$P_D = 10.33 - 1 \times 3 = 7.33 t/m^2$
$\quad = 0.733 kg/cm^2 t/m$

06 1기압을 서로 다른 단위로 표시한 것으로 옳지 않은 것은?

[산업 04]

① 1기압＝760mmHg
② 1기압＝1,013mb
③ 1기압＝1.033kg/cm²
④ 1기압＝$1.013 \times 10^4 dyne/cm^2$

해설 표준 1기압(대기압) ＝ 76cmHg
$= 13.5951 \times 76 = 1,033.23 g/cm^2$
$= 10.33 t/m^2 = 1.013 \times 10^5 N/m^2$
$= 1.013 bar = 1,013 milibar$

07 정수압에 대한 설명 중 옳은 것은?

[기사 09, 산업 04]

① 유체의 점성력에 의해 크기가 좌우된다.
② 유체가 움직여도 좋으나 유체 입자 상호 간의 상대적인 움직임이 없을 때에 적용된다.
③ 유체의 흐름상태에는 관계없이 적용할 수 있다.

④ 층류(Laminar Flow)에 한하여 적용할 수 있다.

해설 정수압의 정의

유체입자가 정지해 있거나 혹은 유체입자의 상대적 움직임이 없는 경우의 압력을 정수압(Hydrostatic Pressure)이라 한다.

08 다음 정수압의 성질 중 옳지 않은 것은?

[산업 08]

① 정수압은 수중의 가상면에 항상 수직으로 작용한다.
② 정수압의 강도는 전 수심에 걸쳐 균일하게 작용한다.
③ 정수 중의 한 점에 작용하는 수압의 크기는 모든 방향에서 동일한 크기를 갖는다.
④ 정수압의 강도는 단위 면적에 작용하는 힘의 크기를 표시한다.

해설 정수압 일반

㉠ 정수압은 수중의 가상면에 항상 수직으로 작용한다.
㉡ 정수압 강도는 수심에 비례해서 커진다.
㉢ 정수 중 한점에 작용하는 수압의 크기는 모든 방향에서 동일한 크기를 갖는다.
㉣ 정수압의 강도는 단위 면적에 작용하는 힘의 크기를 말한다.

09 임의의 면에 작용하는 정수압의 작용방향을 옳게 설명한 것은?

[기사 05]

① 정수압은 수면에 대하여 수평방향으로 작용한다.
② 정수압은 수면에 대하여 수직방향으로 작용한다.
③ 정수압의 수직압은 존재하지 않는다.
④ 정수압은 임의의 면에 직각으로 작용한다.

해설 정수압은 임의의 면에 직각(수직)으로 작용한다.

10 정수압의 이론은 다음 중 어느 경우에 적용되는가? [기사 09, 산업 04]

① 유체가 전혀 움직이지 않을 때에 한하여 적용된다.

② 유체가 움직여도 좋으나 유체입자 상호간의 상대적인 움직임이 없을 때 적용된다.

③ 유체의 흐름상태에는 관계없이 적용될 수 있다.

④ 층류(laminar flow)에 한하여 적용할 수 있다.

해설 정수압은 유체가 흐르지 않고 정지상태에 있거나 상대적인 운동이 없을 때 적용된다.

11 정수(靜水) 중의 1점에 작용하는 정수압의 크기는 방향에 관계 없이 일정한데 그 이유로 가장 옳은 것은? [산업 01, 07]

① 정수면은 수평이고 표면장력이 작용하기 때문이다.

② 수심이 일정하여 정수압의 크기가 수심에 비례하기 때문이다.

③ 물의 단위중량이 $1gr/cm^3$로 일정하기 때문이다.

④ 정수압은 면에 수직으로 작용하고 1점에 작용하는 정수압은 방향에 관계 없이 크기가 같기 때문이다.

해설 정수압의 방향
㉠ 정수압은 면에 수직으로 작용한다.
㉡ 정수 중의 1점에서의 정수압 강도는 $P=wh$로서 모든 방향에 대해 동일하다.

12 정수압의 성질이 아닌 것은? [산업 03]

① 정수압은 면에 수직으로 작용한다.

② 정수 중의 임의의 1점의 수압은 모든 방향에 그 크기가 같다.

③ 정수 중의 임의의 1점의 수압은 각 방향에 따라 그 크기가 다르다.

④ 정지한 물속의 임의의 점의 압력강도는 그 점의 수심과 물의 단위중량의 곱과 같다.

해설 정수압의 성질
㉠ 면에 직각으로 작용한다.
㉡ 정수 중의 임의의 한 점에 작용하는 정수압 강도는 모든 방향에 대하여 동일하다.

13 다음 설명 중 옳지 않은 것은? [산업 12]

① 유체 속의 수평한 면에 대해서 압력은 전 면적을 통하여 각 점에서의 크기가 같다.

② 수평한 면에 대한 전압력은 $P=w_o hA$가 된다.

③ 유체 속에서 수평이 아닌 평면에 대해서는 압력은 깊이에 비례한다.

④ 정지액체가 면요소에 작용하는 힘은 그 면에 직각이다. 이는 전단력 또는 점성력이 작용하기 때문이다.

해설 정지유체 속에는 마찰력이 작용하지 않으므로 유체 중의 가상한 면에 작용하는 정수압은 항상 그 면에 직각으로 작용한다.

14 다음 그림에서 A점에 작용하는 정수압 P_1, P_2, P_3, P_4에 관한 사항 중 옳은 것은? [산업 10]

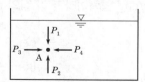

① P_1이 가장 크다.

② P_2가 가장 크다.

③ P_3가 가장 크다.

④ P_1, P_2, P_3, P_4의 크기는 같다.

해설 정수 중의 임의의 한 점에 작용하는 정수압 강도는 모든 방향에 대하여 동일하다.

∴ $P_1 = P_2 = P_3 = P_4 = wh$

15 그림에서 (a), (b) 바닥이 받는 총수압을 각각 P_a, P_b라고 표시할 때 두 총수압의 관계로 옳은 것은? (단, 바닥 및 상면의 단면적은 그림과 같고, (a), (b)의 높이는 같다.) [산업 09]

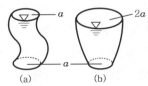

(a)　　　　(b)

① $P_a = 2P_b$ 　　　② $P_a = P_b$

③ $2P_a = P_b$ 　　　④ $4P_a = P_b$

해설 ㉠ 수압강도 $P_a = P_b = wh$
　　　㉡ 전정수압 $P_A = P_B = wh_G A = wha$

16 수면 아래 20m 지점의 수압은 몇 kg/cm²인가? [산업 08, 11]

① $1.03\mathrm{kg/cm^2}$ 　　　② $2\mathrm{kg/cm^2}$

③ $20\mathrm{kg/cm^2}$ 　　　④ $200\mathrm{kg/cm^2}$

해설 $p = wh = 1 \times 20$
　　　$= 20\mathrm{t/m^2} = 2\mathrm{kg/cm^2}$

17 정수면(靜水面) 아래의 어떤 한 점에서 2.5kg/cm² 압력이라면 이 점의 수심은? [산업 04, 10]

① 5m 　　　② 15m

③ 25m 　　　④ 35m

해설 ㉠ $P = 2.5\mathrm{kg/cm^2} = 25\mathrm{t/m^2}$
　　　㉡ $P = wh$에서 $25 = 1 \times h$
　　　∴ $h = 25\mathrm{m}$

18 밀폐된 직육면체의 탱크에 물이 5m 깊이로 차 있을 때 수면에는 3kg/cm²의 증기압이 작용하고 있다면 탱크 밑면에 작용하는 압력은? [기사 04]

① $3.45\mathrm{kg/cm^2}$

② $3.75\mathrm{kg/cm^2}$

③ $3.50\mathrm{kg/cm^2}$

④ $3.80\mathrm{kg/cm^2}$

해설 $P = P_1 + wh = 30 + 1 \times 5 = 35\mathrm{t/m^2}$

19 그림과 같은 수압기에서 A, B 단면의 지름이 각각 30cm, 120cm이다. A에서 $P_1 = 1.0t$으로 누르면 B에는 얼마만한 힘이 생기겠는가? [기사 94, 98]

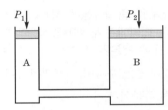

① $P_2 = 1/16\mathrm{t}$

② $P_2 = 4.0\mathrm{t}$

③ $P_2 = 3.0\mathrm{t}$

④ $P_2 = 16.0\mathrm{t}$

해설 $\dfrac{P_1}{a_1} = \dfrac{P_2}{a_2}$ 에서

$\dfrac{4 \times 1}{\pi \times 0.3^2} = \dfrac{4 \times P_2}{\pi \times 1.2^2}$

∴ $P_2 = 16\mathrm{t}$

20 그림과 같이 U자관의 한 쪽에 물체 C를 얹고 그 상부를 고정벽에 접속시켜 A에 하중 P_1를 작용시켰을 때 물체 C의 응력은?(단, A, B의 피스톤 지름은 d_1, d_2이며 C의 물체는 한 변이 d 인 정사각형 단면의 각주이다.) [기사 99]

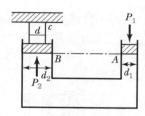

① $\sigma_c = \left(\dfrac{d_2}{dd_1}\right)^2 p_1$ ② $\sigma_c = \left(\dfrac{d_1}{dd_2}\right)^2 p_1$

③ $\sigma_c = \dfrac{\pi}{4P_1}\left(\dfrac{d}{d_1 d_2}\right)^2$ ④ $\sigma_c = \dfrac{4P_1}{\pi}\left(\dfrac{d_2}{dd_1}\right)^2$

해설 ㉠ C의 응력

$$\sigma_c = \frac{P_2}{A} = \frac{P_2}{d \cdot d}$$

㉡ $\dfrac{P_1}{A_1} = \dfrac{P_2}{A_2}$ 이므로

$$\therefore P_2 = \frac{A_2}{A_1}P_1 = \left(\frac{d_2}{d_1}\right)^2 P_1$$

$$\therefore \sigma_c = \frac{\left(\dfrac{d_2}{d_1}\right)^2 \cdot P_1}{d \cdot d} = \left(\frac{d_2}{d \cdot d_1}\right)^2 \cdot P_1$$

21 그림과 같은 수압기에서 B점의 원통의 무게가 2,000N(200kg), 면적이 500cm²이고 A점의 원통의 면적이 25cm²라면, 이들이 평형상태를 유지하기 위한 힘 P의 크기는? (단, A점의 원통 무게는 무시하고 관내 액체의 비중은 0.9이며, 무게 1kg=10N이다.)

[기사 12]

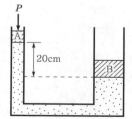

① 0.0955N(9.55g) ② 0.955N(95.5g)
③ 95.5N(9.55kg) ④ 955N(95.5kg)

해설 $\dfrac{P_1}{A_1} + wh = \dfrac{P_2}{A_2}$

$$\frac{P_1}{25 \times 10^{-4}} + 0.9 \times 0.2 = \frac{0.2}{500 \times 10^{-4}}$$

$$\therefore P_1 = 9.55 \times 10^{-3}\text{t} = 9.55\text{kg} = 95.5\text{N}$$

22 그림과 같은 수압기에서 $L : l$의 길이 비가 3 : 1, A의 지름이 5cm, B의 지름이 10cm이면 힘의 평형을 유지하기 위한 P의 크기는? (단, 그림에서 。는 힌지이다.) [산업 08, 11]

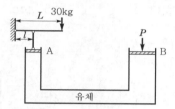

① 200kg ② 260kg
③ 300kg ④ 360kg

해설 ㉠ $l \times P_1 = L \times P_o$

$$P_1 = \frac{L}{l}P_o = 3 \times 30 = 90\text{kg}$$

㉡ $\dfrac{P_1}{A} = \dfrac{P_2}{B}$

$$\frac{4 \times P_1}{\pi \times 5^2} = \frac{4 \times P_2}{\pi \times 10^2}$$

$$\therefore P_2 = \frac{100}{25}P_1 = 4P_1 = 4 \times 90 = 360\text{kg}$$

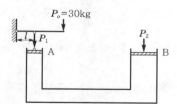

23 그림에서 면적비 $\dfrac{A}{a}=1{,}000$, $\dfrac{L}{l}=5$로 하여 $P=1\text{kg}$의 힘이 가해질 때 Q는? [산업 10]

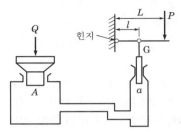

① 4.0ton
② 4.3ton
③ 5.0ton
④ 5.3ton

해설 ㉠ $lP_o = LP$

$\therefore P_o = \dfrac{L}{l}P$

㉡ $\dfrac{P_1}{A_1} = \dfrac{P_2}{A_2}$ 에서

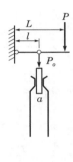

$\dfrac{Q}{A} = \dfrac{P_o}{a}$

$Q = \dfrac{A}{a}P_o$

$\quad = \dfrac{A}{a}\left(\dfrac{L}{l}\times P\right)$

$\quad = 1{,}000\times5\times1$

$\quad = 5{,}000\text{kg} = 5\text{t}$

24 피에조미터(Piezometer)는 다음 중 무엇을 측정하기 위한 도구인가? [산업 12]

① 전수압
② 총수압
③ 정수압
④ 동수압

해설 피에조미터는 정수압을 측정하기 위한 기구이다.

25 액주계(Manometer)는 무엇을 측정하는 데 사용하는가? [산업 00]

① 수심
② 압력
③ 유량
④ 유속

해설 액주계는 수압을 측정하는 기구이다.

26 액주계의 눈금이 그림과 같을 때 A점의 압력은? (단, 수은의 비중은 13.6) [기사 97]

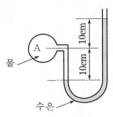

① 136g/cm²
② 282g/cm²
③ 126g/cm²
④ 262g/cm²

해설 등압선에서

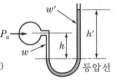

$P_a + wh - w'h' = 0$

$\therefore P_a = w'h' - wh$

$\quad = 13.6\times20 - 1\times10$

$\quad = 262\text{g/cm}^2$

27 그림에서 $h=25\text{cm}$, $H=40\text{cm}$이다. A, B 두 점의 압력차는? [기사 94]

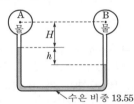

① 0.1kg/cm²
② 0.31375kg/cm²
③ 5.0kg/cm²
④ 10.2kg/cm²

해설 등압선에 대하여

$P_a + w_1 h - w_2 h - P_b = 0$

$\therefore P_b - P_a = (w_1 - w_2)h$

$\quad\quad = (13.55 - 1)\times0.25$

$\quad\quad = 3.1375\text{t/m}^2$

$\quad\quad = 0.31375\text{kg/cm}^2$

28 그림에서 A와 B의 압력차는? (단, 수은의 비중=13.50) [기사 08]

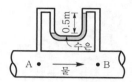

① 0.638t/m² ② 6.750t/m²
③ 6.250t/m² ④ 0.689t/m²

해설 등압선에서
$$P_a + 1 \times 0.5 - 13.5 \times 0.5 - P_b = 0$$
$$\therefore P_a - P_b = 6.250 \text{ t/m}^2$$

29 그림에서 CCl₄(사염화탄소)의 비중은? [산업 07]

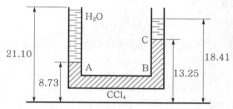

(단, 단위는 cm)

① 0.1595 ② 1.595
③ 15.95 ④ 159.5

해설 등압선에서
$$1 \times (21.1 - 8.73) - w(13.25 - 8.73)$$
$$-1 \times (18.41 - 13.25) = 0$$
$$\therefore w = 1.595 \text{ t/m}^3$$

30 그림과 같은 수압계 눈금의 읽음이 그림과 같을 경우 수압강도 p 를 계산하면? [산업 03]

① $p = 504 \text{g/cm}^2$
② $p = 476 \text{g/cm}^2$
③ $p = 28 \text{g/cm}^2$
④ $p = 448 \text{g/cm}^2$

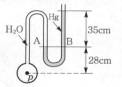

해설 등압선 AB에 대하여
$$P - 1 \times 28 - 13.6 \times 35 = 0$$
$$\therefore P = 504 \text{g/cm}^2$$

31 탱크 속에 깊이 2m의 물과 그 위에 비중 0.85의 기름이 4m 들어 있다. 탱크 바닥에서 받는 압력을 구한 값은? [기사 95, 96]

① 5,400kg/m²
② 5,300kg/m²
③ 5,200kg/m²
④ 5,100kg/m²

해설 $P = P_1 + P_2 = w_1 h_1 + w_2 h_2$
$$= 0.85 \times 4 + 1 \times 2 = 5.4 \text{t/m}^2 = 5,400 \text{kg/m}^2$$

32 수조에 물이 2m 깊이로 담겨져 있고, 물 위에 비중 0.85인 기름이 1m 깊이로 떠 있을 때 수조 바닥에 작용하는 압력은? [산업 12]

① 8kPa(850kg/cm²)
② 14kPa(1,425kg/cm²)
③ 20kPa(2,000kg/cm²)
④ 28kPa(2,850kg/cm²)

해설 $P = w_1 h_1 + w_2 h_2$
$$= 0.85 \times 1 + 1 \times 2 = 2.85 \text{t/m}^2$$
$$= 28.5 \text{kPa} \quad (\because 1\text{MPa} = 1\text{N/mm}^2)$$

33 그림과 같이 서로 혼합되지 않는 액체가 증상으로 이루고 있다. 이때 바닥으로부터 2m되는 AB면상의 지점에 작용하는 압력은? [산업 00]

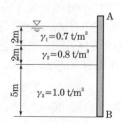

① $6.5 t/m^2$　　　② $6.0 t/m^2$

③ $4.8 t/m^2$　　　④ $2.0 t/m^2$

해설 $P = \gamma_1 h_1 + \gamma_2 h_2 + \gamma_3 h_3$
$= 0.7 \times 2 + 0.8 \times 2 + 1 \times 3$
$= 6 t/m^2$

34 지름 20cm, 높이 30cm인 원통 모양의 그릇에 물을 가득 채우고 세웠을 때 그릇의 밑바닥에 작용하는 전수압은? [기사 04]

① 9.42kg　　　② 18.84kg

③ 94.2kg　　　④ 188.4kg

해설 $P = w h_G A$
$= 1 \times 0.3 \times \dfrac{\pi \times 0.2^2}{4} = 9.42 \times 10^{-3} ton$
$= 9.42 kg$

35 높이 6m, 폭 1m의 구형 수문이 수직으로 설치되어 있다. 물이 수문의 윗단까지 차 있다고 하면 이 수문에 작용하는 전수압의 작용점은? [산업 04, 09]

① $h_c = 3 m$

② $h_c = 3.5 m$

③ $h_c = 4 m$

④ $h_c = 4.3 m$

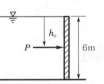

해설 $h_c = h_G + \dfrac{I_G}{h_G A} = \dfrac{2}{3} h = \dfrac{2}{3} \times 6 = 4 m$

36 높이 5m, 폭 2.5m인 연직 평면 수문을 수로에 설치하였다. 이 수문에 작용하는 전수압(P)과 작용점의 위치(h_c)는? (단, 수심은 수문의 상부와 일치하고, 작용점은 수면으로부터의 깊이 방향 위치임.) [산업 05]

① $P = 31.25 ton$, $h_c = 1.33 m$

② $P = 31.25 ton$, $h_c = 3.33 m$

③ $P = 62.50 ton$, $h_c = 1.33 m$

④ $P = 62.50 ton$, $h_c = 3.33 m$

해설 ㉠ $P = w h_G A$
$= 1 \times \dfrac{5}{2} \times (5 \times 2.5) = 31.25 t$

㉡ $h_c = \dfrac{2}{3} h = \dfrac{2}{3} \times 5 = 3.33 m$

37 수심 3m인 수조에 높이 2m인 직사각형 수문이 바닥에서부터 연직으로 설치되어 있을 경우 수문에 작용하는 단위폭당 전수압은? [산업 05]

① 4t　　　② 3t

③ 2t　　　④ 1t

해설 $P = w h_G A = 1 \times 2 \times (2 \times 1) = 4 t$

38 정수 중의 연직평판에 작용하는 정수압의 작용점은? [산업 10]

① 도심의 위치를 지난다.

② 도심과 관계없이 작용한다.

③ 도심의 위치보다 $\dfrac{I_G}{h_G A}$ 만큼 위에 있다.

④ 도심의 위치보다 $\dfrac{I_G}{h_G A}$ 만큼 아래에 있다.

해설 $h_c = h_G + \dfrac{I_G}{h_G A}$

39 그림과 같이 직각2등변 삼각형의 한 변을 자유표면에 두고, 변의 길이를 3m로 하면 자유표면으로부터 정수압의 작용점은? [기사 10]

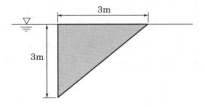

① 1.0m　　② 1.5m

③ 2.0m　　④ 2.5m

해설 $h_c = h_G + \dfrac{I_x}{h_G A}$

$$= \frac{3}{3} + \frac{\dfrac{3 \times 3^3}{36}}{\dfrac{3}{3} \times \dfrac{3 \times 3}{2}} = 1.5\text{m}$$

40 수심 3m, 폭 2m인 직사각형 수로를 연직판으로 가로막았을 때, 이 연직판에 작용하는 전수압의 크기와 작용점의 위치는?[산업 11]

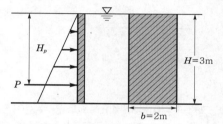

① $P = 9\text{t}$, $H_p = 2\text{m}$

② $P = 6\text{t}$, $H_p = 1\text{m}$

③ $P = 6\text{t}$, $H_p = 2\text{m}$

④ $P = 9\text{t}$, $H_p = 1\text{m}$

해설 ㉠ 전수압

$$P = wh_G A = 1 \times \frac{3}{2} \times (3 \times 2) = 9\,\text{t}$$

㉡ 작용점의 위치

$$h_c = h_G + \frac{I_x}{h_G A} = \frac{2}{3}h = \frac{2}{3} \times 3 = 2\text{m}$$

41 그림과 같은 직사각형 평면이 연직으로 서 있을 때 그 중심의 수심을 H_G라 하면 압력의 중심위치(작용점)를 a, b, H_G로 표현한 것으로 옳은 것은?　　[산업 08]

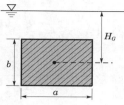

① $H_G + \dfrac{b}{H_G \cdot a \cdot b}$

② $H_G + \dfrac{ab^2}{12}$

③ $H_G + \dfrac{b}{12 \cdot H_G}$

④ $H_G + \dfrac{b^2}{12 \cdot H_G}$

해설 $H_c = H_G + \dfrac{I_X}{H_G A}$

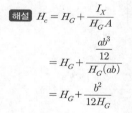

$$= H_G + \frac{\dfrac{ab^3}{12}}{H_G(ab)}$$

$$= H_G + \frac{b^2}{12 H_G}$$

42 그림과 같이 1변이 수평한 연직 삼각형 평면에 작용하는 전수압(P)과 작용점(h_c)의 위치로 옳은 것은?(단, 단위중량은 w임.)

[산업 05]

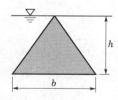

① $P = \dfrac{wb}{2}h^2$, $h_c = \dfrac{2}{3}h$

② $P = \dfrac{wb}{3}h^2$, $h_c = \dfrac{2}{3}h$

③ $P = \dfrac{wb}{3}h^2$, $h_c = \dfrac{3}{4}h$

④ $P = \dfrac{wb}{2}b$, $h_c = \dfrac{3}{4}h$

해설 ㉠ $P = wh_G A = w \times \dfrac{2}{3}h \times \dfrac{bh}{2} = \dfrac{wbh^2}{3}$

㉡ $h_c = h_G + \dfrac{I_x}{h_G A} = \dfrac{2}{3}h + \dfrac{\dfrac{bh^3}{36}}{\dfrac{2}{3}h \times \dfrac{bh}{2}}$

$= \dfrac{2h}{3} + \dfrac{h}{12} = \dfrac{3}{4}h$

43 그림과 같은 단면 A, B, C, D, E, F에 작용하는 전수압은? [산업 09]

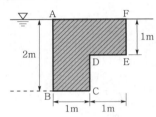

① 2.5t
② 4.9t
③ 24.5t
④ 29.4t

해설 $P = wh_G A$

$= 1 \times 1 \times (1 \times 2) + 1 \times \dfrac{1}{2} \times (1 \times 1) = 2.5t$

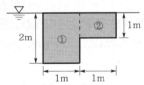

44 그림과 같은 구형 단면이 연직으로 놓여 있을 때 단면에 작용하는 압력 및 압력의 중심위치를 바르게 표시한 것은?

[기사 93, 산업 93, 08]

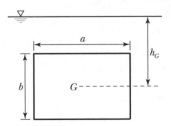

① $P = w \cdot abh_G$
$h_c = h_G + \dfrac{b^2}{12h_G}$

② $P = w \cdot abh_G$
$h_c = h_G$

③ $P = w \cdot abh_G$
$h_c = h_G + \dfrac{ab^2}{12}$

④ $P = w \cdot abh_G$
$h_c = h_G + \dfrac{I_0}{ab}$

해설 ㉠ 전수압
$P = w \cdot h_G \cdot A = w \cdot h_G \cdot ab$

㉡ 작용점의 위치
$h_c = h_G + \dfrac{I}{h_G \cdot A}$

$= h_G + \dfrac{\dfrac{ab^3}{12}}{h_G \cdot a \cdot b}$

$= h_G + \dfrac{b^2}{12h_G}$

45 그림과 같이 높이 4m, 폭 4m인 수문이 있다. 상류 수심 5m에서 하류로 물이 흐를 때 이 수문에 작용하는 전수압의 작용점위치는? (단, 수면을 기준으로 한 위치) [산업 10]

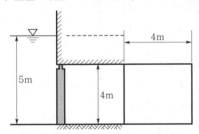

① 3.444m
② 4.333m
③ 4.777m
④ 4.875m

해설 ㉠ $h_G = 1 + 2 = 3m$

㉡ $h_c = h_G + \dfrac{I_x}{h_G A}$

$= 3 + \dfrac{4 \times 4^3}{3 \times (4 \times 4) \times 12}$

$= 3.44m$

46 수로 폭이 3m인 판으로 물의 흐름을 가로막았을 때 상류 수심은 6m, 하류 수심은 3m이었다. 이때 전수압의 작용점 위치는?

[산업 00, 04, 11]

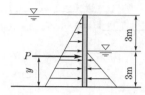

① $y=1.50$m ② $y=2.33$m

③ $y=3.66$m ④ $y=4.56$m

해설 ㉠ $P_1 = wh_{G1}A_1 = 1 \times \dfrac{6}{2} \times (3 \times 6) = 54$t

㉡ $P_2 = wh_{G2}A_2 = 1 \times \dfrac{3}{2} \times (3 \times 3) = 13.5$t

㉢ $P = P_1 - P_2 = 54 - 13.5 = 40.5$t

㉣ $P \times y = P_1 \times \dfrac{6}{3} - P_2 \times \dfrac{3}{3}$

$40.5 \times y = 54 \times 2 - 13.5 \times 1$

$\therefore \; y = 2.33$m

47 그림과 같이 수문이 설치되어 있을 때 수문이 열리지 않도록 지지하는 힘 F는? (단, AB의 폭은 2m이고, 수심 9m 부분만 물로 채워져 있음.)

[기사 05, 09]

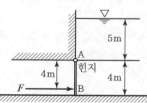

① 10.66ton ② 20.66ton

③ 30.66ton ④ 40.66ton

해설 ㉠ $P = wh_G A = 1 \times (5+2) \times (4 \times 2) = 56$t

㉡ $h_c = h_G + \dfrac{I_x}{h_G A} = 7 + \dfrac{\frac{2 \times 4^3}{12}}{7 \times (4 \times 2)} = 7.19$m

㉢ $F \times 4 = 56 \times 2.19$

$\therefore \; F = 30.66$t

48 그림과 같이 경사면에 수문을 설치했을 때 수문에 작용하는 전압력은?

[산업 03, 08]

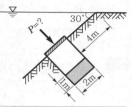

① 15.0t

② 5.0t

③ 8.6t

④ 6.0t

해설 $P = wh_G A = 1 \times 5\sin30° \times (1 \times 2) = 5$ t

$(\because h_G = S_G \sin\theta)$

49 다음 그림과 같이 수면과 경사각 45°를 이루는 제방의 측면에 원통형 수문이 있을 때 이에 작용하는 전수압은?

[산업 09]

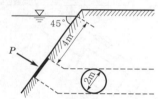

① 10.0t ② 11.5t

③ 12.1t ④ 11.1t

해설 $P = wh_G A = 1 \times (5\sin45°) \times \dfrac{\pi \times 2^2}{4} = 11.1$ t

$(\because h_G = S_G \sin\theta)$

50 폭 2m, 수심 4m의 수로를 그림과 같이 60°의 경사 구형판으로 막았을 때 판에 작용하는 전수압(P)과 작용점(h_c)을 구한 값 중 옳은 것은?

[기사 96]

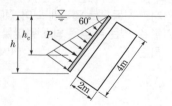

① $P = 13.9\text{t}, \ h_c = 2.31\text{m}$

② $P = 11.8\text{t}, \ h_c = 1.3\text{m}$

③ $P = 8.9\text{t}, \ h_c = 2.31\text{m}$

④ $P = 6.9\text{t}, \ h_c = 1.3\text{m}$

해설 ㉠ $P = w h_G A = 1 \times 2\sin 60° \times (2 \times 4) = 13.86 \text{ t}$

㉡ $h_c = h_G + \dfrac{I_X \cdot \sin^2\theta}{h_G A}$

$= 2\sin 60° + \dfrac{2 \times 4^3 \times \sin^2 60°}{2\sin 60° \times (2 \times 4) \times 12} = 2.31\text{m}$

51 정지한 담수 중에 잠겨 있는 평판에 작용하는 전수압과 전수압의 작용점 위치 S_c를 구한 것 중 옳은 것은? [기사 95]

① $P = 4.5\text{t}, \ S_c = 3.11\text{m}$

② $P = 0.3\text{t}, \ S_c = 3.0\text{m}$

③ $P = 3.0\text{t}, \ S_c = 3.11\text{m}$

④ $P = 0.45\text{t}, \ S_c = 3.0\text{m}$

해설 ㉠ $P = w h_G A = 1 \times 3\sin 30° \times (1 \times 2) = 3 \text{ t}$

㉡ $S_c = S_G + \dfrac{I_X}{S_G A} = 3 + \dfrac{1 \times 2^3}{3 \times (1 \times 2) \times 12} = 3.11\text{m}$

52 그림과 같은 직사각형 수문은 수심 d가 충분히 커지면 자동으로 열리게 되어 있다. 수문이 열릴 수 있는 수심은 최소 얼마를 초과하여야 하는가? [기사 07, 08]

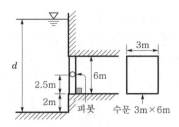

① 9m ② 10m
③ 11m ④ 12m

해설 전수압의 작용점 위치가 힌지점 위에 있어야 수문이 자동으로 열리게 되므로

$h_c < d - (2.5 + 2)$ ·················· ㉠

$h_c = h_G + \dfrac{I_X}{h_G A}$ 에서

$h_G = d - (2 + 3) = d - 5$ 이므로

$h_c = (d - 5) + \dfrac{3 \times 6^3}{(d - 5)(3 \times 6) \times 12}$ ·············· ㉡

식 ㉡을 식 ㉠에 대입하여 정리하면

∴ $d > 11\text{m}$

53 수중에 잠겨 있는 곡면에 작용하는 연직분력에 관한 옳은 설명은? [기사 97]

① 곡면을 연직면상에 투영했을 때 그 투영면에 작용하는 정수압과 같다.

② 곡면을 밑면으로 하는 물기둥의 무게와 같다.

③ 곡면에 의해 배제된 물의 무게와 같다.

④ 곡면 중심의 압력에다 물의 무게를 더한 값이다.

해설 곡면에 작용하는 정수압

㉠ 수평분력은 연직투영면에 작용하는 정수압과 같다.

㉡ 연직분력은 곡면을 밑면으로 하는 수면까지의 물기둥 체적의 무게와 같다.

54 물 속에 잠긴 곡면에 작용하는 수평분력에 대한 설명으로 옳은 것은? [산업 10]

① 곡면의 수직상방에 실려 있는 물의 무게와 같다.

② 곡면에 의해서 배제된 물의 무게와 같다.

③ 곡면의 무게중심(中心)에서의 압력과 면적의 곱이다.

④ 곡면의 연직투영면상에 작용하는 전수압과 같다.

해설 곡면에 작용하는 정수압

㉠ P_H는 곡면의 연직투영면에 작용하는 전수압과 같다.

㉡ P_V는 곡면의 수직상방에 실려 있는 물의 무게와 같다.

55 다음 그림과 같은 원통면의 외측에 작용하는 수압의 연직분력을 구하는 식은? (단, W_o : 물의 비중량, l : 원통 길이) [산업 00, 11]

① (bced의 면적 − abca의 면적) $W_o l$

② (bced의 면적 − deab의 면적) $W_o l$

③ (dboe 면적) $W_o l$

④ (dbae 면적 − bcad 면적) $W_o l$

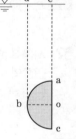

해설 곡면에 작용하는 전수압의 연직분력은 곡면을 밑면으로 하는 연직물 기둥의 무게와 같다.

∴ $P_V = W_o$(dbce 면적 − dbae 면적)l

56 곡면에 작용하는 수압의 연직성분의 크기에 대한 설명으로 옳은 것은? [산업 05]

① 수평성분과 같다.

② 곡면의 연직투영면에 작용하는 수압과 같다.

③ 중심에 작용하는 압력과 곡면의 표면적과의 곱과 같다.

④ 곡면을 저변으로 하는 물기둥의 무게와 같다.

해설 ㉠ P_H는 곡면의 연직투영면에 작용하는 수압과 같다.

㉡ P_V는 곡면을 밑면으로 하는 수면까지의 물기둥의 무게와 같다.

57 그림과 같은 원호형 수문(tainter gate)에서 폭 1m당 작용하는 수평방향의 총 수압(P_H)은? [산업 00]

① $P_H = 3.75$t

② $P_H = 3.00$t

③ $P_H = 2.75$t

④ $P_H = 2.25$t

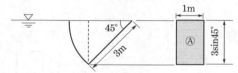

해설
$$P_H = w h_G A$$
$$= 1 \times \frac{3 \sin 45°}{2} \times (1 \times 3 \sin 45°) = 2.25 \text{t}$$

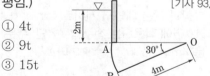

58 그림과 같은 원호형 수문 AB에 작용하는 연직수압의 크기는?(단, 수문 폭 5m, AO는 수평임.) [기사 93, 06]

① 4t

② 9t

③ 15t

④ 25t

해설
$$P_V = w \cdot (ABCD \text{ 면적}) \cdot b$$
$$= 1 \times \left\{ (4 - 4\cos 30°) \times 2 + \pi \times 4^2 \times \frac{30°}{360°} - \frac{4\cos 30° \times 4 \sin 30°}{2} \right\} \times 5$$
$$= 8.98 \text{t}$$

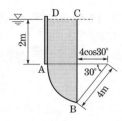

59 그림과 같이 폭 2m인 4분원면 $\widehat{AB}$에 작용하는 전수압의 연직성분은? (단, 무게 1kg= 10N) [산업 12]

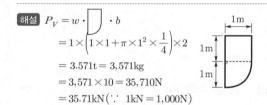

① 17.9kN(1,785kg)

② 23.9kN(2,393kg)

③ 35.7kN(3,571kg)

④ 71.4kN(7,142kg)

해설 $P_V = w \cdot \boxed{} \cdot b$

$= 1 \times \left(1 \times 1 + \pi \times 1^2 \times \dfrac{1}{4}\right) \times 2$

$= 3.571t = 3,571\text{kg}$

$= 3,571 \times 10 = 35,710\text{N}$

$= 35.71\text{kN} (\because 1\text{kN} = 1,000\text{N})$

60 그림과 같은 테인터 게이트(Tainter gate)의 AB면에 작용하는 전수압은?(단, 수문의 폭은 4m이고, AO는 수평이다.) [산업 93]

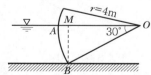

① 4.46t

② 6.42t

③ 8.51t

④ 10.64t

해설 ㉠ $P_H = w \cdot h_G \cdot A = 1 \times \dfrac{4\sin30}{2} \times (4\sin30\,°\times 4)$

$= 8t$

㉡ $P_V = w \cdot V = w \cdot (ABM$의 면적$) \times b$

$= 1 \times \left(\pi \times 4^2 \times \dfrac{30}{360} - \dfrac{4\sin30 \times 4\cos30}{2}\right) \times 4$

$= 2.9t$

㉢ $P = \sqrt{8^2 + 2.9^2} = 8.51t$

61 길이 2m, 직경 1m의 원주가 그림과 같이 수평으로 놓여 있다. 원주의 한쪽에 물이 가득 차 있다고 하면 원주에 작용하는 전수압의 수평분력은? [기사 05]

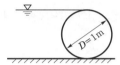

① 2.5ton

② 2.0ton

③ 1.5ton

④ 1.0ton

해설 $P_H = w h_G A = 1 \times \dfrac{1}{2} \times (2 \times 1) = 1t$

62 지름 3m인 원통이 수평으로 가로 놓여 있다. 원통의 상단까지 만수가 되었을 때 이 수문의 단위 폭(1m)에 작용하는 전압력의 연직성분은? [산업 07]

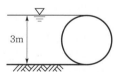

① 3.53kg

② 35.3kg

③ 3.53ton

④ 35.3ton

해설 $P_V = w \cdot \boxed{} \cdot b = 1 \times \left(\dfrac{\pi \times 3^2}{4} \times \dfrac{1}{2}\right) \times 1 = 3.53t$

63 그림과 같이 물을 막고 있는 원통의 곡면에 작용하는 전수압은? (단, 원통의 축방향 길이는 1m이다.) [기사 96, 03, 11]

① 2t

② 1.57t

③ 3.57t

④ 2.54t

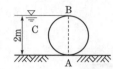

해설 ㉠ $P_H = wh_G A = 1 \times 1 \times (2 \times 1) = 2\,t$

㉡ $P_V = w \cdot$ $\cdot b$

$= 1 \cdot \left(\dfrac{\pi \times 2^2}{4} \times \dfrac{1}{2} \right) \times 1 = 1.57t$

㉢ $P = \sqrt{P_H^2 + P_V^2} = \sqrt{2^2 + 1.57^2} = 2.54\,t$

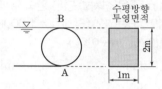

64 그림과 같이 댐 여수로상에 설치된 회전식 수문의 꼭지점까지 물이 가득차 있다. 수문에 작용하는 정수압의 수평분력과 연직분력을 각각 구하면? (단, 수문의 직경과 길이는 각각 2m임.) [기사 01, 03]

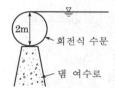

① 수평분력=4,000kg, 연직분력=1,570kg

② 수평분력=4,000kg, 연직분력=785kg

③ 수평분력=3,140kg, 연직분력=2,000kg

④ 수평분력=4,000kg, 연직분력=3,140kg

해설 ㉠ $P_H = wh_G A = 1 \times 1 \times (2 \times 2) = 4t$

㉡ $P_V = w \cdot$ $\cdot b = 1 \times \left(\dfrac{\pi \times 2^2}{4} \times \dfrac{1}{2} \right) \times 2$

$= 3.14\,t$

65 반지름($\overline{OP}$)이 6m이고, $\theta = 30°$인 수문이 그림과 같이 설치되었을 때, 수문에 작용하는 전수압(저항력)은? [기사 12]

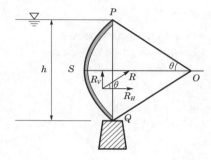

① 159.5kN/m ② 169.5kN/m

③ 179.5kN/m ④ 189.5kN/m

해설 ㉠ $P_H = wh_G A = 1 \times 6\sin30° \times (12\sin30° \times 1)$

$= 18t$

㉡ $P_V = w \times$ 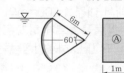 $\times b$

$= 1 \times \left(\pi \times 6^2 \times \dfrac{60°}{360°} - \right.$

$\left. \dfrac{6\sin30° \times 6\cos30°}{2} \times 2 \right) \times 1$

$= 3.26t$

㉢ $P = \sqrt{P_H^2 + P_V^2}$

$= \sqrt{18^2 + 3.26^2} = 18.29t$

$= 18.29 \times 9.8 = 179.24kN$

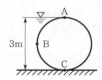

66 그림과 같이 지름 3m, 길이 8m인 수로의 드럼게이트에 작용하는 전수압이 수문 ABC에 작용하는 지점의 수심은? [기사 95, 06, 11]

① 2.68m

② 2.43m

③ 2.25m

④ 2.00m

해설 ㉠ $\tan\theta = \dfrac{0.5}{0.637}$

∴ $\theta = 38.13°$

㉡ $\sin 38.13° = \dfrac{x}{1.5}$

∴ $x = 1.5\sin 38.13° = 0.926\text{m}$

㉢ $h = 1.5 + x = 1.5 + 0.926 = 2.426\text{m}$

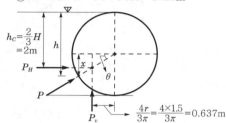

$$\frac{4r}{3\pi} = \frac{4 \times 1.5}{3\pi} = 0.637\text{m}$$

67 안지름 50cm인 강관에 최고 $P = 15\text{kg/cm}^2$의 수압이 작용한다고 할 때 적당한 강관의 두께는? (단, 강의 허용인장응력은 $\sigma_a = 1,400$ kg/cm²) [기사 09, 산업 00]

① 2.7mm
② 9.3mm
③ 11.7mm
④ 19.0mm

해설 $t = \dfrac{PD}{2\sigma_{ta}} = \dfrac{15 \times 50}{2 \times 1,400} = 0.268\,\text{cm}$

68 강관의 설계에서 내경 1,500mm의 강관에 압력수두 50m의 물을 흐르게 하기 위한 강관의 최소 두께는? (단, 허용인장응력 $\sigma_{ta} = 1,400\text{kg/cm}^2$) [산업 00, 01]

① 0.0267cm
② 0.268cm
③ 1.34cm
④ 13.4cm

해설 ㉠ $P = wh = 1 \times 50 = 50\text{t/m}^2$

㉡ $\sigma_{ta} = 1,400\,\text{kg/cm}^2 = 14,000\text{t/m}^2$

㉢ $t = \dfrac{PD}{2\sigma_{ta}} = \dfrac{50 \times 1.5}{2 \times 14,000}$

$= 2.68 \times 10^{-3}\text{m}$

$= 0.268\text{cm}$

69 안지름 0.5m, 두께 20mm의 수압관이 15 kg/cm²의 압력을 받고 있다. 관벽에 작용되는 인장응력은? [산업 03, 08]

① 46.8kg/cm²
② 93.7kg/cm²
③ 140.6kg/cm²
④ 187.5kg/cm²

해설 $t = \dfrac{PD}{2\sigma_{ta}}$

$\sigma_{ta} = \dfrac{PD}{2t} = \dfrac{150 \times 50}{2 \times 2}$

$= 1,875\text{t/m}^2 = 187.5\text{kg/cm}^2$

70 해수 수심 24m 속에 내경 $d = 2\text{m}$의 강관 (steel pipe)을 설치할 경우 관의 두께를 얼마로 하면 되는가? (단, $\sigma_{ta} = 1,000\text{kg/cm}^2$, $w = 1,025\text{kg/m}^3$이다.) [기사 95]

① 4.92mm
② 2.93mm
③ 2.46mm
④ 2.15mm

해설 ㉠ $P = wh = 1.025 \times 24 = 24.6\text{t/m}^2$

㉡ $\sigma_{ta} = 1,000\text{kg/cm}^2 = 10,000\text{t/m}^2$

㉢ $t = \dfrac{PD}{2\sigma_{ta}} = \dfrac{24.6 \times 2}{2 \times 10,000} = 2.46 \times 10^{-3}\text{ m}$

$= 2.46\text{mm}$

71 부력에 대한 설명으로 잘못된 것은? [산업 03, 07]

① 부력은 고체의 수중부분 부피와 같은 부피의 물 무게와 같다.
② 부체가 배제할 물의 무게와 같은 부력을 받는다.
③ 유체에 떠 있는 물체는 그 자신의 무게와 같은 만큼의 유체를 배제한다.
④ 부력은 수심에 비례하는 압력을 받는다.

해설 부력은 물체가 물에서 뜰 수 있게 해주는 힘으로 수중 부분의 체적(배수용적)만큼의 물의 무게이다.

72 부체의 안정성을 조사할 때 관계없는 것은?

[산업 05, 08, 09, 10]

① 경심(傾心)   ② 수심
③ 부심   ④ 중심(重心)

해설 ② 수심은 물속깊이를 말하는 것으로 부체의 안정성과는 관계없다.

73 수면이 부체를 절단하는 가상면을 무엇이라 하는가?

[산업 05]

① 부력면   ② 부심면
③ 부양면   ④ 흘수면

해설 물 표면에 떠 있는 부체가 수면에 의해 절단되었다고 생각하는 가상적인 면을 부양면이라 한다.

74 부체가 수면에 의해 절단되는 부양면으로부터 부체의 최하단부까지의 깊이를 무엇이라 하는가?

[산업 06]

① 부력   ② 부심
③ 부양면   ④ 흘수

해설 부양면에서 물체의 최하단(최심부)까지의 깊이를 흘수라 한다.

75 수중에 잠긴 물체가 배제한 물 체적의 중심으로 부력의 작용점을 무엇이라 하는가?

[산업 06]

① 무게중심   ② 부심
③ 경심   ④ 부양면

해설 배수용적의 중심을 부심이라고 하며, 부력의 작용선은 부심을 통과한다.

76 부력과 부체안정에 관한 설명 중에서 옳지 않은 것은?

[산업 10]

① 부심과 경심의 거리를 경심고라 한다.

② 부체가 수면에 의하여 절단되는 가상면을 부양면이라 한다.
③ 부력의 작용선과 물체의 중심축과의 교점을 부심이라 한다.
④ 수면에서 부체의 최심부까지의 거리를 흘수라 한다.

해설 ㉠ 부심은 배수용적의 중심을 부심이라 한다.
㉡ 경심은 기울어진 후의 부심을 통과하는 연직선과 평형상태의 중심과 부심을 연결하는 선이 만나는 점을 경심이라 한다.

77 다음 ( ) 안에 들어갈 알맞은 말을 순서대로 바르게 나타낸 것은?

[산업 11]

"유체 중에 있는 물체의 무게는 그 물체가 배제한 부피에 해당하는 유체의 ( )만큼 가벼워지는데 이를 ( )의 원리라 한다."

① 부피, 뉴턴
② 무게, 스토크스
③ 부피, 파스칼
④ 무게, 아르키메데스

해설 아르키메데스의 원리에 대한 설명이다.

78 비중 0.92의 빙산이 비중 1.025인 해수면에 떠 있다. 수면에서 위에 나온 빙산의 체적이 100m³라면 빙산 전체의 체적은?

[산업 06, 08]

① 1,464m³   ② 1,363m³
③ 976m³   ④ 876m³

해설 아르키메데스의 원리
$w_1 V_1 = w_2 V_2$ 에서
$0.92 V = 1.025(V-100)$
$\therefore V = 976.19m^3$

79 빙산이 바다 위에 떠 있다. 해수면상의 부피가 900m³이면 빙산 전체의 부피는? (단, 빙산의 비중은 0.92, 해수의 비중은 1.025이다.) [산업 04]

① 8,785.7m³

② 7,758.7m³

③ 6,758.7m³

④ 9,785.7m³

해설 아르키메데스의 원리

$w_1 V_1 = w_2 V_2$ 에서

$0.92 V = 1.025(V - 900)$

$\therefore V = 8,785.71 \ m^3$

80 빙산의 비중이 0.92, 바닷물의 비중이 1.025라 할 때 빙산의 바닷물 속에 잠겨 있는 부분의 부피는 전체 부피의 약 몇 배인가? [기사 98]

① 0.70배

② 0.90배

③ 1.10배

④ 2.50배

해설 $W = B$에서 $w_1 V_1 = w_2 V_2$ 이므로

$0.92 V_1 = 1.025 V_2$

$V_2 = \dfrac{0.92}{1.025} V_1 = 0.9 V_1$

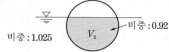

81 그림과 같은 배의 무게가 89ton일 때 이 배가 운항하는 데 필요한 최소 수심은? [산업 07]

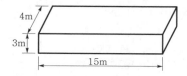

① 1.2m

② 1.5m

③ 1.8m

④ 2.0m

해설 $W = B = w V$에서

$89 = 1 \times (4 \times 15 \times h)$

$\therefore h = 1.48 \ m$

82 그림과 같은 콘크리트 케이슨이 바닷물에 떠 있을 때 흘수는?(단, 콘크리트 비중은 2.40이며, 바닷물의 비중은 1.025이다.) [산업 03, 09]

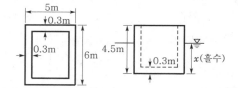

① $x = 2.45m$

② $x = 2.55m$

③ $x = 2.65m$

④ $x = 2.75m$

해설 W(무게)$= B$(부력)에서

$2.4(5 \times 6 \times 4.5 - 4.4 \times 5.4 \times 4.2) = 1.025(5 \times 6 \times x)$

$\therefore x = 2.75m$

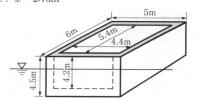

83 단면적 2.5cm², 길이 2m인 원형 강철봉의 중량이 대기 중에서 2.75kg이었다면 단위중량이 1t/m³인 수중에서의 무게는? [산업 07]

① 2.25kg

② 2.55kg

③ 2.75kg

④ 2.85kg

해설 공기 중 무게=수중 무게+부력

$2,750 =$ 수중 무게$+ 1 \times (2.5 \times 200)$

$\therefore$ 수중 무게$= 2,250g$

84 20m×10m의 구형 선박의 중앙에 코끼리를 태웠더니 1cm만큼 가라앉았다. 코끼리의 무게는? (단, 해수의 비중은 1.025임)[산업 93]

① 1.85t
② 2.00t
③ 2.05t
④ 2.25t

해설 ⊙ $W = B$
코끼리의 무게는 선박이 1cm 가라앉을 때 선박이 받는 부력과 같다.
ⓒ $W = w \cdot V = 1.025 \times (20 \times 10 \times 0.01) = 2.05t$

85 4m×5m×1m의 목재판이 물에 떠 있고, 판 위에 2,000kg의 하중이 놓여 있다. 목재의 비중이 0.5일 때 목재판이 물에 잠기는 흘수(Draught)와 체적은? [기사 90]

① $d = 0.5m$, $V = 0.8m^3$
② $d = 0.6m$, $V = 12.0m^3$
③ $d = 1.0m$, $V = 16.0m^3$
④ $d = 0.5m$, $V = 9.6m^3$

해설 ⊙ $W(무게) = B(부력)$
$0.5(4 \times 5 \times 1) + 2 = 1(4 \times 5 \times d)$
$\therefore d = 0.6m$
ⓒ $V = 4 \times 5 \times 0.6 = 12m^3$

86 그림과 같은 1m×1m×1m인 정육면체의 나무가 물에 떠 있다. 비중이 0.8이면 부체의 상태로 다음 중 옳은 것은? [기사 93]

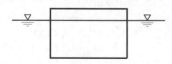

① 안정하다.
② 불안정하다.
③ 중립상태다.
④ 판단할 수 있다.

해설 ⊙ $W = B$
$0.8(1 \times 1 \times 1) = 1(1 \times 1 \times h)$ $\therefore h = 0.8$

ⓒ $\dfrac{I_x}{V} - \overline{GC} = \dfrac{1 \times 1^3}{1 \times 1 \times 0.8 \times 12} - 0.1 = 0.00417 > 0$
$\therefore$ 안정

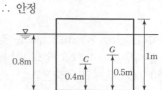

87 20m×20m의 직사각형 선박의 중앙에 트럭을 실었을 때 1.0cm만큼 가라앉았다. 이 트럭의 무게는? (단, 해수의 비중은 1.025이다.) [기사 08]

① 4.1t
② 5.1t
③ 6.1t
④ 7.1t

해설 $W = B = wV = 1.025 \times (20 \times 20 \times 0.01) = 4.1t$

88 물체의 공기 중 무게가 750N(75kg)이고 물 속에서의 무게는 150N(15kg)일 때 이 물체의 체적은? (단, 무게 1kg = 10N) [기사 12]

① 0.05m³
② 0.06m³
③ 0.50m³
④ 0.60m³

해설 공기 중 무게=수중무게+부력
$0.075 = 0.015 + 1 \times V$
$\therefore V = 0.06 \, m^3$

89 중량이 600kg, 비중이 3.0인 물체를 물(담수)속에 넣었을 때 물속에서의 중량은? [기사 09]

① 100kg
② 200kg
③ 300kg
④ 400kg

해설 ⊙ $W = wV$
$0.6 = 3 \times V$
$\therefore V = 0.2 \, m^3$
ⓒ 공기 중 무게=부력+수중 무게

$$0.6 = 1 \times 0.2 + W_o$$
$$\therefore \ W_o = 0.4t = 400kg$$

90 10cm×20cm×20cm의 체적을 갖는 육면체의 물속무게가 100N이었다. 이 물체의 공기 중에서의 무게와 비중은? [산업 09]

① 206.8N, 1.32
② 206.8N, 2.07
③ 139.2N, 1.32
④ 139.2N, 3.55

해설 ㉠ $B = wV$
$$= 9,800 \times (0.1 \times 0.2 \times 0.2) = 39.2N$$
$$(\because \ w = 1t/m^3 = 9,800N/m^3)$$
㉡ $W = B + T = 39.2 + 100 = 139.2N$
㉢ $W = w_1 V_1$
$$139.2 = w_1 \times (0.1 \times 0.2 \times 0.2)$$
$$\therefore \ w_1 = 34,800N/m^3 = \frac{34,800}{9,800} = 3.55t/m^3$$
$$\therefore \ 비중 = 3.55$$

91 크기가 2m×2m×5m인 정사각형 단면의 얼음 덩어리가 연직방향으로 바다에 떠있다. 이 얼음에 백곰 한 마리가 위에 올라갔더니 흘수가 20cm 증가하였다. 백곰의 무게는? (단, 바닷물의 비중은 1.03, 얼음의 비중은 0.9이다.) [산업 08]

① 675kg
② 725kg
③ 765kg
④ 825kg

해설 $W = wV$
$$= 1.03(2 \times 2 \times 0.2)$$
$$= 0.824t$$

92 해수에 떠 있는 폭 8m, 길이 20m의 물체를 담수에 넣었더니 흘수가 6cm 증가했다. 이 물체의 중량은? (단, 해수의 단위중량은 1.025t/m³임.) [산업 99, 09]

① 309.6t
② 399.6t
③ 393.6t
④ 398.6t

해설 ㉠ 해수에서의 부력＝담수에서의 부력
$$1.025 \times (8 \times h \times 20)$$
$$= 1 \times \{8 \times (h + 0.06) \times 20\}$$
$$\therefore \ h = 2.4m$$
㉡ $W = wV$
$$= 1.025 \times (8 \times 2.4 \times 20) = 393.6t$$

93 바다에서 배수용량이 15,000t, 흘수가 8m인 배가 운하의 담수 부근에 들어갔을 때 흘수는? (단, 부유면 부근의 선체 단면적은 3,000m²이며, 바다에서 해수의 단위중량은 1.025t/m³임.) [기사 98, 산업 00]

① 10.122m
② 12.122m
③ 8.122m
④ 6.122m

해설 ㉠ 해수에서의 수중 체적
$$W = B = w_1 V_1$$
$$15,000 = 1.025 \times V_1$$
$$\therefore \ V_1 = 14,634.146 \ m^3$$

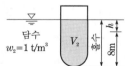

㉡ 담수에서의 수중 체적
$$W = B = w_2 V_2$$
$$15,000 = 1 \times V_2$$
$$\therefore \ V_2 = 15,000 \ m^3$$

㉢ 흘수
$$V_2 = V_1 + 3,000 \times h$$
$$15,000 = 14,634.146 + 3,000 \times h$$
$$\therefore \ h = 0.122 \ m$$
$$\therefore \ 흘수 = 8 + h = 8 + 0.122 = 8.122 \ m$$

94 부체에 관한 설명 중 옳지 않은 것은?

[기사 04]

① 부심(B)과 부체의 중심(G)이 동일 연직 선상에 올 때 안정을 유지한다.

② 중심(G)이 부심(B)보다 아래쪽에 있으면 안정하다.

③ 경심(M)이 중심(G)보다 낮을 경우 안정하다.

④ 경심(M)이 중심(G)보다 높을 경우 복원 모멘트가 발생된다.

해설 ㉠ G와 B가 동일 연직선상에 있으면 물체는 평형상태에 있게 되어 안정하다.
㉡ M이 G보다 위에 있으면 복원 모멘트가 작용하게 되어 물체는 안정하다.

95 부체가 안정된 상태에 있을 조건으로 옳은 것은?

[산업 05]

① 경심 M이 부체의 중심(重心) G보다 위에 있다.

② 경심 M이 부체의 중심(重心) G보다 아래에 있다.

③ 경심 M이 부체의 부심(浮心) C보다 위에 있다.

④ 경심 M이 부체의 부심(浮心) C보다 아래에 있다.

해설 ㉠ M이 G보다 위에 있으면 안정하다.
㉡ M이 G보다 아래에 있으면 불안정하다.
㉢ M=G이면 중립상태이다.

96 부체의 배수용량(排水容量) V, 중심(重心) G 와 부심(浮心) C의 거리 $\overline{CG}=a$ 그리고 부양 면에서의 최소 단면 2차 모멘트를 I라고 할 때 이 부체의 안정조건식은?

[기사 05]

① $\dfrac{I}{V}=a$ 　　　② $\dfrac{I}{V}<a$

③ $\dfrac{I}{V}>a$ 　　　④ $\dfrac{I}{V}=a=0$

해설 ㉠ $\dfrac{I_X}{V}>\overline{GC}$이면 : 안정 상태

㉡ $\dfrac{I_X}{V}<\overline{GC}$이면 : 불안정 상태

㉢ $\dfrac{I_X}{V}=\overline{GC}$이면 : 중립 상태

97 부체의 경심(M), 부심(C), 무게중심(G)에 대하여 부체가 안정되기 위한 조건은?

[산업 11]

① $\overline{MG}>0$ 　　　② $\overline{MG}=0$

③ $\overline{MG}<0$ 　　　④ $\overline{MG}=\overline{CG}$

해설 ㉠ $\overline{MG}>0$: 안정
㉡ $\overline{MG}<0$: 불안정
㉢ $\overline{MG}=0$: 중립

98 그림에 표시된 위치에서 부체가 안정상태인 것은? (단, M : 경심, C : 부심, G : 무게중심 이고 기호 표시는 위로부터의 순서를 말한 다.)

[산업 03]

① G — M — C
② M — G — C
③ C — M — G
④ G — C — M

해설 ㉠ M이 G보다 위에 있으면 안정하다.
㉡ M이 G보다 아래에 있으면 불안정하다.
㉢ M과 G가 일치하면 중립상태이다.

99 그림과 같이 길이 5m인 원기둥(비중 0.6)을 수중에 수직으로 띄웠을 때, 원기둥이 전도 되지 않도록 하는데 필요한 지름의 범위로 옳은 것은?

[기사 08, 산업 08]

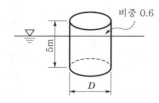

① 2m 이상   ② 4m 이상
③ 7m 이상   ④ 9m 이상

해설

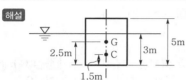

㉠ $W = B$

$0.6\left(\dfrac{\pi D^2}{4} \times 5\right) = 1\left(\dfrac{\pi D^2}{4} \times h\right)$

$\therefore h = 3\text{m}$

㉡ $\dfrac{I_x}{V} - \overline{\text{GC}} = \dfrac{\dfrac{\pi D^4}{64}}{\dfrac{\pi D^2}{4} \times 3} - 1 > 0$

$\therefore D > 6.9\text{m}$

100 한 변의 길이가 4m인 정사각형 단면의 각주가 물에 떠 있다. 각주의 비중은 0.92이고, 길이는 6m이다. 계산된 흘수가 3.68m이고, 물에 잠긴 체적(V)이 88.32m³일 때 이 부체의 상태는? [산업 00]

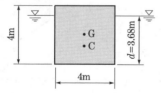

① 불안정   ② 중립
③ 안정   ④ 판별할 수 없음

해설 $\dfrac{I_X}{V} - \overline{\text{GC}} = \dfrac{6 \times 4^3}{88.32 \times 12} - \left(2 - \dfrac{3.68}{2}\right)$

$= 0.202 > 0$이므로

∴ 안정

101 선박의 갑판에 있는 100t의 화물을 선박의 종축에 직각방향으로 10m 이동했을 때 선박이 1/20 정도 기울어졌다. 이 선박의 배수용량은? (단, 경심고는 2.5m임.) [기사 00]

① 200t   ② 8,000t
③ 7,500t   ④ 2,400t

해설 $P \cdot L = \overline{\text{MG}} \, \theta \cdot W$ 에서

$100 \times 10 = 2.5 \times \dfrac{1}{20} \times W$

$\therefore W = 8,000\text{t}$

102 어떤 선박의 배수용량이 3,000kN(300ton)이며, 갑판에서 20kN(2ton)의 하중을 선박 길이 방향의 직각방향으로 7m 이동시켰을 때 1/30radian 각도만큼 기울어졌을 때의 경심고는? (단, 무게 1kg=10N, 1/30radian ≒ 1.91°) [산업 12]

① 1.20m   ② 1.30m
③ 1.40m   ④ 1.50m

해설 $P \times L = \overline{\text{MG}} \cdot \theta \times W$

$2 \times 7 = \overline{\text{MG}} \times \dfrac{1}{30} \times 300$

$\therefore \overline{\text{MG}} = 1.4\text{m}$

103 등가속도 운동을 하고 있는 유체는? [기사 92]

① 유체의 층 상호 간에 상대적인 운동이 존재한다.
② 유체의 층 상호 간에 상대적인 운동이 존재하지 않는다.
③ 유체의 자유 표면은 계속적으로 이동된다.
④ 정지 유체와 같이 자유 표면은 수평을 이룬다.

해설 등가속도 운동이란 가속도가 일정한 직선운동이므로 유체의 층 상호 간에 상대적 움직임이 존재하지 않는다.

104 다음 설명 중 옳지 않은 것은? [산업 93, 12]

① 유체 속의 수평한 면에 대해서 압력은 전 면적을 통하여 각 점에서의 크기가 같다.

② 수평한 면에 대한 전압력은 $P = whA$가 된다.

③ 유체 속에 수평이 아닌 평면에 대해서 압력은 깊이에 비례한다.

④ 정지 액체가 면요소에 작용하는 힘은 그 면에 직각이다. 그 이유는 전단력 또는 점성력이 작용하기 때문이다.

해설 정지 액체가 등가속도 운동을 하는 경우는 마찰력 또는 전단력이 작용하지 않기 때문이다.

105 그림과 같이 길이 2m, 높이 1.2m의 물통에 0.9m 깊이로 물을 넣고 수평방향으로 당길 때 물이 쏟아지지 않을 최대 가속도는?

[기사 02]

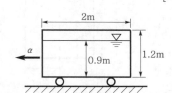

① 2.94m/sec² ② 3.15m/sec²

③ 3.56m/sec² ④ 4.05m/sec²

해설 $\tan\theta = \dfrac{\alpha}{g} = \dfrac{h}{b/2}$ 에서

$$\frac{1.2 - 0.9}{2/2} = \frac{\alpha}{9.8}$$

$$\therefore \ \alpha = 2.94\text{m/sec}^2$$

106 5.65m/sec²의 일정한 가속도로 일직선을 달리고 있는 기차 속에 물그릇을 놓았을 때 이 물이 평면에 대하여 기울어지는 각도는?

[산업 00]

① 30° ② 35°

③ 45° ④ 60°

해설 $\tan\theta = \dfrac{\alpha}{g} = \dfrac{5.65}{9.8} = 0.577$

$$\therefore \ \theta = 30°$$

107 그림과 같이 높이 2m인 물통에 물이 1.5m만큼 담겨져 있다. 물통이 수평으로 4.9m/sec²의 일정한 가속도를 받고 있을 때, 물통의 물이 넘쳐흐르지 않기 위한 물통의 길이(L)는?

[기사 11]

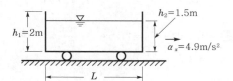

① 2.0m ② 2.4m

③ 2.8m ④ 3.0m

해설 $\tan\theta = \dfrac{\alpha}{g} = \dfrac{h}{L/2}$ 로부터

$$\frac{2 - 1.5}{L/2} = \frac{4.9}{9.8}$$

$$\therefore \ L = 2\text{m}$$

108 물이 들어 있고 뚜껑이 없는 수조가 14.7 m/sec²로 수직 상향방향으로 가속되고 있을 때, 깊이 2m에서의 압력을 계산하면?

[기사 94, 98, 05, 산업 04, 09]

① 1t/m² ② 3t/m²

③ 5t/m² ④ 7.5t/m²

해설 $P = wh\left(1 + \dfrac{\alpha}{g}\right)$

$$= 1 \times 2\left(1 + \frac{14.7}{9.8}\right)$$

$$= 5\text{t/m}^2$$

109 그림에서 가속도 $\alpha = 19.6\text{m/sec}^2$일 때 A점에서의 압력은? [기사 04]

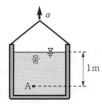

① 1.0t/m^2 ② 2.0t/m^2
③ 3.0t/m^2 ④ 4.0t/m^2

해설 $P = wh\left(1 + \dfrac{\alpha}{g}\right) = 1 \times 1 \times \left(1 + \dfrac{19.6}{9.8}\right)$
$= 3\text{t/m}^2$

110 그림과 같은 용기에 물을 넣고 연직하방향으로 가속도 α를 중력가속도만큼 작용했을 때 용기 내의 물에 작용하는 압력 P는? [산업 05]

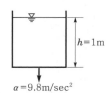

① $P = 0$
② $P = 1\text{t/m}^2$
③ $P = 2\text{t/m}^2$
④ $P = 3\text{t/m}^2$

해설 $\alpha = g$ 상태이다.
$P = wh\left(1 - \dfrac{\alpha}{g}\right)$
$= 1 \times 1 \times \left(1 - \dfrac{9.8}{9.8}\right) = 0$

111 물이 들어 있는 원통을 밑면 원의 중심을 축으로 일정한 각속도로 회전시킬 때에 대한 설명으로 옳지 않은 것은? (단, 물의 양은 변화가 없는 경우) [산업 09]

① 회전할 때의 원통측면에 작용하는 전수압은 정지시보다 크다.
② 원통측면에 작용하는 압력은 원통의 반지름이 커지면 그 크기는 증가한다.
③ 정지시나 회전시의 전 밑면이 받는 수압은 동일하다.
④ 회전시의 원통밑면의 외측 수압강도는 정지시와 크기가 같다.

해설 회전 시의 수압강도는 외측으로 갈수록 커진다.

112 그림과 같이 ω의 각속도로 회전하고 h_a까지 물이 올라왔다가 정지했을 때 높이는 h가 되었다. h_a, h, h_o의 관계식으로 옳은 것은? [기사 04]

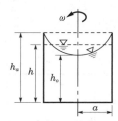

① $h > \dfrac{1}{2}(h_a + h_o)$

② $h < \dfrac{1}{2}(h_a + h_o)$

③ $h = \dfrac{1}{2}(h_a + h_o)$

④ $h_o = \dfrac{1}{2}(h_a + h)$

해설 ㉠ $h_o = \dfrac{1}{2}\left(2h - \dfrac{\omega^2}{2g}r^2\right)$
㉡ $h_a = \dfrac{1}{2}\left(2h + \dfrac{\omega^2}{2g}r^2\right)$
㉢ $h = \dfrac{1}{2}(h_o + h_a)$

113 그림과 같이 안지름이 2m, 높이 3m의 원통형 수조에 깊이 2.5m까지 물을 넣고 각속도 ω로 회전시킬 때 물이 수조 상단에 도달할 때의 각속도는 약 얼마인가? [산업 07]

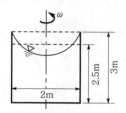

① $\omega = 1.4\mathrm{rad/s}$

② $\omega = 2.4\mathrm{rad/s}$

③ $\omega = 3.4\mathrm{rad/s}$

④ $\omega = 4.4\mathrm{rad/s}$

해설 $h_a = h + \dfrac{\omega^2 r^2}{4g}$ 으로부터

$3 = 2.5 + \dfrac{\omega^2 \times 1^2}{4 \times 9.8}$

$\therefore \omega = 4.4\mathrm{rad/sec}$

114 중력장에서 단위유체질량에 작용하는 외력 F의 x, y, z 축에 대한 성분을 각각 X, Y, Z 라고 하고, 각 축방향의 증분은 dx, dy, dz 라고 할 때 등압면의 방정식은? [산업 10]

① $\dfrac{dx}{X} + \dfrac{dy}{Y} + \dfrac{dz}{Z} = 0$

② $\dfrac{X}{dx} + \dfrac{Y}{dy} + \dfrac{Z}{dz} = 0$

③ $X \cdot dx + Y \cdot dy + Z \cdot dz = 0$

④ $X \cdot dx + Y \cdot dy + Z \cdot dz = dp$

해설 등압면의 방정식

$Xdx + Ydy + Zdz = 0$

SECTION **01** │ **동수역학의 기초**

1 흐름의 특성

(1) 흐름과 용어의 정의

① 유체의 입자가 연속적으로 운동하는 것을 흐름(flow)이라 한다.

② 유속(평균유속)은 흐름의 속도를 말한다.

③ 유적(A, 유수단면적)은 유체가 흐르는 단면적으로 흐름 방향에 수직인 평면으로 끊은 횡단면적을 말한다.

④ 유량은 단위시간에 유수단면적을 통과하는 유체의 체적을 말한다.

$$Q = A \cdot V$$ ··· (1)

여기서, Q : 유량(m³/sec), A : 유적(m²), V : 유속(m/sec)

⑤ 윤변(P)은 유적 중에 유체가 벽에 접하고 있는 길이(접수 길이)를 말한다.

⑥ 경심(R, 동수반경, 수리평균심)이란 유적을 윤변으로 나눈 값을 말한다.

$$R = \frac{A}{P}$$ ··· (2)

여기서, A : 유적, P : 윤변

(2) 유선과 유관

① 유선(streamline)은 유체가 흐르고 있는 경우 한 순간에 있어서, 각 유체 입자의 속도를 벡터로 보고 이들 벡터에 접하는 접선을 연결한 곡선을 말하고, 유선상에서 흐름의 방향은 항상 그 순간의 접선방향과 일치한다.

② 유적선(path line)은 유체 한 입자가 일정한 기간 내에 이동한 경로를 말한다.

③ 유관이란 유선으로 이루어진 가상적인 관, 즉 유선의 다발을 말한다.

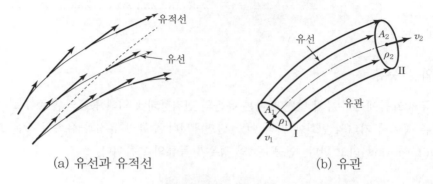

(a) 유선과 유적선   (b) 유관

[그림 3-1] 유선과 유관

(3) 유선방정식

① 유선상을 따라 이동하는 유체 입자의 변위와 속도성분간의 관계를 나타내는 식을 유선방정식이라 한다.

② 유선상의 한 점(x, y, z)의 속도 벡터 V 각각의 직각성분을 u, v, w라 하고, 미소변위 ds의 세 성분을 dx, dy, dz라 하면 유선방정식은

$$dt = \frac{dx}{u} = \frac{dy}{v} = \frac{dz}{w} \quad \text{...} \quad (3)$$

2 흐름의 종류

(1) 정류와 부정류

① 정류(steady flow, 정상류)란 한 단면을 지나는 물의 속도, 유량, 밀도, 압력 등의 유동 특성이 시간이 경과함에 따라 변하지 않는 흐름을 말하고, 일반적으로 평상시의 하천은 정류로 취급한다.

$$\frac{\partial V}{\partial t} = 0, \ \frac{\partial Q}{\partial t} = 0, \ \frac{\partial \rho}{\partial t} = 0 \quad \text{...} \quad (4)$$

② 부정류(unsteady flow, 비정상류)란 시간이 경과함에 따라 유동 특성이 변하는 흐름을 말하고,

홍수 시 하천의 흐름은 부정류로 간주한다.

$$\frac{\partial V}{\partial t} \neq 0, \ \frac{\partial Q}{\partial t} \neq 0, \ \frac{\partial \rho}{\partial t} \neq 0 \quad \text{..} \quad (5)$$

(2) 등류와 부등류

① 정류의 흐름에서 수류의 단면에 따른 유속의 변위상태에 의해 등류와 부등류로 구분된다.

② 정류 중에서 거리의 변화에 따라 어느 단면에서나 수류의 유적과 유속이 같은 흐름을 등류 (uniform flow)라고 한다. 인공수로의 경우가 등류의 흐름이다.

$$\frac{\partial V}{\partial t} = 0, \ \frac{\partial Q}{\partial l} = 0, \ \frac{\partial V}{\partial l} = 0, \ \frac{\partial h}{\partial l} = 0 \quad \text{................................} \quad (6)$$

③ 정류 중에서 거리의 변화에 따라 유량은 변하지 않으나 수류의 유적과 유속이 변하는 흐름을 부등류(nonuniform flow)라고 한다. 대부분 자연하천의 경우가 부등류의 흐름이다.

$$\frac{\partial V}{\partial t} = 0, \ \frac{\partial V}{\partial l} \neq 0, \ \frac{\partial h}{\partial l} \neq 0, \ \frac{\partial Q}{\partial l} = 0 \quad \text{................................} \quad (7)$$

(3) 층류와 난류

① 물 분자가 서로 전후, 좌우, 상하의 위치를 변하지 않고 층을 이루며 직선적으로 정연하게 흐를 때 층류(claminar flow)라 하고, 유속이 크게 되어 물 분자가 서로 심한 불규칙 운동을 하면서 흐트러져 흐르는 흐름을 난류(turbulent flow)라 한다.

② 흐름의 구별은 속도의 대소뿐만 아니라 관경, 유체의 점성에도 관계가 된다.

③ 층류와 난류의 구분은 무차원 수인 레이놀즈(Reynolds) 수를 이용하여 구분한다.

$$R_e = \frac{\text{흐름의 관성력}}{\text{점성력}} = \frac{\rho VD}{\mu} = \frac{VD}{\nu} \quad \text{................................} \quad (8)$$

㉠ $R_e < 2,000$인 경우 : 층류

㉡ $R_e > 4,000$인 경우 : 난류

㉢ $2,000 < R_e < 4,000$인 경우 : 한계류(천이구역, 층류와 난류가 공존)

(4) 상류와 사류

① 상류(常流, ordinary flow)란 하류(下流, 아래 쪽)에서 일어나는 수면변화(교란)가 상류(上流, 위쪽)로 전달되어, 하류(下流)로부터 영향을 받을 수 있는 흐름을 말하며, 수면변화가 상류(上流, 위쪽)로 전달될 수 없는 흐름을 사류(射流, jet flow)라고 한다.

② 상류(常流)와 사류(射流)는 프루드(Froude, F_r) 수를 이용하여 구분한다.

③ 장파의 전달속도 $C = \sqrt{gh_c}$ 와 흐름의 속도 V와의 관계

$$F_r = \frac{V}{C} = \frac{V}{\sqrt{gh}} \quad \text{.. (9)}$$

㉠ 상류 : $V < C$, $F_r < 1$

㉡ 사류 : $V > C$, $F_r > 1$

㉢ 한계류 : $V_c = C$, $F_{rC} = 1$

여기서, V_c : 한계 유속, F_{rC} : 한계 프루드(Froude) 수

SECTION 02 | 연속방정식

1 연속방정식의 일반

(1) 정류의 연속방정식

① 연속방정식은 물질은 창조되지도 않고 소멸되지도 않는다는 질량보존(mass conservation)의 법칙을 정상류로 흐르고 있는 유관에 적용시켜 얻게 되고, 유체의 연속성을 표시한다.

② 수류의 연속방정식(수류의 연속법칙)은 정류의 기본법칙이다. 이 수류의 연속법칙은 수류에 관한 질량불변의 법칙을 의미한다.

(2) 수류의 연속방정식(1차원)

① 비압축성 유체의 정류 흐름에서 하나의 유관을 생각하면 $Q_1 = A_1 V_1$, $Q_2 = A_2 V_2$이고 $Q = Q_1 = Q_2$가 된다.

$$Q = A_1 V_1 = A_2 V_2 = \text{cons}\,t$$

$$\therefore A_1 V_1 = A_2 V_2 \quad \dotfill \quad (10)$$

② 부정류의 연속방정식

$$\frac{\partial A}{\partial t} + \frac{\partial}{\partial l}(A\,V) = 0$$

정류의 경우 $\frac{\partial A}{\partial t} = 0$ 이므로 $\frac{\partial}{\partial l}(A\,V) = 0$, 또는 $\frac{\partial Q}{\partial l} = 0$ 이다.

$$\therefore Q = A\,V \quad \dotfill \quad (11)$$

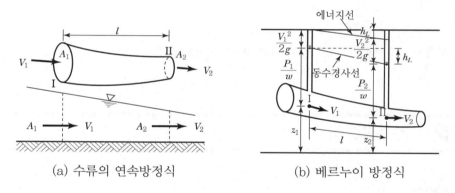

(a) 수류의 연속방정식   (b) 베르누이 방정식

[그림 3-2] 연속방정식

2 베르누이 방정식

(1) 베르누이 방정식의 일반

① 베르누이(Bernoulli) 방정식은 오일러(Euler) 방정식을 적분함으로써 얻어진다.

② 에너지 불변의 법칙(에너지 보존법칙)을 정상적으로 흐르는 완전유체에 적용시켜 각 에너지를 물기둥의 높이인 수두로 환산하여, 적용에 편리하도록 유도된 방정식을 베르누이의 정리(방정식)라 한다.

(2) 베르누이의 정리의 가정

① 임의의 두 점은 같은 유선상에 있다.

② 정상상태(정류)의 흐름이다.

③ 마찰이 없고, 비압축성 유체의 흐름이다. 즉, 이상유체(완전유체)의 흐름이다.

④ 일반적으로 하나의 유관 또는 유선에 대하여 성립한다.

(3) 베르누이의 정리

① 흐르는 물이 갖는 에너지는 위치에너지, 압력에 의한 에너지와 운동에너지의 합으로 표시되고, 이들 각 에너지를 수두로 환산하여 나타낸다. 완전유체의 경우는

$$위치수두 + 압력수두 + 속도수두 = 일정$$
$$Z_1 + \frac{P_1}{w_0} + \frac{V_1^2}{2g} = Z_2 + \frac{P_2}{w_0} + \frac{V_2^2}{2g} = \mathrm{const} \quad \cdots\cdots\cdots\cdots\cdots\cdots (12)$$

여기서, Z : 위치수두, $\dfrac{P}{w_0}$: 압력수두, $\dfrac{V^2}{2g}$: 속도수두

㉠ 에너지선 : 흐름의 각 점에서 전수두(위치수두 + 압력수두 + 속도수두)를 연결한 선

㉡ 동수경사(구배)선 : 흐름의 각 점에서 (위치수두 + 압력수두)의 값을 연결한 선

㉢ 동수(에너지)경사 : 동수경사선의 구배($I = h_L/l$)

② 압력의 항으로 표시된 베르누이의 정리

베르누이의 정리의 양변에 ρg를 곱하면

$$\rho g Z_1 + P_1 + \frac{1}{2} \rho V_1^2 = \rho g Z_2 + P_2 + \frac{1}{2} \rho V_2^2$$

이고, 수평이면 $Z_1 = Z_2$이므로

$$\therefore P_1 + \frac{1}{2} \rho V_1^2 = P_2 + \frac{1}{2} \rho V_2^2 \quad \cdots\cdots\cdots\cdots\cdots\cdots (13)$$

여기서, P : 정압력, $\rho g Z$: 위치압력

$\dfrac{1}{2} \rho V^2$: 동압력, $P + \dfrac{1}{2} \rho V^2$: 총압력

③ 실제 유체는 흐름에 의하여 유체의 점성이나 흐트러짐 때문에 유체내부에서 마찰이 발생하여 일부의 역학적 에너지가 열에너지로 변환되면서 에너지 손실(h_L)이 나타난다. 실제 유체의 베르누이 식은

$$Z_1 + \frac{P_1}{w_0} + \frac{V_1^2}{2g} = Z_2 + \frac{P_2}{w_0} + \frac{V_2^2}{2g} + h_L = \mathrm{const} \quad \text{(14)}$$

(4) 방정식의 적용한계 및 정체압력(총압력)

① 방정식의 적용한계

수로 또는 관로의 높이차가 10.33m 이상이면 물은 흐름이 아니라 자유낙하로 볼 수 있다. 따라서 높이차가 10.33m 이상이면 베르누이의 정리나 연속방정식을 적용할 수 없다.

② 정체압력(총압력, stagnation pressure)

정체압력점에서 총압력이 발생하며, 물체가 유체 중에서 이동할 때 맨 앞부분에서 발생한다. 정체압력(총압력)은 정압력과 동압력의 합이다.

$$총압력 = P + \frac{V^2}{2g} = w_0 h + \frac{V^2}{2g} \quad \text{(15)}$$

③ 잠수함의 앞부분이나 물고기의 머리 부분 등, 앞부분에 정체압력이 걸리므로 강하게 만들어야 한다.

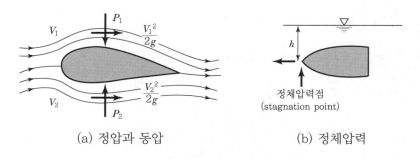

(a) 정압과 동압   (b) 정체압력

[그림 3-3] 베르누이 정리의 응용압력

③ 베르누이 정리의 응용

(1) 토리첼리(Torricelli)의 정리

① 작은 오리피스(orifice)에서 A, B 두 점을 한 유선상의 흐름으로 가정하여 베르누이 식을 적용하면

$$h + 0 + 0 = 0 + 0 + \frac{V^2}{2g}$$

$$\therefore \ V = \sqrt{2gh}$$ ·· (16)

② 대기압은 두 지점에 동시에 작용하므로 무시하고, B점의 접근유속은 미세하므로 무시한다. B점은 기준면 그 자체이므로 위치수두가 0이다.

(2) 피토관(Pitot tube)

① 피토관이란 양쪽의 입구가 다 열려 있는 직각으로 구부러진 관을 물속에 넣고, 관내의 높이를 측정하여 흐름의 유속을 측정하는 장치를 말한다.

② 두 지점 A, B에 베르누이 식을 적용하면

$$0 + h_1 + \frac{V_1^2}{2g} = 0 + (h_1 + H) + 0$$

$$\therefore \ V_1 = \sqrt{2gH}$$ ·· (17)

③ 여기서 $\frac{V^2}{2g} = H$는 속도수두가 위치수두로 변화한 것을 의미한다.

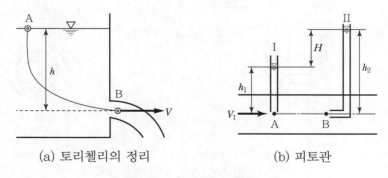

(a) 토리첼리의 정리　　　　　　(b) 피토관

[그림 3-4] 베르누이 정리의 응용

(3) 벤튜리미터(Venturimeter)

① 관의 일부 단면을 축소시켜 피에조미터의 수위차를 측정하여 관내의 유량을 구하는 장치이다.

② 피에조미터를 사용한 경우의 이론유량(h를 측정한 경우)

$$Q = \frac{A_1 A_2}{\sqrt{A_1^2 - A_2^2}} \sqrt{2gh} \quad \cdots\cdots\cdots\cdots\cdots\cdots\cdots\cdots\cdots\cdots\cdots\cdots\cdots\cdots\cdots\cdots \text{(18)}$$

③ U자형 액주계를 사용한 경우의 이론유량(h'를 측정한 경우)

$$h = \frac{\Delta P}{w} = \frac{(w' - w)}{w} h' = (\frac{w'}{w} - 1)h' \text{이므로}$$

$$Q = \frac{A_1 A_2}{\sqrt{A_1^2 - A_2^2}} \sqrt{2gh'(\frac{w'}{w} - 1)} \quad \cdots\cdots\cdots\cdots\cdots\cdots\cdots\cdots\cdots\cdots\cdots\cdots\cdots \text{(19)}$$

여기서, h' : 액주계에 나타난 액체의 높이차
w' : 액주계에 사용된 액체의 단위중량

(4) 기타의 응용

비행기 양압력, 야구공의 커브, 태풍이 불 때의 양철지붕 등이 있다.

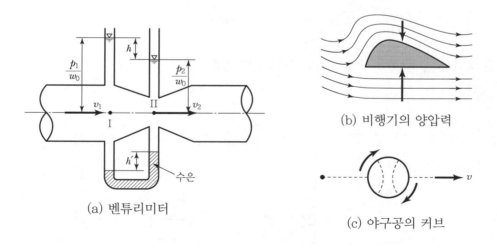

(a) 벤튜리미터

(b) 비행기의 양압력

(c) 야구공의 커브

[그림 3-5] 베르누이 정리의 응용

SECTION 03 | 운동량과 역적

1 운동량 방정식

(1) 운동량과 충격량

① 운동량 방정식은 흐르는 물이 어느 물체에 부딪혀 유속이 변화하며 가한 힘의 크기를 구하는 데 유용한 식으로, 뉴턴의 운동법칙(제2법칙)으로부터 유도된다.

② 뉴턴(Newton)의 제2법칙에서 $F = ma = m\dfrac{\Delta V}{\Delta t}$ 로부터 운동량 방정식은

$$\therefore \ F \cdot \Delta t = m \cdot \Delta V \quad \text{...} \ (20)$$

여기서, $F \cdot \Delta t$: 충격량(力積), $m \cdot \Delta V$: 운동량

(2) 충격력

① $\Delta t = 1$ 일 때, 속도가 변화하면서 생긴 운동량은 힘과 같다. 물의 V(체적)는 Q(체적유량)로 대치되며, $m = \rho Q$, $\rho = \dfrac{w}{g}$ 를 대입하면

$$\therefore \ F = \frac{w}{g} Q \Delta V = \frac{w}{g} Q(V_2 - V_1) \quad \text{(반력)} \quad \text{...........................} \ (21)$$

$$\therefore \ F = \frac{w}{g} Q(V_1 - V_2) \quad \text{(작용력, 충격력)} \quad \text{........................} \ (22)$$

2 정지 판에 미치는 충격력

(1) 정지 평판에 충돌할 경우

① 정지 평판에 직각으로 충돌할 경우

$F = \dfrac{w}{g} Q(V_1 - V_2)$ 에서 F가 x방향으로 작용하므로 $V_1 = V$, $V_2 = 0$

$$\therefore \ F_x = \frac{w}{g} QV = \frac{w}{g} A V^2 \quad \cdots\cdots\cdots\cdots\cdots\cdots\cdots\cdots\cdots\cdots\cdots \ (23)$$

② 정지 평판에 경사지게 충돌할 경우

$F = \dfrac{w}{g} Q(V_1 - V_2)$에서 F가 x방향으로 작용하므로 $V_1 = V\sin\theta, \ V_2 = 0$

$$\therefore \ F_x = \frac{w}{g} QV\sin\theta = \frac{w}{g} A V^2\sin\theta \quad \cdots\cdots\cdots\cdots\cdots\cdots\cdots\cdots \ (24)$$

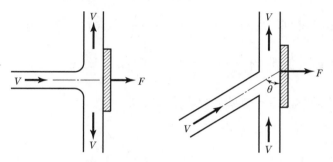

　(a) 직각으로 충돌할 경우 　　(b) 경사지게 충돌할 경우

[그림 3-6] 정지 평면판에 미치는 충격력

(2) 정지 곡면판에 $\theta < 90°$로 충돌할 경우

① x방향의 분력은 $V_1 = V, \ V_2 = V\cos\theta$

$$F_x = \frac{w}{g} Q(V - V\cos\theta)$$

$$\therefore \ F_x = \frac{w}{g} QV(1 - \cos\theta) \quad \cdots\cdots\cdots\cdots\cdots\cdots\cdots\cdots\cdots\cdots \ (25)$$

② y방향의 분력은 $V_1 = 0, \ V_2 = V\sin\theta$

$$F_y = \frac{w}{g} Q(0 - V\sin\theta)$$

$$\therefore F_y = -\frac{w}{g}QV\sin\theta \quad \text{..} (26)$$

여기서, (−)는 힘의 작용방향이 반대임을 의미한다.

따라서, 충격력은

$$\therefore F = \sqrt{F_x^2 + F_y^2} \quad \text{..} (27)$$

(3) 정지 곡면판에 $\theta = 180°$로 충돌할 경우

① x방향의 분력은 $V_1 = V$, $V_2 = -V$

$$F_x = \frac{w}{g}Q(V_1 - V_2) = \frac{w}{g}Q(V - (-V))$$

$$\therefore F_x = 2\frac{w}{g}QV = 2\frac{w}{g}AV^2 \quad \text{..} (28)$$

② y방향의 분력은 $V_1 = 0$, $V_2 = 0$

$$\therefore F_y = 0 \quad \text{..} (29)$$

따라서, 충격력은

$$\therefore F = \sqrt{F_x^2 + F_y^2} = F_x \quad \text{..} (30)$$

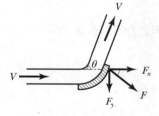
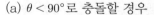
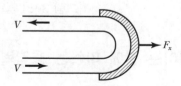

(a) $\theta < 90°$로 충돌할 경우   (b) $\theta = 180°$로 충돌할 경우

[그림 3-7] 정지 곡면판에 미치는 충격력

(4) 임의의 각으로 곡면판에 충돌할 경우

① x방향의 분력은 $V_1 = V\cos\theta_1, \ V_2 = V\cos\theta_2$

$$F_x = \frac{w}{g}Q(V_1 - V_2) = \frac{w}{g}Q(V\cos\theta_1 - V\cos\theta_2)$$

$$\therefore \ F_x = \frac{w}{g}QV(\cos\theta_1 - \cos\theta_2) \ \text{.......................................} \ (31)$$

② y방향의 분력은 $V_1 = V\sin\theta_1, \ V_2 = V\sin\theta_2$

$$F_y = \frac{w}{g}Q(V\sin\theta_1 - (-V\sin\theta_2))$$

$$\therefore \ F_y = \frac{w}{g}QV(\sin\theta_1 + \sin\theta_2) \ \text{.......................................} \ (32)$$

따라서, 충격력은

$$\therefore \ F = \sqrt{F_x^2 + F_y^2} \ \text{.......................................} \ (33)$$

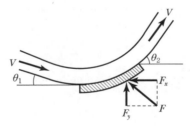

[그림 3-8] 임의의 각으로 곡면판에 충돌할 경우

③ 움직이는 판에 미치는 충격력

(1) 평판에 직각으로 충돌할 경우

절대속도 u로 움직이는 판에 절대속도 V의 분류가 흐를 때 판에 충돌하는 상대속도는 $V-u$이다. 따라서, $V_1 = V-u, \ V_2 = 0$이므로

$$\therefore F_x = \frac{w}{g}Q(V-u) = \frac{w}{g}A(V-u)^2 \quad \cdots\cdots\cdots\cdots\cdots\cdots\cdots\cdots\cdots\cdots \text{(34)}$$

(2) 곡면판에 충돌할 경우

곡면판에 충돌하는 상대속도가 $V_1 = V-u, \ V_2 = (V-u)\cos\theta$ 이므로

$$F_x = \frac{w}{g}Q(V-u)(1-\cos\theta) = \frac{w}{g}A(V-u)^2(1-\cos\theta) \quad \cdots\cdots\cdots\cdots\cdots \text{(35)}$$

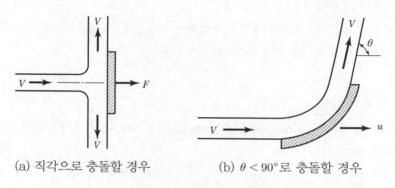

(a) 직각으로 충돌할 경우　　　　(b) $\theta < 90°$로 충돌할 경우

[그림 3-9] 정지 곡면판에 미치는 충격력

(3) 수차 날개에 사출수가 유입하는 경우

수차 날개가 수맥과 같은 방향으로 u인 속도로 움직일 때 하나의 평판에 수맥이 충돌하는 충격력이다.

$$F = \frac{w}{g}Q(V-u) \quad \cdots\cdots\cdots\cdots\cdots\cdots\cdots\cdots\cdots\cdots\cdots\cdots\cdots\cdots\cdots\cdots\cdots \text{(36)}$$

여기서, $Q = A \cdot V$

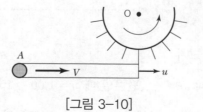

[그림 3-10]

SECTION 04 | 보정계수와 속도 포텐셜

1 보정계수

(1) 보정계수의 의미

① 임의의 유관 또는 수로에서 유속을 평균유속으로 사용함으로 인해 나타나는 에너지의 차이를 보정해주는 계수이다.

② 에너지 보정계수와 운동량 보정계수는 실제유속과 평균유속을 사용했을 때 에너지와 운동량의 크기가 다르므로 이것을 보정하기 위한 계수이다.

(2) 에너지 보정계수

① 에너지 보정계수(α, kinetic energy correction factor)는 수로의 단면형과 유속분포에 따라 결정되는 계수이다.

$$\alpha = \int_A \left(\frac{V}{V_m} \right)^3 \frac{dA}{A} \quad \text{...} (37)$$

② 에너지 보정계수 α의 크기

원관 내에서 층류일 때 $\alpha = 2.0$, 난류일 때 $\alpha = 1.01 \sim 1.10$, 보통 $\alpha = 1.1$를 사용하고, 폭 넓은 사각형 수로(광폭 구형수로)의 경우 $\alpha = 1.058$을 사용한다.

(3) 운동량 보정계수

① 운동량 보정계수(η, momentum correction factor)는

$$\eta = \int_A \left(\frac{V}{V_m} \right)^2 \frac{dA}{A} \quad \text{...} (38)$$

② 운동량 보정계수 η의 크기

원관 내에서 층류일 때 $\eta = \frac{4}{3}$, 난류일 때 $\eta = 1.00 \sim 1.05$이고, 사각형 수로에서 난류일 때 $\eta = 1.02$이며, 실용적 계산에서는 보통 $\eta = 1.0$을 사용한다.

2 속도 포텐셜

(1) 포텐셜류

① 유체의 흐름에 있어서 속도 포텐셜(ϕ, velocity potential)을 가지고 있는 흐름을 말한다.

② 유체입자가 회전을 하지 않는 흐름을 비회전류(irrotational flow)라고 한다.

③ 유체입자가 소용돌이(eddy)처럼 회전하면서 흐르는 흐름을 회전류(rotational flow)라고 한다.

$$u = \frac{\partial \phi}{\partial x}, \quad v = \frac{\partial \phi}{\partial y}, \quad w = \frac{\partial \phi}{\partial z} \quad \cdots\cdots (39)$$

여기서, ϕ : 속도 포텐셜

u, v, w : 속도성분

(2) 라플라스 방정식

① 속도 포텐셜은 라플라스(Laplace) 방정식을 만족한다.

② 위의 관계식을 정상류의 연속방정식에 적용하면 라플라스 방정식은

$$\frac{\partial^2 \phi}{\partial x^2} + \frac{\partial^2 \phi}{\partial y^2} + \frac{\partial^2 \phi}{\partial z^2} = 0 \quad \cdots\cdots (40)$$

SECTION 05 | 오일러(Euler)의 운동방정식과 항력(drag force)

1 운동방정식

(1) 1차원 흐름에 대한 운동방정식

① 베르누이 정리의 일반형

$$V \frac{\partial V}{\partial s} + \frac{\partial V}{\partial t} = -g \frac{\partial z}{\partial s} - \frac{1}{\rho} \frac{\partial p}{\partial s} \quad \cdots\cdots (41)$$

② 정류에서 $\dfrac{\partial V}{\partial t}=0$이므로

$$V\dfrac{\partial V}{\partial s}=-g\dfrac{\partial z}{\partial s}-\dfrac{1}{\rho}\dfrac{\partial p}{\partial s}$$ .... (42)

(2) 3차원 흐름에 대한 운동방정식

$$
\begin{aligned}
① \;\; &\dfrac{\partial u}{\partial x}u+\dfrac{\partial u}{\partial y}v+\dfrac{\partial u}{\partial z}w+\dfrac{\partial u}{\partial t}=X-\dfrac{1}{\rho}\dfrac{\partial p}{\partial x}\\
② \;\; &\dfrac{\partial v}{\partial x}u+\dfrac{\partial v}{\partial y}v+\dfrac{\partial v}{\partial z}w+\dfrac{\partial v}{\partial t}=Y-\dfrac{1}{\rho}\dfrac{\partial p}{\partial y}\\
③ \;\; &\dfrac{\partial w}{\partial x}u+\dfrac{\partial w}{\partial y}v+\dfrac{\partial w}{\partial z}w+\dfrac{\partial w}{\partial t}=Z-\dfrac{1}{\rho}\dfrac{\partial p}{\partial z}
\end{aligned}
$$ .... (43)

여기서, u, v, w : 유체 입자의 x, y, z방향의 속도 성분
X, Y, Z : 단위질량에 작용하는 질량력의 x, y, z방향의 성분

2 3차원 흐름에 대한 연속방정식

(1) 압축성 부정류의 경우(질량보존법칙)

$$\dfrac{\partial \rho}{\partial t}+\dfrac{\partial(\rho u)}{\partial x}+\dfrac{\partial(\rho \nu)}{\partial y}+\dfrac{\partial(\rho w)}{\partial z}=0$$ .... (44)

(2) 압축성 정상류$\left(\dfrac{\partial \rho}{\partial t}=0\right)$

$$\dfrac{\partial(\rho u)}{\partial x}+\dfrac{\partial(\rho \nu)}{\partial y}+\dfrac{\partial(\rho w)}{\partial z}=0$$ .... (45)

(3) 비압축성 정상류(ρ : 상수)

$$\dfrac{\partial u}{\partial x}+\dfrac{\partial \nu}{\partial y}+\dfrac{\partial w}{\partial z}=0$$ .... (46)

3 항력

(1) 유체의 저항

① 유체 속을 물체가 움직일 때, 또는 흐르는 유체 속에 물체가 잠겨 있을 때는 유체에 의해 물체가 저항력을 받는다. 이 힘을 항력(drag force, D) 또는 유체의 저항력이라 한다.

② 항력의 크기

$$D = C_D A \frac{\rho V^2}{2} \quad \cdots\cdots\cdots\cdots\cdots\cdots\cdots\cdots\cdots\cdots\cdots\cdots\cdots\cdots \quad (47)$$

여기서, D : 유체의 전저항력

C_D : 저항계수(drag coefficient), 구체의 경우 $C_D = \dfrac{24}{R_e}$

A : 흐름방향의 물체 투영면적

(2) 항력의 종류

① 표면저항(마찰저항)

유체가 물체의 표면을 따라 흐를 때 점성과 난류에 의해 물체 표면에 마찰이 생긴다. 이 마찰력을 표면저항(마찰저항)이라 하며, 일반적인 물체에서는 R_e 수가 작을 때 비교적 표면저항이 크다.

② 형상저항(압력저항)

R_e 수가 상당히 크게 되면 유선이 물체 표면에서 떨어지고 물체의 후면에는 소용돌이인 후류(wake)가 발생한다. 이 후류 속에서는 압력이 저하하고, 물체를 흐름방향으로 당기게 된다. 이것을 형상저항이라 한다.

③ 조파저항(wave making resistence)

물체가 수면에 떠 있을 때 수면에 파동이 생긴다. 이 파동을 일으키는데 소요되는 에너지가 조파저항이다.

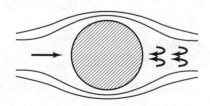

[그림 3-11] 항력(후류)

01 유체의 흐름에 관한 설명 중 옳지 않은 것은?

[기사 97]

① 유체의 입자가 움직인 경로를 유적선
(path line)이라 한다.
② 부정류에서는 유선이 시간에 따라 변화
한다.
③ 정류에서는 하나의 유선이 다른 유선과 교차하
게 된다.
④ 점성을 무시하고 밀도가 일정한 가상적
유체를 완전유체라 한다.

해설 유선(stream line)
㉠ 유선은 어떤 순간에 대하여 생각하므로 하나의
유선이 다른 유선과 교차하지 않는다.
㉡ 정류시 유선과 유적선은 일치한다.
㉢ 부정류시 유선과 유적선은 일치하지 않는다.

02 유선(stream line)에 대한 설명으로 가장 옳
은 것은? [기사 00]

① 유체입자가 움직인 경로를 말한다.
② 등류일 때만 정의될 수 있다.
③ 속도 벡터의 수직선을 연결한 선이다.
④ 각 유체입자의 속도 벡터가 접선이 되는
가상적인 1개의 곡선이다.

해설 유체가 운동할 때 어느 시각에 있어서 각 입자의 속도
벡터가 접선이 되는 가상적인 1개의 곡선을 유선이
라 한다.

03 유선(stream line)에 대한 설명으로 옳지 않
은 것은? [기사 10]

① 유선에 수직한 방향으로 속도 성분이 존
재한다.
② 유선은 어느 순간의 속도벡터에 접하는

곡선이다.
③ 흐름이 정상류일 때는 유선과 유적선이
일치한다.
④ 유선 방정식은 $\dfrac{dx}{u} = \dfrac{dy}{v} = \dfrac{dz}{w}$ 이다.

해설 유선(stream line)
㉠ 유선은 어느 시각에 있어서 각 입자의 속도벡터가
접선이 되는 가상적인 곡선이다.
㉡ 정류시 유선과 유적선은 일치한다.
㉢ 유선의 방정식
$$\frac{dx}{u} = \frac{dy}{v} = \frac{dz}{w}$$

04 유선에 대한 설명 중 옳지 않은 것은?

[기사 02]

① 정상류에서는 유적선과 일치한다.
② 비정상류에서는 시간에 따라 유선이 달
라진다.
③ 유선이란 유체입자가 움직인 경로를 말
한다.
④ 하나의 유선은 다른 유선과 교차하지 않
는다.

해설 ㉠ 유선이란 어느 시각에 있어서 각 입자의 속도 벡
터가 접선이 되는 가상적인 곡선을 말한다.
㉡ 유적선이란 유체입자의 운동경로를 말한다.

05 유적선을 설명한 것이다. 옳은 것은?

[기사 95]

① 물의 분자가 이동하는 운동경로를 그렸
을 때 이것을 유적선이라 한다.
② 물의 분자가 어느 순간에 있어서 각 점에
서의 속도 벡터에 접하는 접선을 말한다.
③ 정류흐름에서 유선형의 시간적 변화가

없기 때문에 유적선과 유선은 일치하지 않는다.
④ 부정류에서는 운동상태가 변화하므로 유적선과 유선은 일치한다.

해설 유적선(stream path line)
㉠ 유체입자의 움직이는 경로를 말한다.
㉡ 정류에서 유적선과 유선은 일치하고, 부정류에서는 일치하지 않는다.

06 다음 설명 중 옳지 않은 것은? [기사 07]
① 흐름이 층류일 때 뉴턴의 점성법칙을 적용할 수 있다.
② 정상류란 모든 점에서의 흐름과 특성이 시간에 따라 변하지 않는 흐름이다.
③ 유관이란 개방된 곡선을 통과하는 유선으로 이루어진 평면을 말한다.
④ 유선이란 각 점에서 속도 벡터에 접하는 곡선이다.

해설 유관이란 폐합된 곡선을 통과하는 외측 유선으로 이루어진 가상적인 관을 말한다.

07 물 흐름을 해석할 때의 연속방정식에서 질량유량을 사용하지 않고 체적유량을 사용하는 이유는? [기사 06]
① 물을 비압축성 유체로 간주할 수 있기 때문이다.
② 질량보다는 체적이 더 중요하기 때문이다.
③ 밀도를 무시할 수 있기 때문이다.
④ 물은 점성 유체이기 때문이다.

해설 공학에서 다루는 물은 압력이나 온도에 따라 그 밀도변화가 거의 무시될 수 있으므로 대부분의 경우 비압축성으로 가정한다. 따라서 수리학에서 주로 사용하는 정류에 대한 연속방정식은 체적유량이다.
($Q = A_1 V_1 = A_2 V_2$)

08 유량을 옳게 설명한 것은? [산업 05]
① 단위시간 내에 유적을 통과한 물의 용량이다.
② 단위시간 내에 물이 이동한 거리이다.
③ 유적을 통과한 단위시간을 말한다.
④ 유적을 통과하는 수량을 단위시간당 유속으로 표시한다.

해설 단위시간당 유량
$Q = A V_m (\mathrm{m^3/sec})$

09 정류에 관한 설명으로 옳지 않은 것은?
[기사 02, 산업 01, 11]
① 흐름의 상태가 시간에 관계 없이 일정하다.
② 유선에 따라 유속은 다를 수 있다.
③ 유선과 유적선이 일치한다.
④ 어느 단면에서나 유속이 균일해야 한다.

해설 정류(steady flow)
㉠ 유체가 운동할 때 한 단면에서 속도, 압력, 유량 등이 시간에 따라 변하지 않는 흐름이다. 즉, 관속의 한 단면에서 속도, 압력, 유량 등이 일정하다.
㉡ 유선과 유적선이 일치한다.
㉢ 평상시 하천의 흐름을 정류라 한다.

10 정류에 대한 설명으로 옳지 않은 것은? [산업 11]
① 어느 단면에서 지속적으로 유속이 균일해야 한다.
② 흐름의 상태가 시간에 관계없이 일정하다.
③ 유선과 유적선이 일치한다.
④ 유선에 따라 유속이 일정하게 변한다.

해설 정류와 부정류
㉠ 시간에 따른 흐름의 특성이 변하지 않는 경우를 정류, 변하는 경우를 부정류라 한다.
㉡ 정류 : $\dfrac{\partial v}{\partial t} = 0$, $\dfrac{\partial p}{\partial t} = 0$, ⋯

ⓒ 부정류 : $\frac{\partial v}{\partial t} \neq 0,\ \frac{\partial p}{\partial t} \neq 0,\cdots$

ⓓ 정류의 해석
- 흐름이 정류이면 유선과 유적선은 일치한다.
- 하나의 유선상의 흐름의 특성이 일정한 흐름을 말한다.

11 다음 설명 중 옳지 않은 것은? [기사 97]

① 평상시의 하천은 정류이다.
② 홍수시의 하천은 부정류이다.
③ 수류의 단면에 따라 유속이 다른 흐름을 부정류라 한다.
④ 층류에서 난류로 변화할 때의 유속을 한계유속이라 한다.

해설 층류에서 난류로 변화할 때의 한계유속을 상한계유속이라 한다.

12 다음 설명 중 정류(定流)가 아닌 것은?
[기사 98]

① 모든 점에서의 흐름 특성이 동일한 흐름이다.
② 등류(等流)도 정류로 취급한다.
③ 평상시 하천 및 용수로의 흐름은 근사적으로 정류로 취급한다.
④ 모든 점에서의 흐름이 유수단면적 및 유속이 시간에 따라 변하지 않는 흐름이다.

해설 ㉠ 유체의 흐름 특성이 시간에 따라 변하지 않는 흐름을 정류라 한다.
㉡ 정류 중에서 어느 단면에서나 유속과 수심이 변하지 않는 흐름을 등류라 한다.

13 정상류(steady flow)의 정의로 가장 적합한 것은? [기사 08]

① 한 점에서 수리학적 특성이 시간에 따라 변화하지 않는 흐름

② 어떤 순간에 가까운 점들의 수리학적 특성이 흐름의 상태와 같아지는 흐름
③ 수리학적 특성이 시간에 따라 점차적으로 흐름의 상태와 같이 변화하는 흐름
④ 어떤 구간에서만 수리학적 특성과 흐름의 상태가 변화하는 흐름

해설 수류의 한 단면에서 유량이나 속도, 압력, 밀도 등이 시간에 따라 변하지 않는 흐름을 정류라 한다.

14 정상류의 흐름에 대한 설명으로 가장 적합한 것은? [산업 09]

① 모든 점에서 유동특성이 시간에 따라 변하지 않는다.
② 수로의 어느 구간을 흐르는 동안 유속이 변하지 않는다.
③ 모든 점에서 유체의 상태가 시간에 따라 일정한 비율로 변한다.
④ 유체의 입자들이 모두 열을 지어 질서있게 흐른다.

해설 ㉠ 유체의 흐름 특성이 시간에 따라 변하지 않는 흐름을 정류라 한다.
㉡ 정류 중에서 어느 단면에서나 유속과 수심이 변하지 않는 흐름을 등류라 한다.

15 그림은 관내의 손실수두와 유속과의 관계를 나타내고 있다. 유속 V_a에 대한 설명으로 옳은 것은? [기사 10]

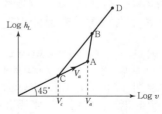

① 층류 → 난류로 변화하는 유속

② 난류 → 층류로 변화하는 유속

③ 등류 → 부등류로 변화하는 유속

④ 부등류 → 등류로 변화하는 유속

[해설] 층류와 난류

유속 V_a는 층류 흐름에서 난류로 바뀌는 구간의 유속을 의미한다.

16 등류(uniform flow)에 대한 설명 중 옳지 않은 것은? [기사 95]

① 수심은 지점에 따라 변하지 않는다.

② 에너지선과 수면구배는 모두 수로바닥 구배와 같다.

③ 속도, 위치 및 압력수두의 합은 일정하다.

④ 수로의 마찰저항이 중력의 흐름방향 분력과 같다.

[해설] 등류(uniform flow)

㉠ 정류로 흐르는 개수로에서 어느 단면에서도 유속과 수심이 변하지 않는 흐름을 등류라 한다.

㉡ 등류 시 수로 바닥, 수면 및 에너지선이 나란하다.

17 유속 V, 시간 t, 위치를 표시하는 요소를 l 이라 할 때, 옳지 않은 것은? [기사 93, 98]

① $\dfrac{\partial V}{\partial t} \neq 0,\ \dfrac{\partial V}{\partial l} = 0$(부등류)

② $\dfrac{\partial V}{\partial t} \neq 0,\ \dfrac{\partial V}{\partial l} \neq 0$(부정류)

③ $\dfrac{\partial V}{\partial t} = 0,\ \dfrac{\partial V}{\partial l} = 0$(등류)

④ $\dfrac{\partial V}{\partial t} = 0$(정류)

[해설] ㉠ 정류 : $\dfrac{\partial V}{\partial t} = 0,\ \dfrac{\partial Q}{\partial t} = 0$

• 등류 : $\dfrac{\partial V}{\partial t} = 0,\ \dfrac{\partial V}{\partial l} = 0$

• 부등류 : $\dfrac{\partial V}{\partial t} = 0,\ \dfrac{\partial V}{\partial l} \neq 0$

㉡ 부정류 : $\dfrac{\partial V}{\partial t} \neq 0,\ \dfrac{\partial Q}{\partial t} \neq 0$

18 유체의 흐름에서 유속을 v, 시간을 t, 거리를 l, 압력을 p라 할 때 틀린 것은? [기사 07]

① 정류 : $\dfrac{\partial v}{\partial t} = 0,\ \dfrac{\partial p}{\partial t} = 0$

② 부정류 : $\dfrac{\partial v}{\partial t} \neq 0,\ \dfrac{\partial p}{\partial t} \neq 0$

③ 등류 : $\dfrac{\partial v}{\partial t} = 0,\ \dfrac{\partial v}{\partial l} = 0$

④ 부등류 : $\dfrac{\partial v}{\partial t} \neq 0,\ \dfrac{\partial v}{\partial l} \neq 0$

[해설] 부등류의 흐름

$\dfrac{\partial v}{\partial t} = 0,\ \dfrac{\partial v}{\partial l} \neq 0$

19 유속 v, 시간 t, 변위 l 이라고 할 때 옳지 않은 것은? [기사 06]

① $\dfrac{v}{t} \neq 0,\ \dfrac{v}{l} = 0$일 때 : 부등류

② $\dfrac{v}{t} \neq 0$일 때 : 부정류

③ $\dfrac{v}{l} = 0,\ \dfrac{v}{t} = 0$일 때 : 등류

④ $\dfrac{v}{t} = 0$일 때 : 정류

[해설] ㉠ 정류 : $\dfrac{\partial V}{\partial t} = 0,\ \dfrac{\partial Q}{\partial t} = 0$

• 등류 : $\dfrac{\partial V}{\partial t} = 0,\ \dfrac{\partial V}{\partial l} = 0$

• 부등류 : $\dfrac{\partial V}{\partial t} = 0,\ \dfrac{\partial V}{\partial l} \neq 0$

㉡ 부정류 : $\dfrac{\partial V}{\partial t} \neq 0,\ \dfrac{\partial Q}{\partial t} \neq 0$

20 부정류에 대한 수류의 연속방정식은?

[기사 95]

① $\partial(AV)/\partial t = 0$
② $\partial(AV)/\partial l = 0$
③ $\partial(AV)/\partial t + \partial(AV)/\partial l = 0$
④ $\partial A/\partial t + \partial(AV)/\partial l = 0$

해설 1차원 흐름의 연속방정식(비압축성 유체)

정류	$Q = AV =$ 일정
부정류	$\dfrac{\partial A}{\partial t} + \dfrac{\partial}{\partial l}(AV) = 0$

21 유선(流線) 위 한 점의 x, y, z축상의 좌표를 (x, y, z), 속도의 x, y, z축방향의 성분을 각각 u, v, w라 할 때 서로의 관계가 $\dfrac{dx}{u} = \dfrac{dy}{v} = \dfrac{dz}{w}$, $u = -ky$, $v = kx$, $w = 0$인 흐름에서 유선의 형태는? (단, k는 상수)

[기사 00, 06]

① 쌍곡선   ② 원
③ 타원   ④ 직선

해설 $\dfrac{dx}{u} = \dfrac{dy}{v} = \dfrac{dz}{w}$ 로부터

$\dfrac{dx}{-ky} = \dfrac{dy}{kx}$

$kx\,dx + ky\,dy = 0$

$x\,dx + y\,dy = 0$

$x^2 + y^2 = c$이므로

∴ 원

22 속도성분이 $u = kx$, $v = -ky$인 2차원 흐름의 유선형태는?

[산업 00]

① 원   ② 직선
③ 포물선   ④ 쌍곡선

해설 $\dfrac{dx}{u} = \dfrac{dy}{v}$ 에서 $u = kx$, $v = -ky$를 대입하면

$\dfrac{dx}{kx} = \dfrac{dy}{-ky}$

$\dfrac{1}{x}dx + \dfrac{1}{y}dy = 0$

$\displaystyle\int \left(\dfrac{1}{x}dx + \dfrac{1}{y}dy \right) = c$

$\ln x + \ln y = c$ 이므로

∴ 쌍곡선

23 개수로에서 유속을 V, 중력가속도를 g, 수심을 h로 표시할 때 장파(長波)의 전파속도를 나타내는 것은?

[산업 12]

① gh ② Vh
③ $\sqrt{gh}$ ④ $\sqrt{Vh}$

해설 장파의 전파속도

$C = \sqrt{gh}$

여기서, C : 장파의 전파속도
g : 중력가속도
h : 수심

24 흐름의 연속방정식은 어떤 법칙을 기초로 하여 만들어진 것인가?

[산업 04, 10]

① 질량보존의 법칙
② 에너지보존의 법칙
③ 운동량보존의 법칙
④ 마찰력불변의 법칙

해설 ㉠ 연속방정식은 질량보존의 법칙(law of mass conservation)을 표시해 주는 방정식이다.
㉡ 베르누이정리는 에너지보존의 법칙을 표시해 주는 방정식이다.

25 유속 3m/s로 매 초 $100l$ 의 물이 흐르게 하는 데 필요한 관의 내경으로 알맞은 것은?

[기사 03]

① 206mm   ② 312mm
③ 153mm   ④ 265mm

해설 $Q = AV$ 에서 $0.1 = \dfrac{\pi d^2}{4} \times 3$

$\therefore d = 0.206\,\text{m}$

26 직경 50cm의 원통 수조에서 직경 1cm의 관으로 물이 유출되고 있다. 관 내의 유속이 1.5m/s일 때, 수조의 수면이 저하되는 속도는? [기사 04, 08]

① 3cm/s ② 0.3cm/s
③ 0.6cm/s ④ 0.06cm/s

해설 $A_1 V_1 = A_2 V_2$ 에서

$\dfrac{\pi \times 50^2}{4} \times V_1 = \dfrac{\pi \times 1^2}{4} \times 150$

$\therefore V_1 = 0.06\,\text{cm/s}$

27 관경이 d_1에서 d_2로 변하고 유속이 V_1에서 V_2로 변할 때 유속비$\left(\dfrac{V_2}{V_1}\right)$는? [산업 07, 10]

① $(d_1/d_2)^2$ ② $(d_2/d_1)^2$
③ (d_1/d_2) ④ (d_2/d_1)

해설 $A_1 V_1 = A_2 V_2$에서

$\dfrac{\pi d_1^2}{4} V_1 = \dfrac{\pi d_2^2}{4} V_2$이므로

$\therefore \dfrac{V_2}{V_1} = \left(\dfrac{d_1}{d_2}\right)^2$

28 그림과 같은 유관(流管)에 물이 흐르고 있다. 단면 Ⅰ에서의 유속이 1.5m/sec일 경우, 단면 Ⅱ에서의 유속은? (단, 단면 Ⅰ의 관지름 3.0m, 단면 Ⅱ의 관지름 1.5m이다.)[산업 03]

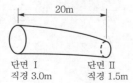

20m
단면 Ⅰ 직경 3.0m 단면 Ⅱ 직경 1.5m

① 3.5m/sec ② 6.0m/sec
③ 3.0m/sec ④ 5.5m/sec

해설 $A_1 V_1 = A_2 V_2$ 에서

$\dfrac{\pi \times 3^2}{4} \times 1.5 = \dfrac{\pi \times 1.5^2}{4} \times V_2$

$\therefore V_2 = 6\,\text{m/sec}$

29 질량보존의 법칙과 가장 관계가 깊은 것은? [기사 94, 00]

① 운동방정식
② 에너지방정식
③ 연속방정식
④ 운동량방정식

해설 ㉠ 연속방정식은 질량보존의 법칙(law of mass conservation)을 표시해 주는 방정식이다.
㉡ 베르누이 정리는 에너지보존의 법칙을 표시해 주는 방정식이다.

30 베르누이(Bernoulli)의 정리에 관한 설명 중 옳지 않은 것은? [기사 93, 08]

① 부정류(不定流)라고 가정하여 얻은 결과이다.
② 하나의 유선(流線)에 대하여 성립된다.
③ 하나의 유선에 대하여 총 에너지는 일정하다.
④ 두 단면 사이에 있어서 외부와 에너지교환이 없다고 가정한 것이다.

해설 베르누이 정리
㉠ 흐름은 정류이다.
㉡ 하나의 유선에 대해 성립한다.
㉢ 하나의 유선상의 각 점에 있어서 총에너지가 일정하다.
㉣ 베르누이 정리는 에너지불변의 법칙을 표시한다.

31 Bernoulli의 정의로서 가장 옳은 것은?

[기사 04]

① 동일한 유선상에서 유체입자가 가지는 Energy는 같다.
② 동일한 단면에서의 Energy의 합이 항상 같다.
③ 동일한 시각에는 Energy의 양이 불변한다.
④ 동일한 질량이 가지는 Energy는 같다.

해설 하나의 유선상의 각 점에 있어서 총 에너지가 일정하다.(총 에너지=운동에너지+압력에너지+위치에너지=일정)

32 베르누이(Bernoulli) 정리의 적용 조건이 아닌 것은?

[기사 09, 산업 05, 10]

① 임의의 두 점은 같은 유선 위에 있다.
② 정상류의 흐름이다.
③ 마찰을 고려한 실제유체이다.
④ 비압축성 유체의 흐름이다.

해설 마찰에 의한 에너지 손실이 없는 비점성, 비압축성 유체인 이상유체의 흐름이다.

33 Bernoulli 방정식이 $\dfrac{V^2}{2g}+\dfrac{P}{w}+z=H$(일정) 로 표시될 때, 흐름의 가정조건이 아닌 것은? (여기서, V : 유속, g : 중력가속도, w : 단위중량, P : 정압력, z : 위치수두, H : 전수두)

[기사 04]

① 정류
② 비압축성 유체
③ 비회전류
④ 등류

해설 베르누이 정리의 가정조건
㉠ 흐름은 정류이다.
㉡ 임의의 두 점은 같은 유선상에 있어야 한다.

㉢ 마찰에 의한 에너지 손실이 없는 비점성, 비압축성 유체인 이상유체의 흐름이다.

34 Bernoulli 정리가 성립하기 위한 조건으로 틀린 것은?

[기사 09]

① 완전유체의 하나의 유선에 대하여 성립한다.
② 흐름은 정류이다.
③ 압축성 유체에 성립한다.
④ 외력은 중력만 작용한다.

해설 마찰에 의한 에너지손실이 없는 비점성, 비압축성인 이상유체(완전유체)의 흐름이다.

35 다음 사항 중 옳지 않은 것은?

[산업 06]

① 동수경사선은 $\dfrac{V^2}{2g}+Z$의 연결이다.

② 동수경사선은 $\dfrac{P}{w}+Z$의 연결이다.

③ 에너지선은 $\dfrac{P}{w}+\dfrac{V^2}{2g}+Z$의 연결이다.

④ 개수로에서 동수경사선은 수면과 일치한다.

해설 동수경사선은 $\left(Z+\dfrac{P}{w}\right)$의 점들을 연결한 선이다.

36 정상적인 흐름 내의 한 개 유선에서 동수경사선은 어느 값을 연결한 선의 기울기인가? (단, V=유속, g=중력가속도, w_0=물의 단위중량, P=압력, Z=위치수두)

[기사 11, 산업 06]

① $\dfrac{V^2}{2g}+\dfrac{P}{w_0}$　　　② $\dfrac{V^2}{2g}+Z$

③ $\dfrac{V^2}{2g}+\dfrac{P}{w_0}+Z$　　④ $\dfrac{P}{w_0}+Z$

③ 물이 가지는 에너지를 표시한다.

④ 물의 점성을 표시한다.

해설 $H = Z + \dfrac{P}{w} + \dfrac{V^2}{2g}$

해설 ㉠ 에너지선은 기준수평면에서 $\left(Z + \dfrac{P}{w} + \dfrac{V^2}{2g}\right)$의 점들을 연결한 선이다.

㉡ 동수경사선은 기준수평면에서 $\left(Z + \dfrac{P}{w}\right)$의 점들을 연결한 선이다.

37 에너지선은 동수경사에 무엇을 더한 점을 연결한 선으로 정의되는가? [산업 08]

① 전수두(H)

② 위치수두(Z)

③ 속도수두$\left(\dfrac{V^2}{2g}\right)$

④ 압력수두$\left(\dfrac{P}{w}\right)$

해설 에너지선은 기준 수평면에서 Z의 $\dfrac{P}{w} + \dfrac{V^2}{2g}$ 점들을 연결한 선이다. 따라서 동수경사선에 속도수두를 더한 점들을 연결한 선이다.

38 베르누이의 정리에 관한 설명으로 틀린 것은? [기사 05]

① Euler의 운동방정식으로부터 적분하여 유도할 수 있다.

② 베르누이의 정리를 이용하여 Torricelli의 정리를 유도할 수 있다.

③ 이상유체 유동에 대하여 기계적 일–에너지 방정식과 같은 것이다.

④ 회전류의 경우는 모든 영역에서 성립한다.

해설 회전류는 동일한 유선상에서 성립되고, 비회전류는 모든 영역에서 성립된다.

39 수두(水頭)에 대한 설명으로 가장 거리가 먼 것은? [산업 12]

① 물의 깊이(수심)를 표시한다.

② 물의 압력의 세기를 길이로 표시한다.

40 동수경사선(hydraulic grade line)에 대한 설명으로 옳은 것은? [산업 08]

① 위치수두를 연결한 선이다.

② 속도수두와 위치수두를 합해 연결한 선이다.

③ 압력수두와 위치수두를 합해 연결한 선이다.

④ 전수두를 연결한 선이다.

해설 동수경사선은 기준 수평면에서 $Z + \dfrac{P}{w}$의 점들을 연결한 선이다.

41 임의로 정한 수평기준면으로부터 유선상의 해당 점까지의 연직거리를 무엇이라 하는가? [산업 10]

① 기준수두

② 위치수두

③ 압력수두

④ 속도수두

해설 ② 위치에너지에 대한 설명이다.

42 유체의 흐름 중에 임의의 단면에서의 에너지 경사선과 동수경사선과의 수두차(水頭差)는? [산업 11]

① 속도수두

② 압력수두

③ 위치수두

④ 손실수두

해설 동수경사선은 에너지선보다 유속수두만큼 아래에 위치한다.

43 동수경사선에 관한 설명으로 옳은 것은?

[기사 03, 07]

① 항상 에너지선 위에 있다.
② 항상 관로 위에 있다.
③ 기준면으로부터 위치수두와 속도수두의 합이다.
④ 항상 에너지선에서 속도수두만큼 아래에 있다.

해설 동수경사선은 에너지선보다 유속수두만큼 아래에 위치한다.

44 직경이 20cm인 A관이, 직경이 10cm인 B관으로 축소되었다가 다시 직경이 15cm인 C관으로 단면이 변화될 때, B관 속의 평균유속이 3m/sec이면 A관과 C관의 유속은? (단, 유체는 비압축성이다.) [기사 08, 산업 10]

① A관 : 1.50m/sec, C관 : 2.00m/sec
② A관 : 1.00m/sec, C관 : 1.40m/sec
③ A관 : 0.75m/sec, C관 : 1.33m/sec
④ A관 : 1.50m/sec, C관 : 0.75m/sec

해설 ㉠ $A_1 V_1 = A_2 V_2$

$$\frac{\pi \times 0.2^2}{4} \times V_1 = \frac{\pi \times 0.1^2}{4} \times 3$$

$$\therefore V_1 = 0.75\text{m/sec}$$

㉡ $A_2 V_2 = A_3 V_3$

$$\frac{\pi \times 0.1^2}{4} \times 3 = \frac{\pi \times 0.15^2}{4} \times V_3$$

$$\therefore V_3 = 1.33\text{m/sec}$$

45 어떤 관속을 2m/sec의 속도로 흐르는 물의 속도수두는? [산업 01, 08, 11]

① 39.282m   ② 3.014m
③ 2.041m   ④ 0.204m

해설 $H = \dfrac{V^2}{2g} = \dfrac{2^2}{2 \times 9.8} = 0.204\text{m}$

46 기준면에서 위로 5m 떨어진 곳에서 5m/sec로 물이 흐르고 있을 때 압력을 측정하였더니 0.5kg/cm²이었다. 이때 전수두(total head)는? [기사 11, 산업 09]

① 6.28m   ② 8.00m
③ 10.00m   ④ 11.28m

해설 $H = Z + \dfrac{P}{w} + \dfrac{V^2}{2g}$

$$= 5 + \frac{5}{1} + \frac{5^2}{2 \times 9.8}$$

$$= 11.28\text{m}$$

47 유속이 5m/sec이고, 압력 $P = 5t/m^2$일 때 총수두는? [산업 03]

① 5.0m   ② 6.28m
③ 7.36m   ④ 8.20m

해설 $H = Z + \dfrac{P}{w} + \dfrac{V^2}{2g} = 0 + \dfrac{5}{1} + \dfrac{5^2}{2 \times 9.8} = 6.28\text{m}$

48 다음은 베르누이 정리를 압력의 항으로 표시한 것이다. 이 중 동압력(動壓力) 항에 해당하는 것은? [기사 10, 산업 02]

① P ② $\rho g z$
③ $\dfrac{1}{2} \rho V^2$ ④ $\dfrac{V^2}{2g}$

해설 압력의 항으로 표시한 베르누이 정리

$$\rho g Z_1 + \frac{1}{2} \rho V_1^2 + P_1 = \rho g Z_2 + \frac{1}{2} \rho V_2^2 + P_2$$

49 관의 지름이 A점에서 1.0m로부터 B점에서 관 지름 0.3m로 변화되는 관수로가 그림과 같이 설치되었다. 이때, A점의 압력을 8kg/cm², 유속을 0.4m/sec라 하고 두 점 간의 에너지손실은 없다고 가정할 때 B점의 유속과 압력은? [기사 05, 산업 95]

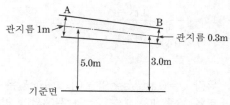

관지름 1m
관지름 0.3m
A
B
5.0m
3.0m
기준면

① $V_B = 4.4\text{m/sec}$, $P_B = 8.1\text{kg/cm}^2$

② $V_B = 5.6\text{m/sec}$, $P_B = 10.0\text{kg/cm}^2$

③ $V_B = 2.2\text{m/sec}$, $P_B = 5.4\text{kg/cm}^2$

④ $V_B = 6.2\text{m/sec}$, $P_B = 8.1\text{kg/cm}^2$

해설 ㉠ $Q = A_1 V_1 = A_2 V_2$

$$\frac{\pi \times 1^2}{4} \times 0.4 = \frac{\pi \times 0.3^2}{4} \times V_2$$

$$\therefore \ V_2 = 4.44 \text{m/sec}$$

㉡ A, B점에 베르누이 정리를 취하면

$$\frac{V_1^2}{2g} + \frac{P_1}{w} + Z_1 = \frac{V_2^2}{2g} + \frac{P_2}{w} + Z_2$$

$$\frac{0.4^2}{2 \times 9.8} + \frac{80}{1} + 5 = \frac{4.44^2}{2 \times 9.8} + \frac{P_2}{1} + 3$$

$$\therefore \ P_2 = 81 \text{ t/m}^2 = 8.1 \text{kg/cm}^2$$

50 그림에서 단면 1, 2에서의 단면적, 평균유속, 압력강도를 각각 a_1, V_1, P_1, a_2, V_2, P_2라 하고, 물의 단위중량을 w_0라 할 때, 다음 중 옳지 않은 것은? (단, $Z_1 = Z_2$이다.) [산업 06]

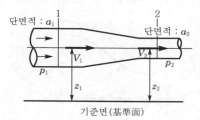

단면적 : a_1
단면적 : a_2
V_1
V_2
p_1
p_2
z_1
z_2
기준면(基準面)

① $a_1 \cdot V_1 = a_2 \cdot V_2$

② $V_1 < V_2$

③ $P_1 > P_2$

④ $\dfrac{V_1^2}{2g} + \dfrac{P_1}{w_0} < \dfrac{V_2^2}{2g} + \dfrac{P_2}{w_0}$

해설 $$\frac{P_1}{w} + \frac{V_1^2}{2g} = \frac{P_2}{w} + \frac{V_2^2}{2g}$$

51 그림과 같이 수평으로 놓은 관의 내경이 A에서 50cm이고 B에서 25cm로 축소되고 다시 C점에서 50cm로 되었다. 유량이 $340l$ /sec 일 때 B점과 A점의 압력차 $P_B - P_A$를 구한 값은? [산업 03]

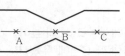

A B C

① 2.3kg/cm^2　　② 0.23kg/cm^2

③ 0.023kg/cm^2　④ 23kg/cm^2

해설 ㉠ $Q = A_1 V_1$

$$0.34 = \frac{\pi \times 0.5^2}{4} \times V_1$$

$$\therefore \ V_1 = 1.73 \text{ m/sec}$$

㉡ $Q = A_2 V_2$

$$0.34 = \frac{\pi \times 0.25^2}{4} \times V_2$$

$$\therefore \ V_2 = 6.93 \text{m/sec}$$

㉢ $$Z_1 + \frac{P_1}{w} + \frac{V_1^2}{2g} = Z_2 + \frac{P_2}{w} + \frac{V_2^2}{2g}$$

$$0 + \frac{P_1}{1} + \frac{1.73^2}{2 \times 9.8} = 0 + \frac{P_2}{1} + \frac{6.93^2}{2 \times 9.8}$$

$$\therefore \ P_2 - P_1 = -2.3 \text{t/m}^2$$

$$= -0.23 \text{ kg/cm}^2$$

52 그림에서 A, B에서의 압력이 같다면 축소관의 지름 d 는 약 얼마인가? [기사 04]

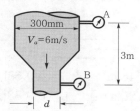

300mm
$V_a = 6\text{m/s}$
A
B
3m
d

① 148mm　　　② 200mm

③ 235mm　　　④ 300mm

해설 ㉠ $Z_a + \dfrac{P_a}{w} + \dfrac{V_a^2}{2g} = Z_b + \dfrac{P_b}{w} + \dfrac{V_b^2}{2g}$

$3 + 0 + \dfrac{6^2}{2 \times 9.8} = 0 + 0 + \dfrac{V_b^2}{2 \times 9.8}$

$\therefore \ V_b = 9.74 \ \text{m/sec}$

㉡ $A_a V_a = A_b V_b$

$\dfrac{\pi \times 0.3^2}{4} \times 6 = \dfrac{\pi \times d^2}{4} \times 9.74$

$\therefore \ d = 0.235 \ \text{m}$

53 그림에서 수조 내의 높이 h가 일정하게 물을 공급할 때 C점에 유속 $V_C = 10\text{m/sec}$가 되도록 유지하기 위한 h는? (단, 수조 내의 유속 V_A는 무시) [기사 06]

① 2.0 m
② 1.7 m
③ 1.4 m
④ 1.1 m

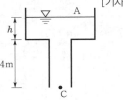

해설 $Z_1 + \dfrac{P_1}{w} + \dfrac{V_1^2}{2g} = Z_2 + \dfrac{P_2}{w} + \dfrac{V_2^2}{2g}$

$(h+4) + 0 + 0 = 0 + 0 + \dfrac{10^2}{2 \times 9.8}$

$\therefore h = 1.1 \ \text{m}$

54 물이 3.18m/sec 속도로 그림과 같은 관을 흐를 때 관의 압력은? (단, 관중심선에서 에너지선까지의 높이는 1.2m이다.) [산업 99, 09]

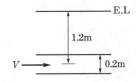

① 0.54t/m²
② 0.68t/m²
③ 0.72t/m²
④ 0.83t/m²

해설 $H = Z + \dfrac{P}{w} + \dfrac{V^2}{2g}$

$1.2 = 0 + \dfrac{P}{1} + \dfrac{3.18^2}{2 \times 9.8}$

$\therefore \ P = 0.68\text{t/m}^2$

55 유량 $Q = 0.1\text{m}^3/\text{sec}$의 물이 그림과 같은 관로를 흐를 때 $D = 0.2\text{m}$인 관에서의 압력은? (단, 관 중심선에서 에너지선까지의 높이는 1.2m이다.) [기사 05]

① 0.68t/m²
② 0.80t/m²
③ 0.98t/m²
④ 1.10t/m²

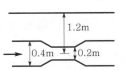

해설 ㉠ $Q = AV$에서 $0.1 = \dfrac{\pi \times 0.2^2}{4} \times V$

$\therefore \ V = 3.18 \ \text{m/sec}$

㉡ $H = Z + \dfrac{P}{w} + \dfrac{V^2}{2g}$에서 $1.2 = 0 + \dfrac{P}{1} + \dfrac{3.18^2}{2 \times 9.8}$

$\therefore \ P = 0.68 \ \text{t/m}^2$

56 그림과 같이 관수로의 양 단면 사이에 양정수두 H_P인 펌프가 설치되어 있는 경우 베르누이 정리를 옳게 적용한 식은? (단, 관로 내 평균유속은 V이고, $\alpha = 1$이며, 양 단면 사이의 손실수두는 h_L이다.) [산업 00, 10]

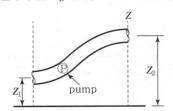

① $\dfrac{V_1^2}{2g} + \dfrac{P_1}{w} + Z_1 = \dfrac{V_2^2}{2g} + \dfrac{P_2}{w} + Z_2 + h_L$

② $\dfrac{V_1^2}{2g} + \dfrac{P_1}{w} + Z_1 + H_P = \dfrac{V_2^2}{2g} + \dfrac{P_2}{w} + Z_2 + h_L$

③ $\dfrac{V_1^2}{2g} + \dfrac{P_1}{w} + Z_1 - H_P = \dfrac{V_2^2}{2g} + \dfrac{P_2}{w} + Z_2 - h_L$

④ $\dfrac{V_1^2}{2g} + \dfrac{P_1}{w} + Z_1 + h_L = \dfrac{V_2^2}{2g} + \dfrac{P_2}{w} + Z_2 - H_P$

해설 펌프에 의해 유체흐름에 에너지가 가해진 경우의 베르누이 정리

$$Z_1 + \frac{P_1}{w} + \frac{V_1{}^2}{2g} + H_P = Z_2 + \frac{P_2}{w} + \frac{V_2{}^2}{2g} + h_L$$

57 그림과 같이 수조에서 관을 통하여 물을 분출시킬 때 관에 의한 수두손실이 2m라면 물의 분출속도는? (단, 유속계수는 무시함.)

[산업 00, 10]

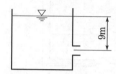

① 11.7m/sec   ② 13.3m/sec

③ 15.2m/sec   ④ 17.1m/sec

해설 $Z_1 + \dfrac{P_1}{w} + \dfrac{V_1{}^2}{2g} = Z_2 + \dfrac{P_2}{w} + \dfrac{V_2{}^2}{2g} + h_L$

$$9 + 0 + 0 = 0 + 0 + \frac{V_2{}^2}{2 \times 9.8} + 2$$

$$\therefore V_2 = 11.71 \text{m/sec}$$

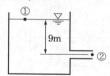

58 그림에서 Cone Valve를 완전히 열었을 때 이를 유지하기 위한 힘 F 는?

[기사 80, 81, 11]

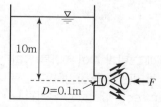

① 46.02kg   ② 81.22kg

③ 157.14kg   ④ 11.22kg

해설 ㉠ $Q = A \cdot V = \dfrac{\pi \times 0.1^2}{4} \times \sqrt{2 \times 9.8 \times 10}$

$$= 0.11 \text{m}^3/\text{sec}$$

㉡ $F_x = \dfrac{w}{g} Q(V_1 - V_2)$

$$= \frac{1}{9.8} \times 0.11 \times (14 - 14\cos 45°) = 46.02 \text{kg}$$

59 단면 2에서 유속 V_2를 구한 값은? (단, 단면 1과 2의 수로 폭은 같으며, 마찰손실은 무시한다.)

[기사 00, 05]

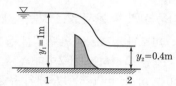

① 3.7m/sec   ② 4.05m/sec

③ 3.56m/sec   ④ 3.47m/sec

해설 ㉠ $A_1 V_1 = A_2 V_2$

$$(1 \times 1) \times V_1 = 0.4 \times V_2$$

$$\therefore V_1 = 0.4 V_2$$

㉡ $Z_1 + \dfrac{P_1}{w} + \dfrac{V_1{}^2}{2g} = Z_2 + \dfrac{P_2}{w} + \dfrac{V_2{}^2}{2g}$

$$0 + 1 + \frac{(0.4 V_2)^2}{2 \times 9.8} = 0 + 0.4 + \frac{V_2{}^2}{2 \times 9.8}$$

$$\therefore V_2 = 3.74 \text{ m/sec}$$

60 잠수함이 수면하 20m를 2m/sec로 진행하고 있을 때의 선수에서의 압력은?(단, 물의 단위중량 $w = 1\text{t/m}^3$, $\rho = 0.1\text{t} \cdot \sec^2/\text{m}^4$)

[산업 89, 93]

① 40.2t/m²   ② 28.4t/m²

③ 20.2t/m²   ④ 19.1t/m²

해설 총압력 = 정압력 + 동압력

$$= w \cdot h + \frac{1}{2}\rho V^2 = 1 \times 20 + \frac{1}{2} \times 0.1 \times 2^2$$

$$= 20.2 \text{t/m}^2$$

61 베르누이의 정리를 응용한 것이 아닌 것은?

[기사 12, 산업 03]

① Torricelli의 정리
② Pitot tube
③ Venturimeter
④ Pascal의 원리

해설 밀폐된 용기 내에 액체를 가득 채우고 여기에 압력을 가하면 압력은 용기 전체에 고르게 전달된다. 이것을 파스칼의 원리(Pascal's law)라 한다.

62 다음 설명 중 옳지 않은 것은? [기사 93, 06]

① 피토관은 Pascal의 원리를 응용하여 압력을 측정하는 기구이다.
② Venturi meter는 관 내의 유량 또는 평균유속을 측정할 때 사용된다.
③ $V = \sqrt{2gh}$ 를 Torricelli의 정리라고 한다.
④ 수조의 수면에서 h인 곳에 단면적 a인 작은 구멍으로부터 물이 유출할 경우 Bernoulli의 정리를 적용한다.

해설 피토관(Pit tube)은 총 압력수두를 측정한 후 베르누이 정리를 이용하여 유속을 구하는 기구이다.

63 벤투리미터(Venturi meter)는 무엇을 측정하는 데 사용하는 기구인가? [산업 08]

① 관내의 유량과 압력
② 관내의 수면차
③ 관내의 유량과 유속
④ 관내의 유체 점성

해설 벤투리미터는 관내의 유량 혹은 유속을 측정할 때 사용하는 기구이다.

64 토리첼리(Torricelli) 정리는 어느 것을 이용하여 유도할 수 있는가? [기사 04]

① 파스칼 원리
② 아르키메데스 원리
③ 레이놀즈 원리
④ 베르누이 정리

해설 토리첼리 정리는 베르누이 정리를 응용한 정리이다.

65 피토관에서 A점의 유속을 구하는 식은?

[산업 03]

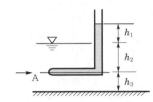

① $V = \sqrt{2g h_1}$
② $V = \sqrt{2g h_2}$
③ $V = \sqrt{2g h_3}$
④ $V = \sqrt{2g (h_1 + h_2)}$

해설

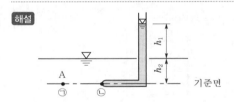

㉠, ㉡점에 Bernoulli 정리를 적용시키면

$$Z_1 + \frac{P_1}{w} + \frac{V_1^2}{2g} = Z_2 + \frac{P_2}{w} + \frac{V_2^2}{2g}$$

$$h_2 + 0 + \frac{V_1^2}{2g} = (h_1 + h_2) + 0 + 0$$

$$\therefore \ V_1 = V = \sqrt{2g h_1}$$

66 관 내에 그림과 같이 똑바른 유리관 ㉠과 구부린 유리관 ㉡을 삽입하였다. 관 내의 유속이 2m/sec일 때 ㉠, ㉡ 유리관 내 수면의 높이차 H는? [기사 97]

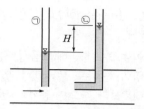

① 10cm ② 20.4cm
③ 20cm ④ 40.8cm

해설 $V = \sqrt{2gH}$
$2 = \sqrt{2 \times 9.8 \times H}$
$\therefore H = 0.204 \text{ m} = 20.4\text{cm}$

67 그림과 같은 피토관에서 유속 V_0와 동압력을 각각 옳게 나타낸 것은? [산업 87, 93]

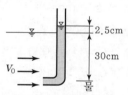

① 0.70m/sec, 2.5cmH₂O
② 2.42m/sec, 32.5cmH₂O
③ 0.98m/sec, 30.5cmH₂O
④ 2.42m/sec, 2.5cmH₂O

해설 ㉠ $V = \sqrt{2gH} = \sqrt{2 \times 9.8 \times 0.025}$
$= 0.7\text{m/sec}$
㉡ 동압력=2.5cmH₂O, 정압력=30cmH₂O
$\therefore$ 총 압력=32.5cmH₂O

68 그림과 같이 원관의 중심축에 수평하게 놓여 있고, 계기압력이 각각 1.8kg/cm², 2.0kg/cm²일 때 유량을 구한 값은? [산업 95, 05]

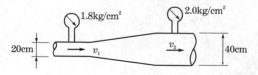

① 약 203l/sec
② 약 223l/sec
③ 약 243l/sec
④ 약 263l/sec

해설 ㉠ $A_2 = \dfrac{\pi \times 0.4^2}{4} = 0.1256\text{m}^2$

㉡ $A_1 = \dfrac{\pi \times 0.2^2}{4} = 0.0314\text{m}^2$

㉢ $H = \dfrac{\Delta P}{w} = \dfrac{20-18}{1} = 2 \text{ m}$

㉣ $Q = \dfrac{A_1 A_2}{\sqrt{A_2^2 - A_1^2}} \sqrt{2gH}$
$= \dfrac{0.1256 \times 0.0314}{\sqrt{0.1256^2 - 0.0314^2}} \times \sqrt{2 \times 9.8 \times 2}$
$= 0.20304\text{m}^3/\text{sec} = 203.04 l/\text{sec}$

69 바닥으로부터 거리가 y(m)일 때 유속이 $V = -4y^2 + y$(m/sec)인 점성유체 흐름에서 전단력이 최소가 되는 지점까지의 거리 y는? [기사 00, 03, 10]

① 0m ② $\dfrac{1}{4}$ m
③ $\dfrac{1}{8}$ m ④ $\dfrac{1}{12}$ m

해설 $\dfrac{dV}{dy} = -8y + 1 = 0$
$\therefore y = \dfrac{1}{8}$ m

70 레이놀즈의 실험장치에 의해서 구별할 수 있는 것은? [산업 99, 01]

① 층류와 난류
② 정류와 부정류
③ 상류와 사류
④ 등류와 부등류

해설 레이놀즈의 실험장치에 의해서 구별할 수 있는 것은 층류와 난류의 구분이다.

71 난류확산의 정의로 옳은 것은? [기사 00]

① 흐름 속의 물질이 흐름에 직각방향의 속도성분을 가지고 흐트러지면서 흐르는 현상이다.

② 흐름 속의 물질이 흐름에 전후 방향의 속도성분을 가지고 흐트러지면서 흐르는 현상이다.

③ 흐름 속의 물질이 흐름방향을 중심으로 회전하면서 흐르는 현상이다.

④ 흐름 속의 물질이 흐름표면에 좌우로 깔려서 흐르는 현상이다.

해설 혼합거리(mixing length)와 난류확산

유체덩어리가 난류에 의하여 어떤 유속을 가진 위치에서 다른 유속을 가진 위치로 l 만큼 이동할 때 유체덩어리의 속도에 변화가 생긴다. 이때 유선과 직각방향으로 이동되는 거리 l 을 혼합거리라 하고, 유체덩어리가 흐름에 직각방향의 속도성분을 가지고 흐트러지면서 흐르는 현상을 난류확산이라 한다.

72 다음 설명 중 옳은 것은? [기사 01]

① 모든 단면에 있어 유적과 유속이 시간에 따라 변하는 것을 정류(定流)라 한다.

② 물의 분자가 흩어지지 않고 질서 정연히 흐르는 흐름을 난류라 한다.

③ 수심은 깊으나 유속이 느린 흐름을 사류라 한다.

④ 에너지선과 동수경사선의 높이의 차는 일반적으로 $\dfrac{V^2}{2g}$ 이다.

해설 ㉠ 한 단면에서 유적, 유속이 시간에 따라 변하지 않는 흐름을 정류라 한다.

㉡ 물의 분자가 흩어지지 않고 층상으로 질서 정연히 흐르는 흐름을 층류라 한다.

㉢ 수심이 깊고 유속이 느린 흐름을 상류라 한다.

73 레이놀즈(Reynolds)수에 대한 설명으로 틀린 것은? [기사 09]

① 레이놀즈수에 의해 흐름상태는 층류, 천이영역, 난류로 분류할 수 있다.

② 2,000보다 작으면 층류가 된다.

③ 중력에 대한 관성력의 비를 나타낸다.

④ 무차원의 수로 흐름상태를 구분하는 지표가 된다.

해설 ㉠ 레이놀즈수는 관성력과 점성의 비를 나타낸다.

㉡ 프루드수는 관성력에 대한 중력의 비를 나타낸다.

74 관수로에 물이 흐를 때 어떠한 조건하에서도 층류가 되는 경우는? (단, R_e 는 레이놀즈수 (Reynolds Number)) [기사 10, 산업 05]

① $R_e > 4,000$

② $4,000 > R_e > 3,000$

③ $3,000 > R_e > 2,000$

④ $R_e < 2,000$

해설 ㉠ $R_e \leq 2,000$ 이면 층류이다.

㉡ $2,000 < R_e < 4,000$이면 천이구역으로 층류와 난류가 공존한다.

㉢ $R_e \geq 4,000$ 이면 난류이다.

75 유량 $3l/\mathrm{sec}$의 물이 원형관 내에서 층류상태로 흐르고 있다. 이때 만족되어야 할 관경(D)의 조건으로서 옳은 것은? (단, 층류의 한계 레이놀즈수 $R_e = 2,000$, 물의 동점성계수 $\nu = 1.15 \times 10^{-2} \mathrm{cm^2/sec}$이다.) [기사 07]

① $D \geq 83.3 \mathrm{cm}$

② $D < 80.3 \mathrm{cm}$

③ $D \geq 166.1 \mathrm{cm}$

④ $D < 160.1 \mathrm{cm}$

해설 ㉠ $V = \dfrac{Q}{A} = \dfrac{3,000 \times 4}{\pi D^2} = \dfrac{3,820}{D^2}$

$$\text{ⓛ} \quad R_e = \frac{VD}{\nu} = \frac{\frac{3,820}{D^2} \times D}{1.15 \times 10^{-2}} = \frac{332,174}{D} \leq 2,000$$

$$\therefore \ D \geq 166.1 \text{ cm}$$

76 난류를 설명한 것으로 잘못된 것은?

[기사 97]

① 레이놀즈(Reynolds)수 4,000 이상이면 난류이다.

② 난류에서는 내부에 작용하는 전단응력이 층류 경우보다 크다.

③ 난류는 프루드(Froude)수와는 상관이 없다.

④ 난류이면 상류가 될 수 없다.

해설 ㉠ 개수로 속의 수류는 층류, 난류, 상류, 사류가 조합된 것이라 할 수 있다. 즉 난류에서도 상류가 될 수 있다.

㉡ 개수로의 흐름

층류와 난류	상류와 사류
$R_e < 500$ – 층류	$F_r < 1$ – 상류
$R_e > 500$ – 난류	$F_r > 1$ – 사류

77 지름 10cm의 관 내를 유량 Q가 100cm³/sec로 흐를 경우 레이놀즈(Reynolds)수를 구한 값은? (단, 점성계수 $\mu = 0.0123$g/cm · sec, 밀도 $\rho = 1$g/cm³이다.)

[기사 97]

① 940   ② 1,030

③ 2,080   ④ 2,250

해설 ㉠ $V = \dfrac{Q}{A} = \dfrac{100 \times 4}{\pi \times 10^2} = 1.27 \text{cm/sec}$

㉡ $\nu = \dfrac{\mu}{\rho} = \dfrac{0.0123}{1} = 0.0123 \text{cm}^2/\text{sec}$

㉢ $R_e = \dfrac{VD}{\nu} = \dfrac{1.27 \times 10}{0.0123} = 1,033$

78 극히 짧은 시간 사이에 유체가 어떤 면에 충돌하여 발생되는 작용, 반작용의 힘을 구하는 데 유용한 식은?

[기사 00]

① 연속방정식

② 베르누이(Bernoulli) 방정식

③ 운동량방정식

④ 오일러(Eular) 방정식

해설 운동의 작용, 반작용에 관련된 방정식 "운동량 방정식"이라 한다.

79 1차원 정류흐름에서 단위시간에 대한 운동량 방정식은?(단, F : 힘, m : 질량, V_1 : 초속도, V_2 : 종속도, a : 가속도, Δt : 시간의 변화량, S : 변이, W : 물체의 중량)

[기사 99, 09]

① $F = m \dfrac{V_2 - V_1}{\Delta t}$

② $F = m \cdot \Delta t$

③ $F = m(V_2 - V_1)$

④ $F = W \cdot S$

해설 $F = m \cdot a = m \cdot \dfrac{V_2 - V_1}{\Delta t}$

$F(\Delta t) = m(V_2 - V_1)$

단위시간($\Delta t = 1$)에 의하면

$\therefore \ F = m(V_2 - V_1)$

80 역적 – 운동량(Impulse – momentum) 방정식인 $\Sigma F_x = \rho Q (V_{x(\text{in})} - V_{x(\text{out})})$ 의 유도과정에서 설정된 가정으로 옳은 것은?[기사 11]

① 흐름은 정상류(Steady Flow)이다.

② 흐름은 등류(Uniform Flow)이다.

③ 압축성(Compressible) 유체이다.

④ 마찰이 없는 유체(Frictionless Fluid)이다.

해설 역적 – 운동량 방정식은 1차원 정상류인 경우에 유도되었으며 이 식이 가지는 의미는 유체가 가지는 운동량의 시간에 따른 변화율이 외력의 합과 같다는 것이다.

81 그림과 같이 지름이 10cm의 단면적에 유속 40m/sec의 분류가 판에 충돌하여 90°로 구부러질 때 판에 작용하는 힘은 얼마인가? [기사 94, 11, 산업 85, 08]

① 1.28t
② 1.30t
③ 1.32t
④ 1.24t

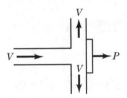

해설 $Q = A \cdot V = \dfrac{\pi \times 0.1^2}{4} \times 40 = 0.314 \text{m}^3/\text{sec}$

$F_x = \dfrac{w}{g} \cdot Q(V_1 - V_2) = \dfrac{1}{9.8} \times 0.314 \times (40 - 0)$
$\qquad = 1.28\text{t}$

82 그림에서 판 AB에 가해지는 힘 F는? (단, ρ는 밀도) [산업 12]

① $Q\dfrac{V_1^2}{2g}$

② $\rho Q V_1$

③ $\rho Q V_1^2$

④ $\rho Q V_2$

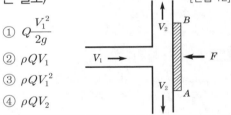

해설 $F = \dfrac{w}{g} Q(V_1 - V_2) = \dfrac{w}{g} Q(V_1 - 0) = \rho Q V_1$

83 그림과 같이 지름이 20cm인 노즐에서 20 m/sec의 유속으로 물이 수직판에 직각으로 충돌할 때 판에 주는 압력은? (단, 수평분력 P_H, 수직분력 P_V임.) [기사 96, 98, 11, 산업 08]

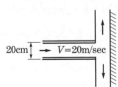

① $P_H = 1.28\text{t}$, $P_V = 0$
② $P_H = 2.28\text{t}$, $P_V = 0$
③ $P_H = 1.28\text{t}$, $P_V = 1.0\text{t}$
④ $P_H = 2.28\text{t}$, $P_V = 1.0\text{t}$

해설 ㉠ $Q = A \cdot V = \dfrac{\pi \times 0.2^2}{4} \times 20 = 0.63 \text{ m}^3/\text{sec}$

㉡ $P_H = \dfrac{w}{g} Q(V_1 - V_2)$

$\qquad = \dfrac{1}{9.8} \times 0.63 \times (20 - 0) = 1.286\text{t}$

㉢ $P_V = 0$

84 지름 5cm의 분류가 유속 50m/sec로 판에 직각으로 충돌하여 방향전환을 할 때 판이 받는 압력은? [기사 00]

① 0.25t
② 2.0t
③ 0.5t
④ 2.25t

해설 ㉠ $Q = A \cdot V = \dfrac{\pi \times 0.05^2}{4} \times 50 = 0.1 \text{ m}^3/\text{sec}$

㉡ $F = F_x = \dfrac{wQ}{g}(V_1 - V_2)$

$\qquad = \dfrac{1 \times 0.1}{9.8} \times (50 - 0) = 0.51\text{t}$

85 유량(Q) 60l/sec가 60°의 경사평면에 충돌할 때 충돌 후의 유량 Q_1, Q_2를 구하면? (단, 에너지손실과 평면의 마찰은 없다고 한다.) [기사 95]

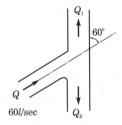

① $Q_1 = 0.045\text{m}^3/\text{sec}$, $Q_2 = 0.015\text{m}^3/\text{sec}$
② $Q_1 = 0.035\text{m}^3/\text{sec}$, $Q_2 = 0.025\text{m}^3/\text{sec}$
③ $Q_1 = 0.040\text{m}^3/\text{sec}$, $Q_2 = 0.020\text{m}^3/\text{sec}$
④ $Q_1 = 0.03\text{m}^3/\text{sec}$, $Q_2 = 0.03\text{m}^3/\text{sec}$

해설 ㉠ $Q_1 = \dfrac{Q}{2}(1+\cos\theta)$

$\quad = \dfrac{0.06}{2} \times (1+\cos 60°) = 0.045\,\mathrm{m^3/sec}$

㉡ $Q_2 = \dfrac{Q}{2}(1-\cos\theta)$

$\quad = \dfrac{0.06}{2} \times (1-\cos 60°) = 0.015\,\mathrm{m^3/sec}$

86 고정날개에 접선방향으로 흘러들어온 분류가 그림과 같이 유출한다면 고정날개에 가해지는 힘(F)의 수평성분 F_x를 구하는 식으로 옳은 것은? (단, γ는 물의 단위중량, g는 중력가속도이다.) [산업 09]

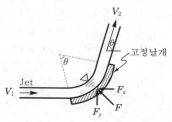

① $\dfrac{\gamma}{g}Q(V_2\sin\theta + V_1)$

② $\dfrac{\gamma}{g}Q(V_2\cos\theta + V_1)$

③ $\dfrac{\gamma}{g}Q(V_1 - V_2\sin\theta)$

④ $\dfrac{\gamma}{g}Q(V_1 - V_2\cos\theta)$

해설 $-F_x = \dfrac{wQ}{g}(V_{2x} - V_{1x})$

$\therefore F_x = \dfrac{wQ}{g}(V_{1x} - V_{2x})$

$\quad = \dfrac{wQ}{g}(V_1 - V_2\cos\theta)$

87 그림과 같은 곡면관에 처음 접선방향으로 흘러 들어온 분류가 60°의 방향으로 유출된다. 분류는 지름 40cm의 원관에서 1m/sec의 유속으로 분출한다. 이때, 곡면관에 가해지는 힘은? [산업 86]

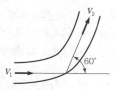

① 8.8kg ② 10.8kg
③ 12.8kg ④ 14.8kg

해설 ㉠ $F_x = \dfrac{w}{g}Q(V_1 - V_2)$

$\quad = \dfrac{1}{9.8} \times \left(\dfrac{\pi \times 0.4^2}{4} \times 1\right) \times (1-\cos 60°) = 6.4\,\mathrm{kg}$

㉡ $F_y = \dfrac{1}{9.8} \times \left(\dfrac{\pi \times 0.4^2}{4} \times 1\right) \times (0-\sin 60°)$

$\quad = -11.1\,\mathrm{kg}$

㉢ $F = \sqrt{F_x{}^2 + F_y{}^2} = \sqrt{6.4^2 + (-11.1)^2} = 12.8\,\mathrm{kg}$

88 그림과 같이 직경이 10cm인 단면에 유속 40m/sec의 분류가 판에 충돌하여 90°로 구부러질 때 판에 작용하는 힘은? [산업 05]

① 1.28t
② 1.40t
③ 1.52t
④ 1.74t

해설 ㉠ $Q = A \cdot V$

$\quad = \dfrac{\pi \times 0.1^2}{4} \times 40 = 0.31\,\mathrm{m^3/sec}$

㉡ $F_x = \dfrac{wQ}{g}(V_1 - V_2)$

$\quad = \dfrac{1 \times 0.31}{9.8}(40-0) = 1.27\,\mathrm{t}$

㉢ $F_y = \dfrac{wQ}{g}(V_2 - V_1)$

$\quad = \dfrac{1 \times 0.31}{9.8}(40-0)$

$\quad = 1.27\,\mathrm{t}$

㉣ $F = \sqrt{F_x^2 + F_y^2}$

$\quad = \sqrt{1.27^2 + 1.27^2}$

$\quad = 1.8\,\mathrm{t}$

89 다음 그림과 같은 곡면의 A에 1m³/sec의 유량이 2m/sec의 유속으로 곡면을 따라 흘러서 B에서 반대방향으로 유출할 때 곡면이 받는 힘은? [기사 94]

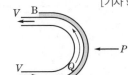

① 4.10t

② 2.41t

③ 1.41t

④ 0.41t

해설 $P = P_x = \dfrac{wQ}{g}(V_1 - V_2)$

$\qquad = \dfrac{1 \times 1}{9.8}(2 - (-2)) = 0.41\text{t}$

90 그림과 같이 지름 8cm인 분류가 35m/sec의 속도로 관의 벽면에 부딪힌 후 최초의 흐름방향에서 150° 수평방향으로 변화를 하였다. 관의 벽면이 최초의 흐름방향으로 10m/sec의 속도로 이동할 때, 관 벽면에 작용하는 힘은? [기사 97, 00, 산업 03, 12]

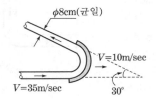

① −0.36t   ② 0.62t

③ −0.18t   ④ 0.78t

해설 ㉠ 관의 벽면이 최초의 흐름방향으로 10m/sec 이동할 때의 유속은 (35−10)m/sec이므로

$Q = A \cdot V = \dfrac{\pi \times 0.08^2}{4} \times 25$

$\qquad = 0.126\text{m}^3/\text{sec}$

㉡ $P_x = \dfrac{wQ}{g}(V_{1x} - V_{2x})$

$\qquad = \dfrac{wQ}{g}(V_1 - V_2\cos 30°)$

$\qquad = \dfrac{1 \times 0.126}{9.8}[25 - (-25\cos 30°)] = 0.6\text{t}$

㉢ $P_y = \dfrac{wQ}{g}(V_{2y} - V_{1y})$

$\qquad = \dfrac{wQ}{g}(V_2 \sin 30° - 0)$

$\qquad = \dfrac{1 \times 0.126}{9.8}(25\sin 30° - 0) = 0.161\text{t}$

㉣ $P = \sqrt{P_x^2 + P_y^2} = \sqrt{0.6^2 + 0.161^2} = 0.62\ \text{t}$

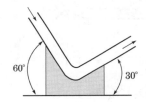

91 지름 4cm인 원형단면의 수맥(水脈)이 그림과 같이 구부러질 때, 곡면을 지지하는 데 필요한 힘 P_x와 P_y는? (단, 수맥의 속도는 15m/sec이고, 마찰은 무시한다.) [기사 98, 04, 10]

① $P_x = 0.01055\text{t}$, $P_y = 0.03939\text{t}$

② $P_x = 0.01055\text{t}$, $P_y = 0.01055\text{t}$

③ $P_x = 0.01055\text{t}$, $P_y = 0.02055\text{t}$

④ $P_x = 0.1055\text{t}$, $P_y = 0.3939\text{t}$

해설 ㉠ $Q = A \cdot V$

$\qquad = \dfrac{\pi \times 0.04^2}{4} \times 15 = 0.019\text{m}^3/\text{sec}$

㉡ $P_x = \dfrac{wQ}{g}(V_1 - V_2)$

$\qquad = \dfrac{wQ}{g}(V_1\cos 60° - V_2\cos 30°)$

$\qquad = \dfrac{1 \times 0.019}{9.8}(15\cos 60° - 15\cos 30°)$

$\qquad = -0.0106\ \text{t}$

ㄷ $P_y = \dfrac{wQ}{g}(V_2 - V_1)$

$\quad = \dfrac{wQ}{g}(V_2 \sin 30° - (-V_1 \sin 60°))$

$\quad = \dfrac{1 \times 0.019}{9.8}(15\sin 30° + 15\sin 60°)$

$\quad = 0.0397t$

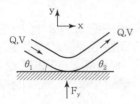

---

92 그림과 같이 유량이 Q, 유속이 V인 유관이 받는 외력 중에서 y축 방향의 힘(F_y)에 대한 계산식으로 옳은 것은?(단, P : 단위밀도, θ_1 및 $\theta_2 \leq 90°$, 마찰력은 무시함)　[기사 12]

① $F_y = pQV(\sin\theta_2 - \sin\theta_1)$

② $F_y = -pQV(\sin\theta_2 - \sin\theta_1)$

③ $F_y = pQV(\sin\theta_2 + \sin\theta_1)$

④ $F_y = -QV(\sin\theta_2 + \sin\theta_1)/p$

해설 ㉠ 운동량 방정식

$\quad F = \rho Q(V_2 - V_1)$

㉡ 속도분력의 산정

$\quad V_2 = V\sin\theta_2$

$\quad V_1 = -V\sin\theta_1$

㉢ F_y의 산정

$\quad F_y = \rho Q(V_2 - V_1)$

$\quad\quad = \rho Q[V\sin\theta_2 - (-V\sin\theta_1)]$

$\quad\quad = \rho QV(\sin\theta_2 + \sin\theta_1)$

---

93 지름 4cm의 원형단면관에서 물의 흐름이 그림과 같이 구부러질 때 곡면을 지지하는데 필요한 힘 P_x는? (단, 흐름의 속도가 15m/sec이고 마찰을 무시한다.)　[기사 09]

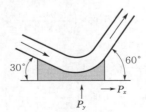

① $-0.0106t$　　② $0.0106t$

③ $11.106t$　　④ $-1.1106t$

해설 ㉠ $Q = A \cdot V$

$\quad = \dfrac{\pi \times 0.04^2}{4} \times 15 = 0.019 \,\mathrm{m^3/sec}$

㉡ $-P_x = \dfrac{wQ}{g}(V_{2x} - V_{1x})$

$\quad P_x = \dfrac{wQ}{g}(V_{1x} - V_{2x})$

$\quad\quad = \dfrac{1 \times 0.019}{9.8}(15\cos 30° - 15\cos 60°)$

$\quad\quad = 0.0106t$

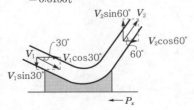

---

94 유량 $Q = 0.05\,\mathrm{m^3/sec}$, 단면적 $a_1 = a_2 = 200\,\mathrm{cm^2}$의 수맥이 1/4원의 벽면을 따라서 흐를 때 벽면이 받는 힘은?　[기사 93, 97]

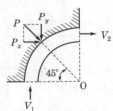

① $P = 0.015t$ ② $P = 0.026t$

③ $P = 0.013t$ ④ $P = 0.018t$

해설 ㉠ $P_x = \dfrac{w}{g}Q(V_2 - V_1)$

$= \dfrac{1}{9.8} \times 0.05 \times \left(\dfrac{0.05}{200 \times 10^{-4}} - 0\right)$

$= 0.013t$

㉡ $P_y = \dfrac{w}{g}Q(V_1 - V_2)$

$= \dfrac{1}{9.8} \times 0.05 \times \left(\dfrac{0.05}{200 \times 10^{-4}} - 0\right) = 0.013t$

㉢ $P = \sqrt{{P_x}^2 + {P_y}^2}$

$= \sqrt{0.013^2 + 0.013^2} = 0.018t$

95 절대속도 u [m/sec]로 움직이고 있는 판에 같은 방향으로부터 절대속도 V [m/sec]의 분류가 흐를 때 판에 충돌하는 힘을 계산하는 식으로 옳은 것은? (단, w_0는 물의 단위중량, A는 통수 단면적이다.) [산업 11]

① $F = \dfrac{w_0}{g}A(V - u)^2$

② $F = \dfrac{w_0}{g}A(V + u)^2$

③ $F = \dfrac{w_0}{g}A(V - u)$

④ $F = \dfrac{w_0}{g}A(V + u)$

해설 ㉠ $Q = AV$에서 $Q = A(V - u)$

㉡ $F = \dfrac{w_0}{g}Q(V_1 - V_2)$

$= \dfrac{w_0}{g}A(V - u)((V - u) - 0)$

$= \dfrac{w_0}{g}A(V - u)^2$

96 에너지방정식과 운동량방정식에 관한 설명으로 옳은 것은? [기사 03]

① 두 방정식은 모두 속도항을 포함한 벡터로 표시된다.

② 에너지방정식은 내부 손실항을 포함하지 않는다.

③ 운동량방정식은 외부 저항력을 포함한다.

④ 내부 에너지손실이 큰 경우에 운동량방정식은 적용될 수 없다.

해설 ㉠ 운동량방정식에서 F, V는 벡터량이다.

㉡ 에너지방정식은 두 단면 사이에 있어서 외부와 에너지의 교환이 없다고 가정한 것이다. 두 단면 사이에 수차, 펌프 등이 있거나 마찰력이 있는 경우에 대해서는 이들의 에너지 변화에 대해서 보정을 해야 한다.

㉢ 운동량방정식은 유체가 가지는 운동량의 시간에 따른 변화율이 외력의 합과 같다는 것으로 외부 저항력을 포함한다. 따라서 운동량방정식의 적용을 위해서는 유동장 내부에서 일어나는 복잡한 현상에 대해서는 전혀 알 필요가 없고, 다만 통제용적(control volume)의 입구 및 출구에서의 조건만 알면 된다.

97 그림과 같이 단면의 변화가 있는 단면에서 힘(F)를 구하는 운동량방정식으로 옳은 표현은? (단, P=압력, A=단면적, Q=유량, V=속도, g=중력가속도, r=단위중량, ρ=밀도) [기사 05]

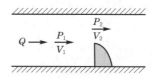

① $P_1 A_1 + P_2 A_2 - F = PQ(V_2 - V_1)$

② $P_1 A_1 - P_2 A_2 - F = gQ(V_2 - V_1)$

③ $P_1 A_1 - P_2 A_2 - F = rQ(V_1 - V_2)$

④ $P_1 A_1 - P_2 A_2 - F = \rho Q(V_2 - V_1)$

해설 $F = \dfrac{w}{g}Q(V_2 - V_1) = \rho Q(V_2 - V_1)$

98 다음 그림에서 수문단위폭당 작용하는 F를 구하는 운동량방정식으로 옳은 것은? (단, 바닥마찰은 무시하며, w는 물의 단위중량, ρ는 물의 밀도, Q는 단위폭당 유량이다.)

[산업 09]

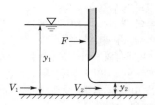

① $\dfrac{wy_1^2}{2} - \dfrac{wy_2^2}{2} - F = \rho Q(V_2^2 - V_1^2)$

② $\dfrac{wy_1^2}{2} - \dfrac{wy_2^2}{2} - F = \rho Q(V_2 - V_1)$

③ $\dfrac{y_1^2}{2} - \dfrac{y_2^2}{2} - F = \rho Q(V_1 - V_2)$

④ $\dfrac{y_1^2}{2} - \dfrac{y_2^2}{2} - F = \rho Q(V_2^2 - V_1^2)$

해설 $P_1 - P_2 - F = \dfrac{wQ(V_2 - V_1)}{g}$

$w \times \dfrac{y_1}{2} \times (y_1 \times 1) - w \times \dfrac{y_2}{2} \times (y_2 \times 1) - F$

$= \dfrac{wQ(V_2 - V_1)}{g}$

$\therefore\ \dfrac{wy_1^2}{2} - \dfrac{wy_2^2}{2} - F = \rho Q(V_2 - V_1)$

99 에너지 보정계수(α)와 운동량 보정계수(η)에 대한 설명 중 틀린 것은? [기사 03, 10]

① 흐름이 이상유체일 때, α와 η는 각각 1.5이다.

② 균일 유속분포일 때는 $\alpha = \eta = 1$이다.

③ 흐름이 실제유체일 때 α와 η는 각각 1보다 크다.

④ α, η값은 흐름이 난류일 때 보다 층류일 때가 크다.

해설 이상유체의 흐름과 같이 균일 유속분포인 경우에는 $\alpha = \eta = 1$ 이지만 실제 유체의 경우에는 불균일 유속분포를 가지므로 α, η는 1보다 큰 값을 가지며 $\alpha > \eta > 1$이다.

100 에너지 보정계수(α)와 운동량 보정계수(β)에 대한 설명으로 옳지 않은 것은?

[기사 12, 산업 12]

① α는 속도수두를 보정하기 위한 무차원 상수이다.

② β는 운동량을 보정하기 위한 무차원 상수이다.

③ 실제유체 흐름에서는 $\beta > \alpha > 1$이다.

④ 이상유체에서는 $\alpha = \beta = 1$이다.

해설 이상유체의 흐름에서는 $\alpha = \eta = 1$ 이지만 실제유체에서는 $\alpha > \eta > 1$이다.

101 유체의 흐름이 원관 내에서 층류일 때 에너지 보정계수(α)와 운동량 보정계수(η)가 옳게 된 것은? [산업 07]

① $\alpha = 2$, $\eta = 1.02$

② $\alpha = 2$, $\eta = \dfrac{4}{3}$

③ $\alpha = 1.1$, $\eta = \dfrac{4}{3}$

④ $\alpha = 1.1$, $\eta = 1.0$

해설 원형관 속의 층류에서는 $\alpha = 2$, $\eta = \dfrac{4}{3}$이다.

102 에너지보정계수(α)에 관한 설명으로 옳은 것은? (단, A : 흐름단면적, dA : 미소유관의 흐름단면적, v : 미소유관의 유속, V : 평균유속) [기사 12, 산업 09, 12]

① α는 속도수두의 단위를 갖는다.

② α는 운동량방정식에서 운동량을 보정해 준다.

③ $\alpha = \frac{1}{A}\int_A \left(\frac{v}{V}\right)^2 dA$ 이다.

④ $\alpha = \frac{1}{A}\int_A \left(\frac{v}{V}\right)^3 dA$ 이다.

해설 에너지보정계수

㉠ α는 이상유체에서의 속도수두를 보정하기 위한 무차원의 상수이다.

㉡ $\alpha = \int_A \left(\frac{v}{V}\right)^3 \frac{dA}{A}$

103 운동에너지의 수정계수는 어느 경우에 적용되어야 하는가? [기사 98, 00]

① 모든 유체운동에 적용된다.

② 이상유체 흐름에 적용된다.

③ 실제유체 흐름에 적용된다.

④ 유동단면이 원형일 때만 적용된다.

해설 유관 속의 유속은 한 단면에서 일정하다고 하였으나 실제는 경계면 부근에서는 작고 경계면에서 떨어진 곳은 크다. 따라서 실제유체 흐름에 적용하기 위해서는 속도수두항과 운동량의 항을 보정해 주는 에너지 보정계수와 운동량 보정계수를 적용시켜야 한다.

104 다음 설명 중 틀린 것은?(단, α는 에너지 보정계수, β는 운동량 보정계수이다.) [기사 12, 산업 12]

① 에너지 보정계수(α)란 속도수두를 보정하기 위한 무차원 상수이다.

② 운동량 보정계수(β)란 운동량을 보정하기 위한 무차원 상수이다.

③ 실제유체 흐름에서는 $\beta > \alpha > 1$이다.

④ 이상유체에서는 $\alpha = \beta = 1$이다.

해설 ㉠ 에너지 보정계수
평균유속을 사용함에 의한 에너지의 차이를 보정해주는 계수 : $\alpha = \int_A \left(\frac{V}{V_m}\right)^3 \frac{dA}{A}$

층류의 경우 : $\alpha = 2$
난류의 경우 : $\alpha = 1.01 \sim 1.1$

㉡ 운동량 보정계수
평균유속을 사용함에 의한 운동량의 차이를 보정해주는 계수 : $\eta = \int_A \left(\frac{V}{V_m}\right)^2 \frac{dA}{A}$

층류의 경우 : $\eta = 4/3$
난류의 경우 : $\eta = 1.0 \sim 1.05$

㉢ 에너지 보정계수와 운동량 보정계수는 실제유체와 이상유체의 차이를 보정해주는 계수로서 이상유체라면 에너지 보정계수와 운동량 보정계수의 값은 1이다. 실제유체에서는 $\alpha(=2) > \eta(=4/3) > 1$의 순이다.

105 다음 중 에너지 보정계수(α)와 운동량 보정계수(η)로 옳은 것은?(단, V_m은 평균유속, V는 실제 유속임) [기사 02]

① $\alpha = \frac{1}{A}\int_A \left(\frac{V}{V_m}\right) dA, \cdots\cdots \eta = \frac{1}{A}\int_A \left(\frac{V}{V_m}\right)^4 dA$

② $\alpha = \frac{1}{A}\int_A \left(\frac{V}{V_m}\right)^2 dA, \cdots\cdots \eta = \frac{1}{A}\int_A \left(\frac{V}{V_m}\right)^3 dA$

③ $\alpha = \frac{1}{A}\int_A \left(\frac{V}{V_m}\right)^3 dA, \cdots\cdots \eta = \frac{1}{A}\int_A \left(\frac{V}{V_m}\right)^2 dA$

④ $\alpha = \frac{1}{A}\int_A \left(\frac{V}{V_m}\right)^4 dA, \cdots\cdots \eta = \frac{1}{A}\int_A \left(\frac{V}{V_m}\right) dA$

해설 ㉠ 에너지 보정계수 : $\alpha = \int_A \left(\frac{V}{V_m}\right)^3 \cdot \frac{dA}{A}$

㉡ 운동량 보정계수 : $\eta = \int_A \left(\frac{V}{V_m}\right)^2 \cdot \frac{dA}{A}$

106 경계층에 관한 사항 중 틀린 것은? [기사 04, 12]

① 전단저항은 경계층 내에서 발생한다.

② 경계층 내에서는 층류가 존재할 수 없다.

③ 이상유체일 경우는 경계층이 존재하지 않는다.

④ 경계층에서는 레이놀즈(Reynolds) 응력이 존재한다.

해설 ㉠ 경계면에서 유체입자의 속도는 0이 되고, 경계면으로부터 거리가 멀어질수록 유속은 증가한다. 그러나 경계면으로부터의 거리가 일정한 거리만큼 떨어진 다음부터는 유속이 일정하게 된다. 이러한 영역을 유체의 경계층이라 한다.

㉡ 경계층 내의 흐름은 층류일 수도 있고 난류일 수도 있다.

㉢ 층류 및 난류 경계층을 구분하는 일반적인 기준은 특성 레이놀즈수이다.

$$R_x = \frac{V_o x}{\nu}$$

(한계 Reynolds수는 약 500,000이다.)

여기서, x : 평판 선단으로부터의 거리

107 항력(drag force)에 관한 설명 중 틀린 것은? [기사 02]

① 마찰항력은 유체가 물체표면을 흐를 때 점성과 난류에 의해 물체표면에 발생하는 마찰저항이다.

② 형상항력은 물체의 형상에 의한 후류(wake)로 인해 압력이 저하하여 발생하는 압력저항이다.

③ 조파항력은 물체가 수면에 떠 있거나 물체의 일부분이 수면 위에 있을 때에 발생하는 유체저항이다.

④ 항력 $D = C_D A \dfrac{V^2}{2g}$ 으로 표현되며, 항력계수 C_D는 Reynolds의 함수이다.

해설 ㉠ $D = C_D A \dfrac{1}{2} \rho V^2$

㉡ C_D는 Reynolds수에 크게 지배되며 $R_e < 1$일 때 $C_D = \dfrac{24}{R_e}$이다.

108 흐르는 유체 속에 물체가 있을 때, 물체가 유체로부터 받는 힘은? [기사 11]

① 장력(張力)
② 충력(衝力)
③ 항력(抗力)
④ 소류력(掃流力)

해설 유체 속을 물체가 움직일 때, 또는 흐르는 유체 속에 물체가 잠겨있을 때는 유체에 의해 물체가 어떤 힘을 받는다. 이 힘을 항력(drag) 또는 저항력이라 한다.

109 흐름방향의 단면적이 1.0m²인 정사각형 평판이 2.0m/sec의 유속으로 흐르는 물속에서 받는 힘은? (단, 저항계수 $C_D = 1.96$으로 가정한다.) [기사 99]

① 0.2t
② 4.0t
③ 0.4t
④ 2.0t

해설 $D = C_D A \dfrac{1}{2} \rho V^2$

$\quad = 1.96 \times 1 \times \dfrac{1}{2} \times \dfrac{1}{9.8} \times 2^2$

$\quad = 0.4t$

110 원통교각이 지름 2m, 수면에서 바닥까지 깊이가 5m, 유속이 3m/sec, $C_D = 1.0$일 때 교각에 가해지는 항력은?

[기사 89, 산업 82, 93]

① 4,485kg
② 4,824kg
③ 4,592kg
④ 4,267kg

해설 $D = C_D \cdot A \cdot \dfrac{1}{2} \cdot \rho \cdot V^2$

$\quad = 1 \times (2 \times 5) \times \dfrac{1}{2} \times \dfrac{1}{9.8} \times 3^2 = 4.592t$

111 스톡스(Stokes)의 법칙에 있어서, 항력계수 C_D의 값으로 옳은 것은?(단, R_e는 Reynolds 수이다.) [기사 07, 12]

① $C_D = \dfrac{64}{R_e}$ ② $C_D = \dfrac{32}{R_e}$

③ $C_D = \dfrac{24}{R_e}$ ④ $C_D = \dfrac{4}{R_e}$

[해설] 유체의 저항력

항력 : $D = C_D \times A \times \dfrac{\rho V^2}{2}$

여기서, C_D : 항력계수$\left(C_D = \dfrac{24}{R_e}\right)$

112 단위중량 w 또는 밀도 ρ인 유체가 유속 V로서 수평방향으로 흐르고 있다. 직경 d, 길이 l인 원주가 유체의 흐름방향에 직각으로 중심축을 가지고 놓였을 때 원주에 작용하는 항력(D)은?(단, C : 항력계수, g : 중력가속도) [기사 12]

① $D = C \cdot \dfrac{\pi d^2}{4} \cdot \dfrac{w V^2}{2}$

② $D = C \cdot d \cdot l \cdot \dfrac{w V^2}{2}$

③ $D = C \cdot \dfrac{\pi d^2}{4} \cdot \dfrac{\rho V^2}{2}$

④ $D = C \cdot d \cdot l \cdot \dfrac{\rho V^2}{2}$

[해설] 항력(Drag Force)의 종류

㉠ 흐르는 유체 속에 물체가 잠겨 있을 때 유체에 의해 물체가 받는 힘을 항력(Drag Force)이라 한다.

$D = C_D \cdot A \cdot \dfrac{\rho V^2}{2} = C \cdot d \cdot l \cdot \dfrac{\rho V^2}{2}$

㉡ 항력의 종류

종류	내용
마찰 저항	유체가 흐를 때 물체표면의 마찰에 의하여 느껴지는 저항을 말한다.
조파 저항	배가 달릴 때는 선수미(船首尾)에서 규칙적인 파도가 일어나는데, 이때 소요되는 배의 에너지 손실을 조파저항이라고 한다.
형상 저항	유속이 빨라져서 R_e가 커지면 물체 후면에 후류(Wake)라는 소용돌이가 발생되어 물체를 흐름방향과 반대로 잡아당기게 되는데 이러한 저항을 형상저항이라 한다.

113 폭이 1m, 길이가 5m인 나무판을 유속이 2m/sec인 수중에서 흘러가지 않도록 붙드는 데 필요한 힘 F_D를 구하면? (단, 항력계수 $C_D = 0.02$, 나무판의 무게는 무시한다.) [기사 93]

① 18.6kg ② 20.4kg
③ 21.2kg ④ 22.1kg

[해설] $D = C_D A \dfrac{1}{2} \rho V^2$

$= 0.02 \times (1 \times 5) \times \dfrac{1}{2} \times \dfrac{1}{9.8} \times 2^2$

$= 0.0204\text{t} = 20.4\text{kg}$

114 구형물체(球形物體)에 대하여 Stoke's의 법칙이 적용되는 범위에서 항력계수 C_D는? [기사 04, 07, 09, 12]

① $C_D = R_e^{-1}$

② $C_D = 4 R_e$

③ $C_D = 24 / R_e$

④ $C_D = 64 / R_e$

[해설] 레이놀즈수가 근사적으로 1보다 작은 범위일 때 물체의 저항은 순전히 점성 때문에 생기는 것이므로 Stoke's의 법칙으로 표시할 수 있다. 지름이 d인 구형물체에 대하여 Stoke's의 법칙과 유체의 전저항력(D)을 정리하여 비교하면 $C_D = \dfrac{24}{R_e}$ 이다.

115 유체가 흐를 때 Reynolds number가 커지면 물체의 후면에 후류(wake)라는 소용돌이가 생긴다. 이때, 압력이 저하되어 물체를 흐름방향과 반대방향으로 잡아당기는 저항은?

[기사 00, 08]

① 마찰저항
② 형상저항
③ 부유저항
④ 조파저항

해설 레이놀즈(R_e)수가 클 때 물체의 후면에는 후류라 하는 소용돌이가 생긴다. 이 후류 속에서는 압력이 저하되고, 물체를 흐름방향으로 잡아당기게 된다. 이러한 저항을 형상저항(압력저항)이라 한다.

116 물체가 수면에 떠 있거나 일부가 수면 위에 있을 때에만 생기는 유체의 저항은?

[기사 93, 98]

① 마찰저항
② 압력저항
③ 표면저항
④ 조파저항

해설 물체가 수면에 떠 있거나 물체의 일부가 수면 위에 있을 때 수면에 파동을 일으킨다. 이러한 저항을 조파저항이라 한다.

117 다음 중 속도 포텐셜을 가지고 있는 흐름(potential flow)은?

[기사 97]

① 회전운동을 일으킨다.
② 비회전운동을 일으킨다.
③ 와운동을 일으킨다.
④ 도수를 일으킨다.

해설 속도 포텐셜을 가지고 있는 흐름은 유체입자가 회전하지 않는 흐름이며 이와 같은 흐름을 비회전류라 한다.

118 지름 D의 구(球)가 밀도 ρ의 유체 속을 유속 V로서 침강할 때 구(球)의 항력(D)은? (단, C_D : 항력계수)

[기사 10]

① $D = C_D \pi d^2 \dfrac{V^2}{2g}$

② $D = \dfrac{1}{4} C_D \pi d^2 \rho V^2$

③ $D = \dfrac{1}{8} C_D \pi d^2 \rho V^2$

④ $D = \dfrac{1}{16} C_D \pi d^2 \rho V^2$

해설 $D = C_D A \dfrac{1}{2} \rho V^2$

$= C_D \times \dfrac{\pi d^2}{4} \times \dfrac{1}{2} \rho V^2 = \dfrac{1}{8} C_D \pi d^2 \rho V^2$

119 밀도가 ρ인 유체가 일정한 유속 V_0로 수평방향으로 흐르고 있다. 이 유체 속의 직경 d, 길이 l인 원주가 흐름방향에 직각으로 중심축을 가지고 수평으로 놓였을 때 원주에 작용되는 항력(抗力)을 구하는 공식은? (단, C_D는 항력계수이다.)

[기사 01, 12]

① $C_D \cdot \dfrac{\pi d^2}{4} \cdot \dfrac{\rho V_0^2}{2}$

② $C_D \cdot d \cdot l \cdot \dfrac{\rho V_0^2}{2}$

③ $C_D \cdot \dfrac{\pi d^2}{4} \cdot l \cdot \dfrac{\rho V_0^2}{2}$

④ $C_D \cdot \pi d \cdot l \cdot \dfrac{\rho V_0^2}{2}$

해설 $D = C_D A \dfrac{1}{2} \rho V^2 = C_D \cdot d \cdot l \cdot \dfrac{1}{2} \rho V^2$

120 3차원 흐름의 $\dfrac{\partial (\rho u)}{\partial x} + \dfrac{\partial (\rho v)}{\partial y} + \dfrac{\partial (\rho w)}{\partial z} = 0$ 에 대한 연속방정식의 상태는? [기사 94, 98]

① 비압축성 정상류
② 비압축성 부정류
③ 압축성 정상류
④ 압축성 부정류

해설 3차원 흐름의 연속방정식(압축성 유체)

㉠ 정류 : $\dfrac{\partial \rho u}{\partial x} + \dfrac{\partial \rho v}{\partial y} + \dfrac{\partial \rho w}{\partial z} = 0$

㉡ 부정류 : $\dfrac{\partial \rho}{\partial t} + \dfrac{\partial \rho u}{\partial x} + \dfrac{\partial \rho v}{\partial y} + \dfrac{\partial \rho w}{\partial z} = 0$

121 정상류 비압축성 유체에 대한 다음의 속도성분 중에서 연속방정식을 만족시키는 식은?

[기사 06]

① $u = 3x^2 - y$
　$v = 2y^2 - yz$
　$w = y^2 - 2y$

② $u = 2x^2 - xy$
　$v = y^2 - 4xy$
　$w = y^2 - yz$

③ $u = x^2 - y$
　$v = y^2 - xy$
　$w = x^2 - yz$

④ $u = 2x^2 - yz$
　$v = 2y^2 - 3xy$
　$w = z^2 - 2y$

해설 비압축성 정상류 3차원 연속방정식

㉠ 비압축성 정상류 연속방정식

$\dfrac{\partial u}{\partial x} + \dfrac{\partial v}{\partial y} + \dfrac{\partial w}{\partial z} = 0$

㉡ x, y, z 방향에 편미분을 하여 위의 방정식을 만족하면 된다. 위의 식을 편미분하면

• $\dfrac{\partial u}{\partial x} = 4x - y$, • $\dfrac{\partial v}{\partial y} = 2y - 4x$,

• $\dfrac{\partial w}{\partial z} = -y$

∴ $\dfrac{\partial u}{\partial x} + \dfrac{\partial v}{\partial y} + \dfrac{\partial w}{\partial z}$

$= (4x - y) + (2y - 4x) + (-y) = 0$

㉢ ②번의 경우가 비압축성 정상류 연속방정식을 만족시킨다.

122 흐르는 유체 속의 한 점(x, y, z)의 각 축방향의 속도성분을 (u, v, w)라 하고 밀도를 ρ, 시간을 t로 표시할 때 가장 일반적인 경우의 연속방정식은?

[기사 04]

① $\dfrac{\partial \rho u}{\partial x} + \dfrac{\partial \rho v}{\partial y} + \dfrac{\partial \rho w}{\partial z} = 0$

② $\dfrac{\partial u}{\partial t} + \dfrac{\partial v}{\partial t} + \dfrac{\partial w}{\partial t} = 0$

③ $\dfrac{\partial \rho}{\partial t} + \dfrac{\partial \rho u}{\partial x} + \dfrac{\partial \rho v}{\partial y} + \dfrac{\partial \rho w}{\partial z} = 0$

④ $\dfrac{\partial \rho}{\partial t} + \dfrac{\partial u}{\partial x} + \dfrac{\partial v}{\partial y} + \dfrac{\partial w}{\partial z} = 0$

해설 3차원 연속방정식

㉠ 흐름의 방향성분을 x, y, z라 하고 방향의 속도성분을 u, v, w라 하면 3차원 연속방정식은 다음과 같이 정의한다.

∴ $\dfrac{\partial \rho}{\partial t} + \dfrac{\partial (\rho u)}{\partial x} + \dfrac{\partial (\rho v)}{\partial y} + \dfrac{\partial (\rho w)}{\partial z} = 0$

㉡ 여기서 정류와 부정류를 나누는 기준은

$\dfrac{\partial \rho}{\partial t} = 0$, $\dfrac{\partial \rho}{\partial t} \neq 0$ 이다.

㉢ 비압축성 유체의 경우에는 $\rho = $constant하므로 생략이 가능하다.

123 유체 내부의 임의의 점(x, y, z)에 있어서의 속도의 방향성분을 시간 t에 있어서 각각 u, v, w로 표시할 때 유체의 밀도를 ρ라고 하면 비압축성 유체에 대하여 연속방정식을 간단하게 정리한 식은?

[산업 05]

① $\dfrac{\partial u}{\partial x} + \dfrac{\partial v}{\partial y} + \dfrac{\partial w}{\partial z} = 0$

② $\rho \left(\dfrac{\partial u}{\partial x} + \dfrac{\partial v}{\partial y} + \dfrac{\partial w}{\partial z} \right) = 0$

③ $\dfrac{\partial \rho}{\partial t} + \rho \left(\dfrac{\partial u}{\partial x} + \dfrac{\partial v}{\partial y} + \dfrac{\partial w}{\partial z} \right) = 0$

④ $\dfrac{\partial \rho}{\partial t} + \dfrac{\partial \rho u}{\partial x} + \dfrac{\partial \rho v}{\partial y} + \dfrac{\partial \rho w}{\partial z} = 0$

해설 ㉠ 압축성 유체(정류의 연속방정식)

$\dfrac{\partial \rho u}{\partial x} + \dfrac{\partial \rho v}{\partial y} + \dfrac{\partial \rho w}{\partial z} = 0$

㉡ 비압축성 유체(정류의 연속방정식)

$\dfrac{\partial u}{\partial x} + \dfrac{\partial v}{\partial y} + \dfrac{\partial w}{\partial z} = 0$

CHAPTER 04 오리피스

1 오리피스 일반

(1) 오리피스(orifice, 공구)의 정의

① 수조의 측벽 또는 저면에 설치된 폐 주변을 물이 가득차서 흐르는 유출구를 오리피스라 하고, 수량을 측정하거나 조절하기 위해 사용한다.

② 수조의 한 측면에서 수류를 측정하기 위해 정확한 기하학적 형상을 한 유출구를 말한다. 작은 오리피스의 경우 주로 원형단면을 많이 사용한다.

③ 작은 오리피스(소공구)와 큰 오리피스(대공구)가 있다.

(2) 용어의 설명

① 접근유속(velocity of approach) : 오리피스를 향하여 접근되는 수조 내의 평균유속이다.

② 표준 오리피스 : 원형단면의 칼날형(예련) 작은 오리피스를 말한다.

③ 예련 오리피스 : 오리피스의 끝이 날카로운 것으로서 일반적인 오리피스를 말한다.

④ 연직 오리피스 : 수조의 측벽에 설치한 오리피스를 말한다.

⑤ 수평 오리피스 : 수조의 저면에 설치한 오리피스를 말하며, 특히 가장자리를 45°로 깍은 원형단면의 오리피스를 퐁셀트 오리피스(poncelt orifice)라 한다.

⑥ 수중 오리피스 : 사출 수맥이 수중으로 유출하는 경우의 오리피스를 말한다.

⑦ 노즐(nozzle) : 호스 선단에 붙여서 물을 사출할 수 있도록 한 점축소관을 말한다.

⑧ 관 오리피스 : 관 속에 구멍 뚫린 얇은 판을 넣어 유량을 측정하는 장치이다.

⑨ 수축단면(vena contracta) : 오리피스를 나온 수맥의 단면적이 가장 작은 부분(축류부)을 말하며, 수축단면의 발생위치는 오리피스의 지름의 대략 1/2 지점($d/2$)의 수맥이다.

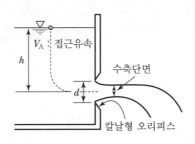

[그림 4-1] 오리피스

2 작은 오리피스

(1) 작은 오리피스의 정의

① 오리피스(orifice, 공구)의 크기가 오리피스에서 수면까지의 수두에 비하여 작은 오리피스를 말한다.

② 오리피스 상하 끝의 압력차가 작아서 오리피스의 어느 점을 생각하여도 수심이 모두 같다고 보는 오리피스를 말한다.

$$H \geq 5d \quad \cdots\cdots\cdots (1)$$

여기서, H : 오리피스 중심에서 수면까지의 수두
d : 오리피스의 지름

(2) 유속계산

① 이론유속은 베르누이 정리에 의해 $H = \dfrac{V_0^2}{2g}$ 에서

$$V_0 = \sqrt{2gH} \quad \cdots\cdots\cdots (2)$$

② 실제유속은 이론유속에 유속계수를 곱하여 구한다.

$$V = C_V \sqrt{2gH} \quad \cdots\cdots\cdots (3)$$

여기서, C_V : 유속계수(0.96~0.99)

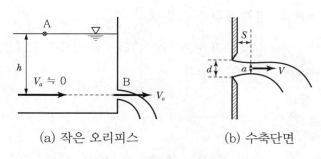

(a) 작은 오리피스　　　　(b) 수축단면

[그림 4-2] 오리피스와 축류부

(3) 유량계산

① 수축단면(vena contracta)에서는 모든 유선의 방향이 수평이며, 유속도 거의 동일하다. 축류부의 단면적은

$$a = C_a A \quad\text{..} (4)$$

여기서, C_a : 수축계수(0.612~0.72)

　　　　A : 오리피스 단면적

　　　　a : 오리피스로부터 $\dfrac{d}{2}$ 만큼 떨어진 축류부의 단면적

　　　　s : $\dfrac{d}{2}$ (축류부까지 거리)

② 실제유량은 수축단면적에서의 실제유속에 대한 유량으로 축류부의 단면적에 실제유속을 곱하여 구한다.

$$Q = a \cdot V = C_a A \cdot C_V \sqrt{2gH} = C_a C_V A \sqrt{2gH}$$

$$\therefore \ Q = CA \sqrt{2gH} \quad\text{..} (5)$$

여기서, C : 유량계수($C = C_a \cdot C_V = 0.60 \sim 0.64$, 보통 0.62)

(4) 유속계수, 수축계수, 유량계수

① 유속계수(C_V) : 실제유속(V)과 이론유속(V_0)의 비를 말하고, 표준 오리피스의 경우 $C_V = 0.96 \sim 0.99$의 범위를 갖는다.

$$C_V = \frac{V}{V_0} \quad\text{...}\quad (6)$$

② 수축계수(C_a) : 오리피스의 단면적(A)과 수축단면적(a)과의 비를 말하고, 표준 오리피스의 경우 $C_a = 0.6 \sim 0.7$의 값을 갖는다.

$$C_a = \frac{a}{A} \quad\text{...}\quad (7)$$

③ 유량계수(C) : 실제유량과 이론유량의 비로, 유량계수는 수축계수×유속계수로 나타내고, 표준 오리피스의 경우 $C = 0.60 \sim 0.64$ 정도이다.

$$C = C_a \cdot C_V \quad\text{..}\quad (8)$$

③ 큰 오리피스

(1) 큰 오리피스의 정의

① 오리피스(orifice, 공구)의 크기가 오리피스에서 수면까지의 수두에 비하여 커서, 오리피스의 상단과 하단의 유속이 같지 않다고 취급하는 오리피스를 말한다.

② 오리피스 상단부에서의 속도수두와 하단부에서의 속도수두의 차가 크므로 한 단면을 대표하는 유속공식은 없으며, 적분을 통해 유도된 유량공식을 이용한다.

$$H < 5d \quad\text{...}\quad (9)$$

(2) 구형 큰 오리피스

① 접근유속을 무시한 경우

$$Q = \frac{2}{3} C b \sqrt{2g} \left(H_2^{\frac{3}{2}} - H_1^{\frac{3}{2}} \right) \quad\text{...........................}\quad (10)$$

② 접근유속을 고려한 경우

$$Q = \frac{2}{3} C b \sqrt{2g} \left[(H_2 + h_a)^{\frac{3}{2}} - (H_1 + h_a)^{\frac{3}{2}} \right] \quad \cdots\cdots\cdots\cdots\cdots\cdots\cdots\cdots\cdots\cdots\cdots\cdots\cdots (11)$$

③ 테일러(Taylor) 급수를 이용하는 경우

$$Q = C b h \sqrt{2gh} \left[1 - \frac{1}{96} \left(\frac{h}{H} \right)^2 \right] \quad \cdots\cdots\cdots\cdots\cdots\cdots\cdots\cdots\cdots\cdots\cdots\cdots (12)$$

여기서, H : 수면에서 오리피스 중심까지의 수심

(3) 원형 큰 오리피스

테일러(Taylor) 급수를 이용하면

$$Q = C \pi r^2 \sqrt{2gH} \left[1 - \frac{1}{32} \left(\frac{r}{H} \right)^2 \right] \quad \cdots\cdots\cdots\cdots\cdots\cdots\cdots\cdots\cdots\cdots\cdots (13)$$

여기서, r : 오리피스의 반경

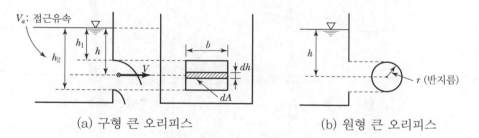

(a) 구형 큰 오리피스   (b) 원형 큰 오리피스

[그림 4-3] 큰 오리피스

4 수중 오리피스와 관 오리피스, 배수시간

(1) 수중 오리피스

① 수조나 수로 등에서 수중으로 물이 유출되는 오리피스를 말하며, 모두 수중으로 유출될 때에는 완전 수중 오리피스라 하고, 그 일부가 수중에 있는 것을 불완전 수중 오리피스라 한다.

② 완전 수중 오리피스

이론유속은

$$V = \sqrt{2g(h_1 - h_2)} = \sqrt{2gh} \quad \text{............................} \quad (14)$$

단위폭당 유량은

$$\therefore \ Q = CA\sqrt{2g(h_1 - h_2)} = CA\sqrt{2gh} \quad \text{............................} \quad (15)$$

여기서, h : 두 수면의 수두차

③ 불완전 수중 오리피스는 간단한 식으로 표시할 수 없으므로 근사해법으로 구한다. 상부의 유량 Q_1은 큰 오리피스로, 하부의 유량 Q_2는 완전 수중 오리피스로 생각하여 각각의 유량을 구하여 합한다.

$$\therefore \ Q = Q_1 + Q_2 \quad \text{............................} \quad (16)$$

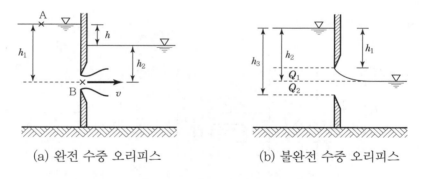

(a) 완전 수중 오리피스   (b) 불완전 수중 오리피스

[그림 4-4] 수중 오리피스

(2) 관 오리피스와 관 노즐

① 관 오리피스는 관 속에 구멍 뚫린 얇은 판을 넣어 유량을 측정하는 장치이다. 오리피스를 통해서 흐르는 유선은 단면의 급격한 수축 때문에 수축수맥(vena contracta)이 형성된다.

$$Q = \frac{Ca}{\sqrt{1 - \left(\dfrac{Ca}{A}\right)^2}}\sqrt{2gh} \quad \text{............................} \quad (17)$$

② 관 노즐은 관 속에 단관(노즐)을 넣어 유량을 측정하는 장치로서 관 오리피스와 동일하다.

$$Q = \frac{Ca}{\sqrt{1 - \left(\dfrac{Ca}{A}\right)^2}} \sqrt{2gh}$$ .... (18)

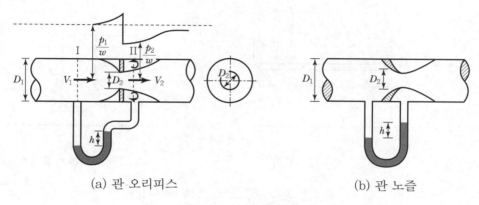

(a) 관 오리피스   (b) 관 노즐

[그림 4-5] 관 오리피스와 관 노즐

(3) 오리피스에 의한 배수시간

① 보통 오리피스의 자유 배수시간은

$$T = \frac{2A}{Ca\sqrt{2g}} \left(H_1^{\frac{1}{2}} - H_2^{\frac{1}{2}} \right)$$ .... (19)

완전 배수시간은 $H_2 = 0$에서

$$T = \frac{2A}{Ca\sqrt{2g}} H^{\frac{1}{2}}$$ .... (20)

② 수중 오리피스의 배수시간은

$$T = \frac{2A_1 A_2}{Ca\sqrt{2g}\,(A_1 + A_2)} \left(H^{\frac{1}{2}} - h^{\frac{1}{2}} \right)$$ .... (21)

여기서, h : t시간 후의 두 수조의 수두차

수중 오리피스에서 두 수조의 수위가 동일할 때까지 걸리는 시간을 t라 하면, $h = 0$이므로

$$t = \frac{2A_1 A_2}{Ca\sqrt{2g}(A_1 + A_2)} H^{\frac{1}{2}} \quad \cdots\cdots\cdots\cdots\cdots\cdots\cdots\cdots\cdots\cdots\cdots\cdots\cdots\cdots\cdots \text{(22)}$$

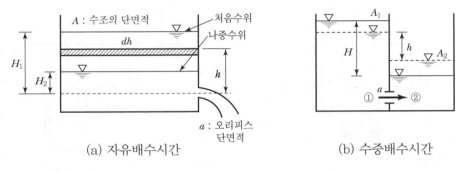

(a) 자유배수시간   (b) 수중배수시간

[그림 4-6] 오리피스의 배수시간

5 단관(short tube)

(1) 단관

① 단관이란 오리피스의 외측 또는 내측에 짧은 관을 부착한 것을 말하고, 오리피스의 단면수축을 방지하기 위해 설치한다.

② 표준 단관($l = 2 \sim 3d$)과 보르다 단관($l = 0.5d$)이 있다.

(2) 표준 단관

① 오리피스의 외측에 부착된 단관으로 단관의 돌출길이가 지름의 2~3배이며, 끝부분이 칼날형인 원형단면 관을 표준 단관이라 하고, 수류측정에 이용된다.

② 표준 단관의 사출수맥은 처음 수축하였다가 다시 확대되어 관을 채우므로 $C_a = 1.0$이 되어 $C = C_a C_V = 1.0 C_V = 0.78 \sim 0.83$ 정도이며 보통 0.82이다.

③ 표준 단관의 유출량은 오리피스의 경우보다 증가한다.

(3) 보르다(Borda)의 단관

① 관의 돌출부가 수조의 안쪽으로 있는 단관을 말하고, 돌출길이가 지름의 0.5배 정도이다.

② 분류(사출 수맥)가 관에 접하지 않으므로 보통 $C_a = 0.52$, $C_V = 0.98$이고, 유량계수가 $C = 0.51$ 정도이다. 따라서 유출량은 오리피스의 경우보다 감소한다.

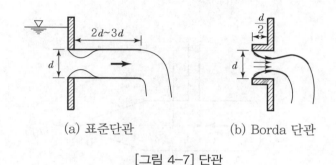

(a) 표준단관   (b) Borda 단관

[그림 4-7] 단관

6 노즐과 수문

(1) 노즐(nozzle)

① 호스의 출구 단면적을 축소시켜 속도수두를 증가시킴으로서 물을 멀리 사출할 수 있도록 만든 장치를 노즐이라 하며, 사출된 물을 제트(jet)라 한다.

② 노즐에는 평활한 노즐과 고리 노즐이 있다. 고리 노즐의 유출구는 날카로운 각을 가진 오리피스와 유사하며, 분출의 수축이 일어나고 평활한 노즐보다 장점이 많아 실제로 많이 이용하고 있다.

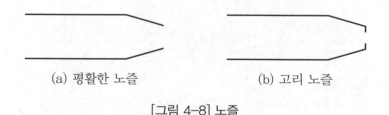

(a) 평활한 노즐   (b) 고리 노즐

[그림 4-8] 노즐

③ 제트(jet)의 실제유속과 실제유량

㉠ 실제유속 $\quad V_2 = C_V \sqrt{\dfrac{2gh}{1-\left(\dfrac{Ca}{A}\right)^2}}$ .... (23)

㉡ 실제유량 $\quad Q = Ca \sqrt{\dfrac{2gh}{1-\left(\dfrac{Ca}{A}\right)^2}}$ .... (24)

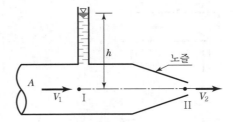

[그림 4–9] 제트의 유속과 유량

(2) 제트(jet)의 경로

① 수평거리 $L = 2x = \dfrac{V^2}{g}\sin 2\alpha$ 으로부터 최대 수평도달거리는

$$\therefore\ L_{\max} = \frac{V^2}{g}\ \ (\because \theta = 45°)$$ .... (25)

② 높이 $\ H = y = \dfrac{V^2}{2g}\sin^2\alpha$ 으로부터 최대 연직높이는

$$\therefore\ H_{\max} = \frac{V^2}{2g}\ \ (\because \theta = 90°)$$ .... (26)

여기서, V : 제트의 처음 유속
$\qquad\ \theta$: 수평과 이루는 각

③ 최대 수평도달거리는 최대 연직높이의 2배이다.

$$\therefore\ L_{\max} = 2H_{\max}$$ .... (27)

(3) 분수

① 분수의 높이 $H_V = C_V^2\, H$ ··· (28)

② 분수의 손실수두 $h_L = (1 - C_V^2)\, H$ ································· (29)

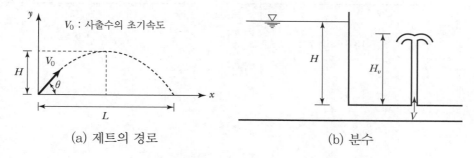

(a) 제트의 경로   (b) 분수

[그림 4-10] 제트(jet)의 경로와 분수

(4) 수문(sluice)

① 수로에 개폐할 수 있는 저류벽을 만들어 유량을 조절할 수 있도록 만든 장치를 수문이라 한다. 일반적으로 자유유출과 수중유출로 구분한다.

② 자유유출은 수문에서 흘러나온 물이 오리피스와 같이 수심이 점차 감소되어 평행하게 흐르는 상태이다. 오리피스와 동일한 형태로서

$$Q = CA\sqrt{2gH}$$ ··· (30)

여기서, $A = bH_d$

$\qquad H = H_1 - H_2$ (양 수면의 수두차)

③ 수중유출은 수중 오리피스와 같이 수문의 개방높이보다 하류수심이 더 큰 상태의 유출을 말한다.

$$Q = CbH_d\sqrt{2g(H_1 + H_a - H_2)}$$
$$\quad = CbH_d\sqrt{2g(H + H_a)}$$ ·· (31)

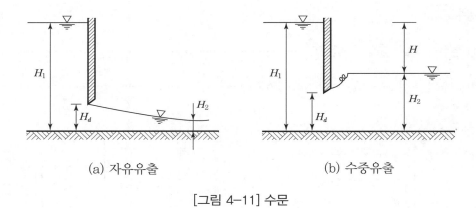

(a) 자유유출   (b) 수중유출

[그림 4-11] 수문

01 다음 중 오리피스(Orifice)의 이론과 가장 관계가 없는 것은? [기사 04]

① 토리첼리(Torricelli) 정리
② 베르누이(Bernoulli) 정리
③ 베나콘트랙타(Vena Contracta)
④ 모세관현상의 원리

해설 오리피스 이론

㉠ 토리첼리 정리 : 베르누이 정리를 이용하여 오리피스의 유출구 유속을 계산한다.($v = \sqrt{2gh}$)
㉡ 베나콘트랙타 : 오리피스 단면적을 통과한 물기둥은 오리피스 지름의 1/2 지점에서 수축단면적이 발생하는데 이 수축 단면적을 베나콘트랙타라 한다.
㉢ 오리피스 이론과 관련이 없는 것은 모세관현상의 원리이다.

02 오리피스(orifice)에 관한 설명 중 옳지 않은 것은? [산업 01]

① 상류단의 날카로운 오리피스를 예연 오리피스라 한다.
② 사출수맥이 대기 중으로 유출되는 오리피스는 자유유량을 갖는다고 한다.
③ 오리피스에 작용하는 수두에 관계 없이 직경이 큰 오리피스를 큰 오리피스라 한다.
④ 오리피스의 수맥에는 반드시 수축단면이 존재한다.

해설 오리피스에서 수면까지의 수두에 비해 오리피스가 커서 유속을 계산할 때 오리피스의 상단에서 하단까지의 수두변화를 고려해야 하는 오리피스를 큰 오리피스라 한다.

03 오리피스(orifice)의 이론유속 $V = \sqrt{2gh}$ 는 어느 이론으로부터 유도되는 특수한 경우인가?

(단, V : 유속, g : 중력가속도, h : 수두차)
[기사 06]

① 베르누이(Bernoulli)의 정리
② 레이놀즈(Reynolds)의 정리
③ 벤투리(Venturi)의 이론식
④ 운동량방정식 이론

해설 베르누이의 정리로부터 유도된 공식이다.

04 베나 콘트렉터에 대한 설명 중 옳지 않은 것은? [기사 02]

① 오리피스를 통과하는 유선에서 설명되는 현상
② 수맥이 가장 많이 수축되고 작아지는 현상
③ 베나 콘트렉터의 단면적은 오리피스의 단면적보다는 크다.
④ 베르누이의 정리를 사용하여 해설할 수 있다.

해설 베나 콘트렉터는 오리피스 유출에 있어서 가장 작은 수축단면적(a)을 의미한다.

05 수축단면(vena contracta)에 관한 설명 중 옳지 않은 것은? [산업 07]

① 유출 물줄기의 최소 단면을 말한다.
② 원형 오리피스에서 수축단면의 위치는 대략 오리피스면에서 $d/2$ 거리이다.
③ 맴돌이(vortex)에 의해서 일어난다.
④ 오리피스 단면적에 대한 수축단면 단면적의 비를 수축계수라고 한다.

해설 최대로 축소된 단면을 수축단면이라 하며 원형 오리피스에서 수축단면은 $\dfrac{d}{2}$ 인 점에서 측정한다.

06 수축단면에 대한 설명 중 옳은 것은?

[산업 08]

① 상류에서 사류로 변화할 때 발생한다.
② 수축단면에서의 유속을 오리피스의 평균유속이라 한다.
③ 사류에서 상류로 변화할 때 발생한다.
④ 오리피스의 유출수맥에서 발생한다.

해설 오리피스의 유출수맥 중에서 최소로 축소된 단면을 수축단면이라 한다.

07 오리피스에 있어서 에너지 손실은 어떠한 방법으로 보정할 수 있는가?

[산업 82, 94, 08]

① 이론유속에 유속계수를 곱한다.
② 실제유속에 유속계수를 곱한다.
③ 이론유속에 유량계수를 곱한다.
④ 실제유속에 유량계수를 곱한다.

해설 에너지 손실을 실제유속에 반영하기 위하여 이론 유속에 유속계수를 곱한다.
∴ 실제유속 $V = C_v \sqrt{2gh}$

08 그림과 같은 오리피스에서 물을 유출할 때 에너지손실이 없을 경우 유속(V)과 유량(Q)은? (단, 오리피스의 단면적은 a이다.)

[산업 06]

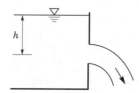

① $V = \sqrt{gh}$, $Q = aV = a\sqrt{gh}$
② $V = gh^{2/3}$, $Q = agh^{2/3}$
③ $V = \sqrt{2gh}$, $Q = aV = a\sqrt{2gh}$
④ $V = gh^2$, $Q = agh^2$

해설 ㉠ $V = \sqrt{2gh}$
㉡ $Q = aV = a\sqrt{2gh}$

09 수면에서 깊이 2.5m에 정사각형 단면의 오리피스를 설치하여 0.042m³/s의 물을 유출시킬 때 정사각형 단면에서 한 변의 길이는? (단, 유량계수는 0.6이다.)[기사 03, 11, 산업 06]

① 10.0cm
② 14.0cm
③ 18.0cm
④ 22.0cm

해설 $Q = C a \sqrt{2gh}$
$0.042 = 0.6 \times d^2 \times \sqrt{2 \times 9.8 \times 2.5}$
∴ $d = 0.1$ m

10 수두(水頭)가 2m인 오리피스에서의 유량은? (단, 오리피스의 지름 10cm, 유량계수 $C = 0.76$)

[산업 05]

① 15.15l/sec
② 35.07l/sec
③ 25.15l/sec
④ 37.37l/sec

해설 $Q = C a \sqrt{2gh}$
$= 0.76 \times \dfrac{\pi \times 10^2}{4} \times \sqrt{2 \times 980 \times 200}$
$= 37,372.01 \, \text{cm}^3/\text{sec} = 37.37 l/\text{sec}$

11 수두가 2m인 작은 오리피스(orifice)로부터 유출하는 유량은? (단, 오리피스의 직경은 10cm, 유속계수 0.95, 수축계수 0.80이다.)

[산업 03]

① 0.053m³/sec
② 0.012m³/sec
③ 0.132m³/sec
④ 0.037m³/sec

해설 $Q = C a \sqrt{2gh}$
$= C_a \cdot C_v \cdot a \sqrt{2gh}$
$= 0.8 \times 0.95 \times \dfrac{\pi \times 0.1^2}{4} \times \sqrt{2 \times 9.8 \times 2}$
$= 0.037 \text{m}^3/\text{sec}$

12 작은 오리피스에서 유속을 구한 값은? (단, 유속계수 C_v는 0.9이다.) [산업 04]

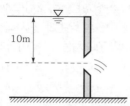

① 8.9m/sec ② 9.9m/sec
③ 12.6m/sec ④ 14.0m/sec

해설 $V = C_v \sqrt{2gh}$
$= 0.9 \sqrt{2 \times 9.8 \times 10} = 12.6\text{m/sec}$

13 수심 3m인 곳에 2cm×3cm의 오리피스에서 유출되는 물의 유속 및 유량은? (단, C_v=0.93, C_a=0.68) [기사 95, 96]

① V : 7.51m/s, Q : 0.00945m³/s
② V : 7.13m/s, Q : 0.00291m³/s
③ V : 5.21m/s, Q : 0.00882m³/s
④ V : 4.83m/s, Q : 0.00945m³/s

해설 ㉠ $V = C_v \sqrt{2gh}$
$= 0.93 \times \sqrt{2 \times 9.8 \times 3}$
$= 7.13\text{m/sec}$

㉡ $5d = 15\text{cm} < \text{H} = 3\text{m}$이므로 작은 오리피스이다.
$Q = C a \sqrt{2gh} = (C_a \cdot C_v) a \sqrt{2gh}$
$= (0.68 \times 0.93) \times (0.02 \times 0.03)$
$\times \sqrt{2 \times 9.8 \times 3}$
$= 0.00291\text{m}^3/\text{sec}$

14 작은 오리피스(orifice)의 단면적을 a, 수축계수 C_a, 유속계수 C_v, 오리피스 중심에서 수면까지의 높이를 h, 중력가속도를 g라 할 때 유량 공식은? [기사 01]

① $Q = a \cdot C_v \cdot C_a \cdot \sqrt{2gh}$
② $Q = a(C_v / C_a) \sqrt{2gh}$
③ $Q = a(C_v - C_a) \sqrt{2gh}$
④ $Q = a(C_v + C_a) \sqrt{2gh}$

해설 $Q = Ca\sqrt{2gh} = C_a C_v \cdot a \sqrt{2gh}$

15 상부의 수면적이 2m²이고 오리피스로부터의 배수량이 450cc/sec일 때 수조 내의 물이 오리피스로 모이는 접근유속을 구한 값은? [산업 01]

① 0.225cm/sec
② 0.0225cm/sec
③ 0.35cm/sec
④ 0.035cm/sec

해설 $Q = AV$
$450 = (2 \times 10^4) \times V$
$\therefore V = 0.0225\text{cm/sec}$

16 저수지의 측벽에 폭 20cm, 높이 5cm의 직사각형 오리피스를 설치하여 유량 $200l$/sec를 유출시키려고 할 때 수면으로부터의 오리피스 설치위치는? (단, 유량계수 C=0.62임.) [기사 00, 05]

① 33m ② 43m
③ 53m ④ 63m

해설 $Q = C a \sqrt{2gh}$
$200 \times 10^{-3} = 0.62 \times (0.2 \times 0.05) \times \sqrt{2 \times 9.8 \times h}$
$\therefore h = 53.1 \text{ m}$

17 수두 2m 되는 곳에 직경 10cm의 오리피스를 만들어 물을 유출시킬 경우, 유속계수 $C_v=0.95$, 수축계수 $C_a=0.70$이라고 하면 실제유량은? [기사 01]

① 1.232m³/s ② 0.002m³/s
③ 0.973m³/s ④ 0.033m³/s

해설 ㉠ $a = \dfrac{\pi \times 0.1^2}{4} = 7.9 \times 10^{-3} \text{m}^2$

㉡ $Q = C\,a\sqrt{2gh}$
$= C_a C_v \cdot a \sqrt{2gh}$
$= 0.7 \times 0.95 \times (7.9 \times 10^{-3}) \times \sqrt{2 \times 9.8 \times 2}$
$= 0.033 \text{m}^3/\text{sec}$

18 수면에서 3.0m 깊이에 있는 직경 25mm의 표준 오리피스에서 유출하는 실제 유출량은? (단, 유량계수는 0.62이다.) [산업 11]

① 1,973cm³/sec ② 2,334cm³/sec
③ 2,564cm³/sec ④ 2,844cm³/sec

해설 ㉠ $a = \dfrac{\pi D^2}{4} = \dfrac{\pi \times 2.5^2}{4} = 4.91 \text{cm}^2$

㉡ $Q = Ca\sqrt{2gh}$
$= 0.62 \times 4.91 \times \sqrt{2 \times 980 \times 300}$
$= 2,334.33 \text{cm}^3/\text{sec}$

19 수두 3m 되는 곳에 직경 4cm의 오리피스를 만들어 물을 분출시킬 경우 유속계수가 0.95, 수축계수를 0.70이라 하면 실제유량은? [기사 00]

① 약 6l/sec ② 약 12l/sec
③ 약 18l/sec ④ 약 24l/sec

해설 $Q = C\,a\sqrt{2gh}$
$= (C_a \cdot C_v) a\sqrt{2gh}$
$= (0.7 \times 0.95) \times \pi \times \dfrac{0.04^2}{4} \times \sqrt{2 \times 9.8 \times 3}$
$= 6.41 \times 10^{-3} \text{m}^3/\text{sec}$
$= 6.41 l /\text{sec}$

20 다음 저수조 측벽의 정사각형 오리피스에서 0.08m³/sec의 물을 얻으려고 할 때의 적당한 정사각형 한 변의 길이는? (단, 유량계수는 0.61이고, 수면과 정사각형 오리피스 중심까지의 고저차는 1.8m이다.) [기사 95, 09, 산업 00]

① 9cm ② 11cm
③ 13cm ④ 15cm

해설 $Q = C\,a\sqrt{2gh}$
$0.08 = 0.61 \times d^2$
$\qquad \times \sqrt{2 \times 9.8 \times 1.8}$
$\therefore\ d = 0.15 \text{ m}$

21 단면적 20cm²인 원형 오리피스(orifice)가 수면에서 3m의 깊이에 있을 때, 유출수의 유량은?(단, 물통의 수면은 일정하고 유량계수는 0.6이라 한다.) [기사 09, 10, 12]

① 0.0014m³/sec

② 0.0092m³/sec

③ 14.4400m³/sec

④ 15.2400m³/sec

해설 $Q = C\,a\sqrt{2gH}$
$= 0.6 \times (20 \times 10^{-4}) \times \sqrt{2 \times 9.8 \times 3}$
$= 0.0092 \text{m}^3/\text{sec}$

22 지름 2m인 원형 수조의 측벽 하단부에 지름 50mm의 오리피스가 설치되어 있다. 오리피스 중심으로부터 수위를 50cm로 유지하기 위하여 수조에 공급해야 할 유량은? (단, 유출구의 유량계수는 0.75이다.) [기사 12]

① 7.61l/sec ② 6.61l/sec
③ 5.61l/sec ④ 4.61l/sec

해설 $Q = C\,a\sqrt{2gH}$

정답 **17.**④ **18.**② **19.**① **20.**④ **21.**② **22.**④

$$= 0.75 \times \frac{\pi \times 0.05^2}{4} \times \sqrt{2 \times 9.8 \times 0.5}$$

$$= 4.61 \times 10^{-3} \, \text{m}^3/\text{sec}$$

$$= 4.61 \, l/\text{sec}$$

23 오리피스에서 수축계수(C_a)가 0.64, 유속계수(C_v)가 0.98일 때 유량계수(C)는?

[산업 04, 09]

① 0.63 ② 0.65
③ 0.98 ④ 1.53

해설 $C = C_a \cdot C_v = 0.64 \times 0.98 = 0.63$

24 오리피스의 수축계수와 그 크기로 옳은 것은? (단, a_o는 수축단면적, a는 오리피스단면적, V_o은 수축단면의 유속, V는 이론유속이다.)

[기사 08]

① $C_a = \dfrac{a_o}{a}$, $1.0 \sim 1.1$

② $C_a = \dfrac{V_o}{V}$, $1.0 \sim 1.1$

③ $C_a = \dfrac{a_o}{a}$, $0.6 \sim 0.7$

④ $C_a = \dfrac{V_o}{V}$, $0.6 \sim 0.7$

해설 수축계수 $C_a = \dfrac{a}{A}$ 이고,

$C_a = 0.61 \sim 0.72$ 이다.

25 오리피스에서 유출되는 실제유량은 $Q = C_a \cdot C_v \cdot A \cdot V$로 표현한다. 이때 수축계수 C_a는? (단, A_o는 수맥의 최소 단면적, A는 오리피스의 단면적, V는 실제유속, V_o는 이론유속)

[산업 03, 05]

① $C_a = \dfrac{A_o}{A}$ ② $C_a = \dfrac{V_o}{V}$

③ $C_a = \dfrac{A}{A_o}$ ④ $C_a = \dfrac{V}{V_o}$

해설 수축계수는 오리피스의 단면적과 수축 단면적과의 비를 말한다.

26 오리피스(Orifice)에서 수축계수 C_a, 유속계수 C_v, 유량계수 C와의 관계식을 바르게 나타낸 것은?

[산업 07]

① $C = C_v \cdot C_a$ ② $C = C_v - C_a$

③ $C = \dfrac{C_v}{C_a}$ ④ $C = C_a + C_v$

해설 오리피스의 계수

㉠ 유속계수(C_v) : 실제유속과 이론유속의 차를 보정해주는 계수로, 실제유속과 이론유속의 비로 나타낸다.
  $C_v =$ 실제유속/이론유속($0.97 \sim 0.99$)

㉡ 수축계수(C_a) : 수축단면적과 오리피스단면적의 차를 보정해주는 계수로 수축단면적과 오리피스 단면적의 비로 나타낸다.
  $C_a =$ 수축 단면의 단면적/오리피스의 단면적
  $C_a = \dfrac{A_o}{A}$ (0.64)

㉢ 유량계수(C) : 실제유량과 이론유량의 차를 보정해주는 계수로 실제유량과 이론유량의 비로 나타낸다.
  $C =$ 실제유량/이론유량 $= C_a \times C_v$ (0.62)

27 그림과 같이 $D = 2\text{cm}$의 지름을 가진 오리피스로부터의 분류(Jet)의 수축단면(Vena Contracta)에서 지름이 1.6cm로 줄었을 때 수축계수와 수축단면의 거리 l은? [산업 11]

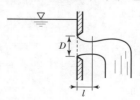

① 수축계수(C_a) = 1.25, l = 0.8cm

② 수축계수(C_a) = 0.64, l = 1cm

③ 수축계수(C_a) = 0.64, l = 0.8cm

④ 수축계수(C_a) = 1.25, l = 1cm

해설 수축단면적

㉠ 오리피스를 통과한 분류가 최대로 수축되는 단면적을 수축단면적(Vena Contracta)이라 하며, 수축단면적의 발생위치는 오리피스직경(D)의 1/2지점에서 발생된다.

$$l = \frac{D}{2} = \frac{2}{2} = 1\text{cm}$$

㉡ 수축단면적과 오리피스단면적과의 비를 수축계수라 한다.

$$C_a = \frac{수축단면적}{오리피스단면적} = \frac{\pi \times 1.6^2 \times 4}{\pi \times 2^2 \times 4} = 0.64$$

28 다음 중 오리피스의 지름이 2cm, 베나콘트랙터(vena contracta)의 지름이 1.6cm라면, 유속계수가 0.9일 때의 유량계수는?

[기사 94]

① 0.49

② 0.58

③ 0.62

④ 0.72

해설 ㉠ $C_a = \dfrac{a}{A} = \dfrac{\dfrac{\pi \times 1.6^2}{4}}{\dfrac{\pi \times 2^2}{4}} = 0.64$

㉡ $C = C_a \cdot C_v = 0.64 \times 0.9 = 0.576$

29 수심 4.2m인 오리피스에서 실제유속이 8.801 m/sec일 때 유속계수는?

[산업 11]

① 0.95

② 0.96

③ 0.97

④ 0.98

해설 $V = C_v \sqrt{2gh}$

$8.801 = C_v \sqrt{2 \times 9.8 \times 4.2}$

$\therefore C_v = 0.97$

30 오리피스의 직경이 5cm, 수두가 5m이고 유량이 5,000cm³/sec이라면 이 오리피스의 유량계수(C)는?

[기사 06]

① 0.231

② 0.597

③ 0.257

④ 0.612

해설 $Q = C\, a \sqrt{2gh}$

$5,000 = C \times \dfrac{\pi \times 5^2}{4} \times \sqrt{2 \times 980 \times 500}$

$\therefore C = 0.257$

31 저수조 측벽의 정사각형의 오리피스에서 0.08m³/sec의 물을 얻자면 적당한 정사각형 1변의 길이는?(단, 유량계수는 0.61이고, 수면과 정사각형 오리피스 중심까지의 고저차는 1.8m이다.)

[기사 95, 09]

① 9cm

② 11cm

③ 13cm

④ 15cm

해설 $Q = C \cdot a \cdot \sqrt{2gh}$

$0.08 = 0.61 \times b^2 \times \sqrt{19.6 \times 1.8}$

$\therefore b = 0.15\text{m}$

32 큰 오리피스에 관한 설명 중 옳지 않은 것은?

[기사 96]

① 일반적으로 단면의 형상에는 관계가 없다.

② 오리피스 단면의 높이가 수두의 $h/5$ 미만이면 상당히 큰 단면의 오리피스도 작은 오리피스로 계산한다.

③ 구형 오리피스는 큰 오리피스로 보고 계산한다.

④ 오리피스 단면 내에서 유속분포를 균일하지 않다고 보고 계산한다.

해설 큰 오리피스

㉠ $H < 5d$이면 큰 오리피스이다.

㉡ 오리피스가 커서 오리피스의 단면 내에서 유속분포가 균일하지 않기 때문에 오리피스의 상단에서 하단까지의 수두변화를 고려해야 한다.

33 저수지의 측벽에 폭 20cm, 높이 5cm의 직사각형 오리피스를 설치하여 유량 $200l/\sec$를 유출시키려고 할 때 수면으로부터의 오리피스 설치위치는?(단, 유량계수 $C=0.62$)

[기사 00]

① 33m   ② 43m
③ 53m   ④ 63m

해설 $Q = C \cdot a \cdot \sqrt{2gh}$

㉠ $200l/\sec^2 = 200 \times 10^{-3} \mathrm{m}^3/\sec$

㉡ $200 \times 10^{-3} = 0.62 \times (0.2 \times 0.05) \times \sqrt{2 \times 9.8 \times h}$

∴ $h = 53.1\mathrm{m}$

34 동일한 오리피스에 있어서 큰 오리피스로 취급될 경우는? [기사 94]

① 압력수두 h가 클 때
② 오리피스가 비교적 클 때
③ 유량이 비교적 클 때
④ 오리피스 상하단의 압력차를 무시할 수 없을 때

해설 오리피스에서 수면까지의 수두에 비해 오리피스가 클 때에는 오리피스의 상단에서 하단까지의 수두변화를 고려해야 한다. 이런 오리피스를 큰 오리피스라 한다.

35 작은 오리피스의 정의 중 가장 옳은 것은? [기사 01]

① 직경이 작은 오리피스
② 수심이 작은 오리피스
③ 유량이 작은 오리피스
④ 수심에 비해 직경이 작은 오리피스

해설 오리피스의 크기가 수심에 비해 작아서 오리피스의 유속을 한 수두를 써서 계산할 수 있는 오리피스를 작은 오리피스라 한다.

36 그림과 같은 직사각형 큰 오리피스의 유량은? (단, $C=0.62$이고 접근 유속은 무시함.)

[산업 01]

① $1.621\mathrm{m}^3/\sec$
② $1.019\mathrm{m}^3/\sec$
③ $0.601\mathrm{m}^3/\sec$
④ $0.588\mathrm{m}^3/\sec$

해설 $h < 5d$이므로 큰 오리피스이다.

$Q = \frac{2}{3} Cb\sqrt{2g}\left(h_2^{\frac{3}{2}} - h_1^{\frac{3}{2}}\right)$

$= \frac{2}{3} \times 0.62 \times 0.5 \times \sqrt{2 \times 9.8} \times \left(1.4^{\frac{3}{2}} - 1^{\frac{3}{2}}\right)$

$= 0.601\mathrm{m}^3/\sec$

37 그림과 같은 수조에서 수심이 5m인 A점에 작은 오리피스가 설치되어 있고, B에서 압축공기를 유입시켜 수면 위의 공기압력을 $2\mathrm{t/m}^2$로 유지시킬 때, 오리피스에서의 유속은? (단, 유속계수는 0.6으로 할 것)

[기사 94, 04]

① $4.03\mathrm{m}/\sec$
② $5.03\mathrm{m}/\sec$
③ $6.03\mathrm{m}/\sec$
④ $7.03\mathrm{m}/\sec$

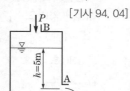

해설 ㉠ $Z_1 + \frac{P_1}{w} + \frac{V_1^2}{2g} = Z_2 + \frac{P_2}{w} + \frac{V_2^2}{2g}$

$5 + \frac{2}{1} + 0 = 0 + 0 + \frac{V_2^2}{2 \times 9.8}$

∴ 이론유속 $V_2 = 11.7\mathrm{m}/\sec$

㉡ 실제유속

$V = C_v V_2 = 0.6 \times 11.7 = 7.02\ \mathrm{m}/\sec$

38 단면 2m×2m, 높이 6m인 수조가 만수되어 있다. 이 수조의 바닥에 지름 20cm의 오리피스로 배수시키고자 한다. 높이 2m까지 배수하는데 요하는 시간은? (단, $C=0.6$)

[기사 93, 99, 산업 99]

① 1분 39초 　　② 2분 36초
③ 2분 45초 　　④ 2분 55초

해설 ㉠ $A=2\times2=4\,\mathrm{m^2}$

㉡ $a=\dfrac{\pi d^2}{4}=\dfrac{\pi\times0.2^2}{4}=0.031\,\mathrm{m^2}$

㉢ $T=\dfrac{2A}{Ca\sqrt{2g}}(h_1^{\frac{1}{2}}-h_2^{\frac{1}{2}})$

$=\dfrac{2\times4}{0.6\times0.031\times\sqrt{2\times9.8}}(6^{\frac{1}{2}}-2^{\frac{1}{2}})$

$=100.6$초$=1$분 40.6초

39 그림과 같은 두 개의 수조를 한 변의 길이가 10cm인 정사각형 단면의 orifice로 연결하여 물을 유출시킬 때 두 수조의 수면이 같아지려면 얼마의 시간이 걸리는가? (단, $C=$ 0.65이다.)

[산업 03, 09]

① 130초
② 120초
③ 115초
④ 110초

해설 $t=\dfrac{2A_1A_2}{Ca\sqrt{2g}\,(A_1+A_2)}(h_1^{\frac{1}{2}}-h_2^{\frac{1}{2}})$

$=\dfrac{2\times3\times5}{0.65\times(0.1\times0.1)\times\sqrt{2\times9.8}\times(3+5)}$

$\times(1^{\frac{1}{2}}-0)$

$=130.31$초

40 그림과 같은 두 개의 수조($A_1=2\mathrm{m^2}$, $A_2=$ 4m²)를 한 변의 길이가 10cm인 정사각형 단면(a_1)의 Orifice로 연결하여 물을 유출시킬

때 두 수조의 수면이 같아지려면 얼마의 시간이 걸리는가? (단, $h_1=5\mathrm{m}$, $h_2=3\mathrm{m}$, 유량계수 $C=0.62$이다.)

[산업 12]

① 130초
② 137초
③ 150초
④ 157초

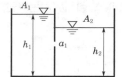

해설 $T=\dfrac{2A_1A_2}{Ca\sqrt{2g}\,(A_1+A_2)}(h_1^{\frac{1}{2}}-h_2^{\frac{1}{2}})$

$=\dfrac{2\times2\times4}{0.62\times(0.1\times0.1)\,\sqrt{2\times9.8}\,(2+4)}(2^{\frac{1}{2}}-0)$

$=137.4$초

41 표면적 3ha인 저수지로부터 수면 아래 3m 깊이에 설치되어 있는 직경 300mm인 관을 이용하여 취수할 때 수위가 10cm 저하되는데 소요되는 시간은? (단, 통관의 유량계수는 0.82이다.)

[산업 12]

① 0.98hr 　　② 1.63hr
③ 1.89hr 　　④ 2.94hr

해설 $T=\dfrac{2A}{Ca\sqrt{2g}}(h_1^{\frac{1}{2}}-h_2^{\frac{1}{2}})$

$=\dfrac{2\times(3\times10^4)}{0.82\times\dfrac{\pi\times0.3^2}{4}\times\sqrt{2\times9.8}}(3^{\frac{1}{2}}-2.9^{\frac{1}{2}})$

$=6{,}806.93$초$=\dfrac{6{,}806.93}{3{,}600}=1.89$시간

42 물이 흐르는 수평원관 속에 관오리피스 (orifice)를 설치하였다. 오리피스 양쪽의 수두차가 최대 4.9m이고, 오리피스의 유량계수는 0.5일 때 유량은? (단, 오리피스 구멍의 단면적은 0.01m²임.)

[기사 93, 99]

① 0.025m³/sec 　　② 0.049m³/sec
③ 0.098m³/sec 　　④ 0.196m³/sec

해설 $Q = Ca\sqrt{2gh}$

$= 0.5 \times 0.01 \times \sqrt{2 \times 9.8 \times 4.9}$

$= 0.049\,\mathrm{m^3/sec}$

43 그림과 같은 완전 수중 오리피스에서 유속을 구하려고 할 때 사용되는 수두는? [산업 04]

① $H_1 - H_0$

② $H_2 - H_1$

③ $H_2 - H_0$

④ $H_1 + \dfrac{H_2}{2}$

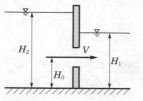

해설 수리에서 수두는 수면차, 수위차를 말한다.

44 양쪽의 수위가 다른 저수지를 벽으로 차단하고 있는 상태에서 벽의 오리피스를 통하여 ①에서 ②로 물이 흐르고 있을 때 유속은?

[산업 05, 11]

① $\sqrt{2g\,z_1}$

② $\sqrt{2g\,z_2}$

③ $\sqrt{2g\,(z_1 + z_2)}$

④ $\sqrt{2g\,(z_1 - z_2)}$

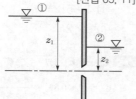

해설 ㉠ $Q = Ca\sqrt{2gh} = Ca\sqrt{2g(z_1 - z_2)}$

㉡ $V = \sqrt{2g(z_1 - z_2)}$

45 그림과 같이 폭이 4m인 수문이 $d = 2\mathrm{m}$ 만큼 열려 있을 때 상류수심 $h_1 = 4\mathrm{m}$, 하류수심 $h_2 = 3\mathrm{m}$, 유량계수 $C = 0.60$이면 수문을 통하는 유량은? [기사 03]

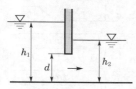

① $21.25\mathrm{m^3/s}$

② $31.25\mathrm{m^3/s}$

③ $41.25\mathrm{m^3/s}$

④ $11.25\mathrm{m^3/s}$

해설 $Q = Ca\sqrt{2gh}$

$= 0.6 \times (4 \times 2) \times \sqrt{2 \times 9.8 \times (4-3)}$

$= 21.25\mathrm{m^3/sec}$

46 그림에서 A수조의 유속을 무시할 경우 유량 Q는? (단, $a = 0.1\mathrm{m^2}$, $C = 0.6$임.)

[기사 00, 03]

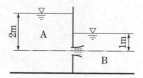

① $0.27\mathrm{m^3/sec}$

② $0.24\mathrm{m^3/sec}$

③ $0.31\mathrm{m^3/sec}$

④ $0.21\mathrm{m^3/sec}$

해설 $Q = Ca\sqrt{2gh}$

$= 0.6 \times 0.1 \times \sqrt{2 \times 9.8 \times (2-1)}$

$= 0.27\mathrm{m^3/sec}$

47 그림과 같은 수중 오리피스의 단면적이 $50\mathrm{cm^2}$일 때 유출량 Q는? (단, 유량계수 $C = 0.62$임.)

[기사 00]

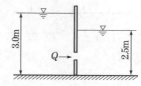

① $8.47l/sec$

② $9.70l/sec$

③ $13.73l/sec$

④ $15.48l/sec$

해설 $Q = Ca\sqrt{2gh}$

$= 0.62 \times 50 \times \sqrt{2 \times 980 \times (300 - 250)}$

$= 9,704.5\mathrm{cm^3/sec}$

$= 9.70l/sec$

48 수조 1과 수조 2를 단면적(A)의 완전한 수중 오리피스 2개로 연결하였다. 수조 1로부터 상시 유량의 물을 수조 2로 송수할 때 양수조의 수면차(H)는? (단, 오리피스의 유량계수는 C이고, 접근유속수두(h_a)는 무시한다.)

[산업 03, 12]

① $H = \left(\dfrac{Q}{A\sqrt{2g}}\right)^2$　　② $H = \left(\dfrac{Q}{2A\sqrt{2g}}\right)^2$

③ $H = \left(\dfrac{Q}{2CA\sqrt{2g}}\right)^2$　　④ $H = \left(\dfrac{Q}{CA\sqrt{2g}}\right)^2$

해설 $Q = 2Ca\sqrt{2gH}$

$\sqrt{2gH} = \dfrac{Q}{2Ca}$

$2gH = \left(\dfrac{Q}{2Ca}\right)^2$

$\therefore\ H = \left(\dfrac{Q}{2CA}\right)^2 \times \dfrac{1}{2g} = \left(\dfrac{Q}{2Ca\sqrt{2g}}\right)^2$

49 그림과 같은 수중 오리피스에서 오리피스 단면적이 50cm²일 때 유출량 Q는? (단, 유량계수 C=0.62임.)

[산업 05, 09]

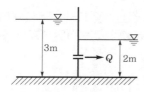

① 약 $13.7l$/sec　　② 약 $15.7l$/sec
③ 약 $23.7l$/sec　　④ 약 $25.7l$/sec

해설 $Q = Ca\sqrt{2gh}$

$= 0.62 \times 50 \times \sqrt{2 \times 980 \times (300 - 200)}$

$= 13,724.29\text{cm}^3/\text{sec}$

$= 13.72l/\text{sec}$

50 오리피스의 표준단관에서 유속계수가 0.78이었다면 유량계수는? [기사 12, 산업 10]

① 0.66　　② 0.70
③ 0.74　　④ 0.78

해설 표준단관에서 $C_a = 1$이므로
$C = C_a \times C_v = 1 \times 0.78 = 0.78$

51 유속계수가 0.82인 직경 2cm의 표준단관의 수두가 2.1m일 때 1분간 유출량은?

[기사 03]

① $1.65l$　　② $32.5l$
③ $99.2l$　　④ $165l$

해설 ㉠ $C = C_a \times C_v = 1 \times 0.82 = 0.82$
㉡ $Q = C a\sqrt{2gh}$

$= 0.82 \times \dfrac{\pi \times 0.02^2}{4} \times \sqrt{2 \times 9.8 \times 2.1} \times 60$

$= 0.0992\text{m}^3/\text{분} = 99.2l/\text{분}$

52 유속계수가 0.82인 직경 2cm의 표준단관의 수두가 2.1m일 때 1분간 유출량은?

[기사 01]

① $1.65l$　　② $32.5l$
③ $99.2l$　　④ $165l$

해설 $Q = C a\sqrt{2gh} = C_a C_v \cdot a\sqrt{2gh}$

$= (1 \times 0.82) \times \dfrac{\pi \times 0.02^2}{4} \times \sqrt{2 \times 9.8 \times 2.1}$

$= 1.653 \times 10^{-3}\text{m}^3/\text{sec} = 99.16l/\text{min}$

53 그림과 같은 노즐에서 유량을 구하기 위하여 옳게 표시된 공식은? (단, C는 유속계수이다.)

[기사 97, 12]

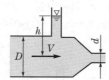

① $C \cdot \dfrac{\pi d^2}{4}\sqrt{\dfrac{2gh}{1 - C^2(d/D)^2}}$

② $C \cdot \dfrac{\pi d^2}{4}\sqrt{\dfrac{2gh}{1 - C^2(d/D)^4}}$

③ $C \cdot \dfrac{\pi d^2}{4} \sqrt{2gh}$

④ $\dfrac{\pi d^2}{4} \sqrt{\dfrac{2gh}{1 - C^2(d/D)^2}}$

해설 노즐에서 사출되는 실제유량과 실제유속

㉠ $Q = Ca \sqrt{\dfrac{2gh}{1 - \left(\dfrac{Ca}{A}\right)^2}}$

$\quad = C \dfrac{\pi d^2}{4} \sqrt{\dfrac{2gh}{1 - C^2\left(\dfrac{d}{D}\right)^4}}$

㉡ $V = C_v \sqrt{\dfrac{2gh}{1 - \left(\dfrac{Ca}{A}\right)^2}}$

54 수평과의 각 60°를 이루고, 초속 20m/sec로 사출되는 분수의 최대 연직도달높이는? (단, 공기 및 기타의 저항은 무시함.) [산업 00, 12]

① 15.3m ② 17.2m
③ 19.6m ④ 21.4m

해설 $y = \dfrac{V^2}{2g} \sin^2\theta = \dfrac{20^2}{2 \times 9.8} \times \sin^2 60° = 15.31\text{m}$

55 그림과 같은 모양의 분수(噴水)를 만들었을 때 분수의 높이(H_v)는? (단, 유속계수 C_v는 0.96으로 한다.) [기사 10]

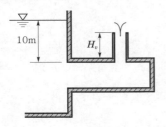

① 10m ② 9.6m
③ 9.22m ④ 9m

해설 ㉠ $V = C_v \sqrt{2gH}$

㉡ $H_v = \dfrac{V^2}{2g} = \dfrac{C_v^2 \, 2gH}{2g} = C_v^2 H$

$\quad = 0.96^2 \times 10 = 9.22\text{m}$

56 다음 중 오리피스(orifice)에서 물이 분출할 때 일어나는 손실수두(Δh)의 계산식이 아닌 것은? [기사 08]

① $\Delta h = H - \dfrac{V_a^2}{2g}$

② $\Delta h = H(1 - C_v^2)$

③ $\Delta h = \dfrac{V_a^2}{2g}\left(\dfrac{1}{C_v^2} - 1\right)$

④ $\Delta h = H(C_v^2 + 1)$

해설 ㉠ $V = C_v \sqrt{2gH}$

$\quad V^2 = C_v^2 gH$에서 $H = \dfrac{1}{C_v^2} \cdot \dfrac{V^2}{2g}$

㉡ $h_L = H - \dfrac{V^2}{2g}$

$\quad = \dfrac{1}{C_v^2} \cdot \dfrac{V^2}{2g} - \dfrac{V^2}{2g}$

$\quad = \left(\dfrac{1}{C_v^2} - 1\right)\dfrac{V^2}{2g}$

$\quad = \left(\dfrac{1}{C_v^2} - 1\right)\dfrac{(C_v V_t)^2}{2g}$

$\quad = \dfrac{1 - C_v^2}{C_v^2} \cdot \dfrac{2gHC_v^2}{2g}$

$\quad = (1 - C_v^2)H$

여기서, 이론유속 $V_t = \sqrt{2gH}$

실제유속 $V = C_v \sqrt{2gH} = C_v V_t$

57 폭이 5m인 수문을 높이 d만큼 열었을 때 유량이 18m³/sec가 흘렀다. 이때 수문 상·하류의 수심이 각각 6m와 2m이고 유량계수 $C = 0.6$이라 할 때 수문 개방도(開放度) d는? [기사 11]

① 0.35m ② 0.45m
③ 0.58m ④ 0.68m

해설 $Q = Ca\sqrt{2gH}$

$18 = 0.6 \times (d \times 5) \times \sqrt{2 \times 9.8(6-2)}$

$\therefore \ d = 0.68\text{m}$

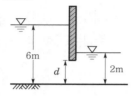

58 수로의 취입구에 폭 3m의 수문이 있다. 문을 $h\,(\text{m})$ 올린 결과 수심이 각각 5m와 2m가 되었다. 그때 취수량이 8m³/sec이었다고 하면 수문의 오름높이 h 는? (단, $C=0.60$)

[산업 00]

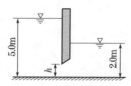

① 0.36m   ② 0.58m

③ 0.67m   ④ 0.73m

해설 $Q = Ca\sqrt{2gh}$

$8 = 0.6 \times (h \times 3) \times \sqrt{2 \times 9.8 \times (5-2)}$

$\therefore \ h = 0.58 \text{ m}$

⬛ 위어의 일반

(1) 위어의 정의 및 설치 목적

① 수로를 횡단으로 가로막고 그 전부 또는 일부로 물을 흐르게 하거나 월류하도록 설치한 시설물을 위어(weir)라 한다.

② 수로에서 유량의 조절 및 측정을 하거나, 위어 상류부의 취수를 위한 수위증가, 흐름의 분수, 하상 세굴방지, 홍수 조절 등의 목적으로 이용된다.

③ 월류하는 물이 줄기 모양으로 흐르는 물의 형태, 즉 위어를 월류하는 흐름을 수맥(nappe)이라 한다.

(2) 수맥의 종류

① 완전 수맥(complete nappe) : 자유 월류를 하는 수맥으로, 수맥의 상하면이 동일기압을 유지하여 수맥이 자유로이 낙하하는 경우의 수맥을 말한다. 수맥 아래면의 공기유통이 자유롭다.

② 불완전 수맥(incomplete nappe) : 수맥의 아래 면과 위어의 하류면 사이에 소용돌이가 발생하여 수맥의 형이 불분명하게 되는 수맥을 말한다.

③ 부착 수맥(adhering nappe) : 월류하는 물의 수평속도가 작아서 수맥이 위어판을 따라 부착되어 흐르는 수맥을 말한다. 위어의 상단부에 저압부가 생겨 월류의 속도를 증가시켜 유량을 크게 한다.

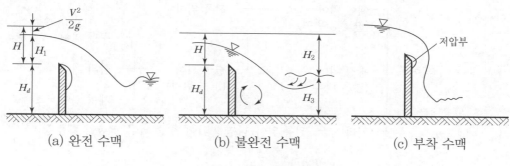

[그림 5-1] 수맥의 종류

(3) 수맥의 수축(contraction of nappe)

① 마루부 수축(정수축, crest contraction) : 수평한 위어 마루부에서 일어나는 수축을 말한다.

② 단수축(end contraction) : 위어의 측벽이 날카로워서 월류 폭이 수축하는 것을 말한다.

③ 면수축(surface contraction) : 위어의 상류부근에서 위어까지 계속하여 일어나는 수면의 강하 현상으로, 위치에너지가 운동에너지로 변하기 때문에 일어나며 어느 경우에도 제거할 수 없다. 접근유속으로 인하여 일어나는 수축이다.

④ 연직수축(vertical contraction) : 면수축과 정수축이 동시에 일어나는 수축을 말한다.

⑤ 완전수축(complete contraction) : 완전 수맥에서 생기는 수축으로 정수축과 단수축이 동시에 일어나는 수축을 말한다.

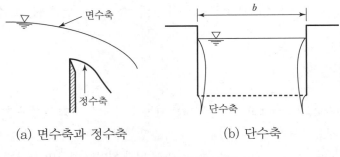

(a) 면수축과 정수축   (b) 단수축

[그림 5-2] 수맥의 수축

2 위어의 종류와 수두

1) 위어의 종류

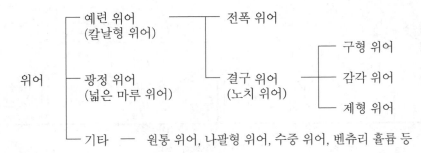

(2) 위어의 수두

① 위어의 전수두(H)는 측정수두(h)와 접근유속수두(h_a)를 합한 것으로 한다. 실제 수로 내의 한 단면에서 유속이 균일하지 못하므로, 실제의 유속수두는 평균유속을 사용한 유속수두보다 크다.

$$H = h + h_a = h + \alpha \frac{V^2}{2g}$$ ·· (1)

여기서, α : 에너지 보정계수로서 1보다 크며, 유속이 불규칙할수록 크게 된다.

② 월류수심 h의 측정 위치는 위어로부터 상류측으로 $3h$ 이상 되어야 하며, 보통 $5h \sim 10h$ 정도의 상류에서 측정한다.

③ 결구(notch, 노치)란 월류하는 물의 폭이 수로 폭보다 작은 위어를 의미한다.

3 위어의 유량

(1) 구형(직사각형) 위어

① 구형 위어는 결구 위어(노치 위어)로 그의 단면이 직사각형인 예련 위어이다. 유량공식은 구형 큰 오리피스에서 유출하는 유량공식으로부터 구할 수 있다.

$$Q = \frac{2}{3} Cb \sqrt{2g} \left(H_2^{\frac{3}{2}} - H_1^{\frac{3}{2}} \right)$$ ································ (2)

에서, $H_1 = 0$이고, $H_2 = h$이므로

$$\therefore Q = \frac{2}{3} Cb \sqrt{2g}\, h^{\frac{3}{2}}$$ ·· (3)

접근유속을 고려하면

$$\therefore Q = \frac{2}{3} Cb \sqrt{2g} \left[(h + h_a)^{\frac{3}{2}} - h_a^{\frac{3}{2}} \right]$$ ····················· (4)

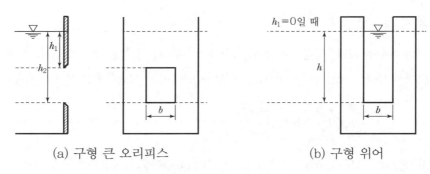

(a) 구형 큰 오리피스   (b) 구형 위어

[그림 5-3] 구형(직사각형) 위어

② Francis 공식(미국, 1883년. 실험식) : 유량계수가 $C = 0.623$으로 변하지 않는다고 가정하면,

$$\frac{2}{3} C \sqrt{2g} = \frac{2}{3} \times 0.623 \times \sqrt{2 \times 9.8} = 1.838 \fallingdotseq 1.84 \text{에서}$$

$$\therefore \ Q = 1.84 b_0 \left[(h + h_a)^{\frac{3}{2}} - h_a^{\frac{3}{2}} \right] \quad \cdots\cdots\cdots\cdots\cdots\cdots\cdots\cdots\cdots\cdots\cdots\cdots (5)$$

접근유속이 작은 경우

$$\therefore \ Q = 1.84 b_0 h^{\frac{3}{2}} \quad \cdots\cdots\cdots\cdots\cdots\cdots\cdots\cdots\cdots\cdots\cdots\cdots\cdots\cdots\cdots\cdots\cdots\cdots\cdots\cdots\cdots (6)$$

$$b_0 = b - \frac{n}{10} h \quad \cdots\cdots\cdots\cdots\cdots\cdots\cdots\cdots\cdots\cdots\cdots\cdots\cdots\cdots\cdots\cdots\cdots\cdots\cdots\cdots\cdots\cdots\cdots\cdots (7)$$

여기서, b_0 : 측면 수축의 유효폭, n : 단수축의 수

양단 수축의 경우는 $n = 2$, 일단 수축의 경우는 $n = 1$, 무수축(전폭 위어)의 경우는 $n = 0$이다.

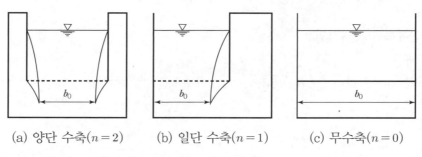

(a) 양단 수축($n = 2$)   (b) 일단 수축($n = 1$)   (c) 무수축($n = 0$)

[그림 5-4] 단수축의 형태

③ 기타 실험식으로 Bazin 공식(프랑스, 1898년), Rehbock 공식(독일, 1913년), 오끼 공식, 이다다니 공식, 데시마 공식 등이 있다.

(2) 삼각 위어

① 유량이 적은 실험용 수로 등에서 유량을 측정할 때 사용하며, 비교적 가장 정확한 유량을 측정할 수 있다. 보통 월류수의 면적이 아주 작아 접근유속은 무시한다.

② 이등변 삼각 위어

$$Q = \frac{8}{15} C \tan\frac{\theta}{2} \sqrt{2g}\, h^{\frac{5}{2}} \quad \cdots\cdots\cdots\cdots\cdots (8)$$

③ 직각 삼각 위어($\theta = 90°$)

$$Q = \frac{8}{15} C \sqrt{2g}\, h^{\frac{5}{2}} \quad \cdots\cdots\cdots\cdots\cdots (9)$$

④ 일반적으로 직각 삼각 위어를 많이 사용하고, 실험식으로는 Strickland 공식, Gourley 공식, Grene 공식 등이 있다.

⑤ 직각 삼각 위어($\theta < 90°$)

$$Q = \frac{4}{15} C \tan\theta \sqrt{2g}\, h^{\frac{5}{2}} \quad \cdots\cdots\cdots\cdots\cdots (10)$$

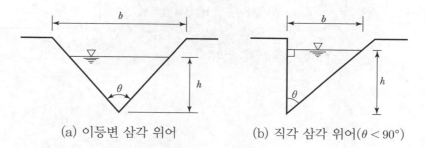

(a) 이등변 삼각 위어   (b) 직각 삼각 위어($\theta < 90°$)

[그림 5-5] 삼각위어

(3) 제형(사다리꼴) 위어

① 제형 위어의 유량Q)은 구형 위어의 유량(Q_1)과 삼각 위어의 유량(Q_2)의 합과 같다. 구형 위어의 유량(Q_1)은

$$Q_1 = \frac{2}{3} C_1 b_1 \sqrt{2g}\, h^{\frac{3}{2}}$$

삼각 위어의 유량(Q_2)은

$$Q_2 = \frac{8}{15} C_2 \tan\frac{\theta}{2} \sqrt{2g}\, h^{\frac{5}{2}} = \frac{4}{15} C_2 b_2 \sqrt{2g}\, h^{\frac{3}{2}} \quad (\because b_2 = h\tan\frac{\theta}{2})$$

$$\therefore Q = Q_1 + Q_2$$
$$= \frac{2}{3} C_1 b_1 \sqrt{2g}\, h^{\frac{3}{2}} + \frac{8}{15} C_2 \tan\frac{\theta}{2} \sqrt{2g}\, h^{\frac{5}{2}}$$ .... (11)

② 치폴레티 위어(Cippoletti weir)란 양단수축이 있고, $\tan\frac{\theta}{2} = \frac{1}{4}$ 인 경우의 사다리꼴 위어를 치폴레티 위어($C = 0.63$)라 한다.

$$Q = 1.86 b h^{\frac{3}{2}}$$ .... (12)

③ 사다리꼴 위어

$$Q = \frac{1}{2}\left(\frac{8}{15} C\tan\theta \sqrt{2g}\, h_2^{\frac{5}{2}} - \frac{8}{15} C\tan\theta \sqrt{2g}\, h_1^{\frac{5}{2}} \right)$$ .... (13)
$$= \frac{4}{15} C\tan\theta \sqrt{2g}\, (h_2^{\frac{5}{2}} - h_1^{\frac{5}{2}})$$

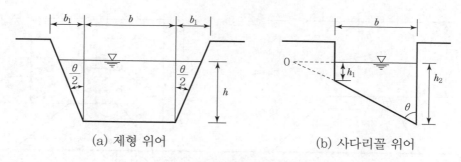

(a) 제형 위어   (b) 사다리꼴 위어

[그림 5-6] 제형(사다리꼴)위어

(4) 광정 위어

① 광정 위어란 월류수심에 비해 마루의 폭이 상당히 넓어, 마루부에서의 흐름이 일반하천과 같은 위어(보통 $l > 0.7h$)를 말한다.

② 완전 월류일 때의 유량

$$Q = Cbh_2 \sqrt{2g(H-h_2)}$$ .... (14)

유량 Q가 최대로 될 때는 $h_2 = \dfrac{2}{3}H$일 때이므로

$$\therefore Q = AV = 1.7\,Cb\,H^{\frac{3}{2}}$$ .... (15)

여기서, H : 전수두$(h + h_a)$

③ 수중 위어일 때의 유량

수중 위어는 위어 하류의 수면이 위어 마루부보다 높을 경우를 수중 위어라 하며, 구형 위어의 유량(Q_1)과 수중 오리피스의 유량(Q_2)의 합으로 생각할 수 있다.

$$Q = Q_1 + Q_2$$
$$= \frac{2}{3}Cb\sqrt{2g}\,h^{\frac{3}{2}} + Cbh_2\sqrt{2gh}$$ .... (16)

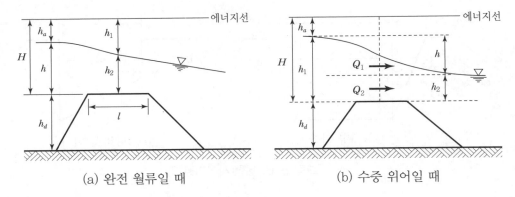

(a) 완전 월류일 때   (b) 수중 위어일 때

[그림 5-7] 광정 위어

(5) 나팔형 위어와 원통 위어

① 나팔형 위어는 저수지 속의 물을 배수할 때 사용하는 위어로, 그 입구가 나팔형으로 되어 있다.
수중에 잠기지 않은 경우와 수중에 잠긴 경우가 있다.

㉠ 수중에 잠기지 않은 나팔형 위어

$$Q = C_1 l h^{\frac{3}{2}} = C_1 2\pi r h^{\frac{3}{2}} \quad \cdots\cdots\cdots\cdots\cdots\cdots\cdots\cdots\cdots\cdots (17-a)$$

㉡ 수중에 잠긴 나팔형 위어

$$Q = C_2 a h_2^{\frac{1}{2}} = C_2 a (h + h_1)^{\frac{1}{2}} \quad \cdots\cdots\cdots\cdots\cdots\cdots\cdots (17-b)$$

② 원통 위어

$$Q = C_s 2\pi R H^{\frac{3}{2}} \quad \cdots\cdots\cdots\cdots\cdots\cdots\cdots\cdots\cdots\cdots (17-c)$$

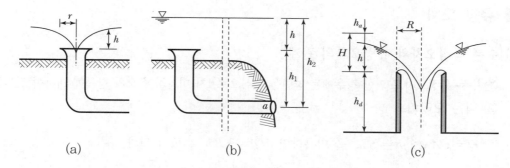

[그림 5-8] 나팔형 위어와 원통 위어

(6) 벤튜리 플룸(venturi flume)

① 벤튜리 플룸이란 벤튜리 미터와 같이 수로의 도중을 축소시켜서 개수로의 유량을 측정하는 장치를 말한다.

② 수로 폭을 좁힌 부분의 유속은 증가되나, 수심은 흐름에 따라 다르게 나타난다.

③ 상류의 흐름에서는 축소부의 유속은 증가하고, 수심은 감소한다.

④ 사류의 흐름일 때는 축소부에서 유속과 수심이 증가한다.

⑤ 실제 유량은 이론 유량에 유량계수를 고려하여 구한다.

$$Q = C \sqrt{\dfrac{2g(H_1 - H_2)}{\left(\dfrac{1}{B_2 H_2}\right)^2 - \left(\dfrac{1}{B_1 H_1}\right)^2}} \quad \cdots\cdots\cdots\cdots\cdots\cdots\cdots (18)$$

여기서, 유량계수 $C = 0.96 \sim 1.04$

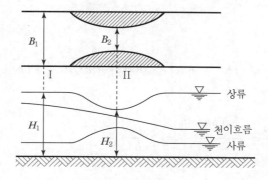

[그림 5-9] 벤튜리 플룸

4 유량 오차

(1) 수두 측정오차와 유량오차의 관계

① 수두 측정오차로 인한 경우에는 양변을 수심으로 1차 미분하여 오차 항목에 대하여 정리한다.

② 작은 오리피스

$Q = CA\sqrt{2gh} = Kh^{\frac{1}{2}}$ 을 미분하면 $dQ = \frac{1}{2}Kh^{-\frac{1}{2}}dh$ 가 된다.

$$\therefore \frac{dQ}{Q} = \frac{\frac{1}{2}Kh^{-\frac{1}{2}}dh}{Kh^{\frac{1}{2}}} = \frac{1}{2} \cdot \frac{dh}{h}$$

$$\therefore \frac{dQ}{Q} = \frac{1}{2} \cdot \frac{dh}{h} \quad \cdots\cdots\cdots\cdots\cdots\cdots\cdots\cdots\cdots\cdots\cdots\cdots\cdots\cdots\cdots (19)$$

③ 구형 위어(구형 큰 오리피스도 동일)

$Q = \frac{2}{3}Cb\sqrt{2g}\,h^{\frac{3}{2}} = Kbh^{\frac{3}{2}}$ 을 미분하면 $dQ = \frac{3}{2}Kbh^{\frac{1}{2}}dh$ 가 된다.

$$\therefore \frac{dQ}{Q} = \frac{\frac{3}{2}Kbh^{\frac{1}{2}}dh}{Kbh^{\frac{3}{2}}} = \frac{3}{2}\frac{dh}{h}$$

$$\therefore \frac{dQ}{Q} = \frac{3}{2} \cdot \frac{dh}{h} \quad \cdots\cdots\cdots\cdots\cdots\cdots\cdots\cdots\cdots\cdots\cdots\cdots\cdots\cdots\cdots (20)$$

④ 삼각형 위어

$Q = \frac{8}{15}C\tan\frac{\theta}{2}\sqrt{2g}\,h^{\frac{5}{2}} = Kh^{\frac{5}{2}}$ 을 미분하면 $dQ = \frac{5}{2}Kbh^{\frac{3}{2}}dh$ 가 된다.

$$\therefore \frac{dQ}{Q} = \frac{\frac{5}{2}Kbh^{\frac{3}{2}}dh}{Kbh^{\frac{5}{2}}} = \frac{5}{2}\frac{dh}{h}$$

$$\therefore \frac{dQ}{Q} = \frac{5}{2} \cdot \frac{dh}{h} \quad \text{..} \quad (21)$$

(2) 폭의 측정오차와 유량오차의 관계

① 폭의 측정오차로 인한 경우에는 양변을 폭으로 1차 미분하여 유량 오차 항목으로 정리한다.

② 직사각형 위어

$Q = \dfrac{2}{3} Cb \sqrt{2g} \, h^{\frac{3}{2}} = Kb$을 미분하면 $dQ = Kdb$이다.

$$\therefore \frac{dQ}{Q} = \frac{Kdb}{Kb} = \frac{db}{b}$$

$$\therefore \frac{dQ}{Q} = \frac{db}{b} \quad \text{..} \quad (22)$$

③ 직사각형 위어에서 폭의 측정오차로 인한 오차는 유량으로 인한 오차와 같다.

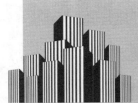

01 위어에 관한 설명 중 옳지 않은 것은?

[기사 07]

① 위어를 월류하는 흐름은 일반적으로 상류에서 사류로 변한다.
② 위어를 월류하는 흐름이 사류일 경우 유량은 하류 수위의 영향을 받는다.
③ 위어는 개수로의 유량측정, 취수를 위한 수위증가 등의 목적으로 설치된다.
④ 작은 유량을 측정할 경우 3각위어가 효과적이다.

해설 위어 일반사항

㉠ 수로상 횡단으로 가로막아 그 전부 또는 일부에 물이 월류하도록 만든 시설을 위어라 한다.
㉡ 유량의 측정 및 취수를 위한 수위증가의 목적으로 위어를 설치한다.
㉢ 일반적 유량측정에서 위어를 지배단면으로 이용하고 흐름은 상류(常流)에서 사류(射流)로 바뀐다.
㉣ 흐름이 사류(射流)일 경우 유량은 하류수위에 영향을 받지 않는다.

02 위어(weir)의 보편적인 사용 목적이 아닌 것은?

[산업 04, 06, 07]

① 유량측정용으로 사용
② 분수를 목적으로 사용
③ 수압측정을 목적으로 사용
④ 취수를 위한 수위 증가 목적으로 사용

해설 위어의 목적
㉠ 개수로의 유량측정
㉡ 취수
㉢ 분수
㉣ 하상세굴방지

03 위어(weir)의 근본적인 사용 목적과 거리가 가장 먼 것은?

[산업 07]

① 유량측정 　　② 수위조절
③ 하천보호 　　④ 수질오염 방지

해설 수질오염방지는 직접적인 목적은 아니다.

04 위어(weir)의 주요 목적이 아닌 것은?

[기사 06]

① 유량측정 　　② 하천정화
③ 분수 　　④ 수위 증가

해설 하천정화는 주요 목적이 아니다.

05 예연 위어의 마루부에서 일어나는 수축은?

[산업 00, 08, 12]

① 면수축 　　② 정수축
③ 연직수축 　　④ 단수축

해설 ㉠ 정수축 : 수평한 위어 마루부에서 일어나는 수축
㉡ 면수축 : 위어의 상류 약 $2h$ 되는 곳에서부터 위어까지 계속적으로 수면강하가 일어난다. 이러한 수면강하를 면수축이라 한다.
㉢ 단수축 : 위어의 측벽면이 날카로와서 월류폭이 수축하는 것

06 개수로의 수류가 위어(Weir)에 접근함에 따라 접근유속으로 인하여 일어나는 수축은 다음 중 어느 것인가?

[산업 92]

① 단수축 　　② 정수축
③ 면수축 　　④ 연직수축

해설 상류에서 시작하여 위어까지 일어나는 수축으로 면수축이라 한다.

07 수평한 위어의 마루부에서 일어나는 수축은? [산업 00, 08, 12]

① 면수축   ② 정수축
③ 연직수축   ④ 단수축

해설 마루부에서 일어나는 수축은 정수축이다.

08 사각 위어(weir)의 유량공식으로 옳은 것은? (단, C : 유량계수, b : 위어폭, H : 월류수심, g : 중력 가속도) [산업 05]

① $Q = \dfrac{8}{15} C \sqrt{2g}\, H^{\frac{5}{2}}$

② $Q = Cb H^{\frac{7}{2}}$

③ $Q = Cb H^{\frac{1}{2}}$

④ $Q = \dfrac{2}{3} Cb \sqrt{2g}\, H^{\frac{3}{2}}$

해설 구형 큰 오리피스에서 $h_1 = 0$인 경우로 유도할 수 있다.

09 직사각형 위어에서 위어 폭이 4.0m, 위어 높이가 0.5m, 월류수심이 0.8m일 때 월류량은? (단, $C=0.66$이다.) [기사 10]

① 4.6m³/sec   ② 5.6m³/sec
③ 6.6m³/sec   ④ 7.6m³/sec

해설 $Q = \dfrac{2}{3} Cb \sqrt{2g}\, h^{\frac{3}{2}}$

$= \dfrac{2}{3} \times 0.66 \times 4 \times \sqrt{2 \times 9.8} \times 0.8^{\frac{3}{2}}$

$= 5.58 \text{m}^3/\text{sec}$

10 직사각형 위어(weir)에서 유량에 비례하는 것은? (단, h 는 위어의 월류수심이다.) [산업 04]

① $h^{\frac{5}{2}}$ ② $h^{\frac{3}{2}}$

③ h^2 ④ $h^{\frac{1}{2}}$

해설 $Q = 1.84 b_0 h^{\frac{3}{2}}$ 이므로 $Q \propto h^{\frac{3}{2}}$

11 폭이 b인 직사각형 위어에서 양단수축이 생길 경우 폭 b_o는 얼마인가? (단, Francis공식을 적용한다.) [기사 09]

① $b_o = b - \dfrac{h}{5}$ ② $b_o = 2b - \dfrac{h}{5}$

③ $b_o = b - \dfrac{h}{10}$ ④ $b_o = 2b - \dfrac{h}{10}$

해설 $b_o = b - 0.1 nh = b - 0.1 \times 2 \times h = b - 0.2h$

12 완전수축을 하는 폭 2m, 월류수심 40cm인 구형 여수로의 유출량을 Francis 공식으로 구하면? (단, 양단수축이다.) [산업 00]

① 0.428m³/sec
② 0.931m³/sec
③ 0.912m³/sec
④ 0.894m³/sec

해설 $Q = 1.84(b - 0.1 nh) h^{\frac{3}{2}}$

$= 1.84(2 - 0.1 \times 2 \times 0.4) \times 0.4^{\frac{3}{2}}$

$= 0.894 \text{m}^3/\text{sec}$

13 다음 중 저수지에서 홍수량을 방류하기 위한 여수로 단면(spill way)을 결정하고자 한다. 계획홍수량이 100m³/sec이고 월류수심을 1m로 제한하였을 때 적당한 여수로의 월류폭은? [기사 99, 09]

① 100m   ② 55m
③ 10m   ④ 5m

해설 $Q = 1.84b_0 h^{\frac{3}{2}} = 1.84(b-0.1nh)h^{\frac{3}{2}}$ 에서

$$100 = 1.84(b-0.1\times2\times1)1^{\frac{3}{2}}$$

$$\therefore \ b = 54.6 \text{ m}$$

14 폭 1.0m, 월류수심 0.4m인 사각형 위어
(weir)의 유량은? (단, Francis 공식 : $Q=$
$1.84B_o h^{\frac{3}{2}}$ 에 의하며, B_o : 유효폭, h : 월류수
심, 접근유속은 무시하며, 양단수축이다.)

[기사 04, 10]

① $0.428\text{m}^3/\text{sec}$ ② $0.483\text{m}^3/\text{sec}$
③ $0.536\text{m}^3/\text{sec}$ ④ $0.557\text{m}^3/\text{sec}$

해설 $Q = 1.84b_o h^{\frac{3}{2}}$

$$= 1.84(b-0.1nh)h^{\frac{3}{2}}$$

$$= 1.84(1-0.1\times2\times0.4)\times0.4^{\frac{3}{2}}$$

$$= 0.428\text{m}^3/\text{sec}$$

15 그림과 같은 직사각형 위어(Weir)의 유량(월
류량)을 프란시스(Francis)의 공식에 의하여
구한 값은? (단, 양단수축이며, 접근유속은
무시한다.) [산업 11]

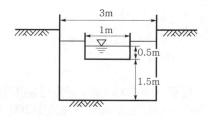

① $0.732\text{m}^3/\text{sec}$ ② $0.327\text{m}^3/\text{sec}$
③ $0.632\text{m}^3/\text{sec}$ ④ $0.585\text{m}^3/\text{sec}$

해설 $Q = 1.84b_o h^{\frac{3}{2}}$

$$= 1.84(b-0.1nh)h^{\frac{3}{2}}$$

$$= 1.84(1-0.1\times2\times0.5)\times0.5^{\frac{3}{2}}$$

$$= 0.585\text{m}^3/\text{sec}$$

16 폭 1.0 m, 월류수심 0.4 m인 사각형 위어의
유량을 Francis 공식으로 구하면? (단, $\alpha=1$,
접근유속은 1.0 m/sec이며 양단수축이다.)

[기사 02]

① $0.493\text{m}^3/\text{sec}$
② $0.513\text{m}^3/\text{sec}$
③ $0.536\text{m}^3/\text{sec}$
④ $0.557\text{m}^3/\text{sec}$

해설 ㉠ $h_a = \alpha \dfrac{V_a^2}{2g} = \dfrac{1^2}{2\times9.8} = 0.05\text{m}$

㉡ $Q = 1.84b_o \left[(h+h_a)^{\frac{3}{2}} - h_a^{\frac{3}{2}}\right]$

$$= 1.84(1-0.1\times2\times0.4)$$

$$\times\left[(0.4+0.05)^{\frac{3}{2}} - 0.05^{\frac{3}{2}}\right]$$

$$= 0.492\text{m}^3/\text{sec}$$

17 다음 위어 중에서 정확한 유량측정이 필요한
경우 사용하는 위어는 어느 것인가?

[산업 91]

① 제형 위어   ② 구형 위어
③ 삼각 위어   ④ 원형 위어

해설 소규모 유량의 정확한 측정을 위해서는 삼각위어를
사용한다.

18 삼각 위어의 유량(Q)과 수심(h)과의 관계에
대한 설명으로 옳은 것은? [산업 03]

① 유량은 수심에 비례한다.
② 유량은 수심의 제곱에 비례한다.
③ 유량은 수심의 1.5승에 비례한다.
④ 유량은 수심의 2.5승에 비례한다.

해설 $Q = \dfrac{8}{15} C \tan \dfrac{\theta}{2} \sqrt{2g}\, h^{\frac{5}{2}}$

19 삼각위어로 유량을 측정할 때 유량과 위어의 수심(h)과의 관계로 옳은 것은?

[기사 11, 산업 09]

① 유량은 $h^{\frac{1}{2}}$에 비례한다.
② 유량은 $h^{\frac{3}{2}}$에 비례한다.
③ 유량은 $h^{\frac{5}{2}}$에 비례한다.
④ 유량은 $h^{\frac{2}{3}}$에 비례한다.

해설 $Q = \dfrac{8}{15} C \tan \dfrac{\theta}{2} \sqrt{2g}\, h^{\frac{5}{2}}$ 이므로

$Q \propto h^{\frac{5}{2}}$ 이다.

20 삼각위어의 유량(Q)과 수심(h)의 관계로 옳은 것은?

[산업 09]

① $Q \propto h$
② $Q \propto h^2$
③ $Q \propto h^{\frac{3}{2}}$
④ $Q \propto h^{\frac{5}{2}}$

해설 $Q = \dfrac{8}{15} c \tan \dfrac{\theta}{2} \sqrt{2g}\, h^{\frac{5}{2}}$

$\therefore Q \propto h^{\frac{5}{2}}$

21 그림과 같은 삼각위어의 수두를 측정한 결과 30cm 이었을 때 유출량은? (단, 유량계수는 0.62이다.)

[산업 12]

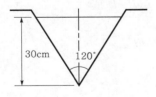

① 0.120m³/sec
② 0.125m³/sec
③ 0.130m³/sec
④ 0.135m³/sec

해설 $Q = \dfrac{8}{15} c \tan \dfrac{\theta}{2} \sqrt{2g}\, h^{\frac{5}{2}}$

$= \dfrac{8}{15} \times 0.62 \times \tan \dfrac{120°}{2} \times \sqrt{2 \times 9.8} \times 0.3^{\frac{5}{2}}$

$= 0.125\,\text{m}^3/\text{sec}$

22 그림과 같은 삼각 위어에서 수두 25cm일 때의 유량은?(단, 유량계수 C=0.62이다.)

[기사 88, 산업 82, 83]

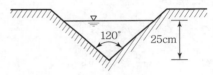

① 0.0792m³/sec
② 0.792m³/sec
③ 7.92m³/sec
④ 79.2m³/sec

해설 $Q = \dfrac{8}{15} \cdot C \cdot \tan \dfrac{\theta}{2} \cdot \sqrt{2g}\, h^{\frac{5}{2}}$

$= \dfrac{8}{15} \times 0.62 \times \tan \dfrac{120°}{2} \times \sqrt{19.6} \times 0.25^{\frac{5}{2}}$

$= 0.0792\,\text{m}^3/\text{sec}$

23 중심각이 90°인 삼각형 위어상의 수두가 30cm일 때 유량을 계산한 값은? (단, 위어의 유량계수는 0.6)

[기사 05]

① 69.8l/sec
② 15.8l/sec
③ 16.9l/sec
④ 13.8l/sec

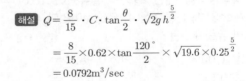

해설 $Q=\dfrac{8}{15}C\tan\dfrac{\theta}{2}\sqrt{2g}\,h^{\frac{5}{2}}$

$\qquad =\dfrac{8}{15}\times0.6\times\tan\dfrac{90°}{2}\times\sqrt{2\times9.8}\times0.3^{\frac{5}{2}}$

$\qquad =0.0698\text{m}^3/\text{sec}=69.8l/\text{sec}$

24 3각 위어(weir)에서 $\theta=60°$일 때 월류수심은? (여기서, Q : 유량, C : 유량계수, H : 위어 높이) [산업 10]

① $\left(\dfrac{Q}{1.36\,C}\right)^{\frac{2}{5}}$ ② $\left(\dfrac{Q}{1.36\,C}\right)^{\frac{5}{2}}$

③ $1.36\,CH^{\frac{5}{2}}$ ④ $1.36\,CH^{\frac{2}{5}}$

해설 $Q=\dfrac{8}{15}C\tan\dfrac{\theta}{2}\sqrt{2g}\,h^{\frac{5}{2}}$

$Q=\dfrac{8}{15}C\tan\dfrac{60°}{2}\times\sqrt{2\times9.8}\times h^{\frac{5}{2}}$

$h^{\frac{5}{2}}=\dfrac{Q}{1.36\,C}$

$\therefore h=\left(\dfrac{Q}{1.36\,C}\right)^{\frac{2}{5}}$

25 직각삼각형 예연 위어의 월류량이 $18.6l$/sec일 때 월류수심이 18.6cm이었다. 이때의 유량계수는? [기사 00]

① 1.056 ② 0.982
③ 0.947 ④ 0.528

해설 $Q=\dfrac{8}{15}C\tan\dfrac{\theta}{2}\sqrt{2g}\,h^{\frac{5}{2}}$

$18.6\times10^3=\dfrac{8}{15}\times C\times\tan\dfrac{90°}{2}\times\sqrt{2\times980}\times18.6^{\frac{5}{2}}$

$\therefore\ C=0.528$

26 직각삼각형 예연 위어에서의 월류수심 $h=$ 30cm이다. 이 위어를 통과하여 1시간 동안 방출된 물의 양은? (단, $C=0.60$이다.) [기사 96, 97, 00]

① 0.07m^3 ② 0.09m^3
③ 251.4m^3 ④ 354.1m^3

해설 $Q=\dfrac{8}{15}C\tan\dfrac{\theta}{2}\sqrt{2g}\,h^{\frac{5}{2}}$

$\qquad =\dfrac{8}{15}\times0.6\times\tan\dfrac{90°}{2}\times\sqrt{2\times9.8}\times0.3^{\frac{5}{2}}$

$\qquad =0.07\text{m}^3/\text{sec}$

$\qquad =252\text{m}^3/\text{hr}$

27 위어를 월류하는 유량 $Q=400\text{m}^3/\text{s}$, 저수지와 위어 정부와의 수면차가 1.7m, 위어의 유량계수를 2라 할 때 위어의 길이 L은? [기사 02]

① 78m ② 80m
③ 90m ④ 96m

해설 $Q=KLH^{\frac{3}{2}}$

$400=2\times L\times1.7^{\frac{3}{2}}$

$\therefore\ L=90.23\text{m}$

28 위어의 월류유량 공식의 일반형은? (단, L : 월류폭, H : 상류수심, h_a : 접근유속수두, C : 월류계수임.) [기사 02]

① $CL(H+h_a)^{2/3}$
② $CL(H+h_a)^{4/3}$
③ $CL(H+h_a)^2$
④ $CL(H+h_a)^{3/2}$

해설 $Q=CLH^{\frac{3}{2}}$

29 다음 그림에서 치폴레티 위어(Cippoletti Weir)
란 어떤 경우를 말하는가? [산업 02]

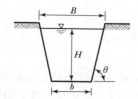

① $\tan\dfrac{\theta}{2} = 4$ 인 경우

② $\tan\dfrac{\theta}{2} = \dfrac{1}{\sqrt{2}}$ 인 경우

③ $\tan\dfrac{\theta}{2} = \dfrac{1}{\sqrt{3}}$ 인 경우

④ $\tan\dfrac{\theta}{2} = \dfrac{1}{4}$ 인 경우

해설 $\tan\dfrac{\theta}{2} = \dfrac{1}{4}$ 이고 양단수축 $\left(n = \dfrac{1}{2}\right)$ 이 있는 사다리꼴
을 치폴레티 위어라 한다.

30 광정 위어(weir)의 유량공식 $Q = 1.704\,Cbh^{\frac{3}{2}}$
의 식에 사용되는 수두(h)는? [기사 06, 08]

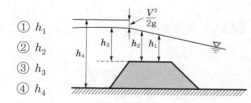

① h_1
② h_2
③ h_3
④ h_4

해설 월류수심(h_3)이다.

31 그림과 같은 광정 위어(weir)의 최대 월류량
은? (단, 수로폭은 3m, 접근유속은 무시하며
유량계수는 0.96이다.) [산업 91, 93, 99, 10]

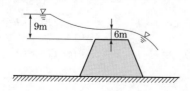

① 71.96m³/sec

② 103.72m³/sec

③ 132.19m³/sec

④ 157.32m³/sec

해설 $Q = 1.7Cbh^{\frac{3}{2}} = 1.7 \times 0.96 \times 3 \times 9^{\frac{3}{2}}$
$= 132.19\text{m}^3/\text{sec}$

32 수면의 높이가 일정한 저수지의 일부에 길이
30m의 월류 위어를 만들어 여기에 40m³/
sec의 물을 취수하려면 적당한 위어 마루부
로부터의 상류측 수심(H)은? (단, $C = 1.0$으
로 보며 접근유속은 무시한다.) [산업 07]

① 0.80m
② 0.85m
③ 0.90m
④ 0.95m

해설 $Q = 1.7Cbh^{\frac{3}{2}}$

$40 = 1.7 \times 1 \times 30 \times h^{\frac{3}{2}}$

$\therefore h = 0.85\text{m}$

33 3m 폭을 가진 직사각형 수로에 사각형인 광
정(廣頂) 위어를 설치하려 한다. 위어 설치 전
의 평균유속은 1.5m/sec, 수심이 0.3m이고,
위어 설치 후의 평균유속이 0.3m/sec 위어
상류의 수심이 1.5m가 되었다면 위어의 높이
이 h는? (단, 에너지 보정계수 $\alpha = 1.0$으로
본다.) [기사 05]

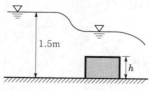

① 1.30m
② 1.10m
③ 0.90m
④ 0.70m

해설 ㉠ $Q = AV = (3 \times 0.3) \times 1.5 = 1.35\text{m}^3/\text{sec}$

ㄴ $Q = 1.7Cb\,H^{\frac{3}{2}} = 1.7Cb(h+h_a)^{\frac{3}{2}}$

$1.35 = 1.7 \times 1 \times 3 \times \left(h + \dfrac{0.3^2}{2 \times 9.8}\right)^{\frac{3}{2}}$

$\therefore\ h = 0.4\text{m}$

ㄷ $1.5 = h + H_d$ 이므로

$1.5 = 0.4 + H_d$

$\therefore\ H_d = 1.1\text{m}$

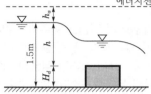

---

34 광정 위어에서 유량 30m³/sec일 때 위어 상면에서의 수심은? (단, 위어의 폭은 5m, $m = 0.4$이다.) [기사 96]

① 3.95m ② 3.26m
③ 3.01m ④ 2.26m

해설 광정 위어

$Q = mb\sqrt{2g}\,h^{\frac{3}{2}}$

$30 = 0.4 \times 5 \times \sqrt{2 \times 9.8} \times h^{\frac{3}{2}}$

$\therefore\ h = 2.26\text{ m}$

---

35 여수로 배출구의 단면적 a는 0.5m², 저수지 수면과 위어까지의 높이가 그림과 같을 때 유량은? (단, $C_2 = 1.8$) [산업 95]

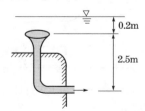

① 0.64m³/sec ② 0.92m³/sec
③ 1.27m³/sec ④ 1.48m³/sec

해설 $Q = C_2 a h_2^{\frac{1}{2}} = C_2 a (h+h_1)^{\frac{1}{2}}$

$= 1.8 \times 0.5 \times (0.2 + 2.5)^{\frac{1}{2}}$

$= 1.48\text{m}^3/\text{sec}$

---

36 위어(weir)에 물이 월류할 경우에 위어 정상을 기준하여 상류 전수두를 H라 하고, 하류 수위가 h인 경우의 수중 위어는? [기사 97]

① $h < \dfrac{2}{3}H$ ② $h > \dfrac{1}{2}H$

③ $h > \dfrac{2}{3}H$ ④ $h > \dfrac{1}{3}H$

---

37 위어의 유량을 간단한 식으로 표시하기 위한 기본 가정이 아닌 것은? [기사 94]

① 수로 내의 유속분포는 균일하다.
② 위어 마루를 통과하는 물 입자는 수평방향으로만 운동한다.
③ 물의 점성, 흐트러짐 및 표면장력은 무시한다.
④ 월류수심을 무시한다.

해설 위어의 일반식

$Q = KLH^{\frac{3}{2}}$

여기서, K : 위어에 따른 계수
L : 위어의 길이

$H = h + h_a$

---

38 k가 엄격히 말하면 월류수심 h 등에 관한 함수이지만, 근사적으로 상수라 가정하면 직사각형 위어(Weir)의 유량 Q와 h의 일반적인 관계로 옳은 것은? [기사 07]

① $Q = k \cdot h$ ② $Q = k \cdot h^{\frac{3}{2}}$

③ $Q = k \cdot h^{\frac{1}{2}}$ ④ $Q = k \cdot h^{\frac{2}{3}}$

해설 직사각형 위어의 유량

　㉠ 위어의 유량

　　• 직사각형 : $Q = \dfrac{2}{3} C b \sqrt{2g} \, h^{\frac{3}{2}}$

　　• 삼각형 : $Q = \dfrac{8}{15} C \tan\dfrac{\theta}{2} \sqrt{2g} \, h^{\frac{5}{2}}$

　㉡ 직사각형 위어의 유량과 수심의 관계는 수심의 $\dfrac{3}{2}$ 승에 비례한다.

　　∴ $Q = k h^{\frac{3}{2}}$

39 오리피스의 유량측정에서 수두(H) 측정에 3%의 오차가 있었다면 유량(Q)에 미치는 오차는? 　[기사 95, 07, 09, 11, 산업 00, 10, 11]

① 1.0%
② 1.5%
③ 2.0%
④ 2.5%

해설 $\dfrac{dQ}{Q} = 0.5 \dfrac{dh}{h} = 0.5 \times 3\% = 1.5\%$

40 오리피스에서의 유량 $Q = KH^{\frac{1}{2}}$을 계산할 때 수두 h의 측정에 1%의 오차가 있으면 유량 Q의 계산 결과에서 발생되는 오차는? 　[산업 09]

① 5%
② 2%
③ 1%
④ 0.5%

해설 $\dfrac{dQ}{Q} = \dfrac{1}{2} \dfrac{dh}{h} = \dfrac{1}{2} \times 1\% = 0.5\%$

41 오리피스에서의 유량 관계식을 $Q = KH^{1/2}$라 할 경우, 유량 Q에 1%의 오차가 있었다면 수두 H의 측정 오차는? 　[산업 12]

① 0.5%
② 1%
③ 2%
④ 4%

해설 $\dfrac{dQ}{Q} = \dfrac{1}{2} \dfrac{dh}{h}$에서

　$1\% = \dfrac{1}{2} \dfrac{dh}{h}$

　∴ $\dfrac{dh}{h} = 2\%$

42 직사각형 위어로 유량을 측정하였다. 위어의 수두측정에 2%의 오차가 발생하였다면 유량에는 몇 %의 오차가 있겠는가? 　[기사 00, 05, 산업 08]

① 1%
② 1.5%
③ 2%
④ 3%

해설 $\dfrac{dQ}{Q} = \dfrac{3}{2} \dfrac{dh}{h} = \dfrac{3}{2} \times 2\% = 3\%$

43 직사각형 위어의 월류수심이 25cm에 대하여 측정오차 5mm가 발생하였다. 이때 유량에 미치는 오차는? 　[기사 08, 11, 산업 12]

① 4%
② 3%
③ 2%
④ 1%

해설 $\dfrac{dQ}{Q} = \dfrac{3}{2} \dfrac{dh}{h}$

　　$= \dfrac{3}{2} \times \dfrac{0.5}{25} = 0.03 = 3\%$

44 프란시스(Francis) 공식으로 전폭 위어(weir)의 월류량을 구할 때 위어폭의 측정에 2%의 오차가 있다면 유량에는 얼마의 오차가 있게 되는가? 　[기사 98, 05, 10]

① 1%
② 5%
③ 2%
④ 3%

해설 $Q = 1.84 b h^{\frac{3}{2}}$에서

　$\dfrac{dQ}{Q} = \dfrac{db}{b} = 2\%$

45 폭 35cm인 직사각형 위어(Weir)의 유량을 측정하였더니 0.03m³/sec였다. 월류수심의 측정에 1mm의 오차가 생겼다면 유량에는 몇 %의 오차가 발생한 것인가?(단, 유량계산은 프란시스(Frincis) 공식을 사용하되 월류시 단면수축은 없는 것으로 취급한다.)

[기사 88]

① 1.84%　　　② 1.67%
③ 1.50%　　　④ 1.15%

해설 ㉠ $Q = 1.84 b_0 \cdot h^{\frac{3}{2}}$

$0.03 = 1.84 \times 0.35 \times h^{\frac{3}{2}}$

∴ $h = 0.13$m

㉡ $\dfrac{dQ}{Q} = \dfrac{3}{2} \dfrac{dh}{h} = \dfrac{3}{2} \times \dfrac{0.001}{0.13} = 0.0115 = 1.15\%$

46 직사각형 위어의 계획월류수심을 25cm로 하여야 하는데 잘못하여 24.5cm로 월류시 켰다면 이때 계획유량에 대한 월류유량의 크 기는? [산업 12]

① 1.5% 증가
② 1.5% 감소
③ 3% 증가
④ 3% 감소

해설 수두측정오차와 유량오차와의 관계

㉠ 수두측정오차와 유량오차의 관계

• 직사각형 위어 : $\dfrac{dQ}{Q} = \dfrac{3}{2} \dfrac{dH}{H}$

• 삼각형 위어 : $\dfrac{dQ}{Q} = \dfrac{5}{2} \dfrac{dH}{H}$

• 작은 오리피스 : $\dfrac{dQ}{Q} = \dfrac{1}{2} \dfrac{dH}{H}$

㉡ 직사각형 위어의 유량오차와 수심오차의 계산

$\dfrac{dQ}{Q} = \dfrac{3}{2} \dfrac{dH}{H} = \dfrac{3}{2} \times \dfrac{0.5}{25}$

$= \dfrac{3}{2} \times 2\% = 3\%$

47 삼각 위어에 있어서 유량계수가 일정하다고 할 때, 월류수심의 측정오차에 의한 유량오 차가 1% 이하가 되기 위한 월류수심의 측정 오차는 어느 정도로 해야 하는가?

[기사 97, 98]

① $\dfrac{1}{2}$% 이하　　　② $\dfrac{2}{3}$% 이하

③ $\dfrac{2}{5}$% 이하　　　④ $\dfrac{3}{5}$% 이하

해설 $\dfrac{dQ}{Q} = \dfrac{5}{2} \dfrac{dh}{h} = 1\%$

∴ $\dfrac{dh}{h} = \dfrac{2}{5}\%$

48 삼각 위어에서 수두 h의 측정에 2%의 오차 가 발생하면 유량에는 몇 %의 오차가 발생되 는가? [기사 12, 산업 04, 07, 08]

① 2%　　　② 3%
③ 4%　　　④ 5%

해설 $\dfrac{dQ}{Q} = \dfrac{5}{2} \dfrac{dh}{h} = \dfrac{5}{2} \times 2\% = 5\%$

49 수심에 대한 측정오차(%)가 같을 때 사각형 위어 : 삼각형 위어 : 오리피스의 유량오차 (%) 비는? [산업 05]

① 2 : 1 : 3
② 1 : 3 : 5
③ 2 : 3 : 5
④ 3 : 5 : 1

해설 사각형 위어 : 삼각형 위어 : 오리피스의 유량오차

$\dfrac{dQ}{Q} = \dfrac{3}{2} \dfrac{dh}{h} : \dfrac{5}{2} \dfrac{dh}{h} : \dfrac{1}{2} \dfrac{dh}{h}$

$= 3 : 5 : 1$

50 월류수심 40cm인 전폭 위어의 유량을 Francis 공식에 의해 구하였더니 0.40m³/sec였다. 이때 위어 폭의 측정에 2mm의 오차가 발생했다면 유량의 오차는 몇 %인가?(단, 수축은 없는 것으로 한다.) [기사 06]

① 1.16%　　　　② 1.50%

③ 2.00%　　　　④ 0.23%

해설 위어의 유량 오차

㉠ 위어 폭의 계산

$$Q = 1.84bh^{\frac{3}{2}}$$

$$\Rightarrow 0.4 = 1.84 \times b \times 0.4^{\frac{3}{2}}$$

$$\therefore b = 0.86\text{m}$$

㉡ 직사각형 위어의 유량 오차와 폭 오차의 관계

$$\frac{dQ}{Q} = \frac{db}{b} = \frac{0.002}{0.86} = 0.00233 = 0.23\%$$

51 다음 중 수두측정 오차가 유량에 미치는 영향이 가장 큰 위어는? [산업 08]

① 삼각형 위어

② 사다리꼴 위어

③ 사각형 위어

④ 광정 위어

해설 수위와 유량의 관계

㉠ 직사각형 위어 : $\dfrac{dQ}{Q} = \dfrac{3}{2}\dfrac{dh}{h}$

㉡ 삼각형 위어 : $\dfrac{dQ}{Q} = \dfrac{5}{2}\dfrac{dh}{h}$

CHAPTER 06 관수로

SECTION 01 | 관수로 일반

1 관수로의 정의 및 특성

(1) 관수로의 정의

① 관수로(pipe line)란 단면 형상에 관계없이 유수가 단면 내를 완전히 충만하여 흐르는 수로로 자유 수면을 갖지 않는 흐름을 말한다.
② 어떤 압력 하에 유수가 관내를 충만하면서 유동할 때의 수로를 말한다.
③ 흐름의 방향은 압력에 의해 결정되며 흐름의 원인은 관내 압력차와 점성에 의해 흐른다.
④ 수공구조물 중 상수도 송수관, 사이펀, 역사이펀, 압력수로(압력터널) 등이 관수로에 속한다.

(2) 관수로의 특성

① 자유 수면을 갖지 않는다.
② 대기압을 받지 않는다.
③ 관내의 압력은 정(+) 또는 부(-)일 수도 있다.

(3) 하겐 포아주어(Hazen-Poiseuille)의 법칙

① 관수로에 층류가 흐를 때 유속 분포는 포물선이며, 마찰응력 분포는 직선식(사선변화)이다.
② 유량과 기본성질

$$Q = \int_0^{r_0} V \cdot 2\pi r \cdot dr = \int_0^{r_0} \frac{w h_L}{4\mu l}(r_0^2 - r^2) 2\pi r \cdot dr$$

$$= \frac{\pi \Delta p}{8\mu l} r_0^4 = \frac{\pi w h_L}{8\mu l} r_0^4 \qquad \cdots\cdots\cdots\cdots (1)$$

○ 유량은 반지름(r_0)의 4승에 비례한다.

○ 유량은 동수경사($I = h_L / L$)에 비례한다.

○ 유량은 점성계수(μ)에 비례한다.

○ 유량은 손실압력($\Delta p = w h_L$)에 비례한다.

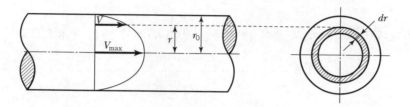

[그림 6-1] 층류의 유속분포

③ 평균 유속과 최대 유속

$$V_m = \frac{Q}{\pi r_0^2} = \frac{\Delta p}{8\mu l} r_0^2 = \frac{w h_L}{8\mu l} r_0^2$$

$$V_{\max} = \frac{\Delta p}{4\mu l} r_0^2 = \frac{w h_L}{4\mu l} r_0^2 = 2 \times V_m$$ ················· (2)

○ 유속은 중심축에서 최대이고, 관 벽에서 0인 포물선 분포이다.

○ 최대유속은 평균 유속의 2배이다.

④ 관수로의 평균 유속 발생 위치는 관 중심으로부터 $\dfrac{r_0}{\sqrt{2}}$ 의 위치에서 발생한다.

⑤ 마찰력(전단응력)의 크기

$$\tau = w_0 RI = w_0 \cdot \frac{D}{4} \cdot \frac{h_L}{l} = \frac{w_0 h_L}{2l} \cdot r = \frac{\Delta p}{2l} \cdot r$$ ················· (3)

○ 반지름에 비례한다.

○ 마찰력은 관 벽에서 최대이고, 중심축에서 0인 직선 분포이다.

⑥ 마찰속도(전단속도)

$$U_* = \sqrt{\frac{\tau}{\rho}} = V\sqrt{\frac{f}{8}} = \sqrt{\frac{w_0 RI}{\rho}} = \sqrt{gRI} \quad \cdots\cdots\cdots (4)$$

여기서, τ : 마찰응력($= w_0 RI$, 전단응력)

ρ : 밀도, V : 유속, f : 마찰손실계수

개수로에서 수심에 비해 폭이 클 경우는 경심(R)과 수심(h)이 같으므로

$$U_* = \sqrt{ghI} \quad \cdots\cdots\cdots (5)$$

(a) 횡유속 분포도

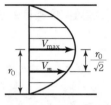
(b) 종유속 분포도

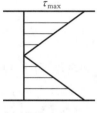
(c) 마찰력 분포도

[그림 6-2] 유속 분포도

2 에너지 손실수두

(1) 에너지 손실의 원인과 종류

① 물은 점성을 갖고 있기 때문에 물이 수로 내를 흐를 때 물분자 상호간에 또는 물과 벽 사이에 에너지 손실이 생긴다.

② 일반적으로 관수로에서의 손실은 관내의 마찰에 의한 손실(대손실, major loss)이 가장 크며, 그 외의 손실은 마찰손실에 비해 작고, 부분적으로 일어나므로 소손실(minor loss)이라 하고, 보통 소손실은 무시한다.

③ 에너지 손실의 종류

㉠ 대손실 : 관 마찰에 의한 손실

㉡ 기타손실(소손실) : 유입구에 의한 손실, 단면 변화(급확, 급축, 점확, 점축)에 의한 손실, 방향 변화(굴절, 만곡)에 의한 손실, 부속물(밸브)에 의한 손실, 유출구에 의한 손실 등

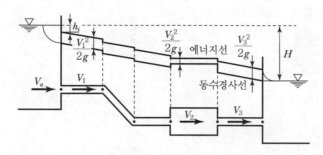

[그림 6-3] 에너지 손실

(2) 관내의 마찰에 의한 손실

① 마찰손실수두(Darcy-Weisbach의 공식)

$$h_L = f \frac{l}{D} \frac{V^2}{2g}$$ .... (6)

② 마찰손실수두의 성질

ㄱ 유수의 압력에 관계없이 물이 가지고 있는 에너지(속도수두)에 비례한다.

ㄴ 관경에 반비례한다.

ㄷ 관의 길이에 비례한다.

ㄹ 관내의 유속의 제곱에 비례한다.

ㅁ 관내의 조도(roughness)에 비례한다.

ㅂ 물의 점성에 비례한다. 보통은 점성이 작아서 무시한다.

ㅅ $l/D > 3,000$(장관, long pipe)이면 마찰손실만 고려한다.

③ 마찰손실계수

ㄱ 원관 내 층류(Darcy-Weisbach의 식)일 때

$$f = \frac{64}{R_e}$$ .... (7)

ㄴ 원관 내 난류(Blasuis의 식)일 때

$$f = 0.3164 R_e^{-\frac{1}{4}}$$ .... (8)

ⓒ Chezy형 유속계수(C)와의 관계

$$f = \frac{8g}{C^2} \quad (\because \ C = \sqrt{\frac{8g}{f}}) \quad \text{................................} (9)$$

ⓔ Manning의 조도계수(n)와의 관계

$$f = \frac{12.7gn^2}{D^{\frac{1}{3}}} = \frac{124.6n^2}{D^{\frac{1}{3}}} \quad \text{................................} (10)$$

④ 상대조도(e/D)는 관직경과 관벽면 요철과의 상대적 크기를 말한다.

(3) 관내의 마찰 이외의 손실

① 마찰 이외의 관수로 내의 손실을 소손실(minor loss)이라 한다.
② 소손실은 관의 전 길이에 대하여 일어나는 것이 아니라 국부적으로 생기는 손실이다.
③ 모든 소손실은 속도수두에 비례한다.

$$h_x = f_x \frac{V^2}{2g} \quad \text{................................} (11)$$

④ $l/D < 3,000$(단관, short pipe)이면 모든 손실을 고려한다.

(4) 소손실의 종류

① 유입 손실수두

$$h_i = f_i \frac{V^2}{2g} \quad \text{(보통 유입 손실계수 } f_i = 0.5) \quad \text{................................} (12)$$

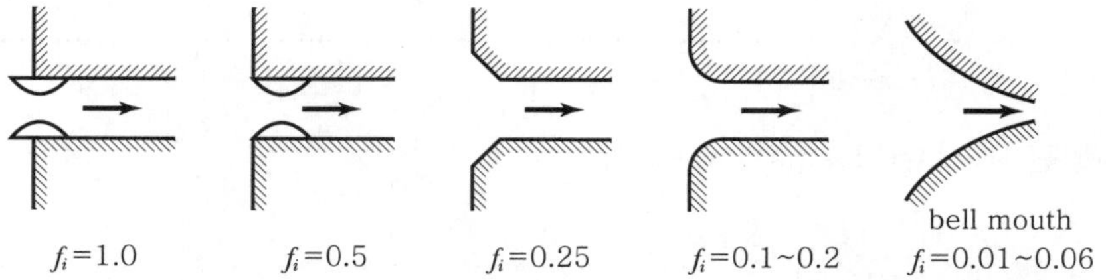

$f_i = 1.0$ $f_i = 0.5$ $f_i = 0.25$ $f_i = 0.1 \sim 0.2$ bell mouth $f_i = 0.01 \sim 0.06$

[그림 6-4] 유입구 형상에 따른 유입 손실계수

② 출구(유출) 손실수두

$$h_o = f_o \frac{V^2}{2g} \quad (\text{유출 손실계수 } f_o = 1)$$ ···················· (13)

③ 급확 손실수두

$$h_{se} = f_{se} \frac{V_1^2}{2g} \quad (\text{급확 손실계수 } f_{se} = \left(1 - \frac{d^2}{D^2}\right)^2)$$ ··········· (14)

④ 급축 손실수두

$$h_{sc} = f_{sc} \frac{V_2^2}{2g} \quad (\text{급축 손실계수 } f_{sc} = \left(\frac{1}{C_a^2} - 1\right)^2)$$ ··········· (15)

여기서, C_a : 수축계수

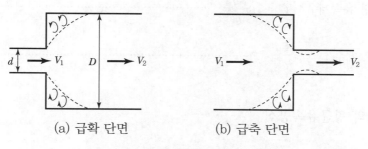

(a) 급확 단면   (b) 급축 단면

[그림 6–5] 급확 및 급축 손실수두

⑤ 기타 손실수두

구 분	손실수두	구 분	손실수두
점확 손실수두	$h_{ge} = f_{ge} \dfrac{V^2}{2g}$	만곡 손실수두	$h_b = f_b \dfrac{V^2}{2g}$
점축 손실수두	$h_{gc} = f_{gc} \dfrac{V^2}{2g}$	분기 손실수두	$h_{br} = f_{br} \dfrac{V^2}{2g}$
굴절 손실수두	$h_{be} = f_{be} \dfrac{V^2}{2g}$	밸브 손실수두	$h_v = f_v \dfrac{V^2}{2g}$

⑥ 손실계수 중 가장 큰 값은 단면이 큰 수중으로 배출된 경우의 유출 손실계수($f_o = 1.0$)가 가장 크다.

③ 관로의 평균유속공식

(1) 평균유속공식 일반

① 마찰에 의한 손실수두만 고려하여 등류의 평균유속을 나타내는 실험식을 평균유속공식이라 한다.

② 이 식은 관수로의 유량계산 또는 관경산정에 이용된다.

③ 주요한 공식은 Chezy 공식(1818년, 프랑스), Manning 공식, Ganguillet-Kutter 공식, Williams-Hazen 공식 등이 있다.

(2) Chezy의 평균유속공식(지수형)

① 평균유속 : $V = C\sqrt{RI} = \sqrt{\dfrac{8g}{f}}\sqrt{RI}$ ················· (16)

② Chezy형 유속계수 : $C = \sqrt{\dfrac{8g}{f}}$ ················· (17)

③ 마찰손실계수 : $f = \dfrac{8g}{C^2}$ ················· (18)

(3) Manning의 평균유속공식

① 평균유속 : $V = \dfrac{1}{n}R^{\frac{2}{3}}I^{\frac{1}{2}}$ ················· (19)

② 마찰손실계수 : $f = \dfrac{8gn^2}{R^{\frac{1}{3}}} = \dfrac{12.7gn^2}{D^{\frac{1}{3}}} = \dfrac{124.6n^2}{D^{\frac{1}{3}}}$ ················· (20)

③ Chezy식과 Manning식에서 평균유속은 같아야 한다. 따라서 관계식은

$CR^{\frac{1}{2}}I^{\frac{1}{2}} = \dfrac{1}{n}R^{\frac{2}{3}}I^{\frac{1}{2}}$ 으로부터

$\therefore \; C = \dfrac{1}{n}R^{\frac{1}{6}}$ ················· (21)

(4) Ganguillet-Kutter 평균유속공식

① 평균유속

$$V = C\sqrt{RI}$$ .... (22)

② 유속계수

일반적으로 $I > \dfrac{1}{1,000}$, 혹은 $0.2\text{m} < R < 1\text{m}$인 경우는

$$C = \frac{23 + \dfrac{1}{n} + \dfrac{0.00155}{I}}{1 + \left(23 + \dfrac{0.00155}{I}\right)\dfrac{n}{\sqrt{R}}}$$ .... (23)

$I > \dfrac{1}{3,000}$인 경우에는 I의 영향을 무시한 Kutter의 간략 공식을 사용해도 좋다.

$$C = \frac{23 + \dfrac{1}{n}}{1 + 23\dfrac{n}{\sqrt{R}}}$$ .... (24)

(5) Williams-Hazen 평균유속공식

① 이 공식은 미국 상하수도의 표준공식으로, 상수도의 송수관에 많이 사용하고 있는 지수형 평균유속공식이다.

② 평균유속

$$V = 0.84935\,CR^{0.63}I^{0.54}\,(\text{m/sec})$$ .... (25)

내경이 D인 원관에 대해서는

$$V = 0.35464\,CD^{0.63}I^{0.54}\,(\text{m/sec})$$ .... (26)

③ 유속계수

주철관, 강관인 경우 $C = 100$, 원심력 콘크리트관인 경우 $C = 130$을 사용한다.

SECTION 02 | 관수로의 시스템

1 단일 관수로

(1) 단일 관수로의 계산

① 단일 관수로에서 관지름이 같을 때는 마찰손실수두와 유입구, 유출구에 의하여 발생하는 손실수두만 고려하여 근사적으로 계산한다.

② 관내의 평균유속

$$H = f\frac{l}{D}\frac{V^2}{2g} + f_i\frac{V^2}{2g} + f_o\frac{V^2}{2g}$$ 에서 $f_i = 0.5$, $f_o = 1.0$이면

$$V = \sqrt{\frac{2gH}{f_i + f_o + f\dfrac{l}{D}}} = \sqrt{\frac{2gH}{1.5 + f\dfrac{l}{D}}} \quad \cdots\cdots\cdots (27)$$

③ 관내의 유량

$$Q = AV = \frac{\pi D^2}{4} \times \sqrt{\frac{2gH}{1.5 + f\dfrac{l}{D}}} \quad \cdots\cdots\cdots (28)$$

여기서, D : 관의 지름, l : 관의 길이

④ $l/D > 3,000$(장관)이면 마찰이외의 손실은 무시한다.

$$Q = \frac{\pi D^2}{4} \times \sqrt{\frac{2gH}{f\dfrac{l}{D}}} \quad \cdots\cdots\cdots (29)$$

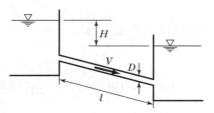

[그림 6-6] 단일 관수로

2 복합 관수로

(1) 분지하는 관수로

① $Q = Q_1 + Q_2,\ H' = f\dfrac{l}{D}\dfrac{V^2}{2g}$

② $H_1 - H' = f_1\dfrac{l_1}{D_1}\dfrac{V_1^2}{2g}$ 로부터 $\quad \therefore\ H_1 = f_1\dfrac{l_1}{D_1}\dfrac{V_1^2}{2g} + f\dfrac{l}{D}\dfrac{V^2}{2g}$ ······························ (30)

③ $H_2 - H' = f_2\dfrac{l_2}{D_2}\dfrac{V_2^2}{2g}$ 로부터 $\quad \therefore\ H_2 = f_2\dfrac{l_2}{D_2}\dfrac{V_2^2}{2g} + f\dfrac{l}{D}\dfrac{V^2}{2g}$ ······························ (31)

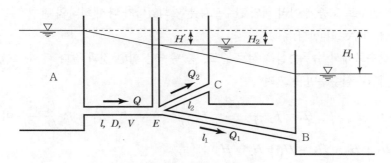

[그림 6-7] 분지하는 관수로

(2) 합류하는 관수로

① $Q_1 + Q_2 = Q,\ h_L = f\dfrac{l}{D}\dfrac{V^2}{2g}$

② $\therefore\ H_1 = h_{L1} + h_L = f_1\dfrac{l_1}{D_1}\dfrac{V_1^2}{2g} + f\dfrac{l}{D}\dfrac{V^2}{2g}$ ·· (32)

③ $\therefore\ H_2 = h_{L2} + h_L = f_2\dfrac{l_2}{D_2}\dfrac{V_2^2}{2g} + f\dfrac{l}{D}\dfrac{V^2}{2g}$ ·· (33)

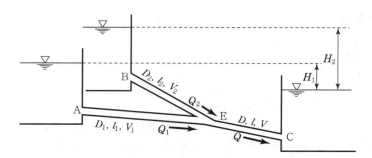

[그림 6-8] 합류하는 관수로

(3) 병렬 관수로

① 하나의 관수로 도중에 여러 개의 관수로로 분기되었다가 다시 하나의 관수로로 합류하는 관수로를 병렬 관수로라 한다.

② 병렬 관수로에서 수두손실은 서로 같고, 총 유량은 합한 것과 같다. 관수로를 긴관(장관)으로 하고 마찰손실수두만을 고려하면

$$H_1 = f_1 \frac{l_1}{D_1} \frac{V_1^2}{2g}, \ H_2 = f_2 \frac{l_2}{D_2} \frac{V_2^2}{2g} = f_3 \frac{l_3}{D_3} \frac{V_3^2}{2g} = H_3, \ H_4 = f_4 \frac{l_4}{D_4} \frac{V_4^2}{2g} \text{이고,}$$

$$H = H_1 + H_2 + H_4 = H_1 + H_3 + H_4 \text{이므로}$$

$$\therefore \ H = f_1 \frac{l_1}{D_1} \frac{V_1^2}{2g} + f_2 \frac{l_2}{D_2} \frac{V_2^2}{2g} + f_4 \frac{l_4}{D_4} \frac{V_4^2}{2g} \quad \text{............ (34)}$$

$$H = f_1 \frac{l_1}{D_1} \frac{V_1^2}{2g} + f_3 \frac{l_3}{D_3} \frac{V_3^2}{2g} + f_4 \frac{l_4}{D_4} \frac{V_4^2}{2g} \quad \text{............ (35)}$$

$$\therefore \ Q_1 = Q_2 + Q_3 = Q_4 \quad \text{............ (36)}$$

$$\therefore \ A_1 V_1 = A_4 V_4 \quad \text{............ (37)}$$

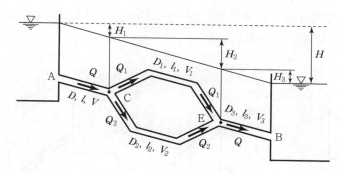

[그림 6-9] 병렬 관수로

3 사이펀과 역사이펀

(1) 사이펀(siphon)

① 2개의 수조를 연결한 관수로의 일부가 동수경사선보다 위에 있는 관수로로, 이 부분의 압력은 대기압보다 낮아져서 부압을 가지는 관수로를 말한다.

② 유체는 관수로의 양단의 압력차에 의하여 흐르는 것이므로 관 도중에 높은 곳이 있어도 이것을 넘어 흐를 수가 있다.

③ 최고 위치 C점의 압력은 부압이므로 H_C는 손실을 무시한 이론 상 10.33m 이하이어야 하나, 실제로는 H_C가 8m 이상이면 사이펀 작용을 하지 않는다.

$$V = \sqrt{\dfrac{2gH}{f_i + f_b + f_o + f\dfrac{l_1 + l_2}{D}}} \quad \cdots\cdots\cdots\cdots\cdots\cdots \text{(38)}$$

$$\therefore \ Q = A \cdot V = \dfrac{\pi D^2}{4} \times \sqrt{\dfrac{2gH}{f_i + f_b + f_o + f\dfrac{l_1 + l_2}{D}}} \quad \cdots\cdots\cdots\cdots\cdots\cdots \text{(39)}$$

(2) 역사이폰(inverted siphon)

① 관수로가 계곡이나 하천을 횡단하기 위해 관을 아래쪽으로 구부려 설치한 것을 역사이펀이라 한다.

② 역사이편을 설계하는 경우, 수리 등의 계산은 일반 관수로와 같으나 관수로의 최저점 C의 압력이 상당히 크게 되므로 주의해야 한다.

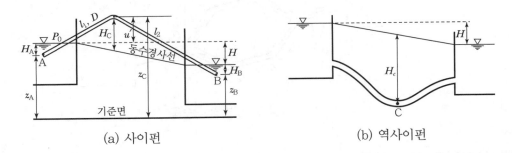

(a) 사이펀

(b) 역사이편

[그림 6-10] 사이펀과 역사이편

4 관망과 관수로의 배수시간

(1) 관망의 정의 및 유량 계산

① 상수도의 급수관과 같이 많은 분기관, 합류관, 곡관 등을 합하여 하나의 관로 계통을 이루는 관수로를 관망(pipe network)이라 한다.

② 근사해법인 Hardy cross의 시산법을 가장 많이 사용하고 있다.

(2) Hardy cross 시산법의 기본 가정 및 유량 보정량

① 각 분기점 또는 합류점에 유입하는 유량은 그 점에 정지하지 않고 전부 유출한다.

② 각 폐합관에 대한 손실수두의 합은 0이고, 흐름의 방향은 관계없다.

③ 초기 유량을 가정하며, 마찰 이외의 손실은 무시한다.

④ 관로의 유량 보정량

$$\Delta Q = -\frac{\Sigma h_L'}{2\Sigma k Q_o} \quad \cdots\cdots (40)$$

여기서, ΔQ : 가정유량에 대한 보정유량

Q_o : 각 관로에 대한 가정유량

h_L' : 가정유량에 대한 손실수두

(3) 관수로의 배수시간

① 자유배수인 경우 배수시간

$$T = \frac{2A}{aK}\left(H_1^{\frac{1}{2}} - H_2^{\frac{1}{2}}\right)$$ .... (41)

$$K = \sqrt{\frac{2g}{1.0 + f_i + f\dfrac{l}{d}}}$$ .... (42)

② 두 물통을 연결하는 경우 배수시간

$$t = \frac{2A_1 A_2}{ak(A_1 + A_2)}\left(H_1^{\frac{1}{2}} - H_2^{\frac{1}{2}}\right)$$ .... (43)

$$k = \sqrt{\frac{2g}{\Sigma f}}$$ .... (44)

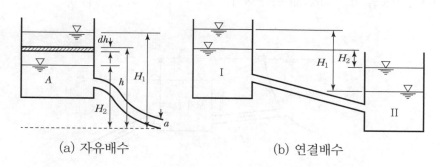

(a) 자유배수   (b) 연결배수

[그림 6-11] 배수시간

5 관수로에서 나타나는 작용과 현상

(1) 수격 작용(water hammer)

① 관수로에 물이 흐를 때 밸브를 갑자기 잠그면 순간적으로 밸브 위치의 유속이 0이 되고, 이로 인해 수압은 현저히 상승한다. 또 닫혀 있는 밸브를 갑자기 열면 반대로 수압은 현저히 저하된다. 이와 같이 급격히 증감하는 수압을 수격압(water hammer pressure)이라 한다.

② 이 수격압은 관내를 일정한 전파속도로 왕복하면서 충격을 주게 되는데 이러한 압력파의 작용을 수격작용(water hammer)이라 한다.

(2) 서징(surging) 현상

① 수력발전소에서 급히 밸브를 닫거나 열을 때 발생하는 수격작용을 감소시키기 위하여 압력수로 와 수압관 사이에 자유수면을 가지는 수압조절수조(surge tank)를 설치한다.

② 밸브를 닫을 때는 수압관에 흐르는 물을 서지 탱크의 물이 수용하고, 밸브를 열 때는 일시적으로 이 수조로부터 물을 보급하여 급격한 압력의 변동을 감소시킨다.

③ 수격작용을 감소시키기 위해 밸브를 열고 닫을 때, 서지 탱크의 수면이 상하로 진동하게 되는데 이러한 진동을 서징(surging)이라 한다.

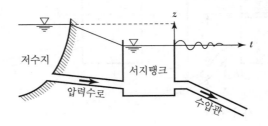

[그림 6-12] 서징 현상

(3) 공동(cavitation) 현상

① 유수 중에 국부적으로 저압부가 생겨 압력이 증기압 이하로 되어 물속에 있던 공기가 분리되어 물속에 공간(공기덩어리)이 생기는 현상을 말한다.

② 일반적으로 굴곡부나 단면변화(축소)된 부분에 물이 고속으로 흐를 때 진공부가 발생되며, 공동 속의 압력은 증기압 때문에 절대 0은 아니다.

③ 실제 공동의 발생과 소멸은 연속으로 생긴다.

④ 공동이 생기면 물체의 저항력이 커진다.

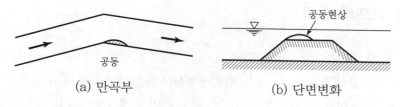

(a) 만곡부   (b) 단면변화

[그림 6-13] 공동 현상

(4) 피팅(pitting) 작용

① 발생된 공동부의 공기가 순간적으로 압괴하면서 고체 면에 강한 충격을 주게 된다. 이러한 작용을 피팅(pitting)이라 한다.

② 수차의 회전차, 수리구조물 등은 피팅(pitting) 작용 때문에 철재, 콘크리트 등의 표면이 침식을 당하게 되거나 관벽면이 파괴되기도 한다.

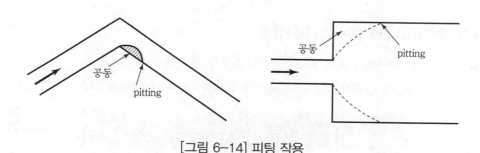

[그림 6-14] 피팅 작용

SECTION 03 | 유수에 의한 동력

1 수차와 펌프의 동력

(1) 흡입 양정

① 흡입 양정은 흡입 수두라고도 하며, 펌프에 의하여 물을 끌어 올릴 때 흡입하는 수면에서 펌프의 중심까지의 높이를 말한다. 흡입 양정은 펌프 흡입 쪽에서 끌어올릴 수 있는 높이다.

② 낮은 곳에 있는 물을 높은 곳으로 퍼 올리거나 외부로 배수시키는 일을 양수라고 한다.

③ 높은 위치에 있는 물을 일정하게 흘러내려 그 물의 에너지를 이용하여 수차(turbine) 또는 발전기 (generator)를 움직여 전력을 발생시키는 것이 수력발전이다.

④ 총 낙차는 관수로 내를 물이 흐를 때 각종 손실의 합(Σh_L)을 고려한 유효낙차(H_e) 또는 전양정 (H_p)으로 표시하여야 한다.

$$\begin{aligned} &\text{㉠ 출력의 유효낙차} \quad H_e = H - \Sigma h_L \\ &\text{㉡ 동력의 전양정} \quad H_p = H + \Sigma h_L \end{aligned} \quad \cdots \cdots (45)$$

(2) 수차 출력(out put power, 수력발전 시)

① 이론 출력 : 수차(η_1) 또는 발전기(η_2)의 효율을 무시한 출력

$P = \omega_o Q H_e = 1,000 Q H_e (\text{kg·m/sec})$에서 1kW=102kg·m/sec이므로

$$\therefore P = \frac{1,000 Q H_e}{102} = \frac{1,000 Q (H - \Sigma h_L)}{102} = 9.8 Q H_e (\text{kW}) \quad \cdots \cdots (46)$$

또한 1HP=75kg · m/sec이므로

$$\therefore P = \frac{1,000 Q H_e}{75} = \frac{1,000 Q (H - \Sigma h_L)}{75} = 13.33 Q H_e (\text{HP}) \quad \cdots \cdots (47)$$

② 실제 출력 : 수차(η_1) 또는 발전기(η_2)의 효율을 고려한 출력

$$\therefore P = \frac{1,000 Q H_e}{102} \cdot \eta = 9.8 Q H_e \cdot \eta (\text{kW}) \quad \cdots \cdots (48)$$

$$\therefore \ P = \frac{1,000\,QH_e}{75} \cdot \eta = 13.33\,QH_e \cdot \eta \,(\text{HP}) \quad \text{(49)}$$

여기서, ω_o : 단위중량, Q : 양수량(m^3/sec), H_e : 유효낙차(m)

η : 합성효율(%, $= \eta_1 \cdot \eta_2$)

(3) 양수 동력(설계 시)

① 이론 양수 동력 : 펌프(pump)의 효율(η)을 무시한 동력

$P = \omega_o QH_p = 1,000\,QH_p\,(\text{kg·m/sec})$에서 1kW=102kg·m/sec이므로

$$\therefore \ P = \frac{1,000\,QH_p}{102} = \frac{1,000\,Q(H + \Sigma h_L)}{102} = 9.8\,QH_p\,(\text{kW}) \quad \text{(50)}$$

또한 1HP=75kg · m/sec이므로

$$\therefore \ P = \frac{1,000\,QH_p}{75} = \frac{1,000\,Q(H + \Sigma h_L)}{75} = 13.33\,QH_p\,(\text{HP}) \quad \text{(51)}$$

② 실제 양수 동력 : 펌프(pump)의 효율(η)을 고려한 동력

$$\therefore \ P = \frac{1,000\,QH_p}{102\eta} = \frac{9.8\,QH_p}{\eta}\,(\text{kW}) \quad \text{(52)}$$

$$\therefore \ P = \frac{1,000\,QH_p}{75\eta} = \frac{13.33\,QH_p}{\eta}\,(\text{HP}) \quad \text{(53)}$$

여기서, H_p : 유효낙차(m)

③ 양수량이 m^3/min인 경우

$P = \dfrac{\omega_o QH_p}{\eta} = \dfrac{1,000\,QH_p}{\eta}\,(\text{kg·m/min})$에서

$$\therefore \ P = \frac{1,000\,QH_p}{6,120 \cdot \eta}\,(\text{kW}) \quad \text{(54)}$$

$$= \frac{1,000 \, Q H_p}{4,500 \cdot \eta} \, (\text{HP}) \quad \cdots\cdots\cdots\cdots\cdots\cdots\cdots\cdots\cdots\cdots\cdots\cdots\cdots\cdots\cdots\cdots\cdots \quad (55)$$

④ 펌프의 흡입구는 부압(−)이므로 펌프의 설치 위치는 수면에서 이론적으로 보면 10.33m, 실제에
는 8m 이상 떨어지면 양수가 되지 않는다.

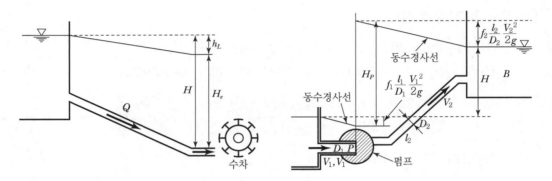

[그림 6-15] 수차와 펌프

01 관수로 흐름에 대한 설명으로 옳지 않은 것은? [기사 12]

① 자유표면이 존재하지 않는다.
② 관수로 내의 흐름이 층류인 경우 포물선 유속분포를 이룬다.
③ 관수로 내의 흐름에서는 점성저층(층류저층)이 존재하지 않는다.
④ 관수로의 전단응력은 반지름에 비례한다.

[해설] 관수로 흐름의 특성
㉠ 자유수면이 존재하지 않으며, 흐름의 원동력은 압력과 점성력인 수로를 관수로라 한다.
㉡ 관수로 내 흐름이 층류인 경우 유속은 중앙에서 최대이고 벽에서 0에 가까운 포물선 분포한다.
㉢ 관수로 내의 흐름에서 매끈한 관의 난류에는 층류저층이 발생한다.
㉣ 관수로의 전단응력은 반지름에 비례한다.

$$\tau = \frac{w\,h_L\,r}{2l}$$

여기서, τ : 전단응력
w : 물의 단위중량
h_L : 손실수두
r : 관의 반지름
l : 관의 길이

02 관수로에 대한 다음 사항 중 옳지 않은 것은? [산업 99]

① 자유수면이 없는 흐름이다.
② 압력차에 의하여 흐른다.
③ 낮은 곳에서 높은 곳으로도 물이 흐를 수 있다.
④ 자유수면을 갖는 원형단면 하수도관 속의 흐름과 같은 것이다.

[해설] 관수로의 특징
㉠ 자유수면을 갖지 않는다.
㉡ 압력차에 의해 흐른다.

03 관수로 내의 흐름을 지배하는 주된 힘은? [산업 05, 11, 12]

① 인력
② 자기력
③ 중력
④ 점성력

[해설] 관수로 흐름의 원인은 압력과 점성력이다.

04 "층류상태에서는 (   )이 (   )보다 크게 되어 난류성분은 유체의 (   )에 의해서 모두 소멸된다." (   ) 안에 들어갈 적절한 말이 순서대로 바르게 짝지어진 것은? [기사 08]

① 관성력, 점성력, 관성
② 점성력, 관성력, 점성
③ 점성력, 중력, 점성
④ 중력, 점성력, 중력

05 원관 내의 층류에서 유량에 대한 설명으로 옳은 것은? [기사 03]

① 관의 길이에 비례한다.
② 반경의 제곱에 비례한다.
③ 압력강하에 반비례한다.
④ 점성에 반비례한다.

[해설] $Q = \dfrac{\pi w h_L}{8\mu l} r_0^{\,4}$

06 그림과 같은 관(管)에서 V의 유속으로 물이 흐르고 있을 경우에 대한 설명으로 옳지 않은 것은? [기사 11]

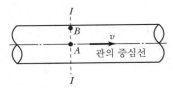

① 흐름이 층류인 경우 A점에서의 유속(流速)은 단면(斷面) I의 평균유속의 2배다.
② A점에서의 마찰저항력은 V^2에 비례한다.
③ A점에서 B점(管壁)으로 갈수록 마찰저항력은 커진다.
④ 유속은 A점에서 최대인 포물선 분포를 한다.

해설 관수로 흐름의 특징
㉠ 관수로의 유속분포는 중앙에서 최대이고 관벽에서 0인 포물선 분포한다.
   ∴ 유속은 A점에서 최대인 포물선 분포한다.
㉡ 관수로의 전단응력분포는 관벽에서 최대이고 중앙에서 0인 직선비례한다.
   ∴ A점에서의 마찰저항력은 0이다.
   ∴ A점에서 B점으로 갈수록 마찰저항력은 커진다.
㉢ 관수로에서 최대유속은 평균유속의 2배이다.
$$V_{\max} = 2V_m$$

07 그림과 같이 반지름 R인 원형관에서 물이 층류로 흐를 때 중심부에서의 최대속도를 V_c라 할 경우 평균속도 V_m은? [기사 04, 산업 03]

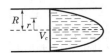

① $V_m = \dfrac{1}{2}V_c$ ② $V_m = \dfrac{1}{3}V_c$

③ $V_m = \dfrac{1}{4}V_c$ ④ $V_m = \dfrac{1}{5}V_c$

해설 원형관 내 흐름이 포물선형 유속분포를 가질 경우에 평균유속은 관 중심축 유속의 1/2이다.
$$\frac{V_{\max}}{V_m} = 2$$

08 관내의 흐름이 층류일 때 τ와 τ_0의 관계로 옳은 것은? [산업 06, 09]

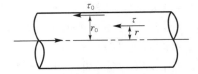

① $\tau_0 = \tau(1-r)$ ② $\tau_0 = \tau(r-1)$

③ $\tau = \tau_0\left(\dfrac{r}{r_0}\right)$ ④ $\tau = \tau_0\left(\dfrac{r_0}{r}\right)$

해설 τ는 r에 비례하므로
$$r_0 : \tau_0 = r : \tau$$
$$\therefore \tau = \tau_0 \cdot \frac{r}{r_0}$$

09 원관 내 흐름이 포물선형 유속분포를 가질 때 관 중심선 상에서의 유속을 V_o, 전단응력을 τ_0, 관 벽면에서의 전단 응력을 τ_s, 관 내의 평균유속을 V_m, 관 중심선에서 y만큼 떨어져 있는 곳의 유속을 V라 할 때 다음 중 틀린 것은? [산업 06]

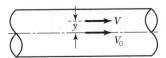

① $V_0 > V$ ② $V_0 = 3V_m$

③ $\tau_0 = 0$ ④ $\tau_s > \tau_0$

해설 관수로에서의 유속 및 전단응력 분포
㉠ 관수로에서의 유속은 물의 점성이라는 성질로 인해 관 중앙에서 최대유속이고 관 벽에서 0인 포물선 분포한다.

- 최대유속 : $V_0 = \dfrac{w \cdot h_L}{4 \cdot \mu \cdot l} r_o^2$

- 평균유속 : $V_m = \dfrac{w \cdot h_L}{8 \cdot \mu \cdot l} r_o^2$

  $\therefore \ V_o = 2V_m$ 의 관계를 갖는다.

ⓒ 관수로에서의 전단응력은 물의 점성이라는 성질로 인해 관 중앙에서 "0" 관 벽에서 최대인 직선 분포한다.

  $\therefore \ \tau_s > \tau_0$ 의 관계를 갖는다.

10 점성을 가지는 유체에 대한 다음 설명 중 틀린 것은? [기사 09]

① 원형관 내의 층류흐름에서 유량은 점성계수에 반비례하고 직경의 4제곱(승)에 비례한다.

② 에너지보정계수는 이상유체에서의 압력수두를 보정하기 위한 무차원상수이다.

③ 층류의 경우 마찰손실계수는 Reynolds 수에 반비례한다.

④ Darcy – Weisbach의 식은 원형관 내의 마찰손실수두를 계산하기 위하여 사용된다.

[해설] ㉠ 에너지보정계수 α 는 이상유체에서의 유속수두를 보정하기 위한 무차원의 상수이다.

ⓒ 운동량보정계수 η 는 ρQV 를 보정하기 위한 무차원의 상수이다.

11 관수로 내에 층류가 흐를 때 이론적으로 유도되는 유속분포와 마찰응력분포에 대한 설명으로 옳은 것은 어느 것인가? [산업 11]

① 유속분포는 직선이며 마찰응력분포는 포물선이다.

② 유속분포와 마찰응력분포는 똑같이 포물선이다.

③ 유속분포는 포물선이며 마찰응력분포는 직선이다.

④ 유속분포는 직선이며 마찰응력분포는 대수함수곡선이다.

[해설] ㉠ 유속분포는 V 는 r^2 에 비례하므로 포물선이다.

ⓒ 마찰력분포는 τ 는 r 에 비례하므로 직선이다.

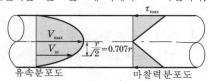

유속분포도   마찰력 분포도

12 반지름이 R 인 수평원관 내를 물이 층류로 흐를 경우 Harzen – Poiseuille의 법칙에서 유량 Q 에 대한 설명으로 옳은 것은? (여기서, w : 물의 단위질량, l : 관의 길이, h_L : 손실수두, μ : 점성계수) [산업 11]

① 반지름 R 인 원관에서 유량

  $Q = \dfrac{wh_L \pi R^4}{128 \mu l}$ 이다.

② 유량과 압력차 ΔP 와의 관계에서

  $Q = \dfrac{\Delta P \pi R^4}{8 \mu l}$ 이다.

③ 유량과 동수경사 I 와의 관계에서

  $Q = \dfrac{w \pi I R^4}{8 \mu l}$ 이다.

④ 반지름 R 대신에 지름 D 이면 유량

  $Q = \dfrac{wh_L \pi D^4}{8 \mu l}$ 이다.

[해설] 하겐 포아주어 법칙

$$Q = \dfrac{\pi w h_L}{8 \mu l} r^4 = \dfrac{\pi \Delta P r^4}{8 \mu l}$$

13 수평원관 속에 층류의 흐름이 있을 때 유량에 대한 설명으로 옳은 것은? [산업 08, 10]

① 점성(μ)에 비례한다.

② 지름(d)의 4제곱에 비례한다.

③ 압력변화(ΔP)에 반비례한다.

④ 관의 길이(L)에 비례한다.

해설 $Q = \dfrac{\pi w h_L}{8\mu L} \cdot r_o^4$

14 수심 h, 수면경사 I, 물의 단위중량 w, 마찰속도를 U_*라 할 때 이들의 관계식으로 옳은 것은? [기사 00]

① $U_* = ghI$ ② $U_* = \sqrt{\rho h I}$

③ $U_* = \rho h I$ ④ $U_* = \sqrt{ghI}$

해설 ㉠ $U_* = \sqrt{gRI}$
ㄴ 만일 수심에 비해 폭이 클 경우($R \fallingdotseq h$)
$U_* = \sqrt{ghI}$

15 관 벽면의 마찰력 τ_o, 유체의 밀도 ρ, 점성계수를 μ라 할 때 마찰속도(U_*)는? [기사 05, 06, 09]

① $\dfrac{\tau_o}{\rho\mu}$ ② $\sqrt{\dfrac{\tau_o}{\rho\mu}}$

③ $\sqrt{\dfrac{\tau_o}{\rho}}$ ④ $\sqrt{\dfrac{\tau_o}{\mu}}$

해설 마찰속도
$$U_* = \sqrt{\dfrac{\tau_o}{\rho}} = V\sqrt{\dfrac{f}{8}}$$

16 지름 30cm 길이가 1m인 관의 손실이 30cm일 때 관벽에 작용하는 마찰력 τ_0는? [기사 95]

① 4.5g/cm^2 ② 2.25g/cm^2
③ 1.0g/cm^2 ④ 0.5g/cm^2

해설 $\tau = wRI = w \cdot \dfrac{D}{4} \cdot \dfrac{\Delta h}{L} = 1 \times \dfrac{30}{4} \times \dfrac{30}{100}$
$= 2.25\text{g/cm}^2$

17 두 개의 평형한 평판 사이에 유체가 흐르고 있다. 이때의 전단응력은? [기사 02]

① 전단면에서 걸쳐 일정하다.
② 벽면에서는 0이고 중심에서는 최대가 된다.
③ 포물선의 형태를 갖는다.
④ 중심에서는 0이고 중심으로부터의 거리에 비례하여 증가한다.

해설 관수로에서의 유속분포는 관벽에서 0이고 중앙에서 최대인 포물선 분포며, 전단응력은 반대로 중앙에서 0이고 벽에서 최대인 직선비례한다.

18 지름 20cm, 길이 1m인 관의 수두손실이 20cm일 때 관 벽에 작용하는 마찰력 τ_0는? [산업 07]

① 0.1g/cm^2
② 0.2g/cm^2
③ 0.8g/cm^2
④ 1.0g/cm^2

해설 $\tau = wRI = w \cdot \dfrac{D}{4} \cdot \dfrac{h_L}{l}$
$= 1 \times \dfrac{20}{4} \times \dfrac{20}{100} = 1\text{g/cm}^2$

19 관수로에서 흐름이 층류인 경우 마찰계수 f는 어떠한가? [기사 00, 03]

① 조도에만 영향을 받는다.
② Reynolds수에만 영향을 받는다.
③ 조도와 Reynolds수에 영향을 받는다.
④ 항상 0.2778의 값이다.

해설 층류인 경우의 마찰손실계수
$$f = \dfrac{64}{R_e}$$

20 관수로에 물이 흐를 때 어떠한 조건하에서도 층류가 되는 경우는? (단, R_e 는 레이놀즈수 (Reynolds number)임.) [기사 01]

① $R_e > 4,000$

② $4,000 > R_e > 2,000$

③ $3,000 > R_e > 2,000$

④ $R_e < 2,000$

해설 ㉠ $R_e \leq 2,000$: 층류

㉡ $2,000 < R_e < 4,000$: 과도상태 또는 불안정 층류

㉢ $R_e \geq 4,000$: 난류이며 자연계의 흐름은 대부분 여기에 속한다.

21 관수로의 마찰손실공식 $h = f \dfrac{l}{D} \dfrac{V^2}{2g}$ 에 있어서 난류에서의 마찰손실계수 f 는? [기사 99]

① 관벽의 조도의 함수이다.

② 레이놀즈수(Reynolds number)만의 함수이다.

③ 레이놀즈수와 관벽의 조도의 함수이다.

④ 레이놀즈수와 상대조도의 함수이다.

해설 난류인 경우의 마찰손실계수

㉠ 매끈한 관일 때 : f 는 R_e 만의 함수이다.

㉡ 거친관일 때 : f 는 R_e 에는 관계없고 $\dfrac{e}{D}$ 만의 함수이다.

22 관수로의 흐름에 대한 사항 중 옳은 것은? (단, f=마찰손실계수, R_e=레이놀즈수, e/D=상대조도) [산업 00]

① f 는 R_e 와 관벽의 조도 e 와는 관계가 없다.

② 층류영역에서 R_e 는 대체로 2,000보다 크며, $f = \dfrac{R_e}{64}$ 이다.

③ 난류영역에서 f 는 R_e, e/D와 관계

가 없고, e/D가 작은 경우 R_e 만의 함수이다.

④ R_e 가 2,000 이상의 거친 관에서 f 는 R_e 와는 관계없고, e/D의 함수이다.

해설 마찰손실계수(f)

㉠ $R_e \leq 2,000$ 일 때

$$f = \frac{64}{R_e}$$

㉡ $R_e > 2,000$일 때

• 매끈한 관일 때는 f 는 R_e 만의 함수이다.

$$f = 0.3164 R_e^{-\frac{1}{4}}$$

• 거친 관일 때는 f 는 $\dfrac{e}{D}$ 만의 함수이다.

$$\frac{1}{\sqrt{f}} = 1.74 + 2.03 \log_{10} \frac{D}{2e}$$

23 마찰손실계수(f)와 Reynold수(R_e) 및 상대조도(ε/d)의 관계를 나타낸 Moody 도표에 대한 설명으로 옳지 않은 것은? [기사 08, 11]

① 층류와 난류의 물리적 상이점은 $f - R_e$ 관계가 한계 Reynolds수 부근에서 갑자기 변한다.

② 층류영역에서는 단일직선이 관의 조도에 관계없이 사용된다.

③ 난류영역에서는 $f - R_e$ 곡선은 상대조도(ε/d)에 따라야 하며 Reynolds수보다는 관의 조도가 더 중요한 변수가 된다.

④ 완전난류의 완전히 거치른 영역에서 f 는 $R_e{}^n$과 반비례하는 관계를 보인다.

해설 완전난류의 완전히 거친 영역에서 f 는 R_e 에 관계없고 상대조도$\left(\dfrac{e}{D}\right)$만의 함수이다.

24 Darcy−Weisbach의 마찰손실공식에 대한 틀린 것은? [산업 06]

① 마찰손실수두는 관경에 반비례한다.
② 마찰손실수두는 관의 조도에 반비례한다.
③ 마찰손실수두는 물의 점성에 비례한다.
④ 마찰손실수두는 길이에 비례한다.

해설 Darcy−Weisbach 공식

㉠ $h_L = f\dfrac{l}{D}\dfrac{V^2}{2g}$

㉡ $f = \phi\left(\dfrac{1}{R_e},\ \dfrac{e}{D}\right)$

25 레이놀즈(Reynolds)수가 1,000인 관에 대한 마찰손실계수(f)는? [기사 06, 10, 산업 05]

① 0.032
② 0.046
③ 0.052
④ 0.064

해설 $f = \dfrac{64}{R_e} = \dfrac{64}{1,000} = 0.064$

26 관수로의 레이놀즈(Reynolds)수가 300일 때 추정할 수 있는 흐름의 상태는? [산업 07]

① 상류
② 사류
③ 층류
④ 난류

해설 $R_e \leq 2,000$ 이므로 층류이다.

27 층류 저층(laminar sublayer)을 옳게 기술한 것은? [기사 01]

① 난류상태로 흐를 때 벽면 부근의 층류부분을 말한다.
② 층류상태로 흐를 때 관바닥면에서의 흐름을 말한다.
③ Reynolds 실험장치에서 관입구 부분의 흐름을 말한다.

④ 홍수시의 하상(河床) 부분의 흐름을 말한다.

해설 ㉠ 실제유체의 흐름에서 유체의 점성때문에 경계면에서는 유속은 0이 되고 경계면으로부터 멀어질수록 유속은 증가하게 된다. 그러나 경계면으로부터의 거리가 일정한 거리만큼 떨어진 다음부터는 유속이 일정하게 되는데 이러한 영역을 **경계층**이라 한다.
㉡ 경계층 내의 흐름이 난류일 때 경계면이 대단히 매끈하면 경계면에 인접한 아주 얇은 층 내에는 층류가 존재하는데 이를 **층류저층**이라 한다. 즉, **층류저층**이란 난류상태로 흐를 때 벽면 부근의 **층류부분**을 말한다.

28 다음 설명 중 옳지 않은 것은? (단, l = 관의 총 길이, D = 관의 지름) [기사 08]

① 관수로에서 마찰 이외의 손실수두를 무시할 수 있는 경우는 $l/D > 3,000$이다.
② 마찰손실수두는 모든 손실수두 가운데 가장 큰 것으로 마찰손실계수에 유속수두를 곱한 것과 같다.
③ 관수로의 출구 손실계수는 보통 1로 본다.
④ 관수로 내의 손실수두는 유속수두에 비례한다.

해설 $h_L = f\dfrac{l}{D}\dfrac{V^2}{2g}$

29 지름이 30cm, 길이가 1m인 관에 물이 흐르고 있을 때 마찰손실이 30cm라면 관 벽에 작용하는 마찰력 τ_0는? [기사 10]

① 4.5g/cm^2
② 2.25g/cm^2
③ 1.0g/cm^2
④ 0.5g/cm^2

해설 $\tau_o = \dfrac{wh_L}{2l}r = \dfrac{1\times30}{2\times100}\times15 = 2.25\text{g/cm}^2$

30 지름이 4cm인 원관 속에 20℃의 물이 흐르고 있다. 관로길이 1.0m 구간에서 압력강하가 0.1g/cm²이었다면 관벽의 마찰응력은?

[기사 95, 00]

① 0.001g/cm²
② 0.002g/cm²
③ 0.010g/cm²
④ 0.020g/cm²

해설 $\tau = \dfrac{wh_L}{2l}r = \dfrac{\Delta P}{2l}r$

$= \dfrac{0.1}{2 \times 100} \times 2 = 0.001\,\text{g/cm}^2$

31 관수로 흐름에 관하여 틀린 사항은?

[기사 98]

① 전단응력은 반경에 비례한다.
② 매끄러운 관에서 마찰손실계수 f는 레이놀즈수의 함수이다.
③ 거친 관에서 완전히 발달한 흐름의 유속은 상대조도와 마찰속도의 함수이다.
④ 수리학적으로 거친관은 벽면이 거친 관을 말한다.

해설 ㉠ 전단응력

$\tau = \dfrac{wh_L}{2l}r$

㉡ 거친 관이란 벽면의 요철이 층류 저층의 두께보다 큰 관을 말한다.

32 Darcy의 마찰손실계수 f와 Manning의 조도계수 n 사이의 관계식으로 옳은 것은? (단, D는 관의 지름임.)

[산업 06]

① $f = \dfrac{124.5\,n^2}{D^{\frac{1}{3}}}$
② $f = \dfrac{214.5\,n^2}{D^{\frac{1}{3}}}$
③ $f = \dfrac{214.5\,n^2}{D^{\frac{1}{2}}}$
④ $f = \dfrac{124.5\,n^2}{D^{\frac{1}{2}}}$

해설 $f = 124.5\,n^2 D^{-\frac{1}{3}} = \dfrac{8g}{C^2}$

33 관수로에서 상대조도란 무엇인가? [기사 04]

① 관직경에 대한 관벽의 조도와의 비
② 최대유속에 대한 관벽의 조도와의 비
③ 평균유속에 대한 관벽의 조도와의 비
④ 한계 Reynolds수에 대한 관벽의 조도와의 비

해설 상대조도 $= \dfrac{e}{D}$

34 직경 80cm인 관수로에 물이 가득 차서 흐를 때 경심(hydraulic radius)은?

[기사 04, 산업 05]

① 10.0cm
② 20.0cm
③ 40.0cm
④ 80.0cm

해설 $R = \dfrac{D}{4} = \dfrac{80}{4} = 20$ cm

35 지름 100cm의 원형단면 관수로에 물이 만수되어 흐를 때의 동수반경(動水半徑)은?

[기사 08, 11, 산업 03]

① 20cm
② 25cm
③ 50cm
④ 75cm

해설 $R = \dfrac{D}{4} = \dfrac{100}{4} = 25\text{cm}$

36 원관의 흐름에서 수심이 반지름의 깊이로 흐를 때 경심은?

[기사 05, 10]

① $D/4$
② $D/3$
③ $D/2$
④ $D/5$

해설 $R = \dfrac{A}{P} = \dfrac{\dfrac{\pi D^2}{4} \times \dfrac{1}{2}}{\dfrac{\pi D}{2}} = \dfrac{D}{4}$

37 단면이 일정한 긴 관에서 마찰손실만이 발생하는 경우 에너지선과 동수경사선은?

[산업 99, 04]

① 서로 나란하다.
② 일치한다.
③ 일정하지 않다.
④ 교차한다.

해설 단면이 일정하고 마찰손실만 발생하는 경우에 동수경사선은 에너지선에 대해 유속수두만큼 아래에 위치하며 서로 나란하다.

38 내경 200mm인 관의 조도계수 n이 0.02일 때 마찰손실계수는? (단, Manning 공식 등을 사용함.)

[기사 11, 산업 03, 07]

① 0.085
② 0.090
③ 0.093
④ 0.096

해설 $f = 124.5 n^2 D^{-\frac{1}{3}}$

$= 124.5 \times 0.02^2 \times 0.2^{-\frac{1}{3}} = 0.085$

39 길이가 400m이고 지름이 25cm인 관에 평균유속이 1.82m/sec로 물이 흐르고 있다. 관 마찰손실계수 $f = 0.0422$일 때 손실수두는?

[산업 03, 06]

① 11.4m
② 25.4m
③ 30.0m
④ 46.0m

해설 $h_L = f \dfrac{l}{D} \dfrac{V^2}{2g}$

$= 0.0422 \times \dfrac{400}{0.25} \times \dfrac{1.82^2}{2 \times 9.8} = 11.41 \text{m}$

40 지름 50mm, 길이 10m, 관마찰계수 0.03인 원관 속을 난류가 흐르고 있다. 관입구와 출구의 압력차가 0.1kg/cm²일 때 유속은? (단, 물의 단위중량 w_0는 1t/m³이다.)

[산업 06]

① 1.62m/sec
② 1.71m/sec
③ 1.81m/sec
④ 1.92m/sec

해설 ㉠ $h_L = \dfrac{\Delta P}{w} = \dfrac{1}{1} = 1 \text{m}$

㉡ $h_L = f \dfrac{l}{D} \dfrac{V^2}{2g}$

$1 = 0.03 \times \dfrac{10}{0.05} \times \dfrac{V^2}{2 \times 9.8}$

$\therefore V = 1.81 \text{ m/sec}$

41 지름 20cm인 관수로에 평균유속이 5m/s로 물이 흐른다. 관 길이가 50m일 때 5m의 손실수두가 나타났다면 마찰손실계수와 마찰속도는?

[기사 98]

① $f = 0.157$, $U_* = 0.002 \text{m/s}$
② $f = 0.0157$, $U_* = 0.22 \text{m/s}$
③ $f = 0.157$, $U_* = 0.22 \text{m/s}$
④ $f = 0.157$, $U_* = 2.2 \text{m/s}$

해설 ㉠ $f = \dfrac{D \cdot h_L \cdot 2g}{\ell \cdot V^2} = \dfrac{0.2 \times 5 \times 19.6}{50 \times 5^2} = 0.0157$

㉡ $U_* = \sqrt{gRI} = \sqrt{g \cdot \dfrac{D}{4} \cdot \dfrac{h_L}{L}}$

$= \sqrt{9.8 \times \dfrac{0.2}{4} \times \dfrac{5}{50}} = 0.221 \text{m/sec}$

42 직경 0.2cm인 유리관 속에 0.8cm³/sec인 물이 흐를 때 관의 단위길이당 마찰손실 수두는?(단, 물의 동점성계수는 $1.12 \times 10^{-2} \text{cm}^2$/sec)

[기사 00]

① 18.6cm
② 23.3cm
③ 29.2cm
④ 32.8cm

해설 ㉠ $h_L = f \dfrac{\ell}{D} \dfrac{V^2}{2g} = 0.141 \times \dfrac{100}{0.2} \times \dfrac{25.46^2}{1960}$

$= 23.32 \text{cm}$

㉡ $V = \dfrac{Q}{A} = \dfrac{0.8}{\dfrac{\pi \times 0.2^2}{4}} = 25.46 \text{cm/sec}$

㉢ $R_e = \dfrac{V \cdot D}{\nu} = \dfrac{25.46 \times 0.2}{1.12 \times 10^{-2}} = 454.64 < 2000$

∴ 층류

∴ $f = \dfrac{64}{R_e} = \dfrac{64}{454.64} = 0.141$

---

43 직경이 20cm인 관수로에 39.25cm³/sec의 유량이 흐를 때 동점성 계수가 $\nu = 1.0 \times 10^{-2}$ cm²/sec이면 마찰손실계수 f 는? [기사 11]

① 0.010　　② 0.025
③ 0.256　　④ 0.560

해설 ㉠ $V = \dfrac{Q}{A} = \dfrac{39.25 \times 4}{\pi \times 20^2} = 0.125 \text{cm/sec}$

㉡ $R_e = \dfrac{VD}{\nu} = \dfrac{0.125 \times 20}{1 \times 10^{-2}} = 250 < 2000$

∴ 층류

㉢ $f = \dfrac{64}{R_e} = \dfrac{64}{250} = 0.256$

---

44 Manning의 조도계수 $n = 0.012$인 원관을 써서 1m³/sec의 물을 동수경사 1/100로 송수하려할 때 적당한 관의 지름은? [기사 07, 산업 08]

① $d = 70\text{cm}$　　② $d = 80\text{cm}$
③ $d = 90\text{cm}$　　④ $d = 100\text{cm}$

해설 $Q = AV = A \cdot \dfrac{1}{n} R^{\frac{2}{3}} I^{\frac{1}{2}}$

$1 = \dfrac{\pi d^2}{4} \times \dfrac{1}{0.012} \times \left(\dfrac{d}{4}\right)^{\frac{2}{3}} \times \left(\dfrac{1}{100}\right)^{\frac{1}{2}}$

$d^{\frac{8}{3}} = 0.39$

∴ $d = 0.7\text{m}$

---

45 직경이 0.2cm인 매끈한 관속을 3cm³/sec의 물이 흐를 때, 관의 길이 0.5m에 대한 마찰손실수두는? (단, 물의 동점성 계수 $\nu = 1.12 \times 10^{-2}$ cm²/sec이다.) [산업 10, 12]

① 37.3cm　　② 43.7cm
③ 57.3cm　　④ 61.6cm

해설 ㉠ $V = \dfrac{Q}{A} = \dfrac{3 \times 4}{\pi \times 0.2^2} = 95.49 \text{cm/sec}$

㉡ $R_e = \dfrac{VD}{\nu} = \dfrac{95.49 \times 0.2}{1.12 \times 10^{-2}} = 1,705.18 < 2,000$

∴ 층류

㉢ $f = \dfrac{64}{R_e} = \dfrac{64}{1,705.18} = 0.0375$

㉣ $h_L = f \dfrac{l}{D} \dfrac{V^2}{2g}$

$= 0.0375 \times \dfrac{50}{0.2} \times \dfrac{95.49^2}{2 \times 980} = 43.61\text{cm}$

---

46 경심이 5m이고 동수경사가 1/200인 관로에서의 레이놀즈(Reynolds)수가 1,000인 흐름으로 흐를 때 관 속의 유속은? [기사 07, 산업 09]

① 7.5m/sec
② 5.5m/sec
③ 3.2m/sec
④ 2.5m/sec

해설 ㉠ $f = \dfrac{64}{R_e} = \dfrac{64}{1,000} = 0.064$

㉡ $f = 124.5 n^2 D^{-\frac{1}{3}}$

$0.064 = 124.5 n^2 \times (4 \times 5)^{-\frac{1}{3}}$

∴ $n = 0.037$

㉢ $V = \dfrac{1}{n} R^{\frac{2}{3}} I^{\frac{1}{2}}$

$= \dfrac{1}{0.037} \times 5^{\frac{2}{3}} \times \left(\dfrac{1}{200}\right)^{\frac{1}{2}}$

$= 5.59\text{m/sec}$

---

47 그림과 같이 원형관을 통하여 정상상태로 흐를 때 관의 축소부로 인한 수두손실은? (단, V_1 = 0.5m/s, D_1 =0.2m, D_2 =0.1m, f_c =0.36)

[기사 06, 09]

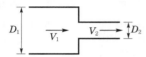

① 0.46cm　　② 0.92cm
③ 3.65cm　　④ 7.30cm

해설 ㉠ $A_1 V_1 = A_2 V_2$

$$\frac{\pi \times 0.2^2}{4} \times 0.5 = \frac{\pi \times 0.1^2}{4} \times V_2$$

$$\therefore V_2 = 2 \text{ m/sec}$$

㉡ $h_c = f_c \dfrac{V_2{}^2}{2g} = 0.36 \times \dfrac{2^2}{2 \times 9.8}$

$$= 0.073\text{m}$$

48 관수로에서 관의 마찰손실계수가 0.02, 관의 직경이 40cm일 때 관 내의 수류가 100m를 흐르는 동안 2m의 손실수두가 있었다면 관 내의 유속은?

[기사 01]

① 0.28m/sec　　② 1.28m/sec
③ 2.8m/sec　　④ 3.8m/sec

해설 $h_L = f \dfrac{l}{D} \dfrac{V^2}{2g}$

$$2 = 0.02 \times \frac{100}{0.4} \times \frac{V^2}{2 \times 9.8}$$

$$\therefore V = 2.8\text{m/sec}$$

49 직경 0.2cm인 유리관 속에 0.8cm³/sec의 물이 흐를 때 관의 단위길이 m당 마찰손실수두는?(단, 물의 동점성계수는 1.12×10^{-2}cm² /sec)

[기사 94, 00]

① 18.6cm　　② 23.3cm
③ 29.2cm　　④ 32.8cm

해설 ㉠ $V = \dfrac{Q}{A} = \dfrac{0.8 \times 4}{\pi \times 0.2^2} = 25.46$cm/sec

㉡ $R_e = \dfrac{VD}{\nu} = \dfrac{25.46 \times 0.2}{1.12 \times 10^{-2}} = 454.64 < 2000$

$$\therefore \text{ 층류}$$

㉢ $f = \dfrac{64}{R_e} = \dfrac{64}{454.64} = 0.141$

㉣ $h_L = f \dfrac{l}{D} \dfrac{V^2}{2g} = 0.141 \times \dfrac{100}{0.2} \times \dfrac{25.46^2}{2 \times 980}$

$$= 23.32\text{cm}$$

50 유량 6.28m³/sec를 송수하기 위하여 안지름 2m의 주철관 100m를 설치하였을 때 적당한 관로의 동수경사는 약 얼마인가? (단, 마찰손실계수 f =0.03)

[산업 08]

① 1/1,000　　② 2/1,000
③ 3/1,000　　④ 4/1,000

해설 ㉠ $Q = AV$ 에서 $6.28 = \dfrac{\pi \times 2^2}{4} \times V$

$$\therefore V = 2.0\text{m/sec}$$

㉡ $h_L = f \dfrac{l}{D} \dfrac{V^2}{2g}$

$$I = \frac{h_L}{l} = f \frac{1}{D} \frac{V^2}{2g}$$

$$= 0.03 \times \frac{1}{2} \times \frac{2^2}{2 \times 9.8} = 3.06 \times 10^{-3} \fallingdotseq \frac{3}{1,000}$$

51 유체가 75mm 직경인 관로를 흘러서 150mm 직경인 큰 관으로 연결되어 유출된다. 75mm 관로에서의 Reynolds수가 20,000일 때 150 mm 관로의 Reynolds수는?

[기사 08]

75mm d

150mm d

① 40,000　　② 20,000
③ 10,000　　④ 5,000

해설 ㉠ $A_1 V_1 = A_2 V_2$

$$\frac{\pi \times 7.5^2}{4} \times V_1 = \frac{\pi \times 15^2}{4} \times V_2$$

$$\therefore V_1 = 4 V_2$$

㉡ $R_e = \frac{VD}{\nu}$

$$20,000 = \frac{V_1 \times 7.5}{\nu}$$

$$\therefore \nu = 3.75 \times 10^{-4} V_1$$

㉢ $R_e = \frac{V_2 \times 15}{\nu} = \frac{V_1 \times 15}{3.75 \times 10^{-4} V_1 \times 4}$

$$= 10,000$$

52 내경이 10cm인 관로에서 관벽의 마찰에 의한 손실수두가 속도수두와 같을 때 관의 길이는? (단, $f = 0.03$) [기사 97, 산업 00, 11, 12]

① 2.33m
② 4.33m
③ 5.33m
④ 3.33m

해설 $f \frac{l}{D} \frac{V^2}{2g} = \frac{V^2}{2g}$ 에서 $f \frac{l}{D} = 1$ 이므로

$$0.03 \times \frac{l}{0.1} = 1$$

$$\therefore l = 3.33 \,\mathrm{m}$$

53 Pipe의 배관에 있어서 엘보(Elbow)에 의한 손실수두와 직선관의 마찰손실수두가 같아지는 직선관의 길이는 직경의 몇 배에 해당하는가? (단, 관의 마찰계수 f 는 0.025이고 엘보(Elbow)의 미소 손실계수 K는 0.9이다.) [기사 11, 산업 09]

① 48배
② 40배
③ 36배
④ 20배

해설 $f_b \frac{V^2}{2g} = f \frac{l}{D} \frac{V^2}{2g}$ 이므로 $f_b = f \frac{l}{D}$

$$0.9 = 0.025 \times \frac{l}{D}$$

$$\therefore \frac{l}{D} = 36$$

54 경심이 10m이고, 동수경사가 1/100인 관로의 마찰손실계수 $f = 0.04$일 때 유속은? [기사 95, 98, 06]

① 20m/sec
② 10m/sec
③ 24m/sec
④ 14m/sec

해설 ㉠ $f = \frac{8g}{C^2}$ 로부터

$$0.04 = \frac{8 \times 9.8}{C^2}$$

$$\therefore C = 44.27$$

㉡ $V = C\sqrt{RI}$

$$= 44.27 \sqrt{10 \times \frac{1}{100}}$$

$$= 14 \mathrm{m/sec}$$

55 관수로에서 매끈한 관과 거친 관을 구별하는 조건은? [기사 94]

① 층류 저층의 두께에 대한 관조도입자의 상대적 크기
② 관조도입자의 절대적 크기
③ 난류 혼합거리에 대한 관조도입자의 상대적 크기
④ 마찰속도와 관조도입자의 상대적 크기

해설 ㉠ 매끈한 관 : 조도가 층류 저층의 두께보다 작은 관
㉡ 거친 관 : 조도가 층류 저층의 두께보다 큰 관

56 저수지의 수심이 56.12m인 곳에 직경 20cm, 마찰손실계수가 0.02인 100m 길이의 관이 수평으로 설치되어 있을 때 관 끝에서의 유속을 구한 값은? (단, 마찰손실만 고려한다.) [기사 99]

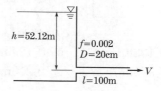

① 15.0m/sec　　② 10.0m/sec

③ 50.0m/sec　　④ 0.7m/sec

해설 $Z_1 + \dfrac{P_1}{w} + \dfrac{V_1^{\,2}}{2g} = Z_2 + \dfrac{P_2}{w} + \dfrac{V_2^{\,2}}{2g} + h_L$

$56.12 + 0 + 0 = 0 + 0 + \dfrac{V_2^{\,2}}{2 \times 9.8} + 0.02$

$\qquad\qquad \times \dfrac{100}{0.2} \times \dfrac{V_2}{2 \times 9.8}$

$\therefore\ V_2 = 10\text{m/sec}$

57 관수로에서 동수경사선에 대한 설명으로 옳은 것은?　　　　　[기사 04, 09]

① 수평기준선에서 손실수두와 속도수두를 가산한 수두선이다.

② 관로 중심선에서 압력수두와 속도수두를 가산한 수두선이다.

③ 전수두에서 손실수두를 제외한 수두선이다.

④ 에너지선에서 속도수두를 제외한 수두선이다.

해설 동수경사선은 에너지선보다 유속수두만큼 아래에 위치한다.

58 그림과 같은 수조에 연결된 지름 30cm의 관로 끝에 지름 7.5cm의 노즐이 부착되어 있다. 관로의 노즐을 지날 때까지의 모든 손실수두의 크기가 10m일 때 이 노즐에서의 유출량은?　　　　　[기사 95, 99]

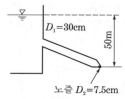

① 0.138m³/sec　　② 0.124m³/sec

③ 1.979m³/sec　　④ 2.213m³/sec

해설 ㉠ $Z_1 + \dfrac{P_1}{w} + \dfrac{V_1^{\,2}}{2g} = Z_2 + \dfrac{P_2}{w} + \dfrac{V_2^{\,2}}{2g} + \Sigma h$

$50 + 0 + 0 = 0 + 0 + \dfrac{V_2^{\,2}}{2 \times 9.8} + 10$

$\therefore\ V_2 = 28\ \text{m/sec}$

㉡ $Q = a \cdot V_2 = \dfrac{\pi \times 0.075^2}{4} \times 28$

$\qquad = 0.124\text{m}^3/\text{sec}$

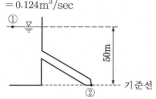

59 그림에서 손실수두가 $\dfrac{3V^2}{2g}$일 때 지름 0.1m의 관을 통과하는 유량은? (단, 수면은 일정하게 유지된다.)　　　　　[기사 12]

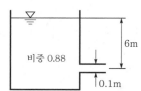

① 0.085m³/sec　　② 0.0426m³/sec

③ 0.0399m³/sec　　④ 0.0798m³/sec

해설 ㉠ $Z_1 + \dfrac{P_1}{w} + \dfrac{V_1^{\,2}}{2g} = Z_2 + \dfrac{P_2}{w} + \dfrac{V_2^{\,2}}{2g} + \Sigma h_L$

$6 + 0 + 0 = 0 + 0 + \dfrac{V_2^{\,2}}{2 \times 9.8} + \dfrac{3V_2^{\,2}}{2 \times 9.8}$

$V_2 = 5.42\,\text{m/sec}$

㉡ $Q = A_2 V_2 = \dfrac{\pi \times 0.01^2}{4} \times 5.42$

$\qquad = 0.0426\text{m}^3/\text{sec}$

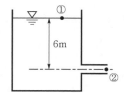

60 그림과 같이 경사진 내경 2m의 원관 내에 유량 20m³/sec의 물을 흐르게 할 경우 단면 1과 2 사이의 손실수두는? (단, 단면 1의 압력=3.0kg/cm², 단면 2의 압력=3.1kg/cm²)

[산업 07]

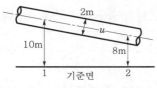

① 1.0m
② 2.0m
③ 3.0m
④ 4.0m

해설 $Z_1 + \dfrac{P_1}{w} + \dfrac{V_1{}^2}{2g} = Z_2 + \dfrac{P_2}{w} + \dfrac{V_2{}^2}{2g} + \Sigma h$

$10 + \dfrac{30}{1} = 8 + \dfrac{31}{1} + \Sigma h$

$\therefore \Sigma h = 1\text{m}$

61 기준면상 높이 7m의 위치에 있는 단면 1의 안지름이 50cm, 유속이 2m/sec, 압력이 3kg/cm²이고, 높이 2m의 위치에 있는 단면 2의 안지름은 25cm, 압력은 2.5kg/cm²이다. 이 관수로의 단면 1과 단면 2 사이에서 발생하는 손실수두는? [기사 99, 09]

① 6.94m
② 5.94m
③ 4.94m
④ 3.94m

해설 ㉠ $Q = A_1 V_1 = A_2 V_2$

$\pi \times \dfrac{0.5^2}{4} \times 2 = \pi \times \dfrac{0.25^2}{4} \times V_2$

$\therefore V_2 = 8 \text{ m/sec}$

㉡ $Z_1 + \dfrac{P_1}{w} + \dfrac{V_1{}^2}{2g} = Z_2 + \dfrac{P_2}{w} + \dfrac{V_2{}^2}{2g} + \Sigma h$

$7 + \dfrac{30}{1} + \dfrac{2^2}{2 \times 9.8} = 2 + \dfrac{25}{1} + \dfrac{8^2}{2 \times 9.8} + \Sigma h$

$\therefore \Sigma h = 6.94 \text{ m}$

62 관수로 계산에서 $\dfrac{l}{D}$이 얼마 이상이면 마찰손실 이외의 소손실을 생략해도 좋은가? (단, D는 관의 지름, l은 관의 길이)

[기사 99, 산업 09]

① 100
② 300
③ 1,000
④ 3,000

해설 $\dfrac{l}{D} \geq 3,000$ 일 때, (장관)마찰손실수두 이외의 소손실(minor loss)을 무시해도 좋다.

63 Manning의 평균유속 공식에서 Chezy의 평균유속계수 C에 대응되는 것은?

[기사 10, 산업 11]

① $\dfrac{1}{n} R$
② $\dfrac{1}{n} R^{\frac{1}{2}}$
③ $\dfrac{1}{n} R^{\frac{1}{3}}$
④ $\dfrac{1}{n} R^{\frac{1}{6}}$

해설 $C = \dfrac{1}{n} R^{\frac{1}{6}}$

64 지름이 4cm인 원관의 조도계수가 0.01일 때 Chezy형 평균유속계수 C는? [기사 93]

① 100
② 50
③ 10
④ 150

해설 $C = \dfrac{1}{n} R^{\frac{1}{6}}$

$= \dfrac{1}{0.01} \left(\dfrac{0.04}{4} \right)^{\frac{1}{6}} = 46.42$

65 지름이 40cm인 주철관에 동수구배 1/100로 물이 흐를 때 유량은? (단, 조도계수 $n = 0.0130$이다.) [산업 99]

① 0.208m³/sec
② 0.253m³/sec
③ 0.164m³/sec
④ 1.654m³/sec

해설 $Q = AV = A \cdot \dfrac{1}{n} R^{\frac{2}{3}} I^{\frac{1}{2}}$

$= A \cdot \dfrac{1}{n} \cdot \left(\dfrac{D}{4}\right)^{\frac{2}{3}} I^{\frac{1}{2}}$

$= \dfrac{\pi \times 0.4^2}{4} \times \dfrac{1}{0.013} \times \left(\dfrac{0.4}{4}\right)^{\frac{2}{3}} \times \left(\dfrac{1}{100}\right)^{\frac{1}{2}}$

$= 0.208 \, \mathrm{m^3/sec}$

66 그림에서 유입손실이 제일 큰 것은?
[기사 10]

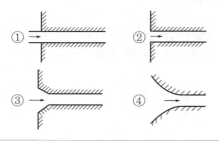

해설 ① 1.0, ② 0.5, ③ 0.25, ④ 0.05

67 다음 중 관수로에서의 손실 중 미소손실이 아닌 것은?
[산업 08, 12]

① 입구손실
② 마찰손실
③ 단면급확대손실
④ 굴절손실

해설 마찰손실 이외의 손실은 미소손실이다.

68 관수로 속의 물이 큰 저수지로 유출할 때에 손실수두계수는?
[기사 04, 산업 10]

① 0.5　　　② 1.0
③ 1.5　　　④ 2.0

해설 큰 수조나 저수지로의 수중 유출일 때 유출손실계수는 $f_o = 1$ 로 한다.

69 관수로에서의 각종 손실 중 가장 큰 손실은?
[산업 00, 05]

① 관의 만곡손실
② 관의 단면변화에 의한 손실
③ 관의 마찰손실
④ 관의 출구와 입구에 의한 손실

해설 관수로의 최대 손실은 관의 마찰손실이다.

70 손실계수 중 특별한 형상이 아닌 경우, 일반적으로 그 값이 가장 큰 것은?
[기사 05]

① 입구손실계수(f_e)
② 단면 급확대 손실계수(f_{se})
③ 단면 급축소 손실계수(f_{sc})
④ 출구손실계수(f_o)

해설 손실계수 중 가장 큰 것은 유출손실계수로서
$f_0 = 1.0$이다.

71 관수로 내의 손실수두에 대한 설명 중 옳지 않은 것은?
[기사 00]

① 마찰손실수두는 모든 손실수두 가운데 가장 크며, 이것은 마찰손실계수를 유속수두에 곱한 것이다.
② 관수로 내의 모든 손실수두는 유속수두에 비례한다.
③ 관수로 내의 물이 큰 수조로 유입할 때 출구의 손실수두는 유속수두와 같다.
④ 마찰손실 이외의 손실수두를 소손실(minor loss)이라 한다.

해설 마찰손실수두
㉠ 관수로의 최대 손실수두이다.
㉡ $h_L = f \dfrac{l}{D} \dfrac{V^2}{2g}$

72 Chezy의 평균유속 공식($C\sqrt{RI}$)에서 C의 차원은 어느 것인가? [산업 12]

① $[L^{1/2}T^{-1}]$
② $[LMT^{-2}]$
③ $[MT^{-2}]$
④ $[L^{-3}M]$

해설 $V = C\sqrt{RI}$ 에서

$C = \dfrac{V}{\sqrt{RI}}$ 의 단위는 $\dfrac{\frac{m}{sec}}{\frac{m^{\frac{1}{2}}}{1}} = m^{\frac{1}{2}}/sec$이므로

∴ $[L^{\frac{1}{2}}T^{-1}]$

73 A, B 두 저수지가 지름 1m, 길이 100m, 마찰손실계수 0.02인 관으로 연결되었을 때 A, B 두 저수지의 수면 높이차가 10m이면 관 내의 유속은? (단, 유입구, 유출구 및 마찰손실만을 고려하며, 유입구+유출구 손실계수＝1.5임.) [기사 99]

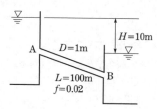

① 7.48m/sec
② 17.48m/sec
③ 0.74m/sec
④ 1.48m/sec

해설 $H = \left(f_e + f_0 + f\dfrac{l}{D}\right)\dfrac{V^2}{2g}$

$10 = \left(1.5 + 0.02 \times \dfrac{100}{1}\right) \times \dfrac{V^2}{2 \times 9.8}$

∴ $V = 7.48$ m/sec

74 유량이 0.5m³/sec인 관수로의 지름이 20cm에서 40cm로 증가하는 경우 손실수두는? [기사 95]

① 8.15m
② 7.68m
③ 6.52m
④ 7.27m

해설 ㉠ $Q = A_1 V_1$

$0.5 = \pi \times \dfrac{0.2^2}{4} V_1$

∴ $V_1 = 15.92$ m/sec

㉡ $h_{se} = \left(1 - \dfrac{A_1}{A_2}\right)^2 \dfrac{V_1^2}{2g} = \left\{1 - \left(\dfrac{D_1}{D_2}\right)^2\right\}^2 \dfrac{V_1^2}{2g}$

$= \left\{1 - \left(\dfrac{20}{40}\right)^2\right\}^2 \dfrac{15.92^2}{2 \times 9.8} = 7.27$m

75 수면차가 항상 20m인 수조를 지름 30cm, 길이 500m인 관으로 연결했다면 관속의 유속은? (단, 관의 마찰손실계수 f＝0.03, 입구손실계수 f_i＝0.5, 출구손실계수 f_o＝1.00이다.) [산업 04]

① 2.76m/sec
② 4.72m/sec
③ 5.76m/sec
④ 6.72m/sec

해설 $H = \left(f_e + f\dfrac{l}{D} + f_o\right)\dfrac{V^2}{2g}$

$20 = \left(0.5 + 0.03 \times \dfrac{500}{0.3} + 1\right)\dfrac{V^2}{2 \times 9.8}$

∴ $V = 2.76$ m/sec

76 그림과 같은 관수로의 말단에서 유출량은? (단, 입구손실계수＝0.5, 만곡손실계수＝0.2, 출구손실계수＝1.0, 마찰손실계수＝0.02이다.) [기사 06]

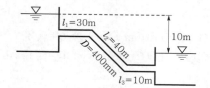

① $724l$/sec ② $824l$/sec

③ $924l$/sec ④ $1,024l$/sec

[해설] ㉠ $H = \left(f_e + f\dfrac{l}{D} + f_b \times 2 + f_0\right)\dfrac{V^2}{2g}$

$10 = \left(0.5 + 0.02 \times \dfrac{30 + 40 + 10}{0.4} + 0.2 \times 2 + 1\right)$

$\times \dfrac{V^2}{2 \times 9.8}$

$\therefore V = 5.76\text{m/sec}$

㉡ $Q = AV = \dfrac{\pi \times 0.4^2}{4} \times 5.76$

$= 0.724\text{m}^3/\text{sec} = 724l/\text{sec}$

---

77 A 저수지에서 300m 떨어진 B 저수지에 직경 30cm, 마찰손실계수 0.013인 주철관으로 유량 0.173m³/sec를 송수하고자 할 때, 두 저수지 간의 수면차(H)는 얼마로 하면 되는가? (단, 관의 유입 및 유출, 마찰손실만 존재한다.) [산업 12]

① $H = 2.56\text{m}$ ② $H = 4.43\text{m}$

③ $H = 10.0\text{m}$ ④ $H = 25.6\text{m}$

[해설] ㉠ $Q = AV$

$0.173 = \dfrac{\pi \times 0.3^2}{4} \times V$

$\therefore V = 2.45\text{m/sec}$

㉡ $H = \left(f_e + f\dfrac{l}{D} + f_o\right)\dfrac{V^2}{2g}$

$= \left(0.5 + 0.013 \times \dfrac{300}{0.3} + 1\right) \times \dfrac{2.45^2}{2 \times 9.8} = 4.44\text{m}$

---

78 낙차 10m인 두 수조를 연결하는 길이 50m, 직경 200mm의 관수로가 있다. 관의 유량은? (단, $f_e = 0.5$, $f_0 = 1.0$, $n = 0.014$임.) [산업 99]

① $Q = 0.407\text{m}^3/\text{s}$ ② $Q = 0.307\text{m}^3/\text{s}$

③ $Q = 0.207\text{m}^3/\text{s}$ ④ $Q = 0.127\text{m}^3/\text{s}$

[해설] ㉠ $f = 124.5n^2 D^{-\frac{1}{3}} = 124.5 \times 0.014^2 \times 0.2^{-\frac{1}{3}}$

$= 0.042$

㉡ $H = \left(f_e + f\dfrac{l}{D} + f_0\right)\dfrac{V^2}{2g}$

$10 = \left(0.5 + 0.042 \times \dfrac{50}{0.2} + 1\right) \times \dfrac{V^2}{2 \times 9.8}$

$\therefore V = 4.04\text{ m/sec}$

㉢ $Q = a \cdot V$

$= \dfrac{\pi \times 0.2^2}{4} \times 4.04 = 0.127\text{m}^3/\text{sec}$

---

79 다음 그림과 같이 원관으로 된 관로에서 $D_2 = 200$mm, $Q_2 = 150 l$/sec이고, $D_3 = 150$mm, $V_3 = 2.2$m/sec인 경우 $D_1 = 300$mm 에서의 유량 Q_1은? [산업 09]

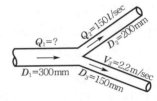

① $188.9 l$/sec ② $180.0 l$/sec

③ $170.4 l$/sec ④ $160.2 l$/sec

[해설] ㉠ $Q_3 = A_3 V_3 = \dfrac{\pi \times 0.15^2}{4} \times 2.2$

$= 0.0389\text{m}^3/\text{sec} = 38.9 l/\text{sec}$

㉡ $Q_1 = Q_2 + Q_3$

$= 150 + 38.9 = 188.9 l/\text{sec}$

---

80 다음 그림과 같은 원관으로 된 관로에서 $D_1 = 300$mm, $Q_1 = 200 l$/sec이고, $D_2 = 200$mm, $V_2 = 2.5$m/sec인 경우 $D_3 = 150$mm 에서의 유량 Q_3는? [기사 80, 95]

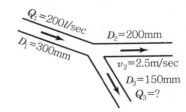

---

① $121.5l/\sec$ ② $100.01l/\sec$

③ $78.51l/\sec$ ④ $65.01l/\sec$

해설 ㉠ $Q_1 = Q_2 + Q_3$

∴ $Q_3 = Q_1 - Q_2 = 0.2 - 0.079 = 0.121 \mathrm{m^3/sec}$

㉡ $Q_1 = 200l/\sec = 0.2\mathrm{m^3/sec}$

㉢ $Q_2 = A \cdot V = \dfrac{\pi \times 0.2^2}{4} \times 2.5 = 0.079\mathrm{m^3/sec}$

81 그림과 같은 분기 관수로에서 에너지선(E.L)이 그림에 표시된 바와 같다면, 옳은 것은? (단, NB 구간의 에너지선은 수평이다.) [기사 93]

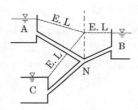

① 물은 A 수조로부터 B, C 수조로 흐른다.
② 물은 A, B 수조로부터 C 수조로 흐른다.
③ 물은 A 수조로부터 C 수조로만 흐른다.
④ 물은 A, C 수조로부터 B 수조로 흐른다.

해설 NB 구간에서는 에너지선이 수평이므로 물이 흐르지 않고 AN, NC 구간에서는 에너지선이 하향 경사이므로 물은 A 수조에서 C 수조로만 흐른다.

82 그림의 관로 1, 2, 3, 4에서의 마찰손실수두를 각각 h_1, h_2, h_3, h_4라 할 때, 옳은 것은? (단, 관의 지름은 동일함.) [기사 96]

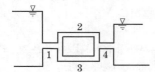

① $h_3 > h_2$ ② $h_2 > h_3$
③ $h_1 = h_2 + h_3$ ④ $h_2 = h_3$

해설 병렬 관수로(2, 3)의 손실수두는 서로 같으므로 $h_2 = h_3$ 이다.

83 그림과 같이 A에서 분기된 관이 B에서 다시 합류하는 경우, 관 Ⅰ과 관 Ⅱ의 손실수두를 비교하면? [기사 03, 11]

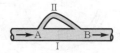

① 관 Ⅰ의 손실수두가 크다.
② 관 Ⅱ의 손실수두가 크다.
③ 두 관의 손실수두는 같다.
④ 경우에 따라서 다르다.

해설 병렬 관수로 Ⅰ, Ⅱ의 손실수두는 같다.

84 그림과 같은 관로의 흐름에 대한 설명으로 옳지 않은 것은? (단, h_1, h_2는 위치 1, 2에서의 손실수두, h_{LA}, h_{LB}는 각각 관로 A 및 B에서의 손실수두이다.) [기사 10]

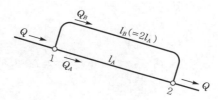

① $h_{LA} = h_{LB}$
② $Q = Q_A + Q_B$
③ $h_2 = h_1 + 2h_{LB}$
④ $h_2 = h_1 + h_{LA}$

해설 병렬관수로
㉠ $Q = Q_A + Q_B$
㉡ $h_2 = h_1 + h_{LA} = h_1 + h_{LB}$
㉢ $h_{LA} = L_{LB}$

85 그림과 같은 병렬관수로에서 $d_1 : d_2 = 2 : 1$, $l_1 : l_2 = 1 : 2$이며 $f_1 = f_2$일 때 $\dfrac{V_1}{V_2}$는?

[산업 12]

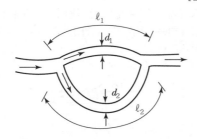

① $\dfrac{1}{2}$　　　　② 1

③ 2　　　　④ 4

해설 **병렬관수로 해석**

㉠ 병렬관수로의 각 관로의 손실수두의 합은 같다.

$$\therefore h_{L1} = h_{L2}$$

㉡ 손실수두의 산정

$$h_{L1} = f_1 \frac{l_1}{D_1} \frac{V_1^2}{2g}, \quad h_{L2} = f_2 \frac{l_2}{D_2} \frac{V_2^2}{2g}$$

㉢ 유속비의 산정

$$\frac{f_1 \dfrac{l_1}{D_1} \dfrac{V_1^2}{2g}}{f_2 \dfrac{l_2}{D_2} \dfrac{V_2^2}{2g}}$$

여기서, $D_1 : D_2 = 2 : 1$, $l_1 : l_2 = 1 : 2$, $f_1 = f_2$이므로

$$\therefore \left(\frac{V_1}{V_2}\right)^2 = 4$$

$$\therefore \left(\frac{V_1}{V_2}\right) = 2$$

86 수로 ABC와 ADC의 유량을 0.5m³/sec 라 할 때 ABC의 수두손실이 17.3m이다. ADC의 손실수두는 얼마인가?

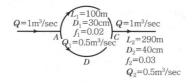

① 17.3m　　　　② 50.17m

③ 34.6m　　　　④ 8.65m

해설 ㉠ 병렬관수로

$$Q_1 = Q_2 + Q_3 = Q_4$$

㉡ 병렬관수로의 수두손실은 서로 같다.

　　$\therefore$ ABC손실이 17.3m이므로 ADC의 손실 또한 17.3m이다.

87 관의 직경과 유속이 다른 두 개의 병렬관수로 (Looping Pipe Line)에 대한 설명 중 옳은 것 은?

[산업 04]

① 각 관의 수두손실은 전 손실을 구하기 위 하여 합한다.

② 각 관에서의 유량은 같다고 본다.

③ 각 관에서의 손실수두는 같다고 본다.

④ 전 유량이 주어지면 각 관의 유량은 등분 하여 결정한다.

해설 ㉠ 일반적으로 관의 길이가 커서 마찰손실만 고려한다.

㉡ 각 병렬관수로에서 손실수두의 크기는 같다.

　　$\therefore$ 병렬관수로는 손실수두의 크기는 일정하고 유량 은 각 관의 유량을 합한 것과 같다.

88 사이펀에 대한 설명으로 가장 옳은 것은?

[기사 00]

① 사이펀이란 만곡된 수로이다.

② 역사이펀과 보통 사이펀은 형상은 반대 이나 수리학적 이론은 같다.

③ 부압이 생기는 부분이 없는 관로이다.

④ 관의 일부가 동수경사선보다 위에 있는 관로이다.

해설 관의 일부가 동수경사선보다 높은 경우의 관수로를 사이펀(siphon)이라 한다.

89 사이펀(siphon)에 관한 사항 중 옳지 않은 것은? [기사 03]

① 관수로의 일부가 동수경사선보다 높은 곳을 통과하는 것을 말한다.

② 사이펀 내에서는 부압(負壓)이 생기는 곳이 있다.

③ 수로(水路)가 하천이나 철도를 횡단할 때도 이것을 설치한다.

④ 사이펀의 정점과 동수경사선과의 고저차는 8.0m 이하로 설계하는 것이 보통이다.

해설 관수로가 계곡 또는 하천을 횡단할 때에는 역사이펀을 사용한다.

90 다음 설명 중 틀린 것은? [기사 96, 09]

① 관망은 Hardy cross의 근사계산법으로 풀 수 있다.

② 관망계산에서 시계방향과 반시계방향으로 흐를 때의 마찰손실수두의 합은 zero라고 가정한다.

③ 관망계산시 각 관에서의 유량을 임의로 가정해도 결과는 같아진다.

④ 관망계산시는 극히 작은 손실도 무시하면 안 된다.

해설 Hardy cross 관망계산법의 조건

㉠ $\Sigma Q = 0$ 조건 : 각 분기점 또는 합류점에 유입하는 유량은 그 점에서 정지하지 않고 전부 유출한다.

㉡ $\Sigma h_L = 0$ 조건 : 각 폐합관에서 시계방향 또는 반시계방향으로 흐르는 관로의 손실수두의 합은 0이다.

㉢ 관망설계시 손실은 마찰손실만 고려한다.

91 Hardy−Cross의 관망계산시 가정조건에 대한 설명으로 옳은 것은? [기사 09]

① 합류점에 유입하는 유량은 그 점에서 1/2만 유출된다.

② Hardy−Cross 방법은 관경에 관계없이 관수로의 분할 개수에 의해 유량분배를 하면 된다.

③ 각 분기점에 유입하는 유량은 그 점에서 정지하지 않고 전부 유출한다.

④ 폐합관에서 시계방향 또는 반시계방향으로 흐르는 관로의 손실수두의 합은 0이 될 수 없다.

해설 Hardy−cross의 관망계산법의 조건

㉠ $\Sigma Q = 0$ 조건 : 각 분기점 또는 합류점에 유입하는 유량은 그 점에서 정지하지 않고 전부 유출한다.

㉡ $\Sigma h_L = 0$ 조건 : 각 폐합관에서 시계방향 또는 반시계방향으로 흐르는 관로의 손실수두의 합은 0이다.

92 관망에서 실제유량 Q, 손실수두 h, 가정유량 Q'일 때, 손실수두 k라 하고 보정유량 ΔQ일 때 손실수두를 Δh라 하면 하디 크로스(Hardy cross)법에 의한 유량보정량을 구하는 식을 옳게 표시한 것은? [기사 93]

(단, $k = f \cdot \Sigma \dfrac{l}{D} \dfrac{1}{2g} \cdot \left(\dfrac{4}{\pi D^2}\right)^2$ 이다.)

① $\Delta Q = -\dfrac{\Sigma h'}{k \Sigma Q'}$

② $\Delta Q = -\dfrac{\Sigma h}{k \Sigma Q'}$

③ $\Delta Q = -\dfrac{\Sigma h'}{\Sigma k Q}$

④ $\Delta Q = -\dfrac{\Sigma h'}{2 \Sigma k Q'}$

해설 보정유량

$\Delta Q = -\dfrac{\Sigma h'}{2 \Sigma k Q'}$

93 사이폰 작용을 이용하여 고수조에서 저수조로 관수로에 의해 송수하려 할 때 동수경사선보다 관수로를 어느 정도까지 높일 수 있는가?

① 10m   ② 8m
③ 3m   ④ 15m

[해설] 이론적 적용 높이는 10.33m지만 실제 높이는 약 8m 정도이다.

94 관망에 대한 설명으로 옳지 않은 것은?

[기사 10]

① 다수의 분기관과 합류관으로 혼합되어 하나의 관계통으로 연결된 관로를 칭한다.
② Hardy – Cross법은 관망은 가장 정확하게 계산할 수 있는 해석방법이다.
③ 관망계산은 각 관로의 유량과 손실수두의 관계로부터 해석한다.
④ 각 폐합관에서 관로 손실수두의 합이 0이라고 가정하여 해석하는 것이 효과적이다.

[해설] 관망 해석

㉠ 하나의 관에서 두 개 또는 수 개로 분기하여 다시 하나의 관으로 합쳐지는 관을 병렬관수로라 하며 여러 개의 병렬관수로가 모여 만든 관로 계통을 관망(Pipe Network)이라 한다.
㉡ 관망 해석은 Hazen–Williams의 유량공식을 사용하며, Hardy–Cross의 시행착오법을 사용한다.
㉢ Hardy–Cross의 시행착오법은 근사해석으로 가정과 계산을 반복하는 방법으로 계산이 복잡하고 시간이 많이 소요된다.
㉣ 관망계산은 각 관로의 유량과 손실수두의 관계로부터 해석한다.
㉤ 각 폐합관에서 관로 손실수두의 합이 '0'이라고 가정하여 해석하는 것이 효과적이다.

95 긴 관로상의 유량조절 밸브를 갑자기 폐쇄시키면 관로 내의 유량은 갑자기 크게 변화하게 되며 관내의 물의 질량과 운동량 때문에 관벽에 큰 힘을 가하게 되어 정상적인 동수압보다 몇 배의 큰 압력 상승이 일어난다. 이와 같은 현상을 무엇이라 하는가?

[산업 12]

① 공동현상   ② 도수현상
③ 수격작용   ④ 배수현상

[해설] 수격작용(water hammer)

펌프의 급정지, 급가동 또는 밸브를 급폐쇄하면 관로 내 유속의 급격한 변화가 발생하여 관내의 물의 질량과 운동량 때문에 관벽에 큰 힘을 가하게 되어 정상적인 동수압보다 몇 배의 큰 압력 상승이 일어난다. 이러한 현상을 수격작용이라 한다.

96 관수로에서 밸브를 급히 차단시켰을 때 수위가 상승하는 현상은?

[산업 04]

① 도수현상   ② 수격작용
③ 공동현상   ④ 서징

[해설] 서징(Surging)

수문 또는 밸브의 급폐쇄로 인해 발생되는 과대한 압력과 수격작용을 감쇄 내지 제거하기 위하여 흐름을 큰 수조(Surge Tank)로 유입시켜 수조 내에서 물이 진동하여 상승하는 현상을 서징(Surging)현상이라 한다.

97 공동현상(cavitation)과 관계가 가장 먼 내용은?

[기사 97]

① 유수(流水) 중 국부적인 저압부(低壓部)
② 증기압
③ 저유속(低流速)
④ 피팅(pitting)

[해설] 공동현상(cavitation phenomenon)
㉠ 유수 속에 유속이 큰 부분이 있으면 압력이 저하되어 물속에 용해하고 있던 공기가 분리되어 물속에 공기덩어리를 조성하게 되는 현상을 말한다.
㉡ 공동 속의 압력은 증기압때문에 절대압 0이 되지 않는다.

98 하천수를 펌프(pump)로 양수할 때 유량을 Q, 낙차를 H, 총 손실수두를 Σh_L, 효율을 η라 할 때 펌프의 출력(kW)을 구하는 식은?

[산업 07]

① $9.8 \, Q(H - \Sigma h_L) \, \eta$

② $13.3 \, Q(H + \Sigma h_L) \, \eta$

③ $\dfrac{9.8 \, Q(H + \Sigma h_L)}{\eta}$

④ $\dfrac{13.3 \, Q(H - \Sigma h_L)}{\eta}$

해설 $P = w_o QH = 1000 \, QHe \, (\text{kg·m/sec})$

99 유량 1.5m³/sec, 낙차 100m인 지점에서 발전할 때 이론수력은? [기사 12, 산업 07]

① 1,470kW

② 1,995kW

③ 2,000kW

④ 2,470kW

해설 $P = 9.8 QH = 9.8 \times 1.5 \times 100 = 1,470 \text{kW}$

100 양수발전소의 펌프용 전동기 동력이 20,000 kW, 펌프의 효율은 88%, 양정고는 150m, 손실수두가 10m일 때 양수량은? [기사 07]

① 15.5m³/sec

② 14.5m³/sec

③ 11.2m³/sec

④ 12.0m³/sec

해설 $P = 9.8 \dfrac{Q(H + \Sigma h)}{\eta}$

$20,000 = 9.8 \times \dfrac{Q(150 + 10)}{0.88}$

$\therefore Q = 11.22 \ \text{m}^3/\text{sec}$

101 관정의 펌프용 전동기 동력이 100kW, 펌프의 효율이 93%, 양정고가 150m, 손실수두가 10m일 때 펌프에 의한 양수량은?

[산업 04]

① 0.02m³/sec

② 0.06m³/sec

③ 0.12m³/sec

④ 0.15m³/sec

해설 $P = 9.8 \dfrac{Q(H + \Sigma h_L)}{\eta} (\text{kW})$

$100 = 9.8 \times \dfrac{Q(150 + 10)}{0.93}$

$\therefore Q = 0.06 \ \text{m}^3/\text{sec}$

102 양수발전소에서 발전 사용수량과 양수량이 75m³/sec 상하 저수지의 수면차가 80m, 손실수두가 5m, 발전시 합성효율 80% 및 양수시 펌프효율 85%일 때 발전출력과 양수동력은? (단, 발전출력은 E, 양수동력은 E_p 이다.) [기사 93]

① $E = 500\text{HP}$, $E_p = 500\text{HP}$

② $E = 60,000\text{HP}$, $E_p = 100,000\text{HP}$

③ $E = 10,000\text{HP}$, $E_p = 7,000\text{HP}$

④ $E = 50,000\text{HP}$, $E_p = 20,000\text{HP}$

해설 ㉠ 발전 출력

$P = \dfrac{1,000}{75} Q(H - \Sigma h) \cdot \eta$

$= \dfrac{1,000}{75} \times 75 \times (80 - 5) \times 0.8 = 60,000 \text{HP}$

㉡ 양수 동력

$E_p = \dfrac{1,000}{75} \cdot \dfrac{Q(H + \Sigma h)}{\eta}$

$= \dfrac{1,000}{75} \times \dfrac{75 \times (80 + 5)}{0.85} = 100,000 \text{HP}$

103 양수발전소에서 상·하 저수지의 수면차가 80m, 양수관로 내의 손실수두가 5m, 펌프의 효율이 85%일 때 양수동력이 100,000HP이면 양수량은? [기사 97]

① 50m³/sec
② 75m³/sec
③ 100m³/sec
④ 200m³/sec

해설 $P = \dfrac{1,000}{75} \dfrac{Q(H+\Sigma h)}{\eta}$

$100,000 = \dfrac{1,000}{75} \times \dfrac{Q(80+5)}{0.85}$

$\therefore\ Q = 75\,\text{m}^3/\text{sec}$

104 어떤 수평관 속에 물이 2.8m/sec의 속도와 0.46kg/cm²의 압력으로 흐르고 있다. 이 물의 유량이 0.84m³/sec일 때 물의 동력은? [기사 05]

① 420마력
② 42마력
③ 560마력
④ 56마력

해설 ㉠ $H = \dfrac{P}{w} + \dfrac{V^2}{2g}$

$= \dfrac{4.6}{1} + \dfrac{2.8^2}{2 \times 9.8} = 5\,\text{m}$

㉡ $P = \dfrac{1,000}{75} QH$

$= \dfrac{1,000}{75} \times 0.84 \times 5 = 56\,\text{HP}$

105 지름 20cm, 길이 100m의 주철관으로서 매초 0.1m³의 물을 40m의 높이까지 양수하려고 한다. 펌프의 효율이 100%라 할 때, 필요한 펌프의 동력은? (단, 마찰손실계수는 0.03, 유출 및 유입 손실계수는 각각 1.0과 0.5이다.) [기사 11]

① 40HP
② 65HP
③ 75HP
④ 85HP

해설 ㉠ $Q = AV$

$0.1 = \dfrac{\pi \times 0.2^2}{4} \times V$

$\therefore\ V = 3.18\,\text{m/sec}$

㉡ $\Sigma h = \left(f_e + f\dfrac{l}{D} + f_o\right)\dfrac{V^2}{2g}$

$= \left(0.5 + 0.03 \times \dfrac{100}{0.2} + 1\right)\dfrac{3.18^2}{2 \times 9.8}$

$= 8.51\,\text{m}$

㉢ $P = \dfrac{1,000}{75}\dfrac{Q(H+\Sigma h)}{\eta}$

$= \dfrac{1,000}{75} \cdot \dfrac{0.1(40+8.51)}{1} = 64.68\,\text{HP}$

106 양정이 5m일 때 4.9kW의 펌프로 0.03m³/sec를 양수했다면 이 펌프의 효율은 약 얼마인가? [기사 11]

① 0.3
② 0.4
③ 0.5
④ 0.6

해설 $P = 9.8\dfrac{QH}{\eta}$

$4.9 = \dfrac{9.8 \times 0.03 \times 5}{\eta}$

$\therefore\ \eta = 0.3$

107 양정이 6m일 때 4.2마력의 펌프로 0.03m³/sec를 양수했다면 이 펌프의 효율은? [산업 10]

① 42%
② 57%
③ 72%
④ 90%

해설 $P = \dfrac{1,000}{75} \times \dfrac{QH}{\eta}$

$4.2 = \dfrac{1,000}{75} \times \dfrac{0.03 \times 6}{\eta}$

$\therefore\ \eta = 0.571 = 57.1\%$

108 표고 20m인 저수지에서 물을 표고 50m인 지점까지 1.0m³/sec의 물을 양수하는데 소요되는 펌프 동력은? (단, 모든 손실수두의 합은 3.0m이며, 모든 관은 동일한 직경과 수리학적 특성을 지니고 펌프의 효율은 80%이다.) [기사 08]

① 248kW   ② 330kW

③ 405kW   ④ 650kW

해설 ㉠ $H = 50 - 20 = 30\,\mathrm{m}$

㉡ $P = 9.8 \dfrac{Q(H + \Sigma h)}{\eta}$

$= 9.8 \times \dfrac{1(30 + 3)}{0.8}$

$= 404.25\,\mathrm{kW}$

109 직경 1m, 길이 600m인 강관 내를 유량 2m³/sec의 물이 흐르고 있다. 밸브를 1초 걸려 닫았을 때 밸브 단면에서의 상승압력수두는? (단, 압력파의 전파속도는 1,000m/sec이다.) [기사 12]

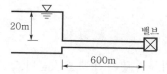

① 220m   ② 260m

③ 300m   ④ 500m

해설 $\Delta h = \dfrac{w}{g}\Delta V$

$= \dfrac{1,000}{9.8} \times \dfrac{2}{\dfrac{\pi \times 1^2}{4}} = 259.84\,\mathrm{m}$

여기서, Δh : 압력수두 변화량

w : 압력파의 전파속도

110 유체의 체적탄성계수가 E_w 이고 밀도가 ρ일 때 압력의 전파속도 C는? (단, 유체는 용기에 담겨져 있으며, 용기는 강재임.) [산업 99, 01]

① $\sqrt{\dfrac{E_w}{\rho}}$ ② $\sqrt{\dfrac{\rho}{E_w}}$

③ $\dfrac{E_w}{\rho}$ ④ $\dfrac{\rho}{E_w}$

해설 압력의 전파속도

$C = \sqrt{\dfrac{g\,E_w}{w}} = \sqrt{\dfrac{E_w}{\rho}}$

개수로

개수로의 일반

1 개수로의 정의 및 특성

(1) 개수로의 정의

① 자유 수면을 가지고 흐르는 수로로, 유수의 표면이 직접 대기에 접해 흐르는 수로를 말한다.
② 흐름의 원인은 중력과 수로경사나 수면(물의 표면)경사에 의해 흐른다.
③ 하천, 운하, 용수로 등 뚜껑이 없는 수로뿐만 아니라 지하 배수 관거, 압력수로 등과 같은 폐수로 (암거)라도 물이 일부만 차서 흐르면 개수로에 속한다.

(2) 개수로의 특성

① 자유 수면을 갖는다.
② 대기압을 받는다.
③ 뚜껑이 없다. 있어도 물이 일부만 차서 흐른다.
④ 개수로는 관수로와 달리 폭포, 수파, 와류 등 다양한 자유 수면의 형태를 갖는다.

(3) 수로의 단면형

① 수리상 유리한 단면이란 일정한 단면적에 대하여 최대의 유량이 흐르는 수로를 말하며, 가장 유리한 단면형은 반원형(반원에 외접하는 단면)이다.
② 수리상 유리한 단면은 경심(R)이 최대가 되든지 윤변(P)이 최소가 되어야 한다. 그러나 수리상 유리한 단면에서 반드시 최대 유속이 발생하는 것은 아니다.
③ 구형단면의 경우 유리한 조건은 수로 폭이 수심의 2배가 되는 단면이다.

$$B = 2H \quad\quad\quad\quad\quad\quad\quad\quad\quad\quad\quad\quad\quad\quad\quad\quad\quad\quad\quad\quad (1)$$

④ 제형단면의 경우 유리한 조건은 $\theta = 60°$인 경우이고, 정육각형 단면의 $\frac{1}{2}$인 단면을 가질 때 가장 유리하다.

$$b = 2h\tan\frac{\theta}{2}, \; l = \frac{B}{2}, \; \tan\theta = \frac{1}{m} = \sqrt{3}$$
$$R_{\max} = \frac{h}{2}, \; B = \frac{2h}{\sin\theta} \quad\text{.. (2)}$$

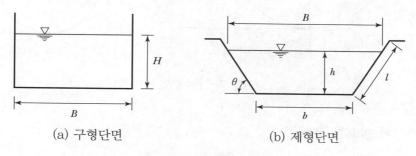

(a) 구형단면   (b) 제형단면

[그림 7–1] 수리상 유리한 단면

⑤ 포물선형 단면은 인공수로로 만들기 어렵기 때문에 많이 사용되고 있지 않으나 자연하천의 횡단면은 포물선형 단면과 유사하므로 이 경우에 사용한다.

$$A = \frac{2}{3}BH \quad\text{.. (3)}$$

$$P \fallingdotseq B\left[1 + \frac{2}{3}\left(\frac{2H}{B}\right)^2\right] \quad (B > 5H\text{인 경우}) \quad\text{.................... (4)}$$

⑥ 원형 단면은 물이 충만한 경우보다 조금 덜 찬 상태에서 최대 유량을 갖는다. 이때의 유속은 최대가 아니다.

㉠ 최대 유속($V_{\max}$)을 갖는 흐름

$$\therefore \; H = 0.813D, \; R = 0.304D, \; Q = 1.064D^{\frac{8}{3}} \quad\text{..................... (5)}$$

㉡ 최대 유량($Q_{\max}$)을 갖는 흐름

$$\therefore \ H = 0.94D, \ R = 0.29D, \ Q = 1.073D^{\frac{8}{3}} \qquad \cdots\cdots\cdots\cdots (6)$$

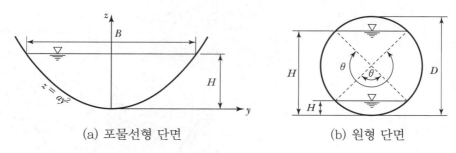

(a) 포물선형 단면   (b) 원형 단면

[그림 7-2] 수로의 단면형

(4) 수리계산에 필요한 용어

① 경심(동수반경, 수리평균심, hydraulic radius)

$$R = \frac{A}{P} \qquad \cdots\cdots\cdots\cdots\cdots\cdots\cdots\cdots\cdots\cdots\cdots\cdots\cdots\cdots (7)$$

여기서, A : 통수 단면적

P : 윤변(마찰이 작용하는 둘레길이)

특히, 수심에 비해 폭이 넓은 직사각형 단면의 경심은

$$R = \frac{A}{P} = \frac{Bh}{B+2h} \fallingdotseq \frac{Bh}{B} = h \qquad \cdots\cdots\cdots\cdots\cdots\cdots (8)$$

② 수리수심(hydraulic depth)

단면적 A와 수면 폭 B의 비를 수리수심이라 하고, 수로의 평균수심을 말한다.

$$D = \frac{A}{B} \qquad \cdots\cdots\cdots\cdots\cdots\cdots\cdots\cdots\cdots\cdots\cdots\cdots\cdots (9)$$

③ 단면계수(section factor)

㉠ 등류계산을 위한 단면계수 $Z = AR^{\frac{2}{3}}$

ⓒ 한계류 계산을 위한 단면계수 $Z = A\sqrt{D} = A\sqrt{\dfrac{A}{B}}$

④ **수리특성곡선**이란 암거나 터널수로 같은 폐수로의 전단면에 물이 가득 차서 흐를 때의 각종 특성량(유적, 유속, 유량, 경심 등)을 물이 임의의 수심으로 흐를 때의 특성량과를 비교하여 미리 곡선으로 표시해 둔 곡선을 말하고, 필요에 따라 임의의 수위에 대한 특성량을 쉽게 구하기 위해 작성된 곡선이다.

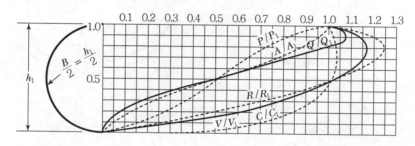

[그림 7-3] 수리특성곡선

② 개수로의 평균유속과 유량

(1) 하천의 평균유속

① 하천의 평균유속은 유속계에 의한 실측방법으로, 연직선상의 유속분포를 고려하여 평균유속을 결정하는 방법이다.

② 최대 유속이 발생하는 점은 수면에서 $0.2h$의 깊이이다.

③ 평균유속과 같은 유속의 점은 수면에서 $0.6h$의 깊이이다.

④ 평균유속(V_m)의 결정 방법

    ㄱ 표면법 : $V_m = 0.85\,V_s$

    ㄴ 1점법 : $V_m = V_{0.6}$

    ㄷ 2점법 : $V_m = \dfrac{V_{0.2} + V_{0.8}}{2}$ $\qquad\qquad$ ·· (10)

    ㄹ 3점법 : $V_m = \dfrac{V_{0.2} + 2\,V_{0.6} + V_{0.8}}{4}$

㉣ 4 점법 : $V_m = \dfrac{1}{5}\left\{ \left(V_{0.2} + V_{0.4} + V_{0.6} + V_{0.8} \right) + \dfrac{1}{2}\left(V_{0.2} + \dfrac{V_{0.8}}{2} \right) \right\}$

여기서, V_s : 표면유속

$V_{0.2}, V_{0.6}, V_{0.8}$: 표면에서 수심의 20%, 60%, 80%인 점의 유속

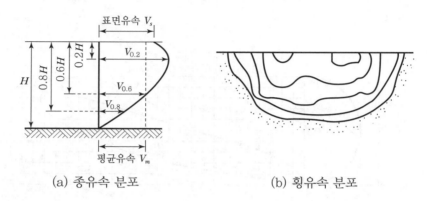

(a) 종유속 분포   (b) 횡유속 분포

[그림 7-4] 하천의 유속분포

(2) 평균유속공식

① Chezy 공식

$$V_m = C\sqrt{RI}\,(\text{m/sec}) \quad\text{·· (11)}$$

② Manning 공식

$$V_m = \frac{1}{n} R^{\frac{2}{3}} I^{\frac{1}{2}}\,(\text{m/sec}) \quad\text{····························· (12)}$$

③ Bazin 공식

$$V = C\sqrt{RI}\,(\text{m/sec}) \quad\text{··· (13)}$$

$$C = \dfrac{87}{1 + \dfrac{r}{\sqrt{R}}}$$

④ 실험식으로 Kutter 공식 등 관수로와 동일하고, 기타 Wagner, Hagen 등의 실험식이 이용된다.

(3) 하천 유량

개수로의 유량(discharge)은 하천의 단면적(A)에 평균유속(mean velocity)을 곱하여 구한다.

$$Q = A \cdot V_m \, (\text{m}^3/\text{sec}) \quad \cdots\cdots\cdots\cdots\cdots\cdots\cdots\cdots\cdots\cdots\cdots\cdots\cdots\cdots\cdots\cdots\cdots\cdots (14)$$

SECTION 02 | 비에너지와 한계수심

1 비에너지

(1) 비에너지(specific energy)의 정의

① 수류 중 어느 한 단면에서 수로 바닥을 기준으로 하는 단위무게의 물이 가지는 에너지를 비에너지라 한다.

② 등류의 흐름에서는 비에너지의 값이 일정하다.

$$H_e = h + \alpha \frac{V^2}{2g} \quad \cdots\cdots\cdots\cdots\cdots\cdots\cdots\cdots\cdots\cdots\cdots\cdots\cdots\cdots\cdots\cdots\cdots (15)$$

여기서, α : 에너지 보정계수

(2) 수심에 따른 비에너지의 변화

① 비에너지 H_{e1}에 대응하는 수심은 항상 2개(h_1, h_2)이고, 이 두 수심을 대응 수심(alternate depths)이라 한다.

② 사류 수심 h_1에 대한 속도수두는 크고, 상류 수심 h_2에 대한 속도수두는 작다.

③ 최소 비에너지 $H_{e\min}$에 대한 수심은 1개이며, 이것을 한계수심(critical depth) h_c라 하고, 이때의 유속을 한계유속(critical velocity) V_c라 한다.

④ 수심이 한계수심보다 큰 흐름($h > h_c$)을 상류(subcritical flow)라 한다.

⑤ 수심이 한계수심보다 작은 흐름($h < h_c$)을 사류(supercritical flow)라 한다.

(3) 수심에 따른 유량의 변화

① 비에너지가 일정할 때 한계수심(h_c)에서 유량이 최대(Q_{max})이다.

② 유량이 최대일 때를 제외하고, 임의의 유량 Q에 대응하는 수심은 항상 2개이다.

③ 직사각형 단면의 경우 비에너지와 한계수심과의 관계는

$$h_c = \frac{2}{3} H_e \qquad \qquad \cdots\cdots\cdots\cdots\cdots\cdots\cdots\cdots\cdots\cdots\cdots\cdots\cdots\cdots\cdots\cdots\cdots\cdots (16)$$

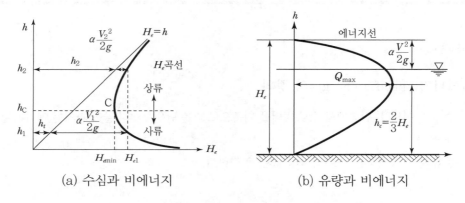

(a) 수심과 비에너지   (b) 유량과 비에너지

[그림 7–5] 비에너지와 한계수심

(4) 한계수심

① 한계수심(h_c)은 주어진 수로 단면 내에서 최소의 비에너지를 유지하면서 일정 유량 Q를 유출할 수 있는 수심이다.

② 한계수심은 비에너지가 최소인 수심으로 한계유속(V_c)으로 흐를 때의 수심을 말하고, 최소 비에너지의 수심은 하나뿐이다.

③ 일반식은 비에너지가 최소인 경우이므로 $\dfrac{\partial H_e}{\partial h} = 0$로부터

$$h_C = \left(\frac{n \alpha Q^2}{g a^2} \right)^{\frac{1}{2n+1}} \qquad \cdots\cdots\cdots\cdots\cdots\cdots\cdots\cdots\cdots\cdots\cdots\cdots\cdots\cdots\cdots\cdots (17)$$

④ 구형 단면의 한계수심($n = 1,\ a = b$)

$$h_C = \left(\frac{\alpha Q^2}{gb^2} \right)^{\frac{1}{3}} = \frac{2}{3} H_e \quad \text{..} \tag{18}$$

⑤ 포물선 단면의 한계수심($n = 1.5$)

$$h_C = \left(\frac{1.5\alpha Q^2}{ga^2} \right)^{\frac{1}{4}} = \frac{3}{4} H_e \quad \text{..} \tag{19}$$

⑥ 삼각형 단면의 한계수심($n = 2,\ a = m$)

$$h_C = \left(\frac{2\alpha Q^2}{gm^2} \right)^{\frac{1}{5}} = \frac{4}{5} H_e \quad \text{..} \tag{20}$$

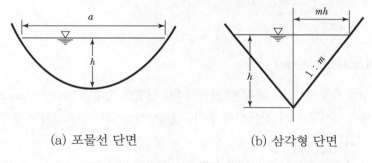

(a) 포물선 단면   (b) 삼각형 단면

[그림 7-6] 한계수심

2 흐름의 판별

(1) 프루드 수(Froude number)와 흐름의 상태

① 수로에서 한계수심으로 흐를 때의 유속을 한계유속(critical velocity)이라 한다.

② 구형 단면 수로에서

$$V_c = \sqrt{\frac{gh_c}{\alpha}} = \sqrt{gh_c} \quad \text{..} \tag{21}$$

여기서, $\alpha = 1$이라 할 때, 수심이 h_c인 수면을 장파가 전파하는 속도와 같다. 그러므로 한계수심으로 흐르는 수로에서는 유속과 장파전파속도(C)가 근사적으로 같다. 한계 프루드 수(critical Froude number)는

$$F_{rc} = \frac{V_c}{\sqrt{gh_c}} = 1 \quad \cdots\cdots\cdots\cdots\cdots\cdots\cdots (22)$$

이고, 프루드 수(F_r)는

$$\therefore \ F_r = \frac{V}{C} = \frac{V}{\sqrt{gh}} \quad \cdots\cdots\cdots\cdots\cdots\cdots (23)$$

③ 프루드 수(F_r)에 따른 흐름의 구분

$$\begin{aligned} F_r < 1 \ \cdots\cdots\cdots \ & 상류 \\ F_r = 1 \ \cdots\cdots\cdots \ & 한계류 \\ F_r > 1 \ \cdots\cdots\cdots \ & 사류 \end{aligned} \quad \cdots\cdots\cdots\cdots (24)$$

(2) 한계경사(critical slope)

① 흐름이 상류에서 사류로 변화될 때 한계지점의 단면을 지배단면(control section)이라 하며, 이 한계에서의 경사를 한계경사(I_c)라 한다. 한계수심일 때의 수로경사가 한계경사이다.

$$I_c = \frac{g}{\alpha C^2} \quad \cdots\cdots\cdots\cdots\cdots\cdots\cdots\cdots (25)$$

여기서, α : 에너지 보정계수, C : Chezy형 유속계수

② 한계경사(I_c)에 따른 흐름의 구분

$$I < I_c \ \cdots\cdots\cdots \ 상류(완경사, \ mild \ slope) \quad \cdots\cdots\cdots\cdots (26)$$

$$I > I_c \ \cdots\cdots\cdots \ 사류(급경사, \ steep \ slope) \quad \cdots\cdots\cdots\cdots (27)$$

$$I = I_c \ \cdots\cdots\cdots \ 한계류(한계경사, \ critical \ slope) \quad \cdots\cdots\cdots (28)$$

(3) 개수로에서 레이놀즈(Reynolds) 수

① 개수로의 흐름은 층류, 난류, 상류, 사류가 조합된 것으로 볼 수 있다. 관수로의 레이놀즈 수(R_e)에서 $D = 4R$이므로 층류, 난류의 경계 값도 $2,000/4 = 500$이 된다.

$$\therefore \ R_e = \frac{VR}{\nu} \quad\text{..} (29)$$

$$
\begin{aligned}
R_e &< 500 \ \cdots\cdots\cdots \ \text{층류} \\
R_e &> 500 \ \cdots\cdots\cdots \ \text{난류} \\
R_e &= 500 \ \cdots\cdots\cdots \ \text{한계류}
\end{aligned}
\quad\text{................................} (30)
$$

② 대표적인 상류와 사류의 구분은 프루드 수(F_r)로 결정하며, 기타의 조건으로도 구분할 수 있다.

③ 상류와 사류의 구분

구 분	상 류	사 류	한계류
F_r	$F_r < 1$	$F_r > 1$	$F_r = 1$
H_c	$H_c < H$	$H_c > H$	$H_c = H$
V_c	$V_c > V$	$V_c < V$	$V_c = V$
I_c	$I_c > I$	$I_c < I$	$I_c = I$

비력과 도수

1 비력(충력치)

(1) 충력치

① 충력치(specifie force)는 정수압과 운동량의 합으로 나타낸다.

② 충력치는 흐름의 모든 단면에서 일정(constant)하다.

③ 단면 Ⅰ, Ⅱ에 운동량의 방정식을 세우면 $\Sigma F = \rho Q(\eta_2 V_2 - n_1 V_1)$과 유체에 작용하는 힘 $\Sigma F = P_1 - P_2 + W\sin\theta - K$의 식으로부터

$$\therefore \ P_1 - P_2 + W\sin\theta - K = \frac{w_0}{g} Q(\eta_2 V_2 - \eta_1 V_1)$$

$$\eta_1 \frac{Q}{g} V_1 + h_{G_1} A_1 = \eta_2 \frac{Q}{g} V_2 + h_{G_2} A_2$$

$$\therefore \ M = h_G A + \eta \frac{Q}{g} V = \mathrm{const} \quad \cdots\cdots\cdots\cdots\cdots\cdots\cdots\cdots\cdots\cdots\cdots\cdots\cdots\cdots (31)$$

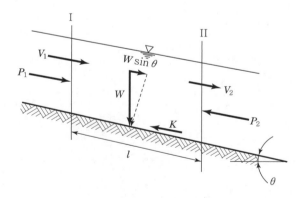

[그림 7-7] 비력(충력치)

(2) 수심에 따른 충력치의 변화

① 충력치 M_1에 대하여 2개의 수심(h_1, h_2)이 존재한다. 이 2개의 수심을 대응수심이라 한다.

② 최소 충력치 $M_{\min}$에 대한 수심은 $\dfrac{\partial M}{\partial h} = 0$으로부터 구할 수 있다. 구형 단면에 대하여 $A = bh$,

$h_G = \dfrac{h}{2}$ 이므로

$$M = h_G A + \eta \frac{Q}{g} V = \frac{h}{2} bh + \eta \frac{Q}{g} \frac{Q}{A} = \frac{b}{2} h^2 + \eta \frac{Q^2}{gbh}$$

$$\frac{\partial M}{\partial h} = bh - \eta \frac{Q^2}{gbh^2} = 0$$

$$\therefore \ h = \left(\frac{\eta Q^2}{gb^2} \right)^{\frac{1}{3}} \quad \text{...} \quad (32)$$

③ $\alpha = \eta$이면 h와 h_c는 같다. 따라서 충력치가 최소가 되는 수심은 근사적으로 한계수심과 같다.

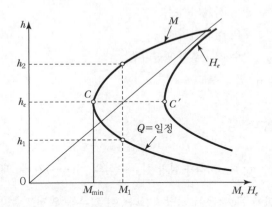

[그림 7–8] 충력치와 수심과의 관계

② 도수

(1) 도수의 정의 및 도수고

① 상류에서 사류로 변할 때의 수면은 연속적이지만 반대로 사류에서 상류로 변할 때는 수면이 불연속적이며 수심이 급증하고 큰 맴돌이(소용돌이)가 생긴다. 이와 같이 사류에서 상류로 변할 때 수면이 불연속적으로 일어나는 과도현상을 도수(hydraulic jump)라 한다.

② 도수가 일어나면 급격한 에너지 손실이 발생하고, 도수 전후 수심의 차가 클수록 에너지 손실이 크다.

③ 도수 발생 전과 후의 단면에 대해서 비력은 일정하다.

④ 도수 후의 상류의 수심을 도수고라 한다.

$$h_2 = -\frac{h_1}{2} + \frac{h_1}{2}\sqrt{1 + 8F_{r1}^2} = \frac{h_1}{2}\left(-1 + \sqrt{1 + 8F_{r1}^2}\right) \quad \cdots\cdots\cdots\cdots\cdots\cdots (33)$$

$$F_{r1} = \frac{V_1}{\sqrt{gh_1}} \quad \cdots\cdots\cdots\cdots\cdots\cdots\cdots\cdots\cdots\cdots\cdots\cdots\cdots (34)$$

여기서, h_1 : 도수 전의 사류의 수심

h_2 : 도수 후의 상류의 수심

$V_1,~V_2$: 도수 전 · 후의 평균유속

F_{r1} : 도수 전 프루드 수

(2) 완전도수와 파상도수

① 완전도수(direct jump)는 사류수심과 상류수심의 비($\frac{h_2}{h_1}$)가 클 때 수면은 급경사면을 이루며 상승하고, 급사면에 큰 맴돌이가 발생한다. 이 경우를 완전도수라 한다.

$$F_r > \sqrt{3} \qquad \frac{h_2}{h_1} > 2 \quad \cdots\cdots\cdots\cdots\cdots\cdots\cdots\cdots\cdots\cdots (35)$$

② 파상도수(undular jump, 불완전도수)는 사류수심과 상류수심의 비($\frac{h_2}{h_1}$)가 그다지 크지 않을 때 도수부분이 파상을 이루며, 맴돌이도 그다지 크지 않다. 이 경우를 파상도수라 한다.

$$1 < F_r < \sqrt{3} \qquad 1 < \frac{h_2}{h_1} < 2 \quad \cdots\cdots\cdots\cdots\cdots\cdots\cdots\cdots\cdots\cdots\cdots\cdots\cdots\cdots\cdots \text{(36)}$$

③ $F_r < 1$이면 도수는 발생하지 않는다.

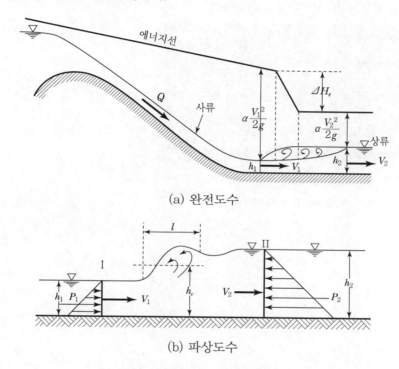

(a) 완전도수

(b) 파상도수

[그림 7-9] 완전도수와 파상도수

(3) 도수로 인한 에너지 손실(ΔH_e)

① 도수 현상에서는 표면 맴돌이(소용돌이) 때문에 에너지 손실이 있게 된다. 이 경우 사류와 상류의
비에너지의 차를 구하여 에너지 손실량을 구한다.

② 사류와 상류의 비에너지의 차(손실량)는

$$\Delta H_e = (h_1 + \alpha \frac{V_1^2}{2g}) - (h_2 + \alpha \frac{V_2^2}{2g}) \text{에서}$$

$$\therefore \quad \Delta H_e = \frac{(h_2 - h_1)^3}{4h_1 h_2} \quad \cdots\cdots\cdots\cdots\cdots\cdots\cdots\cdots\cdots\cdots\cdots\cdots\cdots \text{(37)}$$

(4) 도수 길이(L)

① 도수 현상에서 볼 수 있는 표면 맴돌이의 길이를 도수의 길이라 한다. 통상 도수고 h_2의 $4.5 \sim 5$배
   이다.

② 완전도수의 길이(L)를 구하는 실험공식

> ㉠ Safranez 공식 $L = 4.5 h_2$
>
> ㉡ Smetana 공식 $L = 6(h_2 - h_1)$
>
> ㉢ Woycicki 공식 $L = \left(8 - 0.05\dfrac{h_2}{h_1}\right)(h_2 - h_1)$ ·· (38)
>
> ㉣ 미국 개척국 공식 $L = 6.1 h_2$
>
> ㉤ Bakhmeteff−Matzke 공식 $L = 4.8 h_2$

여기서, h_1 : 도수 전 사류 수심

h_2 : 도수 후 상류 수심

SECTION 04 | 부등류의 수면곡선

1 부등류의 수면형

(1) 수면곡선 기본식

① 부등류란 흐름의 상태가 시간에 따라 변하지 않고, 장소에 따라서만 변화하는 정상 부등류 (steady-varied flow)를 나타낸다.

② 폭이 대단히 넓은 사각형 수로

$$\frac{dh}{dx} = i \cdot \frac{h^3 - h_o^3}{h^3 - h_c^3} \quad \text{..} \quad (39)$$

③ 넓은 포물선 수로

$$\frac{dh}{dx} = i \cdot \frac{h^4 - h_o^4}{h^4 - h_c^4} \quad \text{..} \quad (40)$$

여기서, h : 수심, h_o : 등류수심, h_c : 한계수심, i : 수로 또는 수면의 경사

④ $\dfrac{dh}{dx}$ 가 (+)이면 흐름을 따라 수심이 증가하고, (−)이면 감소하며, $\dfrac{dh}{dx} = 0$이면 수심은 일정하게 되어 등류가 된다.

⑤ 개수로에서 등류의 흐름일 때 수로경사와 수면경사는 일치한다.

⑥ 각 영역에 대한 경사도

구 분	경 사
$i < i_c$인 경우	완경사(mild slope, M)
$i = i_c$인 경우	한계경사(critical slope, C)
$i > i_c$인 경우	급경사(steep slope, S)
$i = 0$인 경우	바닥 경사가 수평(horizontal, H)
$i < 0$인 경우	역경사(adverse, A)

(2) 배수곡선과 저하곡선

① 배수곡선(back water curve, $\dfrac{dh}{dx} > 0$)

개수로의 흐름이 상류(常流)인 장소에 댐, 위어 또는 수문 등의 수리구조물을 만들어 수면을 상승시키면 그 영향이 상류(上流)로 미치고, 상류(上流)의 수면은 상승한다. 이 현상을 배수 (back water)라 하며, 이로 인해 생기는 수면곡선을 배수곡선이라 한다.

② 저하곡선(drop down curve, $\dfrac{dh}{dx} < 0$)

수로 바닥이 급히 내려가든지 또는 단면이 급히 확대되거나 또는 폭포와 같이 수로경사가 갑자기 커지면 수면이 저하되고, 그 영향이 상류(上流)에 까지 미치어 상류(上流)의 수면은 저하한다. 이와 같은 현상을 저하배수(drop down)라 하고, 그 수면곡선을 저하곡선 또는 저하배수곡선이라 한다.

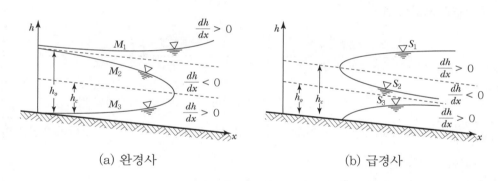

| (a) 완경사 | (b) 급경사 |

[그림 7-10] 완경사와 급경사

(3) 완경사($I < I_c$, $h_0 > h_c$, 상류)

① $h > h_0 > h_c$인 경우(M_1 곡선)

하류(下流)로 갈수록 수위가 상승하여 오목한 형태로 나타나는 수면곡선으로, 배수곡선이다. 댐 상류부 등에서 발생한다.

② $h_0 > h > h_c$인 경우(M_2 곡선)

하류(下流)로 갈수록 수심이 얕아지면서 볼록한 형태로 나타나는 수면곡선으로, 저하곡선이다. 폭포 등에서 발생한다.

③ $h_0 > h_c > h$인 경우(M_3 곡선)

하류(下流)로 갈수록 수심이 증가하여 $h = h_c$에서 h축에 나란한 수면곡선으로, 배수곡선이다. 수문을 개방할 때 하류부 수면 등에서 발생한다.

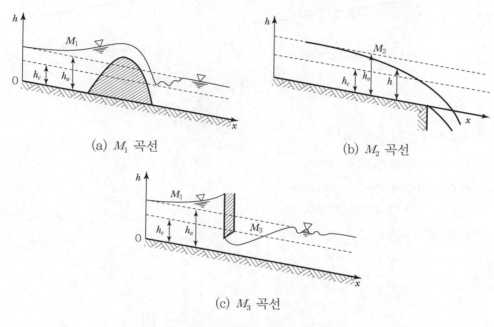

(a) M_1 곡선   (b) M_2 곡선

(c) M_3 곡선

[그림 7-11] 완경사의 M곡선

(4) 급경사($I > I_c$, $h_0 < h_c$, 사류)

① $h > h_c > h_0$인 경우(S_1 곡선)

하류로 갈수록 수심이 커지고, $h = h_c$에서 곡선은 h축과 나란하다.

② $h_c > h > h_0$인 경우(S_2 곡선)

$h = h_c$에서 수면은 h축과 나란하여 하류로 갈수록 수심이 얕아져서 $h = h_c$에서 수면은 x축에 나란하다.

③ $h_c > h_0 > h$인 경우(S_3 곡선)

하류로 갈수록 수심은 증가하여 $h = h_c$에서 x축과 나란하게 된다.

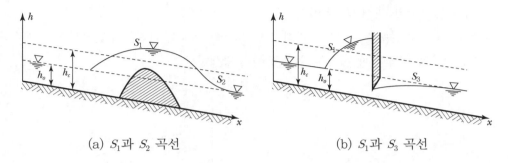

(a) S_1과 S_2 곡선   (b) S_1과 S_3 곡선

[그림 7-12] 급경사의 S곡선

(5) 한계경사($I = I_c$, $h_0 = h_c$)

① $h > h_0 = h_c$인 경우(C_1 곡선)

하류로 갈수록 수심이 깊어진다.

② $h_0 = h_c > h$인 경우(C_3 곡선)

하류로 갈수록 수심이 증가진다.

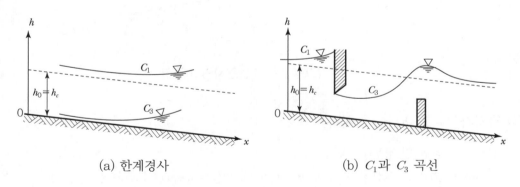

(a) 한계경사   (b) C_1과 C_3 곡선

[그림 7-13] 한계경사와 C곡선

2 부등류의 수면곡선 계산식

(1) 직접계산법

① Bress의 식은 수심에 비해 수로 폭이 충분히 넓은 직사각형 단면의 수로에 대한 수면곡선식으로 Chezy의 평균유속 공식을 사용하였다.

② Chow의 식은 사다리꼴 및 원형단면에 대한 수면곡선식으로 Manning 공식을 사용하였다.

③ Tolkmitt의 식은 수심에 비해 수로 폭이 충분히 넓은 포물선 수로에 대한 수면곡선식이다.

④ 직접축차법(direct step method)은 수심을 먼저 가정하여 수심에 하당하는 거리 L을 구한다. 상류(常流)의 경우는 상류(上流)방향으로 계산하고, 사류(射流)의 경우는 하류(下流)방향으로 계산을 수행한다.

$$L = \frac{\Delta E}{S_o - S_e} \quad \cdots\cdots (41)$$

여기서, ΔE : 비에너지의 차이, S_o : 하상의 경사, S_e : 평균경사

⑤ 기타 물부의 공식, Bakhmeteff식 등이 있다.

(2) 단면이 일정하지 않은 수로의 수면곡선식

① 시산법

시산법에서 수면곡선식의 계산은 상류(常流)의 흐름에서는 하류(下流)에서 상류(上流)방향으로 계산하고, 사류(射流)의 흐름에서는 상류(上流)에서 하류(下流)방향으로 계산한다.

② 에스코피어(Escoffier)의 도식해법

③ 유량과 수심곡선에 의한 도해법

④ 비에너지와 수심곡선에 의한 도해법

⑤ 수면곡선식의 계산에서 어떤 한 단면이 물을 통과(통수)시키는 능력을 통수능(conveyance, K)이라 한다.

$$Q = AV = A \cdot C\sqrt{RI} = A \cdot CR^m I^n = KI^n \quad \cdots\cdots (42)$$

$$\therefore K = ACR^m \quad \cdots\cdots (43)$$

여기서, K : 통수능, R : 동수반경(경심)

3 곡선수로의 흐름과 단파

(1) 곡선수로의 수면형

① 유선의 곡률이 큰 상류의 흐름에서 수평면상의 곡류의 유속은 수로의 곡률반지름에 반비례 한다.

$$V \times R = 일정 \quad \cdots\cdots\cdots\cdots\cdots\cdots\cdots\cdots\cdots\cdots\cdots\cdots\cdots\cdots\cdots (43)$$

② 곡류의 흐름에서 굴절 전의 유선과 이루는 각을 마하각(mach angle)이라 한다. 사류의 흐름에서 충격파(shock wave, 정지파선)가 생길 때 마하각(β)은

$$\sin\beta = \frac{1}{F_{r1}} \quad \cdots\cdots\cdots\cdots\cdots\cdots\cdots\cdots\cdots\cdots\cdots\cdots\cdots\cdots (44)$$

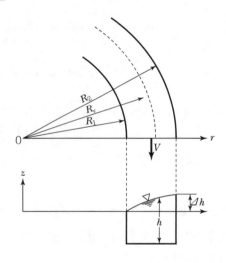

[그림 7-14] 곡선수로

(2) 단파

① 일정한 상태로 흐르고 있는 수로에서 상류(上流)에 있는 수문을 갑자기 닫거나 열어서, 또는 하류(下流)에 있는 수문을 갑자기 닫거나 열었을 때 흐름이 단상이 되어 전파되는 현상을 단파(surge or hydraulic bore)라 한다.

② 정단파(양단파)란 단파가 일어난 후의 수심이 처음의 수심보다 큰 단파($h_1 < h_2$)를 말한다.

③ 부단파(음단파)란 단파 후의 수심이 처음 수심보다 작아지는 단파($h_1 > h_2$)로, 단파가 불안정하고, 전파하여 가는 도중 급속히 파두가 편평하게 된다.

④ 단파의 전달속도

$$\alpha = V_1 \pm \sqrt{gh_1 \left[\frac{1}{2} \frac{h_2}{h_1} \left(\frac{h_2}{h_1} + 1 \right) \right]^{\frac{1}{2}}} \quad \cdots\cdots\cdots\cdots\cdots\cdots\cdots\cdots\cdots\cdots\cdots \quad (45)$$

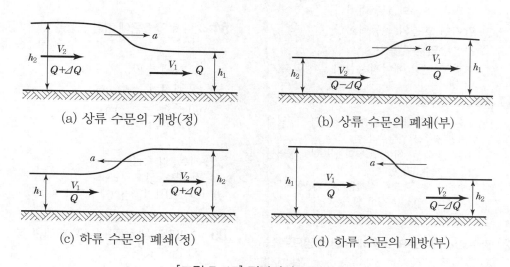

(a) 상류 수문의 개방(정)   (b) 상류 수문의 폐쇄(부)

(c) 하류 수문의 폐쇄(정)   (d) 하류 수문의 개방(부)

[그림 7-15] 정단파와 부단파

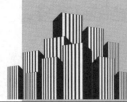
01 개수로와 관수로의 흐름에 모두 적용되는 설명으로 옳은 것은? [기사 10]

① 중력이 흐름의 원동력이다.
② 압력이 흐름의 원동력이다.
③ 자유수면을 갖는다.
④ 마찰로 인한 에너지손실이 발생한다.

해설 관수로와 개수로

㉠ 자유수면이 존재하지 않으며, 흐름의 원동력이 압력인 경우를 관수로라 한다.
㉡ 자유수면이 존재하며, 흐름의 원동력이 중력인 경우를 개수로라 한다.
㉢ 관수로와 개수로 모두 실제유체를 적용하며, 마찰에 의한 에너지손실이 발생한다.

02 관수로와 개수로의 흐름에 대한 설명으로 옳지 않은 것은? [산업 08]

① 관수로는 자유표면이 없고 개수로는 있다.
② 관수로는 두 단면 간의 속도차로 흐르고 개수로는 두 단면 간의 압력차로 흐른다.
③ 관수로는 점성력의 영향이 크고 개수로는 중력의 영향이 크다.
④ 개수로는 프루드수(F_r)로 상류와 사류로 구분할 수 있다.

해설 개수로 내 흐름은 반드시 자유표면을 가지며 중력이 흐름의 원동력이 되나 관수로 내 흐름은 수로면적을 꽉 채우면서 압력차에 의해서 흐른다.

03 개수로와 비교할 때 관수로에 대한 설명으로 틀린 것은? [기사 05]

① 점성력의 영향을 크게 받는다.
② 관 내에 물이 충만하게 흐르는 흐름이다.

③ 압력차에 의하여 흐른다.
④ 중력의 영향에 지배된다.

04 개수로의 흐름에 가장 영향을 많이 끼치는 것은? [기사 04, 06, 09]

① 유체의 밀도
② 관성력
③ 중력
④ 점성력

해설 개수로의 특징

㉠ 자유수면을 갖는다.
㉡ 중력과 수면경사에 의하여 흐른다.

05 수리평균심(水理平均深)에 대한 설명 중 옳지 않은 것은? [기사 97]

① 수리평균심은 유수단면적을 윤변으로 나눈 값이다.
② 수리평균심은 수로의 단위주변장에 대한 유수단면적의 크기이다.
③ 수리평균심이 큰 수로는 수리평균심이 작은 수로보다 마찰에 의한 수두손실이 크다.
④ 폭이 넓은 직사각형 수로의 수리평균심은 그 수로의 수심과 거의 같다.

해설 수리평균심(경심)

㉠ $R = \dfrac{A}{P} = \dfrac{bh}{b+2h} \coloneqq \dfrac{bh}{b} = h$

㉡ 수리평균심이 클수록 마찰에 의한 수두손실이 적다.
㉢ 폭이 넓은 직사각형 수로의 수리평균심은 수심과 거의 같다.

06 수리수심(hydraulic depth)을 가장 옳게 표현한 것은? (단, A는 유수단면적)

[기사 00, 08]

① 수심이 H일 때 A/H를 뜻한다.
② 윤변이 S일 때 A/S를 뜻한다.
③ 수면폭이 B일 때 A/B를 뜻한다.
④ 자유수면에서 수로바닥까지의 연직거리이다.

해설 수리수심(hydraulic depth)

$$D = \frac{A}{B}$$

07 폭이 무한히 넓은 개수로의 수리반경(hydraulic radius, 경심)은?

[기사 07]

① 개수로의 폭과 같다.
② 개수로의 수심과 같다.
③ 개수로의 면적과 같다.
④ 계산할 수 없다.

해설 폭이 넓은 직사각형 단면의 경심

$$R = \frac{A}{P} = \frac{bh}{b+2h} ≒ \frac{2h}{b} = h$$

08 수리학적으로 유리한 단면에 관하여 틀린 사항은?

[기사 94]

① 가장 유리한 단면형은 이등변 직각삼각형이다.
② 동수반지름을 최대로 하는 단면이다.
③ 구형에서는 수심이 폭의 반과 같다.
④ 사다리꼴에서는 동수반지름이 수심의 반과 같다.

해설 수리상 유리한 단면

㉠ 직사각형 단면 : $B = 2h$, $R = \frac{h}{2}$

㉡ 사다리꼴 단면 : $B = 2l$, $R = \frac{h}{2}$

09 수로의 경사 및 단면의 형상이 주어질 때 최대 유량이 흐르는 조건은?

[기사 95, 96, 00, 산업 05, 09, 12]

① 윤변이 최대이거나 경심이 최소일 때
② 수로폭이 최소이거나 수심이 최대일 때
③ 윤변이 최소이거나 경심이 최대일 때
④ 수심이 최소이거나 경심이 최대일 때

해설 수리상 유리한 단면
주어진 단면적과 수로의 경사에 대하여 경심이 최대 혹은 윤변이 최소일 때 최대유량이 흐르고 이러한 단면을 수리상 유리한 단면이라 한다.

10 하천과 같이 수심에 비해 하폭이 넓고 유량의 변화가 큰 경우 어느 단면을 쓰면 효과적인가?

[기사 98]

① 직사각형 단면
② 포물선 단면
③ 사다리꼴 단면
④ 복합 단면

해설 유량변화가 큰 경우에는 복합 단면이 효과적이다.

11 수리학적으로 가장 유리한 단면에 대한 설명으로 틀린 것은?

[기사 08, 10]

① 수로의 경사, 조도계수, 단면이 일정할 때 최대유량을 통수시키게 하는 가장 경제적인 단면이다.
② 동수반경이 최소일 때 유량이 최대가 된다.
③ 최적 수리단면에서는 직사각형(구형) 수로단면이나 사다리꼴(제형) 수로단면 모두 동수반경이 수심의 절반이 된다.
④ 기하학적으로는 반원단면이 최적 수리단면이나 시공상의 이유로 직사각형(구형) 단면 또는 사다리꼴(제형) 단면이 사용된다.

해설 수리상 유리한 단면

주어진 단면적과 수로의 경사에 대하여 경심이 최대 혹은 윤변이 최소일 때 최대유량이 흐르고 이러한 단면을 수리상 유리한 단면이라 한다.

12 직사각형 수로에서 수리상 유리한 단면(Hydraulic best section)은? (단, b : 직사각형 수로의 폭, h : 수심, A : 단면적)

[산업 07, 11]

① $h = 2b$ ② $h = b$

③ $h = \sqrt{\dfrac{A}{2}}$ ④ $h = b^{\frac{1}{2}}$

해설 직사각형 단면수로에서 수리상 유리한 단면은 $b = 2h$이므로

$A = bh = 2h \cdot h = 2h^2$

$\therefore\ h = \sqrt{\dfrac{A}{2}}$

13 수심이 2m인 경우에 수리학적으로 가장 유리한 구형 단면이라고 하면 이때의 동수반경은?

[기사 04, 12]

① 1m   ② 1.2m

③ 1.5m   ④ 2m

해설 수리상 유리한 구형 단면수로에서

$R = R_{\max} = \dfrac{h}{2} = \dfrac{2}{2} = 1\text{m}$

14 사각형 단면개수로의 수리상 유리한 형상의 단면에서 수로 수심이 1.5m이었다면 이 수로의 경심은?

[산업 05, 09, 11]

① 3.0m   ② 2.25m

③ 1.0m   ④ 0.75m

해설 $R_{\max} = \dfrac{h}{2} = \dfrac{1.5}{2} = 0.75\text{m}$

15 개수로에서 수리학적으로 유리한 단면의 조건에 해당되지 않는 것은? (단, H : 수심, R : 경심, P : 윤변, B : 수면폭, l : 측벽의 경사거리, θ : 측벽의 경사) [기사 08]

① H를 반경으로 하는 반원에 외접

② R : 최대, P : 최소

③ 직사각형 단면 : $H = \dfrac{B}{2}$, $R = \dfrac{B}{2}$

④ 사다리꼴 단면 : $l = \dfrac{B}{2}$, $R = \dfrac{H}{2}$, $\theta = 60°$

해설 수리상 유리한 단면

㉠ 직사각형 단면

$B = 2h$, $R = \dfrac{h}{2}$

㉡ 사다리꼴 단면

$B = 2l$, $R = \dfrac{h}{2}$, $\theta = 60°$

16 단면적이 50m²인 직사각형 단면수로에 있어서 수리상 유리한 단면은? [산업 04]

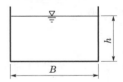

① $B = 5\text{m}$, $h = 10\text{m}$

② $B = 10\text{m}$, $h = 5\text{m}$

③ $B = 1\text{m}$, $h = 50\text{m}$

④ $B = 50\text{m}$, $h = 1\text{m}$

해설 직사각형 단면수로의 수리상 유리한 단면은 $B = 2h$ 이므로

$A = Bh = 2h \cdot h = 2h^2$

$50 = 2h^2$

$\therefore\ h = 5\text{m}$, $B = 2h = 10\text{m}$

17 수리상 유리한 단면인 직사각형 수로의 수심이 2.0m일 때 Chezy의 유속계수 C는? (단, Manning의 조도계수 $n=0.03\mathrm{sec/m}^{\frac{1}{3}}$)

[기사 99, 산업 03]

① $24\mathrm{m}^{\frac{1}{2}}/\mathrm{sec}$　　② $29\mathrm{m}^{\frac{1}{3}}/\mathrm{sec}$

③ $33\mathrm{m}^{\frac{1}{2}}/\mathrm{sec}$　　④ $37\mathrm{m}^{\frac{1}{3}}/\mathrm{sec}$

해설 구형 단면수로가 수리상 유리한 단면일 때

$R=\dfrac{h}{2}$ 이므로

$\therefore\ C=\dfrac{1}{n}R^{\frac{1}{6}}=\dfrac{1}{n}\left(\dfrac{h}{2}\right)^{\frac{1}{6}}=\dfrac{1}{0.03}\times\left(\dfrac{2}{2}\right)^{\frac{1}{6}}$

$=33.33\mathrm{m}^{\frac{1}{2}}/\mathrm{sec}$

18 유량 45m³/sec가 흐르는 직사각형 수로에서 수면경사가 0.001인 조건에서 가장 유리한 단면이 되기 위한 수로폭의 크기는? (단, Manning의 조도계수 $n=0.035$이다.)

[기사 11]

① 8.66m　　② 8.28m

③ 7.94m　　④ 7.48m

해설 ㉠ 수리상 유리한 단면에서

$b=2h,\ R=\dfrac{h}{2}$ 이므로

$Q=AV=bh\times\dfrac{1}{n}R^{\frac{2}{3}}I^{\frac{1}{2}}$

$=2h\cdot h\times\dfrac{1}{n}\left(\dfrac{h}{2}\right)^{\frac{2}{3}}I^{\frac{1}{2}}$

$45=2h^2\times\dfrac{1}{0.035}\left(\dfrac{h}{2}\right)^{\frac{2}{3}}\times0.001^{\frac{1}{2}}$

$\therefore\ h=3.97\mathrm{m}$

㉡ $b=2h=2\times3.97=7.94\mathrm{m}$

19 폭이 3m이고 깊이가 4m인 직사각형 개수로에 물이 2.5m 깊이로 흐른다면 동수반경은?

[산업 06]

① 1.7cm　　② 0.94cm

③ 3.0cm　　④ 2.5cm

해설 $R=\dfrac{A}{P}$

$=\dfrac{2.5\times3}{2.5+3+2.5}$

$=0.94\mathrm{m}$

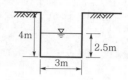

20 그림과 같이 좌우가 대칭인 하천단면의 경심 (R)은?

[기사 10]

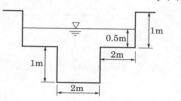

① 0.72m　　② 0.63m

③ 0.56m　　④ 0.50m

해설 ㉠ $P=0.5+2+1+2+1+2+0.5=9\mathrm{m}$

㉡ $A=6\times0.5+2\times1=5\mathrm{m}^2$

㉢ $R=\dfrac{A}{P}=\dfrac{5}{9}=0.56\mathrm{m}$

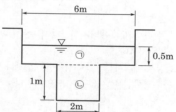

21 그림과 같은 사다리꼴 인공수로의 유적(A) 과 경심(R)은?

[산업 09]

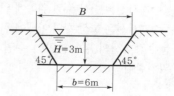

① $A = 27\text{m}^2$, $R = 2.64\text{m}$

② $A = 27\text{m}^2$, $R = 1.86\text{m}$

③ $A = 18\text{m}^2$, $R = 1.86\text{m}$

④ $A = 18\text{m}^2$, $R = 2.64\text{m}$

해설 ㉠ $A = \dfrac{6+12}{2} \times 3 = 27\text{m}^2$

ㄴ $R = \dfrac{A}{P} = \dfrac{27}{3\sqrt{2}\times 2 + 6} = 1.86\text{m}$

22 개수로 내의 흐름에 대한 설명으로 옳은 것은?

[기사 10]

① 동수경사선은 에너지선과 언제나 평행하다.

② 에너지선은 자유표면과 일치한다.

③ 에너지선과 동수경사선은 일치한다.

④ 동수경사선은 자유표면과 일치한다.

해설 **개수로흐름**

㉠ 동수경사선은 에너지선보다 유속수두만큼 아래에 위치한다.

㉡ 등류시 에너지선과 동수경사선은 언제나 평행하다.

㉢ 동수경사선은 자유표면과 일치한다.

23 개수로 흐름에 관한 설명으로 옳은 것은?

[기사 07]

① 수면자체가 동수경사선이 된다.

② 동수경사선은 항상 수면 위쪽에 위치한다.

③ 동수경사선은 항상 수면 아래에 위치한다.

④ 동수경사선의 일부분만이 수면 위쪽에 위치한다.

해설 개수로의 흐름에서 동수경사선은 자유수면과 일치한다.

24 다음 중 개수로 흐름에 대한 설명으로 옳은 것은?

[산업 06, 08]

① 동수경사선은 에너지선과 언제나 평행하게 된다.

② 에너지선은 자유표면과 일치한다.

③ 동수경사선은 자유표면과 일치한다.

④ 에너지선과 동수경사선은 일치한다.

해설 개수로에서 동수경사선은 자유수면과 일치한다.

25 비유량(specific discharge)에 대한 설명으로 옳은 것은?

[산업 08, 10]

① 유량측정 단면에서의 유량을 그 유역의 배수면적으로 나눈 것

② 하천의 유량을 단위폭으로 나눈 것

③ 유입량을 유출량으로 나눈 것

④ 유량을 비에너지로 나눈 것

해설 **비유량(specific discharge)**

하천유량의 측정단위로서 $\text{m}^3/\text{sec}/\text{km}^2$를 쓸 경우도 있는데 이것은 유량측정 단면에서의 유량(m^3/sec)을 그 유역의 배수면적(km^2)으로 나눈 것으로서 비유량이라 하며 크기가 다른 유역의 유출률을 비교하는데 편리하게 사용된다.

26 그림과 같은 직사각형 수로에서 수로경사가 1/1,000인 경우 수로바닥과 양 벽면에 작용하는 평균마찰응력은? [기사 00, 03, 06]

① 1.20kg/m^2

② 1.05kg/m^2

③ 0.67kg/m^2

④ 0.82kg/m^2

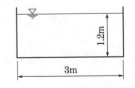

해설 $\tau = wRI = 1 \times \dfrac{3 \times 1.2}{3 + 1.2 \times 2} \times \dfrac{1}{1,000}$

$= 6.67 \times 10^{-4}\,\text{t/m}^2$

$= 0.667\text{kg/m}^2$

27 개수로 내의 흐름에서 평균유속을 구하는 방법으로 2점법(2点法)이 있다. 수면하 어느 위치에서의 유속을 평균한 값인가?

[기사 98, 04]

① 수면과 전수심의 50% 위치
② 수면하 10%와 90% 위치
③ 수면하 20%와 80% 위치
④ 수면하 40%와 60% 위치

해설 유속계에 의한 평균유속측정
㉠ 1점법 : $V_m = V_{0.6}$
㉡ 2점법 : $V_m = \dfrac{V_{0.2} + V_{0.8}}{2}$

28 어느 하천의 수심이 5m일 때 평균유속을 2점법에 의하여 구하려면 유속계의 위치를 수면에서 각각 어느 위치에 설치해야 하는가?

[산업 03]

① 0m, 2.5m
② 1m, 4m
③ 2m, 3m
④ 0.5m, 4.5m

해설 2점법에서 유속계의 위치는 표면에서 $0.2h$, $0.8h$이다.
㉠ $0.2h = 0.2 \times 5 = 1\text{m}$
㉡ $0.8h = 0.8 \times 5 = 4\text{m}$

29 하천의 평균유속 V_m을 구하는 방법으로서 틀린 것은? (단, V_a는 표면유속, $V_{0.2}$, $V_{0.4}$, $V_{0.6}$, $V_{0.8}$는 수면으로부터 20%, 40%, 60%, 80%에 해당하는 수심을 나타낸다.)

[산업 07]

① 1점법 : $V_m = V_{0.6}$
② 2점법 : $V_m = \dfrac{1}{2}(V_{0.2} + V_{0.8})$
③ 3점법 : $V_m = \dfrac{1}{6}(V_{0.2} + 4V_{0.6} + V_{0.8})$
④ 4점법 : $V_m = \dfrac{1}{5}(V_{0.2} + V_{0.4} + V_{0.6} + V_{0.8})$

해설 ③ 3점법 : $V_m = \dfrac{1}{4}(V_{0.2} + 2V_{0.6} + V_{0.8})$

30 하천의 어느 단면에서 수심이 5m이다. 이 단면에서 연직방향의 수심별 유속자료가 다음 표와 같을 때 2점법에 의해서 평균유속을 구하면?

[산업 06, 10]

수심(m)	0.0	0.5	1.0	2.0	3.0	4.0	4.5
유속(m/s)	1.1	1.5	1.3	1.1	0.8	0.5	0.2

① 0.8m/s
② 0.9m/s
③ 1.1m/s
④ 1.3m/s

해설 $V_m = \dfrac{V_{0.2} + V_{0.8}}{2} = \dfrac{1.3 + 0.5}{2} = 0.9\text{m/sec}$

31 수심이 4m인 하천의 연직 단면에서 측정된 점유속은 표와 같다. 평균유속을 1점법, 2점법과 표면유속법으로 결정할 경우 평균유속의 크기가 큰 순서로 바르게 나타낸 것은?

[기사 99]

수심 (m)	0.0	0.2	0.8	1.6	2.4	3.2	3.8
유속 (m/s)	1.11	1.10	1.05	1.00	0.90	0.70	0.20

① 1점법 > 2점법 > 표면유속법
② 1점법 > 표면유속법 > 2점법
③ 2점법 > 1점법 > 표면유속법
④ 표면유속법 > 1점법 > 2점법

해설 ㉠ 표면법 : $V_m = 0.85 V_s$
$= 0.85 \times 1.11 = 0.944\text{m/sec}$
㉡ 1점법 : $V_m = V_{0.6} = 0.9\text{m/sec}$
㉢ 2점법 : $V_m = \dfrac{V_{0.2} + V_{0.8}}{2}$
$= \dfrac{1.05 + 0.70}{2} = 0.875\text{m/sec}$
∴ 표면유속법 > 1점법 > 2점법

32 수심 2m, 폭 4m인 콘크리트 직사각형 수로의 유량은? (단, 조도계수 $n=0.012$, 경사 $I=0.0009$임.)　　　[기사 00, 03, 04]

① 15m³/sec
② 20m³/sec
③ 25m³/sec
④ 30m³/sec

해설 ㉠ $R = \dfrac{4 \times 2}{4 + 2 \times 2} = 1 \text{ m}$

㉡ $Q = AV = A \cdot \dfrac{1}{n} R^{\frac{2}{3}} I^{\frac{1}{2}}$

$\quad = (4 \times 2) \times \dfrac{1}{0.012} \times 1^{\frac{2}{3}} \times 0.0009^{\frac{1}{2}}$

$\quad = 20 \text{m}^3/\text{sec}$

33 직사각형의 단면(폭 4m×수심 2m)에서 Manning 공식의 조도계수 $n=0.017$이고 유량 $Q=15$m³/sec일 때 수로의 경사는?　　　[기사 06]

① 1.016×10^{-3}
② 31.875×10^{-3}
③ 15.365×10^{-3}
④ 4.548×10^{-3}

해설 $Q = AV = A \cdot \dfrac{1}{n} R^{\frac{2}{3}} I^{\frac{1}{2}}$ 에서

$15 = (4 \times 2) \dfrac{\times 1}{0.017} \times \left(\dfrac{4 \times 2}{4 + 2 \times 2} \right)^{\frac{2}{3}} I^{\frac{1}{2}}$

$\therefore I = 1.016 \times 10^{-3}$

34 수로경사 $I = \dfrac{1}{2,500}$, 조도계수 $n=0.013$의 수로에 그림과 같이 물이 흐르고 있다. 평균 유속은 얼마인가? (단, 매닝(Manning)의 공식에 의해 풀 것.)　　　[기사 03, 06]

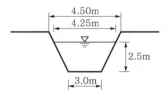

① 3.16m/s
② 2.65m/s
③ 2.16m/s
④ 1.65m/s

해설 ㉠ $P = 3 + 2\sqrt{2.5^2 + 0.625^2} = 8.15 \text{m}$

㉡ $A = \dfrac{3 + 4.25}{2} \times 2.5 = 9.06 \text{ m}^2$

㉢ $V = \dfrac{1}{n} R^{\frac{2}{3}} I^{\frac{1}{2}} = \dfrac{1}{0.013} \times \left(\dfrac{9.06}{8.15} \right)^{\frac{2}{3}} \times \left(\dfrac{1}{2,500} \right)^{\frac{1}{2}}$

$\quad = 1.65 \text{m}/\text{sec}$

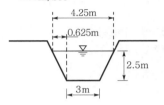

35 수면경사가 1/4,000이고 수위가 6m일 때, 하천의 유량이 70m³/sec라면 같은 수위에 수면경사가 1/8,000일 경우 유량은?　　　[기사 96]

① 17.5m³/sec
② 49.5m³/sec
③ 99.0m³/sec
④ 140.0m³/sec

해설 ㉠ $Q = A \cdot \dfrac{1}{n} R^{\frac{2}{3}} I^{\frac{1}{2}} = K \cdot I^{\frac{1}{2}}$

$70 = K \times \left(\dfrac{1}{4,000} \right)^{\frac{1}{2}}$

$\therefore K = 4,427.19$

㉡ $Q = K \cdot I^{\frac{1}{2}} = 4,427.19 \times \left(\dfrac{1}{8,000} \right)^{\frac{1}{2}}$

$\quad = 49.5 \text{m}^3/\text{sec}$

36 수심에 비해 수로폭이 대단히 넓은 수로에 유량 Q가 흐르고 있다. 동수경사를 I, 평균유속계수를 C라고 할 때 Chezy 공식에 의한 수심은? (단, h는 수심, B는 수로폭이다.)

[기사 99]

① $h = \dfrac{3}{2}\left(\dfrac{Q}{C^2 B^2 I}\right)^{\frac{1}{3}}$

② $h = \left(\dfrac{Q^2}{C^2 B^2 I}\right)^{\frac{1}{3}}$

③ $h = \left(\dfrac{Q}{2 B^2 I}\right)^{\frac{2}{3}}$

④ $h = \left(\dfrac{Q^2}{C^2 B^2 I}\right)^{\frac{3}{10}}$

해설 $V = C\sqrt{RI} = C\sqrt{hI}$

$h = \dfrac{V^2}{IC^2} = \dfrac{Q^2}{IC^2 (B^2 h^2)}$

$h^3 = \dfrac{Q^2}{IC^2 B^2}$

$\therefore \ h = \left(\dfrac{Q^2}{IC^2 B^2}\right)^{\frac{1}{3}}$

37 그림과 같이 사다리꼴 수로에서 경제적인 단면의 조건은?

[기사 82]

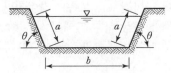

① $a = b, \ \theta = 45°$

② $a = b, \ \theta = 60°$

③ $a = \dfrac{1}{2}b, \ \theta = 45°$

④ $a = \dfrac{1}{2}b, \ \theta = 60°$

해설 사다리꼴 단면의 수리학상 유리한 단면은 정삼각형 세 개가 모인 꼴 $\therefore a = b, \ \theta = 60°$

38 개수로 내 등류의 통수능(通水能) K_0는?(단, A_0 : 유수 단면적, n : 조도계수, R_0 : 수리 평균수심, I_0 : 등류 때의 수면경사이다.)

[기사 92, 12]

① $A_0 \dfrac{1}{n} R^{\frac{2}{3}} I_0^{\frac{2}{3}}$

② $\dfrac{1}{n} R_0^{\frac{2}{3}}$

③ $\dfrac{1}{n} A_0 R_0^{\frac{2}{3}}$

④ $A_0 R_0^{\frac{2}{3}}$

해설 $Q = A \cdot V = A \cdot \dfrac{1}{n} \cdot R^{\frac{2}{3}} \cdot I^{\frac{1}{2}}$

$Q = K I^{\frac{1}{2}}$ 이므로

통수능 $K = A \cdot \dfrac{1}{n} \cdot R^{\frac{2}{3}}$

39 그림과 같은 삼각형 단면의 경심은?

[기사 97]

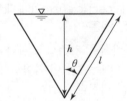

① $R = \dfrac{h \sin\theta}{2\tan\theta}$

② $R = \dfrac{1}{2}\sin\theta \cdot h$

③ $R = \sin\theta \cdot h$

④ $R = \dfrac{h \sin\theta}{2\cos\theta}$

해설 $R = \dfrac{A}{P}$

$A = 2 \times \dfrac{l \cdot \sin\theta \cdot h}{2} = l \cdot \sin\theta \cdot h$

$\therefore R = \dfrac{l \cdot \sin\theta \cdot h}{2l} = \dfrac{\sin\theta \cdot h}{2}$

40 개수로에서 유량을 측정할 수 있는 장치가 아닌 것은?

[기사 11, 산업 09]

① 위어
② 벤투리미터
③ 파샬플룸
④ 수문

해설 **벤튜리미터**
관내에 축소부를 두어 축소 전과 축소 후의 압력차를 측정하여 관수로의 유량을 측정하는 기구를 말한다.

41 수로의 흐름에서 비에너지의 정의로 옳은 것은? [기사 11]

① 단위중량의 물이 가지고 있는 에너지
② 수로의 한 단면에서 물이 가지고 있는 에너지를 단면적으로 나눈 값
③ 수로의 두 단면에서 물이 가지고 있는 에너지를 수심으로 나눈 값
④ 압력에너지와 속도에너지의 비

해설 비에너지는 수로바닥을 기준으로 한 단위중량의 물이 가지고 있는 흐름의 에너지이다.

42 비에너지(specific energy)에 대한 설명으로 옳지 않은 것은? [산업 12]

① 수로 바닥을 기준으로 한다.
② 상류일 때는 수심이 작아짐에 따라 비에너지는 커진다.
③ 수류가 등류이면 비에너지는 일정한 값을 갖는다.
④ 단위무게의 물이 가진 흐름의 에너지를 말한다.

해설 **비에너지**

[비에너지와 수심과의 관계]

① 상류일 때는 수심이 커짐에 따라 비에너지는 커진다.
② 사류일 때는 수심이 작아짐에 따라 비에너지는 커진다.

43 한계수심에 대한 설명으로 틀린 것은? [기사 03, 07]

① 일정한 유량이 흐를 때 최소의 비에너지를 갖게 하는 수심
② 일정한 비에너지 아래서 최소유량을 흐르게 하는 수심
③ 흐름의 속도가 장파의 전파속도와 같은 흐름의 수심
④ 일정한 유량이 흐를 때 비력을 최소로 하는 수심

해설 비에너지가 일정할 때 한계수심에서 유량이 최대가 된다.

44 개수로에서의 흐름에 대한 설명 중 맞는 것은? [기사 09]

① 한계류상태에서는 수심의 크기가 속도수두의 2배가 된다.
② 유량이 일정할 때 상류(常流)에서는 수심이 작아질수록 유속도 작아진다.
③ 흐름이 상류(常流)에서 사류(射流)로 바뀔 때에는 도수와 함께 큰 에너지손실을 동반한다.
④ 비에너지는 수평기준면을 기준으로 한 단위무게의 유수가 가진 에너지를 말한다.

해설 ① 한계류일 때 수심 $h_c = 2\left(\dfrac{V^2}{2g}\right)$이다.
② 유량이 일정할 때 수심이 클수록 유속이 작아진다.
③ 사류에서 상류로 변할 때 불연속적으로 수면이 뛰는 현상을 도수라 한다.
④ 수로바닥을 기준으로 한 단위무게의 물이 가지는 흐름의 에너지를 비에너지라 한다.

45 비에너지와 한계수심에 관한 설명 중 옳지 않은 것은? [기사 04, 05]

① 비에너지는 수로의 바닥을 기준으로 한 단위무게의 유수가 가지는 에너지이다.

② 유량이 일정할 때 비에너지가 최소가 되는 수심이 한계수심이 된다.

③ 비에너지가 일정할 때 한계수심으로 흐르면 유량이 최소로 된다.

④ 직사각형 단면의 수로에서 한계수심은 비에너지의 2/3이다.

해설 ㉠ 유량이 일정할 때 비에너지가 최소가 되는 수심이 한계수심이다.
㉡ 비에너지가 일정할 때 한계수심으로 흐르면 유량이 최대이다.

46 한계수심에 대한 설명 중 옳지 않은 것은? [기사 04]

① 한계수심에서 비에너지가 최소가 된다.

② 한계수심보다 수심이 작은 흐름이 상류이고, 큰 흐름이 사류이다.

③ 한계수심으로 흐를 때 유량이 최대가 된다.

④ 유량이 일정할 때 한계수심은 비에너지의 2/3이다.

해설 $h > h_c$이면 상류이고, $h < h_c$이면 사류이다.

47 사각형 광폭 수로에서 한계류에 대한 설명으로 틀린 것은? [기사 05, 산업 09]

① 주어진 유량에 대해 비에너지가 최소이다.

② 주어진 비에너지에 대해 유량이 최대이다.

③ 한계수심은 비에너지의 2/3이다.

④ 주어진 유량에 대해 비력이 최대이다.

해설 한계수심
㉠ 유량이 일정할 때 $H_{e\min}$이 되는 수심이다.
㉡ H_e가 일정할 때 $Q_{\max}$이 되는 수심이다.
㉢ 직사각형 단면수로에서 $h_c = \dfrac{2}{3} H_e$ 이다.
㉣ 충력치가 최소가 되는 수심은 근사적으로 한계수심과 같다.

48 개수로에서 수심 h, 면적 A, 유량 Q로 흐르고 있다. 에너지 보정계수를 α라고 할 때 비에너지 H_e를 구하는 식으로 옳은 것은? (단, h : 수심, g : 중력가속도) [기사 10]

① $H_e = h + \alpha \left(\dfrac{Q}{A} \right)$

② $H_e = h + \alpha \left(\dfrac{Q}{A} \right)^2$

③ $H_e = h + \alpha \left(\dfrac{Q^2}{2g} \right)$

④ $H_e = h + \alpha \dfrac{1}{2g} \left(\dfrac{Q}{A} \right)^2$

해설 $H_e = h + \alpha \dfrac{V^2}{2g} = h + \alpha \dfrac{1}{2g} \left(\dfrac{Q}{A} \right)^2$

49 개수로에서 수심 $h = 1.2\text{m}$이고, 평균유속 $V = 4.54\text{m/sec}$인 흐름의 비에너지(specific energy)는? (단, $\alpha = 1$이다.) [산업 03, 05, 06]

① 1.25m

② 2.25m

③ 2.75m

④ 3.25m

해설 $H_e = h + \alpha \dfrac{V^2}{2g}$

$= 1.2 + \dfrac{4.54^2}{2 \times 9.8} = 2.25\text{m}$

50 직사각형 수로에서 유량이 2m³/sec일 때 비에너지를 구한 값은? (단, 에너지 보정계수 $\alpha=1$) [기사 10]

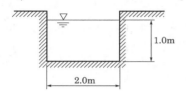

① 1.05m   ② 1.51m
③ 2.05m   ④ 2.51m

해설 ㉠ $V=\dfrac{Q}{A}=\dfrac{2}{2\times1}=1\text{m/sec}$

㉡ $H_e=h+\alpha\dfrac{V^2}{2g}=1+1\times\dfrac{1^2}{2\times9.8}=1.05\text{m}$

51 폭 10m인 직사각형 단면수로에 16m³/sec의 유량이 80cm의 수심으로 흐를 때 비에너지는? (단, 에너지 보정계수 $\alpha=1.1$)
[기사 96, 97, 산업 00]

① 0.8m   ② 1.02m
③ 1.52m   ④ 0.52m

해설 ㉠ $V=\dfrac{Q}{A}=\dfrac{16}{10\times0.8}=2\ \text{m/sec}$

㉡ $H_e=h+\alpha\dfrac{V^2}{2g}=0.8+1.1\times\dfrac{2^2}{2\times9.8}=1.02$

52 한계수심에 대한 설명으로 옳지 않은 것은?
[기사 09]

① 유량이 일정할 때 한계수심에서 비에너지가 최소가 된다.
② 한계수심보다 수심이 작은 흐름이 상류이고 큰 흐름이 사류이다.
③ 비에너지가 일정하면 한계수심으로 흐를 때 유량이 최대가 된다.
④ 유량이 일정할 때 한계수심에서 비력이 최소가 된다.

해설 $h>h_c$일 때 상류, $h<h_c$일 때 사류, $h=h_c$일 때 한계류이다.

53 다음 중 한계류에 대한 설명으로 옳은 것은?
[산업 10]

① 유속의 허용한계를 초과하는 흐름
② 유속과 장파의 전파속도의 크기가 동일한 흐름
③ 유속이 빠르고 수심이 작은 흐름
④ 동압력이 정압력보다 큰 흐름

해설 $F_r=\dfrac{V}{\sqrt{gh}}=1$ 일 때 한계류이다.

즉, 흐름의 평균유속 V와 장파의 전파속도 $\sqrt{gh}$ 의 크기가 동일한 흐름상태를 한계류라 한다.

54 직사각형 단면수로에 물이 흐를 경우 한계수심(h_c)과 비에너지(H_e)의 관계식으로 옳은 것은?
[산업 08, 11]

① $h_c=\dfrac{2}{3}H_e$ ② $h_c=\dfrac{3}{4}H_e$

③ $h_c=\dfrac{4}{5}H_e$ ④ $h_c=\dfrac{5}{6}H_e$

해설 사각형 단면수로에서 $h_c=\dfrac{2}{3}H_e$ 이다.

55 광폭의 직사각형 단면수로에서 최소비에너지가 3m일 때 한계수심은 얼마인가?
[기사 09, 산업 10]

① 0.3m   ② 1m
③ 2m   ④ 3m

해설 $h_c=\dfrac{2}{3}H_e=\dfrac{2}{3}\times3=2\text{m}$

56 직사각형 단면의 수로에서 최소 비에너지가 $\frac{3}{2}$m이다. 단위폭당 최대유량을 구하면?

[기사 93, 94, 11, 산업 11]

① 2.86m³/s/m

② 2.98m³/s/m

③ 3.13m³/s/m

④ 3.32m³/s/m

[해설] ㉠ $h_c = \frac{2}{3}H_e = \frac{2}{3} \times \frac{3}{2} = 1$ m

㉡ $h_c = \left(\frac{\alpha Q^2}{gb^2}\right)^{\frac{1}{3}}$

$1 = \left(\frac{Q^2}{9.8 \times 1^2}\right)^{\frac{1}{3}}$

$\therefore Q = Q_{\max} = 3.13$ m³/s/m

57 상류와 사류의 한계수심을 설명한 것 중 틀린 것은?

[기사 99]

① 유량이 일정할 때 비에너지가 최소로 되는 수심이다.

② 에너지 보정계수 α, 중력가속도 g, 수로 폭 b, 유량 Q라 할 때 구형 단면인 경우 한계수심 h_c는 다음과 같이 표시된다.

$h_c = \left(\frac{1.5\alpha Q^2}{gb^2}\right)^{\frac{1}{4}}$

③ 프루드수 $F_r = 1$일 때 한계수심으로 흐른다.

④ 비에너지가 일정할 때 유량이 최대로 되는 수심이 한계수심이다.

[해설] 한계수심

㉠ 유량이 일정할 때 H_{emin}이 되는 수심이다.

㉡ H_e가 일정할 때 $Q_{\max}$이 되는 수심이다.

㉢ 직사각형 단면의 한계수심

$h_c = \left(\frac{\alpha Q^2}{gb^2}\right)^{\frac{1}{3}}$

58 직사각형 개수로의 폭이 2m, 유량이 19.6 m³/sec, 에너지 보정계수 $\alpha = 1.1$이면 한계수심은?

[기사 93, 98]

① 5.40m

② 4.63m

③ 3.42m

④ 2.21m

[해설] $h_c = \left(\frac{\alpha Q^2}{gb^2}\right)^{\frac{1}{3}} = \left(\frac{1.1 \times 19.6^2}{9.8 \times 2^2}\right)^{\frac{1}{3}} = 2.21$ m

59 폭이 10m이고 20m³/sec의 물이 흐르고 있는 직사각형 단면수로의 한계수심은? (단, 에너지 보정계수 $\alpha = 1.1$이다.)

[기사 06, 12]

① 66.57cm

② 76.57cm

③ 86.57cm

④ 96.57cm

[해설] $h_c = \left(\frac{\alpha Q^2}{gb^2}\right)^{\frac{1}{3}} = \left(\frac{1.1 \times 20^2}{9.8 \times 10^2}\right)^{\frac{1}{3}}$

$= 0.7657$ m

60 폭이 10m인 구형 수로에 유속 3m/sec로 30m³/sec의 물이 흐른다. 이때 비에너지와 한계수심은 각각 얼마인가?

[산업 03]

① 비에너지 : 1.459m, 한계수심 : 0.092m

② 비에너지 : 2.459m, 한계수심 : 1.972m

③ 비에너지 : 3.459m, 한계수심 : 2.972m

④ 비에너지 : 1.459m, 한계수심 : 0.972m

[해설] ㉠ $Q = AV$

$30 = 10h \times 3$

$\therefore h = 1$ m

㉡ $H_e = h + \alpha \frac{V^2}{2g} = 1 + \frac{3^2}{2 \times 9.8} = 1.459$ m

㉢ $h_c = \frac{2}{3}H_e = \frac{2}{3} \times 1.459 ≒ 0.973$ m

61 최소 비에너지가 1.26m인 직사각형 수로에서 단위폭당 최대 유량은? [기사 05]

① 2.35m³/sec   ② 2.26m³/sec

③ 2.41m³/sec   ④ 2.38m³/sec

해설 ㉠ $h_c = \dfrac{2}{3} H_e = \dfrac{2}{3} \times 1.26 = 0.84\text{m}$

㉡ $h_c = \left(\dfrac{\alpha Q^2}{g b^2} \right)^{\frac{1}{3}}$

$0.84 = \left(\dfrac{Q^2}{9.8 \times 1^2} \right)^{\frac{1}{3}}$

$\therefore Q = Q_{\max} = 2.41 \text{ m}^3/\text{sec}$

62 그림에서 y가 한계수심이 되었다면 단위폭에 대한 유량은? (단, $\alpha = 1.0$이다.) [기사 06]

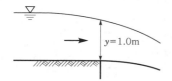

$y = 1.0\text{m}$

① 9.81m³/sec   ② 3.13m³/sec

③ 1.02m³/sec   ④ 0.73m³/sec

해설 $h_c = \left(\dfrac{\alpha Q^2}{g b^2} \right)^{\frac{1}{3}}$

$1 = \left(\dfrac{1 \times Q^2}{9.8 \times 1^2} \right)^{\frac{1}{3}}$

$Q^2 = 9.8$

$\therefore Q = 3.13 \text{ m}^3/\text{sec}$

63 그림에서 수심 h 가 한계수심이 되었다면 단위 폭에 대한 유량은? (단, $h = 1\text{m}$ 이다.)

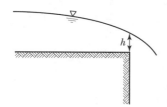

h

① 4.43m³/sec   ② 3.13m³/sec

③ 1.0m³/sec   ④ 계산할 수 없다.

해설 한계수심이므로 흐름의 상태 한계류

㉠ $F_r = 1 = \dfrac{V_c}{\sqrt{g \cdot h_c}}$

$\therefore V_c = \sqrt{g \cdot h_c}$

㉡ $Q = A \cdot V_c$

$= (b \times h_c) \cdot \sqrt{g \cdot h_c}$

$= (1 \times 1) \cdot \sqrt{9.8 \times 1}$

$= 3.13 \text{m}^3/\text{sec}$

64 다음 ( ) 안에 들어갈 적절한 말이 순서대로 짝지어진 것은 어느 것인가? [산업 08]

> 흐름이 사류(射流)에서 상류(常流)로 바뀔 때에는 ( )을 거치고, 상류(常流)에서 사류(射流)로 바뀔 때에는 ( )을 거친다.

① 도수현상, 지배단면

② 대응수심, 공액수심

③ 도수현상, 대응수심

④ 지배단면, 공액수심

해설 개수로 일반

흐름이 사류(射流)에서 상류(常流)로 바뀔 때 수면이 뛰는 현상을 도수라 하며, 상류(常流)에서 사류(射流)로 바뀔 때 발생되는 단면을 지배단면이라 한다.

65 직사각형 광폭 수로에서 한계류의 특징이 아닌 것은? [산업 09]

① 주어진 유량에 대해 비에너지가 최소이다.

② 주어진 비에너지에 대해 유량이 최대이다.

③ 한계수심은 비에너지의 2/3이다.

④ 주어진 유량에 대해 비력이 최대이다.

해설 한계류의 특징

㉠ 일정한 유량에 대해 비에너지가 최소인 경우의 흐름을 말한다.

ⓛ 일정한 비에너지에 대해 유량이 최대인 경우의 흐름을 말한다.

ⓒ 직사각형 단면에서 한계수심은 비에너지의 2/3 이다. $(h_c = \dfrac{2}{3} h_e)$

ⓔ 일정한 유량에 대해 비력이 최소인 경우의 흐름을 말한다.

66 다음의 유량 중 수로폭이 3m인 직사각형 수로에 수심이 50cm로 흐를 때 흐름이 상류가 되는 것은? [기사 09]

① 2.5m³/sec ② 4.5m³/sec
③ 6.5m³/sec ④ 8.5m³/sec

해설 $h_c = \left(\dfrac{\alpha Q^2}{gb^2} \right)^{\frac{1}{3}}$

$0.5 = \left(\dfrac{1 \times Q^2}{9.8 \times 3^2} \right)^{\frac{1}{3}}$

∴ $Q = 3.32 \text{m}^3/\text{sec}$

∴ 이 유량보다 작게 흐르면 흐름이 상류의 흐름이다.

67 광폭 직사각형 단면수로의 단위폭당 유량이 16m³/sec/m이다. 한계경사를 구한 값은? (단, 수로의 조도계수 $n=0.02$이다.) [기사 97]

① 3.27×10^{-3}
② 2.73×10^{-3}
③ 2.81×10^{-2}
④ 2.90×10^{-2}

해설 ⓛ $h_c = \left(\dfrac{\alpha Q^2}{gb^2} \right)^{\frac{1}{3}} = \left(\dfrac{16^2}{9.8 \times 1^2} \right)^{\frac{1}{3}} = 2.97 \text{ m}$

ⓒ $C = \dfrac{1}{n} R^{\frac{1}{6}} = \dfrac{1}{n} h_c^{\frac{1}{6}} = \dfrac{1}{0.02} \times 2.97^{\frac{1}{6}}$

$= 59.95$

ⓔ $I_c = \dfrac{g}{\alpha C^2} = \dfrac{9.8}{1 \times 59.95^2} = 2.73 \times 10^{-3}$

68 Froude수가 갖는 의미로 옳은 것은? [산업 06]

① 점성력과 관성력의 비
② 관성력과 표면장력의 비
③ 중력과 점성력의 비
④ 관성력과 중력의 비

해설 Froude수는 관성력에 대한 중력의 비를 나타낸다.

69 개수로의 흐름을 상류(常流)와 사류(射流)로 구분할 때 기준으로 사용할 수 없는 것은? [산업 07]

① 프루드수(Froude number)
② 한계유속(critical velocity)
③ 한계수심(critical depth)
④ 레이놀즈수(Reynolds number)

해설 레이놀즈수는 층류와 난류를 구분한다.

70 프루드수(Froude number)가 1보다 큰 흐름은? [기사 05, 11]

① 상류(常流) ② 사류(射流)
③ 층류(層流) ④ 난류(亂流)

해설 ⓛ $F_r < 1$이면 상류
ⓒ $F_r > 1$이면 사류
ⓔ $F_r = 1$이면 한계류

71 직사각형 개수로의 단위폭당 유량 5m³/sec, 수심이 5m이면 프루드수 및 흐름의 종류로 옳은 것은? [기사 98, 11, 산업 00]

① $F_r = 0.143$, 사류
② $F_r = 2.143$, 상류
③ $F_r = 0.143$, 상류
④ $F_r = 1.430$, 상류

$$\boxed{\text{해설}}\ F_r = \frac{V}{\sqrt{gh}} = \frac{\frac{Q}{A}}{\sqrt{gh}} = \frac{\frac{5}{1\times5}}{\sqrt{9.8\times5}} = 0.143 < 1$$

$$\therefore\ \text{상류}$$

72 폭 5m인 직사각형 수로에 유량 8m³/sec가 80cm의 수심으로 흐를 때, Froude수는?

[기사 05, 12]

① 0.71　　　　② 0.26

③ 1.42　　　　④ 2.11

$\boxed{\text{해설}}$ ㉠ $V = \dfrac{Q}{A} = \dfrac{8}{5\times0.8} = 2\text{m/sec}$

㉡ $F_r = \dfrac{V}{\sqrt{gh}} = \dfrac{2}{\sqrt{9.8\times0.8}} = 0.71$

73 수심이 10cm이고 수로폭이 20cm인 직사각형 개수로에서 유량 $Q = 80\text{cm}^3/\text{sec}$가 흐를 때 동점성계수 $\nu = 1.0\times10^{-2}\text{cm}^2/\text{s}$이면 흐름은?

[기사 05, 08]

① 층류, 사류

② 층류, 상류

③ 난류, 사류

④ 난류, 상류

$\boxed{\text{해설}}$ ㉠ $V = \dfrac{Q}{A} = \dfrac{80}{10\times20} = 0.4\text{cm/sec}$

㉡ $R = \dfrac{10\times20}{20+2\times10} = 5\text{cm}$

㉢ $R_e = \dfrac{VR}{\nu} = \dfrac{0.4\times5}{1\times10^{-2}} = 200 < 500$

$\therefore\ \text{층류}$

㉣ $F_r = \dfrac{V}{\sqrt{gh}} = \dfrac{0.4}{\sqrt{980\times10}} = 0.004 < 1$

$\therefore\ \text{상류}$

74 개수로의 흐름을 상류 – 층류와 상류 – 난류, 사류 – 층류와 사류 – 난류의 네 가지 흐름으로 나누는 기준이 되는 한계 Froude수(F_r)와 한계 Reynolds(R_e) 수는?

[기사 12]

① $F_r = 1,\ R_e = 1$

② $F_r = 1,\ R_e = 500$

③ $F_r = 500,\ R_e = 1$

④ $F_r = 500,\ R_e = 500$

$\boxed{\text{해설}}$ 개수로의 흐름

㉠ $F_r < 1$이면 상류, $F_r > 1$이면 사류이다.

㉡ $R_e < 500$이면 층류, $R_e > 500$이면 난류이다.

75 개수로에서 유속을 V, 중력가속도를 g, 수심을 h로 표시할 때 장파(長波)의 전파속도를 나타내는 것은?

[산업 12]

① gh　　　　　② Vh

③ $\sqrt{gh}$　　　　④ $\sqrt{Vh}$

$\boxed{\text{해설}}\ C = \sqrt{gh}$

76 폭이 넓은 직사각형 수로에서 폭 1m당 0.5m³/sec의 유량이 80cm의 수심으로 흐르는 경우 이 흐름은? (단, 동점성계수는 0.012cm²/sec, 한계수심은 29.5cm이다.)

[기사 09]

① 층류이며 상류

② 층류이며 사류

③ 난류이며 상류

④ 난류이며 사류

$\boxed{\text{해설}}$ ㉠ $V = \dfrac{Q}{A} = \dfrac{0.5}{1\times0.8}$

$= 0.625\text{m/sec} = 62.5\text{cm/sec}$

㉡ $R_e = \dfrac{VR}{\nu} = \dfrac{62.5\times80}{0.012}$

$= 416{,}667 > 500$이므로 난류이다.

($\because$ 폭이 넓은 수로일 때 $R ≒ h = 80\text{cm}$)

㉢ $h\,(= 80\text{cm}) > h_c\,(= 29.5\text{cm})$이므로 상류이다.

77 평균유속계수 (Chezy 계수) $C = 29$이고 수로경사 $I = \dfrac{1}{80}$의 하천의 흐름상태는? (단, $\alpha = 1.11$이다.)

① $I_c = \dfrac{1}{70}$로 상류

② $I_c = \dfrac{1}{95}$로 사류

③ $I_c = \dfrac{1}{70}$로 사류

④ $I_c = \dfrac{1}{95}$로 상류

[해설] $I_c = \dfrac{g}{\alpha C^2} = \dfrac{9.8}{1.11 \times 29^2} = \dfrac{1}{95}$

$\therefore I > I_c$이므로 사류

78 폭 5m인 직사각형 수로에 5m³/sec의 물을 유하시킬 때의 한계경사는? (단, 에너지 보정계수 $\alpha = 1.1$, 조도계수 $n = 0.015$이다.)

① 3.3×10^{-3}

② 2.9×10^{-3}

③ 2.7×10^{-3}

④ 4.5×10^{-3}

[해설] ㉠ $h_c = \left(\dfrac{\alpha Q^2}{gb^2} \right)^{\frac{1}{2}} = \left(\dfrac{1.1 \times 5^2}{9.8 \times 5^2} \right)^{\frac{1}{3}} = 0.482\text{m}$

㉡ $C = \dfrac{1}{n} R^{\frac{1}{6}} = \dfrac{1}{0.015} \left(\dfrac{5 \times 0.482}{5 + 0.482 \times 2} \right)^{\frac{1}{6}} = 57.32$

㉢ $I_c = \dfrac{g}{\alpha C^2} = \dfrac{9.8}{1.1 \times 57.32^2} = 2.7 \times 10^{-3}$

79 다음 그림은 개수로에서 동점성 계수가 일정하다고 할 때 수심 h와 유속 V에 대한 한계 레이놀즈수(R_e)와 프르드수(F_r)를 전대수지에 나타낸 것이다. 그림에서 4개의 영역으로 나눌 때 난류인 상류를 나타내는 영역은?
[기사 06]

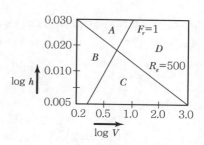

① A ② B
③ C ④ D

[해설] 흐름의 구분

㉠ 층류와 난류
- $R_e = \dfrac{V \cdot D}{\nu}$
- $R_e < 2000$: 층류
- $2000 < R_e < 4000$: 천이영역(한계류)
- $R_e > 4000$: 난류

㉡ 상류와 사류
- $F_r = \dfrac{V}{C} = \dfrac{V}{\sqrt{gh}}$
- $F_r < 1$: 상류(常流)
- $F_r > 1$: 사류(射流)
- $F_r = 1$: 한계류

㉢ 난류인 상류구간
개수로에서의 한계 레이놀즈수는 $D = 4R$이므로 층류와 난류의 기준은 $R_e = 500$을 기준으로 한다.

$\therefore$ 난류이면서 상류 구간은 A구간이다.

80 개수로의 흐름에서 상류가 일어나는 경우는 어느 것인가? [기사 96]

① $I < \dfrac{g}{\alpha C^2}$

② $F_r > 1$

③ $\left(\dfrac{\alpha Q^2}{gb^2}\right)^{\frac{1}{3}} > \left(\dfrac{Q}{bC\sqrt{I}}\right)^{\frac{2}{3}}$

④ $\dfrac{V}{\sqrt{gh}} > 1$

해설

상류의 조건		사류의 조건	
• $I < I_c$	• $V < V_c$	• $I > I_c$	• $V > V_c$
• $h > h_c$	• $F_r < 1$	• $h < h_c$	• $F_r > 1$

81 그림과 같은 삼각형 단면수로의 한계수심 (h_c)은? (단, g=중력가속도, Q=유량, b=수면폭임.) [산업 00]

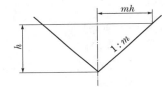

① $h_c = \left(\dfrac{\alpha Q^2}{gb^2}\right)^{\frac{1}{3}}$ ② $h_c = \left(\dfrac{2\alpha Q^2}{gm^2}\right)^{\frac{1}{5}}$

③ $h_c = \left(\dfrac{\alpha Q^2}{gb^2}\right)^{\frac{1}{5}}$ ④ $h_c = \left(\dfrac{\alpha Q^2}{gm^2}\right)^{\frac{1}{3}}$

82 충력치(specific force)의 정의로 옳은 것은? [기사 93, 98]

① 물의 충격에 의해서 생기는 힘을 말한다.
② 비에너지가 최대가 되는 수심일 때의 에너지를 말한다.
③ 개수로의 한 단면에서의 운동량과 정수압의 합을 물의 단위중량으로 나눈 값을 말한다.

④ 한계수심을 가지고 흐를 때의 한 단면에서의 energy를 말한다.

해설 충력치(비력 : specific force)

$$M = \eta\dfrac{Q}{g}V + h_G A$$

83 충력치 M에 관한 사항 중 옳지 않은 것은? [기사 96]

① 충력치는 수심의 함수이다.
② 하나의 충력치(M)에 대하여 두 개의 수심이 존재할 수 있다.
③ 충력치가 최소로 되는 수심은 근사적으로 등류수심과 같다.
④ 최소 충력치에 대한 수심은 $\dfrac{\partial M}{\partial h}=0$의 조건에서 구할 수 있다.

해설 ㉠ 하나의 충력치에 대하여 2개의 수심이 존재한다.
㉡ 충력치가 최소가 되는 수심은 근사적으로 한계수심과 같다.

84 도수 전후의 충력치(비력)를 각각 M_1, M_2라 할 때 M_1, M_2의 크기와 충력치에 대한 설명으로 옳은 것은? [기사 09]

① 충력치란 물의 충격에 의해서 생기는 힘을 말하며, $M_1 = M_2$
② 충력치란 한계수심에서의 비에너지를 말하며, $M_1 > M_2$
③ 충력치란 개수로 내 한 단면에서의 물의 단위무게당 정수압과 운동량의 합을 말하며, $M_1 = M_2$
④ 충력치란 비에너지가 최대가 되는 수심에서의 역적을 말하며, $M_1 < M_2$

해설 충력치
㉠ 충력치는 물의 단위중량당 정수압과 운동량의 합이다.

$$M = \eta \frac{Q}{g} V + h_G A = \text{일정}$$

ⓛ 충력치는 흐름의 모든 단면에서 일정하다.
$$(M_1 = M_2)$$

85 수로바닥 경사를 거의 무시할 수 있는 직사각형 수로에서 $Q = 6.4\text{m}^3/\text{sec}$, 수심 0.8m, 폭 2m일 때 충력값은? (단, $\eta = 1$)

[기사 99, 산업 99]

① 2.73m^3 ② 2.86m^3
③ 2.95m^3 ④ 3.25m^3

해설 $M = \eta \dfrac{Q}{g} V + h_G A$
$$= \frac{6.4}{9.8} \times \frac{6.4}{0.8 \times 2} + \frac{0.8}{2} \times (0.8 \times 2) = 3.25 \text{m}^3$$

86 다음의 비력(M)곡선에서 한계수심을 나타내는 것은? [산업 08]

① h_1
② h_2
③ h_3
④ $h_3 - h_1$

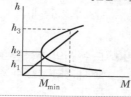

해설 비력(충력치)

㉠ 개수로 흐름에서 비력은 단위중량당의 물이 가지는 힘을 말한다.
㉡ 최소 비력을 제외하고는 하나의 비력에 대하여 두 개의 수심 (h_1, h_3)이 존재하며 이것을 공액수심이라 한다.
㉢ 최소 비력일 때는 한 개의 수심(h_2)이 존재하며 이를 한계수심이라 한다.
∴ 그림에서 한계수심을 나타내는 것은 h_2이다.

87 유량 8m³/sec, 폭 4m, 수심 1m의 구형(矩形) 수로에서 충력값(Specific Force)을 계산한 값은?(단, $\eta = 1.0$임) [기사 99]

① 1.63m^3 ② 2.63m^3
③ 3.63m^3 ④ 4.63m^3

해설 $M = \eta \cdot \dfrac{Q}{g} \cdot V + h_G \cdot A$
$$= 1 \times \frac{8}{9.8} \times \frac{8}{(4 \times 1)} + \frac{1}{2} \times (4 \times 1) = 3.63 \text{m}^3$$

88 개수로의 흐름에서 사류(射流)에서 상류(常流)로 변할 때 가지고 있는 에너지의 일부를 와류와 난류를 통해 소모하는 현상은?

[기사 05]

① 한계수심(限界水深)
② 등류(等流)
③ 도수(跳水)
④ 저하곡선 수면(低下曲線水面)

해설 사류에서 상류로 변할 때 불연속적으로 수면이 뛰도는 현상을 도수라 한다.

89 개수로의 흐름상태에 대한 설명으로 옳은 것은? [기사 05]

① 상류의 수심은 한계수심보다 작다.
② 수로 바닥을 기준으로 하는 에너지를 비에너지라 한다.
③ 도수 전후의 수면차가 클수록 감세효과는 작아진다.
④ 사류는 Froude수가 1보다 작다.

해설 ㉠ 상류의 수심은 한계수심보다 크다.
㉡ 수로바닥을 기준으로 한 단위무게의 물이 가지는 흐름의 에너지를 비에너지라 한다.
$$H_e = h + \alpha \frac{V^2}{2g}$$
㉢ 도수 전후의 수면차가 클수록 감세효과는 커진다.
㉣ $F_r < 1$일 때 ⋯ 상류
$F_r > 1$일 때 ⋯ 사류
$F_r = 1$일 때 ⋯ 한계류

90 개수로 흐름의 도수현상에 대한 설명 중 틀린 것은? [기사 97]

① 도수 전·후의 수심관계는 베르누이정리로 구할 수 있다.
② 도수 전·후의 에너지손실은 주로 불연속 수면 발생때문이다.
③ 도수는 사류가 상류를 만날 경우에만 발생된다.
④ 비력(충력치)과 비에너지가 최소인 수심은 근사적으로 같다.

해설 ㉠ 도수 전·후의 수심관계는 운동량방정식으로 구한다.

$$h_2 = \frac{h_1}{2}(-1 + \sqrt{1 + 8F_{r1}^2})$$

㉡ 충력치가 최소가 되는 수심은 근사적으로 한계수심과 같다.

91 도수(hydraulic jump)에 대한 설명으로 옳은 것은? [산업 11]

① 수로의 곡선부에 있어서 요안(凹岸)측으로 수면이 상승하는 현상
② 사류에서 상류로 변할 때 수면이 불연속적으로 뛰어오르는 현상
③ 정수면의 외부충격에 의한 표면파의 전파현상
④ 수로를 갑자기 막았을 때 수면상승이 상류로 전파되는 현상

해설 사류에서 상류로 변할 때 불연속적으로 수면이 뛰는 현상을 도수라 한다.

92 도수에 대한 설명으로 틀린 것은? [산업 12]

① 흐름이 사류(射流)에서 상류(常流)로 바뀔 때 발생한다.
② 수면이 불연속적으로 상승하는 현상이다.
③ 도수가 발생하기 이전의 수심을 한계수심이

라고 하고, 도수가 발생한 후의 수심은 대응수심이라 한다.
④ 도수 전의 수심과 Froude수만 알면 도수 후의 수심을 구할 수 있다.

해설 도수 전의 수심을 초기수심(initial depth)이라 하고 이와 대응되는 도수 후의 수심을 공액수심(sequent depth)이라 한다.

93 도수(Hydraulic Jump)가 발생한 후 하류에서의 변화로 옳은 것은? [산업 11]

① 유량이 증가한다.
② 유속은 느려지고 물의 깊이가 갑자기 증가한다.
③ 유속은 빨라지고 물의 깊이가 감소한다.
④ 유량이 감소한다.

해설 도수가 발생한 후 하류의 유속은 느려지고 수심은 갑자기 증가한다.

94 도수 전의 수심을 초기 수심이라고 하고 이와 대응되는 도수 후의 수심을 무엇이라 하는가? [산업 07, 09]

① 대응수심   ② 한계수심
③ 등류수심   ④ 공액수심

해설 도수 전의 수심을 초기수심(initial depth)이라고 하고 이와 대응되는 도수 후의 수심을 공액수심(sequent depth)이라고 한다.

95 도수(hydraulic jump)에서 상하류 수심의 관계식은? [기사 03]

① Bernoulli 공식으로부터 유도할 수 있다.
② 위어 법칙으로부터 유도할 수 있다.
③ 운동량방정식으로부터 유도할 수 있다.
④ 상사법칙에 의하여 유도할 수 있다.

96 도수(hydraulic jump) 전후의 수심 h_1, h_2의 관계를 도수 전의 프루드수 F_{r_1}의 함수로 표시한 것으로 옳은 것은? [기사 07]

① $\dfrac{h_2}{h_1} = \dfrac{1}{2}\left(\sqrt{8F_{r_1}^2 + 1} + 1\right)$

② $\dfrac{h_2}{h_1} = \dfrac{1}{2}\left(\sqrt{8F_{r_1}^2 + 1} - 1\right)$

③ $\dfrac{h_1}{h_2} = \dfrac{1}{2}\left(\sqrt{8F_{r_1}^2 + 1} + 1\right)$

④ $\dfrac{h_1}{h_2} = \dfrac{1}{2}\left(\sqrt{8F_{r_1}^2 + 1} - 1\right)$

해설 $\dfrac{h_2}{h_1} = \dfrac{1}{2}\left(-1 + \sqrt{1 + 8F_{r_1}^2}\right)$

97 개수로 내의 정상류의 수심을 y, 수로의 경사를 S, 한계수심과 한계경사를 각각 y_C, S_C, 흐름의 Froude수를 F_r이라고 할 때 $y > y_C$일 때의 조건으로 옳은 것은? [산업 09]

① $F_r < 1$, $S < S_C$ ② $F_r > 1$, $S > S_C$

③ $F_r > 1$, $S < S_C$ ④ $F_r < 1$, $S > S_C$

해설 $y > y_C$인 조건은 상류이므로 $F_r < 1$, $S < S_C$이다.

98 개수로에서 상류(常流)와 사류(射流)에 대한 설명으로 틀린 것은? [산업 11]

① 수심이 한계수심보다 클 경우 상류상태이다.

② 프루드(Froude)수가 1보다 클 경우 사류상태이다.

③ 수로경사가 한계경사보다 급할 때 사류상태이다.

④ 레이놀즈(Reynolds)수가 1보다 클 경우 상류상태이다.

해설
상류의 조건		사류의 조건	
•$I < I_c$	•$V < V_c$	•$I > I_c$	•$V > V_c$
•$h > h_c$	•$F_r < 1$	•$h < h_c$	•$F_r > 1$

99 폭이 50m인 구형 수로의 도수 전 수위 $h_1 =$ 3m, 유량 2,000m³/sec일 때 대응수심은? [기사 98, 06, 12]

① 1.6m

② 6.1m

③ 9.0m

④ 도수가 발생하지 않는다.

해설 ㉠ $F_{r1} = \dfrac{V_1}{\sqrt{gh_1}} = \dfrac{\frac{2,000}{50 \times 3}}{\sqrt{9.8 \times 3}} = 2.46$

㉡ $\dfrac{h_2}{h_1} = \dfrac{1}{2}\left(-1 + \sqrt{1 + 8F_{r1}^2}\right)$

$\dfrac{h_2}{3} = \dfrac{1}{2}\left(-1 + \sqrt{1 + 8 \times 2.46^2}\right)$

∴ $h_2 = 9.04$m

100 수력도약(도수)이 일어나기 전후에서의 수심이 각각 1.5m, 9.24m이었다. 이 도수로 인한 수두손실은? [기사 94, 09]

① 0.80m ② 0.83m

③ 8.36m ④ 16.7m

해설 $\Delta H_e = \dfrac{(h_2 - h_1)^3}{4h_1 h_2} = \dfrac{(9.24 - 1.5)^3}{4 \times 1.5 \times 9.24}$

$= 8.36$m

101 사류(射流)의 수심이 0.8m이고 단위폭당 유량이 10m³/sec인 직사각형 수로에서 도수가 발생할 때 에너지손실은? [산업 03]

① 2.54m ② 2.96m

③ 3.54m ④ 3.88m

해설 ㉠ $F_{r1} = \dfrac{V}{\sqrt{gh}} = \dfrac{\dfrac{10}{1 \times 0.8}}{\sqrt{9.8 \times 0.8}} = 4.46$

㉡ $h_2 = \dfrac{h_1}{2}(-1 + \sqrt{1 + 8{F_{r1}}^2})$

$h_2 = \dfrac{0.8}{2}(-1 + \sqrt{1 + 8 \times 4.46^2})$

∴ $h_2 = 4.66\text{m}$

㉢ $\Delta H_e = \dfrac{(h_2 - h_1)^3}{4h_1 h_2} = \dfrac{(4.66 - 0.8)^3}{4 \times 0.8 \times 4.66} = 3.86\text{m}$

102 도수(跳水)가 15m 폭의 수문 하류측에서 발생되었다. 도수가 일어나기 전의 깊이가 1.5m이고, 그 때의 유속은 18m/sec이었다면 도수로 인한 에너지 손실수두는? (단, 에너지 보정계수 $\alpha = 1$이다.) [산업 11]

① 8.3m
② 7.6m
③ 5.4m
④ 3.2m

해설 ㉠ $F_{r_1} = \dfrac{V}{\sqrt{gh}} = \dfrac{18}{\sqrt{9.8 \times 1.5}} = 4.69$

㉡ $h_2 = \dfrac{h_1}{2}(-1 + \sqrt{1 + 8{F_{r_1}}^2})$

$h_2 = \dfrac{1.5}{2}(-1 + \sqrt{1 + 8 \times 4.69^2})$

∴ $h_2 = 9.23\text{m}$

㉢ $\Delta H_e = \dfrac{(h_2 - h_1)^3}{4h_1 h_2}$

$= \dfrac{(9.23 - 1.5)^3}{4 \times 1.5 \times 9.23} = 8.34\text{m}$

103 폭 5m인 직4각형 단면 수로에서 유량이 100.5m³/sec일 때 도수 전후의 수심이 각각 2.0m 및 5.5m이었다면 도수로 인한 동력손실은? [산업 12]

① 955.4kW
② 1,300.2kW
③ 1,969.4kW
④ 5,417.2kW

해설 도수로 인한 에너지손실

㉠ 도수로 인한 에너지손실

$\Delta H_e = \dfrac{(h_2 - h_1)^3}{4h_1 h_2} = \dfrac{(5.5 - 2.0)^3}{4 \times 5.5 \times 2.0} = 0.974\text{m}$

㉡ 동력손실의 계산
수두 0.974m가 감소됐으므로 그만큼의 동력은

∴ $P = 9.8QH = 9.8 \times 100.5 \times 0.974$

$= 959.3\text{kW}$

104 hydraulic jump에 관한 공식이 아닌 것은? [기사 99, 12]

① Safranez 공식
② Smetana 공식
③ Woycicki 공식
④ Zunker 공식

해설 도수의 길이를 구하는 실험공식

㉠ Smetana 공식 : $l = 6(h_2 - h_1)$

㉡ Safranez 공식 : $l = 4.5h_2$

㉢ Woycicki 공식 : $l = \left(8 - 0.05\dfrac{h_2}{h_1}\right)(h_2 - h_1)$

㉣ 미국 개척국 공식 : $l = 6.1h_2$

105 개수로에서 지배단면(control section)이란 무엇인가? [산업 99, 05, 10]

① 층류에서 난류로 변하는 지점의 단면
② 상류에서 사류로 변하는 지점의 단면
③ 사류에서 상류로 변하는 지점의 단면
④ 동일단면에서 최대유량이 흐르는 단면

해설 지배단면이란 상류에서 사류로 변하는 지점의 단면을 말한다.

106 개수로에서 지배단면이란 무엇을 뜻하는가? [기사 95, 산업 10]

① 사류에서 상류로 변하는 지점의 단면
② 비에너지가 최대로 되는 지점의 단면

③ 상류에서 사류로 변하는 지점의 단면
④ 층류에서 난류로 변하는 지점의 단면

해설 개수로에서 지배단면이란 한계경사일 때의 단면, 즉 상류에서 사류로 변할 때의 단면을 의미한다.

107 개수로의 지배단면(control section)에 대한 설명으로 옳은 것은? [기사 06, 08, 11]

① 개수로 내에서 유속이 가장 크게 되는 단면이다.
② 개수로 내에서 압력이 가장 크게 작용하는 단면이다.
③ 개수로 내에서 수로경사가 항상 같은 단면을 말한다.
④ 한계수심이 생기는 단면으로서 상류에서 사류로 변하는 단면을 말한다.

해설 상류에서 사류로 변하는 단면을 지배단면이라 한다.

108 개수로에서 상류에서 사류 또는 사류에서 상류로 변할 때 도수가 생기지 않는 범위는? [산업 93]

① $F_r < 1$ ② $F_r > 1$
③ $F_r > \sqrt{3}$ ④ $F_r < \sqrt{3}$

해설 도수가 생기지 않는 범위
$F_r < 1$

109 댐의 상류부에서 발생되는 수면곡선은? [기사 93, 10]

① 배수곡선
② 저하곡선
③ 수리특성곡선
④ 유사량곡선

해설 댐의 상류부에서는 흐름방향으로 수심이 증가하는 배수곡선이 나타난다.

110 개수로 구간에 댐을 설치했을 때 수심 h가 상류로 갈수록 등류수심 h_0에 접근하는 수면곡선을 무엇이라 하는가? [산업 10]

① 저하곡선 ② 배수곡선
③ 수문곡선 ④ 수면곡선

해설 상류수로에 댐을 만들 때 상류(上流)에서는 수면이 상승하는 배수곡선이 나타난다. 이 곡선은 수심 h가 상류로 갈수록 등류수심 h_0에 접근하는 형태가 된다.

111 배수곡선에 대한 정의로서 옳은 것은? [기사 95, 08]

① 사류상태로 흐르는 하천에 댐을 구축하였을 때 생기는 저수지의 수면곡선
② 홍수시 하천의 수면곡선
③ 하천 단락부 상류의 수면곡선
④ 상류상태로 흐르는 하천에 댐을 구축했을 때 저수지의 수면곡선

해설 상류로 흐르는 수로에 댐, weir 등의 수리구조물을 만들면 수리구조물의 상류에 흐름방향으로 수심이 증가하는 수면곡선이 나타나는데 이러한 수면곡선을 배수곡선이라 한다.

112 개수로 흐름에 관한 설명 중 틀린 것은? [기사 98, 03]

① 사류에서 상류로 변하는 곳에 도수현상이 생긴다.
② 유량이 수심에 의해 확실히 결정되는 단면을 지배단면이라 한다.
③ 비에너지는 수로 바닥을 기준으로 한 에너지이다.
④ 배수곡선은 수로가 단락(段落)이 되는 곳에 생기는 수면곡선이다.

해설 ㉠ 상류로 흐르는 수로에 댐, weir 등의 수리구조물을 만들 때 수리구조물의 상류에 흐름방향으로 수심이

증가하는 배수곡선이 일어난다.
ⓒ 수로가 단락되거나 폭포와 같이 수로경사가 갑자기 클 때 저하곡선이 일어난다.

113 개수로 내에 댐을 축조하여 월류(越流)시킬 때 수면 곡선이 변화된다. 배수곡선(背水曲線)의 부등류(不等流) 계산을 진행하는 방향(方向)이 옳은 것은? [기사 05]

① 지배단면에서 상류(上流)측으로
② 지배단면에서 하류(下流)측으로
③ 등류수심 지점에서 댐 지점으로
④ 등류수심 지점에서 지배단면으로

[해설] 흐름이 상류일 때의 수면곡선은 지배단면에서 상류로 계산한다.

114 배수곡선(背水曲線)이 생기는 영역(領域)은? (단, h는 측정수심, h_o는 등류수심, h_c는 한계수심이다.) [기사 05, 08]

① $h > h_o > h_c$
② $h < h_o < h_c$
③ $h > h_o < h_c$
④ $h < h_o > h_c$

[해설] 완경사일 때 수면곡선
㉠ $h > h_o > h_c$일 때 배수곡선이 생긴다.
㉡ $h_o > h > h_c$일 때 저하곡선이 생긴다.
㉢ $h_o > h_c > h$일 때 배수곡선이 생긴다.

115 수로경사가 급한 폭포와 같이, 수심이 흐름 방향으로 감소하는 형태의 수면곡선은? [산업 05]

① 유속곡선
② 저하곡선
③ 완화곡선
④ 유량곡선

[해설] 수로가 단락되거나 폭포와 같이 수로경사가 갑자기 클 때 저하곡선이 나타난다.

116 완경사인 경우에 $h_0 > h > h_c$인 조건하에서 생기는 수면형은? (단, h_0 : 등류수심, h_c : 한계수심, h : 수심) [산업 00]

① 배수곡선
② 저하곡선
③ 유량곡선
④ 수리학성 곡선

[해설] 완경사일 때 수면곡선
㉠ $h > h_0$일 때 배수곡선이 나타난다.
㉡ $h_0 > h > h_c$일 때 저하곡선이 나타난다.
㉢ $h_c > h$일 때 배수곡선이 나타난다.

117 완경사 수로에서 배수곡선(M_1)이 발생할 경우 각 수심간의 관계로 옳은 것은? (단, 흐름은 완경사의 상류흐름 조건이고, y : 측정수심, y_n : 등류수심, y_c : 한계수심) [기사 12]

① $y > y_n > y_c$
② $y < y_n < y_c$
③ $y > y_c > y_n$
④ $y_n > y > y_c$

[해설] 완경사일 때 수면곡선
㉠ $h > h_o > h_c$일 때 배수곡선(M_1)이 생긴다.
㉡ $h_o > h > h_c$일 때 저하곡선(M_2)이 생긴다.
㉢ $h_o > h_c > h$일 때 배수곡선(M_3)이 생긴다.

118 폭이 넓은 직사각형 수로에서 배수곡선의 조건을 바르게 나타낸 항은? (단, i=수로경사, I_e=에너지 경사, F_r=Froude수) [기사 08]

① $i > I_e$, $F_r < 1$
② $i < I_e$, $F_r < 1$
③ $i < I_e$, $F_r > 1$
④ $i > I_e$, $F_r > 1$

[해설] 점변류의 수면곡선을 구하기 위한 기본방정식
$$\frac{dh}{dx} = \frac{S_o - S_f}{1 - F_r^2}$$
여기서, S_o는 수로경사, S_f는 에너지 경사이다.
배수곡선은 $\frac{dh}{dx} > 0$이므로 $S_o > S_f$, $F_r < 1$이다.

119 파동에 관한 설명 중 옳지 않은 것은?

[기사 96]

① 파장에 비해서 수심이 비교적 작은 경우를 심해파라고 한다.
② 파동은 그 원인이 제거된 후에도 계속 중력과 표면장력을 받는다.
③ 중력이 파동을 주로 지배하는 경우를 중력파라고 한다.
④ 일반적으로 파동은 주로 중력파라고 생각해도 좋다.

해설 ㉠ 파장에 비해 수심이 큰 경우를 **심해파**라 한다.
㉡ 어떤 원인에 의해 발생된 파동은 그 원인이 제거된 후에도 계속 중력과 표면장력의 작용을 받아 그 운동을 계속한다.

120 수면곡선계산에 있어서 흐름이 사류인 경우 계산순서를 바르게 설명한 것은?

[기사 93, 99]

① 기점수위를 하류수위 기준점에서 수위를 결정한 후, 상류로 계산해 올라간다.
② 기점수위를 상류수위 기준점에서 수위를 결정한 후, 하류로 계산해 내려간다.
③ 유량의 규모에 따라 계산순서가 상류로 갈수도 있고 하류로 갈수도 있다.
④ 상류, 사류에 따른 구분이 있다.

해설 **수면곡선계산법**
㉠ 흐름이 상류일 때 수면곡선은 지배단면에서 상류로 계산한다.
㉡ 흐름이 사류일 때 수면곡선은 지배단면에서 하류로 계산한다.

121 그림과 같은 부등류 흐름에서 y는 실제 수심, y_c는 한계수심, y_n은 등류수심을 표시한다.

122 그림의 수면곡선 명칭과 수로경사에 관한 설명으로 옳은 것은?

[기사 02]

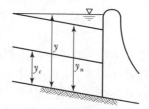

① 완경사 수로에서 배수곡선이며 M_1곡선
② 완경사 수로에서 배수곡선이며 S_1곡선
③ 완경사 수로에서 배수곡선이며 M_2곡선
④ 급경사 수로에서 저하곡선이며 S_2곡선

해설 그림의 수면곡선은 완경사 상류 구간에서 배수곡선이며 M_1곡선을 의미한다.

122 다음 그림과 같이 수로가 완경사로부터 급경사로 변화하였다. 이때 급경사 부분의 수심을 계산하고자 할 때 구해야 할 구간은?

[02 기사]

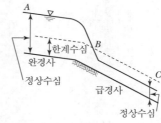

① A부터 시작하여 C까지 계산한다.
② B부터 시작하여 C까지 계산한다.
③ C부터 역으로 B를 거쳐 A까지 계산한다.
④ B부터 시작하여 완경사 부분의 수심을 A까지 계산한 후에 다시 C부터 시작하여 B까지 계산하고 B에서의 수심과 일치하는가를 확인한다.

해설 **사류구간의 수위계산**
사류구간의 수위계산은 지배단면을 기준으로 상류에서 하류로 진행한다.

123 개수로 흐름에 대한 성질을 표시한 것이다. 틀린 것은? [기사 93, 03]

① 도수 중에는 반드시 에너지손실이 일어난다.
② 홍수시 저수지의 배수곡선(背水曲線)은 월류댐의 월류수심과 관계가 없다.
③ Escoffier의 도해법은 부등단면 개수로의 수면형을 구하는 방법이다.
④ 개수로에서 단파(段波)현상은 수류의 운동량과 관계가 있다.

해설 ㉠ 배수곡선은 월류수심과 관계있다.
㉡ Escoffier 도해법은 자연하천의 수면곡선을 구하는 데 많이 이용된다.

124 기준면을 수로바닥에 잡은 경우 동수경사(hydraulic gradient)를 옳게 기술한 것은? (단, 전 수심 $h = P/w_0$ 이다.) [기사 02]

① $I = -\dfrac{\partial}{\partial S}\left(\dfrac{P}{w_0} + Z\right)$

② $I = -\dfrac{\partial}{\partial S}\left(\dfrac{P}{w_0} - Z\right)$

③ $I = -\dfrac{\partial}{\partial S}\left(\dfrac{P}{w_0}\right)$

④ $I = -\dfrac{\partial Z}{\partial S}$

해설 $I = -\dfrac{\partial}{\partial S}\left(\dfrac{P}{w_0} + Z\right)$ 이지만 기준면을 수로바닥에 잡은 경우의 동수경사이므로 $I = -\dfrac{\partial}{\partial S}\left(\dfrac{P}{w_0}\right)$ 이다.

125 개수로 구간에 댐을 설치했을 때 수심 h 는 상류로 갈수록 등류수심 h_0에 접근하는 수면곡선을 무엇이라 하는가? [산업 01]

① 저하곡선   ② 배수곡선
③ 수문곡선   ④ 수면곡선

해설 상류수로에 댐을 만들 때 상류(上流)에서는 수면이 상승하는 배수곡선이 나타난다.

126 수문을 갑자기 닫아서 물의 흐름을 막으면 상류(上流)쪽의 수면이 갑자기 상승하여 단상(段狀)이 되고, 이것이 상류로 향하여 전파된다. 이러한 현상을 무엇이라 하는가? [기사 06]

① 장파(長波)
② 단파(段波)
③ 홍수파(洪水波)
④ 파상도수(波狀跳水)

해설 단파

㉠ 일정한 유량이 흐르고 있는 하천이나 개수로에서 상류(上流)나 하류(下流)의 수문을 급조작하여 수심, 유속, 유량 등 흐름의 특성을 변화시키면, 급경사부가 형성되어 상류나 하류 쪽으로 진행하는 파를 단파(Hydraulic Bore)라 한다.
㉡ 충격력이 강하고 시간적으로 급격한 수위변화를 수반한다.

127 단파(hydraulic bore)에 대한 설명으로 옳은 것은 어느 것인가? [기사 11]

① 수문을 급히 개방할 경우 하류로 전파되는 흐름
② 유속이 파의 전파속도보다 작은 흐름
③ 댐을 건설하여 상류측 수로에 생기는 수면파
④ 계단식 여수로에 형성되는 흐름의 형상

해설 상류에 있는 수문을 갑자기 닫거나 열 때 또는 하류에 있는 수문을 갑자기 닫거나 열 때 흐름이 단상이 되어 전파하는 현상을 단파라 한다.

128 수평면상 곡선수로의 상류(常流)에서 비회전흐름의 경우, 유속 V와 곡률반경 R의 관계로 옳은 것은? (단, C는 상수)[기사 06, 11]

① $V = CR$

② $VR = C$

③ $R + \dfrac{V^2}{2g} = C$

④ $\dfrac{V^2}{2g} + CR = 0$

해설 곡선수로의 수류

㉠ 유선의 곡률이 큰 상류의 흐름에서 수평면의 유속은 수로의 곡률반지름에 반비례한다.

㉡ $V \times R = C$(일정)

CHAPTER 08 지하수와 수리학적 상사

SECTION 01 | 지하수의 흐름

■ 지하수의 일반

(1) 지하수의 정의 및 특징

① 흙속에 침투된 물중에서 지표 가까이 혹은 토사입자에 부착되어 있거나, 암반이나 점토 같은 불투수층에 도달되어 그 이상 통과하지 못하고, 토사 간격에 완전히 충만 되어 있는 흙속의 물을 지하수(ground water)라 한다.

② 지상에 떨어진 강수가 일반 지표면을 통해 침투하여 짧은 시간 내에 하천으로 방출되지 않고, 지하에 머무르면서 흐르는 물을 말한다.

③ 지하수의 흐름은 지표수에 비하여 속도가 아주 느리고, 대부분의 지하수의 흐름은 층류의 흐름으로 본다. ($R_e = 1 \sim 10$)

(2) 지하수의 기원

① 대기수(meteoric water)

대기권으로부터 강수현상에 의해 지표에 내려 침투, 침루현상에 의해 포화대에 도달한 물로서 대부분의 지하수가 대기수이며, 물의 순환과정의 한 부분이다.

② 암석수(connate water)

암석층이 형성될 때 층사이의 공극에 낀 물을 말한다.

③ 화산수(volcanic water)

화산 작용에 의해 지하 깊은 곳으로부터 지표면을 거쳐 지하수가 형성된 물이다.

(3) 지하수의 연직분포

① 지하수는 크게 통기대와 포화대로 구분된다. 통기대는 대기 중의 공기가 땅속까지 들어가 있는 부분을 말하는데, 이는 토양수대, 중간수대, 모관수대로 나뉜다. 통기대 내의 물을 현수수라 한다.

② 포화대는 지하수면 아래의 물로 포화되어 있는 부분을 말하며, 이 포화대의 물을 지하수라 한다. 포화대의 상단은 통기대와 접하고, 하단은 점토질 또는 실트의 불투수층이나 암반에 접한다.

③ 토양수대는 지표면에서부터 식물의 뿌리가 박혀 있는 면까지의 영역을 말하며, 불포화상태가 보통이다. 현수수의 제일 윗부분에 존재하는 물로 토양수라고 한다.

④ 중간수대는 토양수대의 하단으로부터 모관수대의 상단까지의 영역을 말하며, 토양수대와 모관수대를 연결하는 역할을 한다. 피막수와 중력수가 존재한다.

　여기서, 토립자의 흡습력과 모관력에 의해 토립자에 붙어서 존재하는 물을 피막수라 하고, 중력에 의해 토양층을 통과하는 토양수의 여유분의 물을 중력수라 한다.

⑤ 모관수대는 지하수가 모세관현상에 의해 지하수면에서부터 올라가는 점까지의 영역을 말하고, 모관수대에 존재하는 물을 모관수라 한다.

⑥ 지하수대는 통기대 하단의 포화대의 영역을 말하고, 지하수대에 존재하는 물을 지하수라 한다.

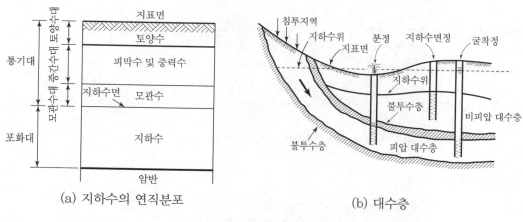

[그림 8-1] 지하수와 대수층

(4) 대수층의 종류

① 비피압 대수층

대수층 내에 자유지하수면이 있어서 지하수의 흐름이 대기압을 받고 있는 대수층을 비피압 대수층(unconfined aquifer)이라 한다. 자유 대수층이라고도 한다.

② 피압 대수층

불투수성 지반 사이에 낀 대수층 내의 자유지하수면을 갖지 않는 대수층으로, 지하수가 대기압보다 큰 압력을 받고 있는 대수층을 피압 대수층(confined aquifer)이라 한다.

2 다르시(Darcy)의 법칙

(1) Darcy 법칙의 기본가정

① 지하수의 흐름은 정상류이고, 층류의 흐름이다.

② 투수층을 구성하고 있는 투수물질은 균일하고 동질이다.

③ 대수층 내에 모관수대는 존재하지 않는다.

④ Darcy 법칙은 Reynolds 수와 관계가 있으며, 대략 $R_e < 4$의 층류의 흐름에서 Darcy 법칙이 성립한다.

$$
\begin{aligned}
&R_e < 4 : 층류 \\
&R_e > 4 : 난류
\end{aligned}
\qquad \cdots \cdots (1)
$$

(2) 지하수의 유속과 유량

① 이론유속 $\quad V = ki \qquad \cdots \cdots (2)$

② 실제 침투유속 $\quad V_s = \dfrac{V}{n} \qquad \cdots \cdots (3)$

여기서, k : 투수계수(m/sec, cm/sec), n : 공극률

③ 지하수의 유량

$$
Q = AV = Aki = Ak\frac{\Delta h}{\Delta l} \qquad \cdots \cdots (4)
$$

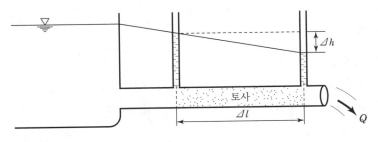

[그림 8-2] 다르시(Darcy)의 법칙

(3) 투수계수

① 투수계수란 물의 흐름에 대한 흙의 저항정도를 의미한다. 관계식은 다음과 같다.

$$K = D_s^2 \cdot \frac{w}{\mu} \cdot \frac{e^3}{1+e} \cdot C \quad \text{(5)}$$

여기서, D_s : 흙의 입경

μ : 유체의 점성계수

e : 공극비(간극비)

C : 형상계수

② 투수계수 K는 속도의 차원(LT^{-1})을 갖는다.

③ 투수계수에 영향을 주는 인자로는 흙 입자의 모양과 크기, 공극비, 포화도, 흙입자의 구성, 흙의 구조, 유체의 점성, 밀도 등이 있다.

④ 투수계수의 단위로 Darcy가 사용된다.

1Darcy란 1(기압/cm)의 압력경사 하에서 1(centipoise)의 점성을 갖는 유체가 1(cm³/sec)의 유량으로 1(cm²)의 단면적을 통해서 흐를 때의 투수계수를 말한다.

$$1\text{Darcy} = \frac{\dfrac{1\text{centipoise} \times 1\text{cm}^3/\text{sec}}{1\text{cm}^2}}{1\text{기압}/\text{cm}} \quad \text{(6)}$$

(4) 투수계수 결정

① 정수위 투수시험(주로 사질토에 적용한다)

$$K = \frac{Ql}{hAt} \quad \text{(7)}$$

② 변수위 투수시험(주로 점성토에 적용한다)

$$K = \frac{al}{A} \frac{1}{t_2 - t_1} l_n \left(\frac{h_1}{h_2} \right) \quad \text{(8)}$$

③ Hazen 경험식(사질토인 경우)

$$K = CD_{10}^2 \quad\text{(9)}$$

여기서, C : 100, D_{10} : 유효경

④ 기타 야외법으로 염료 화학약품을 지하수에 흘려보내거나 방사성 동위원소 등을 사용하여 투수 계수를 결정한다.

❸ 지하수 유량

(1) 제방의 침투유량(Dupuit 이론)

① Dupuit 이론의 기본가정
　　㉠ 침윤선의 경사가 작으면 물은 수평으로 흐른다.
　　㉡ 동수경사는 자유수면의 경사와 같고, 깊이에 관계없이 일정하다.

② 침윤선 공식의 단위유량(m^3/sec, cm^3/sec)

$$q = \frac{K}{2l}(h_1^2 - h_2^2) \quad\text{(10)}$$

③ 총(전체) 유량(m^3, cm^3)

$$Q = L \times q \quad\text{(11)}$$

여기서, q : 단위 폭 유량, l : 제방 폭, L : 제방 길이

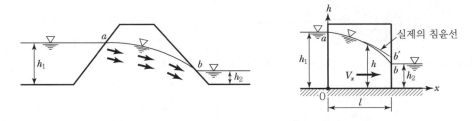

[그림 8-3] Dupuit의 침윤선

(2) 우물(관정)의 수리

① 지하의 함수층에서 지하수를 양수하기 위하여 설치한 세로 항을 우물(well)이라 한다.

② 점토층과 같은 불투수층 사이에 낀 투수층 내에 압력을 받고 있는 지하수를 피압지하수라 한다.

③ 일반적으로 우물에는 관정의 깊이에 따라 굴착정, 깊은 우물, 집수암거와 얕은 우물 등이 있다.

(3) 굴착정(artesian well)

① 피압 대수층의 물을 양수하는 우물을 굴착정이라 한다.

② 양수할 때 우물에 물이 고이는 범위로서 양수의 영향이 미치는 영향원의 반경을 영향원(R)이라 한다.

③ 굴착정의 유량

$$Q = \frac{2\pi a K(H - h_0)}{\log_e\left(\dfrac{R}{r_0}\right)} = \frac{2\pi a K(H - h_0)}{2.3\log\left(\dfrac{R}{r_0}\right)} \quad \text{.............................(12)}$$

여기서, R : 영향원($= (3,000 \sim 5,000)r_0$)

r_0 : 우물의 반지름

(4) 깊은 우물(심정호, 심정, deep well)

① 불투수층 위의 대수층 내에 자유지하수면을 가지는 자유지하수를 양수하는 우물 중 우물의 바닥이 불투수층까지 도달한 우물을 깊은 우물이라 한다.

② 깊은 우물의 유량

$$Q = \frac{\pi K(H^2 - h_0^2)}{\log_e\left(\dfrac{R}{r_0}\right)} = \frac{\pi K(H^2 - h_0^2)}{2.3\log\left(\dfrac{R}{r_0}\right)} \quad \text{.............................(13)}$$

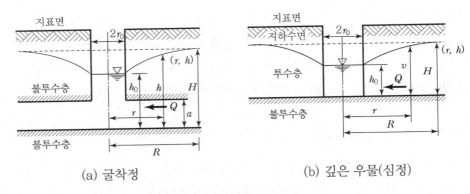

(a) 굴착정	(b) 깊은 우물(심정)

[그림 8-4] 굴착정과 깊은 우물

(5) 얕은 우물(천정호, shallow well)

① 우물의 바닥이 불투수층까지 도달하지 않은 우물로, 복류수를 양수하는 우물을 얕은 우물이라 한다. 집수정의 바닥(저면)으로만 유입하는 경우만 생각한다.

② 집수정 바닥이 수평한 경우의 유량

$$Q = 4Kr_0(H - h_0) \quad \cdots\cdots\cdots\cdots\cdots\cdots\cdots\cdots\cdots\cdots\cdots\cdots\cdots\cdots\cdots\cdots (14)$$

③ 집수정 바닥이 둥근 경우의 유량

$$Q = 2\pi Kr_0(H - h_0) \quad \cdots\cdots\cdots\cdots\cdots\cdots\cdots\cdots\cdots\cdots\cdots\cdots\cdots\cdots (15)$$

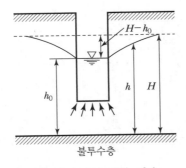

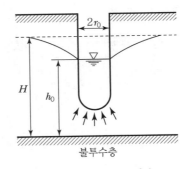

(a) 바닥이 수평한 경우	(b) 바닥이 둥근 경우

[그림 8-5] 얕은 우물

(6) 집수암거(infiltration gallery)

① 하안 또는 하상의 투수층에 암거나 다공관(구멍 뚫린 관)을 매설하여 하천에서 침투한 침투수를 취수하는 우물을 집수암거라 한다. 수면 아래에 있는 집수암거, 불투수층에 달하는 집수암거, 하안에 있는 집수암거 등으로 구분할 수 있다.

② 수면 아래에 있는 집수암거

$$Q = \frac{2\pi K \Delta H}{2.3\log\left(\dfrac{4a}{d}\right)}$$ ·· (16)

여기서, a : 바닥으로부터 암거 중심까지의 거리
d : 집수관의 직경

③ 불투수층에 달하는 집수암거

$$q = \frac{K}{2R}(H^2 - h_0^2)$$: 단위 m당 유량(한쪽 측면 유입 시) ····················· (17)

$$\therefore \ Q = 2lq = \frac{Kl}{R}(H^2 - h_0^2)$$: 전체 유량(양쪽 측면 유입 시) ·············· (18)

④ 하안에 있는 집수암거

$$Q = \frac{1}{2} \times \frac{kl(H^2 - h_0^2)}{R}$$ ·· (19)

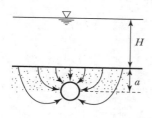
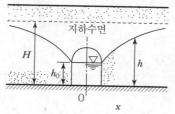
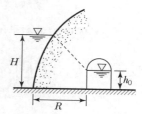

(a) 수면 아래에 있는 집수암거   (b) 불투수층에 달하는 집수암거   (c) 하안에 있는 집수암거

[그림 8-6] 집수암거

(7) 지하수의 기본 방정식

① 지하수의 운동방정식은 다르시(Darcy)의 법칙과 오일러(Euler)의 운동방정식으로부터 유도할 수 있다.

$$\frac{1}{\lambda}\frac{\partial u}{\partial t} = -\frac{1}{\rho}\frac{\partial p}{\partial x} - \frac{\mu}{K''\rho} \cdot u \quad \text{........................} (20)$$

$$\frac{1}{\lambda}\frac{\partial \nu}{\partial t} = -\frac{1}{\rho}\frac{\partial p}{\partial y} - \frac{\mu}{K''\rho} \cdot \nu \quad \text{........................} (21)$$

$$\frac{1}{\lambda}\frac{\partial w}{\partial t} = -g - \frac{1}{\rho}\frac{\partial p}{\partial z} - \frac{\mu}{K''\rho} \cdot w \quad \text{........................} (22)$$

② 지하수의 연속방정식은 Euler의 3차원 연속방정식에서 비압축성 유체의 정류 흐름에 대하여 다르시(Darcy) 법칙을 적용하여 정리하면

$$\frac{\partial^2 \phi}{\partial x^2} + \frac{\partial^2 \phi}{\partial y^2} + \frac{\partial^2 \phi}{\partial z^2} = 0 \quad \text{........................} (23)$$

이를 수두로 표시하면

$$\frac{\partial^2 h}{\partial x^2} + \frac{\partial^2 h}{\partial y^2} + \frac{\partial^2 h}{\partial z^2} = 0 \quad \text{........................} (24)$$

③ 지하수의 흐름은 Laplace 방정식을 만족한다. 이를 2차원으로 표시하면

$$\frac{\partial^2 h}{\partial x^2} + \frac{\partial^2 h}{\partial y^2} = 0 \quad \text{........................} (25)$$

3차원으로 표시하면

$$\frac{\partial^2 h}{\partial x^2} + \frac{\partial^2 h}{\partial y^2} + \frac{\partial^2 h}{\partial z^2} = 0 \quad \text{........................} (26)$$

SECTION 02 | 유사이론과 수리학적 상사

1 유사이론

(1) 유사의 종류 및 소류력

① 바람이나 흐르는 물에 의해 흘러내리는 모래라는 의미로, 물에 포화되어 흐르기 쉬운 모래를 유사라 한다. 부유유사와 소류사(하상유사)로 구분할 수 있다.
② 부유유사는 유수 속에 떠서 이동하는 토사를 말한다.
③ 소류사(하상유사)는 수로 바닥 부근에서 이동하는 토사를 말한다.
④ 총 유사량은 부유사량과 소류사량의 합으로 나타낸다.

(2) 소류력과 한계소류력

① 유수가 수로의 윤변(하상)에 작용하는 마찰력을 소류력(tractive force)이라 한다.

마찰속도 $U = \sqrt{\dfrac{\tau_0}{\rho}} = V\sqrt{\dfrac{f}{8}} = \sqrt{gRI} = \sqrt{ghI}$ 에서

$$\therefore \tau_0 = T = w_0 RI \quad\text{(27)}$$

② 하상의 토사가 움직일 수 있는 최소의 힘으로, 유수에 의한 소류력(마찰력)과 수로바닥의 저항력과 경계가 되는 힘을 한계소류력(critical tractive force)이라 하고, 항력(D)과 동일하다. 한계소류력은 하상토사의 크기, 비중, 혼합 상태 등에 따라 다르다.

$$D = C_D A \dfrac{\rho V^2}{2} \quad\text{(28)}$$

(3) 토립자의 침전속도

① 일반하천에서 토립자의 침전속도는 0.6m/sec 정도이고, 하상세굴속도는 2.5m/sec 정도이다.
② 토립자의 침전속도(Stokes 법칙)

$$V = \frac{(\rho_s - \rho_w)g}{18\mu}d^2 \quad \text{..} \quad (29)$$

여기서, ρ_s : 물체의 밀도(g/cm^3)

ρ_w : 액체의 밀도(g/cm^3)

μ : 점성계수(g/cm · sec)

d : 토립자의 지름(cm)

② 수리학적 상사

(1) 수리학적 상사의 정의 및 종류

① 수리학적 상사성이란 모형(model)에서 관측한 여러 가지의 양을 원형(prototype)에 대해서 적용할 때의 환산율을 규정하는 법칙을 말한다.

② 실제 원형에 대한 실험 결과를 얻기 위하여 작은 모형을 만들어 실험을 하게 된다. 이때 흐름 특성에 따라 원형과 모형에 상사법칙을 적용하여 모형 제작을 하여야 한다.

③ 모형과 원형의 상사성에는 기하학적 상사성, 운동학적 상사성, 동역학적 상사성이 있다.

(2) 모형과 원형의 상사성

① 기하학적 상사성은 형태만의 상사로, 모형과 원형의 모든 대응하는 크기의 비(길이비)가 일정할 때 기하학적 상사가 성립된다. 축척비는 모형(m)/원형(p)의 비로 나타낸다.

$$\text{길이비} \quad L_r = \frac{L_m}{L_p} \quad \text{..} \quad (30)$$

여기서, 첨자 m : 모형(model)

첨자 p : 원형(prototype)

② 운동학적 상사성은 모형과 원형의 사이에 운동의 유사성을 운동학적 상사라 하며, 그 운동에 내포된 여러 대응하는 입자들의 속도 비가 동일할 때 운동학적 상사가 성립된다.

$$\text{속도비} \quad V_r = \frac{V_m}{V_p} = \frac{L_m/T_m}{L_p/T_p} = \frac{L_r}{T_r} \quad \text{....................} \quad (31)$$

③ 동역학적 상사성은 기하학적, 운동학적 상사성이 성립되는 흐름에서 각 대응점의 힘의 비가 같고, 물질의 질량의 비가 같을 때 동역학적 상사가 성립된다.

$$\text{힘의 비} \quad F_r = \frac{F_m}{F_p} = M_r a_r = \rho_r (L_r)^3 \times \frac{L_r}{T_r^2} = \rho_r A_r (V_r)^2 \quad \cdots\cdots (32)$$

$$\text{질량의 비} \quad M_r = \frac{M_m}{M_p} = \frac{\rho_m \overline{V}_m}{\rho_p \overline{V}_p} = \rho_r L_r^3 \quad \cdots\cdots (33)$$

(3) 축척으로 나타낸 물리량의 비

① 기하학적인 양

$$\text{면적비} \quad A_r = \frac{A_m}{A_p} = \frac{L_m^2}{L_p^2} = L_r^2 \quad \cdots\cdots (34)$$

$$\text{체적비} \quad \overline{V}_r = \frac{\overline{V}_m}{\overline{V}_p} = \frac{L_m^3}{L_p^3} = L_r^3 \quad \cdots\cdots (35)$$

② 운동학적 상사와 역학적 상사가 성립되면

$$\text{가속도비} \quad a_r = \frac{a_m}{a_p} = \frac{L_m / T_m^2}{L_p / T_p^2} = \frac{L_r}{T_r^2} \quad \cdots\cdots (36)$$

$$\text{유량비} \quad Q_r = \frac{Q_m}{Q_p} = \frac{L_m^3 / T_m}{L_p^3 / T_p} = \frac{L_r^3}{T_r} \quad \cdots\cdots (37)$$

3 수리모형법칙(특별상사법칙)

(1) Reynolds의 모형법칙

① 마찰력과 점성력이 흐름을 지배하는 관수로의 흐름에 적용한다.

② 원형의 Reynolds수와 모형의 Reynolds수가 같다.

(2) Froude의 모형법칙

① 중력과 관성력이 흐름을 지배하는 일반적인 개수로(하천)의 흐름에 적용한다.

② 원형수로의 Froude수와 모형수로의 Froude수가 같다.

(3) Weber의 모형법칙

위어의 월류 수심이 적을 때, 파고가 극히 적은 파동 등 표면장력이 흐름을 지배하는 흐름에 적용한다.

(4) Cauchy의 모형법칙(마하의 모형법칙)

① 유체의 탄성력이 흐름을 주로 지배하는 흐름에 적용하며, 압축성 유체에 적용가능하다.

② 수격작용(water hammer)이나 기타 관수로 내의 부정류에 있어서는 수리실험모형이 잘 적용되지 않을 수도 있다.

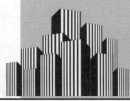

01 다음 중 지하수의 흐름을 지배하는 힘은?

[산업 09, 12]

① 관성력 ② 중력
③ 점성력 ④ 표면장력

해설 지중토사의 공극에 충만하고 있는 물을 지하수라 하고 그 표면을 지하수면이라 한다. 지하수면에는 대기압이 작용하고, 따라서 지하수는 중력에 의하여 유동하게 된다.

02 지하수의 연직분포를 크게 나누면 통기대(通氣帶)와 포화대(飽和帶)로 나눌 수 있다. 통기대에 속하지 않는 것은? [기사 94, 97]

① 토양수대(土壤水帶)
② 중간수대(中間水帶)
③ 모관수대(毛管水帶)
④ 지하수대(地下水帶)

해설 지하수의 연직분포
㉠ 통기대 : 토양수대, 중간수대, 모관수대
㉡ 포화대 : 지하수대

03 토양수대와 모관수대를 연결하는 중간수대가 있는데 이 중에 존재하는 물은? [기사 95, 01]

① 토양수 ② 지하수
③ 모관수 ④ 중력수

해설 중간수대
㉠ 피막수 : 흡습력과 모관력에 의해 토립자에 붙어서 존재하는 물
㉡ 중력수 : 중력에 의해 토양층을 통과하는 토양수의 여유분의 물

04 피압지하수를 설명한 것으로 옳은 것은?

[기사 05, 09]

① 지하수와 공기가 접해 있는 지하수면을 가지는 지하수
② 두 개의 불투수층 사이에 끼어 있는 지하수면이 없는 지하수
③ 하상 밑의 지하수
④ 한 수원이나 조직에서 다른 지역으로 보내는 지하수

해설 지하수
㉠ 두 개의 불투수층 사이에 끼어 지하수면이 없는 지하수를 피압 지하수라 한다.
㉡ 두 개의 불투수층 사이에 충만되어 흐르며, 관수로의 흐름과 동일하다.

05 지하수에 대한 설명 중 옳지 않은 것은?

[기사 08, 산업 04]

① 불투수층 위의 대수층 내에 자유 지하수면을 가지는 자유 지하수를 양수하는 우물 중 우물바닥이 불투수층까지 도달한 것을 심정이라 한다.
② 불투수층 사이에 낀 투수층 내에 포함되어 있는 지하수를 피압면 지하수라 하며 이를 양수하는 우물을 굴착정이라 한다.
③ 점토층과 같이 불투수층이 낀 투수층 내의 압력을 받고 있는 지하수를 자유면 지하수라 하고 이를 양수하는 우물 중 우물바닥이 불투수층까지 도달하지 않은 것을 천정이라 한다.
④ 다르시(Darcy)의 법칙에서 지하수 유속은 동수경사에 비례하며 투수계수 k는 토사의 간극률과 입경 등에 따라 다르다.

해설 우물의 수리

종류	내용
깊은 우물	우물의 바닥이 불투수층까지 도달한 우물을 말한다. $Q = \dfrac{\pi K(H^2 - h_0{}^2)}{2.3\log(R/r_0)}$
얕은 우물	우물의 바닥이 불투수층까지 도달하지 못한 우물을 말한다. $Q = 4Kr_0(H - h_0)$
굴착정	피압대수층의 물을 양수하는 우물을 굴착정이라 한다. $Q = \dfrac{2\pi aK(H - h_0)}{2.3\log(R/r_0)}$
집수 암거	복류수를 취수하는 우물을 집수암거라 한다. $Q = \dfrac{Kl}{R}(H^2 - h^2)$

06 다음 중 피압대수층에 대한 설명으로 옳은 것은 어느 것인가? [산업 11]

① 피압대수층은 지하수면이 대기와 접하여 대기압만을 받는 대수층이다.
② 피압대수층은 상부는 투수층으로, 하부는 불투수층으로 구성되어 있다.
③ 피압대수층은 상부와 하부가 불투수층으로 구성되어 있다.
④ 피압대수층은 상부는 불투수층으로, 하부는 투수층으로 구성되어 있다.

해설 피압대수층

불투수성 지반 사이에 낀 대수층 내에 지하수위면을 갖지 않는 지하수가 대기압보다 큰 압력을 받고 있는 대수층을 피압대수층이라 한다.

07 Darcy의 법칙에 대한 설명 중 옳지 않은 것은? [기사 95]

① 투수계수가 클수록 유속이 빠르다.
② 투수량계수가 클수록 유속이 빠르다.
③ 동수경사가 급할수록 유속이 빠르다.
④ 대략 $R_e < 4$에서 이 법칙이 성립한다.

해설 Darcy의 법칙

㉠ $R_e < 4$인 층류에서 성립한다.
㉡ $V = Ki$

08 Darcy 법칙을 사용할 때의 가정조건 중 틀린 것은? [기사 93, 94, 99, 04, 12]

① 다공층의 매질은 균일하며 동질이다.
② 흐름은 정상류이다.
③ 대수층 내에는 모관수대가 존재하지 않는다.
④ 흐름이 층류보다 난류인 경우에 더욱 정확하다.

해설 Darcy 법칙의 가정조건

㉠ 흐름은 정상류이다.
㉡ 대수층 내에 모관수대가 존재하지 않는다.
㉢ 다공층의 매질은 균일하고 동질이다.

09 다음 중 다르시(Darcy)의 법칙은? [기사 02]

① 지하수 흐름에서 층류에만 적용된다.
② 모든 흐름에 적용된다.
③ 유속이 클 때에만 적용된다.
④ 유속이 동수경사에 곡선비례하는 경우에만 적용된다.

해설 Darcy의 법칙은 $R_e < 4$일 때 성립하는데 지하수의 흐름은 대부분 $R_e < 1$이므로 Darcy의 법칙을 적용할 수 있다.

10 지하수의 투수계수와 관계가 없는 것은? [기사 96, 산업 00]

① 토사의 입경　② 물의 단위중량
③ 지하수의 온도　④ 토사의 단위중량

해설 투수계수

$$K = D_s{}^2 \frac{\gamma_w}{\mu} \frac{e^3}{1+e} C$$

11 지하수의 유속공식 $V = KI$에서 K의 변화와 관계가 없는 것은? [산업 99, 05, 10]

① 물의 점성계수　② 흙의 입경

③ 흙의 공극률　④ 지하수위

> **해설** 지하수의 투수계수
>
> $$K = D_s{}^2 \frac{\gamma_w}{\mu} \frac{e^3}{1+e} C$$

12 지하수의 유수 이동에 적용되는 다르시(Darcy)의 법칙을 나타낸 식은? (단, V=유속, K=투수계수, I=동수경사, h=수심, R=동수반경, C=유속계수) [산업 01]

① $V = Kh$　　② $V = C\sqrt{RI}$

③ $V = -KCI$　④ $V = -KI$

> **해설** Darcy 법칙
>
> $V = KI$

13 다음 중 1Darcy를 옳게 기술한 것은? [기사 01]

① 압력경사 2기압/cm하에서 1centipoise의 점성을 가진 유체가 1cc/s의 유량으로 1cm²의 단면을 통해서 흐를 때의 투수계수

② 압력경사 1기압/cm하에서 1centipoise의 점성을 가진 유체가 1cc/s의 유량으로 1cm²의 단면을 통해서 흐를 때의 투수계수

③ 압력경사 2기압/cm하에서 2centipoise의 점성을 가진 유체가 1cc/s의 유량으로 10cm²의 단면을 통해서 흐를 때의 투수계수

④ 압력경사 1기압/cm하에서 1centipoise의 점성을 가진 유체가 1cc/s의 유량으로 10cm²의 단면을 통해서 흐를 때의 투수계수

> **해설** 1Darcy
>
> 압력경사 1기압/cm하에서 1centipoise의 점성을 가진 유체가 1cc/sec의 유량으로 1cm²의 단면을 통

해서 흐를 때의 투수계수값이다.

$$1\,Darcy = \frac{\dfrac{1\text{centipoise} \times 1\text{cm}^3/\text{sec}}{1\text{cm}^2}}{1\text{기압}/\text{cm}}$$

14 지하수에서 Darcy의 법칙과 관계가 없는 것은? [기사 97, 11, 산업 99]

① $Q = AK\dfrac{\Delta h}{\Delta l} = AKI$의 유량공식이 성립한다.

② 지하수의 유속은 동수경사에 반비례한다.

③ Darcy법칙에서 투수계수 K의 차원은 속도의 차원과 같다.

④ Darcy법칙은 층류로 취급했으며 실험에 의하면 대략적으로 레이놀즈수(R_e) < 4에서 성립한다.

> **해설** $V = Ki$

15 지하수의 흐름을 나타내는 Darcy 법칙에 관한 설명 중 틀린 것은? [기사 04, 06]

① R_e > 10인 흐름과 대수층 내에 모관수대가 존재하는 흐름에만 적용된다.

② 투수물질은 균질 등방성이며, 대수층 내의 모관수대는 존재하지 않는다.

③ 유속은 토양 간극 사이를 흐르는 평균유속이며, 동수경사에 비례한다.

④ 투수계수는 물의 흐름에 대한 흙의 저항 정도를 표현하는 계수로서 속도와 차원이 같다.

> **해설** Darcy 법칙은 R_e < 4인 층류의 흐름과 대수층 내에 모관수대가 존재하지 않는 흐름에만 적용된다.

16 다르시(Darcy)의 법칙에 대한 설명으로 옳은 것은? [기사 09]

① 지하수흐름이 층류일 경우 적용된다.
② 투수계수는 무차원의 계수이다.
③ 유속이 클 때에만 적용된다.
④ 유속이 동수경사에 반비례하는 경우에만 적용된다.

해설 Darcy의 법칙
㉠ R_e <4인 층류의 흐름에 적용된다.
㉡ 유속은 동수경사에 비례한다.

17 다음 중 다르시(Darcy)의 법칙에 대한 설명으로 옳은 것은? [기사 11, 산업 11]

① 점성계수를 구하는 법칙이다.
② 지하수의 유속은 동수경사에 비례한다.
③ 관수로의 수리모형 실험법칙이다.
④ 개수로의 수리모형 실험법칙이다.

해설 $V = Ki$이므로 지하수의 유속은 동수경사에 비례한다.

18 Darcy 공식에서 투수계수 k의 차원은? [기사 11, 산업 08]

① 무차원량이다.
② 길이의 차원을 갖고 있다.
③ 속도의 차원을 갖고 있다.
④ 면적의 차원을 갖고 있다.

해설 투수계수 K는 속도의 차원이며 물의 흐름에 대한 흙의 저항 정도를 의미한다.

19 Darcy의 법칙에 대한 설명으로 옳지 않은 것은? [기사 10]

① Darcy의 법칙은 지하수의 층류흐름에 대한 마찰 저항공식이다.
② 투수계수는 물의 점성계수에 따라서도

변화한다.
③ Reynolds수가 클수록 안심하고 적용할 수 있다.
④ 평균유속이 동수경사와 비례관계를 가지고 있는 흐름에 적용될 수 있다.

해설 다르시의 법칙은 R_e <4에서 성립한다.

20 다음 중 Darcy의 법칙에 관한 설명으로 옳지 않은 것은? [기사 10]

① Darcy의 법칙은 물의 흐름이 층류일 경우에만 적용가능하고, 흐름방향과는 무관하다.
② 대수층의 입자가 균일하고 등방향성이면, 유속은 동수경사에 비례한다.
③ 유속 v는 입자 사이를 흐르는 실제유속을 의미 한다.
④ 투수계수 k는 속도와 같은 차원이며, 흙입자 크기, 공극률, 물의 점성계수 등에 관계된다.

해설 Darcy의 법칙
㉠ R_e <4인 층류의 흐름과 대수층 내에 모관수대가 존재하지 않는 흐름에만 적용된다.
㉡ 대수층은 균질하고 동질이다.
㉢ 유속 V는 평균유속이다.
㉣ $K = D_s{}^2 \dfrac{\gamma_w}{\mu} \dfrac{e^3}{1+e} C$

21 Darcy 공식에 관한 설명으로 옳지 않은 것은? [산업 12]

① Darcy 공식은 물의 흐름이 층류인 경우에만 적용할 수 있다.
② 투수계수 K의 차원은 $[LT^{-1}]$이다.
③ 투수계수는 흙입자의 성질에만 관계된다.

④ 동수경사는 $I = -\dfrac{dh}{ds}$ 로 표현할 수 있다.

해설 투수계수는 대수층의 공극률, 토립자의 크기, 분포, 배치상태, 모양 및 공극 조직의 형상에 의해 결정된다.

22 지하수의 흐름에서 Darcy법칙이 적용되는 일반적인 레이놀즈(Reynolds)수(R_e)의 범위는? [기사 07, 11, 산업 12]

① $R_e < 4$ ② $R_e < 200$
③ $R_e < 400$ ④ $R_e < 2,000$

해설 Darcy법칙은 $R_e < 4$일 때 성립된다.

23 다르시(Darcy)의 법칙을 지하수에 적용시킬 때 잘 일치되는 경우는? [산업 06, 09, 11]

① 층류인 경우
② 난류인 경우
③ 층류나 난류 어느 경우도 잘 적용된다.
④ 층류나 난류 어느 경우도 잘 작용되지 않는다.

해설 Darcy의 법칙은 $R_e < 4$인 층류인 경우에 적용된다.

24 Darcy의 법칙을 층류에만 적용해야 하는 이유는? [산업 06]

① 유속과 손실수두가 비례하기 때문이다.
② 지하수 흐름은 항상 층류이기 때문이다.
③ 투수계수의 물리적 특성 때문이다.
④ 레이놀즈수가 작기 때문이다.

해설 일반적으로 관수로 내의 층류에서의 유속은 동수경사에 비례한다. 그리고 Darcy의 법칙은 다공층을 통해 흐르는 지하수의 유속이 동수경사에 직접 비례함을 뜻하므로 Darcy의 법칙은 층류에만 적용시킬 수 있다는 귀납적 결론을 내릴 수 있다.

25 다르시(Darcy) 법칙에 관한 사항 중 옳은 것은? (단, V : 평균유속, h : 수두, dh : 수두차, ds : 흐름의 길이, K : 투수계수) [기사 08, 09, 산업 06, 09]

① $V = \dfrac{1}{K} \cdot \dfrac{dh}{ds}$

② $V = -K \cdot \dfrac{dh}{ds}$

③ $V = h \cdot \dfrac{dh}{ds}$

④ $V = -\dfrac{1}{h} \cdot \dfrac{dh}{ds}$

해설 $V = Ki$

26 다음 설명 중 옳지 않은 것은? [산업 04, 08]

① 침윤선의 형상은 일반적으로 포물선이다.
② 우물로부터 양수할 경우 지하수면으로부터 그 우물에 물이 모여드는 범위를 영향원이라 한다.
③ Darcy 법칙에서 지하수의 유속은 동수경사에 반비례한다.
④ 자유지하수는 대기압이 작용하는 지하수면을 갖는 지하수이다.

해설 $V = Ki$ 이므로 지하수의 유속은 동수경사에 비례한다.

27 지하수의 흐름을 표시한 Darcy 법칙의 기본 가정과 관계가 없는 것은? [기사 93]

① 지하수의 흐름은 난류이다.
② 지하수의 흐름은 정상류이다.
③ 투수 물질의 특성은 균일하고 동질이다.
④ 대수층 내의 모관수대는 존재하지 않는다.

해설 Darcy 법칙의 성립은 층류에 적용된다.

28 지하의 사질여과층에서 수두차가 0.4m이고 투과거리가 3.0m일 때에 이곳을 통과하는 지하수의 유속은? (단, 투수계수는 0.2cm/sec이다.) [기사 09]

① 0.0135cm/sec

② 0.0267cm/sec

③ 0.0324cm/sec

④ 0.0417cm/sec

해설 $V = Ki = K \cdot \dfrac{h}{L}$

$$= 0.2 \times \dfrac{40}{300} = 0.0267 \,\text{cm/sec}$$

29 모래 여과지에서 사층두께 2.4m, 투수계수를 0.04cm/sec로 하고 여과수두를 50cm로 할 때 10,000m³/day의 물을 여과시키는 경우 여과지면적은? [기사 01, 10]

① 1,289m²

② 1,389m²

③ 1,489m²

④ 1,589m²

해설 $Q = KiA$ 에서

$$\dfrac{10,000}{24 \times 3,600} = (0.04 \times 10^{-2}) \times \dfrac{0.5}{2.4} \times A$$

$$\therefore A = 1,388.89\text{m}^2$$

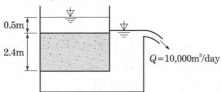

30 두 개의 수조를 연결하는 길이 1m의 수평관 속에 모래가 가득차 있다. 양수조의 수위차는 50cm이고 투수계수가 0.01cm/sec이면 모래를 통과할 때의 평균유속은? [산업 99, 00]

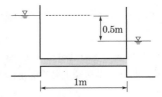

① 0.0500cm/sec

② 0.0025cm/sec

③ 0.0050cm/sec

④ 0.0075cm/sec

해설 $V = Ki = K\dfrac{h}{L}$

$$= 0.01 \times \dfrac{50}{100} = 0.005 \,\text{cm/sec}$$

31 그림과 같은 투수층 내를 흐르는 유량은? (단, 투수계수 $K = 1$m/day임.) [기사 94, 98]

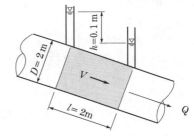

① 0.785m³/day ② 0.314m³/day

③ 0.157m³/day ④ 3.14m³/day

해설 $Q = KiA = K \cdot \dfrac{h}{L} \cdot A$

$$= 1 \times \dfrac{0.1}{2} \times \dfrac{\pi \times 2^2}{4}$$

$$= 0.157 \,\text{m}^3/\text{day}$$

32 직경 10cm인 연직관 속에 높이 1m만큼 모래가 들어 있다. 모래면 위의 수위를 10cm로 일정하게 유지시켰더니 투수량 $Q = 4l$/hr이었다. 이때 모래의 투수계수 K는? [기사 09, 12]

① 0.4m/hr   ② 0.5m/hr

③ 3.8m/hr   ④ 5.1m/hr

해설 $Q = KiA$

$$4 \times 10^{-3} = K \times \frac{0.1}{1} \times \frac{\pi \times 0.1^2}{4}$$

$$\therefore K = 5.09 \text{m/hr}$$

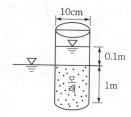

33 지름 20cm인 원관 속에 투수계수가 10^{-5}cm /sec인 다공성 물질을 길이 3m에 걸쳐 채우고 물을 흘렸다. 다공성 물질로 인한 손실수두가 50cm였다면 유량의 크기는?

[기사 95, 99]

① 0.045l/day   ② 0.050l/day

③ 0.055l/day   ④ 0.060l/day

해설 $Q = KiA = K \cdot \dfrac{h}{L} \cdot A$

$$= (10^{-5} \times 10^{-2} \times 24 \times 3,600) \times \frac{0.5}{3} \times \frac{\pi \times 0.2^2}{4}$$

$$= 4.52 \times 10^{-5} \text{m}^3/\text{day} = 0.045 l/\text{day}$$

34 다음 중 면적이 100m²인 여과지에서 투수계수 $K = 0.15$cm/sec로 여과될 때 여과수량을 계산한 값은? [기사 94, 95, 97, 99, 00]

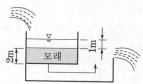

① 0.225m³/sec   ② 22.5m³/sec

③ 0.075m³/sec   ④ 7.5m³/sec

해설 $Q = KiA = K \cdot \dfrac{h}{L} \cdot A$

$$= 0.0015 \times \frac{1}{2} \times 100 = 0.075 \text{m}^3/\text{sec}$$

35 면적이 400m²인 여과지의 동수경사가 0.05 이고 여과량이 1m³/sec이면 이 여과지의 투수계수는? [기사 02]

① 1cm/sec   ② 3cm/sec

③ 5cm/sec   ④ 7cm/sec

해설 $Q = KiA$

$$1 = K \times 0.05 \times 400$$

$$\therefore K = 0.05 \text{m/sec} = 5 \text{cm/sec}$$

36 지하수의 상·하류 수두차 2.5m에 대한 수평거리가 300m이고, 대수층의 두께 2.5m, 폭 1m일 때 지하수의 유량을 구한 값은? (단, $K = 175$m/day이다.) [산업 00, 01]

① 0.126m³/hr   ② 0.137m³/hr

③ 0.152m³/hr   ④ 0.164m³/hr

해설 $Q = KiA = \dfrac{175}{24} \times \dfrac{2.5}{300} \times (2.5 \times 1) = 0.152 \text{m}^3/\text{hr}$

37 그림과 같이 면적 500m²의 여과지가 있다. 투수계수 K가 0.120cm/sec일 때 여과량은? [기사 05]

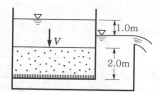

① 30m³/sec   ② 3m³/sec

③ 0.3m³/sec   ④ 0.03m³/sec

해설 $Q = KiA = 0.0012 \times \dfrac{1}{2} \times 500 = 0.3 \text{m}^3/\text{sec}$

38 면적이 400m²인 여과지의 동수경사가 0.05이고, 여과량이 1m³/sec이면 이 여과지의 투수계수는?   [기사 04, 08]

① 1cm/sec   ② 3cm/sec

③ 5cm/sec   ④ 7cm/sec

해설 $Q = KiA$

$1 = K \times 0.05 \times 400$

$\therefore K = 0.05 \text{m/sec}$

39 내경 10cm의 연진관 속에 1.2m만큼 모래가 들어 있다. 모래면 위의 수위를 일정하게 하여 유량을 측정한 바 $Q = 4\ell/\text{hr}$이었다. 이 모래의 투수계수 k는?   [기사 88, 89, 산업 92]

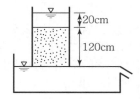

① $1.2 \times 10^{-2} \text{cm/sec}$

② $2.4 \times 10^{-2} \text{cm/sec}$

③ $3.3 \times 10^{-2} \text{cm/sec}$

④ $4.4 \times 10^{-2} \text{cm/sec}$

해설 ㉠ $Q = 4\,\ell/\text{hr} = \dfrac{4,000}{3,600}$

$\qquad = 1.11 \text{cm}^3/\text{sec}$

㉡ $1.11 = k \cdot \dfrac{140}{120} \cdot \dfrac{\pi \times 10^2}{4}$

$\therefore K = 1.2 \times 10^{-2} \text{cm/sec}$

40 $l = 150\text{cm}$, $A = 20.5\text{cm}^2$, $h = 1.2\text{cm}$, $Q = 0.006l/\text{min}$의 값을 갖는 실험장치로 투수계수를 구하면?   [산업 07]

① 0.0061cm/sec   ② 0.061cm/sec

③ 0.61cm/sec   ④ 6.1cm/sec

해설 $Q = KiA$

$\dfrac{6}{60} = K \times \dfrac{1.2}{150} \times 20.5$

$\therefore K = 0.61 \text{cm/sec}$

41 여과량이 2m³/sec이고 동수경사가 0.2, 투수계수가 1cm/sec일 때 필요한 여과지면적은?   [기사 04]

① 1,500m²   ② 500m²

③ 2,000m²   ④ 1,000m²

해설 $Q = KiA$

$2 = 0.01 \times 0.2 \times A$

$\therefore A = 1,000 \text{ m}^2$

42 그림은 정수위 투수계에 의한 투수계수 측정 모습이다. 여기서, $h = 100\text{cm}$, $L = 20\text{cm}$, $Q = 6\text{cm}^3/\text{sec}$이고 시료의 단면적 $A = 300\text{cm}^2$일 때 투수계수는?   [기사 02, 07]

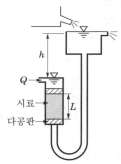

① 0.004cm/sec   ② 0.03cm/sec

③ 0.2cm/sec   ④ 1.0cm/sec

해설 $Q = KiA$

$6 = K \times \dfrac{100}{20} \times 300$

$\therefore K = 4 \times 10^{-3} \text{ cm/sec}$

43 지름 20cm인 원관 속에 투수계수가 10^{-5}cm /sec인 다공질 물질을 길이 3m에 걸쳐 채우고 물을 흘렸다. 다공질 물질로 인한 손실수두가 50cm였다면 유량의 크기는?

[기사 84, 88, 91]

① $0.045l/$day

② $0.050l/$day

③ $0.055l/$day

④ $0.060l/$day

해설 $Q = K \cdot i \cdot A$

$= 10^{-5} \times \dfrac{50}{300} \times \dfrac{\pi \times 20^2}{4}$

$= 5.23 \times 10^{-4} \text{cm}^3/\text{sec} = 0.045l/\text{day}$

44 지하수에 대한 이론적 배경이다. 잘못된 것은?

[기사 96]

① 점토층과 같은 불수투층 사이에 낀 투수층 내에서 압력을 받고 있는 지하수를 자유면지하수라 한다.

② 불투수층 위 대수층 내의 자유면지하수를 양수하는 우물 중 우물바닥이 불투수층까지 도달한 것을 심정이라 한다.

③ 피압면 지하수를 양수하는 우물을 굴착정이라 한다.

④ 양수하는 우물 중 우물바닥이 불투수층까지 도달하지 않는 것을 천정이라 한다.

해설 불투수층 사이에 낀 투수층 내에서 압력을 받고 있는 지하수를 **피압지하수**라 하고, 이 피압지하수를 양수하는 우물을 **굴착정**(artesian well)이라 한다.

45 우물의 종류를 설명한 것이다. 잘못된 것은?

[기사 93, 97, 00, 03]

① 착정(鑿井)이란 불수투층(不透水層)을 뚫고 내려가서 피압대수층(被壓帶水層)의 물을 양수하는 우물이다.

② 심정(深井)이란 불투수층까지 파내려간 우물이다.

③ 천정(淺井)이란 불투수층까지 파내려가지 못한 우물이다.

④ 집수암거(集水暗渠)란 천정(淺井)보다도 더욱 얕은 우물이다.

해설 하안 또는 하상의 투수층에 구멍 뚫인 관이나 암거를 매설하여 하천에서 침투한 침출수를 취수하는 것을 집수암거라 한다.

46 Dupuit의 침윤선(浸潤線) 공식은? (단, 직사각형 단면 제방 내부의 투수인 경우이며, 제방의 저면은 불투수층이고 q : 단위폭당 유량, L : 침윤거리, h_1, h_2 : 상·하류의 수위, K : 투수계수) [기사 08, 10, 산업 07, 10, 11]

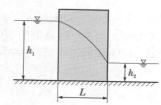

① $q = \dfrac{K}{2L}(h_1^2 - h_2^2)$

② $q = \dfrac{K}{2L}(h_1^2 + h_2^2)$

③ $q = \dfrac{K}{L}(h_1^2 - h_2^2)$

④ $q = \dfrac{K}{L}(h_1^2 + h_2^2)$

해설 ㉠ 단위폭당 유량 $q = \dfrac{K}{2L}(h_1^2 - h_2^2)$

㉡ 전체유량 $Q = q \cdot L$

47 그림과 같은 제방에서 단위폭당의 유량 q 가 $0.414 \times 10^{-2} \text{m}^3/\text{sec}$ 라면 투수계수는?

[기사 98, 05]

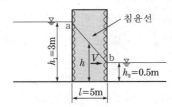

① 0.37cm/sec   ② 0.47cm/sec

③ 0.57cm/sec   ④ 0.67cm/sec

해설 $q = \dfrac{K}{2l}(h_1^2 - h_2^2)$

$0.414 \times 10^{-2} = \dfrac{K}{2 \times 5}(3^2 - 0.5^2)$

$\therefore K = 4.73 \times 10^{-3} \text{ m/sec} = 0.473 \text{cm/sec}$

48 제외지 수위 6m, 제내지 수위 2m, 투수계수 $K = 0.5\text{m/s}$, 침투수가 통하는 길이 $l = 50\text{m}$ 일 때 하천제방단면 1m당 누수량은?

[산업 03]

① 0.16m³/sec   ② 0.32m³/sec

③ 0.96m³/sec   ④ 1.28m³/sec

해설 $q = \dfrac{K}{2l}(h_1^2 - h_2^2)$

$= \dfrac{0.5}{2 \times 50} \times (6^2 - 2^2) = 0.16 \text{m}^3/\text{sec}$

49 다음 중 하천제방 단면의 단위폭당 누수량은? (단, $h_1 = 6\text{m}$, $h_2 = 2\text{m}$, 투수계수 $K = 0.5\text{m/sec}$, 침투수가 통하는 길이 $l = 50\text{m}$ 임.)

[기사 97, 00]

① 0.16m³/sec   ② 1.6m³/sec

③ 0.26m³/sec   ④ 0.026m³/sec

해설 $q = \dfrac{K}{2l}(h_1^2 - h_2^2)$

$= \dfrac{0.5}{2 \times 50}(6^2 - 2^2)$

$= 0.16 \text{m}^3/\text{sec}$

50 두께 3m인 피압대수층에 반지름 1m인 우물에서 양수한 결과 수면강하 10m일 때 정상상태로 되었다. 투수계수가 0.3m/hr, 영향원 반지름이 400m라면 이때의 양수율은?

[기사 03]

① $2.6 \times 10^{-3} \text{m}^3/\text{s}$ ② $6.0 \times 10^{-3} \text{m}^3/\text{s}$

③ 9.4m³/s   ④ 21.6m³/s

해설 $Q = \dfrac{2\pi c K(H - h_0)}{2.3 \log \dfrac{R}{r_0}} = \dfrac{2\pi \times 3 \times \dfrac{0.3}{3,600} \times 10}{2.3 \log \dfrac{400}{1}}$

$= 2.6 \times 10^{-3} \text{m}^3/\text{sec}$

51 두께 20m의 피압대수층으로부터 6.28m³/s의 양수율로 양수했을 때 평형상태에 도달하였다. 이 양수정으로부터 50m, 200m 떨어진 관측정에서의 지하수위가 각각 39.20m, 39.66m라면 이 대수층의 투수계수는?

[기사 03]

① 0.0065m/s   ② 0.0654m/s

③ 0.0150m/s   ④ 0.1506m/s

해설 $Q = \dfrac{2\pi c K(H - h_o)}{2.3 \log \dfrac{R}{r_0}}$

$6.28 = \dfrac{2\pi \times 20 \times K \times (39.66 - 39.2)}{2.3 \log \dfrac{200}{50}}$

$\therefore K = 0.1504 \text{ m/s}$

52 두께 15m의 피압대수층(confined aquifer)에 있는 우물에서 4m³/sec로 양수한 결과 반지름 200m에서 수면강하가 1.2m, 반지름 40m에서 수면강하가 2.7m이었다. 이 대수층의 투수계수는?

[기사 95]

① 0.234m/sec ② 0.102m/sec

③ 0.046m/sec ④ 0.0198m/sec

해설 $Q = \dfrac{2\pi cK(H - h_0)}{2.3\log\dfrac{R}{r_0}}$

$4 = \dfrac{2\pi \times 15 \times K \times (2.7 - 1.2)}{2.3\log\dfrac{200}{40}}$

$\therefore K = 0.046 \text{ m/sec}$

53 우물에서 장기간 양수를 한 후에도 수면강하가 일어나지 않는 지점까지의 우물로부터 거리(범위)를 무엇이라 하는가?   [기사 08]

① 용수효율권

② 대수층권

③ 수류영역권

④ 영향권

해설 영양권

우물에서 장기간 양수를 한 후에도 수면강하가 일어나지 않는 지점까지의 우물로부터의 거리를 영양권 (area of influence)이라 한다.

54 깊은 우물과 얕은 우물의 설명 중 옳지 않은 것은?   [기사 93, 98, 01]

① 깊은 우물은 바닥이 불수투층까지 도달한 우물이다.

② 얕은 우물은 바닥이 불투수층까지 도달하였으나 그 깊이가 우물 지름에 비해 작은 우물이다.

③ 깊은 우물은 물이 측벽으로만 유입된다.

④ 얕은 우물은 물이 측벽 및 바닥에서 유입된다.

해설 불투수층 위의 비피압대수층 내의 자유지하수를 양수하는 우물 중 집수정 바닥이 불투수층까지 도달한 우물을 깊은 우물(심정호)이라 하고 불투수층까지 도달하지 않은 우물을 얕은 우물(천정)이라 한다.

55 깊은 우물(심정호)를 옳게 설명한 것은?

[기사 09, 산업 03, 10]

① 집수깊이가 100m 이상인 우물

② 집수정 바닥이 불투수층까지 도달한 우물

③ 집수정 바닥이 불투수층을 통과하여 새로운 대수층에 도달한 우물

④ 불투수층에서 50m 이상 도달한 우물

해설 집수정 바닥이 불투수층까지 도달한 우물을 깊은 우물이라 한다.

56 그림과 같은 심정호에서 양수량은? [기사 07]

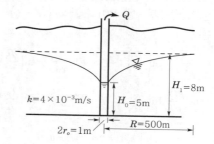

① 0.062m³/sec ② 0.071m³/sec

③ 0.054m³/sec ④ 0.085m³/sec

해설 $Q = \dfrac{\pi K(H_1^2 - H_0^2)}{2.3\log\dfrac{R}{r_o}}$

$= \dfrac{\pi \times (4 \times 10^{-3}) \times (8^2 - 5^2)}{2.3\log\dfrac{500}{0.5}}$

$= 0.071 \text{m}^3/\text{sec}$

57 지름이 2m이고, 영향원의 반지름이 1,000m 이며, 원지하수의 수위 $H = 7$m, 집수정의 수위 $h_0 = 5$m인 심정호의 양수량은? (단, $k = 0.0038$m /sec)   [기사 93, 97, 00, 12, 산업 99]

① 0.0415m³/sec ② 0.0461m³/sec

③ 0.0831m³/sec ④ 1.8232m³/sec

해설 $Q = \dfrac{\pi K(H^2 - h_0{}^2)}{2.3\log \dfrac{R}{r_0}}$

$\qquad = \dfrac{\pi \times 0.0038 \times (7^2 - 5^2)}{2.3\log \dfrac{1,000}{1}}$

$\qquad = 0.0415 \,\mathrm{m^3/sec}$

58 2개의 불투수층 사이에 있는 대수층의 두께 a, 투수계수 K인 곳에 반지름 r_o인 굴착정 (artesian well)을 설치하고 일정 양수량 Q를 양수하였더니, 양수 전 굴착정 내의 수위 H가 h_o로 강하하여 정상흐름이 되었다. 굴착정의 영향원 반지름을 R이라 할 때 $(H - h_o)$의 값은? [기사 10, 12]

① $\dfrac{2Q}{\pi a K}\ln\left(\dfrac{R}{r_o}\right)$ ② $\dfrac{Q}{2\pi a K}\ln\left(\dfrac{R}{r_o}\right)$

③ $\dfrac{2Q}{\pi a K}\ln\left(\dfrac{r_o}{R}\right)$ ④ $\dfrac{Q}{2\pi a K}\ln\left(\dfrac{r_o}{R}\right)$

해설 $Q = \dfrac{2\pi a K(H - h_o)}{2.3\log\dfrac{R}{r_o}} = \dfrac{2\pi a K(H - h_o)}{\ln\dfrac{R}{r_o}}$

$\qquad \therefore\ H - h_o = \dfrac{Q\ln\dfrac{R}{ro}}{2\pi a K}$

59 자유수면을 가지고 있는 깊은 우물에서 양수 량 Q를 일정하게 퍼냈더니 최초의 수위 H가 h_o로 강하하여 정상흐름이 되었다. 이때의 Q의 값은? (단, 우물의 반지름 $= r_o$, 영향원의 반지름 $= R$, 투수계수 $= K$임.) [기사 02, 11, 산업 11]

① $Q = \dfrac{\pi K(H^2 - h_o{}^2)}{\ln\dfrac{R}{r_o}}$

② $Q = \dfrac{2\pi K(H^2 - h_o{}^2)}{\ln\dfrac{R}{r_o}}$

③ $Q = \dfrac{\pi K(H^2 - h_o{}^2)}{2\ln\dfrac{R}{r_o}}$

④ $Q = \dfrac{\pi K(H^2 - h_o{}^2)}{2\ln\dfrac{r_o}{R}}$

해설 깊은 우물(심정 : deep well)

$Q = \dfrac{\pi K(H^2 - h_o{}^2)}{2.3\log\dfrac{R}{r_o}} = \dfrac{\pi K(H^2 - h_o{}^2)}{\ln\dfrac{R}{r_o}}$

60 비피압대수층 우물의 경우 반경 100m 지점에서 지하수위가 50m, 지하수위의 경사가 0.05, 투수계수가 20m/day일 때 유량은? [기사 04, 10]

① 약 $28,200\,\mathrm{m^3/day}$

② 약 $42,500\,\mathrm{m^3/day}$

③ 약 $36,800\,\mathrm{m^3/day}$

④ 약 $31,400\,\mathrm{m^3/day}$

해설 $Q = AV = AKi$

$\qquad = 2\pi \times 100 \times 50 \times 20 \times 0.05$

$\qquad = 31,416\,\mathrm{m^3/day}$

61 그림과 같이 하안으로부터 6m 떨어진 곳에 평행한 집수암거를 설치했다. 투수계수를 0.5cm/sec로 할 때 길이 1m당 집수량은? (단, 물은 하천에서만 침투함.) [기사 99]

① $0.06\,\mathrm{m^3/sec}$

② $0.01\,\mathrm{m^3/sec}$

③ $0.02\,\mathrm{m^3/sec}$

④ $0.005\,\mathrm{m^3/sec}$

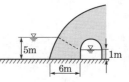

해설 $Q = \dfrac{Kl}{2R}(H^2 - h_0{}^2)$

$\qquad = \dfrac{0.005 \times 1}{2 \times 6} \times (5^2 - 1^2)$

$\qquad = 0.01\,\mathrm{m^3/sec}$

62 그림과 같은 불투수층에 도달하는 집수암거의 집수량은? (단, 투수계수는 K, 암거의 길이는 l 이며 양쪽 측면에서 유입됨.)[산업 12]

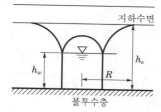

① $\dfrac{Kl}{R}(h_o{}^2 - h_w{}^2)$

② $\dfrac{Kl}{2R}(h_o{}^2 - h_w{}^2)$

③ $\dfrac{\pi K(h_o{}^2 - h_w{}^2)}{2.3\log R}$

④ $\dfrac{2\pi K(h_o{}^2 - h_w{}^2)}{2.3\log R}$

해설 $Q = \dfrac{Kl}{R}(H^2 - h_o{}^2)$

63 그림과 같이 불투수층까지 미치는 집수암거에서 $H=3.0$m, $h_0=0.45$m, $K=0.009$m/sec, $l=300$m, $R=170$m이면 용수량 Q는?

[산업 01]

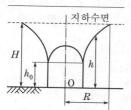

① $0.14\text{m}^3/\text{sec}$ ② $0.24\text{m}^3/\text{sec}$
③ $0.32\text{m}^3/\text{sec}$ ④ $0.34\text{m}^3/\text{sec}$

해설 $Q = \dfrac{Kl}{R}(h_2{}^2 - h_1{}^2)$

$= \dfrac{0.009 \times 300}{170} \times (3^2 - 0.45^2)$

$= 0.14\text{m}^3/\text{sec}$

64 토사가 물속에서 침강할 때 침강속도에 미치는 영향이 가장 큰 것은?

[기사 00]

① 물의 온도
② 유속
③ 토사입자의 크기
④ 토사입자들의 사이의 부착력

해설 흙의 침강속도

$$V = \dfrac{(\gamma_s - \gamma_w)d^2}{18\mu}$$

65 물의 단위중량 $w=pg$, 수심 h, 수면경사를 I라고 할 때, 단위면적당의 유수의 소류력(掃流力) τ_0는 어느 것인가?

[기사 96, 02, 03, 06, 11]

① ρhI ② ghI
③ $\sqrt{hI/\rho}$ ④ whI

해설 소류력

$\tau = wRI \fallingdotseq whI$

66 물 위를 2m/sec의 속도로 항진하는 길이 2.5m의 모형에 작용하는 조파저항이 5kg이다. 길이 40m인 실물의 배가 이것과 상사인 조파상태로 항진하면 실물의 속도는?

[기사 93]

① 8m/sec
② 7m/sec
③ 5m/sec
④ 4m/sec

해설 $V_r = \dfrac{V_m}{V_p} = \dfrac{L_r}{T_r} = L_r^{\frac{1}{2}}$ 에서

$\dfrac{2}{V_p} = \left(\dfrac{2.5}{40}\right)^{\frac{1}{2}}$

$\therefore\ V_p = 8\text{m/sec}$

67 축척이 1/50인 하천 수리모형에서 원형유량 10,000m³/sec에 대한 모형유량은?

[기사 07]

① 0.566m³/sec

② 4.000m³/sec

③ 14.142m³/sec

④ 28.284m³/sec

해설 $\dfrac{Q_m}{Q_p} = L_r^{\frac{5}{2}}, \quad \dfrac{Q_m}{10,000} = \left(\dfrac{1}{5}\right)^{\frac{5}{2}}$

$\therefore \ Q_m = 0.566\,\mathrm{m^3/sec}$

68 원형 댐의 원류량이 400m³/sec이고, 수문을 개방하는 데 필요한 시간이 40초라 할 때 1/50 모형에서의 유량과 개방시간은? (단, g_r은 1로 본다.)

[기사 96, 00, 12]

① $Q_m = 0.0226\,\mathrm{m^3/sec}, \ T = 5.656\,\mathrm{sec}$,

② $Q_m = 1.6323\,\mathrm{m^3/sec}, \ T = 5.656\,\mathrm{sec}$

③ $Q_m = 115.00\,\mathrm{m^3/sec}, \ T = 0.826\,\mathrm{sec}$

④ $Q_m = 56.560\,\mathrm{m^3/sec}, \ T = 5.656\,\mathrm{sec}$

해설 ㉠ $Q_r = \dfrac{Q_m}{A_p} = L_r^{\frac{5}{2}}$

$\dfrac{Q_m}{400} = \left(\dfrac{1}{50}\right)^{\frac{5}{2}}$

$\therefore \ Q_m = 0.0226\,\mathrm{m^3/sec}$

㉡ $T_r = \dfrac{T_m}{T_p} = \sqrt{\dfrac{L_r}{g_r}} = L_r^{\frac{1}{2}}$

$\dfrac{T_m}{40} = \left(\dfrac{1}{50}\right)^{\frac{1}{2}}$

$\therefore \ T_m = 5.657\,\mathrm{m^3/sec}$

69 중력이 중요한 역할을 하는 수리구조물을 달 표면에 설치하고자 한다. 이의 지구상에서 모형실험을 위해 1/2로 축소된 모형에서 같은 액체를 사용하여 실시하였다. 모형에서의

유량이 2m³/sec라면 원형에서의 유량은? (단, 달의 중력은 지구의 1/6이라 한다.)

[기사 97]

① 12.0m³/sec

② 4.62m³/sec

③ 4.00m³/sec

④ 48.0m³/sec

해설 ㉠ 축척비

$L_r = \dfrac{l_m}{l_p} = \dfrac{1}{2} = 0.5$

㉡ 면적비

$A_r = L_r^2 = 0.5^2 = 0.25$

㉢ 속도비

$V_r = \dfrac{L_r}{T_r} = \dfrac{L_r}{\sqrt{\dfrac{L_r}{g_r}}} = \dfrac{0.5}{\sqrt{\dfrac{0.5}{6}}} = 1.73$

㉣ 유량비

$Q_r = \dfrac{Q_m}{Q_p} = A_r V_r = 0.25 \times 1.73 = 0.43$

$\dfrac{2}{Q_p} = 0.43$이므로

$\therefore \ Q_p = 4.65\,\mathrm{m^3/sec}$

70 저수지의 물을 방류하는데 1 : 225로 축소된 모형에서 4분이 소요되었다면 원형에서는 얼마나 소요되겠는가?

[기사 10]

① 60분　　　　② 120분

③ 900분　　　　④ 3,375분

해설 시간비

$T_r = \dfrac{T_m}{T_p} = \sqrt{\dfrac{L_r}{g_r}} = \sqrt{\dfrac{\dfrac{1}{225}}{I}} = 0.067$

$\dfrac{4}{T_p} = 0.067$

$\therefore \ T_p = 59.7$분

71 왜곡모형에서 Froude의 상사법칙을 이용하여 물리량을 표시한 것으로 틀린 것은? (단, X_r은 수평축척비, Y_r은 연직축척비이다.)

[기사 09]

① 유속비 : $V_r = \sqrt{Y_r}$

② 시간비 : $T_r = \dfrac{X_r}{Y_r^{\frac{1}{2}}}$

③ 경사비 : $S_r = \dfrac{Y_r}{X_r}$

④ 유량비 : $Q_r = X_r Y_r^{\frac{5}{2}}$

해설 왜곡모형에서 Froude의 상사법칙

㉠ 수평축척과 연직축척 : $X_r = \dfrac{X_m}{X_p}$, $Y_r = \dfrac{Y_m}{Y_p}$

㉡ 속도비 : $V_r = \sqrt{Y_r}$

㉢ 면적비 : $A_r = X_r Y_r$

㉣ 유량비 : $Q_r = A_r V_r = X_r Y_r^{\frac{3}{2}}$

㉤ 에너지경사비 : $I_r = \dfrac{Y_r}{X_r}$

㉥ 시간비 : $T_r = \dfrac{L_r}{V_r} = \dfrac{X_r}{Y_r^{\frac{1}{2}}}$

72 수리학적 완전상사를 이루기 위한 조건이 아닌 것은?

[기사 05]

① 기하학적 상사(Geometric Similarity)

② 운동학적 상사(Kinematic Similarity)

③ 동역학적 상사(Dynamic Similarity)

④ 정역학적 상사(Static Similarity)

해설 수리학적 상사

㉠ 원형(Prototype)과 모형(Model)의 수리학적 상사의 종류
   • 기하학적 상사(Geometric Similarity)
   • 운동학적 상사(Kinematic Similarity)
   • 동역학적 상사(Dynamic Similarity)

㉡ 수리학적 완전상사
   • 기하+운동+동력학적 상사가 동시 만족
   • 5개 무차원 변량(상사조건) 만족(Euler, Froude, Reynolds, Weber, Cauchy)
   • 실제는 불가

73 흐름을 지배하는 가장 큰 요인이 점성일 때 흐름의 상태를 구분하는 방법으로 쓰이는 무차원수는?

[기사 10]

① Froude수

② Reynolds수

③ Weber수

④ Cauchy수

해설 특별상사법칙

㉠ Reynolds 상사법칙은 점성력이 흐름을 주로 지배하는 관수로 흐름의 상사법칙이다.

㉡ Froude 상사법칙은 중력이 흐름을 주로 지배하는 개수로 내의 흐름, 댐의 여수토 흐름 등의 상사법칙이다.

74 모형실험에서 원형과 모형에 작용하는 힘들 중 점성력이 지배적일 경우 적용해야 할 모형법칙은?

[기사 95, 06]

① Froude 모형법칙

② Reynolds 모형법칙

③ Cauchy 모형법칙

④ Weber 모형법칙

해설 특별상사법칙

㉠ Reynolds 상사법칙은 점성력이 흐름을 주로 지배하는 관수로 흐름의 상사법칙이다.

㉡ Froude 상사법칙은 중력이 흐름을 주로 지배하는 개수로 내의 흐름, 댐의 여수토 흐름 등의 상사법칙이다.

75 하천 모형실험과 가장 관계가 큰 것은?

[기사 04]

① Froude 상사법칙
② Reynolds 상사법칙
③ Cauchy 상사법칙
④ Weber 상사법칙

해설 Froude의 상사법칙

중력이 흐름을 주로 지배하고 다른 힘들은 영향이 작아서 생략할 수 있는 경우의 상사법칙으로 수심이 비교적 큰 자유표면을 가진 개수로 내 흐름, 댐의 여수토 흐름 등이 해당된다.

76 다음은 수리모형 법칙을 서술한 것이다. 모형법칙과 지배인자가 잘못 연결된 것은?

[기사 07]

① Cauchy 법칙 : 탄성력
② Reynolds 법칙 : 점성력
③ Froude 법칙 : 중력
④ Weber 법칙 : 압력

해설 수리모형의 상사법칙

종류	특징
Reynolds의 상사법칙	점성력이 흐름을 주로 지배하고, 관수로 흐름의 경우에 적용
Froude의 상사법칙	중력이 흐름을 주로 지배하고, 개수로 흐름의 경우에 적용
Weber의 상사법칙	표면장력이 흐름을 주로 지배하고, 수두가 아주 적은 위어 흐름의 경우에 적용
Cauchy의 상사법칙	탄성력이 흐름을 주로 지배하고, 수격작용의 경우에 적용

∴ Weber의 상사법칙은 표면장력이 흐름을 지배하는 경우 사용한다.

77 개수로 내의 흐름, 댐의 여수토의 흐름에 적용되는 수류의 상사법칙은?[기사 09, 산업 06]

① Reynolds의 상사법칙
② Froude의 상사법칙
③ Mach의 상사법칙
④ Weber의 상사법칙

78 개수로의 설계와 수공구조물의 설계에 주로 적용되는 수리학적 상사법칙은?

[산업 07, 10, 12]

① Reynolds 상사법칙
② Froude 상사법칙
③ Weber 상사법칙
④ Mach 상사법칙

해설 Froude의 상사법칙은 중력이 흐름을 주로 지배하는 개수로의 내의 흐름, 댐의 여수토 흐름 등의 상사법칙이다.

Civil Engineering

제2편

수문학

수문학 일반

SECTION **01** | 수문학

1 수문학의 일반

(1) 수문학의 정의

① 수문학(hydrology)이란 지구상에 존재하는 물의 생성과 물의 물리·화학적 성질, 물의 시간적 및 공간적 분포와 물이 환경에 어떠한 작용을 하는지, 또한 그 순환을 다루는 학문으로서 지구상 의 물의 순환과정을 연구(취급)하는 과학의 한 분야이다.

② 물의 순환과정은 강수, 증발, 증산, 차단, 침투, 침루, 저유, 유출 등의 여러 복잡한 과정을 통하여 중단 없이 계속 순환하며, 이 순환과정을 통한 물의 이동은 일정한 비율로 연속되는 것은 아니며, 시간 및 공간적인 변동성을 가진다.

(2) 물의 순환

① 태양의 열에너지로부터 물의 증발로 시작되어, 수증기는 기단에 의해 이동되고, 구름이 형성되어 이동되다가 강수(precipitation)의 형태로 지상에 떨어진다.

② 이 강수의 상당한 부분은 강수지역의 토양 속에 저유(storage)되나, 일부는 증발(evaporation) 및 식물의 뿌리를 통한 증산작용(transpiration)에 의해 대기 중으로 돌아가기도 하고, 일부는 토양 면이나 토양 속을 흘러 지표면 지하수로에 유입되기도 하며, 토양 속 깊이 침투하여 지하수 가 되기도 한다.

③ 지표면 지하수로에 유입되는 지표수와 토양 속으로 흐르는 지하수는 중력에 의하여 높은 곳으로 부터 낮은 곳으로 흘러 결국에는 바다에 이르게 된다. 이 과정을 물의 순환과정(hydrologic cycle) 이라 한다.

④ 이 물의 순환과정을 물 수지 방정식으로 나타내면 다음과 같다.

$$강수량(P) \rightleftharpoons 유출량(R) + 증발산량(E) + 침투량(C) + 저유량(S)$$

$$\therefore P \rightleftharpoons R + E + C + S \quad \text{.............................} \quad (1)$$

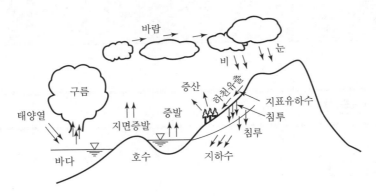

[그림 9-1] 물의 순환과정

2 수문기상학

(1) 수문기상의 지배 요소

① 대기 중에서 발생하는 모든 현상을 연구하는 학문을 기상학(meteorology)이라 하며, 강우가 지상에 도달하기 이전까지의 대기현상을 연구(취급)하는 학문을 수문기상학(hydrometeorology)이라 한다. 즉 기상학 중에서 물에 관한 대기 현상을 연구하는 학문을 수문기상학이라 한다.

② 수문기상의 지배요인으로는 기후학적 인자(강수, 습도, 기온, 바람 등), 지형인자(강수의 형태나 강수량의 분포), 지질인자(지질구조) 등이 있다.

③ 수문기상학적으로 대기의 성질을 지배하는 3요소는 일반적으로 습도, 기온, 바람 등이 있다.

(2) 습도(humidity)

① 대기 중의 공기가 함유하고 있는 수분의 정도를 나타내며, 보통 상대습도(h)로서 표시된다.

② 어떤 임의 온도($t℃$)에서의 포화증기압(e_s)에 대한 실제증기압(e)의 백분율을 상대습도(relative humidity)라 한다.

$$\therefore \ h = \frac{e}{e_s} \times 100\% \quad \text{.. (2)}$$

③ 증기압(vapor pressure)이란 공기 중의 물 분자에 의한 수증기의 압력과 공기 분자에 의한 압력의 합을 말하고, 공기가 수증기로 포화되어 있을 때의 수증기 분압을 포화증기압(saturation vapor pressure)이라 한다.

④ 이슬점에서의 상대습도는 100%이다.

(3) 기온(atmospheric temperature)

① 대기의 온도를 기온이라 하고, 통상 온도계(thermometer)에 의해 측정한다.

② 지표면상 1.5m에 설치된 백엽상 내의 유리제 봉상 온도계 및 유리 최고, 최저 온도계에 의하여 측정한다.

③ 임의의 시간 동안의 산술평균기온을 평균기온이라 하고, 특정 일이나 월, 계절, 또는 연(年)에 대한 최근 30여 년간의 평균값을 정상기온이라 한다.

④ 일평균기온은 일 최고온도와 일 최저온도를 산술평균한 온도를 말한다.

⑤ 정상 일평균기온은 특정 일에 대한 일평균기온을 상당한 기간에 걸쳐 평균한 값을 말한다.

⑥ 월평균기온은 월평균 최고 및 최저온도의 산술평균치를 말한다.

⑦ 정상 월평균기온은 특정 월에 대한 장기간 동안의 월평균기온의 산술평균치를 말한다.

⑧ 연평균기온은 해당 년의 월평균기온의 평균치를 연평균기온이라 한다.

(4) 온도 측정단위와 온도 변화율

① 온도 측정단위는 섭씨온도(℃), 화씨온도(°F), 절대온도(°K) 등이 있다.

$$°F = \left(\frac{9}{5}\right)℃ + 32° \quad\text{...} \tag{3}$$

② 온도 변화율은 대기 중 고도에 따른 온도의 변화율로서, 고도가 증가할수록 온도는 감소한다. 대류권(지표 10~20km 사이의 대기층)의 하부층 내에서 온도 변화율은 고도 100m당 약 0.7℃ 정도이다.

(5) 바람(wind)

① 고기압에서 저기압으로 이동하는 기단을 말하며, 속도와 방향으로 그 크기를 표시한다.

② 풍향은 바람이 불어오는 방향을 의미하며, 자침의 16개 방향으로 표시한다. 그날의 풍향은 오전 10시 정각에 관측한 풍향으로 정한다.

③ 풍속은 바람의 속도를 말하고, 풍속계에 의해 측정하며, 1km/hr, 1m/sec, 1노트(knot) 등의 단위로 표시한다.

④ 고도에 따른 풍속은 변하므로 풍속계에 의한 풍속을 측정하고, 이를 경험식에 적용하여 표시한다.

$$\therefore \frac{V}{V_0} = \left(\frac{Z}{Z_0} \right)^K \dotfill (4)$$

여기서, V : 고도 Z에서의 풍속

V_0 : 고도 Z_0에서의 풍속

K : 상수($1/7$)

SECTION 02 | 강수

1 강수의 일반

(1) 강수의 정의 및 강수의 형성을 위한 기상학적 구비조건

① 강수(precipitation)란 구름이 응축되어 지상으로 떨어지는 모든 형태의 수분을 통틀어 강수라 한다. 다음 조건을 만족해야 한다.

② 공기가 이슬점(dew point)까지 냉각되어야 한다.

③ 수분입자를 형성시킬 수 있는 응결핵이 존재해야 한다.

④ 응결된 소 수분입자를 점점 크게 할 수 있어야 한다.

⑤ 충분한 강도의 수분을 집적할 수 있어야 한다.

(2) 강수형의 분류

① 강수형에는 대류형 강수, 선풍형 강수, 산악형 강수가 있다. 실제 강수는 여러 가지 형태가 복합되어 발생하며, 어느 한 가지 형에 의한 것은 거의 없다.

② 대류형 강수는 따뜻하고 가벼운 공기가 대류현상에 의해서 보다 차갑고 밀도가 큰 공기 중으로 상승할 때 발생하며, 일반적으로 점상(spotty)으로 나타나며, 소나기(shower)로부터 뇌우(thunderstorm)에 이르기까지 광범위하다.

③ 선풍형 강수는 온도가 다르고, 수분함유량이 다른 두 기단이 충돌하여 온기단이 위로 상승하여 냉각된 후에 발생하며, 강수는 두 기단의 접촉면에서 일어난다. 보통 평원지대에서 많이 발생한다.

④ 산악형 강수는 습윤한 기단을 운반하는 바람이 산맥에 부딪쳐 기단이 산맥위로 상승할 때 발생한

다. 일반적으로 바람이 불어오는 방향의 사면에는 큰 강수가 발생하나 그 반대의 사면은 대단히 건조하다.

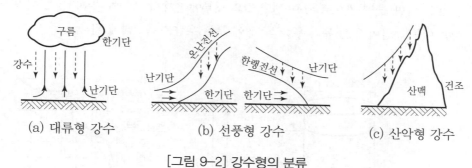

[그림 9-2] 강수형의 분류

(3) 강수의 종류

① 부슬비(drizzle)는 직경이 0.1~0.5mm의 물방울로 형성되며, 낙하속도는 보통 0.1mm/hr 이하이다.

② 비(rain)는 통상 직경 0.5mm 이상인 물방울로 형성되는 것이 일반적이다. 그러나 빗방울이 낙하하면서 자중에 대한 대기의 마찰력에 의해 파괴되기 때문에 실제 직경은 0.64mm 이상으로 보고 있다. 비는 낙하 시 공기저항에 의해 일정한 속도(스톡스의 정리)로 강하한다.

③ 우빙(glaze)은 비나 부슬비가 강하하여 지상의 찬 것과 접촉하자마자 얼어버린 것을 말한다.

④ 진눈개비(sleet)는 빗방울이 강하하다가 얼어버린 것을 말한다.

⑤ 눈(snow)은 수증기가 직접 얼음으로 변하는 승화현상(sublimation)에 의해 형성된 것을 말한다.

⑥ 우박(hail)은 지름 5~125mm의 구형 또는 덩어리 모양의 얼음상태의 강수를 말한다.

⑦ 기타 이슬(dew), 서리(frost) 등이 있다.

❷ 강수량의 측정

(1) 우량 측정시간과 우량계

① 우량의 크기는 일정한 면적 위에 내린 총우량을 그 면적으로 나눈 깊이로서 표시하며, 우리나라에서 사용하는 단위는 mm이다.

② 우량 측정시간은 매일 1회, 오전 9시부터 다음날 오전 9시까지의 우량이 일우량으로 측정된다.

③ 일우량이 0.1mm 이하일 때는 무강우로 취급한다.

④ 우량을 측정하는 계기를 우량계(rain gauge)라 하며, 보통우량계와 자기우량계가 있다.

⑤ 우리나라에서 많이 사용하는 보통우량계는 지름 20cm, 높이 60cm의 상단이 개방된 원통형 구리관 또는 아연도금철관으로서, 이 관 상단의 내부에 깔때기 모양의 수수기를 넣어 빗물을 받은 다음 이를 눈금이 있는 유리 우량측정관에 부어 우량을 측정하게 된다.

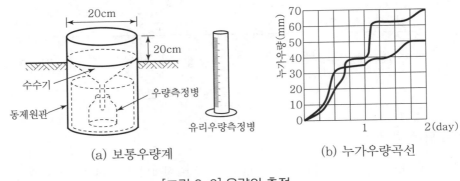

(a) 보통우량계   (b) 누가우량곡선

[그림 9–3] 우량의 측정

(2) 누가우량곡선

① 누가우량곡선이란 우량계에 의해 측정된 우량을 기록지에 누가우량의 시간적 변화 상태를 기록한 것을 누가우량곡선(rainfall mass curve)이라 한다.

② 누가우량곡선은 항상 상향곡선이며, 곡선의 경사가 완만한 경우 강우강도가 작으며, 경사가 급한 경우 강우강도가 크다. 수평인 경우는 무강우를 의미한다.

③ 기록지상의 누가우량곡선으로부터 각종 목적에 알맞은 우량자료를 얻게 된다.

③ 강수량 자료의 조정, 보완 및 분석

(1) 이중누가우량곡선

① 측정된 자료가 가지는 각종 오차를 수정하고, 결측된 값을 보완하며, 가용자료의 양을 확충함으로써 일관성 있는 일련의 풍부한 강수량자료를 확보한다는 것은 정확한 수문학적 해석의 기본이 된다.

② 이중누가우량곡선(double mass curve)은 수자원 계획 수립 시 장기간 강우(강수)자료의 일관성

(consistency) 검사가 요구된다.

③ 우량계의 위치, 노출 상태, 관측방법 및 주위 환경의 변화로 일관성이 결여 된 경우 자료의 일관성이 없어지며 무의미한 기록 값이 되어버릴 수도 있다. 이를 교정하기 위한 방법을 이중누가우량분석이라 한다.

④ 문제의 관측점에서의 년, 혹은 계절 강수량의 누적총량을 그 부근 일련의 관측점군(10개 이상)의 누적총량과 비교하여 교정한다.

(2) 결측이 된 경우 강수기록의 추정 보완 방법

① 산술평균법은 3개의 관측점 각각의 정상 연평균강수량과 결측 값을 가진 관측점의 정상 연평균강수량의 차이가 10% 이내인 경우에 적용한다.

$$P_X = \frac{1}{3}(P_A + P_B + P_C) \quad\text{……………………………………………………………} (5)$$

여기서, P_X : 결측 점의 강수량

② 정상 연강수량 비율법은 3개의 관측점 중 어느 1개라도 10% 이상의 차가 있을 경우에 적용한다.

$$P_X = \frac{N_X}{3}\left(\frac{P_A}{N_A} + \frac{P_B}{N_B} + \frac{P_C}{N_C}\right) \quad\text{…………………………………………} (6)$$

여기서, P : 강수량

N : 정상 연평균 강수량

X : 결측 값을 가진 관측점

③ 단순 비례법은 결측 값을 가진 관측점 부근에 1개의 다른 관측점만이 존재하는 경우에 적용한다.

$$P_X = \frac{P_A}{N_A} \cdot N_X \quad\text{…………………………………………………………………} (7)$$

(3) 유역의 평균 강우량 산정

① 산술평균법은 비교적 평탄한 지역에 사용되며, 강우분포가 균일하고 우량계가 등분포 된 경우에 적용한다. 유역면적이 500km² 미만인 지역에 사용하며, 정밀도는 가장 낮다.

$$P_m = \frac{P_1 + P_2 + \cdots\cdots + P_n}{n} \quad \cdots\cdots\cdots\cdots\cdots\cdots\cdots\cdots\cdots\cdots\cdots\cdots\cdots (8)$$

② 티센(Thiessen) 가중법은 비교적 정확하고 가장 많이 이용하며, 우량계가 유역 내에 불균등하게 분포되어 있는 경우, 산악의 영향이 비교적 작고 유역면적이 약 $500 \sim 5,000 \mathrm{km}^2$인 지역에 적용한다.

$$P_m = \frac{A_1 P_1 + A_2 P_2 + \cdots\cdots + A_n P_n}{A_1 + A_2 + \cdots\cdots + A_n} \quad \cdots\cdots\cdots\cdots\cdots\cdots\cdots\cdots\cdots (9)$$

③ 등우선법은 강우에 대한 산악의 영향을 고려할 수 있는 방법으로, 등우선을 그려서 평균강우량을 구하는 방법이다. 정밀도는 가장 높다.

$$P_m = \frac{A_1 P_{1m} + A_2 P_{2m} + \cdots\cdots + A_n P_{nm}}{A_1 + A_2 + \cdots\cdots + A_n} \quad \cdots\cdots\cdots\cdots\cdots\cdots\cdots (10)$$

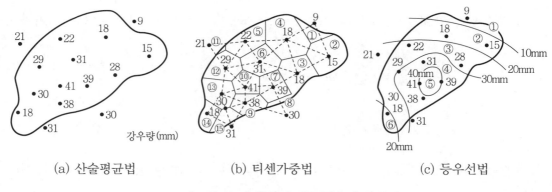

(a) 산술평균법   (b) 티센가중법   (c) 등우선법

[그림 9-4] 유역의 평균 강우량 산정

4 강수자료의 해석

(1) 강우강도와 지속시간

① 강우강도(rainfall intensity, I)란 단위시간에 내리는 강우량(mm/hr)을 말한다.

② 지속기간(rainfall duration, t)은 강우가 계속되는 기간으로 통상 분(min)으로 표시한다. 일반적으로 강우강도가 클수록 지속기간은 짧다.

③ 생기빈도(rainfall frequency, F)란 일정한 기간 동안에 어떤 크기의 호우가 발생할 횟수를 의미하는 것으로서 통상 임의의 강우량이 1회 이상 같아지거나 초과하는데 소요되는 년수(year)로 표시한다.

$$생기빈도(F) = \frac{1}{재현기간} = \frac{1}{T}$$ ···················· (11)

(2) 강우강도와 지속시간의 관계

① 강우강도는 지속기간에 반비례의 관계가 있으며, 지역에 따라 다르나 경험공식으로 표시한다.

② Talbot형(광주지방에 적용된다)

$$I = \frac{a}{t+b}$$ ·· (12)

③ Sherman형(서울, 목포, 부산 등의 지역에 적용된다)

$$I = \frac{c}{t^n}$$ ·· (13)

④ Japanese형(대구, 인천, 포항 등의 지역에 적합하다)

$$I = \frac{d}{\sqrt{t}+e}$$ ·· (14)

여기서, I : 강우강도(mm/hr), t : 지속시간(min)
a, b, c, d, e, n : 상수

⑤ 강우강도 – 지속시간 – 생기빈도의 관계(I-D-F curve)

$$I = \frac{kT^x}{t^n}$$ ··· (15)

여기서, k, x, n : 지역에 따라 결정되는 상수

⑥ 우량깊이(rainfall depth)와 유역면적의 관계

$$등가우량수심 = \frac{어떤 유역의 총강우량}{그 유역의 유역면적}(mm)$$ .... (16)

(3) 우량깊이-유역면적-강우지속기간 관계의 해석

① 각 유역별로 최대 우량깊이(D)-유역면적(A)-강우지속기간(D) 간의 관계를 수립하는 작업을 말한다. 일명 DAD(depth-area-duration) 해석이라 한다.

② 여러 크기의 유역에 지속시간별 예상되는 최대 우량깊이를 결정해두면 수공구조물의 설계 및 해석에 유용한 자료가 된다.

③ 면적이 증가할수록 최대 평균우량은 작아지고, 지속시간이 커질수록 최대 평균우량은 증가한다.

(4) DAD 해석의 작업절차

① 유역 내 각 관측점에 있어서의 지속기간별 최대 우량은 누가우량곡선(rainfall mass curve)으로부터 결정하고 전 유역을 등우선에 의해 몇 개의 소구역으로 분할한다.

② 각 소구역에 대한 누가평균우량을 산정한다.

③ 소구역의 누가면적에 대한 평균누가우량을 결정한다.

④ 각종 지속기간에 대한 최대 우량깊이를 소구역의 누가면적별로 결정하여 반대수지에 표시하여 DAD곡선을 얻는다.

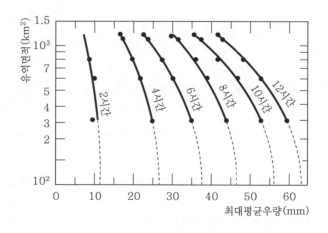

[그림 9-5] DAD곡선

5 용어의 해설

(1) 기타 용어의 해설

① 강수량은 일정한 시간에 내린 수량(비, 우박, 서리 , 눈 등)을 단위면적당의 깊이로 표시한 값을 말한다.

② 적설량은 일정한 시간에 내린 눈의 깊이를 말한다.

③ 증발량은 공기 중에 설치된 표준증발접시에서 일정한 시간에 증발한 물의 깊이를 말한다.

(2) 잠재증기화열

① 온도의 변화 없이 액체 상태로부터 기체 상태로 바뀌는 데에 필요한 단위 질량당 열량을 말한다.

② 잠재 증기화열(40℃까지의 경험식)

$$H_v = 597.3 - 0.56\,t \quad \text{·· (17)}$$

여기서, H_v : 잠재 증기화열(cal/g)

t : 온도(℃)

(3) 가능 최대 강수량(PMP)

① 어떤 지역에서 생성될 수 있는 최악의 기상조건하에서 발생 가능한 호우로 인해 그 지역에서 예상되는 최대 강수량(probable maximum precipitation, PMP)을 말하고, 극한상태의 DAD곡선을 사용하여 결정할 수 있다.

② 한 유역에 내릴 수 있는 최대 강수량으로 대규모 수공구조물을 설계할 때 기준으로 삼는 유량이다.

③ 수공구조물의 크기(치수)를 결정하고, 지역의 가능 최대 홍수량(PMF)을 결정하는 기준이 된다.

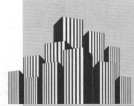
01 물의 순환과정(hydrologic cycle)에 관한 설명 중 틀린 것은? [기사 98]

① 물의 순환은 바다로부터의 물의 증발로 시작되어 강수, 차단, 침투, 침루, 저류, 유출 등과 같은 여러 복잡한 반복과정을 거치는 물의 이동현상이다.

② 물의 순환과정 중 주요성분은 강수, 증발 및 증산, 지표수 유출 및 지하수 유출이다.

③ 물의 순환과정을 통한 물의 이동은 시·공간적 변동성을 통상 가지지 않고, 일정 비율로 연속된다.

④ 물의 순환을 물수지방정식으로 표현하면, (강수량＝유출량＋증발산량＋침투량＋저류량)이다.

해설 물의 순환과정을 통한 물의 이동은 시간적, 공간적인 변동성을 가지는 것이 보통이며 일정률로 연속되는 것은 아니다. 강우가 극심하여 홍수가 발생하기도 하며 반대로 가뭄이 발생하기도 한다. 또한 물의 순환양상이 크게 다른 경우도 많다.

02 다음 중 물의 순환에 관한 설명으로서 틀린 것은? [기사 12]

① 지구상에 존재하는 수자원이 대기권을 통해 지표면에 공급되고, 지하로 침투하여 지하수를 형성하는 등 복잡한 반복과정이다.

② 지표면 또는 바다로부터 증발된 물이 강수, 침투 및 침루, 유출 등의 과정을 거치는 물의 이동현상이다.

③ 물의 순환과정은 성분과정간의 물의 이동이 일정률로 연속된다는 것을 의미한다.

④ 물의 순환과정 중 강수, 증발 및 증산은 수문기상학 분야이다.

해설 물의 순환과정은 성분 과정간의 물의 이동이 일정률로 연속된다는 의미는 아니다. 즉, 순환과정을 통한 물의 이동은 시간 및 공간적인 변동성을 가지는 것이 일반적이다.

03 다음 물의 순환을 설명한 것 중 옳지 않은 것은? [기사 92]

① 지표면 또는 대양(大洋)으로부터 증발된 물은 결국 지표면 혹은 해면으로 강하한다.

② 강하된 물은 지면에 차단되거나 증산되기도 한다.

③ 지면으로 유하한 물은 하천을 형성하기도 하고 지하로 침투하여 지하수를 형성한다.

④ 심층지하수(深層地下水)는 물의 순환과정에서 제외된다.

해설 침투와 침루를 통해 지하수를 형성하고, 바다로 흘러들어 다시 증발하게 된다.

04 물의 순환과정은 통상 8가지의 과정을 거친다. 물의 순환과정에 관계된 용어가 아닌 것은? [기사 95, 10]

① 증발 – 증산
② 침투 – 침루
③ 풍향 – 상대습도
④ 차단 – 저류

해설 풍향은 물의 순환과정과 관계가 없다.

05 다음 중 일기 및 기후 변화의 직접적인 주요 원인은 어느 것인가? [기사 11]

① 에너지 소비
② 태양흑점의 변화
③ 물의 오염
④ 지구의 자전 및 공전

해설 일기 및 기후 변화의 직접적인 원인은 지구의 자전 및 공전이다.

06 물의 순환과정의 순서로 옳은 것은?

① 증발－강수－차단－증산－침투－침루
  －유출
② 증발－강수－증산－차단－침투－침루
  －유출
③ 증발－강수－차단－증산－침루－침투
  －유출
④ 증발－강수－차단－증산－침투－유출
  －침루

해설 물의 순환과정 순서
증발→강수→차단→증산→침투→침루→유출

07 강수량 P, 증발산량 E, 침투량 C, 유출량 R 그리고 모든 저유량(貯油量)을 S라고 할 때, 물의 순환(Hydrologic Cycle)을 옳게 나타낸 물수지 방정식은? [기사 85, 88, 92, 산업 80]

① $P \rightarrow R + E + C + S$
② $P = R + E + C + S$
③ $P \leftarrow R + E + C + S$
④ $P \Leftrightarrow R + E + C + S$

해설 강수량(P) $\rightleftarrows$ 유출량(R)+증발산량(E)+침투량(C)+저유량(S)

08 수문기상에 대한 설명 중 옳지 않은 것은? [기사 95, 00, 03]

① 우리나라에 편서풍이 불고 열대지방에 무역풍이 부는 것은 대기권 내의 열순환과는 관계가 없다.
② D.A.D해석이란 최대우량깊이－유역면적－지속시간 사이의 관계를 분석하는 작업이다.
③ 증발량은 증발접시에 의해 24시간 증발된 물의 깊이로 측정한다.
④ 물의 순환은 지구상의 식물의 영향을 크게 받는다.

해설 바람이란 이동하는 기단을 지칭하며, 대기권 내의 열순환과 관계가 있다.

09 수문순환의 대기현상 가운데 수문기상학의 분야에 해당되는 것은?

① 강수의 분포현상
② 침투 및 침루현상
③ 지표면 저류현상
④ 지표하 및 지하수 유출현상

해설 수문기상학(hydrometeorology)
기상학 중에서도 물에 관한 대기현상을 연구하는 학문으로 증발, 증산, 구름의 형성, 강우의 형성, 강우의 시간적, 공간적 분포 등 지표면에서 유출이 이루어지기 이전까지의 전 과정이 수문기상학의 연구 분야이다.

10 물의 순환과정에서 발생하는 대기현상 중 수문기상학의 분야에 해당하는 것은? [기사 00]

① 강수의 시공간적 분포
② 침투 및 침루
③ 차단 및 지표면 저류
④ 지표수 및 지하수 유출

해설 강수의 시·공간적 분포가 수문기상학에 포함된다.

11 기온에 대한 설명 중 옳지 않은 것은?

[기사 00, 06]

① 일 평균기온은 오전 10시의 기온이다.
② 정상일 평균기온은 특정일의 30년간의 평균기온을 평균한 기온이다.
③ 월 평균기온은 해당 월의 일 평균기온 중 최고치와 최저치를 평균한 기온이다.
④ 연 평균기온은 해당 년의 월 평균기온을 평균한 기온이다.

해설 일 평균기온(mean daily temperature)
1일 평균기온을 말하며 1일 중 최고, 최저기온을 평균하는 방법을 가장 많이 사용하고 있다.

12 기온에 관한 설명 중 옳지 않은 것은?

① 연 평균기온은 해당 년의 월 평균기온의 평균치로 정의한다.
② 월 평균기온은 해당 월의 일 평균기온의 평균치로 정의한다.
③ 일 평균기온은 일 최고 및 최저 기온을 평균하여 주로 사용한다.
④ 정상일 평균기온은 30년간의 특정일의 일 평균기온을 평균하여 정의한다.

해설 월 평균기온은 해당 월의 일 평균기온의 최고치와 최저치를 평균한 기온을 말한다.

13 기온이 15℃에서의 포화증기압이 18mb이고 상대습도가 40%일 때 실제 증기압은?

① 7.2mb   ② 10.8mb
③ 13.4mb   ④ 18.0mb

해설 $h = \dfrac{e}{e_s} \times 100\%$

$40 = \dfrac{e}{18} \times 100$

$\therefore e = 7.2\text{mb}$

14 대기온도 t_1, 상대습도 75%인 상태에서 증발이 진행되어 온도는 t_2로 상승하고 대기 중의 증기압은 20% 증가하였다. 온도 t_1 및 t_2에서의 포화증기압을 각각 10.0mmHg 및 18.0mmHg라 할 때 온도 t_2에서의 상대습도는?

[기사 09, 12]

① 50%   ② 75%
③ 90%   ④ 95%

해설 ㉠ $t_1°C$일 때 상대습도 75%이므로

$75 = \dfrac{e}{10} \times 100$

$\therefore e = 7.5\text{mmHg}$

㉡ $t_2°C$일 때 증가압이 20% 증가하였으므로

$e = 7.5 \times 1.2 = 9\text{mmHg}$

$h = \dfrac{e}{e_s} \times 100 = \dfrac{9}{18} \times 100 = 50\%$

15 강수에 대한 설명이다. 잘못된 것은? [기사 93]

① 비, 눈 또는 우박 등과 같이 지상에 강하한 수분량을 강수량이라 한다.
② 우량은 지역적으로 균일하며 산지가 평지보다 우량이 작다.
③ 강수량 중 대부분이 비인 관계로 강우량이라고도 한다.
④ 강설량은 설량계, 적설계로 측정한다.

해설 ㉠ 구름이 응축되어 지상으로 떨어지는 모든 형태의 수분을 통틀어 강수라 한다.
㉡ 강수량은 지역적, 시간적으로 변동한다.

16 온도 및 수분함량이 다른 두 기단이 충돌하여 그 접촉면에서 발생하는 강수는?

① 대류형 강수
② 전선형 강수
③ 기단형 강수
④ 산악형 강수

해설 강수의 형태

⊙ 대류형 강수는 따뜻하고 가벼워진 공기가 대류현상에 의해 상승할 때 발생한다.

ⓛ 전현형 강수는 한랭전선과 온난전선이 만날 때 발생한다.

ⓒ 산악형 강수는 습기단이 산맥에 부딪혀서 기단이 산 위로 상승할 때 발생한다.

17 일 강우량을 무강우(無降雨)로 취급하는 것은 다음 중 어느 것인가?   [기사 96]

① 0.1mm 이하

② 0.3mm 이하

③ 0.5mm 이하

④ 1.0mm 이하

해설 일 강우량이 0.1mm 이하일 때는 무강우로 취급한다.

18 누가우량곡선(Rainfall Mass Curve)의 특성 중 맞는 것은?   [기사 85, 91, 95, 11]

① 누가우량곡선의 경사가 클수록 강우강도가 크다.

② 누가우량곡선의 경사는 지역에 관계없이 일정하다.

③ 누가우량곡선은 자기우량기록에 의하여 작성하는 것보다 보통 유량계의 기록에 의하여 작성하는 것이 더 정확하다.

④ 누가우량곡선으로부터 일정기간 내의 강우량을 산출할 수 없다.

해설 ⊙ 곡선 경사가 급할수록 강우강도가 크다.

ⓛ 곡선 경사가 없으면 무강우로 처리한다.

19 하나의 호우 지속기간의 시간 강우분포는 이산 또는 연속 형태로 표현하는데 이산형은 강우주상도로 나타내고 연속시간분포는 무엇으로 나타내는가?   [기사 02]

① S−수문곡선(S−hydrograph)

② 강우량 누가곡선(rainfall mass curve)

③ 합성단위유량도(synthetic unit hydrograph)

④ 수요물선(draft line)

해설 누가우량곡선은 계속적으로 측정한 우량으로 누가 우량의 시간적 변화상태를 나타낸다.

20 다음 중 누가우량곡선(rainfall mass curve)의 특성으로 옳은 것은?   [기사 08, 11]

① 누가우량곡선은 자기우량기록에 의하여 작성하는 것보다 보통우량계의 기록에 의하여 작성하는 것이 더 정확하다.

② 누가우량곡선으로부터 일정기간 내의 강우량을 산출하는 것은 불가능하다.

③ 누가우량곡선의 경사는 지역에 관계없이 일정하다.

④ 누가우량곡선의 경사가 클수록 강우강도가 크다.

해설 누가우량곡선

⊙ 자기우량계에 의해 측정된 우량을 기록지에 누가 우량의 시간적 변화상태를 기록한 것을 누가우량 곡선이라 한다.

ⓛ 누가우량곡선의 경사가 급할수록 강우강도가 크다.

21 2중 누가우량분석(double mass curve analysis)에 관한 설명으로 가장 적합한 것은?   [기사 06, 07]

① 유역의 평균강우량을 결정하는 데 쓴다.

② 구역별 적합한 강우강도식의 산정을 위해 쓴다.

③ 일부 결측된 강우기록을 보충하기 위하여 쓴다.

④ 자료의 일관성이 있도록 하는 데 교정용으로 쓴다.

해설 우량계의 위치, 노출상태, 우량계의 교체, 주위환경의 변화 등이 생기면 전반적인 자료의 일관성이 없어지기 때문에 이것을 교정하여 장기간에 걸친 강수자료의 일관성을 얻는 방법을 2중 누가우량분석이라 한다.

22 강수량자료를 분석하는 방법 중 2중 누가우량곡선법(double mass curve)이 많이 이용되고 있다. 설명 중 맞는 것은? [기사 02, 12]

① 평균 강수량을 계산하기 위하여 쓴다.
② 강우의 지속기간을 알기 위하여 쓴다.
③ 결측자료를 보완하기 위하여 쓴다.
④ 강수량자료의 일관성을 검증하기 위하여 쓴다.

해설 우량계의 위치, 노출상태, 우량계의 교체, 주위환경의 변화 등이 생기면 전반적인 자료의 일관성이 없어지기 때문에 이것을 교정하여 장기간에 걸친 강수자료의 일관성을 얻는 방법을 2중 누가우량분석이라 한다.

23 강수에 관한 설명 중 틀린 것은? [기사 11]

① 강수는 구름이 응축되어 지상으로 강하하는 모든 형태의 수분을 총칭한다.
② 일우량(24hr 우량)이 0.1mm 이하일 경우에는 무강우로 취급한다.
③ 누가우량곡선은 자기우량계에 의해 측정된 누가강우의 시간적 변화를 기록한 곡선이다.
④ 2중 누가우량분석법은 강수량자료의 결측치를 보완하는 방법이다.

해설 장기간에 걸친 강수자료의 일관성을 얻는 방법을 2중 누가우량분석이라 한다.

24 다음 중 강수 결측자료의 보완을 위한 추정방법이 아닌 것은? [기사 08]

① 단순비례법
② 2중 누가우량분석법
③ 산술평균법
④ 정상연강수량비율법

해설 결측 강우량 추정법
㉠ 산술평균법
㉡ 정상연강우량비율법
㉢ 단순비례법

25 강우와 강우해석에 대한 설명으로 옳지 않은 것은? [기사 11]

① 강우강도의 단위는 mm/hr이다.
② D.A.D해석은 지속기간별, 면적별 최대 강우량을 구하는 방법이다.
③ 정상 연강수 비율법(normal ratio method)은 면적평균 강수량을 구하는 방법이다.
④ 대류형 강우는 주위보다 더운 공기의 상승으로 일어난다.

해설 강우기록의 추정법
㉠ 산술평균법
㉡ 정상연강수량 비율법
㉢ 단순비례법

26 30년 간의 연평균강우량이 $N_A = 1,000$, $N_B = 850$, $N_C = 700$, $N_D = 900$이고, 어느 해의 월강우량이 $P_A = 85$, $P_B = ?$, $P_C = 72$, $P_D = 80$일 때 B지점의 결측강우량은? [기사 94, 98]

① 72.6mm
② 80.5mm
③ 62.3mm
④ 78.4mm

해설 ㉠ $\dfrac{1,000 - 850}{850} \times 100 = 17.65\% > 10\%$이므로 정상 연강우량 비율법으로 계산한다.

㉡ $P_B = \dfrac{N_B}{3}\left(\dfrac{P_A}{N_A} + \dfrac{P_C}{N_C} + \dfrac{P_D}{N_D}\right)$

$= \dfrac{850}{3}\left(\dfrac{85}{1,000} + \dfrac{72}{700} + \dfrac{80}{900}\right)$

$= 78.4\text{mm}$

27 X우량 관측소의 우량계 고장으로 수개월 동안 관측을 실시하지 못하였다. 이 기간 동안 인접한 A, B, C 관측소에서 관측된 총 우량은 각각 210, 180, 240mm이었다. 관측소, X, A, B, C에서의 30년 이상에 걸쳐 산정된 정상 연평균 강우량이 각각 1,170, 1,340, 1,120 및 1,440mm이면 X관측소 관측 호우량은?

[기사 89, 90, 95, 산업 93]

① 93.90mm   ② 113.25mm

③ 141.57mm   ④ 188.80mm

해설 ㉠ 3개 관측점과 결측점의 최대오차를 구한다.

$$\frac{(1,440-1,170)}{1,170} \times 100 = 23.08 > 10\%$$

∴ 정상 연평균 비율법 적용

㉡ $P_x = \dfrac{N_x}{3}\left(\dfrac{P_A}{N_A} + \dfrac{P_B}{N_B} + \dfrac{P_c}{N_c}\right)$

$= \dfrac{1,170}{3}\left(\dfrac{210}{1,340} + \dfrac{180}{1,120} + \dfrac{240}{1,440}\right)$

$= 188.8\text{mm}$

28 유역의 평균우량 산정방법이 아닌 것은?

[기사 97, 02, 08, 09, 10, 11]

① Thiessen법   ② 평균비율법

③ 등우선법   ④ 산술평균법

해설 평균우량 산정법

㉠ 산술평균법
㉡ Thiessen가중법
㉢ 등우선법

29 다음 중 비교적 평야지역에서 강우분포가 균일하고 500km² 정도 되는 작은 유역에 강우가 발생하였다면 가장 적당한 유역 평균강우량 산정법은?

[기사 96]

① Thiessen의 가중법
② Talbot의 강도법
③ 등우선법
④ 산술평균법

해설 산술평균법

㉠ 평야지역에서 강우분포가 비교적 균일한 경우
㉡ 우량계가 비교적 등분포되어 있고 유역면적이 500km² 미만인 지역에 사용한다.

30 유역의 평균강우량을 계산하기 위하여 Thiessen 방법을 많이 이용한다. 이 방법의 단점은?

[기사 94]

① 지형의 영향을 고려할 수 없다.
② 지형의 영향은 고려되나 강우형태는 고려되지 않는다.
③ 우량계의 종류에 따라 크게 영향을 받는다.
④ 계산은 간편하나 타 방법에 비하여 가장 부정확하다.

해설 Thiessen법은 강우에 대한 산악효과가 무시되고 있으나 우량계의 분포상태는 고려되었다.

31 유역의 평균강우량 산정방법 중 산악의 영향을 고려할 수 있는 방법은?

[기사 99]

① 산술평균법
② 티센(Thiessen)의 가중법
③ 다각형법
④ 등우선법

해설 등우선법

㉠ 강우에 대한 산악의 영향이 고려되었다.
㉡ 유역면적이 5,000km² 이상일 때 사용한다.

32 다음 수문해석에 대한 설명 중 옳지 않은 것은?

[기사 81, 93]

① Talbot형의 강우강도식은 $I = \dfrac{a}{t+b}$ 이다.

② Rating Curve는 수위와 유량과의 관계를 나타내는 곡선이다.

③ 어느 관측소의 결측강우량은 어느 경우에나 부근 관측지점들의 강우량의 산술평균에 의해서만 구할 수 있다.

④ 이중누가우량분석으로 어느 관측소의 우량계의 위치, 관측방법 등의 변화가 있었음을 발견하여 관측하여 관측우량을 교정해 줄 수 있다.

해설 **결측강우량 추정법**
㉠ 산술 평균법   ㉡ 정상 연평균 비율법
㉢ 단순 비례법

33 다음 그림과 같은 우량관측소의 우량에 대하여 Thiessen법으로 구한 이 유역의 평균강우량은? (단, 강우량은 mm로 표시하였음)

소구역명	A	B	C	D	E
다각형 면적(km²)	30	40	60	50	25

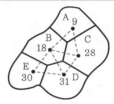

① 26.03mm   ② 24.24mm
③ 22.32mm   ④ 21.33mm

해설 $P_m = \dfrac{A_1P_1 + A_2P_2 + \cdots + A_5P_5}{A}$

$= \dfrac{30\times9+40\times18+60\times28+50\times31+25\times30}{30+40+60+50+25}$

$= 24.24\text{mm}$

34 표에서 Thiessen법으로 유역평균우량을 구한 값은?   [기사 09, 10]

관측점	A	B	C	D	E
지배면적(km²)	15	20	10	15	20
우량(mm)	20	25	30	20	35

① 25.25mm   ② 26.25mm
③ 27.25mm   ④ 0.20mm

해설 $P_m = \dfrac{A_1P_1 + A_2P_2 + \cdots + A_nP_n}{A}$

$= \dfrac{\left\{\begin{array}{l}(15\times20)+(20\times25)+(10\times30)\\+(15\times20)+(20\times35)\end{array}\right\}}{15+20+10+15+20}$

$= 26.25\text{mm}$

35 그림과 같은 정사각형 모양의 유역에 호우가 발생하여 유역 내 우량관측점에 기록된 우량이 다음과 같을 때 Thiessen법을 사용하여 유역평균우량을 구한 값은? (단, 그림에서 $\overline{AE}=\overline{CE}=\overline{BE}=\overline{DE}=10\text{km}$이고 강우량은 $P_A=80\text{mm}$, $P_B=60\text{mm}$, $P_C=90$, $P_D=70\text{mm}$, $P_E=100\text{mm}$임)   [기사 99]

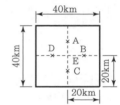

① 80.00mm   ② 40.28mm
③ 70.56mm   ④ 76.56mm

해설 $P_m = \dfrac{A_1P_1 + A_2P_2 + A_3P_3 + A_4P_4}{A}$

$= \dfrac{\left\{\begin{array}{l}(375\times80)+(375\times60)+(375\times90)\\+(375\times70)+(100\times100)\end{array}\right\}}{40\times40}$

$= 76.56\text{mm}$

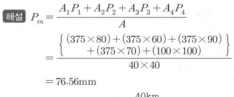
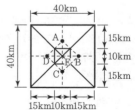

36 그림과 같은 유역(12km×8km)의 평균강우량을 Thiessen 방법으로 구한 값은? (단, 1, 2, 3, 4번 관측점의 강우량은 각각 140, 130, 110, 100mm이며, 작은 사각형은 2km×2km의 정사각형으로서 모두 크기가 동일하다) [기사 12]

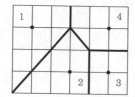

① 120mm   ② 123mm
③ 125mm   ④ 130mm

해설 ㉠ $A_1 = 7.5 \times (2 \times 2) = 30 \text{km}^2$
㉡ $A_2 = 7 \times (2 \times 2) = 28 \text{km}^2$
㉢ $A_3 = 4 \times (2 \times 2) = 16 \text{km}^2$
㉣ $A_4 = 5.5 \times (2 \times 2) = 22 \text{km}^2$
㉤ $P_m = \dfrac{P_1 A_1 + P_2 A_2 + P_3 A_3 + P_4 A_4}{A}$
$= \dfrac{140 \times 30 + 130 \times 28 + 110 \times 16 + 100 \times 22}{30 + 28 + 16 + 22}$
$= 122.92 \text{mm}$

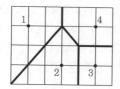

37 강우강도에 관한 사항 중 틀린 것은? [기사 91]

① 일반적으로 강우강도가 크면 클수록 강우가 계속되는 기간은 짧다.
② 강우강도란 단위시간에 내린 강우량이다.
③ 강우강도와 지속시간의 관계는 경험공식에 의해 표현된다.
④ Talbot형의 강우강도식은 우리나라 어느 지점에서도 적용이 가능하다.

해설 강우강도와 지속기간 관계의 경험식
㉠ Talbot형 : 광주 지역에 적합
㉡ Sherman형 : 서울, 목포, 부산에 적합
㉢ Japanese형 : 대구, 인천, 여수, 강릉에 적합

38 강우강도와 지속기간을 나타낸 사항 중 옳지 않은 것은? [기사 04]

① 강우강도는 단위시간에 내리는 강우량을 의미한다.
② 일반적으로 강우강도가 크면 클수록 강우가 계속되는 기간은 짧다.
③ 강우강도와 지속기간의 관계는 모든 지역에서 대체로 동일한 값으로 나타난다.
④ 강우강도와 지속기간의 관계를 알면 설계유량의 결정에 유효하게 사용될 수 있다.

해설 ㉠ 강우강도가 크면 클수록 그 강우가 계속되는 기간은 짧다.
㉡ 강우강도와 지속기간 간의 관계는 지역에 따라 다르다.

39 강수량 자료의 수문학적 해석에 필요 없는 것은?

① 강우강도   ② 재현기간
③ 수질   ④ 지역적 범위

해설 각종 수문학적 해석에 있어서 일, 월, 연 강우량만으로는 문제점의 해결이 곤란할 경우가 많으므로 강우강도, 지속기간, 생기빈도(재현기간), 지역적 범위 등에 관한 지식이 필요하다.

40 강우강도에 관한 사항 중 틀린 것은? [기사 93, 00]

① 일반적으로 강우강도가 크면 클수록 강우가 지속되는 기간은 짧다.
② 강우강도란 단위시간에 내린 강우량이다.
③ 강우강도와 지속시간의 관계는 경험공

식으로 표현할 수 있다.

④ Talbot형의 강우강도식은 우리나라 어느 지점에서도 적용이 가능하다.

해설 ㉠ 지속시간이 짧을수록 강우강도가 크다.
㉡ 강우강도란 단위시간 동안 내린 강우량(mm/hr)이다.
㉢ Talbot 공식은 광지지역에 적합하다.

41 IDF 곡선의 강우강도와 지속기간의 관계에서 Talbot형으로 표시된 식은? (단, I는 강우강도, t는 지속기간, T는 생기빈도(지속기간)이고, a, b, c, d, e, n, k, x는 지역에 따라 다른 값을 갖는 상수) [기사 10]

① $I = \dfrac{c}{t^n}$ ② $I = \dfrac{kT^x}{t^n}$

③ $I = \dfrac{d}{\sqrt{t+e}}$ ④ $I = \dfrac{a}{t+b}$

해설 강우강도와 지속기간 관계

㉠ Tablot형 : $I = \dfrac{b}{t+a}$

㉡ Sherman형 : $I = \dfrac{c}{t^n}$

㉢ Japanese형 : $I = \dfrac{d}{\sqrt{t+e}}$

42 일정한 기간 동안에 어떤 크기의 호우가 발생할 횟수를 의미하는 것은?

① 호우빈도
② 지속강도
③ 생기빈도
④ 발생강도

해설 임의의 강우량이 1회 이상 같거나 초과하는 데 소요되는 연수를 생기빈도(재현기간)라 한다.

43 어떤 유역에 20분간 지속된 강우강도가 20mm/hr이었다면 강우량은?

① 1.00mm ② 6.67mm
③ 10.33mm ④ 20.00mm

해설 $P_{20} = \dfrac{20}{60} \times 20 = 6.67mm$

44 강우강도 공식형이 $I = \dfrac{5,000}{t+40}(\text{mm/h})$로 표시된 어떤 도시에 있어서 20분간의 강우량은?(단, t의 단위는 min이다.) [기사 84, 88, 92, 산업 92, 93]

① $R_{20} = 17.8mm$

② $R_{20} = 27.8mm$

③ $R_{20} = 37.8mm$

④ $R_{20} = 47.8mm$

해설 ㉠ 강우강도

$I = \dfrac{5,000}{20+40} = 83.33mm/hr$

㉡ 20분간 강우량

$R_{20} = \dfrac{83.33}{60} \times 20 = 27.8mm$

45 강우강도(mm/hr)가 $I_1 = 200mm/100min$, $I_2 = 50mm/30min$ 및 $I_3 = 120mm/80min$일 때 3종의 강우강도 I_1, I_2 및 I_3의 대소(大小) 관계가 옳은 것은? [기사 04]

① $I_1 > I_2 > I_3$

② $I_1 < I_2 < I_3$

③ $I_1 < I_2 < I_3$

④ $I_2 < I_3 > I_3$

해설 ㉠ $I_1 = \dfrac{200}{100} \times 60 = 120mm/hr$

㉡ $I_2 = \dfrac{50}{30} \times 60 = 100mm/hr$

㉢ $I_3 = \dfrac{120}{80} \times 60 = 90mm/hr$

46 4개 지점의 강우량 관측자료가 아래와 같을 때 강우강도가 최대인 지점은?

[기사 95, 97, 98, 00]

- A지점 : $t_A =$10분, $\gamma_A =$15mm
- B지점 : $t_B =$30분, $\gamma_B =$50mm
- C지점 : $t_C =$45분, $\gamma_C =$72mm
- D지점 : $t_D =$80분, $\gamma_D =$132mm

① D지점   ② C지점

③ A지점   ④ B지점

해설 ㉠ $I_A = \dfrac{15}{10} \times 60 = 90\text{mm/hr}$

㉡ $I_B = \dfrac{50}{30} \times 60 = 100\text{mm/hr}$

㉢ $I_C = \dfrac{72}{45} \times 60 = 96\text{mm/hr}$

㉣ $I_D = \dfrac{132}{80} \times 60 = 99\text{mm/hr}$

47 어떤 유역에 표와 같이 30분간 집중호우가 계속되었다. 지속기간 15분인 최대 강우강도를 구한 값은?   [기사 95, 97, 98, 01, 06]

시간(분)	0~5	5~10	10~15	15~20	20~25	25~30
우량(mm)	2	4	6	4	8	6

① 64mm/hr   ② 48mm/hr

③ 72mm/hr   ④ 80mm/hr

해설 $I = (6+4+8) \times \dfrac{60}{15} = 72\text{mm/hr}$

48 어떤 유역에 30분간 내린 호우의 누가우량이 다음과 같을 때 15분 지속 최대 강우강도는 얼마인가?   [기사 99, 00]

시간(분)	0	5	10	15	20	25	30
누가우량(mm)	0	6	20	30	35	43	45

① 30mm/hr   ② 96mm/hr

③ 120mm/hr   ④ 128mm/hr

해설

시간(분)	0	5	10	15	20	25	30
누가우량(mm)	0	6	14	10	5	9	2

$\therefore I = (6+14+10) \times \dfrac{60}{15} = 120\text{mm/hr}$

49 IDF도(圖)를 이용하여 강우강도를 구하기 위해서 필요한 요소로 짝지어진 것은?

① 강우강도식, 생기빈도

② 유역면적, 최대강우량

③ 강우지속기간, 재현기간

④ 면적강우량비, 빈도계수

해설 강우강도 – 지속기간 – 생기빈도곡선(rainfall – intensity – duration – frequency curve)은 강우강도 – 지속기간 관계에 그 강우의 생기빈도를 제3의 변수로 표시하여 얻는다.

50 강우강도(I), 지속기간(D), 생기빈도(F) 관계를 표현하는 $I - D - F$ 관계식 $I = \dfrac{kT^x}{t^n}$에 대한 설명으로 틀린 것은?   [기사 12]

① t : 강우의 지속시간(min)으로서, 강우가 계속 지속될수록 강우강도(I)는 커진다.

② I : 단위시간에 내리는 강우량(min/hr)인 강우강도이며 각종 수문학적 해석 및 설계에 필요하다.

③ T : 강우의 생기빈도를 나타내는 연수(年數)로서 재현기간(년)을 말한다.

④ k, x, n : 지역에 따라 다른 값을 가지는 상수이다.

해설 t는 강우의 지속시간으로서 강우가 지속될수록 강우강도는 작아진다.

51 서울지역의 I－D－F 곡선으로부터 구한 20년 빈도 지속기간 2시간의 강우강도가 100mm/hr일 때 우량깊이는? [기사 02]

① 50mm
② 100mm
③ 150mm
④ 200mm

해설 시간＝200mm

52 최대 평균우량깊이－유역면적－지속시간 (D.A.D) 관계곡선에 관한 설명 중 틀린 것은? [기사 95, 04]

① D.A.D 작성 시 대상유역의 지속시간별 강우량이 필요하다.
② 최대 평균우량은 지속시간에 비례하여 증가한다.
③ 최대 평균우량은 유역면적에 반비례하여 증가한다.
④ 최대 평균우량은 재현기간에 반비례하여 증가한다.

해설 ㉠ D.A.D 곡선
• 최대 평균우량은 지속시간에 비례하여 증가한다.
• 최대 평균우량은 유역면적에 반비례하여 증가한다.
㉡ 재현기간(recurrence interval) : 임의의 강우량이 1회 이상 같거나 초과하는 데 소요되는 연수를 말한다.

53 다음 중 Depth－Area－Duration 곡선을 작성하기 위하여 필요한 자료는? [기사 88, 89, 08, 09]

① 관측점별, 지속기간별, 최대강우량, 관측점의 지배면적, 지형도
② 연최대강우량, 관측점의 지배면적, 유역면적, 연최고유량
③ 일최대강우량, 관측점별 지배면적, 일최대홍수량
④ 확률강우량, 유역면적, 지속기간

해설 DAD해석이란 평균우량깊이－유역면적－지속기간의 관계를 해석한 것이다.

54 다음 중 D.A.D 해석에 관한 사항 중 틀린 것은? [기사 94]

① D.A.D 곡선은 대부분 반대수지로 표시된다.
② D.A.D 해석에서 누가우량곡선이 필요하다.
③ D.A.D의 값은 유역에 따라 다르다.
④ D.A.D는 유역의 최대 평균우량이 지속시간에 비례하고 유역면적에 비례하여 커진다.

해설 ㉠ 최대 평균우량은 지속시간에 비례한다.
㉡ 최대 평균우량은 유역면적에 반비례한다.

55 D.A.D(Depth－Area－duration) 해석에 관한 설명 중 옳은 것은? [기사 04, 12]

① 최대 평균우량깊이, 유역면적, 강우강도와의 관계를 수립하는 작업이다.
② 유역면적을 대수축(logarithmic scale)에 최대 평균강우량을 산술축(arithmetic scale)에 표시한다.
③ D.A.D 해석 시 상대습도 자료가 필요하다.
④ 유역면적과 증발산량과의 관계를 알 수 있다.

해설 ㉠ 최대 평균우량깊이－유역면적－지속기간 관계를 수립하는 작업을 D.A.D 해석이라 한다.
㉡ D.A.D 곡선은 유역면적을 대수눈금으로 되어 있는 종축에, 최대우량을 산술눈금으로 되어 있는 횡축에 표시하고 지속기간을 제3의 변수로 표시한다.

정답 51.④ 52.④ 53.④ 54.④ 55. ②

56 최대 평균우량깊이(D) – 유역면적(A) – 지속시간(D) 관계를 해석하여 작성된 D.A.D 곡선에 관한 설명 중 틀린 것은?

① 유역별로 작성해 두면 암거 설계 등의 각종 수문학적 문제해결에 유용하게 이용할 수 있다.

② 반대수지(semi – log paper) 상에서 대수축은 유역면적, 산술축은 최대 평균우량, 지속시간은 제3의 변수로 표시하여 작성된다.

③ 최대 평균우량은 유역면적에 비례하여 증가한다.

④ 최대 평균우량은 지속시간에 비례하여 증가한다.

해설 ㉠ 최대 평균우량은 유역면적에 반비례하여 증가한다.
㉡ 최대 평균우량은 지속시간에 비례하여 증가한다.

57 Depth – Area – Duration 곡선을 작성하기 위하여 필요한 자료는? [기사 95, 97]

① 관측점별, 지속기간별 최대강우량, 관측점의 지배면적, 지형도

② 연 최대강우량, 관측점의 지배면적, 유역면적, 연 최고유량

③ 일 최대강우량, 관측점별 지배면적, 일 최대홍수량

④ 확률강우량, 유역면적, 지속기간

해설 D.A.D 곡선이란 평균유량깊이 – 유역면적 – 지속기간의 관계를 나타내는 곡선이다.

58 D.A.D 곡선을 작성하는 순서가 옳은 것은? [기사 08]

> ㉠ 누가우량곡선으로부터 지속기간별 최대우량을 결정한다.
> ㉡ 누가면적에 대한 평균누가우량을 산정한다.
> ㉢ 소구역에 대한 평균누가우량을 결정한다.
> ㉣ 지속기간에 대한 최대 우량깊이를 누가면적별로 결정한다.

① ㉠ – ㉢ – ㉡ – ㉣
② ㉡ – ㉠ – ㉣ – ㉢
③ ㉢ – ㉡ – ㉠ – ㉣
④ ㉣ – ㉢ – ㉡ – ㉠

해설 D.A.D 곡선의 작성순서

㉠ 각 유역의 지속기간별 최대우량을 누가우량곡선으로부터 결정하고 전 유역을 등우선에 의해 소구역으로 나눈다.
㉡ 각 소구역의 평균누가유역을 구한다.
㉢ 소구역의 누가면적에 대한 평균누가우량을 구한다.
㉣ D.A.D 곡선을 그린다.

59 최대 가능 강수량(PMP)을 설명한 것 중 옳지 않은 것은? [기사 00, 03]

① 수공구조물의 설계홍수량을 결정하는 기준으로 사용된다.

② 물리적으로 발생할 수 있는 강수량의 최대한계치를 말한다.

③ 기왕 일어났던 호우들을 반드시 해석하여 결정한다.

④ 재현기간 200년을 넘는 확률강수량만이 이에 해당한다.

해설 최대 가능 강수량(PMP)

㉠ 대규모 수공구조물을 설계할 때 기준으로 삼는 우량이다.
㉡ PMP로서 수공구조물의 크기(치수)를 결정한다.

60 가능최대강수량(Probable Maximum Pre-cipiation)에 대한 설명으로 가장 적합한 것은? [기사 95, 99]

① 대규모 수공구조물의 설계홍수량을 결정하는 데 사용된다.
② 강우량의 장기변동성향을 판단하는 데 사용된다.
③ 최대강우강도와 면적관계를 결정하는 데 사용된다.
④ 홍수량 빈도 해석 시에는 사용할 수 없다.

해설 가능최대강수량(PMP)

대규모 수공구조물의 설계에서 어떠한 경우의 홍수라도 설계홍수량을 초과해서는 안 되도록 설계홍수량을 결정할 때 가능최대강수량(PMP)를 사용한다.

61 우리나라 수자원의 특성이 아닌 것은? [산업 03]

① 6, 7, 8, 9월에 강우가 집중된다.
② 강우의 하천유출량은 홍수 시에 집중된다.
③ 하천경사가 급한 곳이 많다.
④ 하상계수가 낮은 편에 속한다.

해설 우리나라의 수자원 특성

㉠ 연평균 강수량은 1,283mm로 세계평균이 1.3배이나 인구 1인당의 1/11이다.
㉡ 수자원 총량도 1,267억m³이지만 이중 2/3 이상이 6, 7, 8, 9월에 집중되고 있는 실정이다.
㉢ 국토의 2/3이 산악지형으로 유출이 빠르고, 최소유량과 최대유량의 비인 하상계수가 300을 상회하는 경우가 대부분으로 치수에 대한 대책이 절실하다.

62 대규모 수공구조물의 설계홍수량 산정에 가장 적합한 것은? [산업 09]

① 기록상의 최대우량
② 면적평균강우량
③ 가능최대강수량
④ 재현기간 5년에 해당하는 강우량

해설 가능최대강수량

가능최대강수량(Probable Maximum Precipitation)이란 어떤 지역에서 생성될 수 있는 가장 극심한 기상 조건하에서 발생 가능한 호우로 인한 최대 강수량을 의미한다. 대규모 수공구조물을 설계하고자 할 때 기준으로 삼는 우량이며, 통계학적으로는 10,000년 빈도에 해당하는 홍수량을 말한다.

63 다음 설명한 내용 중 옳지 않은 것은? [기사 00]

① 우리나라에 편서풍이 불고 열대지방에 무역풍이 부는 것은 대기권 내의 열순환과는 관계가 없다.
② DAD 해석이란 최대우량깊이-유역면적-지속시간 사이의 관계를 분석하는 작업이다.
③ 증발량은 증발접시에 의해 24시간 증발된 물의 깊이로 측정한다.
④ 물의 순환은 지구상의 식물의 영향을 크게 받는다.

해설 바람이라는 것은 이동하는 기단을 지칭하는 것으로 대기권내 열순환과 관계가 있다.

64 우리나라의 부존 수자원 중 가장 많은 양이 이용되는 분야는 다음 중 어느 것인가? [산업 00]

① 생활용수
② 공업용수
③ 농업용수
④ 발전 및 하천유지 용수

해설 ㉠ 생활용수 29억m³
㉡ 공업용수 11억m³
㉢ 농업용수 115억m³
㉣ 발전 및 유지용수 31억m³

65 하상계수란 무엇인가? [기사 04. 09]

① 대하천 주요지점에서 풍수량과 저수량
의 비

② 대하천의 주요지점에서의 최소유량과
최대유량의 비

③ 대하천의 주요지점에서의 홍수량과 하천유지
유량의 비

④ 대하천의 주요지점에서의 최소유량과
갈수량의 비

해설 하천유황의 변동정도를 표시하는 지표로서 대하천
의 주요지점에서 최대유량과 최소유량의 비를 말한
다. 우리나라의 주요하천은 하상계수가 대부분 300
을 넘어 외국하천에 비해 하천유황이 대단히 불안정
하다.

66 수문분석 기법에 대한 설명 중 옳지 않은 것
은? [기사 01]

① 확정론적 기법 : 사상의 입·출력 관계
가 확정적인 법칙을 따른다.

② 확률론적 기법 : 관측된 자료집단의 확
률 통계학적 특성만을 고려한다.

③ 추계학적 기법 : 사상의 발생 순서와 크
기만을 고려하며 확률은 고려하지 않는
다.

④ 빈도해석 기법 : 강우, 홍수량, 갈수량
등의 재현기간(=생기빈도)을 확률적으
로 예측하는 방법이다.

해설 수문분석 기법

㉠ 확정론적 기법
• 강우-유출 관계의 확정성을 전제로 하여 자연
현상의 물리적 거동을 수학적 표현에 의해 서술
하는 기법이다.
• 입·출력 자료를 선정한 후 컴퓨터 프로그램으
로 되어 있는 모의모형으로 수문학적 문제를 해
석한다.

㉡ 확률론적 기법
• 물의 순환과정 자체가 이론적으로 완전히 서술
할 수 없고 너무나 복잡하여 강우-유출 관계를
완벽하게 확정론적으로 다룰 수가 없고, 물의
순환과정이 확률적인 성격을 띠고 있기 때문에
수문자료를 확률통계적으로 분석하여 관측된
현상의 특성을 파악하고 앞으로의 발생양상에
대한 예측도 가능한 수문자료의 분석절차를 확
률적 수문분석 기법이라 한다.
• 수문자료의 확률 통계학적 특성만을 고려하고
개개 사상의 발생순서는 관계하지 않는다는 점
이 추계학적 기법과 다르다.

㉢ 빈도해석 기법
• 특히 강우, 홍수, 갈수의 생기빈도를 확률론적
으로 예측하는 방법을 빈도해석 기법이라 한다.
• 어떤 수문사상이 발생하는 원인과 과정 등에
관해서는 전혀 상관하지 않고 오직 어떤 크기를
가진 사상이 발생할 확률(빈도)을 결정한다는
것이 확정론적 기법과 다르다.

㉣ 추계학적 기법
• 하천유량, 우량기록 등의 수문자료는 일반적으
로 관측기간이 짧으므로 장기간 동안의 수문사
상을 대표하기에는 부적하므로 보다 장기간의
자료를 발생시킬 수 있는 확률론적으로 예측하
는 방법이 추계학적 기법이다.
• 수문자료의 발생순서를 고려하면서 생기확률
을 분석한다.

CHAPTER 10 증발산과 침투

SECTION 01 | 증발과 증산

1 증발

(1) 증발의 정의

① 증발(evaporation)이란 수표면 혹은 습한 토양 표면의 물 분자가 태양열에너지(태양정수 $1.94\text{cal/cm}^2 \cdot \text{min}$)를 흡수하여 액체에서 기체 상태로 변하는 현상을 말한다.

② 증발에 영향을 주는 인자로는 온도, 상대습도, 바람, 대기압, 수질, 증발면의 성질과 형상 등이 있다.

③ 증발비(evaporation ratio)는 토양면으로부터의 증발량과 수면으로부터의 증발량과의 비를 말한다.

$$증발비 = \frac{수면의\ 증발량}{토양면\ 증발량}$$

(2) 증발량 산정법

① 물 수지(water-budget)원리에 의한 증발량 산정법은 일정기간동안의 저수지 내로의 유입량과 유출량을 고려하여 계산함으로써 증발량을 산정하는 방법이다.

$$E = P + I \pm U - O \pm S \quad \cdots\cdots\cdots\cdots (1)$$

여기서, E : 증발산량　　P : 총강수량　　I : 지표유입량
　　　　U : 지하유출입량　O : 지표유출량　S : 저유량의 변화량

② 에너지 수지원리에 의한 방법은 증발에 관련된 에너지의 항들로 표시되는 연속방정식을 풀어서 증발량을 산정하는 방법이다.

③ 공기동역학적 방법은 물표면의 입자이동은 연직증기압의 구배에 비례한다는 가정(Dalton의 법칙)을 적용한 경험공식을 통해 증발량을 산정하는 방법이다.

④ 에너지 수지원리에 의한 방법과 공기동역학적 방법을 혼합하는 방법은 Penman의 방법으로 증발량에 대한 실측값이 없는 유역에 대한 수자원을 계획할 경우 예비조사방법으로 사용하면 효과적이다.

⑤ 증발접시에 의한 방법은 댐 후보지역이나 인근지역에 증발접시를 설치하여 측정한 증발량을 저수지 증발량으로 환산하는 방법으로, 증발접시의 종류에는 지상식, 함몰식, 부유식의 3종이 있다.

$$증발접시계수 = \frac{저수지의 증발량}{접시의 증발량} \quad (보통 \ 0.65 \sim 1.12) \quad \cdots\cdots\cdots\cdots\cdots \ (2)$$

⑥ 우리나라에서 사용하는 증발접시는 소형(내경 20cm, 깊이 10cm)과 대형(내경 120cm, 깊이 30cm)의 강제원통의 접시를 사용하고 있다.

⑦ 현재 우리나라에서 사용하는 증발량의 측정방법은 소형 증발접시의 경우 매일 오전 10시에 20mm의 물을 부어 넣고 24시간 후(1일)에 물의 양을 측정하여 구해진 높이차(mm)를 그 날의 증발량으로 계산하고 있다. 월 및 년 증발량은 일증발량 자료에서 얻을 수 있다.

② 증산

(1) 증산의 정의

① 증산(transpiration)이란 식물의 엽면을 통해 지중의 물이 수증기의 형태로 대기 중에 방출되는 현상을 말한다.

② 증산에 영향을 주는 인자로는 식물의 생리학적 인자(식물의 엽면 다공의 밀도와 특성, 엽면의 구조 및 식물 병리학적 요소 등)와 환경학적 인자(온도, 태양 복사율, 바람, 토양의 함유 수분 등)가 있다.

③ 증산량의 산정방법에는 물수지 방법이나 에너지 수지방법 등이 있다.

(2) 증발산

① 증발과 증산에 의한 물의 수증기화를 총칭하여 증발산(evapotranspiration)이라 한다.

② 증발산량은 어떤 면적에서부터의 증발산한 수량을 그 면적으로 나눈 값으로 mm로 표시한다. 지구전체의 연증발산량은 약 1,000mm 정도이고, 우리나라의 증발산량은 약 700~760mm로 경험식에 의해 산출한다.

③ 승화현상(sublimation)이란 물 분자가 얼음이나 눈 등의 고체 상태로부터 바로 기체 상태로 기화하는 현상을 말한다.

SECTION 02 | 침투와 침루

① 침투와 침루의 일반

(1) 용어의 정의

① 침투(infiltration)란 물이 토양면을 통해 토양속으로 스며드는 현상을 말한다.

② 침루(percolation)란 토양속으로 침투된 물이 중력의 영향으로 계속 지하로 이동하여 지하수면까지 도달하는 현상을 말한다.

③ 침투능(infiltration capacity)이란 주어진 조건하에서 어떤 토양면을 통해 물이 침투할 수 있는 최대율(mm/hr)을 말한다. 실제 강우강도가 토양의 침투능보다 커야만 실제 침투율이 침투능에 도달할 수 있다.

(2) 침투능에 영향을 주는 인자

① 토양의 종류 : 공극의 크기 및 분포상태

② 지면 보유수의 깊이와 포화층의 두께

③ 토양의 함유수분 : 토양이 건조할수록 토양공극을 통한 침투능은 크게 되며, 점차 모양이 포화할수록 침투능이 감소한다.

④ 토양의 다짐정도 : 토양의 다짐정도가 클수록 공극이 작아져서 침투능은 현저히 감소하게 된다.

⑤ 식생피복 : 식물은 빗물의 충격력으로부터 보호할 뿐아니라, 조밀한 뿌리 조직은 주위의 토양이 다져지는 것을 방지하여 공극을 보존하는 결과를 주며, 유기물질은 흙의 상태를 스폰지처럼 만들어 준다. 이로 인해 침투능을 증대시킨다.

⑥ 토양의 동결과 기온 : 모든 조건이 동일한 경우 침투능은 추운 계절에 비해 따뜻한 계절이 더 크다.

② 침투능의 결정법

(1) 토양의 침투능 결정방법의 분류

① 침투계(infiltrometer)에 의한 실측방법

② 측정된 이들 자료를 사용하여 유도한 경험공식에 의한 방법

③ 침투지수법에 의한 유역의 평균침투능 결정방법

(2) 침투계(infiltrometer)에 의한 방법

① 일반적으로 소구역 또는 실험유역에 대하여 실시한다.
② 침투계의 종류에는 Flooding형과 Sprinkling형이 있다.

(3) 경험공식에 의한 방법

① Horton의 침투능 곡선식에 의한 경험공식

$$f_p = f_c + (f_o - f_c)e^{-kt}$$ .... (3)

여기서, f_p : 임의 시각에 있어서의 침투능(mm/hr)

f_o : 초기 침투능(mm/hr)

f_c : 종기 침투능(mm/hr)

t : 강우 시작시간으로부터 측정되는 시간(hr)

k : 토양의 종류와 식생피복에 따라 결정되는 상수

② Philip의 경험공식
③ Holtan의 경험공식

(4) 침투지수법에 의한 유역의 평균침투능 결정방법

① 침투지수(infiltration index)란 호우 기간 동안의 총침투량을 호우의 지속기간으로 나눈 평균침투율을 의미한다.
② 침투지수법에는 $\phi-$ 지수법($\phi-$index법)과 $W-$ 지수법($W-$index법)이 있다.

(5) $\phi-$ 지수법($\phi-$index법)

① $\phi-$ 지수란 우량주상도(rainfall hyetograph)상에서 총강우량과 손실량을 구분하는 수평선에 대응하는 강우강도를 의미하며, 이것이 이 호우가 발생한 유역에 있어서의 호우로 인한 평균침투능이다.
② 우량주상도란 강우강도의 시간에 따른 변화를 나타낸 그림을 의미한다. 우량주상도상에서 사선

친 부분은 지표유출분의 유역상 등가깊이(mm)를 의미하며, 그 아래 ϕ−지수에 해당하는 부분은 지면보유, 증발산 및 침투 등에 의한 손실을 통틀어 표시한 값으로서, 대부분 침투에 의한 손실이다.

③ 이 방법의 특징으로는 어떤 유역에 호우가 발생했을 때 그 유역으로부터 예상되는 유출량을 개략적으로 빨리 구할 수 있으나, 침투능의 시간에 따른 변화를 고려하지 않고 있는 근사 방법이다.

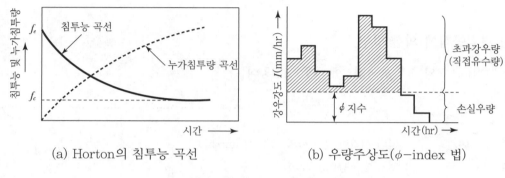

(a) Horton의 침투능 곡선   (b) 우량주상도(ϕ−index 법)

[그림 10−1] 침투능과 침투지수법

(6) W−지수법(W−index법)

① ϕ−지수법(ϕ−index법)을 개선한 방법으로, 실제 침투량에 속하지 않는 지면보유, 증발산 등의 손실량을 고려하지 않고 있다.

② 유출량 및 강우량 자료를 참고로 하여 W−지수선(W−index선)의 위치를 대략 정한 다음 각종 손실량을 조정하면서 W−지수선을 연직 상하로 움직여 측정된 유출량을 만족시키는 W−지수를 구한다.

③ W−지수(W−index)란 강우강도가 침투능보다 큰 호우기간 동안의 평균침투율이다.

$$W = \frac{F_i}{T} = \frac{1}{T}(P - Q - D - R_n) \quad \cdots\cdots\cdots\cdots\cdots\cdots\cdots\cdots\cdots\cdots \text{(4)}$$

여기서, F_i : 총침투량

$\quad\quad\quad T$: 강우강도가 침투율보다 큰 시간경간

$\quad\quad\quad P$: 총강우량

$\quad\quad\quad Q$: 측정된 지표유출량

$\quad\quad\quad D$: 지면보유 및 凹면 저유량

$\quad\quad\quad R_n$: 짧은 무강우 시간에 해당하는 우량

③ 토양의 함유수분의 영향

(1) 토양의 초기 함수 조건을 양적으로 표시하는 방법

① 선행강수지수에 의한 강우량–유출량 관계

$$P_a = aP_0 + bP_1 + cP_2 \quad (a+b+c=1) \quad \text{........................} (5)$$

여기서, P_0 : 해당 년의 강우량

P_1, P_2 : 전년 및 전전년의 강우량

a, b, c : 가중계수

② 지하수 유출량에 의한 강우량–유출량 관계

많은 지역에 있어서 토양의 초기 함수 조건은 호우 초기의 지하수 유출량(건기 하천 유출량)과 밀접한관계가 있다.

③ 토양의 함수조건에 의한 강우량–유출량 관계

증발 현상은 토양으로부터 수분을 제거시키고, 강수는 수분을 공급하므로 이 두 양을 측정하면 토양 수분 미흡량을 알 수 있다.

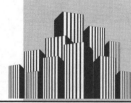
01 다음 사항 중 옳지 않은 것은?

[기사 82, 84, 93, 08]

① 증발이란 액체상태의 물이 기체상태의 수증기로 바뀌는 현상이다.
② 증산(Transpiration)이란 식물의 옆면(葉面)을 통해 지중(地中)의 물이 수증기의 형태로 대기 중에 방출되는 현상이다.
③ 침투(Percolation)란 토양면을 통해 스며든 물이 중력에 의해 계속 지하로 이동하여 불투수층까지 도달하는 것이다.
④ 강수(Precipitation)란 구름이 응축되어 지상으로 떨어지는 모든 형태의 수분을 총칭한다.

해설 토양을 통해 스며든 물이 불투수층까지 도달하는 경우를 침루라 한다.

02 증발에 관한 기술에서 틀린 사항은?

[기사 95]

① 증발산은 소비수량과 동의어로 쓰인다.
② 공기역학적방법(aerodynamic method)에서 증발량은 공기의 증기압과 포화증기압의 차이에 비례한다.
③ 증발접시계수는 증발산과 저수지 증발량과의 비이다.
④ 증발량은 염분의 함유정도에 따라 다르다.

해설 ㉠ 증발산량과 소비수량을 같은 의미로 사용하는 경우도 있다.
㉡ 공기동역학적방법은 자유수면으로부터 물분자의 이동은 증기압의 경사에 비례한다는 Dalton의 법칙에 의한다.
㉢ 증발접시계수 = $\dfrac{\text{저수지의 증발량}}{\text{접시의 증발량}}$

03 물 수지관계를 표시하는 저유량 방정식에서 증발산량을 나타내는 다음 식 중 옳은 것은? (단, E : 증발산량, P : 총강수량, I : 지표유입량, U : 지하 유·출입량, O : 지표유출량, S : 지표 및 지하 저유량의 변화이다.)

[기사 93, 11, 산업 80, 86, 92]

① $E = P + I \pm U - O \pm S$
② $E = I \pm P - U + O - S$
③ $E = P - I \pm U + O + S$
④ $E = U \pm P \pm I + U - O - S$

해설 물수지 방정식
$E = P + I \pm U - O \pm S$

04 증발과 증산에 미치는 인자로서 가장 관계가 없는 것은?

[기사 95, 산업 94]

① 구름
② 습도
③ 바람
④ 기온

해설 온도, 바람, 습도, 대기압, 수질 등은 영향을 미친다.

05 다음 설명 중 옳지 않은 것은?

[기사 95, 99, 08]

① Dalton의 법칙에서 증발량은 증기압과 풍속의 함수이다.
② 증발산량은 증발량과 증산량의 합이다.
③ 증발산량은 엄격한 의미에서 소비수량과 같다.
④ 증발접시계수는 저수지 증발량과 증발접시 증발량과의 비이다.

해설 ㉠ 공기동역학적방법에 의한 저수지 증발량은 Dalton의 법칙에 의하며 증발량은 증기압과 풍속의 함수이다.

ⓛ 증발산량=증발량+증산량

ⓒ 소비수량은 식생으로 피복된 지면으로부터의 증발산량만을 의미하는 것으로 하천, 호수 등에서의 증발량은 소비수량에서 제외된다.

06 물의 순환과정인 증발에 관한 사항 중 옳지 않은 것은? [기사 97]

① 증발량은 물수지방정식에 의하여 산정될 수 있다.

② 증발산은 증발, 증산, 차단을 포함한다.

③ 증발접시계수는 저수지증발량의 증발접시 증발량에 대한 비이다.

④ 증발량은 수면과 수면에서 일정 높이에서의 포화증기압의 차이에 비례한다.

해설 ㉠ 증발량 산정방법
  • 물수지방법
  • 에너지 수지방법
  • 증발접시 측정에 의한 방법
  증발접시계수 $= \dfrac{\text{저수지의 증발량}}{\text{접시의 증발량}}$
㉡ 증발산=증발+증산

07 증발량 산정방법이 아닌 것은? [기사 10]

① Dalton 법칙

② Horton 공식

③ Penman 공식

④ 물수지법

해설 증발량 산정법
㉠ 물수지 방법
㉡ 에너지수지 방법
㉢ 공기동역학적 방법 : Dalton 법칙
㉣ 에너지수지 및 공기동역학 이론의 혼합적용 방법
  : Penman 방법
㉤ 증발접시 측정에 의한 방법
㉥ Horton은 침투능 곡선식에 의한 경험공식이다.

08 유역면적이 1km², 강수량이 1,000mm, 지표 유입량이 400,000m³, 지표 유출량이 600,000m³, 지하 유입량이 100,000m³, 저류량의 감소량이 200,000m³라면 증발량은? [기사 04]

① 300,000m³ ② 500,000m³

③ 700,000m³ ④ 900,000m³

해설 $E = P + I - O + U - S$
$= (1 \times 1 \times 10^6) + 400,000 - 600,000$
$\quad + 100,000 - 200,000$
$= 700,000 \text{m}^3$

09 어느 지역의 증발접시에 의한 연증발량이 750mm이다. 증발접시계수가 0.7일 때 저수지의 연증발량을 구한 값은? [기사 95, 98, 01]

① 525mm ② 535mm

③ 750mm ④ 1,071mm

해설 증발접시계수 $= \dfrac{\text{저수지의 증발량}}{\text{접시의 증발량}}$ 로부터

$0.7 = \dfrac{\text{저수지의 증발량}}{750}$

∴ 저수지의 증발량 $= 0.7 \times 750 = 525 \text{mm}$

10 수표면적이 10km²되는 어떤 저수지면으로부터 측정된 대기의 평균온도가 25℃이고, 상대습도가 65%, 저수지면 6m 위에서 측정한 풍속이 4m/sec이고, 저수지면 경계층의 수온이 20℃로 추정되었을 때 증발률(E_0)이 1.44mm/day였다면 이 저수지면으로부터의 일 증발량은? [기사 98, 06]

① 42,366m³ ② 42,918m³

③ 57,339m³ ④ 14,400m³

해설 증발량 =증발률×수표면적
$= (1.44 \times 10^{-3}) \times (10 \times 10^6)$
$= 14,400 \text{m}^3/\text{day}$

11 유출량이 50m³/sec이고, 유출계수가 0.46 이라면 이 유역에서의 강우량은? [기사 98]

① 23mm
② 96mm
③ 109mm
④ 230mm

[해설] $R = CP$

$50 = 0.46P$

∴ $P = 108.7$mm

12 수표면적이 200ha인 저수지에서 24시간 동안 측정된 증발량은 2cm이며, 이 기간동안 평균 2m³/s의 유량이 저수지로 유입된다. 24시간 경과 후 저수지의 수위가 초기 수위와 동일할 경우 저수지로부터의 유출량은? (단, 저수지의 수표면적은 수심에 따라 변화하지 않음.) [기사 98, 00]

① 1,328ha · cm
② 1,728ha · cm
③ 2,160ha · cm
④ 2,592ha · cm

[해설] 유입량=증발량+유출량

$2 \times (24 \times 3,600) = (200 \times 10^4) \times 2 \times 10^{-2} +$ 유출량

∴ 유출량 $= 132,800$m³ $= 1,328$ha · cm

($\because$ 1ha $= 10^4$m²)

13 어떤 유역 내에 계획상 만수면적 20km²인 저수지를 건설하고자 한다. 연 강수량, 연 증발량이 각각 1,000mm, 800mm이고 유출계수와 증발접시계수가 각각 0.4, 0.7이라 할 때 댐 건설 후 하류의 하천유량 증가량은?

[기사 94, 99, 05]

① 4.0×10^5m³
② 6.0×10^5m³
③ 8.0×10^5m³
④ 1.0×10^6m³

[해설] ㉠ 댐 건설 전 연 유출량

=유출계수×강수량

$= 0.4 \times 1 \times (20 \times 10^6) = 8 \times 10^6$m³

㉡ 댐 건설 후 연 유출량

=연강수량−저수지 연 증발량

• 연강수량 $= 1 \times (20 \times 10^6) = 2 \times 10^7$m³

• 저수지 연증발량

=증발접시계수×저수지 연증발량

$= 0.7 \times 0.8 \times (20 \times 10^6) = 1.12 \times 10^7$m³

㉢ 댐 건설 후 하천유량 증가량

=댐 건설 후 연유출량−댐 건설 전 연유출량

$= (8.8 - 8) \times 10^6 = 0.8 \times 10^6$m³

14 다음 중 자유수면으로부터의 증발량 산정방법이 아닌 것은? [산업 05]

① 에너지 수지에 의한 방법
② 물수지에 의한 방법
③ 증발접시 관측에 의한 방법
④ Blanny−Criddle 방법

[해설] 증발량 산정방법

㉠ 물 수지방법
㉡ 에너지 수지방법
㉢ 공기동역학적 방법
㉣ 에너지 수지방법 및 공기 동역학적 방법을 혼합한 방법
㉤ 증발접시에 의한 방법

15 다음 설명 중 옳은 것은?

① 수문학에서 강수란 구름이 응축되어 지상으로 떨어지는 모든 형태의 수분 중 비(rain)만을 의미한다.
② 우량(雨量)의 크기는 일정한 면적에 내린 총 우량에 그 면적을 곱하여 체적으로 표시한다.
③ 증발현상이란 물분자들이 눈 혹은 얼음과 같이 고체상태로부터 액체상태를 거치지 않고, 바로 기화하는 것을 말한다.
④ 지상에 내린 물이 토양면을 통해 스며들어 중력의 영향으로 계속 지하로 이동하여 지하수면에 도달하는 현상을 침루(percolation)라 한다.

해설 침루(percolation)
침투한 물이 중력 때문에 계속 이동하여 지하수면까지 도달하는 현상을 침루라 한다.

16 토양면을 통해 스며든 물이 중력의 영향때문에 지하로 이동하여 지하수면까지 도달하는 현상은? [기사 07]

① 침투(infiltration)
② 침투능(infiltration capacity)
③ 침투율(infiltration rate)
④ 침루(percolation)

해설 침투한 물이 중력때문에 계속 이동하여 지하수면까지 도달하는 현상을 침루라 한다.

17 침투능에 관한 설명 중 틀린 것은? [기사 03, 06]

① 어떤 토양면을 통해 물이 침투할 수 있는 최대율을 말한다.
② 단위는 통상 mm/hr 또는 in/hr로 표시된다.
③ 침투능은 강우강도에 따라 변화한다.
④ 침투능은 토양조건과는 무관하다.

해설 ㉠ 침투능은 토양면을 통해 물이 침투할 수 있는 최대율을 말하며 mm/hr의 단위로 표시한다.
㉡ 침투능의 지배인자
• 토양의 종류
• 포화층의 두께
• 토양의 함유수분
• 토양의 다짐정도

18 침투능에 영향을 주는 인자 중 가장 거리가 먼 것은? [기사 96, 01]

① 토양의 다짐정도
② 토양의 종류
③ 대기의 온도
④ 습도

해설 침투능의 지배인자
㉠ 토양의 다짐정도
㉡ 토양의 종류
㉢ 기온
㉣ 토양의 함유수분
㉤ 식생피복

19 토양의 침투능(infiltration capacity) 결정방법에 해당되지 않는 것은? [기사 09]

① 침투계에 의한 실측법
② 경험공식에 의한 계산법
③ 침투지수에 의한 수문곡선법
④ 물수지 원리에 의한 산정법

해설 침투능 결정법
㉠ 침투지수법에 의한 방법
㉡ 침투계에 의한 방법
㉢ 경험공식에 의한 방법

20 다음 중 침투능을 추정하는 방법은? [기사 94, 98, 02, 11]

① $\phi-index$ 법
② Theis 법
③ DAD해석법
④ N-day법

해설 ㉠ 침투능을 추정하는 방법
• 침투 지수법에 의한 방법
• 침투계에 의한 방법
• 경험공식에 의한 방법
㉡ 침투 지수법에 의한 방법
• $\phi-index$법 : 우량주상도에서 총강우량과 손실량을 구분하는 수평선에 대응하는 강우강도가 ϕ-지표이며, 이것이 평균침투능의 크기이다.
• W-index법 : $\phi-index$법을 개선한 방법으로 지면보유, 증발산량 등을 고려한 방법이다.

21 침투지수법에 의한 침투능 추정방법에 관한 다음 설명 중 틀린 것은? [산업 05, 09]

① 침투지수란 호우기간의 총침투량을 호우지속기간으로 나눈 것이다.

② ϕ-index는 강우주상도에서 유효우량과 손실우량을 구분하는 수평선에 상응하는 강우강도와 크기가 같다.

③ W-index는 강우강도가 침투능보다 큰 호우기간 동안의 평균침투율이다.

④ ϕ-index법은 침투능의 시간에 따른 변화를 고려한 방법으로서 가장 많이 사용된다.

해설 침투능 추정법

㉠ 침투능을 추정하는 방법
- 침투 지수법에 의한 방법
- 침투계에 의한 방법
- 경험공식에 의한 방법

㉡ 침투 지수법에 의한 방법
- ϕ-index법 : 우량주상도에서 총강우량과 손실량을 구분하는 수평선에 대응하는 강우강도가 ϕ-지표이며, 이것이 평균침투능의 크기이다. 시간에 따른 침투능의 변화를 고려하지 않은 방법이다.
- W-index법 : ϕ-index법을 개선한 방법으로 지면보유, 증발산량 등을 고려한 방법으로 강우강도가 침투능보다 큰 호우기간 동안의 평균침투율이다.
- 침투지수란 호우기간의 총침투량을 호우지속시 기간으로 나눈 것이다.

22 침투지수법 중 ϕ-지표법에 관한 설명 중 옳지 않은 것은? [기사 97]

① 침투능의 시간에 따른 변화를 고려하지 않는 약점이 있다.

② 큰 유역에 어떤 호우가 발생했을 때 그 유역으로부터 예상되는 유출량을 개략적으로 산정하기에 편리하다.

③ 강우강도가 침투능보다 큰 호우기간 동안의 평균침투율이다.

④ 유출량과 손실량을 구분하여 손실량에 해당하는 강우강도를 ϕ-지표라 한다.

해설 침투지수법에 의한 유역의 평균침투능 결정

㉠ ϕ-index법
- 큰 유역에 어떤 호우가 발생했을 때 예상되는 유출량을 개략적으로 산정하는 방법이다.
- 침투능의 시간에 따른 변화를 고려하지 않았다.

㉡ W-index법
- ϕ-index법을 조금 개선한 것이다.
- W-index는 강우강도가 침투능보다 큰 호우기간 동안의 평균침투율이다.

23 어떤 지역에 내린 총 강우량 75mm의 시간적 분포가 다음 우량주상도로 나타났다. 이 유역의 출구에서 측정한 지표유출량이 33mm이었다면 ϕ-index는? [기사 96, 98, 00]

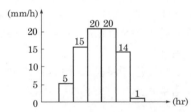

① 9mm/hr
② 8mm/hr
③ 7mm/hr
④ 6mm/hr

해설 ㉠ 총 강우량=유출량+침투량
75=33+침투량
∴ 침투량=42mm

㉡ 침투량 42mm를 구분하는 수평선에 대응하는 강우도가 9mm/h이므로
∴ ϕ-index=9mm/h

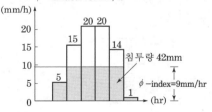

24 어떤 유역에 내린 호우사상의 시간적 분포는 다음과 같다. 유역의 출구에서 측정한 지표 유출량이 15mm일 때 ϕ-지표는? [기사 03]

시간 (hr)	0~1	1~2	2~3	3~4	4~5	5~6
강우강도 (mm /hr)	2	10	6	8	2	1

① 2mm/hr   ② 3mm/hr
③ 5mm/hr   ④ 7mm/hr

해설 ㉠ 총 강우량=유출량+침투량
29=15+침투량
∴ 침투량=14mm
㉡ 침투량 14mm를 구분하는 수평선에 대응하는 강우강도가 3mm/hr이므로
∴ ϕ-index=3mm/hr

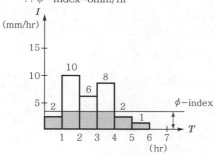

25 1시간 간격의 강우량이 10mm, 20mm, 40mm, 10mm이다. 직접유출이 50%일 때 ϕ-index를 구한 값은? [기사 93, 98, 05]

① 16mm/hr   ② 18mm/hr
③ 10mm/hr   ④ 12mm/hr

해설 ㉠ 총 강우량=10+20+40+10=80mm
㉡ 유출량=80×0.5=40mm
㉢ 침투량=총 강우량-유출량
=80-40=40mm
㉣ 침투량이 40mm가 되는 수평선에 대한 강우강도가 10mm/hr이므로
∴ ϕ-index=10mm/hr

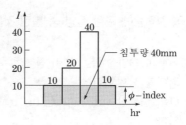

26 다음 중 차원이 다른 것은? [기사 93, 97]

① 강우강도   ② 증발률
③ 침투능   ④ 유출률

해설

물리량	단위	차원
강우강도	mm/hr	$[LT^{-1}]$
증발률	mm/day	$[LT^{-1}]$
침투능	mm/hr	$[LT^{-1}]$
유출률	무차원	-

27 선행강수지수는 다음 어느 것과 관계되는 내용인가? [기사 00, 산업 10]

① 지하수량과 강우량과의 상관관계를 표시하는 방법
② 토양의 초기 함수조건을 양적으로 표시하는 방법
③ 강우의 침투조건을 나타내는 방법
④ 하천 유출량과 강우량과의 상관관계를 표시하는 방법

해설 토양의 초기함수조건을 양적으로 표시하는 방법
㉠ 선행 강수 지수
㉡ 지하수 유출량
㉢ 토양 함수 미흡량

28 다음 침투능에 관한 설명 중 틀린 것은?

[기사 01]

① 어떤 토양면을 통해 물이 침투할 수 있는 최대율을 말한다.
② 단위는 통상 mm/hr 또는 in/hr로 표시된다.
③ 침투능은 강우강도에 따라 변화한다.
④ 침투능은 토양조건에 따라 변화하지 않는다.

해설 침투능은 토양의 종류, 함유수분, 다짐정도, 포화층의 두께 등에 따라 변한다.

29 ϕ-index법을 설명한 것으로 옳은 것은?

[기사 01]

① 초과강우량을 알기 위하여 침투율을 결정하는 한 가지 방법이다.
② 침투율곡선을 정확히 추정하기 위한 방법이다.
③ 침투량을 측정하는 방법을 말한다.
④ 강우량에서 침투, 차단, 표면저류된 양을 뺀 값으로 결정한다.

해설 ㉠ ϕ-index, W-index법은 총 강우량에서 침투량을 뺀 초과강수량을 계산하기 위해 평균 침투능을 결정하는 방법이다.
㉡ 초과강우량계산법
  • ϕ-index법
  • W-index법
  • SCS법

CHAPTER 11 | 하천유량과 유출

SECTION 01 | 하천유량

1 하천유량의 일반

(1) 하천유량의 정의 및 하천의 특성

① 하천유량이란 하천수로 상의 어떤 단면을 통과하는 단위시간당의 수량을 말한다.

② 하천 주요 지점에서의 최소 유량과 최대 유량의 비를 하상계수(유량변동계수)라고 한다.

③ 평수량과 갈수량은 적은 반면에 홍수량은 대단히 커서 하천유량의 변동이 극심하다.

④ 우리나라의 하천은 하상계수가 300을 넘는 경우가 대부분이므로 하천의 유지관리(치수)가 불리한 지역적 조건을 가지고 있다.

⑤ 우리나라 대부분의 하천은 그 유역면적이 작고, 유로연장이 짧으며 또한 국토면적의 약 70%가 산지로 하천의 경사도 급한 곳이 많다.

⑥ 지표면은 풍화작용과 침식작용을 받아 고저기복이 적은 노년기말의 지형을 이루고 있다.

(2) 우리나라 하천의 특성

① 우리나라의 경우 심한 계절성의 강우 경향을 보이고 있다. 연평균 강수량은 약 1,389mm 정도 (1981~2010, 기상청)이고, 그중 2/3정도가 6~9월에 집중해 있으며, 갈수기인 12월에서 다음해 3월까지는 연강수량의 1/5에 불과하고, 연평균 강수량의 변동 폭은 600~2,000mm이다.

② 우리나라의 연평균 강수량은 세계평균 880mm보다 1.6배 높지만 인구밀도가 높아 1인당 연평균 강수량은 2,591m³으로 세계 1인당 연 강수량의 1/8에 불과하다.

(3) 하천의 수위

① 하천수위(river stage)는 일정한 기준면으로부터 하천의 수면을 높이로 표시한 것을 말한다.

② 최고수위는 일정한 기간을 통하여 최고의 수위를 말한다.

③ 평수위는 1년을 통하여 185일은 이보다 저하하지 않는 수위를 말한다.

④ 저수위는 1년을 통하여 275일은 이보다 저하하지 않는 수위를 말한다.

⑤ 갈수위는 1년을 통하여 355일은 이보다 저하하지 않는 수위를 말한다.

⑥ 일평균수위는 자기수위관측소에 있어서는 매시 수위의 합계를 24로, 보통수위관측소에서는 조석수위의 합계를 2로 나눈 수위를 말한다.

⑦ 연평균수위는 일평균수위의 1년의 총계를 당해 년의 일수로 나눈 수위를 말한다.

⑧ 평균저수위는 일평균수위 이하의 일평균수위를 평균한 수위를 말한다.

⑨ 최저수위는 일정한 기간을 통하여 최저의 수위를 말한다.

2 하천수위와 유량간의 관계

(1) 수위-유량 관계곡선

① 임의 관측점에서 수위와 유량을 동시에 관측하여 오랜 기간 자료를 축적하여 수위-유량 관계곡선을 얻을 수 있으며, 이를 수위-유량 관계곡선 또는 Rating-Curve라 한다.

② 자연하천의 경우 수위-유량곡선은 수위가 상승할 때와 하강할 때 다른 모양(loop형)을 형성한다.

③ 그 이유는 준설, 세굴, 퇴적 등에 의한 하천의 변화, 배수 및 저하 효과, 홍수 시 수위의 급상승 혹은 하강 등의 효과 때문이다.

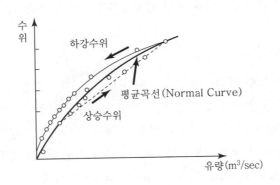

[그림 11-1] 홍수 시의 수위-유량 관계

(2) 수위-유량 관계곡선의 연장

① 유량측정이 되어 있지 않은 고수위에 해당하는 그 측점의 수위-유량 관계곡선을 연장하여 추정하는 방법이다.

② 전대수지법은 수위, $g(\text{m})$에 해당하는 유량 $Q(\text{m}^3/\text{sec})$를 가정하여 추정하는 방법이다.

$$Q = a(g-z)^b \quad \cdots \cdots \quad (1)$$

여기서, a, b : 상수
z : 수위계의 영점표고와 유량이 영(0)이 되는 점과의 표고차(m)

③ Stevens방법은 Chezy의 평균유속 공식을 이용하여 어떤 단면을 통과하는 유량을 추정하는 방법이다.

$$Q = CA\sqrt{RI} \quad \cdots \cdots \quad (2)$$

④ Manning공식에 의한 방법은 Manning의 평균유속 공식을 이용하여 임의 고수위에 대한 유량을 추정하는 방법이다.

SECTION 02 | 유출

1 유출 일반

(1) 유출의 정의 및 유출계수

① 강수로 인해 지표면에서 하천수를 형성하는 현상 또는 강수의 일부분이 지표상의 각종 수로에 도달하여 하천수를 형성하는 현상을 유출(runoff)이라 한다.
② 강수량에 대한 하천유량의 비를 유출계수(runoff coefficient)라 한다.

$$유출계수 = \frac{하천수량}{강수량} \quad \cdots \cdots \quad (3)$$

(2) 유출의 분류

① 유수의 생기원천에 의한 분류
② 유출해석을 위한 분류

☑ 유출의 구성

(1) 유수의 생기원천에 의한 분류

① 지표면 유출(surface runoff)은 지표면 및 지상의 각종 수로를 통해 유역의 출구에 도달하는 유출을 말한다.

② 지표하 유출(subsurface runoff) 또는 중간유출(interflow)은 지표토양 속에 침투하여 지표에 가까운 상부토층을 통해 하천을 향해 횡적으로 흐르는 유출을 말하며, 지하수보다는 높은 층을 흐른다. 조기 지표하 유출과 지연 지표하 유출이 있다.

③ 지하수 유출(ground water runoff)은 침루에 의해 지하수를 형성하는 부분으로 중력에 의해 낮은 곳으로 흐르는 유출을 말한다.

(2) 유출해석을 위한 분류

① 직접유출(direct runoff)은 강수 후 비교적 짧은 시간에 하천으로 흘러 들어가는 유출을 말한다. 지표면 유출과 단시간 내에 하천으로 유출되는 지표하 유출 및 하천 또는 호수 등의 수로면에 떨어지는 수로상 강수로 형성된다.

② 기저유출(base runoff)은 비가 오기전의 건조 시의 유출을 말한다. 지하수 유출과 시간적으로 지연된 지표하 유출(중간 유출)에 의해 형성된다.

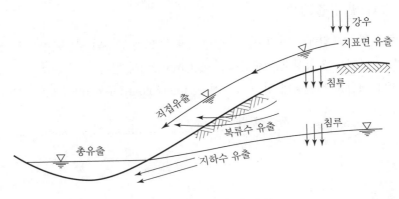

[그림 11-2] 유출의 구성

(3) 유출의 구성

① 총강수량은 초과강수량과 손실량으로 구성되어 있다.

    ㉠ 초과강수량은 지표면 유출수에 직접적인 공헌을 하는 총강수량의 한 부분이다.

    ㉡ 손실량은 지표면 유출수가 되지 않은 총강수량의 잔여부분이다.

② 유효강수량(effective precipitation)은 직접유출수의 근원이 되는 강수의 부분으로, 초과강수량과 단시간 내에 하천으로 유입하는 지표하 유출수의 합을 말한다.

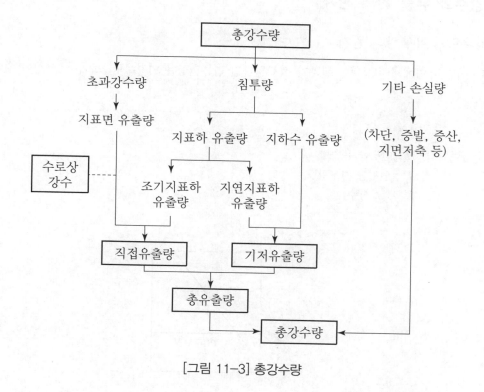

[그림 11-3] 총강수량

(4) 유출의 순환 과정

① 제1단계 : 비가 오기 직전의 무강우 기간

② 제2단계 : 강우의 시작 단계

③ 제3단계 : 각종 강도의 강우가 계속되는 기간

④ 제4단계 : 자연 상태의 모든 저유 공간이 충만하게 될 때까지 강우가 계속되는 단계

⑤ 제5단계 : 강우가 끝나고 다음 강우가 시작될 때까지의 기간

(5) 유출의 지배인자

① 지상학적 인자 : 유역의 특성(유역의 면적, 경사, 방향성, 고도, 수계조직의 구성양상, 저류지, 유역의 형상) 및 유로의 특성 등이 있다.

② 기후학적 인자 : 각종의 강수, 차단, 증발, 증산, 기온, 바람, 대기압 등으로 통상 계절적인 변화를 보인다.

❸ 강수와 유출 간의 관계

(1) 강우량과 유출량의 관계

① 어떤 유역에서 이상적인 관계가 성립된다면 연유출량은 연강우량으로부터 산정될 수 있다.

$$R = \frac{P}{Y} - X \quad \cdots\cdots\cdots\cdots\cdots\cdots\cdots\cdots\cdots\cdots\cdots\cdots\cdots\cdots\cdots\cdots\cdots\cdots\cdots\cdots (4)$$

여기서, R : 연평균 유출량
P : 연평균 강우량
X, Y : 상수

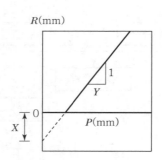

[그림 11-4] 강우량과 유출량의 관계

② 실제에 있어서는 위의 식과 같이 단순하지 않기 때문에 강우강도, 강우지속시간, 토양의 함수조건 등 유출에 영향을 끼치는 인자를 매개변수로 택하여 비슷한 변수조건을 가진 호우에 대하여 강우량과 유출량 간의 관계를 수립하게 된다.

(2) 합리식

① 합리식(ration formula)은 어떤 배수유역 내에 발생한 호우의 강도와 첨두 유출유량과의 관계를 나타내는 대표적인 경험식이다. 하수관거의 설계유량을 산정하는데 용이하게 사용된다.

② 실제유량은 작은 면적의 불투수성 지역 내에 일정한 강도의 강우가 도달시간(time of concentration, t_c)보다 긴 기간 동안 계속되면 첨두유량은 도달시간(t_c)부터 강우강도에 유역면적을 곱한 것과 같고, 손실을 고려하여 감소계수(C)를 곱하여 구한다.

$$Q = CIA \quad\text{(5)}$$

여기서, Q : 유역 출구에서의 첨두유량(ft³/sec)
C : 유역특성에 따른 유출계수
I : 지속기간이 t_c인 강우강도(in/hr)
A : 유역면적(acre, 1에이커=4,046.8m²)

위의 식에 Q의 단위를 m³/sec로 하고, A를 km², I를 mm/hr로 하여 표시하면

$$Q = 0.2778\,CIA \quad\text{(6)}$$

여기서, Q : 유량(m³/sec), A : 유역면적(km²),
I : 강우강도(mm/hr), C : 유출계수

③ 합리식의 적용범위는 유역면적 0.4km² 이하의 구역에 적용하며, 면적이 5.0km² 이상일 때는 합리식의 사용을 삼가해야한다.

④ 도달시간(time of concentration, t_c)은 강우로 인한 유수가 그 유역의 출구지점에서 가장 먼 지점으로부터 유역의 출구까지 도달하는데 걸리는 시간을 말하고, 도달시간은 Kirpich의 경험식에 의해 구한다.

$$t_c = 0.06626\frac{L^{0.77}}{S^{0.385}} \quad\text{(7)}$$

여기서, t_c : 도달시간(hr), L : 유역 내의 유로 연장(km), S : 유로의 평균경사

⑤ 유출률(runoff rate)이란 어떤 유역의 유수가 집적되어 그 유역의 출구를 통과하는 단위시간당 물의 용량(m³/sec)으로 유량(discharge)과 같은 의미이다.

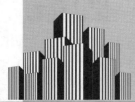

01 다음 설명 중 옳은 것은? [기사 07]

① 풍수량은 1년을 통하여 85일은 이보다 더 작지 않은 유량이다.

② 평수량은 1년을 통하여 180일은 이보다 더 작지 않은 유량이다.

③ 저수량은 1년을 275일은 이보다 더 작지 않은 유량이다.

④ 갈수량은 1년을 통하여 350일은 이보다 더 작지 않은 유량이다.

해설 유량의 정의

㉠ 풍수량 : 1년 중 95일은 이보다 큰 유량이 발생하는 유량

㉡ 평수량 : 1년 중 185일은 이보다 큰 유량이 발생하는 유량

㉢ 저수량 : 1년 중 275일은 이보다 큰 유량이 발생하는 유량

㉣ 갈수량 : 1년 중 355일은 이보다 큰 유량이 발생하는 유량

02 저수위(L.W.L)란 1년을 통해서 며칠 동안 이보다 저하하지 않는 수위를 말하는가? [기사 10]

① 90일 ② 185일

③ 200일 ④ 275일

해설 수위의 용어

㉠ 갈수위 : 1년 중 355일 이상 이보다 적어지지 않는 수위

㉡ 저수위 : 1년 중 275일 이상 이보다 적어지지 않는 수위

㉢ 평수위 : 1년 중 185일 이상 이보다 적어지지 않는 수위

03 자연하천에서 여러 가지 이유로 인하여 수위 -유량관계곡선은 Loop형을 이루고 있다. 그 이유가 아닌 것은? [기사 06, 08]

① 배수 및 저수효과

② 홍수시 수위의 급변화

③ 하도의 인공적 변화

④ 하천유량의 계절적 변화

해설 자연하천에서 수위-유량관계곡선이 loop형을 이루는 이유

㉠ 준설, 세굴, 퇴적 등에 의한 하도의 인공 및 자연적 변화

㉡ 배수 및 저하 효과

㉢ 홍수시 수위의 급상승 및 하강

㉣ 하도 내의 초목 및 얼음의 효과

04 유출에 대한 설명 중 틀린 것은? [기사 12]

① 직접유출은 강수 후 비교적 단시간 내에 하천으로 흘러 들어가는 부분을 말한다.

② 지표유하수(overland flow)가 하천에 도달한 후 다른 성분의 유출수와 합친 유수를 총 유출수라 한다.

③ 총 유출은 통상 직접유출과 기저유출로 분류된다.

④ 지하유출은 토양을 침투한 물이 지하수를 형성하는 것으로 총 유출량에는 고려되지 않는다.

해설 유출의 분류

㉠ 직접유출 : 강수 후 비교적 단시간 내에 하천으로 흘러 들어가는 유출

• 지표면유출, 복류수유출, 수로상강수

㉡ 기저유출 : 비가 오기 전의 건조시의 유출

• 지하수유출수

• 지연 지표하유출

05 유출에 대한 설명으로 옳지 않은 것은?

[기사 04]

① 직접유출(direct runoff)은 강수 후 비교적 짧은 시간 내에 하천으로 흘러 들어가는 부분을 말한다.

② 지표유출(surface runoff)은 짧은 시간 내에 하천으로 유출되는 지표류 및 하천 또는 호수면에 직접 떨어진 수로상 강수 등으로 구성된다.

③ 기저유출(base flow)은 비가 온 후의 불어난 유출을 말한다.

④ 하천에 도달하기 전에 지표면 위로 흐르는 유출을 지표류(overland flow)라 한다.

[해설] 기저유출은 비가 오기 전의 건조 시 유출이다.

06 다음 중 유효강수량과 가장 관계가 깊은 것은?

[기사 86, 93, 08]

① 직접 유출량

② 기저 유출량

③ 지표면 유출량

④ 지표하 유출량

[해설] 유효 강수량이라 함은 직접 유출의 근원이 되는 강수를 말한다. 즉, 초과강수량과 조기지표하유출량을 말한다.

07 수문 순환과정의 우량에 대한 성분을 직접유출, 기저유출, 손실량 등으로 구분할 때 그 성분이 다른 것은?

[산업 07, 10]

① 지표 유출수

② 지표하 유출수

③ 수로상 강수

④ 지표면 저류수

[해설] 유출 해석을 위한 유출의 분류

㉠ 직접유출은 강수 후 비교적 단기간 내에 하천으로 흘러 들어가는 부분을 말한다.
  • 지표면 유출
  • 조기 지표하 유출
  • 수로상 강수

㉡ 기저유출은 비가 오기 전의 건천후 시의 유출을 말한다.
  • 지하수 유출
  • 지연 지표하 유출

∴ 수문순환에서 유출해석과 관련이 없는 항목은 지표면 저류수이다.

08 유효강우량(effective rainfall)에 대한 설명으로 옳은 것은?

[기사 05]

① 지표면유출에 해당하는 강우량이다.

② 직접유출에 해당하는 강우량이다.

③ 기저유출에 해당하는 강우량이다.

④ 총 유출에 해당하는 강우량이다.

[해설] 유효강수량은 지표면 유출과 복류수 유출을 합한 직접유출에 해당하는 강수량이다.

09 복류수를 설명한 것 중 옳은 것은? [기사 95]

① 점토층과 같은 불투수층 사이에 낀 투수층 내 압력을 받고 있는 지하수

② 하천의 하상 및 사력층 속을 흐르고 있는 물이며, 주로 하수가 삼투한 것이다.

③ 불투수층에 도달하지 못한 지하수

④ 불투수층까지 도달한 지하수

[해설] 지하로 침투된 물은 흙의 공극을 채우고 수평, 수직으로 움직인다. 공극 내 물의 수평흐름은 수평수두경사에 의해 지표면으로 나와 지표면 유출과 합치게 되는데 이러한 유출을 복류수 유출(subsurface flow)이라 한다.

10 유출량 자료가 없는 경우에 유역의 토양특성과 식생피복상태 등에 대한 상세한 자료만으로도 총우량으로부터 유효우량을 산정할 수 있는 방법은? [기사 05, 12]

① SCS법   ② ϕ − 지표법
③ W − 지표법   ④ f − 지표법

해설 SCS법

유출량 자료가 없는 경우에 유역의 토양특성과 식생피복상태 등에 대한 상세한 자료만으로도 총 우량으로부터 유효우량을 산정하는 방법을 미국토양보존국(U.S.Soil Conservation Service, SCS) 방법이라 한다.

11 다음 중 수위−유량 관계곡선의 연장방법이 아닌 것은? [기사 00, 09]

① 전 대수지법
② Stevens 방법
③ Manning 공식에 의한 방법
④ 유량빈도 곡선법

해설 수위 − 유량 관계곡선 연장법

㉠ 전 대수지법
㉡ Stevens 방법
㉢ Manning 공식에 의한 방법

12 하천유출에서 Rating Curve는 무엇과 관련된 것인가? [기사 10]

① 수위 − 시간   ② 수위 − 유량
③ 수위 − 단면적   ④ 수위 − 유속

해설 수위−유량 관계곡선

㉠ 하천 임의 단면에서 수위와 유량을 동시에 측정하여 장기간 자료를 수집하면 이들의 관계를 나타내는 검정곡선을 얻을 수 있다. 이 곡선을 수위−유량 관계곡선(Rating Curve)이라 한다.
㉡ 이 곡선의 연장으로 실측되지 않은 고수위에 대한 홍수량을 산정한다.

㉢ 수위−유량곡선의 연장방법에는 전대수지법, Manning공식에 의한 방법, Stevens방법 등이 있다.
∴ Rating Curve는 수위−유량의 관계를 나타낸 곡선이다.

13 물의 순환 중 필요한 것을 삽입하여야 할 것은? [기사 97]

① ㉠ 기저유출   ㉡ 지하수유출
② ㉠ 유효우량(R_e)   ㉡ 기저유출
③ ㉠ 유효우량   ㉡ 지하수유출
④ ㉠ 기저유출   ㉡ 유효우량(R_e)

해설 ㉠ 총 유출=직접유출+기저유출
㉡ 손실우량=강우량−유효강우량

14 물의 순환 중 빈 칸에 알맞은 내용으로 묶인 것은?

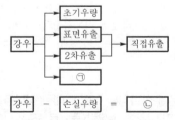

① ㉠ 기저유출, ㉡ 지하수유출
② ㉠ 기저유출, ㉡ 유효우량
③ ㉠ 유효우량, ㉡ 기저유출
④ ㉠ 유효우량, ㉡ 지하수유출

해설 ㉠ 총 유출=직접유출+기저유출
㉡ 손실우량=강우량−유효강우량

15 유출을 구분하면 표면유출(A), 중간유출(B) 및 지하수유출(C)로 구분할 수 있다. 또한 중간유출을 조기지표하(早期地表下)유출(B_1)과 지연지표하(遲延地表下)유출(B_2)로 구분할 때 직접(直接)유출로 옳은 것은? [기사 08]

① $(A)+(B)+(C)$
② $(A)+(B_1)$
③ $(A)+(B_2)$
④ $(A)+(B)$

해설 유출 해석을 위한 유출의 분류
㉠ 직접유출은 강수 후 비교적 단기간 내에 하천으로 흘러들어가는 부분을 말한다.
• 지표면 유출
• 조기 지표하 유출
• 수로상 강수
㉡ 기저유출은 비가 오기 전의 건천후시의 유출을 말한다.
• 지하수 유출
• 지연 지표하 유출
∴ 직접유출에 해당하는 항목은 표면유출(A)+조기 지표하유출(B_1)이다.

16 한 유역에서 유출에 영향을 미치는 인자는 지상학적 인자와 기후학적 인자로 대별할 수 있다. 지상학적 인자가 아닌 것은? [기사 96]

① 증발과 증산
② 유역의 형상
③ 유로특성
④ 유역의 고도

해설 유출의 지배인자
㉠ 지상학적 인자 : 유역의 면적, 경사, 방향성, 고도, 형상, 하천수로 단면의 크기, 모양, 경사, 조도 등
㉡ 기후학적 인자 : 강수, 차단, 증발 및 증산 등

17 유역에 대한 용어의 정의로 틀린 것은? [기사 03]

① 유역 평균폭 = 유역면적 / 유로연장
② 유역 형상계수 = 유역면적 / (유로연장)^2
③ 하천밀도 = 유역면적 / 본류와 지류의 총 길이
④ 하상계수 = 최대유량 / 최소유량

해설 하천밀도
유역의 단위면적 내를 흐르는 강의 평균길이 즉,

$$하천밀도 = \frac{L(본류와 \; 지류의 \; 총 \; 길이)}{A(유역면적)}$$

18 한 유역에서의 유출현상은 그 유역의 지상학적 인자와 기후학적 인자의 영향을 받는다. 지상학적 인자에 속하는 것은? [기사 02]

① 유역의 고도
② 강수
③ 증발
④ 증산

해설 유출의 지배인자
㉠ 지상학적 인자
• 유역특성 : 유역의 면적, 경사, 방향성 등
• 유로특성 : 수로의 단면 크기, 모양, 경사, 조도 등
㉡ 기후학적 인자 : 강수, 차단, 증발, 증산 등

19 대규모의 홍수가 발생할 경우 점 유속의 측정에 의한 첨두홍수량의 산정은 큰 하천에서는 실질적으로 불가능한 경우가 많아 간접적인 방법으로 추정하여야 한다. 이러한 방법으로 가장 많이 사용되는 것은? [기사 11]

① 경사단면적법(Slope − area Method)
② SCS 방법(Soil Conservation Service)
③ DAD 해석법
④ 누가우량곡선법

해설 경사단면적법

대규모 홍수 발생시 유량을 직접 측정하지 않고 하도 구간의 홍수 흔적을 조사하여 간접적으로 유량을 결정한다.

20 수문곡선이 나타내는 유출을 깊이로 나타내면 얼마인가? (단, $A = 10km^2$이다.)

[기사 93, 97, 99]

① 112mm

② 108mm

③ 96mm

④ 94mm

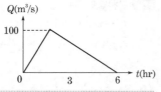

해설 ㉠ 총 유출량 = 수문곡선의 면적

$$= \frac{(6 \times 3,600) \times 100}{2}$$

$$= 1.08 \times 10^6 m^3$$

㉡ 유출깊이 $= \dfrac{총\ 유출량}{유역면적}$

$$= \frac{1.08 \times 10^6}{10 \times 10^6}$$

$$= 0.108m = 108mm$$

CHAPTER 12 수문곡선의 해석

SECTION 01 수문곡선

1 수문곡선의 일반

(1) 수문곡선의 정의 및 종류

① 수문곡선(hydrograph)란 하천이나 배수유역과 같은 수리학적 혹은 수문학적 계통 내에 위치한 한 점에서 수위, 유량, 유속 등의 수문량이 시간적으로 어떻게 변화하는 가를 나타내는 곡선을 말한다.

② 수위 수문곡선(stage hydrograph)은 수위의 시간적 분포를 나타내는 곡선을 말한다.

③ 유량 수문곡선(discharge hydrograph)은 유량의 시간적 분포를 나타내는 곡선으로, 통상 수문곡선이라 하면 이 유량 수문곡선을 의미한다.

(2) 수문곡선의 구성

① 기저유량(base flow)이란 지하 대수층으로부터 지하수가 하천방향으로 흘러 하천유량의 일부가 되는 유량으로 지수함수곡선으로 표시할 수 있다.

② 손실곡선(rainfall loss curve)은 강우가 시작되면 차단, 침투 등에 의한 초기손실이 있으며 점점 손실률이 감소되어 강우강도보다 작아지면 지표면 유출이 발생한다.

③ 유효우량(effective rainfall)이란 강우량에서 손실우량을 뺀 부분으로 직접 유출되는 유량이다. 초기 손실이 만족되면 직접유출(direct runoff)은 상승부곡선(rising limb)을 그리면서 계속 증가하여 첨두유량(peak flow)에 이르게 된다.

④ 지체시간(lag time)이란 유효 우량주상도의 중심선으로부터 첨두유량이 발생하는 시간까지의 시간격차를 말한다.

⑤ 지하수 감수곡선(groundwater depletion curve)이란 침투 및 침누가 계속 됨에 따라 지하수위가 상승되어 하천유량에 기여하는 유량이 커지나, 강우가 끝나고 시간이 점점 흐름에 따라 점점 감소하게 되며 이를 나타내는 곡선이다.

⑥ 첨두유량(peck flow))이란 하천으로 흐르는 유출량이 최대가 되는 유량을 말한다.

(3) 수문곡선의 지배 요소

① 강우강도(rainfall intensity)

② 침투율(rate of infiltration)

③ 침투수량(volume of infiltrated water)

④ 토양수분의 부족량(soil moisture deficiency)

⑤ 강우지속시간(rainfall duration)

⑥ 호우의 특성 및 유역의 특성

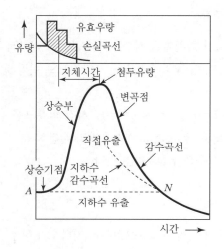

[그림 12-1] 수문곡선의 구성

2 호우 조건과 토양수분 조건에 따른 수문곡선의 구성양상

(1) 강우강도가 침투율보다 작고 침투수량이 토양수분의 미흡량보다 작은 경우

($I < f_i$, $F_i < M_d$인 경우)

① 지표면 유출, 중간 유출, 지하수 유출이 발생하지 않는다.

② 수로상 강수로 인해 하천수위는 조금 증가하고, 지하수위는 변동 없다.

여기서, I : 강우강도, f_i : 침투율

F_i : 침투수량, M_d : 토양수분 미흡량

(2) 강우강도가 침투율보다 작으나 침투수량이 토양수분의 미흡량보다 큰 경우

$(I < f_i,\ F_i > M_d$인 경우)

① 지표면 유출은 없고, 중간 유출, 지하수 유출이 발생한다.

② 수로상 강수와 함께 지하수 유출의 발생으로 지하수위가 상승한다.

(3) 강우강도가 침투율보다 크나 침투수량이 토양수분의 미흡량보다 작은 경우

$(I > f_i,\ F_i < M_d$인 경우)

① 지표면 유출, 수로상 강수로 인해 하천유량은 증가하나 지하수위 상승은 없다.

(4) 강우강도가 침투율보다 크고 침투수량이 토양수분의 미흡량보다 큰 경우

$(I > f_i,\ F_i > M_d$인 경우)

① 대규모 호우기간 동안에 발생하며, 하천유량은 수로상 강수, 지표면 유출, 중간유출, 지하수유출에 의해 증가한다.

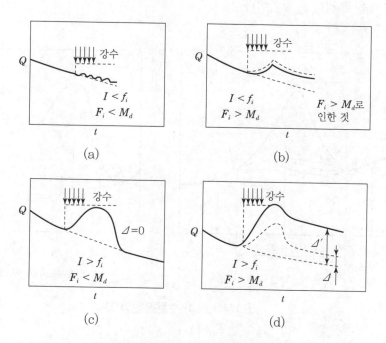

[그림 12-2] 각 경우의 수문곡선형

❸ 수문곡선의 분리

(1) 기저유출과 직접유출의 분리

① [그림 12-3](a)에서 a는 지표면유출, b는 중간(지표하)유출, c는 지하수유출, d는 수로상 강수이다.

② 직접유출량은 a, b, d의 합으로써 유효 유출유량이며, 기저유출량은 c로서 지하수 유출량을 의미한다.

③ 이와 같이 ACB와 같은 곡선으로 기저유출량을 직접유출량과 분리시키는 것을 수문곡선의 분리라고 한다.

(2) 수문곡선의 분리법

① 지하수 감수곡선법

과거의 수문곡선으로부터 지하수 감수곡선을 그려 실제 관측된 수문곡선의 지하수 감수곡선에 겹쳐 두 곡선이 분리되는 점 B_1을 구하여 상승부 기점 A와 직선으로 연결하여 직접유출과 기저유출을 분리하는 방법이다.

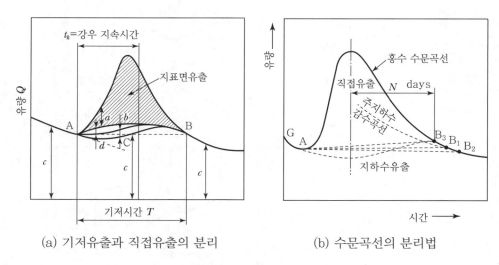

(a) 기저유출과 직접유출의 분리   (b) 수문곡선의 분리법

[그림 12-3] 수문곡선의 분리

② 수평직선 분리법

수문곡선의 상승부 기점 A로부터 수평선을 그어 감수곡선과의 교점을 B_2라 하고, 직선 AB_2에 의하여 분리하는 방법이다.

③ N-day법

수문곡선의 상승부 기점 A로부터 점 B_3를 연결한 직선에 의해 분리하는 방법이다. 여기서 점 B_3는 침투량이 발생하는 시간으로부터 N일 후의 유량을 표시하는 점이며, N값은 유역면적 혹은 표에 의해 결정된다.

$$N = A_1^{0.2} = 0.8267 A_2^{0.2} \quad \text{..} \quad (1)$$

여기서, N : 일(day)

A_1 : 유역면적(mile^2), A_2 : 유역면적(km^2)

[유역면적에 따른 N값]

유역면적(km^2)	N값(days)
250	2
1,250	3
5,000	4
12,500	5
25,000	6

④ 수정 N-day법

강우로 인한 지하수위의 상승은 지표면유출에 비하여 그 상승속도가 완만하므로 특정 강우 바로 전의 지하수 감수곡선은 어느 정도 기간 동안에 체감하게 된다. 이 효과를 고려하기 위하여 감수곡선 GA를 첨두유량의 발생시간 C점까지 연장한 후 C점으로부터 점 B_3에 직선을 그어 직접유출과 기저유출을 분리하는 방법이다.

(3) 손실우량 결정법

① 일정비 손실우량법

$$R_L = R - R_u - R_e = R - R_u - CR = R(1 - C) - R_u \quad \text{.....................} \quad (2)$$

$$R_e = \frac{V_e}{A} = CR \qquad \text{...} (3)$$

여기서, R_L : 초기 손실우량 이후의 손실우량

R : 총 강우량

R_u : 초기 손실우량

C : 유출계수

R_e : 유효우량(mm)

V_e : 직접유출용적(m3, 직접유출 수문곡선 아래의 면적)

A : 유역면적(km^2)

② 총 우량과 총 손실량간의 관계곡선을 사용하는 방법

총 손실우량＝총 우량－유효우량으로부터

$$R_L = R - R_e = R - \frac{V_e}{1,000A} \qquad \text{...} (4)$$

③ 침투능 곡선을 사용하는 방법

㉠ 침투능 곡선에 의하여 유효우량과 손실우량을 분리하는 방법이다.

$$R_L = f_c \cdot t + \frac{1}{k}(f_o - f_c)(1 - e^{-kt}) \qquad \text{..} (5)$$

㉡ 실측된 강우량 및 유량자료로부터 R_L과 t를 구하고, 토양의 종류 및 상태에 따르는 k값과 f_c값을 침투계로 결정하여 f_o를 구하면 유효우량과 손실우량을 분리할 수 있다.

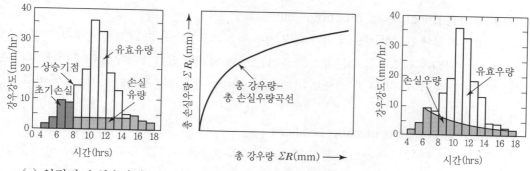

(a) 일정비 손실우량법　　(b) 총 우량과 총 손실량간의 관계곡선　(c) 유효우량과 손실우량

[그림 12-4] 손실우량 결정법

단위유량도와 합성단위유량도

1 단위유량도

(1) 단위유량도(단위도)의 정의 및 전제조건

① 특정 단위시간 동안 균일한 강도로 유역 전반에 걸쳐 균등하게 내리는 단위 유효우량(unit effective rainfall)으로 인하여 발생하는 직접유출 수문곡선을 단위유량도(unit hydrograph, 단위도)라 한다.

② 강우가 계속되는 기간 동안에 강우강도가 일정해야 한다.

③ 유역전반에 걸쳐 강우강도가 일정해야 한다.

④ 전제조건을 만족하기 위해서는 지속기간이 비교적 짧은 호우를 선택함이 좋고, 가능한 한 배수면적이 작은 유역에 대하여 단위도법을 적용하는 것이 정확한 결과를 준다.

(2) 단위도의 가정

① 일정 기저시간 가정(principle of equal base time)

동일한 유역에 균일한 강도로 비가 내릴 경우 지속기간은 같으나 강도가 다른 각종 강우로 인한 유출량은 그 크기는 다를지라도 유하기간은 동일하다.

② 비례가정(principle of proportionality)

　　동일한 유역에 균일한 강도의 비가 내릴 경우 동일 지속기간을 가진 각종 강우강도의 강우로
부터 결과되는 직접유출 수문곡선의 종거는 임의 시간에 있어서 강우강도에 비례한다. 즉,
일정기간 동안 n배만큼 큰 강도로 비가 내리면 이로 인한 수문곡선의 종거는 n배만큼 커진
다.

③ 중첩가정(principle of superposition)

　　일정기간 동안 균일한 강도를 가진 일련의 유효강우량에 의한 총 유출은 각 기간의 유출강우
량에 의한 개개 유출량을 산술적으로 합한 것과 같다. 즉, 그림에서 3개의 호우로 인한 총
유출 수문곡선은 이들 3개의 수문곡선의 종거를 시간에 따라 합함으로써 얻어진다.

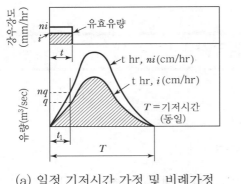 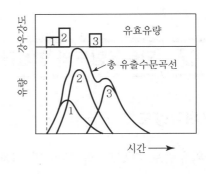

(a) 일정 기저시간 가정 및 비례가정　　　　　(b) 중첩가정

[그림 12-5] 단위도의 가정

(3) 단위유량도의 유도순서

① 기저유량과 직접유량을 분리한다.

② 직접유출 수문곡선과 우량의 시간적 분포를 나타내는 우량주상도를 작성한다.

③ 총 직접유출량(직접유출용적/유역면적)을 구한다.

④ 유효우량의 지속기간을 결정한다.

⑤ 직접유출 수문곡선의 종거를 유효우량(cm)으로 나누어 단위도의 종거를 구한다.

⑥ 단위도를 작성한다.

② 합성단위유량도

(1) 합성단위유량도의 정의 및 작성방법

① 어느 관측점에서 단위도 작성에 필요한 우량 및 유량의 자료가 없는 경우 다른 유역에서 얻은 과거의 경험을 토대로 하여 단위도를 합성하여 근사값으로서 사용할 목적으로 만든 단위도를 말한다.

② Snyder 방법

단위도의 기저 폭, 첨두유량, 유역의 지체시간 등 3개의 매개변수로서 단위도를 정의하는 방법이다.

㉠ 지체시간(lag time)

$$t_p = C_t (L_{ca} \cdot L)^{0.3}$$ ·· (6)

여기서, t_p : 지체시간(hr), 지속시간이 t_r 시간인 유효 우량주상도의 중심과 첨두유량의 발생시간 의 차

L_{ca} : 측수점으로부터 주류를 따라 유역의 중심에 가장 가까운 주류상의 점까지 측정한 거리

L : 측수점으로부터 주류를 따라 유역경계선까지 측정한 거리(mile)

C_t : 사용되는 단위와 유역특성에 관계되는 계수로서 유역의 평균경사에 대략 비례하여 증가

㉡ 첨두유량(Q_p)

$$Q_p = C_p \frac{640A}{t_p} (ft^3/\sec)$$ ·· (7)

여기서, C_p : 사용되는 단위와 유역특성에 관계되는 계수

A : 전 유역면적($mile^2$)

㉢ 단위도(직접유출)의 기저시간(T)

$$T = 3 + 3\left(\frac{t_p}{24}\right)$$ ·· (8)

여기서, T : 일(day), t_p : 시간(hr)의 단위

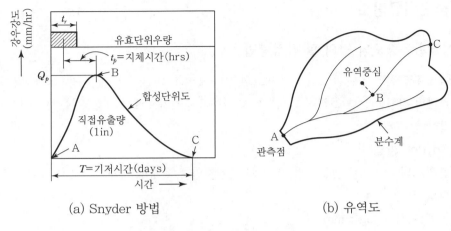

(a) Snyder 방법   (b) 유역도

[그림 12-6] Snyder 방법

③ SCS 방법(무차원 수문곡선)

    미토양보존국(U. S. Soil Conservation Service, SCS)에 의해 고안된 방법으로 무차원 수문 곡선(hydrograph)의 이용에 근거를 두고 있으며, 유역의 특성에 관계없이 적용이 가능하다.

$$t_p = \frac{1}{2}t_r + t_e$$ .... (9)

$$\therefore \ Q_P = \frac{484A}{t_P}$$ .... (10)

    여기서, Q_P : 첨두유량($ft^3/\sec$)

            t_P : 지체시간

(2) 단위도의 적용순서

① 총 강우량을 유효우량과 손실우량으로 분리한다.

② 단위유량도상의 강우강도가 일정한 각 부분 유효우량과 동일한 지속기간을 가진 단위도를 사용 하여 비례가정에 의해 각 부분 유효우량에 대한 수문곡선을 작도한다.

③ 중첩가정에 의해 합하여 직접유출 수문곡선을 그린다.

④ 관측점에서 예상되는 기저유량을 가해 총 유출수문곡선을 작도한다.

(3) 순간단위유량도와 홍수수문곡선

① 순간단위유량도(instantaneous unit hydrograph, IUH)란 어떤 유역에 단위유효우량이 순간적으로 내릴 때 유역출구를 통과하는 유량의 시간적 변화를 나타낸 수문곡선을 말한다.

② 일반적으로 홍수수문곡선(flood hydrograph)은 자기수위계에 의해 추적된 순간수위를 수위-유량곡선에 의해 순간유량으로 환산하여 표시한다. 개개 홍수의 특성을 분석하기 위해서는 가능한 한 짧은 시간단위를 사용하는 것이 좋다.

(4) 유량빈도곡선

① 유량빈도곡선(runoff frequency curve)이란 측수점(관측점)에서의 유량이 어떤 값과 같거나 이보다 큰 시간의 백분율을 나타내는 곡선을 말한다.

② 일반적으로 유량빈도곡선의 경사가 급하면, 해당 하천은 홍수가 빈번하고 지하수의 하천방출이 미소함을 뜻하며, 경사가 완만하면 홍수가 드물고 지하수의 하천방출이 크다는 것을 의미한다.

❸ 첨두홍수량

(1) 첨두홍수량의 일반

① 일정한 강우강도를 가지는 호우로 인한 한 유역의 첨두홍수량을 구할 수 있다면 치수 구조물의 설계를 위한 기준유량으로 결정할 수 있다.

② 이와 같은 관계를 표시하기 위한 공식은 여러 가지가 있으나 대표적으로 합리식이 사용된다.

③ 이 합리식(rational formula)은 수문곡선을 이등변삼각형으로 가정하여 첨두유량을 계산하는 방법이다.

(2) 합리식

① 작은 면적의 내에 일정한 강우강도의 지속시간(t_R)이 유역의 도달시간(t_c)보다 긴 시간 동안 계속되면 첨두유량은 t_c 시간부터 강우강도에 유역면적을 곱한 값과 같다는 기본 가정 하에서 유도된 공식이다.

$$Q = 0.2778\,CIA \quad\quad\quad\quad\quad\quad\quad (11)$$

여기서, Q : 첨두유량(m³/sec)

A : 유역면적(km^2)

I : 강우강도(mm/hr)

C : 유출계수

② 유역에 내린 유효우량의 총 체적은 수문곡선 내의 면적과 같다.

③ 합리식이 적용되는 유역면적은 자연하천에서는 5km^2 이내로 한정하는 것이 좋으며, 도시지역의 우배수망의 설계홍수량을 결정할 경우에 주로 사용되고 있다.

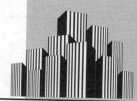

01 다음 중 수문곡선(hydrograph)이 아닌 것은?

[기사 00]

① 누가-유량 곡선
② 수위-유량 곡선
③ 시간-유량 곡선
④ 시간-수위 곡선

해설 ㉠ 수문곡선이란 하천의 어떤 단면에서의 수위 혹은 유량의 시간에 따른 변화를 표시하는 곡선으로 수위의 경우는 수위수문곡선, 유량의 경우는 유량수문곡선이라 하는데 일반적으로 유량 수문곡선을 말한다.
㉡ 수위-유량 곡선(rating curve)은 수위와 유량간의 관계를 표시하는 곡선이다.

02 수문곡선에 대한 설명으로 옳지 않은 것은?

[기사 12]

① 하천유로상의 임의의 한 점에서 수문량의 시간에 대한 관계곡선이다.
② 초기에는 지하수에 의한 기저유출만이 하천에 존재한다.
③ 시간이 경과함에 따라 지수분포형의 감수곡선이 된다.
④ 표면유출은 점차적으로 수문곡선을 하강시키게 된다.

해설 직접유출은 수문곡선의 상승부 곡선을 그리며 계속 증가하여 결국 첨두유량에 이르게 된다. 첨두유량에 도달하고 나면 다음 호우발생시까지 유출은 하강부 곡선(감수곡선)을 따라 점차 감소하게 된다.

03 어떤 하천단면에서 유출량의 시간적 분포를 나타내는 홍수수문곡선을 작성하는 일반적인 방법은 어느 것인가?

[기사 00]

① 시간별 하천유량을 유속계로 직접 측정

하여 작성
② 하천 단면적과 평균유속을 측정하여 연속방정식으로 계산하여 작성
③ 수위-유량 관계곡선을 이용하여 수위를 유량으로 환산하여 작성
④ 하천 유량의 시간적 변화를 표시하는 방정식을 유도하여 이로부터 계산 작성

해설 홍수수문곡선은 자기 수위기록지에 기록되는 순간수위를 순간유량으로 환산하여 연속적인 시간별 유량변화를 표시한다.

04 수문곡선에 있어서 지체시간에 대한 설명 중 옳은 것은?

① 직접유출의 시작점부터 첨두유출이 생기는 데까지의 시간
② 직접유출의 시작점부터 직접유출이 끝나는 데까지의 시간
③ 유효강우 주상도의 중심부터 첨두유량이 생기는 데까지의 시간
④ 유효강우 주상도의 중심부터 직접유출이 끝나는 데까지의 시간

해설 유효우량주상도의 중심부터 첨두유량이 발생할 때까지의 시간을 지체시간이라 한다.

05 다음 사항 중 옳지 않은 것은?

[기사 98, 09, 12]

① 유량빈도곡선의 경사가 급하면 홍수가 드물고 지하수의 하천방출이 크다.
② 수위-유량 관계곡선의 연장방법인 Stevens법은 Chezy의 유속공식을 이용한다.

③ 자연하천에서 대부분 동일수위에 대한 수위상승시와 하강시의 유량이 다르다.

④ 합리식은 어떤 배수영역에 발생한 호우강도와 첨두유량 간 관계를 나타낸다.

해설 ㉠ 유량빈도곡선
  • 급경사일 때 : 홍수가 빈번하고 지하수의 하천방출이 미소하다.
  • 완경사일 때 : 홍수가 드물고 지하수의 하천방출이 크다.
  ㉡ 수위 – 유량 관계곡선의 연장방법
  • 전대수지법
  • Stevens법

06 수문곡선 중 기저시간(基底時間 : time base)의 정의로 가장 옳은 것은? [기사 03]

① 수문곡선의 상승시점에서 첨두까지의 시간폭

② 강우중심에서 첨두까지의 시간폭

③ 유출구에서 유역의 수리학적으로 가장 먼 지점의 물입자가 유출구까지 유하하는 데 소요되는 시간

④ 직접유출이 시작되는 시간에서 끝나는 시간까지의 시간폭

해설 수문곡선의 상승기점부터 직접유출이 끝나는 지점까지의 시간을 기저시간(time base)이라 한다.

07 시간 매개변수에 대한 정의 중 틀린 것은? [기사 06, 09]

① 첨두시간은 수문곡선의 상승부 변곡점부터 첨두유량이 발생하는 시각까지의 시간차이다.

② 지체시간은 유효우량주상도의 중심에서 첨두유량이 발생하는 시각까지의 시간차이다.

③ 도달시간은 유효우량이 끝나는 시각에서 수문곡선의 감수부 변곡점까지의 시간차이다.

④ 기저시간은 직접유출이 시작되는 시각에서 끝나는 시각까지의 시간차이다.

해설 ㉠ 첨두유량의 시간을 첨두시간이라 한다.
  ㉡ 유효우량주상도의 중심선으로부터 첨두유량이 발생하는 시각까지의 시간차를 지체시간이라 한다.
  ㉢ 도달시간은 유역의 가장 먼 지점으로부터 출구 또는 수문 곡선이 관측된 지점까지 물의 유하시간을 말한다. 도달시간은 강우가 끝난 시간으로부터 수문곡선의 감수부 변곡점까지의 시간으로 정의할 수 있다. 이 변곡점은 지표유출이 끝나는 점으로서, 지표유출이 끝난다는 말은 제일 먼 곳으로부터의 유출이 마지막으로 도달한다는 말과 같이 해석할 수 있다.

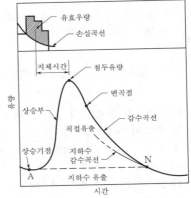

08 지표면 유출이 발생하는 경우의 조건은?

① 강우강도가 토양침투율보다 큰 경우

② 침투수량이 강우강도보다 큰 경우

③ 토양침투율이 토양수분 미흡량보다 큰 경우

④ 토양수분 미흡량이 침투수량보다 큰 경우

해설 강우강도가 토양침투율보다 크면 지표면유출이 발생한다.

09 강우강도를 I, 침투능을 f, 총 침투량을 F, 토양수분 미흡량을 D라 할 때, 지표유출은 발생하나 지하수위는 상승하지 않는 경우에 있어서의 조건식은? [기사 94, 04]

① $I < f,\ F < D$
② $I < f,\ F > D$
③ $I > f,\ F < D$
④ $I > f,\ F > D$

> **해설** ㉠ 지표면유출이 발생하는 조건 : $I > f$
> ㉡ 지하수위가 상승하지 않는 조건 : $F < D$

10 강우강도 I, 침투율 f_i, 침투수량 F_i, 토양수분 미흡량 M_d 라고 하면 중간유출과 지하수유출이 시작되며 수로상 강수와 함께 수문곡선을 그릴 수 있는 조건은?

① $I < f_i,\ F_i < M_d$
② $I < f_i,\ F_i > M_d$
③ $I > f_i,\ F_i < M_d$
④ $I > f_i,\ F_i > M_d$

> **해설** 지표면유출이 발생하지 않고 중간유출과 지하수유출이 발생하는 조건은 $I < f_i,\ F_i > M_d$ 이다.

11 수문곡선의 기저유출과 직접유출을 분리하는 방법이 아닌 것은? [기사 05, 08]

① 지하수 감수곡선법
② 수평직선 분리법
③ $N-\text{day}$법
④ Thiessen 방법

> **해설** 수문곡선의 분리법
> ㉠ 지하수 감수곡선법
> ㉡ 수평직선 분리법
> ㉢ $N-\text{day}$법
> ㉣ 수정 $N-\text{day}$법

12 다음 중 기저유출과 직접유출의 분리 방법이 아닌 것은? [산업 06, 10]

① 경사급변점법
② $N-\text{day}$법
③ 지하수 감수곡선법
④ SCS법

> **해설** 수문곡선의 분리법
> ㉠ 지하수 감수곡선법
> ㉡ 수평직선 분리법
> ㉢ $N-\text{day}$법
> ㉣ 수정 $N-\text{day}$법
> ㉤ 경사급변점법
> ∴ SCS방법은 수문곡선의 분리방법이 아니라 유효우량 산정방법이다.

13 수문곡선에 대한 설명으로 옳지 않은 것은? [기사 12]

① 하천유로상의 임의의 한 점에서 수문량의 시간에 대한 관계곡선이다.
② 초기에는 지하수에 의한 기저유출만이 하천에 존재한다.
③ 시간이 경과함에 따라 지수분포형의 감수곡선이 된다.
④ 표면유출은 점차적으로 수문곡선을 하강시키게 된다.

> **해설** ㉠ 수문곡선의 정의
> 하천의 어느 단면에서 3개의 유출성분(지표면, 지표하, 지하수유출)이 복합되어 나타나는 수위 혹은 유량의 시간적인 변화 상태를 표시하는 곡선으로 우량주상도와 함께 단기호우와 홍수유출간의 관계를 해석하는 데 필수적인 자료가 된다.
> ㉡ 수문곡선의 해석
> • 초기에는 지하수에 의한 기저유출만이 하천에 존재한다.
> • 시간이 경과함에 따라 지수분포형의 감수곡선이 된다.
> • 표면유출이 시작되면 수문곡선은 점차적으로 상승하게 된다.

14 단위도(단위유량도)에 대한 사항 중 옳지 않은 것은? [기사 94, 05, 08, 12]

① 단위도의 3가정은 일정 기저시간가정, 비례가정, 중첩가정이다.
② 단위도는 기저유량과 직접유출량을 포함하는 수문곡선이다.
③ S-curve를 이용하여 단위도의 단위시간을 변경할 수 있다.
④ Snyder는 합성단위도법을 연구발표하였다.

해설 단위도는 단위유효우량으로 인하여 발생하는 직접유출의 수문곡선이다.

15 단위유량도 작성 시 필요 없는 사항은? [기사 07, 12]

① 직접유출량
② 유효우량의 지속시간
③ 유역면적
④ 투수계수

해설 단위도의 유도
㉠ 수문곡선에서 직접유출과 기저유출을 분리한 후 직접유출 수문곡선을 얻는다.
㉡ 유효강우량을 구한다.
㉢ 직접유출 수문곡선의 유량을 유효강우량으로 나누어 단위도를 구한다.

16 단위도의 정의에서 특정 단위시간은 단위도의 지속기간을 말하며 이는 또한 무엇을 의미하는가? [산업 10]

① 직접유출의 지속기간
② 중간유출의 지속기간
③ 유효강우의 지속기간
④ 초과강우의 지속기간

해설 단위도
㉠ 단위도의 정의
특정 단위시간 동안에 균등한 강우강도로 유역 전반에 걸쳐 균등한 분포로 내리는 단위유효우량으로 인하여 발생하는 직접유출 수문곡선을 단위도라 한다.
㉡ 단위도의 해석
• 특정 단위시간 : 단위도의 지속시간을 의미하며 유효강우의 지속기간을 말한다.
• 균등한 강우강도 : 지속시간이 비교적 짧은 호우사상을 선택해야 강우가 지속되는 기간 동안 강우강도가 일정하다는 조건을 만족할 수 있다.
• 유역 전반에 걸쳐 균등분포 : 가능한 한 유역면적이 작은 유역에 적용하여야 유역 전반에 균등하게 비가 내려야 한다는 가정을 만족시킬 수 있다.

17 단위유량도 이론이 근거를 두고 있는 가정으로 적합하지 않은 것은? [기사 97, 08]

① 유역특성의 시간적 불변성
② 강우특성의 시간적 불변성
③ 유역의 선형성
④ 강우의 시간적, 공간적 균일성

해설 단위도 이론이 근거를 두고 있는 가정
㉠ 유역특성의 시간적 불변성
㉡ 유역의 선형성
㉢ 강우의 시간적, 공간적 균일성

18 단위유량도(unit hydrograph)를 작성함에 있어서 3가지 기본가정이 필요한데 이에 해당되지 않는 것은? [기사 02]

① 직접유출의 가정
② 일정 기저시간가정
③ 비례가정
④ 중첩가정

해설 단위도의 가정
ㄱ 일정 기저시간가정
ㄴ 비례가정   ㄷ 중첩가정

19 일정기간 동안 균일한 강도를 가진 일련의 유효강우량에 의한 총 유출은 각 기간의 유효강우량에 의한 개개 유출량을 산술적으로 합한 것과 같다는 가정은? [기사 96, 00, 05]

① 중첩가정(principle superposition)
② 일정 기저시간가정(principle of equal base time)
③ 단위유효우량가정(unit effective rainfall)
④ 비례가정(principle of proportionality)

해설 단위도 기본가정
ㄱ 중첩가정 : 일정기간 동안 균일한 강도의 유효강우량에 의한 총 유출은 각 기간의 유효우량에 의한 총 유출량의 합과 같다.
ㄴ 일정 기저시간가정 : 동일한 유역에 균일한 강도로 비가 내릴 때 지속기간은 같으나 강도가 다른 각종 강우로 인한 유출량은 그 크기가 다를지라도 기저시간은 동일하다.
ㄷ 비례가정 : 동일한 유역에 균일한 강도로 비가 내릴 때 일정기간 동안 n 배만큼 큰 강도로 비가 오면 이로 인한 수문곡선의 종거도 n 배만큼 커진다.

20 다음 단위도에 대한 설명 중 옳지 않은 것은? [기사 08, 12, 산업 94]

① 단위도의 3가정은 일정기저시간가정, 비례가정, 중첩가정이다.
② 단위도는 기저유량과 직접유출량을 포함하는 수문곡선이다.
③ S－Curve 방법을 이용하여 단위도의 단위시간을 변경할 수 있다.
④ Snyder는 합성단위도법을 연구 발표하였다.

해설 단위도란 유효우량 1cm 일 때의 유역 출구점에서의 직접유출수문곡선이다.

21 단위유량도 이론의 기본가정에 충실한 호우사상을 선별하여 분석하기 위해 선별시 고려해야 할 사항으로 적당하지 않은 것은? [기사 11]

① 가급적 단순호우사상을 택한다.
② 강우지속기간 동안 강우강도의 변화가 가급적 큰 분포를 택한다.
③ 유역 전반에 걸쳐 강우의 공간적 분포가 가급적 균일한 것을 택한다.
④ 강우의 지속기간이 비교적 짧은 호우사상을 구한다.

해설 단위(유량)도 이론의 기본가정에 충실한 호우사상을 선별하여 분석할 때 선별에 고려해야 할 사항
ㄱ 가급적 단순호우사상을 선택한다.
ㄴ 강우지속기간 동안 강우강도가 가급적 균일한 분포를 선택한다.
ㄷ 유역 전체에 걸쳐 강우의 공간적 분포가 가급적 균일한 것을 선택한다.
ㄹ 강우의 지속시간이 유역 지체시간의 약 10~30% 정도인 것을 선택한다.

22 다음 사항 중 옳지 않은 것은? [기사 07, 09]

① 유량누가곡선의 경사가 급하면 홍수가 드물고 지하수의 하천방출이 크다.
② 수위－유량 관계곡선의 연장방법인 Stevens법은 Chezy의 유속공식을 이용한다.
③ 자연하천에서 대부분 동일 수위에 대한 수위 상승시와 하강시의 유량이 다르다.
④ 합리식은 어떤 배수영역에 발생한 강우강도와 첨두유량간 관계를 나타낸다.

해설 **수문학 일반**

ⓐ 유량누가곡선의 기울기가 급하면 홍수의 발생이 빈번하고 지하수의 하천방출이 적어 유량변동계수가 큰 하천으로 이수 및 치수에 불리하다.

ⓑ 수위-유량 관계곡선의 연장방법에는 전대수지법, Stevens 방법, Manning공식에 의한 방법이 있으며 Stevens방법은 Chezy의 유속공식을 이용한다.

ⓒ 자연하천에서는 대부분이 동일수위일지라도 수위 상승시와 하강시의 유량이 다르다.

ⓓ 합리식은 어떤 배수영역의 첨두유량을 산정하는 공식으로 대상유역에 발생한 강우강도와 첨두유량 간의 관계를 나타내는 공식이다.

23 단위유량도(Unit Hydrograph) 작성에 있어 긴 강우지속기간을 가진 단위도로부터 짧은 지속기간을 가진 단위도로 변환하기 위해서 사용하는 방법으로 맞는 것은? [기사 07, 09]

① S-Curve법
② 지하수 감수곡선법
③ 단위도의 비례가정법
④ 단위 유량 분포도법

해설 **단위도의 지속시간의 변환**

ⓐ 정수배에 의한 방법 : 짧은 지속시간을 가진 단위도로부터 정수배(2, 3, 4배…)로 긴 지속시간을 가진 단위도를 유도하는 방법

ⓑ S-curve 방법에 의한 방법 : 긴 지속시간을 가진 단위도로부터 짧은 지속시간을 가진 단위도를 유도하는 방법으로 사용하며, 이 방법은 짧은 지속시간으로부터 긴 지속시간을 가진 단위도를 유도할 때도 사용이 가능하다.

24 하나의 호우지속기간의 시간강우 분포는 이산 또는 연속형태로 표현하는데 이산형은 강우주상도로 나타내고 연속시간분포는 무엇으로 나타내는가? [기사 02]

① s-수문곡선
② 강우량누가곡선
③ 합성단위유량도
④ 수요물선

해설 **누가우량곡선(Rainfall Mass Curve)** : 자기 우량계에 의해 측정된 우량을 기록지에 누가 우량의 시간적 변화 상태로서 기록한 것

25 강우량과 유출의 자료 등 관측기록이 없는 미계측 유역에서 경험적으로 단위도를 구하는 방법은? [산업 03]

① 순간 단위 유량도
② 유역 단위 유량도
③ 합성 단위 유량도
④ 지하수 단위 유량도

해설 유량기록이 전혀 없는 경우에 다른 유역에서 얻은 과거의 경험을 토대로 단위도를 합성하는 것을 합성 단위유량도라 하며, 대표적으로 Snyder 방법과 SCS방법이 있다.

ⓐ Snyder 방법 : 단위도의 기저폭, 첨두유량, 유역의 지체시간 등 3개의 매개변수로 단위도를 정의하는 것이다.

ⓑ SCS 방법 : 미국 토양보존국에서 고안한 방법으로 무차원 단위도의 이용에 근거를 두고 있다.

26 다음 중 단위도의 이론적 근거가 되는 가정이 아닌 것은? [기사 08]

① 강우의 시간적 균일성
② 강우의 공간적 균등성
③ 유역특성의 시간적 불변성
④ 유역의 비선형성

해설 **단위유량도**

ⓐ 단위도의 정의
특정 단위시간동안 균등한 강우강도로 유역 전반에 걸쳐 균등한 분포로 내리는 단위유효우량으로 인하여 발생하는 직접유출 수문곡선을 단위유량

도라 한다.

ⓒ 이론적 근거
- 강우의 시간적 균일성 : 균등한 강우강도로
- 강우의 공간적 균일성 : 유역전반에 걸쳐
- 유역특성의 시간적 불변성 : 특정 단위시간 동안 균등한 강도로 유역 전반에 걸쳐 균등분포로

∴ 단위도의 이론적 근거가 아닌 것은 유역의 비선형성이다.

---

27 ( ) 안에 들어갈 용어로 알맞은 것은?

[산업 09]

> 단위도의 정의에서 "특정 단위시간"은 강우의
> ( )이 특정 시간으로 표시됨을 뜻한다.

① 지속시간　　　　② 기저시간
③ 도달시간　　　　④ 유도시간

[해설] 단위유량

ⓐ 특정단위시간 동안 균일한 강도로 유역전반에 걸쳐 균등하게 내리는 단위 유효우량으로 인하여 발생하는 직접유출 수문곡선을 단위도라 한다. 여기서 특정단위시간은 강우의 지속시간을 말한다.

ⓑ 단위도의 3가정은 일정기저시간 가정, 비례가정, 중첩가정이 있다.

ⓒ 단위도의 지속시간의 변화에는 정수배방법과 S-Curve방법이 있다.

ⓓ 미계측유역의 단위도를 합성하는 방법에는 Snyder 합성단위도법, SCS무차원 합성단위도법, Naka-yasu 종합단위도법 등이 있다.

---

28 단위유량도 작성에 있어 긴 강우계속기간을 가진 단위도로부터 짧은 강우기간을 가진 단위도로 변환하기 위해서 사용하는 방법으로 맞는 것은?

[기사 94, 09]

① S-curve법
② 지하수 감수곡선법
③ 단위도의 비례가정법
④ 단위유량 분포도법

[해설] 단위유량도 지속기간의 변환

ⓐ 정수배방법 : 짧은 지속기간을 가진 단위도에서 정수배로 긴 지속기간을 가진 단위도를 유도하는 방법

ⓑ S-curve방법 : 긴 지속기간을 가진 단위도에서 짧은 지속기간을 가진 단위도를 유도하는 방법

---

29 단위도의 지속시간을 변경시킬 때 사용되는 방법은?

[기사 04]

① N-day법
② S-곡선법
③ ϕ-index법
④ Stevens법

[해설] 단위도 지속기간의 변환방법

ⓐ 정수배 방법
ⓑ S-curve 방법

---

30 어떤 도시의 공원에 우수배재를 위한 우수관거를 재현기간 20년으로 설계하고자 한다. 우수의 유입시간이 5분 우수관거의 최장길이 1,200m, 관거 내의 유속이 2m/sec일 경우 유달시간 내의 강우강도는?(단, 20년 재현기간의 강우강도식 $I = 6,400/(t+40)$ mm/hr, t는 분(min) 단위이다.)

[기사 00]

① 106.67mm/hr
② 116.36mm/hr
③ 128.00mm/hr
④ 142.22mm/hr

[해설] ⓐ 지속시간 t

$$= 유입(t_1) + 유하(t_2)$$
$$= t_1 + \frac{L}{V} = 5 + \frac{1,200}{2 \times 60} = 15분$$

ⓑ 강우강도

$$I = \frac{6,400}{15 + 40} = 116.36\text{mm/hr}$$

31 어떤 소유역의 면적과 유수의 도달시간은 각각 20ha 및 5분이다. 강수자료의 해석으로부터 얻어진 이 지역의 강우강도식이 $I=6,000/(t+35)$mm/hr, I : 강우 강도, t : 강우 계속시간(분)으로 표시된다고 가정하고 합리식에 의해 홍수량을 계산한 값은?(단, 유역의 평균유출계수 0.60이다.) [기사 92]

① 18.0m³/sec ② 5.0m³/sec
③ 1.8m³/sec ④ 0.5m³/sec

해설 ㉠ 강우강도
$$I = \frac{6,000}{5+35} = 150 \text{mm/hr}$$
㉡ 홍수량
$$Q = \frac{1}{360} \times 0.6 \times 150 \times 20 = 5 \text{m}^3/\text{sec}$$

32 S-curve와 가장 관계가 먼 것은? [기사 05, 10, 12]

① 단위도의 지속시간
② 평형 유출량
③ 등우선도
④ 직접유출 수문곡선

해설 S-curve 방법
㉠ 긴 지속기간을 가진 단위도에서 짧은 지속기간을 가진 단위도를 유도하는 방법이다.
㉡ 평형유출량은 평형상태에 도달한 후의 총 유출량을 말한다.
$$Q = \frac{1\text{cm}}{t_1\text{hr}} \times A\text{km}^2 = \frac{2.778A}{t_1}\text{m}^3/\text{sec}$$

33 우량과 유량자료가 없는 미계측유역에서 경험적으로 단위도를 구하는 방법은?[기사 93]

① 합성단위유량도
② 순간단위유량도
③ 유역단위유량도
④ 지하수단위유량도

해설 유량기록이 전혀 없는 경우에 다른 유역에서 얻은 과거의 경험을 토대로 하여 단위도를 합성하여 미계측 지역에 대한 근사치로 사용하는 단위도를 합성단위유량도라 한다.

34 Snyder 방법에 의한 단위유량도 합성방법의 결정요소(매개변수)와 거리가 먼 것은? [기사 06, 08]

① 지역의 지체시간
② 첨두유량
③ 유효우량의 주상도
④ 단위도의 기저폭

해설 Snyder 방법은 단위도의 기저폭, 첨두유량, 유역의 지체시간 등 3개의 매개변수로서 단위도를 합성하는 방법이다.

35 합성단위유량도(synthetic unit hydrograph)의 공식 중에서 지체시간(lag time)에 영향을 주는 주요한 요소들은? [기사 93, 98]

① 첨두유량, 기저시간(base time), 강우지속시간
② 유역의 하천길이, 유역 중심까지의 하천길이
③ 강우량, 기저유량, 첨두유량
④ 수문곡선의 변곡점까지의 시간, 기저시간, 첨두유량이 발생하는 시간

해설 합성단위유량도의 매개변수
㉠ 지체시간(lag time) : $t_p = C_t(L_{ca} \cdot L)^{0.3}$
㉡ 첨두유량(peak flow)
㉢ 기저폭(base width)

정답 27.① 28.① 29.② 30.②

36 합성단위도를 결정하는 인자가 아닌 것은?

[기사 01]

① 기저시간 ② 첨두유량
③ 지체시간 ④ 강우강도

해설 합성단위유량도(synthetic unit hydrograph)
단위도의 각 요소인 첨두유량, 기저시간, 지체시간의 관계식을 얻는다면 미계측 지역의 경우라도 단위도를 합성할 수 있다. 이러한 방법으로 구한 단위도를 합성단위유량도라 한다.

37 합성단위유량도를 작성하기 위한 방법의 하나인 Snyder법에서 첨두유량 산정에 필요한 매개변수(parameter)로만 짝지어진 것은?

[기사 05]

① 유역면적, 지체시간
② 도달시간, 유역면적
③ 유로연장, 지체시간
④ 유로연장, 도달시간

해설 Snyder방법에서 첨두유량 산정에 필요한 매개변수는 유역면적과 지체시간이다.

38 대규모의 홍수가 발생할 경우 점유속의 측정에 의한 첨두홍수량의 산정은 큰 하천에서는 실질적으로 불가능한 경우가 많아 간접적인 방법으로 추정하여야 한다. 이러한 방법으로 가장 많이 사용되는 것은 어느 것인가?

[기사 11]

① 경사－면적방법(slope－area method)
② SCS 방법(Soil Conservation Service)
③ D.A.D 해석법
④ 누가우량곡선법

해설 대규모의 홍수가 발생할 경우 점유 속에 의한 첨두홍수량의 산정은 큰 하천에서는 실질적으로 불가능한 경우가 많으므로 홍수량은 간접적인 방법으로 추정하지 않으면 안 된다. 이러한 목적을 위한 간접적인

방법은 하천 유량을 수면경사 및 하천 횡단면과 연관시켜 수리학적 관계를 이용하는 것으로 가장 많이 사용되는 방법이 수면경사－단면적법이다.

39 합리식에 관한 설명 중 틀린 것은?

[기사 05, 07]

① 작은 유역면적에 적용한다.
② 불투수층 지역이라 가정한다.
③ 첨두유량은 도달시간 이후부터는 강우강도에 유역면적을 곱한 값이다.
④ 강우강도를 고려할 필요가 없다.

해설 합리식
강우의 지속시간이 유역의 도달시간과 같거나 큰 경우에 유역의 첨두유량은 강우강도에 유역면적을 곱한 값과 같다.
$Q = 0.2778CIA(\text{m}^3/\text{sec})$

40 다음 ( ) 안에 들어갈 알맞은 말이 순서대로 바르게 짝지어진 것은?

[기사 11]

"일반적으로 우수 도달시간이 길 경우 첨두유량은 시간적으로 ( ) 나타나고, 그 크기는 ( )"

① 일찍, 크다. ② 늦게, 크다.
③ 일찍, 작다. ④ 늦게, 작다.

해설 도달시간이 짧으면 같은 지속시간을 갖는 경우에 대하여 첨두유량이 일어나는 시간은 짧고 첨두유량이 커지고 도달시간이 길면 이와 반대 현상이 일어난다.

41 지속기간 2hr인 어느 단위도의 기저시간이 10hr이다. 강우강도가 각각 2.0, 3 및 5.0cm/hr이고, 강우지속기간은 똑같이 모두 2hr인 3개의 유효강우가 연속해서 내릴 경우 이로 인한 직접유출 수문곡선의 기저시간은 얼마인가?

[기사 11]

① 2hr   ② 10hr

③ 14hr   ④ 16hr

해설 기저시간 = $10 + 2 + 2 = 14$시간

42 어느 지역을 측정한 결과 유역면적이 10km², 유출계수 $C=0.007$, 강우강도 $I=80$mm/hr 이었다면 합리식에 의한 첨두유량은?

① 5.6m³/sec   ② 1.56m³/sec

③ 56.0m³/sec   ④ 15.56m³/sec

해설 합리식에 의한 첨두유량
$$Q = 0.2778 CIA$$
$$= 0.2778 \times 0.007 \times 80 \times 10$$
$$= 1.56 \text{m}^3/\text{sec}$$

43 유역면적이 15km²이고, 1시간에 내린 강우량이 150mm일 때 하천의 유출량이 350m³/sec 이면 유출률은?   [기사 00, 10]

① 0.56   ② 0.65

③ 0.72   ④ 0.78

해설 합리식
$$Q = 0.2778 CIA 에서$$
$$350 = 0.2778 \times C \times 150 \times 15$$
$$\therefore C = 0.56$$

44 어떤 지역의 연평균강우량은 1,500mm이고, 유출률이 0.7일 때 연평균 유출량은? (단, 이 지역의 면적은 200km²임.)   [기사 99]

① 15.9m³/sec   ② 2.4m³/sec

③ 9.0m³/sec   ④ 6.6m³/sec

해설 합리식
$$Q = 0.2778 CIA$$
$$= 0.2778 \times 0.7 \times \left(\frac{1,500}{365 \times 24}\right) \times 200$$
$$= 6.66 \text{m}^3/\text{sec}$$

45 신도시에 위치한 택지조성지구의 우수배제를 위하여 우수거를 설계하고자 한다. 신도시에서 재현기간 10년의 강우강도식이 $I = \dfrac{6,000}{(t+40)}$라 하면 합리식에 의한 설계유량은? (단, 유역의 평균유출계수는 0.5, 유역면적은 1km², 우수의 도달시간은 20분이다.)   [기사 98, 01, 03, 10]

① 4.6m³/sec   ② 13.9m³/sec

③ 16.7m³/sec   ④ 20.8m³/sec

해설 합리식
$$Q = 0.2778 CIA$$
$$= 0.2778 \times 0.5 \times \left(\frac{6,000}{20 + 40}\right) \times 1$$
$$= 13.89 \text{m}^3/\text{sec}$$

46 그림에서와 같이 130m×250m의 주차장이 있다. 주차장 중앙으로 우수거가 설치되어 있고, 이때 우수거를 통한 도달시간은 5분이며 지표흐름(overland flow)으로 인하여 우수거에 수직으로 도달하는 도달시간(예로 B에서 C까지)은 15분이라 한다. 만일 50mm/hr의 강도를 가진 강우가 5분간만 내렸다고 할 때 A점에서의 첨두유량은? (단, 주차장의 유출계수는 0.85라 한다.)   [기사 96, 10]

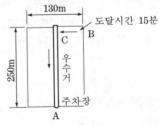

① 3.837 × 1.05m³/sec

② 0.387m³/sec

③ 0.128m³/sec

④ 0.0320m³/sec

해설 지속시간이 5분이므로 주차장에서는 일부분만이 유출에 기여한다.

㉠ 지속시간 5분일 때 유출에 기여하는 총 면적

$$A = \frac{130}{3} \times 250 \times \frac{1}{2} = 5,416.67 \text{m}^2$$

㉡ $Q = 0.2778 CIA$

$$= 0.2778 \times 0.85 \times 50 \times (5,416.67 \times 10^{-6})$$

$$= 0.064 \text{m}^3/\text{sec}$$

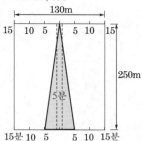

47 다음 중 유적면적이 180km²이고, 최대비유량이 4.0m³/s/km²가 되려면 최대홍수량은?

[기사 95]

① 45m³/sec   ② 720m³/sec

③ 12m³/sec   ④ 900m³/sec

해설 최대홍수량

$$Q = 4 \times 180 = 720 \text{m}^3/\text{sec}$$

48 유역면적 200ha인 도시 소하천유역의 유수도달시간이 5분이고, 유역 평균유출계수는 0.60이다. 강수자료의 해석으로부터 구해진 이 유역의 강우강도식 $I = \dfrac{6,500}{(t+45)}$ mm/hr이라면 첨두유출량은? (단, 강우지속시간 t는 분(min) 단위이다.) [기사 05]

① 4.334m³/sec

② 43.34m³/sec

③ 433.4m³/sec

④ 4.334m³/sec

해설 ㉠ $I = \dfrac{6,500}{t+45} = \dfrac{6,500}{5+45} = 130 \text{mm/hr}$

㉡ 1ha $= 10^4 \text{m}^2 = 10^{-2} \text{km}^2$

㉢ $Q = 0.2778 CIA$

$$= 0.2778 \times 0.6 \times 130 \times (200 \times 10^{-2})$$

$$= 43.34 \text{m}^3/\text{sec}$$

49 유출계수가 0.6인 유역에서 유출량 100m³/sec가 발생하였다. 그후 도시개발을 하여 유출계수가 0.3으로 줄어들었다면 이때의 유출량은? (단, 강우량 및 기타 조건은 동일함.)

① 200m³/sec   ② 150m³/sec

③ 100m³/sec   ④ 50m³/sec

해설 ㉠ $Q = 0.2778 CIA$

$$100 = 0.2778 \times 0.6 \times IA$$

$$\therefore IA = 599.95$$

㉡ $Q = 0.2778 CIA$

$$= 0.2778 \times 0.3 \times 599.95 = 50 \text{m}^3/\text{sec}$$

50 어느 유역에 그림과 같은 분포로 같은 시간에 같은 크기의 강우가 내렸을 때 어느 강우에 의한 홍수의 첨두유량이 가장 큰 것인가? (단, 강우손실량은 같다.) [기사 97]

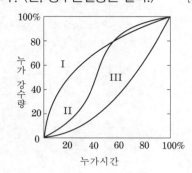

① I   ② II

③ III   ④ 모두 같다.

해설 그림 I, II, III의 강우강도(mm/hr)가 모두 같으므로 첨두유량 $Q = 0.2778 CIA$는 모두 같다.

51 설계홍수량 계산에 있어서 합리식의 적용에 관한 설명 중 옳지 않은 것은? [기사 01, 03]

① 우수도달시간은 강우지속시간보다 길어야 한다.

② 강우강도는 균일하고 전 유역에 고르게 분포되어야 한다.

③ 유량이 점차 증가되어 평형상태일 때의 유출량을 나타낸다.

④ 하수도설계 등 소유역에만 적용될 수 있다.

해설 합리식(rational formula)

㉠ 첨두홍수량을 구하는 공식으로서 강우의 지속시간이 유역의 도달시간보다 커야 한다.

㉡ 합리식에 의해 계산된 첨두유량은 실제보다 다소 크게 나타나므로 자연하천에서 합리식의 적용은 유역면적이 약 $5km^2$ 이내로 한정하는 것이 좋으며 도시의 우·배수망의 설계홍수량을 결정하기 위해 포장된 작은 유역에 주로 사용되고 있다.

제**3**편

부록
기출문제

01 개수로의 흐름에 대한 설명으로 틀린 것은?

① 개수로에서 사류로부터 상류로 변할 때 불연속적으로 수면이 뛰는 도수가 발생된다.

② 개수로에서 층류와 난류를 구분하는 한계 레이놀즈(Reynolds)수는 정확히 결정되어질 수 없으나 약 500 정도를 취한다.

③ 개수로에서 사류로부터 상류로 변하는 단면을 지배 단면이라 한다.

④ 배수곡선은 댐과 같은 장애물을 설치하면 발생되는 상류부의 수면 곡선이다.

해설 ③ 개수로에서 상류에서 사류로 변하는 단면을 지배 단면이라 한다.

02 수평면상 곡선 수로의 상류에서 비회전 흐름인 경우, 유속 V와 곡률반지름 R의 관계로 옳은 것은? (단, C는 상수)

① $V = CR$

② $VR = C$

③ $R + \dfrac{V^2}{2g} = C$

④ $\dfrac{V^2}{2g} + CR = 0$

해설 곡선수로의 수류

㉠ 유선의 곡률이 큰 상류의 흐름에서 수평면의 유속은 수로의 곡률반지름에 반비례한다.

㉡ $V \times R = C$(일정)

03 A 저수지에서 100m 떨어진 B 저수지로 3.6 m³/s의 유량을 송수하기 위해 지름 2m의 주철관을 설치할 때 적정한 관로의 경사(I)는? (단, 마찰 손실만 고려하고, 마찰손실계수 $f = 0.03$이다.)

① 1/1,000

② 1/500

③ 1/250

④ 1/100

해설 ㉠ $V = \dfrac{Q}{A} = \dfrac{4 \times 3.6}{\pi \times 2^2} = 1.15 \text{m/sec}$

㉡ $h_L = f \dfrac{l}{D} \dfrac{V^2}{2g}$ 로부터

$I = \dfrac{h_L}{l} = f \dfrac{1}{D} \dfrac{V^2}{2g}$

$= 0.03 \times \dfrac{1}{2} \times \dfrac{1.15^2}{2 \times 9.8}$

$= 1.01 \times 10^{-3} = \dfrac{1}{988}$

04 합리식에 관한 설명으로 틀린 것은?

① 첨두유량을 계산할 수 있다.

② 강우강도를 고려할 필요가 없다.

③ 도시와 농촌지역에 적용할 수 있다.

④ 유출 계수는 유역의 특성에 따라 다르다.

해설 ② 첨두유량은 강우강도와 비례한다.

$Q = 0.2778CIA \text{ (m}^3/\text{sec)}$

05 비중 0.92의 빙산이 해수면에 떠 있다. 수면 위로 나온 빙산의 부피가 100m³이면 빙산의 전체 부피는? (단, 해수의 비중 1.025)

① 976m³

② 1,025m³

③ 1,114m³

④ 1,125m³

해설 아르키메데스의 원리

$W = B$

$w_1 V_1 = w_2 V_2$

$0.92V = 1.025(V - 100)$

$\therefore V = 976.19 \text{m}^3$

06 주어진 유량에 대한 비에너지(specific energy)가 3m이면 한계 수심은?

① 1m   ② 1.5m
③ 2m   ④ 2.5m

해설 $h_c = \left(\dfrac{\alpha Q^2}{gb^2}\right)^{\frac{1}{3}} = \dfrac{2}{3}H_e = \dfrac{2}{3} \times 3 = 2\text{m}$

07 작은 오리피스에서 단면 수축계수 C_a, 유속계수 C_v, 유량계수 C의 관계가 옳게 표시된 것은?

① $C = \dfrac{C_v}{C_a}$ ② $C = \dfrac{C_a}{C_v}$
③ $C = C_v \cdot C_a$ ④ $C = C_a + C_v$

해설 유량계수＝수축계수×유속계수
$C = C_a \times C_v$

08 다음 표는 어느 지역의 40분간 집중 호우를 매 5분마다 관측한 것이다. 지속기간이 20분인 최대강우강도는?

시간(분)	강우량(mm)
0~5	1
5~10	4
10~15	2
15~20	5
20~25	8
25~30	7
30~35	3
35~40	2

① $I = 49\text{mm/h}$ ② $I = 59\text{mm/h}$
③ $I = 69\text{mm/h}$ ④ $I = 72\text{mm/h}$

해설 최대강우는 15~35분이다.
$I = (5+8+7+3) \times \dfrac{60}{20} = 69\text{mm/hr}$

09 물 속에 잠긴 곡면에 작용하는 정수압의 연직 방향 분력은?

① 곡면을 밑면으로 하는 물기둥 체적의 무게와 같다.
② 곡면 중심에서의 압력에 수직투영 면적을 곱한 것과 같다.
③ 곡면의 수직투영 면적에 작용하는 힘과 같다.
④ 수평분력의 크기와 같다.

해설 곡면에 작용하는 정수압
㉠ 수평분력 : 연직투영면에 작용하는 정수압과 같다.
㉡ 연직분력 : 곡면을 밑면으로 하는 수면까지의 물기둥의 무게와 같다.

10 수면표고가 18m인 정수장에서 직경 600mm인 강관 900m를 이용하여 수면표고 39m인 배수지로 양수하려고 한다. 유량이 1.0m³/s이고 관로의 마찰손실계수가 0.03일 때 모터의 소요 동력은? (단, 마찰 손실만 고려하며, 펌프 및 모터의 효율은 각각 80% 및 70%이다.)

① 520kW
② 620kW
③ 780kW
④ 870kW

해설 ㉠ $V = \dfrac{Q}{A} = \dfrac{4 \times 1}{\pi \times 0.6^2} = 3.54\text{m/sec}$

㉡ $h_L = f\dfrac{l}{D}\dfrac{V^2}{2g}$
$= 0.03 \times \dfrac{900}{0.6} \times \dfrac{3.54^2}{2 \times 9.8} = 28.77\text{m}$

㉢ $E = \dfrac{9.8Q(H+h_L)}{\eta_1 \eta_2}$
$= \dfrac{9.8 \times 1(21+28.77)}{0.8 \times 0.7} = 870.98\text{kW}$

11 관수로에서의 마찰손실수두에 대한 설명으로 옳은 것은?

① 관수로의 길이에 비례한다.
② 관의 조도계수에 반비례한다.
③ 프루드수에 반비례한다.
④ 관내 유속의 1/4제곱에 비례한다.

해설 관수로의 마찰손실수두

$$h_L = f\frac{l}{D}\frac{V^2}{2g}$$

12 지하수의 투수계수에 관한 설명으로 틀린 것은?

① 같은 종류의 토사라 할지라도 그 간극률에 따라 변한다.
② 흙입자의 구성, 지하수의 점성계수에 따라 변한다.
③ 지하수의 유량을 결정하는데 사용된다.
④ 지역에 따른 무차원 상수이다.

해설 ㉠ 투수계수는 유속과 같은 차원이다.
ⓛ $V = Ki$

13 단위유량도(unit hydrograph)를 작성함에 있어서 주요 기본과정(또는 원리)만으로 짝지어진 것은?

① 비례가정, 중첩가정, 시간불변성(stationary)의 가정
② 직접유출의 가정, 시간불변성(stationary)의 가정, 중첩가정
③ 시간불변성(stationary)의 가정, 직접유출의 가정, 비례가정
④ 비례가정, 중첩가정, 직접유출의 가정

해설 단위도의 기본 가정
㉠ 일정 기저시간 가정
ⓛ 비례가정
ⓒ 중첩가정

14 수리학적 완전 상사를 이루기 위한 조건이 아닌 것은?

① 기하학적 상사(geometric similarity)
② 운동학적 상사(kinematic similarity)
③ 동역학적 상사(dynamic similarity)
④ 대수학적 상사(algebraic similarity)

해설 수리학적 완전상사는 원형과 모형간의 기하학적 상사, 운동학적 상사, 동역학적 상사가 성립할 때 얻어진다.

15 다음 중 강수 결측 자료의 보완을 위한 추정 방법이 아닌 것은?

① 단순비례법
② 2중 누가우량분석법
③ 산술평균법
④ 정상연강수량비율법

해설 결측 시 강우기록의 추정법
㉠ 산술평균법
ⓛ 정상연강수량비율법
ⓒ 단순비례법

16 위어(weir)에 물이 월류할 경우에 위어 정상을 기준하여 상류측 전수두를 H라 하고, 하류수위를 h라 할 때, 수중 위어(submerged weir)로 해석될 수 있는 조건은?

① $h < \frac{2}{3}H$

② $h < \frac{1}{2}H$

③ $h > \frac{2}{3}H$

④ $h > \frac{1}{3}H$

해설 수중위어는 $h > \frac{2}{3}H$인 경우이다.

17 개수로 흐름에 대한 Manning 공식의 조도계수 값의 결정 요소로 가장 거리가 먼 것은?

① 동수경사
② 하상 물질
③ 하도 형상 및 선형
④ 식생

해설 조도 계수(n)는 수로의 벽면 상태에서 결정되는 양이며 수로의 형상과 곡률 등에 의한 저항도 포함되어 있다.

18 에너지선에 대한 설명으로 옳은 것은?

① 언제나 수평선이 된다.
② 동수경사선보다 아래에 있다.
③ 동수경사선보다 속도수두만큼 위에 위치하게 된다.
④ 속도수두와 위치수두의 합을 의미한다.

해설 에너지선

㉠ 기준 수평면에서 $Z + \dfrac{P}{W} + \dfrac{V^2}{2g}$의 점들을 연결한 선이다.

㉡ 에너지선은 동수경사선보다 속도수두만큼 위에 위치한다.

19 수표면적이 10km²되는 어떤 저수지 수면으로부터 2m 위에서 측정된 대기의 평균온도가 25℃, 상대습도가 65%이고, 저수지 수면 6m 위에서 측정한 풍속이 4m/s, 저수지 수면 경계층의 수온이 20℃로 추정되었을 때 증발률(E_o)이 1.44mm/day이었다면 이 저수지 수면으로부터의 일증발량(E_{day})은?

① 42,300m³/day
② 32,900m³/day
③ 27,300m³/day
④ 14,400m³/day

해설 증발량＝증발률×수표면적

$$= (1.44 \times 10^{-3}) \times (10 \times 10^6)$$
$$= 14,400 \text{m}^3/\text{day}$$

20 경심이 5m이고 동수경사가 1/200인 관로에서의 Reynolds수가 1,000인 흐름으로 흐를 때 관내의 평균유속은?

① 7.5m/s   ② 5.5m/s
③ 3.5m/s   ④ 2.5m/s

해설 $R_e < 2,000$인 층류의 흐름이므로

㉠ $f = \dfrac{64}{R_e} = \dfrac{64}{1,000} = 0.064$

㉡ $f = \dfrac{8g}{C^2}$에서 $0.064 = \dfrac{8 \times 9.8}{C^2}$

∴ $C = 35$

㉢ $V = C\sqrt{RI} = 35\sqrt{5 \times \dfrac{1}{200}} = 5.53\text{m/sec}$

정답 **17.**① **18.**③ **19.**④ **20.**②

01 길이 100m의 관에서 양단의 압력 수두차가 20m인 조건에서 0.5m³/s를 수송하기 위한 관경은? (단, 마찰손실계수 $f = 0.03$)

① 21.5cm
② 23.5cm
③ 29.5cm
④ 31.5cm

해설 ㉠ $Q = AV$

$$0.5 = \frac{\pi \times D^2}{4} \times V \qquad \therefore \quad V = \frac{0.64}{D^2}$$

㉡ $h_L = f \frac{l}{D} \frac{V^2}{2g}$

$$20 = 0.03 \times \frac{100}{D} \times \frac{\left(\frac{0.64}{D^2}\right)^2}{2 \times 9.8}$$

$$D^5 = 3.13 \times 10^{-3} \qquad \therefore \quad D = 0.3156m$$

02 초속 V_o의 사출수가 도달하는 수평 최대 거리는?

① 최대 연직 높이의 1.2배이다.
② 최대 연직 높이의 1.5배이다.
③ 최대 연직 높이의 2.0배이다.
④ 최대 연직 높이의 3.0배이다.

해설 ③ 최대 수평 거리는 최대 연직 높이의 2배이다.

$$x_{max} = 2 \times y_{max}$$

03 수리학적으로 유리한 단면의 조건으로 옳은 것은?

① 경심(R)이 최소이어야 한다.
② 윤변(P)이 최대가 되어야 한다.
③ 경심(R)과 윤변(P)의 곱이 최대가 되어야 한다.
④ 경심(R)이 최대가 되거나 윤변(P)이 최소가 되어야 한다.

해설 수리상 유리한 단면

주어진 단면적과 수로의 경사에 대하여 경심이 최대 또는 윤변이 최소일 때 최대유량이 흐르고 이러한 단면을 수리상 유리한 단면이라 한다.

04 유체 내부 임의의 점 (x, y, z)에서의 시간 t에 대한 속도성분을 각각 u, v, w로 표시하면, 정류이며 비압축성인 유체에 대한 연속방정식으로 옳은 것은? (단, ρ는 유체의 밀도이다.)

① $\dfrac{\partial u}{\partial x} + \dfrac{\partial v}{\partial y} + \dfrac{\partial w}{\partial z} = 0$

② $\dfrac{\partial \rho u}{\partial x} + \dfrac{\partial \rho v}{\partial y} + \dfrac{\partial \rho w}{\partial z} = 0$

③ $\dfrac{\partial \rho}{\partial t} + \rho \left(\dfrac{\partial u}{\partial x} + \dfrac{\partial v}{\partial y} + \dfrac{\partial w}{\partial z} \right) = 0$

④ $\dfrac{\partial \rho}{\partial t} + \dfrac{\partial (\rho u)}{\partial x} + \dfrac{\partial (\rho v)}{\partial y} + \dfrac{\partial (\rho w)}{\partial z} = 0$

해설 ㉠ 압축성 유체(정류의 연속방정식)

$$\frac{\partial \rho u}{\partial x} + \frac{\partial \rho v}{\partial y} + \frac{\partial \rho w}{\partial z} = 0$$

㉡ 비압축성 유체(정류의 연속방정식)

$$\frac{\partial u}{\partial x} + \frac{\partial v}{\partial y} + \frac{\partial w}{\partial z} = 0$$

05 삼각형 위어(weir)에서 유량에 비례하는 것은?(단, H는 위어의 월류수심이다.)

① $H^{\frac{5}{2}}$
② H^2
③ $H^{\frac{3}{2}}$
④ $H^{\frac{1}{2}}$

해설 삼각형 위어는 수심의 $\dfrac{5}{2}$승에 비례한다.

$$Q = \frac{8}{15} C \tan \frac{\theta}{2} \sqrt{2g} \, h^{\frac{5}{2}}$$

$$\therefore \quad Q \propto h^{\frac{5}{2}}$$

06 얇은 철사나 바늘을 조심해서 물 위에 놓으면 가라앉지 않고 뜬다. 이와 같이 바늘이 물 위에 뜨는 이유와 관계되는 것은?

① 부력　　　　　② 점성력

③ 마찰력　　　　④ 표면장력

> 해설 ④ 액체의 입자는 응집력에 의하여 서로 잡아당겨 그 표면적을 최소로 하려는 힘이 작용한다. 이 힘을 표면장력이라 한다.

07 Manning 공식의 조도 계수 n과 마찰손실계수 f와의 관계식으로 옳은 것은? (단, 지름 D인 원관의 경우)

① $12.7n^2D^{\frac{1}{3}}$　　② $124.5n^2D^{-\frac{1}{3}}$

③ $12.7nD^{-\frac{1}{3}}$　　④ $124.5nD^{\frac{1}{3}}$

> 해설 $f=12.7gn^2D^{-\frac{1}{3}}=124.5n^2D^{-\frac{1}{3}}$

08 지름이 D인 관수로에서 만관으로 흐를 때 경심 R은?

① D　　　　　② $D/2$

③ $D/4$　　　　④ $2D$

> 해설 $R=\dfrac{A}{P}=\dfrac{\dfrac{\pi D^2}{4}}{\pi D}=\dfrac{D}{4}$

09 개수로에서 한계수심에 대한 설명으로 옳은 것은?

① 최대 비에너지에 대한 수심이다.

② 최소 비에너지에 대한 수심이다.

③ 상류 흐름에 대한 수심이다.

④ 사류 흐름에 대한 수심이다.

> 해설 ② 비에너지가 최소일 때의 수심이 한계수심(h_c)이다.

10 면적이 A인 평판(平板)이 수면으로부터 h가 되는 깊이에 수평으로 놓여있을 경우 이 면에 작용하는 전수압은? (단, 물의 단위 중량은 w이다.)

① $P=whA$

② $P=wh^2A$

③ $P=\dfrac{1}{2}wh^2A$

④ $P=\dfrac{1}{2}whA$

> 해설 전정수압의 크기
> $P=wh_GA$

11 흐름에 대한 설명으로 옳은 것은?

① 하나의 단면을 지나는 유량이 시간에 따라 변하지 않는 흐름을 등류라 하고, 홍수 시 흐름을 부등류라 한다.

② 인공수로와 같이 수심이나 수로 폭이 어느 단면에서나 동일한 경우 수로 내의 유속은 일정하므로 정류라 하고, 수로단면적이 같지 않을 때 부정류라 한다.

③ 유체의 흐름이 흐름방향만 이동되고 직각방향에는 이동이 없는 흐름을 난류라 한다.

④ 층류상태의 흐름은 개수로나 관수로에서보다 지하수에서 쉽게 볼 수 있다.

> 해설 ④ 자연 대수층 내의 지하수의 흐름은 대부분 $R_e<4$이므로, 지하수의 흐름은 층류이다.

12 Dupuit의 침윤선(浸潤線) 공식의 유량은? (단, 직사각형 단면 제방 내부의 투수인 경우이며, 제방의 저면은 불투수층이고 q : 단위 폭당 유량, L : 침윤거리, h_1, h_2 : 상하류의 수위, K : 투수계수)

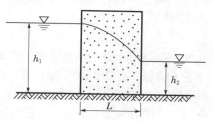

① $q = \dfrac{K}{2L}({h_1}^2 - {h_2}^2)$

② $q = \dfrac{K}{2L}({h_1}^2 + {h_2}^2)$

③ $q = \dfrac{K}{L}({h_1}^2 - {h_2}^2)$

④ $q = \dfrac{K}{L}({h_1}^2 + {h_2}^2)$

해설 단위폭 당 유량

$$q = \frac{K}{2L}({h_1}^2 - {h_2}^2)$$

13 그림과 같은 배의 무게가 882kN일 때 이 배가 운항하는 데 필요한 최소 수심은? (단, 물의 비중=1, 무게 1kg=9.8N)

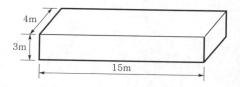

① 1.2m   ② 1.5m

③ 1.8m   ④ 2.0m

해설 $W = B = wV$

$882 = 9.8 \times (4 \times 15 \times h)$

$\therefore\ h = 1.5$m

14 베르누이(Bernoulli)정리가 성립될 수 있는 조건이 아닌 것은?

① 임의의 두 점은 같은 유선 위에 있다.

② 마찰을 고려한 실제유체이다.

③ 비압축성은 유체의 흐름이다.

④ 흐름은 정류이다.

해설 베르누이 정리의 성립 조건

㉠ 흐름은 정류이다.

㉡ 임의의 두 점은 같은 유선상에 있어야 한다.

㉢ 마찰에 의한 에너지 손실이 없는 비점성, 비압축성 유체인 이상유체(완전유체)의 흐름이다.

15 수조에서 수심 4m인 곳에 2개의 원형 오리피스를 만들어 10L/s의 물을 흐르게 하기 위한 지름은? (단, C=0.62)

① 2.96cm   ② 3.04cm

③ 3.41cm   ④ 3.62cm

해설 $Q = Ca\sqrt{2gh} \times 2$

$10 \times 10^{-3} = 0.62 \times \dfrac{\pi d^2}{4} \times \sqrt{2 \times 9.8 \times 4} \times 2$

$\therefore\ d = 0.03405$m $= 3.41$cm

16 개수로에서 도수가 발생하게 될 때 도수 전의 수심이 0.5m, 유속이 7m/s이면 도수 후의 수심(h)은?

① 0.5m   ② 1.0m

③ 1.5m   ④ 2.0m

해설 ㉠ $F_r = \dfrac{V}{\sqrt{gh}} = \dfrac{7}{\sqrt{9.8 \times 0.5}} = 3.16$

㉡ $h_2 = \dfrac{h_1}{2}(-1 + \sqrt{1 + 8{F_r}^2})$

$= \dfrac{0.5}{2}(-1 + \sqrt{1 + 8 \times 3.16^2}) = 1.9984$m

$\therefore\ h_2 \fallingdotseq 2$m

17 물의 성질에 대한 설명으로 옳지 않은 것은?

① 물의 점성계수는 수온이 높을수록 작아진다.

② 동점성계수는 수온에 따라 변하며 온도가 낮을수록 그 값은 크다.

③ 물은 일정한 체적을 갖고 있으나 온도와 압력의 변화에 따라 어느 정도 팽창 또는 수축을 한다.

④ 물의 단위중량은 0℃에서 최대이고 밀도는 4℃에서 최대이다.

해설 ④ 물의 단위중량과 밀도는 4℃에서 최대이고, 물의 점성은 0℃에서 최대이다.

18 지하수의 유수 이동에 적용되는 다르시(Darcy)의 법칙은? (단, V : 유속, K : 투수계수, I : 동수경사, h : 수심, R : 동수반경, C : 유속계수)

① $V = -KI$

② $V = C\sqrt{RI}$

③ $V = -KCI$

④ $V = -Kh$

해설 지하수의 유속

$$V = -Ki$$

19 에너지선에 대한 설명으로 옳은 것은?

① 유선 상의 각 점에서의 압력수두와 위치수두의 합을 연결한 선이다.

② 유체의 흐름방향을 결정한다.

③ 이상유체 흐름에서는 수평기준면과 평행하다.

④ 유량이 일정한 흐름에서는 동수경사선과 평행하다.

해설 에너지선

㉠ 기준 수평면에서 $Z + \dfrac{P}{w} + \dfrac{V^2}{2g}$ 의 점들을 연결한 선이다.

㉡ 이상유체 흐름에서는 에너지선과 수평 기준면과 평행하다.

20 프루드(Froude)수와 한계경사 및 흐름의 상태 중 상류일 조건으로 옳은 것은? (단, F_r : 프루드수, I : 수면경사, I_c : 한계경사, V : 유속, V_c : 한계유속, y : 수심, y_c : 한계수심)

① $V > V_c$

② $F_r > 1$

③ $I < I_c$

④ $y < y_c$

해설 상류의 조건

㉠ $V < V_c$, $F_r < 1$

㉡ $I < I_c$, $h > h_c$

01 다음 중 증발량 산정방법이 아닌 것은?

① 에너지수지(energy budget) 방법
② 물수지(water budget) 방법
③ IDF 곡선 방법
④ Penman 방법

해설 증발량 산정법

㉠ 물수지 방법
㉡ 에너지수지 방법
㉢ 공기동역학적 방법 : Dalton 법칙
㉣ 에너지수지 및 공기동역학 이론의 혼합적용 방법
 : Penman 방법
㉤ 증발접시 측정에 의한 방법

02 물 속에 존재하는 임의의 면에 작용하는 정수압의 작용방향에 대한 설명으로 옳은 것은?

① 정수압은 수면에 대하여 수평방향으로 작용한다.
② 정수압은 수면에 대하여 수직방향으로 작용한다.
③ 정수압은 임의의 면에 직각으로 작용한다.
④ 정수압의 수직압은 존재하지 않는다.

해설 ③ 정수압은 임의의 면에 직각(수직)으로 작용한다.

03 도수 전후의 수심이 각각 1m, 3m일 때 에너지손실은?

① $\dfrac{1}{3}$ m
② $\dfrac{1}{2}$ m
③ $\dfrac{2}{3}$ m
④ $\dfrac{4}{5}$ m

해설 $\Delta H_e = \dfrac{(h_2 - h_1)^3}{4h_1 h_2} = \dfrac{(3-1)^3}{4 \times 1 \times 3} = \dfrac{2}{3}$ m

04 사각형 단면의 광정 위어에서 월류수심 h = 1m, 수로 폭 b =2m, 접근유속 V_a =2m/s일 때 위어의 월류량은? (단, 유량계수 C=0.65 이고, 에너지 보정계수=1.0이다.)

① 1.76m³/s
② 2.21m³/s
③ 2.66m³/s
④ 2.92m³/s

해설 ㉠ $h_a = \alpha \dfrac{V_a^2}{2g} = 1 \times \dfrac{2^2}{2 \times 9.8} = 0.2$m

㉡ $Q = 1.7Cb(h + h_a)^{\frac{3}{2}}$

$= 1.7 \times 0.65 \times 2 \times (1 + 0.2)^{\frac{3}{2}} = 2.91$m³/sec

05 지하수에 대한 Darcy 법칙의 유속에 대한 설명으로 옳은 것은?

① 영향권의 반지름에 비례한다.
② 동수경사에 비례한다.
③ 동수반경에 비례한다.
④ 수심에 비례한다.

해설 ② 지하수의 유속은 동수경사에 비례한다.
 $V = Ki$

06 그림과 같이 일정한 수위차가 계속 유지되는 두 수조를 서로 연결하는 관내를 흐르는 유속의 근사값은? (단, 관의 마찰손실계수= 0.03, 관의 지름 D=0.3m, 관의 길이 l = 300m이고 관의 유입 및 유출 손실수두는 무시한다.)

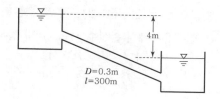

① 1.6m/s   ② 2.3m/s

③ 16m/s   ④ 23m/s

해설 $h = f \dfrac{l}{D} \dfrac{V^2}{2g}$

$$4 = 0.03 \times \dfrac{300}{0.3} \times \dfrac{V^2}{2 \times 9.8}$$

$\therefore V = 1.62 \text{m/sec}$

07 수심에 비해 수로 폭이 매우 큰 사각형 수로에 유량 Q가 흐르고 있다. 동수경사를 I, 평균 유속계수를 C라고 할 때 Chezy 공식에 의한 수심은? (단, h : 수심, B : 수로 폭)

① $h = \dfrac{3}{2}\left(\dfrac{Q}{C^2 B^2 I}\right)^{1/3}$

② $h = \left(\dfrac{Q^2}{C^2 B^2 I}\right)^{1/3}$

③ $h = \left(\dfrac{Q}{C^2 B^2 I}\right)^{2/3}$

④ $h = \left(\dfrac{Q^2}{C^2 B^2 I}\right)^{7/10}$

해설 $Q = AV = Bh \cdot C\sqrt{RI} = Bh \cdot C\sqrt{hI}$

($\because B \gg h$일 때 $R \doteqdot h$)

$h^3 = \dfrac{Q^2}{C^2 B^2 I}$

$\therefore h = \left(\dfrac{Q^2}{C^2 B^2 I}\right)^{\frac{1}{3}}$

08 베르누이 정리(Bernoulli's theorem)에 관한 표현식 중 틀린 것은? (단, z : 위치수두, $\dfrac{P}{w}$: 압력수두, $\dfrac{V^2}{2g}$: 속도수두, H_e : 수차에 의한 유효낙차, H_p : 펌프의 총양정, h : 손실수두, 유체는 점1에서 점2로 흐른다.)

① 실제유체에서 손실수두를 고려할 경우 :

$$z_1 + \dfrac{P_1}{w} + \dfrac{V_1^2}{2g} = z_2 + \dfrac{P_2}{w} + \dfrac{V_2^2}{2g} + h$$

② 두 단면 사이에 수차(turbine)를 설치할 경우 :

$$z_1 + \dfrac{P_1}{w} + \dfrac{V_1^2}{2g} = z_2 + \dfrac{P_2}{w} + \dfrac{V_2^2}{2g} + (H_e + h)$$

③ 두 단면 사이에 펌프(pump)를 설치할 경우 :

$$z_1 + \dfrac{P_1}{w} + \dfrac{V_1^2}{2g} = z_2 + \dfrac{P_2}{w} + \dfrac{V_2^2}{2g} + (H_p + h)$$

④ 베르누이 정리를 압력항으로 표현할 경우 :

$$\rho g z_1 + P_1 + \dfrac{\rho V_1^2}{2} = \rho g z_2 + P_2 + \dfrac{\rho V_2^2}{2g}$$

해설 펌프를 설치한 경우

$$Z_1 + \dfrac{P_1}{w} + \dfrac{V_1^2}{2g} + H_p = Z_2 + \dfrac{P_2}{w} + \dfrac{V_2^2}{2g} + \Sigma h$$

09 자유수면을 가지고 있는 깊은 우물에서 양수량 Q를 일정하게 퍼냈더니 최초의 수위 H가 h_o로 강하하여 정상흐름이 되었다. 이때의 양수량은? (단, 우물의 반지름$= r_o$, 영향원의 반지름$= R$, 투수계수$= K$)

① $Q = \dfrac{\pi K(H^2 - h_o^2)}{\ln \dfrac{R}{r_o}}$

② $Q = \dfrac{2\pi K(H^2 - h_o^2)}{\ln \dfrac{R}{r_o}}$

③ $Q = \dfrac{\pi K(H^2 - h_o^2)}{2\ln \dfrac{R}{r_o}}$

④ $Q = \dfrac{\pi K(H^2 - h_o^2)}{2\ln \dfrac{r_o}{R}}$

해설 ① $Q = \dfrac{\pi K(H^2 - h_o^2)}{2.3\log\left(\dfrac{R}{r_o}\right)}$

정답 07. ②   08. ③   09. ①

10 비력(special force)에 대한 설명으로 옳은 것은?

① 물의 충격에 의해 생기는 힘의 크기

② 비에너지가 최대가 되는 수심에서의 에너지

③ 한계수심으로 흐를 때 한 단면에서의 총 에너지 크기

④ 개수로의 어떤 단면에서 단위중량당 동수압과 정수압의 합계

해설 충력치(비력)

㉠ 충력치는 물의 단위중량당 정수압항과 운동량(동수압)항으로 구성되어 있다.

㉡ 비에너지가 최소가 되는 수심에서의 에너지를 말한다.

11 유역면적이 25km²이고, 1시간에 내린 강우량이 120mm일 때 하천의 최대 유출량이 360m³/s이면 이 지역에 대한 합리식의 유출계수는?

① 0.32   ② 0.43

③ 0.56   ④ 0.72

해설 $Q = 0.2778CIA$

$360 = 0.2778 \times C \times 120 \times 25$

$\therefore C = 0.43$

12 한계수심에 대한 설명으로 틀린 것은?

① 한계유속으로 흐르고 있는 수로에서의 수심

② 프루드수(Froude number)가 1인 흐름에서의 수심

③ 일정한 유량을 흐르게 할 때 비에너지를 최대로 하는 수심

④ 일정한 비에너지 아래에서 최대유량을 흐르게 할 수 있는 수심

해설 ③ 한계수심(h_c)은 일정한 유량이 흐를 때 비에너지가 최소일 때의 수심이다.

13 D.A.D 곡선을 작성하는 순서가 옳은 것은?

> 가. 누가우량곡선으로부터 지속기간별 최대우량을 결정한다.
> 나. 누가면적에 대한 평균누가우량을 산정한다.
> 다. 소구역에 대한 평균누가우량을 결정한다.
> 라. 지속기간에 대한 최대우량깊이를 누가면적별로 결정한다.

① 가－다－나－라

② 나－가－라－다

③ 다－나－가－라

④ 라－다－나－가

해설 D.A.D 곡선의 작성순서

㉠ 각 유역의 지속기간별 최대우량을 누가우량곡선으로부터 결정하고 전 유역을 등우선에 의해 소구역으로 나눈다.

㉡ 각 소구역의 평균누가우량을 구한다.

㉢ 소구역의 누가면적에 대한 평균누가우량을 구한다.

㉣ D.A.D 곡선을 그린다.

14 다음 중 유효강우량과 가장 관계가 깊은 것은?

① 직접유출량

② 기저유출량

③ 지표면유출량

④ 지표하유출량

해설 유효강우량

지표면유출과 복류수유출을 합한 직접유출에 해당하는 강우량을 유효강우량이라 한다.

15 원형 관수로 내의 층류 흐름에 관한 설명으로 옳은 것은?

① 속도분포는 포물선이며, 유량은 지름의 4제곱에 반비례한다.

② 속도분포는 대수분포 곡선이며, 유량은 압력강하량에 반비례한다.

③ 마찰응력 분포는 포물선이며, 유량은 점성계수와 관의 길이에 반비례한다.

④ 속도분포는 포물선이며, 유량은 압력강하량에 비례한다.

해설 ㉠ 유속분포는 중심축에서 V_{max} 이고, 관벽에서는 $V=0$인 포물선이다.

㉡ $Q = \dfrac{\pi w h_L}{8\mu l} r^4$

16 오리피스에서 수축계수의 정의와 그 크기로 옳은 것은? (단, a_o : 수축단면적, a : 오리피스 단면적, V_o : 수축단면의 유속, V : 이론유속)

① $C_a = \dfrac{a_o}{a}$, 1.0~1.1

② $C_a = \dfrac{V_a}{V}$, 1.0~1.1

③ $C_a = \dfrac{a_o}{a}$, 0.6~0.7

④ $C_a = \dfrac{V_o}{V}$, 0.6~0.7

해설 수축계수

$C_a = \dfrac{a}{A}$ (평균 0.64)

17 관수로 흐름에서 난류에 대한 설명으로 옳은 것은?

① 마찰손실계수는 레이놀즈수만 알면 구할 수 있다.

② 관벽 조도가 유속에 주는 영향은 층류일 때

보다 작다.

③ 관성력의 점성력에 대한 비율이 층류의 경우보다 크다.

④ 에너지 손실은 주로 난류효과보다 유체의 점성 때문에 발생된다.

해설 ③ $R_e = \dfrac{관성력}{점성력}$ 이고 난류일 때 $R_e \geq 4,000$이므로 층류인 경우보다 크다.

18 강우자료의 변화요소가 발생한 과거의 기록치를 보정하기 위하여 전반적인 자료의 일관성을 조사하려고 할 때, 사용할 수 있는 가장 적합한 방법은?

① 정상연강수량비율법

② D.A.D분석

③ Thiessen의 가중법

④ 2중 누가우량분석

해설 ④ 우량계의 위치, 노출상태, 우량계의 교체, 주위환경의 변화 등이 생기면 전반적인 자료의 일관성이 없어지기 때문에 이것을 교정하여 장기간에 걸친 강수자료의 일관성을 얻는 방법을 2중 누가우량분석이라 한다.

19 물이 담겨있는 그릇을 정지 상태에서 가속도 α로 수평으로 잡아당겼을 때 발생되는 수면이 수평면과 이루는 각이 30°이었다면 가속도 α는? (단, 중력가속도=9.8m/s²)

① 약 4.9m/s² ② 약 5.7m/s²

③ 약 8.5m/s² ④ 약 17.0m/s²

해설 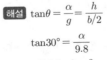 $\tan\theta = \dfrac{\alpha}{g} = \dfrac{h}{b/2}$

 $\tan30° = \dfrac{\alpha}{9.8}$

$\therefore \alpha = 5.66\text{m/sec}^2$

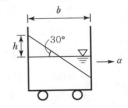

정답 **15.** ④ **16.** ③ **17.** ③ **18.** ④ **19.** ②

20 동점성계수의 차원으로 옳은 것은?

① $[FL^{-2}T]$

② $[L^2T^{-1}]$

③ $[FL^{-4}T^{-2}]$

④ $[FL^2]$

해설 동점성계수(ν)의 단위가 cm^2/sec이므로 차원은 $[L^2T^{-1}]$이다.

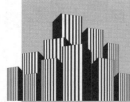
01 그림은 어떤 개수로에 일정한 유량이 흐르는 경우에 대한 비에너지(H_e) 곡선을 나타낸 것이다. 동일 단면에 다른 크기의 유량이 흐르는 경우, 3점(A, B, C)의 흐름상태를 순서대로 바르게 나타낸 것은?

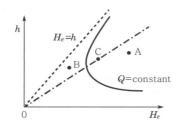

① 사류, 한계류, 상류
② 상류, 사류, 한계류
③ 사류, 상류, 한계류
④ 상류, 한계류, 사류

해설 ㉠ A : 사류, ㉡ B : 상류, ㉢ C : 한계류

02 직사각형 수로에서 폭 3.2m, 평균유속 1.5 m/s, 유량 12m³/s라 하면 수로의 수심은?

① 2.5m
② 3.0m
③ 3.5m
④ 4.0m

해설 $Q = AV$에서
$12 = (3.2 \times h) \times 1.5$
$\therefore h = 2.5m$

03 베르누이(Bernoulli) 방정식에 대한 설명으로 틀린 것은?

① 압축성 유체에 대해서 적용된다.
② 정상류 상태에서 적용된다.

③ 유체의 점성으로 인한 효과는 무시한다.
④ 압력, 속도, 위치에 대해서 수두로 표현한다.

해설 베르누이 정리의 성립 조건
㉠ 흐름은 정류이다.
㉡ 임의의 두 점은 같은 유선상에 있어야 한다.
㉢ 마찰에 의한 에너지 손실이 없는 비점성, 비압축성 유체인 이상유체의 흐름이다.

04 관수로에서 최대유속이 V_{max}이고 평균유속이 V_m이라고 하면, 최대유속 V_{max}와 평균유속 V_m의 관계에 가장 가까운 것은? (단, 층류로 흐르는 경우)

① 평균유속 V_m은 최대유속 V_{max}의 1/2이다.
② 평균유속 V_m은 최대유속 V_{max}의 1/3이다.
③ 평균유속 V_m은 최대유속 V_{max}의 1/4이다.
④ 평균유속 V_m은 최대유속 V_{max}의 1/6이다.

해설 ① 원형관 내 흐름이 포물선형 유속분포를 가질 경우에 평균유속은 관 중심축 유속의 1/2이다.
$V_{max} = 2 \cdot V_m$

05 완전유체일 때 에너지선과 기준수평면과의 관계는?

① 위치에 따라 변한다.
② 흐름에 따라 변한다.
③ 서로 평행하다.
④ 압력에 따라 변한다.

해설 ③ 완전유체일 때 에너지선과 기준수평면과는 서로 평행하다.

06 그림과 같은 수로에 유량이 11m³/s로 흐를 때 비에너지는? (단, 에너지보정계수 $\alpha = 1$)

① 1.156m
② 1.165m
③ 1.106m
④ 1.096m

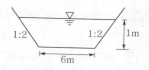

해설 ㉠ $A = \dfrac{6+10}{2} \times 1 = 8\text{m}^2$

㉡ $V = \dfrac{Q}{A} = \dfrac{11}{8} = 1.38\text{m/sec}$

㉢ $H_e = h + \alpha \dfrac{V^2}{2g} = 1 + 1 \times \dfrac{1.38^2}{2 \times 9.8} = 1.097\text{m}$

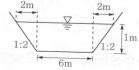

07 물에 대한 성질을 설명한 것 중 틀린 것은?

① 물의 밀도는 4℃에서 가장 크며 4℃보다 작거나 높아지면 밀도는 점점 감소한다.
② 물의 압축률(C_w)과 체적탄성계수(E_w)는 서로 역수의 관계가 있다.
③ 물의 점성계수는 수온(℃)이 높을수록 그 값이 커지고 수온이 낮을수록 작아진다.
④ 물은 특별한 경우를 제외하고는 일반적으로 비압축성 유체로 취급한다.

해설 ③ 물의 점성계수는 수온이 낮을수록 그 값이 커지고 0℃에서 최대가 된다.

08 그림과 같은 오리피스를 통과하는 유량은? (단, 오리피스 단면적 $A = 0.2$m², 손실계수 $C = 0.78$이다.)

① 0.36m³/s
② 0.46m³/s
③ 0.56m³/s
④ 0.66m³/s

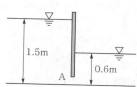

해설 $Q = Ca\sqrt{2gH}$
$= 0.78 \times 0.2 \times \sqrt{2 \times 9.8 \times (1.5 - 0.6)}$
$= 0.66\text{m}^3/\text{sec}$

09 깊은 우물(심정호)에 대한 설명으로 옳은 것은?

① 불투수층에서 50m 이상 도달한 우물
② 집수 우물 바닥이 불투수층까지 도달한 우물
③ 집수 깊이가 100m 이상인 우물
④ 집수 우물 바닥이 불투수층을 통과하여 새로운 대수층에 도달한 우물

해설 ② 불투수층 위의 비피압대수층 내의 자유지하수를 양수하는 우물 중 집수정 바닥이 불투수층까지 도달한 우물을 깊은 우물(심정호)이라 하고 불투수층까지 도달하지 않은 우물을 얕은 우물(천정호)이라 한다.

10 폭이 4m, 수심 2m인 직사각형 수로에 등류가 흐르고 있을 때 조도계수 $n = 0.02$라면 Chezy의 평균유속계수 C는?

① 0.05
② 0.5
③ 5
④ 50

해설 ㉠ $R = \dfrac{A}{P} = \dfrac{4 \times 2}{2 + 4 + 2} = 1\text{m}$

㉡ $C = \dfrac{1}{n} R^{\frac{1}{6}} = \dfrac{1}{0.02} \times 1^{\frac{1}{6}} = 50$

11 지하수에서 Darcy의 법칙에 대한 설명으로 옳지 않은 것은?

① 투수계수는 물의 점성계수와 토사의 공극률 등에 따라 변하는 계수이다.
② 지하수의 평균유속은 동수경사에 반비례한다.
③ Darcy 법칙에서 투수계수의 차원은 속

도의 차원과 같다.
④ Darcy 법칙은 층류로 취급했으며 실험에 의하면 대략적으로 레이놀즈수(R_e) < 4 에서 주로 성립한다.

해설 ② 지하수의 유속은 동수경사에 비례한다.
$$V = Ki$$

12 힘의 차원을 MLT계로 표시한 것으로 옳은 것은?

① $[MLT^{-2}]$
② $[MLT^{-1}]$
③ $[ML^{-2}T^2]$
④ $[ML^{-1}T^{-2}]$

해설 $F = ma = MLT^{-2}$

13 A저수지에서 1km 떨어진 B저수지에 유량 8m³/s를 송수한다. 저수지의 수면차를 10m로 하기 위한 관의 직경은? (단, 마찰손실만을 고려하고 마찰손실계수는 $f = 0.03$이다.)

① 2.15m
② 1.92m
③ 1.74m
④ 1.52m

해설 ㉠ $V = \dfrac{Q}{A} = \dfrac{8}{\dfrac{\pi D^2}{4}} = \dfrac{10.19}{D^2}$

㉡ $h = f\dfrac{l}{D}\dfrac{V^2}{2g}$

$10 = 0.03 \times \dfrac{1,000}{D} \times \dfrac{\left(\dfrac{10.19}{D^2}\right)^2}{2 \times 9.8} = \dfrac{158.93}{D^5}$

∴ $D = 1.74m$

14 개수로의 흐름을 상류(常流)와 사류(射流)로 구분할 때 기준으로 사용할 수 없는 것은?

① 프루드수(Froude number)
② 한계유속(critical velocity)

③ 한계수심(critical depth)
④ 레이놀즈수(Reynolds number)

해설 ④ 레이놀즈수는 층류와 난류를 구분할 때 사용된다.

15 내경 15cm의 관에 10℃의 물이 유속 3.2m/s로 흐르고 있을 때 흐름의 상태는? (단, 10℃ 물의 동점성계수(ν) = 0.0131cm²/s이다.)

① 층류
② 한계류
③ 난류
④ 부정류

해설 $R_e = \dfrac{VD}{\nu} = \dfrac{320 \times 15}{0.0131} = 366,412.2 \geq 4,000$

∴ 난류

16 물이 흐르는 동일한 직경의 관로에서 두 단면의 위치수두가 각각 50cm 및 20cm, 압력이 각각 1.2kg/cm² 및 0.9kg/cm²일 때 두 단면 사이의 손실수두는? (단, 무게 1kg = 9.8N, 기타 조건은 동일하다.)

① 5.5m
② 3.3m
③ 2.0m
④ 1.2m

해설 $Z_1 + \dfrac{P_1}{w} + \dfrac{V_1^2}{2g} = Z_2 + \dfrac{P_2}{w} + \dfrac{V_2^2}{2g} + \Sigma h$

$0.5 + \dfrac{12}{1} + 0 = 0.2 + \dfrac{9}{1} + 0 + \Sigma h$

∴ $\Sigma h = 3.3m$

17 유량 Q, 유속 V, 단면적 A, 도심거리 h_G라 할 때 충력치(M)의 값은? (단, 충력치는 비력이라고도 하며, η : 운동량 보정계수, g : 중력가속도, W : 물의 중량, w : 물의 단위중량)

① $\eta\dfrac{Q}{g} + Wh_G A$
② $\eta\dfrac{Q}{g}V + h_G A$
③ $\eta\dfrac{gV}{Q} + h_G A$
④ $\eta\dfrac{Q}{g}V + \dfrac{1}{2}w^2$

해설 $M = \eta\dfrac{Q}{g}V + h_G A$

18 그림과 같이 물이 수문의 최상단까지 차있을 때, 높이 6m, 폭 1m의 수문에 작용하는 전수압의 작용점(h_c)은?

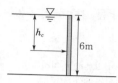

① 3m
② 3.5m
③ 4m
④ 4.3m

해설 $h_c = \dfrac{2}{3}h = \dfrac{2}{3}\times 6 = 4\text{m}$

19 두 개의 평행한 평판 사이에 점성유체가 흐를 때 전단응력에 대한 설명으로 옳은 것은?

① 전 단면에 걸쳐 일정하다.
② 포물선분포의 형상을 갖는다.
③ 벽면에서는 0이고, 중심까지 직선적으로 변화한다.
④ 중심에서는 0이고, 중심으로부터의 거리에 비례하여 증가한다.

해설 ④ $\tau = \mu \cdot \dfrac{dv}{dy}$ 이므로 중심에서는 0이고 중심으로부터의 거리에 비례하여 증가하는 직선형 유속분포가 된다.

20 물이 들어 있고 뚜껑이 없는 수조가 9.8m/s²으로 수직상향 가속되고 있을 때 수심 2m에서의 압력은? (단, 무게 1kg＝9.8N)

① 78.4kPa
② 39.2kPa
③ 19.6kPa
④ 0kPa

해설 $P = wh\left(1+\dfrac{\alpha}{g}\right)$

$= 1\times 2\times\left(1+\dfrac{9.8}{9.8}\right)$

$= 4\text{t/m}^2 = 4\times 9.8\text{kN/m}^2 = 39.2\text{kPa}$

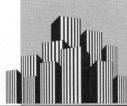

01 다음 설명 중 옳지 않은 것은?

① 토리첼리 정리는 위치수두를 속도수두로 바꾸는 경우이다.

② 직사각형 위어에서 유량은 월류수심(H)의 $H^{2/3}$에 비례한다.

③ 베르누이 방정식이란 일종의 에너지 보존법칙이다.

④ 연속방정식이란 일종의 질량 보존의 법칙이다.

해설 $Q = \dfrac{2}{3} Cb\sqrt{2g} h^{\frac{3}{2}}$ 이므로

$$\therefore \ Q \propto h^{\frac{3}{2}}$$

02 수중에 설치된 오리피스의 수두차가 최대 4.9m이고 오리피스의 유량계수가 0.5일 때 오리피스 유량의 근사값은? (단, 오리피스의 단면적은 0.01m²이고, 접근유속은 무시한다.)

① 0.025m³/s ② 0.049m³/s
③ 0.098m³/s ④ 0.196m³/s

해설 $Q = Ca\sqrt{2gh}$

$= 0.5 \times 0.01 \times \sqrt{2 \times 9.8 \times 4.9}$

$= 0.049 \text{m}^3/\text{sec}$

03 피압 지하수를 설명한 것으로 옳은 것은?

① 하상 밑의 지하수

② 어떤 수원에서 다른 지역으로 보내지는 지하수

③ 지하수와 공기가 접해 있는 지하수면을 가지는 지하수

④ 두 개의 불투수층 사이에 끼어 있어 대기압보다 큰 압력을 받고 있는 대수층의 지하수

해설 ㉠ 대기압이 작용하는 지하수면을 가지는 지하수를 자유지하수라고 한다.

㉡ 불투수층 사이에 낀 투수층 내에 포함되어 있는 지하수면을 갖지 않는 지하수를 **피압지하수**라 한다.

04 양수기의 동력[kW]을 구하는 공식으로 옳은 것은? (단, Q : 우량[m³/sec], η : 양수기의 효율, H : 총 양정[m])

① $E = 9.8HQ\eta$

② $E = 13.33QH\eta$

③ $E = 9.8\dfrac{QH}{\eta}$

④ $E = 13.33\dfrac{QH}{\eta}$

해설 펌프(양수기)

$$E = 9.8\frac{Q(H + \Sigma h_L)}{\eta} [\text{kW}]$$

05 속도변화를 Δv, 질량을 m이라 할 때, Δt 시간동안 이 물체에 작용하는 외력 F에 대한 운동량 방정식은?

① $\dfrac{m \cdot \Delta t}{\Delta v}$

② $m \cdot \Delta v \cdot \Delta t$

③ $\dfrac{m \cdot \Delta v}{\Delta t}$

④ $m \cdot \Delta t$

해설 운동량과 역적

$$F = ma = m \cdot \frac{\Delta v}{\Delta t}$$

06 개수로에서 도수 발생 시 사류 수심을 h_1, 사류의 Froude수를 F_{r1}이라 할 때, 상류 수심 h_2를 나타낸 식은?

① $h_2 = -\dfrac{h_1}{2}(1 - \sqrt{1 + 8{F_{r1}}^2})$

② $h_2 = -\dfrac{h_1}{2}(1 + \sqrt{1 + 8{F_{r1}}^2})$

③ $h_2 = -\dfrac{h_1}{2}(1 + \sqrt{1 - 8{F_{r1}}^2})$

④ $h_2 = \dfrac{h_1}{2}(1 + \sqrt{1 + 8{F_{r1}}^2})$

[해설] $h_2 = \dfrac{h_1}{2}(-1 + \sqrt{1 + 8{F_{r1}}^2})$

$\therefore\ h_2 = -\dfrac{h_1}{2}(1 - \sqrt{1 + 8{F_{r1}}^2})$

07 직각삼각형 예연 위어의 월류수심이 30cm일 때 이 위어를 통과하여 1시간 동안 방출된 수량은? (단, 유량계수(C)=0.6)

① 0.069m³/hr ② 0.091m³/hr

③ 251.3m³/hr ④ 318.8m³/hr

[해설] $Q = \dfrac{8}{15} C \tan\dfrac{\theta}{2} \sqrt{2g}\, h^{\frac{5}{2}}$

$= \dfrac{8}{15} \times 0.6 \times \tan\dfrac{90°}{2} \times \sqrt{2 \times 9.8} \times 0.3^{\frac{5}{2}} \times 3{,}600$

$= 252 \text{m}^3/\text{hr}$

08 강우강도에 대한 설명으로 틀린 것은?

① 강우깊이(mm)가 일정할 때 강우지속시간이 길면 강우강도는 커진다.

② 강우강도와 지속시간의 관계는 Talbot, Sherman, Japanese형 등의 경험공식에 의해 표현된다.

③ 강우강도식은 지역에 따라 다르며, 자기우량계의 우량자료로부터 그 지역의 특성 상수를 결정한다.

④ 강우강도식은 댐, 우수관거 등의 수공구조물의 중요도에 따라 그 설계 재현기간이 다르다.

[해설] ① 강우지속시간이 길면 강우강도는 작아진다.

09 관수로 내의 손실수두에 대한 설명 중 틀린 것은?

① 관수로 내의 모든 손실수두는 속도수두에 비례한다.

② 마찰소실 이외의 손실수두를 소손실(minor loss)이라 한다.

③ 물이 관수로 내에서 큰 수조로 유입할 때 출구의 손실수두는 속도수두와 같다고 가정할 수 있다.

④ 마찰손실수두는 모든 손실수두 가운데 가장 크며 이것은 마찰손실계수를 속도수두에 곱한 것이다.

[해설] ㉠ 관수로의 최대손실은 마찰손실이다.
㉡ 마찰에 의한 손실수두

$h_L = f \dfrac{l}{D} \dfrac{V^2}{2g}$

10 다음 중 대기압이 762mmHg로 나타날 때 수은주 305mm의 진공에 해당하는 절대압력의 근사값은? (단, 수은의 비중은 13.60이다.)

① 41N/m²

② 61N/m²

③ 40,650N/m²

④ 60,909N/m²

[해설] $P = P_a - wh$

$= 76.2 \times 13.6 - 13.6 \times 30.5$

$= 621.52 \text{g/cm}^2 = 6{,}215.2 \text{kg/m}^2$

$\therefore\ P = 6{,}215.2 \times 9.8 = 60{,}908.96 \text{N/m}^2$

11 Darcy의 법칙($V = KI$)에 관한 설명으로 틀린 것은? (단, K는 투수계수, I는 동수경사)

① Darcy의 법칙은 물의 흐름이 층류일 경우에만 적용 가능하고, 흐름 방향과는 무관하다.
② 대수층의 유속은 동수경사에 비례한다.
③ 유속 V는 입자 사이를 흐르는 실제유속을 의미한다.
④ 투수계수 K는 흙입자 크기, 공극률, 물의 점성계수 등에 관계된다.

해설 ③ 다르시법칙의 유속 V는 평균유속이다.

12 내경 10cm의 관수로에 있어서 관벽의 마찰에 의한 손실수두가 속도수두와 같을 때 관의 길이는? (단, 마찰손실계수(f)는 0.03이다.)

① 2.21m
② 3.33m
③ 4.99m
④ 5.46m

해설 $f \dfrac{l}{D} \dfrac{V^2}{2g} = \dfrac{V^2}{2g}$ 이므로

$f \dfrac{l}{D} = 1$

$\therefore\ l = \dfrac{D}{f} = \dfrac{0.1}{0.03} = 3.33\text{m}$

13 지하수의 연직분포를 크게 나누면 통기대와 포화대로 나눌 수 있다. 다음 중 통기대에 속하지 않는 것은?

① 토양수대
② 중간수대
③ 모관수대
④ 지하수대

해설 지하수의 연직분포
㉠ 통기대 : 토양수대, 중간수대, 모관수대
㉡ 포화대

14 강우로 인한 유수가 그 유역 내의 가장 먼 지점으로부터 유역출구까지 도달하는데 소요되는 시간을 의미하는 것은?

① 강우지속시간
② 지체시간
③ 도달시간
④ 기저시간

해설 도달시간

하천본류를 따라 유역의 가장 먼 곳에서부터 출구까지 물이 유하하는데 소요되는 시간을 도달시간(lag time)이라 하며, 홍수량에 큰 영향을 준다.

15 다음 중 무차원이 아닌 것은?

① 프루드수
② 투수계수
③ 운동량 보정계수
④ 비중

해설 ② 투수계수(K)의 단위가 cm/sec이므로 차원은 $[LT^{-1}]$이다. 즉 속도의 차원을 갖는다.

16 그림과 같이 지름 3m, 길이 8m인 수문에 작용하는 전수압 수평분력 작용점까지의 수심은?

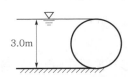

① 2.00m
② 2.12m
③ 2.34m
④ 2.43m

해설 $h_c = h_G + \dfrac{I_X}{h_G A} = \dfrac{2}{3} h = \dfrac{2}{3} \times 3 = 2\text{m}$

17 하천의 모형실험에 주로 사용되는 상사법칙은?

① Froude의 상사법칙
② Reynolds의 상사법칙
③ Weber의 상사법칙
④ Cauchy의 상사법칙

해설 Froude의 상사법칙
중력이 흐름을 주로 지배하고 다른 힘들은 영향이 작아서 생략할 수 있는 경우의 상사법칙으로 수심이 비교적 큰 자유표면을 가진 개수로 내 흐름, 댐의 여수토 흐름 등이 해당된다.

18 D.A.D해석에 관계되는 요소로 짝지어진 것은?

① 수심, 하천 단면적, 홍수기간
② 강우깊이, 면적, 지속시간
③ 적설량, 분포면적, 적설일수
④ 강우량, 유수단면적, 최대수심

해설 ② 최대 평균우량깊이 – 유역면적 – 지속기간 관계를 수립하는 작업을 D.A.D해석이라 한다.

19 단위유량도(Unit hydrograph)에 대한 설명으로 틀린 것은?

① 동일한 유역에 강도가 다른 강우에 대해서도 지속기간이 같으면 기저시간도 같다.
② 일정기간 동안에 n배 큰 강도의 강우 발생 시 수문곡선 종거는 n배 커진다.
③ 지속기간이 비교적 긴 강우사상을 택하여 해석하여야 정확한 결과가 얻어진다.
④ n개의 강우로 인한 총 유출수문 곡선은 이들 n개의 수문곡선 종거를 시간에 따라 합함으로써 얻어진다.

해설 ③ 단위도는 지속기간이 비교적 짧은 호우사상을 택하여 해석하여야 하며, 배수면적이 가능한 한 작은 유역에 대하여 적용하는 것이 정확한 결과가 얻어진다.

20 배수(back water)에 대한 설명 중 옳은 것은?

① 개수로의 어느 곳에 댐 등으로 인하여 흐름차단이 발생함으로써 수위가 상승되는 영향이 상류 쪽으로 미치는 현상을 말한다.
② 수자원 개발을 위하여 저수지에 물을 가두어 두었다가 용수 부족 시에 사용하는 물을 말한다.
③ 홍수 시에 제내지에 만든 유수지의 수면이 상승되는 현상을 말한다.
④ 관수로 내의 물을 급격히 차단할 경우 관내의 상승압력으로 인하여 습파가 생겨서 상류 쪽으로 습파가 전달되는 현상을 말한다.

해설 ① 개수로에 댐, weir, 수문 등의 수리구조물을 만들면 수위가 상류쪽으로 상승하게 된다. 이러한 현상을 배수현상이라 한다.

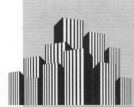
01 지름이 40cm인 주철관에 동수경사 1/100로 물이 흐를 때 유량은? (단, 조도계수 $n = 0.013$이다.)

① $0.208 \text{m}^3/\text{s}$
② $0.253 \text{m}^3/\text{s}$
③ $0.184 \text{m}^3/\text{s}$
④ $1.654 \text{m}^3/\text{s}$

해설 ㉠ $R = \dfrac{A}{P} = \dfrac{D}{4} = \dfrac{0.4}{4} = 0.1\text{m}$

㉡ $V = \dfrac{1}{n} R^{\frac{2}{3}} I^{\frac{1}{2}}$

$= \dfrac{1}{0.013} \times 0.1^{\frac{2}{3}} \times \left(\dfrac{1}{100}\right)^{\frac{1}{2}} = 1.66\text{m/sec}$

㉢ $Q = AV = \dfrac{\pi \times 0.4^2}{4} \times 1.66 = 0.209\text{m}^3/\text{sec}$

02 체적이 10m³인 물체가 물 속에 잠겨있다. 물 속에서의 물체의 무게가 13t이었다면 물체의 비중은?

① 2.6
② 2.3
③ 1.6
④ 1.3

해설 공기 중 무게(W) = 부력(B)+수중무게(C)

$w \times 10 = 1 \times 10 + 13$

$\therefore w = 2.3\text{t/m}^3$

03 Darcy의 법칙에 대한 설명으로 틀린 것은?

① 정상류 흐름에서 적용될 수 있다.
② 층류 흐름에서만 적용 가능하다.
③ Reynolds수가 클수록 안심하고 적용할 수 있다.
④ 평균유속이 손실수두와 비례관계를 가지고 있는 흐름에 적용될 수 있다.

해설 ③ Darcy의 법칙은 $R_e < 4$일 때 성립한다.

04 수심이 3m, 유속이 2m/s인 개수로의 비에너지 값은?(단, 에너지 보정계수는 1.1이다.)

① 1.22m
② 2.22m
③ 3.22m
④ 4.22m

해설 $H_e = h + \alpha \dfrac{V^2}{2g} = 3 + 1.1 \times \dfrac{2^2}{2 \times 9.8} = 3.22\text{m}$

05 직사각형 위어(weir)로 유량을 측정할 때 수두 H를 측정함에 있어 1%의 오차가 생길 경우, 유량에 생기는 오차는?

① 0.5%
② 1.0%
③ 1.5%
④ 2.5%

해설 $\dfrac{dQ}{Q} = \dfrac{3}{2} \dfrac{dh}{h} = \dfrac{3}{2} \times 1\% = 1.5\%$

06 다음 중 물의 압축성과 관계없는 것은?

① 온도
② 압력
③ 정류
④ 공기 함유량

해설 ③ 물의 압축성은 물의 흐름과 무관하다.

07 Manning의 평균 유속공식 중 마찰손실계수 f로 옳은 것은? (단, g : 중력가속도, C : Chezy의 평균유속계수, f : Manning의 조도계수, D : 관의 지름)

① $f = \dfrac{8g}{C}$
② $f = \dfrac{124.5n^2}{D^{1/3}}$
③ $f = \dfrac{124.5n}{D^3}$
④ $f = \sqrt{\dfrac{C}{8g}}$

해설 ㉠ $f = 124.5n^2 D^{-\frac{1}{3}}$

㉡ $f = \dfrac{8g}{C^2}$

정답 01. ① 02. ② 03. ③ 04. ③ 05. ③ 06. ③ 07. ②

08 층류에서 속도분포는 포물선을 그리게 된다. 이때 전단응력의 분포 형태는?

① 포물선　　　② 쌍곡선
③ 직선　　　　④ 반원

해설 ③ $\tau = \dfrac{wh_L}{2l} \cdot r$ 이므로 중심축에서는 $\tau = 0$이며, 관벽에서는 τ_{max} 인 직선이다.

09 물체의 중심을 G, 부심을 C, 경심을 M이라 할 때 불안정한 상태를 표시한 것은?

① $\overline{CM} = \overline{CG}$ 일 때
② M이 G보다 위에 있을 때
③ M과 G가 연직축 상에 있을 때
④ M이 G보다 아래에 있고 C보다 위에 있을 때

해설 ㉠ M이 G보다 위에 있으면 안정하다.
㉡ M이 G보다 아래에 있으면 불안정하다.
㉢ M = G이면 중립상태이다.

10 10℃의 물방울 지름이 3mm일 때 내부와 외부의 압력차는? (단, 10℃에서의 표면장력은 0.076g/cm이다.)

① 1.01g/cm²　　　② 2.02g/cm²
③ 3.03g/cm²　　　④ 4.04g/cm²

해설 $PD = 4T$
$P \times 0.3 = 4 \times 0.076$
∴ $P = 1.0133 \text{g/cm}^2$

11 도수(Hydraulic jump)현상에 관한 설명으로 옳지 않은 것은?

① 운동량 방정식으로부터 유도할 수 있다.
② 상류에서 사류로 급변할 경우 발생한다.
③ 도수로 인한 에너지 손실이 발생한다.
④ 파상도수와 완전도수는 Froude수로 구분한다.

해설 ㉠ 운동량 방정식으로부터 상하류 수심의 관계식을 얻을 수 있다.
$$h_2 = \frac{h_1}{2}\left(-1 + \sqrt{1 + 8F_{r1}^{2}}\right)$$
㉡ 사류에서 상류로 변할 때 수면이 불연속적으로 뛰는 현상을 도수라 한다.

12 지하수의 유속공식 $V = Ki$에서 K의 크기와 관계가 없는 것은?

① 물의 점성계수　　② 흙의 입경
③ 흙의 공극률　　　④ 지하수위

해설 $K = D_s^{2} \dfrac{\gamma_w}{\mu} \dfrac{e^3}{1+e}$

13 오리피스에 있어서 에너지 손실은 어떻게 보정할 수 있는가?

① 이론 유속에 유속계수를 곱한다.
② 실제 유속에 유속계수를 곱한다.
③ 이론 유속에 유량계수를 곱한다.
④ 실제 유속에 유량계수를 곱한다.

해설 ① 실제유속은 이를 유속에 유속계수를 곱한다.
$V = C_V \sqrt{2gh}$

14 정상적인 흐름 내의 1개의 유선 상의 유체입자에 대하여 그 속도수두 $\dfrac{V^2}{2g}$, 압력수두 $\dfrac{P}{w_o}$, 위치수두 Z에 대하여 동수경사로 옳은 것은?

① $\dfrac{V^2}{2g} + \dfrac{P}{w_o}$　　　② $\dfrac{V^2}{2g} + Z + \dfrac{P}{w_o}$
③ $\dfrac{V^2}{2g} + Z$　　　④ $\dfrac{P}{w_o} + Z$

해설 ④ 동수경사선은 $\left(Z + \dfrac{P}{w}\right)$의 점들을 연결한 선이다.

15 면적이 A인 평판이 수면으로부터 h가 되는 깊이에 수평으로 놓여있을 경우 이 평판에 작용하는 전수압 P는? (단, 물의 단위중량은 w이다.)

① $P = whA$

② $P = wh^2A$

③ $P = w^2hA$

④ $P = whA^2$

해설 전정수압의 크기

$$P = wh_G A = whA$$

16 단위시간에 있어서 속도변화가 V_1에서 V_2로 되며 이때 질량 m인 유체의 밀도를 ρ라 할 때 운동량 방정식은? (단, $Q =$ 유량, $\omega =$ 유체의 단위중량, $g =$ 중력가속도)

① $F = \dfrac{\omega Q}{\rho}(V_2 - V_1)$

② $F = \omega Q(V_2 - V_1)$

③ $F = \dfrac{Qg}{\omega}(V_2 - V_1)$

④ $F = \dfrac{\omega}{g}Q(V_2 - V_1)$

해설 $F = \dfrac{wQ}{g}(V_2 - V_1)$

17 내경 2cm의 관내를 수온 20℃의 물이 25 cm/s의 유속을 갖고 흐를 때 이 흐름의 상태는? (단, 20℃일 때의 물의 동점성계수 $\nu = 0.01$cm²/s)

① 층류   ② 난류

③ 상류   ④ 불완전 층류

해설 $R_e = \dfrac{VD}{\nu} = \dfrac{25 \times 2}{0.01} = 5,000 \geq 4,000$이므로

∴ 난류

18 그림과 같은 두 개의 수조($A_1 = 2$m², $A_2 = 4$m²)를 한 변의 길이가 10cm인 정사각형 단면(a_1)의 orifice로 연결하여 물을 유출시킬 때 두 수조의 수면이 같아지려면 얼마의 시간이 걸리는가? (단, $h_1 = 5$m, $h_2 = 3$m, 유량계수 $C = 0.62$이다.)

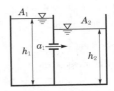

① 130초   ② 137초

③ 150초   ④ 157초

해설 $t = \dfrac{2A_1 A_2}{Ca\sqrt{2g}(A_1 + A_2)}(h_1^{\frac{1}{2}} - h_2^{\frac{1}{2}})$

$$= \dfrac{2 \times 2 \times 4}{0.62 \times (0.1 \times 0.1) \times \sqrt{2 \times 9.8} \times (2+4)} \times \left(2^{\frac{1}{2}} - 0\right)$$

$$= 137.4초$$

19 상류(常流)로 흐르는 수로에 댐을 만들었을 경우 그 상류(上流)에 생기는 수면곡선은?

① 배수곡선

② 저하곡선

③ 수리특성곡선

④ 홍수추적곡선

해설 ① 상류 수로에 댐, weir, 수문 등의 수리구조물을 만들면 수위가 상류쪽으로 상승하게 된다. 이러한 현상을 배수라 하며 이것에 의해 생기는 수면곡선을 배수곡선이라 한다.

20 폭 1m인 판을 접어서 직사각형 개수로를 만들었을 때 수리상 유리한 단면의 단면적은?

① 0.111m^2 ② 0.120m^2

③ 0.125m^2 ④ 0.135m^2

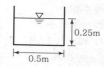 직사각형 단면수로의 수리상 유리한 단면은
$b+2h=1\text{m}$ 이므로 $b=0.5\text{m}$, $h=0.25\text{m}$ 인 경우이다.
∴ $A=bh=0.5\times0.25=0.125\text{m}^2$

```
        ▽
     ┌─────────┐  │
     │         │  │ 0.25m
     │         │  │
     └─────────┘  ┴
     ├── 0.5m ──┤
```

01 Darcy – Weisbach의 마찰손실수두공식 $h = f\dfrac{L}{D}\dfrac{V^2}{2g}$에 있어서 f는 마찰손실계수이다. 원형관의 관벽이 완전 조면인 거친관이고, 흐름이 난류라고 하면 f는?

① 프루드수만의 함수로 표현할 수 있다.
② 상대조도만의 함수로 표현할 수 있다.
③ 레이놀즈수만의 함수로 표현할 수 있다.
④ 레이놀즈수와 조도의 함수로 표현할 수 있다.

해설 ② 완전난류의 완전히 거친 영역에서 f는 R_e에 관계가 없고, 상대조도$\left(\dfrac{e}{D}\right)$만의 함수이다.

02 절대압력 P_{ab}, 계기압력(또는 상대압력) P_0 그리고 대기압 P_{at}라고 할 때 이들의 관계식으로 옳은 것은?

① $P_{ab} - P_o = P_{at}$
② $P_{ab} + P_o = P_{at}$
③ $P_o - P_{at} = P_{ab}$
④ $P_o + P_{at} = P_{ab} - 1$

해설 절대압력＝대기압＋계기압력

$P_{ab} = P_{at} + P_o$

03 어떤 유역에 70mm의 강우량이 그림과 같은 분포로 내렸을 때 유역의 직접유출량이 30mm이었다면 이때의 ϕ–index는?

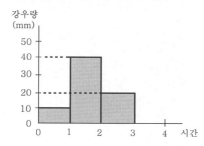

① 10mm/h
② 12.5mm/h
③ 15mm/h
④ 20mm/h

해설 ㉠ 총 강우량＝유출량＋침투량에서
70＝30＋침투량
∴ 침투량＝40mm
㉡ 침투량 40mm를 구분하는 수평선에 대응하는 강우강도가 15mm/h이므로
∴ ϕ–index＝15mm/h

04 부등류에 대한 표현으로 가장 적합한 것은? (단, t : 시간, l : 거리, v : 유속)

① $\dfrac{dv}{dl} = 0$
② $\dfrac{dv}{dl} \neq 0$
③ $\dfrac{dv}{dt} = 0$
④ $\dfrac{dv}{dt} \neq 0$

해설 ㉠ 정류 : $\dfrac{dv}{dt} = 0$, $\dfrac{dQ}{dt} = 0$
㉡ 부정류 : $\dfrac{dv}{dt} \neq 0$, $\dfrac{dQ}{dt} \neq 0$
㉢ 등류 : $\dfrac{dv}{dt} = 0$, $\dfrac{dv}{\partial l} = 0$
㉣ 부등류 : $\dfrac{dv}{dt} = 0$, $\dfrac{dv}{dl} \neq 0$

05 자연하천에서 수위–유량관계곡선이 loop형을 이루게 되는 이유가 아닌 것은?

① 배수 및 저수효과
② 하도의 인공적 변화
③ 홍수 시 수위의 급변화
④ 조류 발생

해설 loop형 수위–유량 곡선이 되는 이유
㉠ 준설, 세굴, 퇴적 등에 의한 하도의 인공적, 자연적 변화
㉡ 배수 및 저하 효과
㉢ 홍수시 수위의 급상승 및 급강하

06 그림과 같은 부등류 흐름에서 y는 실제수심, y_c는 한계수심, y_n은 등류수심을 표시한다. 그림의 수로경사에 관한 설명과 수면형 명칭으로 옳은 것은?

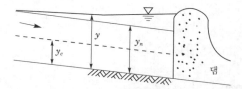

① 완경사 수로에서의 배수곡선이며 M_1곡선
② 급경사 수로에서의 배수곡선이며 S_1곡선
③ 완경사 수로에서의 배수곡선이며 M_1곡선
④ 급경사 수로에서의 저하곡선이며 S_2곡선

해설 ① $y > y_n > y_c$이므로 상류(완경사 수로)에서의 M_1 곡선이다.

07 직사각형 단면 개수로에서 수심이 1m, 평균 유속이 4.5m/s, 에너지보정계수 $\alpha = 1.0$일 때 비에너지(H_e)는?

① 1.03m　　　② 2.03m
③ 3.03m　　　④ 4.03m

해설 $H_e = h + \alpha\dfrac{V^2}{2g}$

$\quad = 1 + 1 \times \dfrac{4.5^2}{2 \times 9.8} = 2.03\text{m}$

08 수표면적이 10km²인 저수지에 24시간 동안 측정된 증발량이 2mm이며, 이 기간 동안 저수지 수위의 변화가 없었다면 저수지로 유입된 유량은? (단, 저수지의 수표면적은 수심에 따라 변화하지 않음)

① 0.23m³/s　　　② 2.32m³/s
③ 0.46m³/s　　　④ 4.63m³/s

해설 유입된 유량=증발량
유입된 유량= $(10 \times 10^6) \times 0.002 \div (24 \times 3,600)$
$\quad = 0.23\text{m}^3/\text{s}$

09 그림과 같이 일정한 수위가 유지되는 충분히 넓은 두 수조의 수중 오리피스에서 오리피스의 직경 $d = 20$cm일 때, 유출량 Q는? (단, 유량계수 $C = 1$이다.)

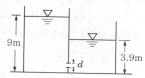

① 0.314m³/s
② 0.628m³/s
③ 3.14m³/s
④ 6.28m³/s

해설 $Q = Ca\sqrt{2gH}$

$\quad = 1 \times \dfrac{\pi \times 0.2^2}{4} \times \sqrt{2 \times 9.8 \times (9 - 3.9)}$

$\quad = 0.314\text{m}^3/\text{s}$

10 수위차가 3m인 2개의 저수지를 지름 50cm, 길이 80m의 직선관으로 연결하였을 때 유량은? (단, 입구손실계수=0.5, 관의 마찰손실계수=0.0265, 출구손실계수=1.0, 이외의 손실은 없다고 한다.)

① 0.124m³/s
② 0.314m³/s
③ 0.628m³/s
④ 1.280m³/s

해설 ㉠ 유속 산정

$\quad H = \left(f_e + f\dfrac{l}{D} + f_o\right)\dfrac{V^2}{2g}$

$\quad 3 = \left(0.5 + 0.0265 \times \dfrac{80}{0.5} + 1\right) \times \dfrac{V^2}{2 \times 9.8}$

$\quad \therefore\ V = 3.2\text{m/s}$

㉡ 유량

$\quad Q = AV = \dfrac{\pi \times 0.5^2}{4} \times 3.2 = 0.628\text{m}^3/\text{s}$

11 단위유량도(unit hydrograph)에서 강우자료를 유효우량으로 쓰게 되는 이유는?

① 기저유출이 포함되어 있기 때문에
② 손실우량을 산정할 수 없기 때문에
③ 직접유출의 근원이 되는 우량이기 때문에
④ 대상유역 내 균일하게 분포하는 것으로 볼 수 있기 때문에

해설 ③ 단위도란 단위유효우량으로 인하여 발생하는 직접유출수문곡선이다. 그리고 유효우량을 사용하는 이유는 유효우량이 직접유출에 해당하는 강수량이기 때문이다.

12 원형 관수로 흐름에서 Manning식의 조도계수와 마찰계수와의 관계식은? (단, f는 마찰계수, n은 조도계수, d는 관의 직경, 중력가속도는 9.8m/s이다.)

① $f = \dfrac{98.8n^2}{d^{1/3}}$ ② $f = \dfrac{124.5n^2}{d^{1/3}}$

③ $f = \sqrt{\dfrac{98.8n^2}{d^{1/3}}}$ ④ $f = \sqrt{\dfrac{124.5n^2}{d^{1/3}}}$

해설 $f = 12.7gn^2D^{-\frac{1}{3}} = 124.5n^2D^{-\frac{1}{3}}$

13 이중누가해석(double mass analysis)에 관한 설명으로 옳은 것은?

① 유역의 평균강우량 결정에 사용된다.
② 자료의 일관성을 조사하는 데 사용된다.
③ 구역별 적합한 강우강도식의 산정에 사용된다.
④ 일부 결측된 강우기록을 보충하기 위하여 사용된다.

해설 ② 우량계의 위치, 노출상태, 우량계의 교체, 주위환경의 변화 등이 생기면 전반적인 자료의 일관성이 없어지기 때문에 이것을 교정하여 장기간에 걸친 강수자료의 일관성을 얻는 방법을 2중 누가우량분석이라 한다.

14 직각삼각형 위어에 있어서 월류수심이 0.25m일 때 일반식에 의한 유량은? (단, 유량계수(C)는 0.60이고, 접근속도는 무시한다.)

① 0.0143m³/s
② 0.0243m³/s
③ 0.0343m³/s
④ 0.0443m³/s

해설 $Q = \dfrac{8}{15}C\tan\dfrac{\theta}{2}\sqrt{2g}\,h^{\frac{5}{2}}$

$= \dfrac{8}{15} \times 0.6 \times \tan\dfrac{90°}{2} \times \sqrt{2 \times 9.8} \times 0.25^{\frac{5}{2}}$

$= 0.0443\text{m}^3/\text{s}$

15 개수로 흐름에 대한 설명으로 틀린 것은?

① 한계류 상태에서는 수심의 크기가 속도수두의 2배가 된다.
② 유량이 일정할 때 상류에서는 수심이 작아질수록 유속은 커진다.
③ 비에너지는 수평기준면을 기준으로 한 단위무게의 유수가 가진 에너지를 말한다.
④ 흐름이 사류에서 상류로 바뀔 때에는 도수와 함께 큰 에너지 손실을 동반한다.

해설 ③ 비에너지는 수로바닥을 기준으로 한 단위중량(무게)의 물이 가지고 있는 흐름의 에너지이다.

16 비중이 0.9인 목재가 물에 떠 있다. 수면 위에 노출된 체적이 1.0m³이라면 목재 전체의 체적은? (단, 물의 비중은 1.0이다.)

① 1.9m³   ② 2.0m³
③ 9.0m³   ④ 10.0m³

해설 $W(\text{무게}) = B(\text{부력})$
$w_1V_1 = w_2V_2$
$0.9V = 1 \times (V-1)$
$\therefore V = 10\text{m}^3$

17 두께 20.0m의 피압대수층에서 0.1m³/s로 양수했을 때 평형상태에 도달하였다. 이 양수정에서 각각 50.0m, 200.0m 떨어진 관측점에서 수위가 39.20m, 40.66m이었다면 이 대수층의 투수계수(k)는?

① 0.2m/day

② 6.5m/day

③ 20.7m/day

④ 65.3m/day

해설 $Q = \dfrac{2\pi ck(H-h_o)}{2.3\log\dfrac{R}{r_o}}$

$0.1 = \dfrac{2\pi \times 20 \times k \times (40.66-39.2)}{2.3\log\dfrac{200}{50}}$

$\therefore k = 7.548 \times 10^{-4} \mathrm{m/s}$
$= 7.548 \times 10^{-4} \times (24 \times 3,600)$
$= 65.21 \mathrm{m/day}$

18 베르누이 정리가 성립하기 위한 조건으로 틀린 것은?

① 압축성 유체에 성립한다.

② 유체의 흐름은 정상류이다.

③ 개수로 및 관수로 모두에 적용된다.

④ 하나의 유선에 대하여 성립한다.

해설 베르누이 정리의 성립 조건
㉠ 흐름은 정류이다.
㉡ 임의의 두 점은 같은 유선상에 있어야 한다.
㉢ 마찰에 의한 에너지 손실이 없는 비점성, 비압축성 유체인 이상유체의 흐름이다.

19 한 유선 상에서의 속도수두를 $\dfrac{V^2}{2g}$, 압력수두를 $\dfrac{P}{\omega}$, 위치수두를 Z라 할 때 동수경사선(E)을 표시하는 식은? (단, V는 유속, P는 압력, ω는 단위중량, g는 중력가속도, Z는 기준면으로부터의 높이이다.)

① $\dfrac{V^2}{2g}+\dfrac{P}{\omega}+Z=E$

② $\dfrac{V^2}{2g}+\dfrac{P}{\omega}=E$

③ $\dfrac{V^2}{2g}+Z=E$

④ $\dfrac{P}{\omega}+Z=E$

해설 ㉠ 에너지선은 기준수평면에서 $\left(Z+\dfrac{P}{w}+\dfrac{V^2}{2g}\right)$의 점들을 연결한 선이다.
㉡ 동수경사선은 기준수평면에서 $\left(Z+\dfrac{P}{w}\right)$의 점들을 연결한 선이다.

20 평면상 x, y방향의 속도성분이 각각 $u=-ky$, $v=kx$인 유선의 형태는?

① 원 ② 타원
③ 쌍곡선 ④ 포물선

해설 $\dfrac{dx}{u}=\dfrac{dy}{v}$에서 $u=-ky$, $v=kx$를 대입하면
$\dfrac{dx}{-ky}=\dfrac{dy}{kx}$
$kxdx+kydy=0$
$xdx+ydy=0$
$\therefore x^2+y^2=c$
$\therefore$ 원

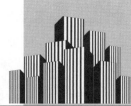

01 유량 14.13m³/s를 송수하기 위하여 안지름 3m의 주철관 980m를 설치할 경우, 적당한 관로의 경사는? (단, $f = 0.03$)

① 1/600   ② 1/490

③ 1/200   ④ 1/100

해설 ㉠ $V = \dfrac{Q}{A} = \dfrac{14.13 \times 4}{\pi \times 3^2} = 2\text{m/s}$

ㄴ $h_L = f \dfrac{l}{D} \dfrac{V^2}{2g}$ 에서

$I = \dfrac{h_L}{l} = f \dfrac{1}{D} \dfrac{V^2}{2g}$

$= 0.03 \times \dfrac{1}{3} \times \dfrac{2^2}{2 \times 9.8} = \dfrac{1}{490}$

02 정류에 대한 설명으로 옳지 않은 것은?

① 어느 단면에서 지속적으로 유속이 균일해야 한다.

② 흐름의 상태가 시간에 관계없이 일정하다.

③ 유선과 유적선이 일치한다.

④ 유선에 따라 유속이 일정하게 변한다.

해설 정류(steady flow)

㉠ 유체가 운동할 때 한 단면에서 속도, 압력, 유량 등이 시간에 따라 변하지 않는 흐름이다. 즉, 관속의 한 단면에서 속도, 압력, 유량 등이 일정하다.

ㄴ 유선과 유적선이 일치한다.

ㄷ 평상시 하천의 흐름을 정류라 한다.

03 유관(stream tube)에 대한 설명으로 옳은 것은?

① 한 개의 유선(流線)으로 이루어진 관을 말한다.

② 어떤 폐곡선(閉曲線)을 통과하는 여러 개

의 유선으로 이루어지는 관을 말한다.

③ 개방된 곡선을 통과하는 유선으로 이루어지는 평면을 말한다.

④ 임의의 여러 유선이 이루어지는 유동체를 말한다.

해설 ② 유관이란 폐합된 곡선을 통과하는 외측 유선으로 이루어진 가상적인 관을 말한다.

04 그림과 같이 직경 8cm인 분류가 35m/s의 속도로 관의 벽면에 부딪힌 후 최초의 흐름 방향에서 150° 수평방향 변화를 하였다. 관의 벽면이 최초의 흐름 방향으로 10m/s의 속도로 이동할 때, 관벽면에 작용하는 힘은? (단, 무게 1kg=9.8N)

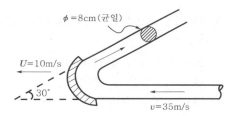

① 3.6kN   ② 5.4kN

③ 6.1kN   ④ 8.5kN

해설 ㉠ 관의 벽면이 최초의 흐름방향으로 10m/s로 이동할 때의 유속은 $(35-10)$m/s이므로

$Q = AV = \dfrac{\pi \times 0.08^2}{4} \times 25 = 0.126\text{m}^3/\text{s}$

ㄴ $P_x = \dfrac{wQ}{g}(V_{2x} - V_{1x})$

$= \dfrac{1 \times 0.126}{9.8}(25\cos 30° - (-25))$

$= 0.6\text{tf} = 0.6 \times 9.8 = 5.88\text{kN}$

ㄷ $P_y = \dfrac{wQ}{g}(V_{2y} - V_{1y})$

$= \dfrac{1 \times 0.126}{9.8}(25\sin 30° - 0)$

$$= 0.161 \text{t} = 0.161 \times 9.8 = 1.58\text{kN}$$

㉣ $P = \sqrt{P_x{}^2 + P_y{}^2} = \sqrt{5.88^2 + 1.58^2}$

$$= 6.09\text{kN}$$

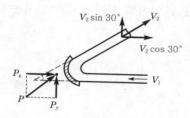

05 다음의 비력(M)곡선에서 한계수심을 나타내는 것은?

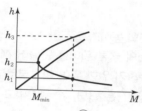

① h_1 ② h_2

③ h_3 ④ $h_3 - h_1$

해설 ② 최소충력치($M_{\min}$)일 때의 수심이 근사적으로 한계수심(h_c)이다.

06 다음 중 지하수 수리에서 Darcy 법칙이 가장 잘 적용될 수 있는 Reynolds 수(R_e)의 범위로 옳은 것은?

① $R_e < 2,000$

② $R_e < 500$

③ $R_e < 45$

④ $R_e < 4$

해설 ④ Darcy의 법칙은 $R_e < 4$인 층류에서 성립한다.
$$V = Ki$$

07 다음 중 사류의 조건이 아닌 것은? (단, h_c : 한계수심, V_c : 한계유속, I_c : 한계경사, F_r : Froude Number, h : 수심, V : 유속, I : 경사)

① $F_r > I$ ② $h < h_c$

③ $V > V_c$ ④ $I < I_c$

해설 상류의 조건

㉠ $I < I_c$ ㉡ $V < V_c$

㉢ $h > h_c$ ㉣ $F_r < 1$

08 수면 아래 30m 지점의 압력을 수은주 높이로 표시한 것으로 옳은 것은? (단, 수은의 비중= 13.596)

① 0.285m   ② 2.21m

③ 22.1m   ④ 28.5m

해설 ㉠ $P = wh = 1 \times 30 = 30\text{t/m}^2$

㉡ $30 = 13.596h$로부터

∴ $h = 2.21\text{m}$

09 내경 2cm의 관 내를 수온 20℃의 물이 25 cm/s의 유속으로 흐를 때 흐름의 상태는? (단, 20℃의 동점성계수는 0.01cm²/s이다.)

① 사류   ② 상류

③ 층류   ④ 난류

해설 ④ $R_e = \dfrac{VD}{\nu} = \dfrac{25 \times 2}{0.01} = 5,000 > 4,000$이므로 난류이다.

10 도수(跳水)에 관한 설명으로 옳지 않은 것은?

① 상류에서 사류로 변화될 때 발생된다.

② 사류에서 상류로 변화될 때 발생된다.

③ 도수 전후의 충력치(비력)는 동일하다.

④ 도수로 인해 때로는 막대한 에너지 손실도 유발된다.

해설 ① 사류에서 상류로 변할 때 수면이 불연속적으로 뛰는 현상을 도수라 한다.

11 절대속도 U[m/s]로 움직이고 있는 판에 같은 방향으로 절대속도 V[m/s]의 분류가 흘러 판에 충돌하는 힘을 계산하는 식으로 옳은 것은? (단, ω_0는 물의 단위중량, A는 통수 단면적)

① $F = \dfrac{\omega_0}{g} A (V - U)^2$

② $F = \dfrac{\omega_0}{g} A (V + U)^2$

③ $F = \dfrac{\omega_0}{g} A (V - U)$

④ $F = \dfrac{\omega_0}{g} A (V + U)$

해설 ㉠ $Q = AV = A(V - U)$

㉡ $F = \dfrac{w Q}{g}(V_1 - V_2)$

$\quad = \dfrac{w A (V - U)}{g}((V - U) - 0)$

$\quad = \dfrac{w A (V - U)^2}{g}$

12 층류와 난류를 구분할 수 있는 것은?

① Reynolds 수
② 한계구배
③ 한계수심
④ Mach 수

해설 ㉠ $R_e \le 2,000$이면 층류이다.

㉡ $2,000 < R_e < 4,000$이면 층류와 난류가 공존한다.(천이영역, 한계류)

㉢ $R_e \ge 4,000$이면 난류이다.

13 오리피스에서 유출되는 실제유량은 $Q = C_a \cdot C_v \cdot A \cdot V$로 표현한다. 이때 수축계수 C_a는? (단, A_0는 수맥의 최소 단면적, A는 오리피스의 단면적, V는 실제유속, V_0는 이론유속)

① $C_a = \dfrac{A_0}{A}$

② $C_a = \dfrac{V_0}{V}$

③ $C_a = \dfrac{A}{A_0}$

④ $C_a = \dfrac{V}{V_0}$

해설 수축계수

$C_a = \dfrac{a}{A}$

14 수면의 높이가 일정한 저수지의 일부에 길이 30m의 월류 위어를 만들어 40m³/s의 물을 취수하기 위한 위어 마루부로부터의 상류측 수심(H)은? (단, C=1.0이고, 접근 유속은 무시한다.)

① 0.70m
② 0.75m
③ 0.80m
④ 0.85m

해설 $Q = 1.7 C b\, h^{\frac{3}{2}}$

$40 = 1.7 \times 1 \times 30 \times h^{\frac{3}{2}}$

$\therefore h = 0.85\text{m}$

15 부체의 경심(M), 부심(C), 무게중심(G)에 대하여 부체가 안정되기 위한 조건은?

① $\overline{MG} > 0$

② $\overline{MG} = 0$

③ $\overline{MG} < 0$

④ $\overline{MG} = \overline{CG}$

해설 ㉠ $\overline{MG} > 0$: 안정

㉡ $\overline{MG} < 0$: 불안정

㉢ $\overline{MG} = 0$: 중립

16 물의 성질에 대한 설명으로 옳지 않은 것은?

① 압력이 증가하면 물의 압축계수(C_w)는 감소하고 체적탄성계수(E_w)는 증가한다.

② 내부마찰력이 큰 것은 내부마찰력이 작은 것보다 그 점성계수의 값이 크다.

③ 물의 점성계수는 수온($°C$)이 높을수록 그 값이 커진다.

④ 공기에 접촉하는 액체의 표면장력은 온도가 상승하면 감소한다.

해설 ③ 물의 점성계수는 수온이 높을수록 그 값이 작아지고 수온이 낮을수록 그 값은 커진다. 물의 점성계수는 0°C에서 최대이다.

17 수리학적으로 유리한 단면에 관한 설명 중 옳지 않은 것은?

① 동수반지름(경심)을 최대로 하는 단면이다.

② 일정한 단면적에 최대 유량을 흐르게 하는 단면이다.

③ 가장 유리한 단면은 직각 이등변삼각형이다.

④ 직사각형 수로에서는 수로 폭이 수심의 2배인 단면이다.

해설 수리상 유리한 단면

㉠ 주어진 단면적과 수로의 경사에 대하여 경심이 최대 혹은 윤변이 최소일 때 최대유량이 흐르고 이러한 단면을 수리상 유리한 단면이라 한다.

㉡ 직사각형 단면 : $B = 2h$, $R = \dfrac{h}{2}$

18 모세관 현상에 의해서 물이 관내로 올라가는 높이(h)와 관의 직경(D)과의 관계로 옳은 것은?

① $h \propto D^2$

② $h \propto D$

③ $h \propto 1/D$

④ $h \propto 1/D^2$

해설 $h_c = \dfrac{4T\cos\theta}{WD}$ 이므로 $h \propto \dfrac{1}{D}$ 이다.

19 Darcy–Weisbach의 마찰손실 공식에 대한 다음 설명 중 틀린 것은?

① 마찰손실수두는 관경에 반비례한다.

② 마찰손실수두는 관의 조도에 반비례한다.

③ 마찰손실수두는 물의 점성에 비례한다.

④ 마찰손실수두는 관의 길이에 비례한다.

해설 $h_L = f\dfrac{l}{D}\dfrac{V^2}{2g}$

$f = \phi\left(\dfrac{1}{R_e},\ \dfrac{e}{D}\right)$

20 그림과 같은 불투수층에 도달하는 집수암거의 집수량은? (단, 투수계수는 k, 암거의 길이는 l이며 양쪽 측면에서 유입됨)

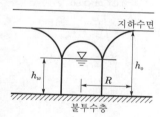

① $\dfrac{kl}{R}(h_0{}^2 - h_w{}^2)$

② $\dfrac{kl}{2R}(h_0{}^2 - h_w{}^2)$

③ $\dfrac{\pi k(h_0{}^2 - h_w{}^2)}{2.3\log R}$

④ $\dfrac{2\pi k(h_0{}^2 - h_w{}^2)}{2.3\log R}$

해설 $Q = \dfrac{kl}{R}(h^2 - h_0{}^2)$

01 원형 댐의 월류량(Q_p)이 1,000m³/s이고, 수문을 개방하는데 필요한 시간(T_p)이 40초라 할 때 1/50 모형(模形)에서의 유량(Q_m)과 개방 시간(T_m)은? (단, 중력가속도비(g_r)는 1로 가정한다.)

① $Q_m = 0.057\text{m}^3/\text{s}$, $T_m = 5.657\text{s}$

② $Q_m = 1.623\text{m}^3/\text{s}$, $T_m = 0.825\text{s}$

③ $Q_m = 56.56\text{m}^3/\text{s}$, $T_m = 0.825\text{s}$

④ $Q_m = 115.00\text{m}^3/\text{s}$, $T_m = 5.657\text{s}$

해설 ㉠ $Q_r = \dfrac{Q_m}{Q_p} = L_r^{\frac{5}{2}}$

$\dfrac{Q_m}{1,000} = \left(\dfrac{1}{50}\right)^{\frac{5}{2}}$

∴ $Q_m = 0.057\text{m}^3/\text{sec}$

㉡ $T_r = \dfrac{T_m}{T_p} = \sqrt{\dfrac{L_r}{g_r}} = L_r^{\frac{1}{2}}$

$\dfrac{T_m}{40} = \left(\dfrac{1}{50}\right)^{\frac{1}{2}}$

∴ $T_m = 5.657\text{sec}$

02 일반 유체운동에 관한 연속 방정식은? (단, 유체의 밀도 ρ, 시간 t, x, y, z 방향의 속도는 u, v, w이다.)

① $\dfrac{\partial \rho}{\partial t} + \dfrac{\partial u}{\partial x} + \dfrac{\partial v}{\partial y} + \dfrac{\partial w}{\partial z} = 0$

② $\dfrac{\partial \rho}{\partial t} + \dfrac{\partial \rho u}{\partial x} + \dfrac{\partial \rho v}{\partial y} + \dfrac{\partial \rho w}{\partial z} = 0$

③ $\dfrac{\partial \rho}{\partial t} + \dfrac{\partial u}{\partial \rho x} + \dfrac{\partial v}{\partial \rho y} + \dfrac{\partial w}{\partial \rho z} = 0$

④ $\dfrac{\partial u}{\partial x} + \dfrac{\partial v}{\partial y} + \dfrac{\partial w}{\partial z} = 0$

해설 ② 압축성 유체의 부정류 연속방정식

$\dfrac{\partial \rho}{\partial t} + \dfrac{\partial \rho u}{\partial x} + \dfrac{\partial \rho v}{\partial y} + \dfrac{\partial \rho w}{\partial z} = 0$

03 안지름 1cm인 관로에 충만되어 물이 흐를 때 다음 중 층류 흐름이 유지되는 최대유속은? (단, 동점성계수 $\nu = 0.01\text{cm}^2/\text{s}$)

① 5cm/s ② 10cm/s

③ 20cm/s ④ 40cm/s

해설 $R_e = \dfrac{VD}{\nu} = \dfrac{V \times 1}{0.01} = 2,000$

∴ $V = 20\text{cm/sec}$

04 면적 평균 강수량 계산법에 관한 설명으로 옳은 것은?

① 관측소의 수가 적은 산악지역에는 산술평균법이 적합하다.

② 티센망이나 등우선도 작성에 유역 밖의 관측소는 고려하지 말아야 한다.

③ 등우선도 작성에 지형도가 반드시 필요하다.

④ 티센 가중법은 관측소 간의 우량변화를 선형으로 단순화한 것이다.

해설 Thiessen의 가중법

전 유역면적에 대한 각 관측점의 지배면적을 가중인자로 잡아 이를 각 우량값에 곱하여 합산한 후 이 값을 유역면적으로 나눔으로써 평균우량을 산정하는 방법이다.

05 다음 중 유역의 면적 평균 강우량 산정법이 아닌 것은?

① 산술평균법(Arithmetic mean method)

② Thiessen 방법(Thiessen method)

③ 등우선법(Isohyetal method)

④ 매닝공법(Manning method)

해설 평균우량 산정법
- ㉠ 산술평균법
- ㉡ Thiessen방법
- ㉢ 등우선법

06 보기의 가정 중 방정식 $\Sigma F_x = \rho Q(v_2 - v_1)$ 에서 성립되는 가정으로 옳은 것은?

> [보기]
> 가. 유속은 단면 내에서 일정하다.
> 나. 흐름은 정류(定流)이다.
> 다. 흐름은 등류(等流)이다.
> 라. 유체는 압축성이며 비점성 유체이다.

① 가, 나 ② 가, 라
③ 나, 라 ④ 다, 라

해설 ① 유속분포가 균일하고 흐름은 정류이다.

07 그림과 같이 우물로부터 일정한 양수율로 양수를 하여 우물 속의 수위가 일정하게 유지되고 있다. 대수층은 균질하며 지하수의 흐름은 우물을 향한 방사상 정상류라 할 때 양수율(Q)을 구하는 식은? (단, k는 투수계수임)

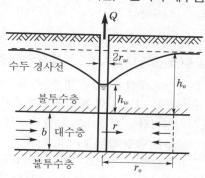

① $Q = 2\pi bk \dfrac{h_o - h_w}{\ln(r_o/r_w)}$

② $Q = 2\pi bk \dfrac{\ln(r_o/r_w)}{h_o - h_w}$

③ $Q = 2\pi bk \dfrac{h_o^2 - h_w^2}{\ln(r_o/r_w)}$

④ $Q = 2\pi bk \dfrac{\ln(r_o/r_w)}{h_o^2 - h_w^2}$

해설 $Q = \dfrac{2\pi bk(h_o - h_w)}{2.3\log\dfrac{r_o}{r_w}} = \dfrac{2\pi bk(h_o - h_w)}{\ln\dfrac{r_o}{r_w}}$

08 지하수의 흐름에서 상·하류 두 지점의 수두차가 1.6m이고 두 지점의 수평거리가 480m인 경우, 대수층의 두께 3.5m, 폭 1.2m일 때의 지하수 유량은? (단, 투수계수 $k = 208$m/day이다.)

① 3.82m³/day ② 2.91m³/day
③ 2.12m³/day ④ 2.08m³/day

해설 $Q = KiA = K \cdot \dfrac{h}{L} \cdot A$

$= 208 \times \dfrac{1.6}{480} \times (3.5 \times 1.2)$

$= 2.91\,\text{m}^3/\text{day}$

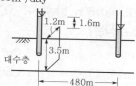

09 수문을 갑자기 닫아서 물의 흐름을 막으면 상류(上流)쪽의 수면이 갑자기 상승하여 단상(段狀)이 되고, 이것이 상류로 향하여 전파되는 현상을 무엇이라 하는가?

① 장파(長波) ② 단파(段波)
③ 홍수파(洪水波) ④ 파상도수(波狀跳水)

해설 ② 상류에 있는 수문을 갑자기 닫거나 열 때 또는 하류에 있는 수문을 갑자기 닫거나 열 때 흐름이 단상이 되어 전파하는 현상을 단파라 한다.

10 그림과 같은 수로에서 단면 1의 수심 $h_1 = 1\text{m}$, 단면 2의 수심 $h_2 = 0.4\text{m}$ 라면 단면 2에서의 유속 V_2는? (단, 단면 1과 단면 2의 수로 폭은 같으며, 마찰손실은 무시한다.)

① 3.74m/s
② 4.05m/s
③ 5.56m/s
④ 2.47m/s

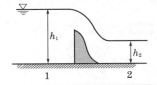

해설 ㉠ 수류의 연속방정식

$$A_1\,V_1 = A_2\,V_2$$
$$(1\times 1)\times V_1 = 0.4\times V_2$$
$$\therefore\ V_1 = 0.4\,V_2$$

㉡ 베르누이정리

$$Z_1 + \frac{P_1}{w} + \frac{V_1^{\,2}}{2g} = Z_2 + \frac{P_2}{w} + \frac{V_2^{\,2}}{2g}$$
$$0 + 1 + \frac{(0.4\,V_2)^2}{2\times 9.8} = 0 + 0.4 + \frac{V_2^{\,2}}{2\times 9.8}$$
$$\therefore\ V_2 = 3.74\text{m/sec}$$

11 댐 여수로 내 물받이(apron)에서 시점수위가 3.0m이고, 폭이 50m, 방류량이 2,000m³/s인 경우, 하류 수심은?

① 2.5m
② 8.0m
③ 9.0m
④ 13.3m

해설 ㉠ $Q = AV$에서 $2,000 = (3\times 50)\,V$
$$\therefore\ V = 13.33\text{m/sec}$$

㉡ $F_r = \dfrac{V}{\sqrt{gh}} = \dfrac{13.33}{\sqrt{9.8\times 3}} = 2.46$

㉢ $h_2 = \dfrac{h_1}{2}\left(-1 + \sqrt{1 + 8F_r^{\,2}}\right)$

$$h_2 = \frac{3}{2}\left(-1 + \sqrt{1 + 8\times 2.46^2}\right)$$
$$\therefore\ h_2 = 9.04\text{m}$$

12 다음 중 토양의 침투능(Infiltration Capacity) 결정방법에 해당되지 않는 것은?

① 침투계에 의한 실측법

② 경험공식에 의한 계산법
③ 침투지수에 의한 방법
④ 물수지 원리에 의한 산정법

해설 침투능 결정법
㉠ 침투지수법에 의한 방법
㉡ 침투계에 의한 방법
㉢ 경험공식에 의한 방법

13 그림과 같은 직사각형 위어(weir)에서 유량계수를 고려하지 않을 경우 유량은? (단, $g =$ 중력가속도)

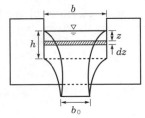

① $\dfrac{2}{5} b\sqrt{2g}\,h^{\frac{5}{2}}$
② $\dfrac{2}{3} b\sqrt{2g}\,h^{\frac{3}{2}}$
③ $\dfrac{2}{5} b_o \sqrt{2g}\,h^{\frac{5}{2}}$
④ $\dfrac{2}{3} b_o \sqrt{2g}\,h^{\frac{3}{2}}$

해설 $Q = \dfrac{2}{3} Cb\sqrt{2g}\,h^{\frac{3}{2}} = \dfrac{2}{3} b\sqrt{2g}\,h^{\frac{3}{2}}\ (\because\ C = 1)$

14 유출(流出)에 대한 설명으로 옳지 않은 것은?

① 비가 오기 전의 유출을 기저유출이라 한다.
② 우량은 그 전량이 하천으로 유출된다.
③ 일정기간에 하천으로 유출되는 수량의 합을 유출량(流出量)이라 한다.
④ 유출량과 그 기간의 강수량과의 비(比)를 유출계수 또는 유출률(流出率)이라 한다.

해설 ㉠ 총강우량=유출량+침투량
㉡ 일정한 유역상에 일정기간동안 내리는 강수량으로 인해 그 유역의 출구를 통과하는 유출량의 총 강수량에 대한 비율을 유출계수라 한다. ($R = CP$)

15 $n = 0.013$인 지름 600mm의 원형 주철관의 동수경사가 1/180일 때 유량은? (단, Manning 공식을 사용할 것)

① 1.62m³/s

② 0.148m³/s

③ 0.458m³/s

④ 4.122m³/s

해설 ㉠ 유속산정

$$V = \frac{1}{n} R^{\frac{2}{3}} I^{\frac{1}{2}} = \frac{1}{0.013} \times \left(\frac{0.6}{4}\right)^{\frac{2}{3}} \times \left(\frac{1}{180}\right)^{\frac{1}{2}}$$
$$= 1.62 \text{m/sec}$$

㉡ 유량산정

$$Q = AV = \frac{\pi \times 0.6^2}{4} \times 1.62 = 0.458 \text{m}^3/\text{sec}$$

16 액체와 기체와의 경계면에 작용하는 분자인력에 의한 힘은?

① 모관현상

② 점성력

③ 표면장력

④ 내부마찰력

해설 ③ 액체의 입자는 응집력에 의하여 서로 잡아당겨 그 표면적을 최소로 하려는 힘이 작용한다. 이 힘을 표면장력이라 한다.

17 빙산의 비중이 0.920이고 바닷물의 비중은 1.025일 때 빙산이 바닷물 속에 잠겨 있는 부분의 부피는 수면 위에 나와 있는 부분의 약 몇 배인가?

① 10.8배   ② 8.8배

③ 4.8배   ④ 0.8배

해설 ㉠ 아르키메데스의 원리 $W = B$에서

$$w_1 V_1 = w_2 V_2$$
$$0.92 V = 1.025 V_1$$
$$\therefore V_1 = 0.898 V$$

㉡ 수면 위에 나와있는 체적
$$= V - V_1$$
$$= V - 0.898 V = 0.102 V$$

$$\therefore \frac{0.898 V}{0.102 V} = 8.8$$

18 오리피스(Orifice)의 이론과 가장 관계가 먼 것은?

① 토리첼리(Torricelli) 정리

② 베르누이(Bernoulli) 정리

③ 베나콘트랙타(Vena Contracta)

④ 모세관 현상의 원리

해설 ④ 액체 속에 모세관을 세울 경우 액체의 수면이 상승 또는 하강하는 현상을 모세관 현상이라 한다.

19 점성을 가지는 유체가 흐를 때 다음 설명 중 틀린 것은?

① 원형관 내의 층류 흐름에서 유량은 점성계수에 반비례하고 직경의 4제곱(승)에 비례한다.

② Darcy-Weisbach의 식은 원형관 내의 마찰손실수두를 계산하기 위하여 사용된다.

③ 층류의 경우 마찰손실계수는 Reynolds 수에 반비례한다.

④ 에너지 보정계수는 이상유체에서의 압력수두를 보정하기 위한 무차원상수이다.

해설 ㉠ $Q = \dfrac{wh_L r_o^4}{8\mu l}$

㉡ 에너지 보정계수는 이상유체에서의 유속수두를 보정하기 위한 무차원의 상수이다.

20 수위 유량 관계곡선의 연장 방법이 아닌 것은?

① 전 대수지법
② Stevens 방법
③ Manning 공식에 의한 방법
④ 유량 빈도 곡선법

해설 수위 – 유량 관계곡선의 연장방법

㉠ 전대수지법
㉡ Stevens법
㉢ Manning 공식에 의한 방법

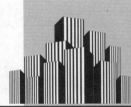
01 유체의 기본성질에 대한 설명으로 틀린 것은?

① 압축률과 체적탄성계수는 비례관계에 있다.

② 압력변화와 체적변화율의 비를 체적탄성계수라 한다.

③ 액체와 기체의 경계면에 작용하는 분자인력을 표면장력이라 한다.

④ 액체 내부에서 유체분자가 상대적인 운동을 할 때, 이에 저항하는 전단력이 작용한다. 이 성질을 점성이라 한다.

해설 ① 체적탄성계수와 압축률은 반비례 관계에 있다.

$$\therefore E = \frac{1}{C}$$

02 그림에서 (a), (b) 바닥이 받는 총 수압을 각각 P_a, P_b라 표시할 때 두 총 수압의 관계로 옳은 것은? (단, 바닥 및 상면의 단면적은 그림과 같고, (a), (b)의 높이는 같다.)

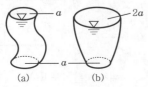

(a)   (b)

① $P_a = 2P_b$ ② $P_a = P_b$

③ $2P_a = P_b$ ④ $4P_a = P_b$

해설 $P_a = P_b = whA$

03 그림과 같은 사다리꼴 수로에 등류가 흐를 때 유량은? (단, 조도계수 $n = 0.013$, 수로경사 $i = \dfrac{1}{1,000}$, 측벽의 경사=1 : 10이며, Manning 공식 이용)

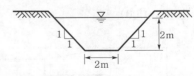

① 16.21m³/s   ② 18.16m³/s

③ 20.04m³/s   ④ 22.16m³/s

해설 ㉠ $A = \dfrac{2+6}{2} \times 2 = 8\text{m}^2$

㉡ $R = \dfrac{A}{P} = \dfrac{8}{(\sqrt{2^2+2^2}) \times 2 + 2} = 1.045\text{m}$

㉢ $V = \dfrac{1}{n} R^{\frac{2}{3}} I^{\frac{1}{2}} = \dfrac{1}{0.013} \times 1.045^{\frac{2}{3}} \times \left(\dfrac{1}{1,000}\right)^{\frac{1}{2}}$
$= 2.505\text{m/sec}$

㉣ $Q = AV = 8 \times 2.505 = 20.04\text{m}^3/\text{sec}$

04 그림과 같이 불투수층까지 미치는 암거에서의 용수량(湧水量) Q는? (단, 투수계수 $K = 0.009\text{m/s}$)

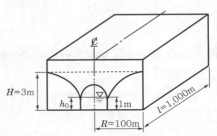

① 0.36m³/s   ② 0.72m³/s

③ 36m³/s   ④ 72m³/s

해설 $Q = \dfrac{Kl}{R}(h_2{}^2 - h_1{}^2) = \dfrac{0.009 \times 1,000}{100}(3^2 - 1^2)$
$= 0.72\text{m}^3/\text{sec}$

05 그림은 두 개의 수조를 연결하는 등단면 단일 관수로이다. 관의 유속을 나타낸 식은? (단, f : 마찰손실계수, $f_o = 1.0$, $f_i = 0.5$, $\dfrac{L}{D} < 3,000$)

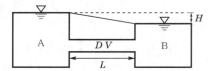

① $V = \sqrt{2gH}$

② $V = \sqrt{\dfrac{2gH}{f} \cdot \left(\dfrac{L}{D}\right)}$

③ $V = \sqrt{\dfrac{2gH}{1.5 + f\left(\dfrac{L}{D}\right)}}$

④ $V = \sqrt{\dfrac{2gH}{1.0 + f\left(\dfrac{L}{D}\right)}}$

해설 $H = \left(f_e + f\dfrac{l}{D} + f_o\right)\dfrac{V^2}{2g} = \left(0.5 + f\dfrac{l}{D} + 1\right)\dfrac{V^2}{2g}$

$\therefore V = \sqrt{\dfrac{2gH}{1.5 + f\dfrac{l}{D}}}$

06 Darcy의 법칙을 층류에만 적용하여야 하는 이유는?

① 유속과 손실수두가 비례하기 때문이다.
② 지하수 흐름은 항상 층류이기 때문이다.
③ 투수계수의 물리적 특성 때문이다.
④ 레이놀즈수가 크기 때문이다.

해설 ① 일반적으로 관수로 내의 층류에서의 유속은 동수경사에 비례한다. 그리고 Darcy의 법칙은 다공층을 통해 흐르는 지하수의 유속이 동수경사에 직접 비례함을 뜻하므로 Darcy의 법칙은 층류에만 적용시킬 수 있다는 결론을 내릴 수 있다.

07 지름 100cm의 원형단면 관수로에 물이 만수되어 흐를 때의 동수반경(hydraulic radius)은?

① 50cm ② 75cm
③ 25cm ④ 20cm

해설 $R = \dfrac{D}{4} = \dfrac{100}{4} = 25\text{cm}$

08 그림과 같은 오리피스에서 유출되는 유량은? (단, 이론 유량을 계산한다.)

① $0.12\text{m}^3/\text{s}$
② $0.22\text{m}^3/\text{s}$
③ $0.32\text{m}^3/\text{s}$
④ $0.42\text{m}^3/\text{s}$

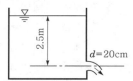

해설 $Q = Ca\sqrt{2gH} = 1 \times \dfrac{\pi \times 0.2^2}{4} \times \sqrt{2 \times 9.8 \times 2.5}$

$= 0.22\text{m}^3/\text{sec}$

09 그림과 같은 완전 수중 오리피스에서 유속을 구하려고 할 때 사용되는 수두는?

① $H_2 - H_1$
② $H_1 - H_0$
③ $H_2 - H_0$
④ $H_1 + \dfrac{H_2}{2}$

해설 수두는 수위차 또는 수면차이다.
$V = \sqrt{2gH} = \sqrt{2g(H_2 - H_1)}$

10 개수로의 특성에 대한 설명으로 옳지 않은 것은?

① 배수곡선은 완경사 흐름의 하천에서 장애물에 의해 발생한다.
② 상류에서 사류로 바뀔 때 한계수심이 생기는 단면을 지배단면이라 한다.
③ 사류에서 상류로 바뀌어도 흐름의 에너

지선은 변하지 않는다.

④ 한계수심으로 흐를 때의 경사를 한계경사라 한다.

> 해설 ③ 사류에서 상류로 변할 때 도수현상이 발생하므로 도수현상으로 인한 손실 때문에 에너지선은 변하게 된다.

11 유체의 연속방정식에 대한 설명으로 옳은 것은?

① 뉴튼(Newton)의 제 2법칙을 만족시키는 방정식이다.

② 에너지와 일의 관계를 나타내는 방정식이다.

③ 유선상 두 점 간의 단위체적당의 운동량에 관한 방정식이다.

④ 질량 보존의 법칙을 만족시키는 방정식이다.

> 해설 ㉠ 연속방정식은 질량보존의 법칙(law of mass conservation)을 표시해 주는 방정식이다.
> ㉡ 베르누이 정리는 에너지보존의 법칙을 표시해 주는 방정식이다.

12 베르누이의 정리를 압력의 항으로 표시할 때, 동압력(dynamic pressure) 항에 해당하는 것은?

① P

② ρgz

③ $\frac{1}{2}\rho V^2$

④ $\frac{V^2}{2g}$

> 해설 총압력=정압력+동압력
> $P = wh + \frac{1}{2}\rho V^2$

13 유량이 일정한 직사각형 수로의 흐름에서 한계류일 경우, 한계수심(y_c)과 최소 비에너지($E_{\min}$)의 관계로 적절한 것은?

① $y_c = E_{\min}$

② $y_c = \frac{1}{2}E_{\min}$

③ $y_c = \frac{\sqrt{3}}{2}E_{\min}$

④ $y_c = \frac{2}{3}E_{\min}$

> 해설 한계수심($y_c = h_c$)
> $h_c = \frac{2}{3}H_{e,\min}$

14 직사각형 단면수로에서 폭 $B=2$m, 수심 $H=6$m이고 유량 $Q=10$m³/s일 때 Froude 수와 흐름의 종류는?

① 0.217, 사류

② 0.109, 사류

③ 0.217, 상류

④ 0.109, 상류

> 해설 $F_r = \frac{V}{\sqrt{gH}} = \frac{\frac{10}{2\times 6}}{\sqrt{9.8\times 6}} = 0.109 < 1$이므로
> ∴ 상류

15 에너지선과 동수경사선이 항상 평행하게 되는 흐름은?

① 등류

② 부등류

③ 난류

④ 상류

> 해설 ① 등류 시에 에너지선과 동수경사선은 항상 평행하다.

16 부체의 안정성을 판단할 때 관계가 없는 것은?

① 경심(metacenter)

② 수심(water depth)

③ 부심(center of buoyancy)

④ 무게중심(center of gravity)

> 해설 ② $\overline{MG}(h) > 0$, $\frac{I_X}{V} > \overline{GC}$이면 안정하다.

17 레이놀즈 수가 1,500인 관수로 흐름에 대한 마찰손실계수 f의 값은?

① 0.030 ② 0.043

③ 0.054 ④ 0.066

[해설] $R_e \leq 2,000$이므로 층류의 흐름이다.

$$\therefore f = \frac{64}{R_e} = \frac{64}{1,500} = 0.043$$

18 폭 1.2m인 양단수축 직사각형 위어 정상부로부터의 평균수심이 42cm일 때 Francis의 공식으로 계산한 유량은? (단, 접근유속은 무시한다.)

> [참고 : Francis의 공식]
> $$Q = 1.84\left(b - \frac{nh}{10}\right)h^{\frac{3}{2}}$$

① 0.427m³/s ② 0.462m³/s

③ 0.504m³/s ④ 0.559m³/s

[해설] $Q = 1.84(1.2 - 0.1 \times 2 \times 0.42) \times 0.42^{\frac{3}{2}} = 0.559\text{m}^3/\text{s}$

19 어떤 액체의 밀도가 $1.0 \times 10^{-5}\text{N} \cdot \text{s}^2/\text{cm}^4$이라면 이 액체의 단위 중량은?

① $9.8 \times 10^{-3}\text{N/cm}^3$

② $1.02 \times 10^{-3}\text{N/cm}^3$

③ 1.02N/cm^3

④ 9.8N/cm^3

[해설] $w = \rho g = (1 \times 10^{-5}) \times 980$
$\qquad = 9.8 \times 10^{-3}\text{N/cm}^3$

20 그림과 같이 수평으로 놓은 원형관의 안지름이 A에서 50cm이고 B에서 25cm로 축소되었다가 다시 C에서 50cm로 되었다. 물이 340L/s의 유량으로 흐를 때 A와 B의 압력차 $(P_A - P_B)$는?(단, 에너지 손실은 무시한다.)

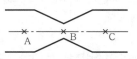

① 0.225N/cm² ② 2.25N/cm²

③ 22.5N/cm² ④ 225N/cm²

[해설] ㉠ $Q = A_1 V_1$

$\qquad 0.34 = \frac{\pi \times 0.5^2}{4} \times V_1$

$\qquad \therefore V_1 = 1.73\text{m/sec}$

㉡ $Q = A_2 V_2$

$\qquad 0.34 = \frac{\pi \times 0.25^2}{4} \times V_2$

$\qquad \therefore V_2 = 6.93\text{m/sec}$

㉢ $Z_1 + \frac{P_1}{w} + \frac{V_1^2}{2g} = Z_2 + \frac{P_2}{w} + \frac{V_2^2}{2g}$

$\qquad 0 + \frac{P_1}{1} + \frac{1.73^2}{2 \times 9.8} = 0 + \frac{P_2}{1} + \frac{6.93^2}{2 \times 9.8}$

$\qquad \therefore P_1 - P_2 = 2.3\text{t/m}^2 = 0.23\text{kg/cm}^2$

$\qquad\qquad = 0.23 \times 9.8 = 2.25\text{N/cm}^2$

$\qquad (\because 1\text{kg중} = 9.8\text{N})$

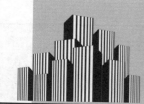
01 경심이 8m, 동수경사가 1/100, 마찰손실계수 $f = 0.03$일 때, Chezy의 유속계수 C를 구한 값은?

① $51.1\,\mathrm{m}^{\frac{1}{2}}/\mathrm{s}$

② $25.6\,\mathrm{m}^{\frac{1}{2}}/\mathrm{s}$

③ $36.1\,\mathrm{m}^{\frac{1}{2}}/\mathrm{s}$

④ $44.3\,\mathrm{m}^{\frac{1}{2}}/\mathrm{s}$

해설 $f = \dfrac{8g}{C^2}$에서 $C = \sqrt{\dfrac{8g}{f}} = \sqrt{\dfrac{8 \times 9.8}{0.03}} = 51.12$

02 상대조도(相對粗度)를 바르게 설명한 것은?

① 차원(次元)이 [L]이다.

② 절대조도를 관경으로 곱한 값이다.

③ 거친 원관 내의 난류인 흐름에서 속도 분포에 영향을 준다.

④ 원형관 내의 난류 흐름에서 마찰손실계수와 관계가 없는 값이다.

해설 ③ 거친 관의 경우 난류에서는 층류저층이 대단히 얇고 점성효과가 무시할 수 있을 정도로 작으므로 조도의 크기와 모양이 유속 분포에 가장 큰 영향을 미치게 된다. 따라서 유속 분포나 마찰손실계수는 Reynolds수보다는 조도의 크기 e를 포함하는 변량에 주로 좌우된다.

03 물의 순환에 대한 다음 수문 사항 중 성립이 되지 않는 것은?

① 지하수 일부는 지표면으로 용출해서 다시 지표수가 되어 하천으로 유입한다.

② 지표면에 도달한 우수는 토양 중에 수분을 공급하고 나머지가 아래로 침투해서 지하수가 된다.

③ 땅속에 보류된 물과 지표하수는 토양면에서 증발하고 일부는 식물에 흡수되어 증산한다.

④ 지표에 강하한 우수는 지표면에 도달 전에 그 일부가 식물의 나무와 가지에 의하여 차단된다.

해설 ㉠ 강수의 상당 부분은 토양속에 저류되나 종국에는 증발 및 증산작용에 의해 대기중으로 되돌아간다.
㉡ 또한 강수의 일부분은 토양면이나 토양속을 통해 흘러 하도로 유입되기도 하며, 일부는 토양 속으로 더 깊이 침투하여 지하수가 되기도 한다.

04 그림과 같이 $d_1 = 1\mathrm{m}$인 원통형 수조의 측벽에 내경 $d_2 = 10\mathrm{cm}$의 관으로 송수할 때의 평균유속(V_2)이 $2\mathrm{m/s}$이었다면 이때의 유량 Q와 수조의 수면이 강하하는 유속 V_1은?

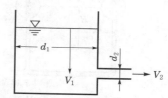

① $Q = 1.57l/\mathrm{s}$, $V_1 = 2\mathrm{cm/s}$

② $Q = 1.57l/\mathrm{s}$, $V_1 = 3\mathrm{cm/s}$

③ $Q = 15.7l/\mathrm{s}$, $V_1 = 2\mathrm{cm/s}$

④ $Q = 15.7l/\mathrm{s}$, $V_1 = 3\mathrm{cm/s}$

해설 ㉠ $A_1 V_1 = A_2 V_2$

$\dfrac{\pi \times 1^2}{4} \times V_1 = \dfrac{\pi \times 0.1^2}{4} \times 2$

∴ $V_1 = 0.02\mathrm{m/sec}$

㉡ $Q = A_1 V_1 = \dfrac{\pi \times 1^2}{4} \times 0.02 = 0.0157\mathrm{m}^3/\mathrm{sec}$

$= 15.7l/\mathrm{sec}$

05 누가우량곡선(rainfall mass curve)의 특성으로 옳은 것은?

① 누가우량곡선은 자기우량기록에 의하여 작성하는 것보다 보통우량계의 기록에 의하여 작성하는 것이 더 정확하다.

② 누가우량곡선으로부터 일정기간 내의 강우량을 산출하는 것은 불가능하다.

③ 누가우량곡선의 경사는 지역에 관계없이 일정하다.

④ 누가우량곡선의 경사가 클수록 강우강도가 크다.

해설 ㉠ 곡선의 경사가 급할수록 강우강도가 크다.
㉡ 곡선의 경사가 없으면 무강우를 의미한다.

06 그림에서 $h = 25\text{cm}$ $H = 40\text{cm}$ 이다. A, B점의 압력차는?

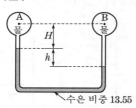

수은 비중 13.55

① 1N/cm^2 ② 3N/cm^2
③ 49N/cm^2 ④ 100N/cm^2

해설 $p_a + w_1 h - w_2 h - p_b = 0$
$\therefore p_b - p_a = (w_1 - w_2)h$
$= (13.55 - 1) \times 0.25$
$= 3.14\text{t/m}^2 = 0.314\text{kg/cm}^2 \times 9.8$
$= 3.08\text{N/cm}^2$

07 Bernoulli의 정리로서 가장 옳은 것은?

① 동일한 유선상에서 유체 입자가 가지는 Energy는 같다.

② 동일한 단면에서의 Energy의 합이 항상 같다.

③ 동일한 시각에는 Energy의 양이 불변한다.

④ 동일한 질량이 가지는 Energy는 같다.

해설 ① 하나의 유선상의 각 점에 있어서 총 에너지가 일정하다. 즉, 총 에너지=운동에너지+압력에너지+위치에너지=일정

08 지하수의 유속에 대한 설명으로 옳은 것은?

① 수온이 높으면 크다.

② 수온이 낮으면 크다.

③ 4℃에서 가장 크다.

④ 수온에 관계없이 일정하다.

해설 ① 수온이 높으면 점성이 작아지므로 투수계수가 커진다. 따라서 유속이 커진다.

09 직사각형 단면의 수로에서 단위폭당 유량이 0.4m³/s/m이고 수심이 0.8m일 때 비에너지는? (단, 에너지 보정계수는 1.0으로 함)

① 0.801m   ② 0.813m
③ 0.825m   ④ 0.837m

해설 ㉠ 유속 산정
$$V = \frac{Q}{A} = \frac{0.4}{0.8 \times 1} = 0.5\text{m/sec}$$
㉡ 비에너지 산정
$$H_e = h + \alpha \frac{V^2}{2g}$$
$$= 0.8 + 1 \times \frac{0.5^2}{2 \times 9.8} = 0.813\text{m}$$

10 단위중량 w 또는 밀도 ρ인 유체가 유속 V로서 수평 방향으로 흐르고 있다. 직경 d, 길이 l인 원주가 유체의 흐름 방향에 직각으로 중심축을 가지고 놓였을 때 원주에 작용하는 항력 (D)은? (단, C : 항력계수, g : 중력가속도)

① $D = C\dfrac{\pi d^2}{4} \dfrac{wV^2}{2}$

② $D = Cdl \dfrac{\rho V^2}{2}$

③ $D = C \dfrac{\pi d^2}{4} \dfrac{\rho V^2}{2}$

④ $D = Cdl \dfrac{w V^2}{2}$

해설 $D = C_D A \dfrac{1}{2} \rho V^2 = C_D dl \dfrac{1}{2} \rho V^2$

11 관내에 유속 v로 물이 흐르고 있을 때 밸브의 급격한 폐쇄 등에 의하여 유속이 줄어들면 이에 따라 관 내에 압력의 변화가 생기는데, 이것을 무엇이라 하는가?

① 수격압(水擊壓)
② 동압(動壓)
③ 정압(靜壓)
④ 정체압(停滯壓)

해설 수격압(water hammer pressure)
관수로에 물이 흐를 때 밸브를 급히 닫으면 밸브 위치에서의 유속은 0이 되고 수압은 현저히 상승한다. 또 닫혀있는 밸브를 급히 열면 갑자기 흐름이 생겨 수압은 현저히 저하된다. 이와 같이 급히 증감하는 압력을 수격압이라 한다.

12 자연하천의 특성을 표현할 때 이용되는 하상계수에 대한 설명으로 옳은 것은?

① 홍수 전과 홍수 후의 하상 변화량의 비를 말한다.
② 최심하상고와 평형하상고의 비이다.
③ 개수 전과 개수 후의 수심 변화량의 비를 말한다.
④ 최대유량과 최소유량의 비를 나타낸다.

해설 ④ 하천의 어느 지점에서의 최대유량과 최소유량과의 비를 하상계수라 한다.
∴ 하상계수 $= \dfrac{최대유량}{최소유량}$

13 유속분포의 방정식이 $v = 2y^{1/2}$로 표시될 때 경계면에서 0.5m인 점에서의 속도 경사는? (단, y : 경계면으로부터의 거리)

① 4.232 sec^{-1}
② 3.564 sec^{-1}
③ 2.831 sec^{-1}
④ 1.414 sec^{-1}

해설 $V = 2y^{\frac{1}{2}}$
$V' = y^{-\frac{1}{2}}$
$V'_{y=0.5} = 0.5^{-\frac{1}{2}} = 1.414 \text{sec}^{-1}$

14 지하수의 투수계수와 관계가 없는 것은?

① 토사의 형상
② 토사의 입도
③ 물의 단위중량
④ 토사의 단위중량

해설 $K = D_s^{\,2} \dfrac{\gamma_w}{\mu} \dfrac{e^3}{1+e} C$

15 Manning의 조도계수 n에 대한 설명으로 옳지 않은 것은?

① 콘크리트관이 유리관보다 일반적으로 값이 작다.
② Kutter의 조도계수보다 이후에 제안되었다.
③ Chezy의 C계수와는 $C = 1/n \times R^{1/6}$의 관계가 성립한다.
④ n의 값은 대부분 1보다 작다.

해설 ① 콘크리트관($n = 0.014$)이 유리관($n = 0.01$)보다 일반적으로 값이 크다.

16 물이 하상의 돌출부를 통과할 경우 비에너지와 비력의 변화는?

① 비에너지와 비력이 모두 감소한다.
② 비에너지는 감소하고 비력은 일정하다.
③ 비에너지는 증가하고 비력은 감소한다.
④ 비에너지는 일정하고 비력은 감소한다.

해설 ㉠ 하상의 돌출부를 통과할 때 :
$$He_1 = He_2, \quad M_1 \neq M_2$$
㉡ 도수현상이 일어날 때 :
$$He_1 \neq He_2, \quad M_1 = M_2$$

17 삼각위어(weir)에 월류수심을 측정할 때 2%의 오차가 있었다면 유량 산정 시 발생하는 오차는?

① 2%   ② 3%
③ 4%   ④ 5%

해설 $\dfrac{dQ}{Q} = \dfrac{5}{2}\dfrac{dh}{h} = \dfrac{5}{2} \times 2\% = 5\%$

18 수문곡선에서 시간매개변수에 대한 정의 중 틀린 것은?

① 첨두시간은 수문곡선의 상승부 변곡점부터 첨두유량이 발생하는 시각까지의 시간차이다.
② 지체시간은 유효우량주상도의 중심에서 첨두유량이 발생하는 시각까지의 시간차이다.
③ 도달시간은 유효우량이 끝나는 시각에서 수문곡선의 감수부 변곡점까지의 시간차이다.
④ 기저시간은 직접유출이 시작되는 시각에서 끝나는 시각까지의 시간차이다.

해설 ① 첨두유량의 시간을 첨두시간(time of peak flow)이라 한다.

19 그림과 같이 기하학적으로 유사한 대·소(大小)원형 오리피스의 비가 $n = \dfrac{D}{d} = \dfrac{H}{h}$인 경우에 두 오리피스의 유속, 축류단면, 유량의 비로 옳은 것은? (단, 유속계수 C_v, 수축계수 C_a는 대·소 오리피스가 같다.)

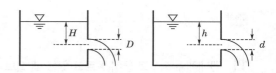

① 유속의 비 $= n^2$, 축류단면의 비 $= n^{\frac{1}{2}}$, 유량의 비 : $n^{\frac{2}{3}}$

② 유속의 비 $= n^{\frac{1}{2}}$, 축류단면의 비 $= n^2$, 유량의 비 : $n^{\frac{5}{2}}$

③ 유속의 비 $= n^{\frac{1}{2}}$, 축류단면의 비 $= n^{\frac{1}{2}}$, 유량의 비 : $n^{\frac{5}{2}}$

④ 유속의 비 $= n^2$, 축류단면의 비 $= n^{\frac{1}{2}}$, 유량의 비 : $n^{\frac{5}{2}}$

해설 ㉠ $V = \sqrt{2gh}$ 이므로

속도비 $= \left(\dfrac{H}{h}\right)^{\frac{1}{2}} = n^{\frac{1}{2}}$

㉡ $A = \dfrac{\pi d^2}{4}$ 이므로

축류단면의 비 $= \left(\dfrac{D}{d}\right)^2 = n^2$

㉢ $Q = Ca\sqrt{2gh}$
$= C \cdot \dfrac{\pi d^2}{4}\sqrt{2gh}$ 이므로

유량비 $= \left(\dfrac{D}{d}\right)^2\left(\dfrac{H}{h}\right)^{\frac{1}{2}}$
$= n^2 \times n^{\frac{1}{2}} = n^{\frac{5}{2}}$

20 다음 중 합성단위유량도를 작성할 때 필요한 자료는?

① 우량주상도
② 유역면적
③ 직접유출량
④ 강우의 공간적 분포

해설 합성단위유량도의 매개변수

㉠ 지체시간 : $t_p = c_t (L_{ca} \cdot L)^{0.3}$

㉡ 첨두유량 : $Q_p = C_p \dfrac{640A}{t_p}$

㉢ 기저시간 : $T = 3 + 3\left(\dfrac{t_p}{24}\right)$

01 유량 $147.6 l/s$를 송수하기 위하여 내경 0.4m의 관을 700m 설치하였을 때의 관로 경사는? (단, 조도계수 $n = 0.012$, Manning 공식 적용)

① $\dfrac{3}{700}$ ② $\dfrac{2}{700}$

③ $\dfrac{3}{500}$ ④ $\dfrac{2}{500}$

해설 ㉠ $V = \dfrac{Q}{A} = \dfrac{0.1476}{\dfrac{\pi \times 0.4^2}{4}} = 1.17\text{m/sec}$

㉡ $f = 124.5 n^2 D^{-\frac{1}{3}}$

$= 124.5 \times 0.012^2 \times 0.4^{-\frac{1}{3}}$

$= 0.024$

㉢ $h_L = f \dfrac{l}{D} \dfrac{V^2}{2g}$

$= 0.024 \times \dfrac{700}{0.4} \times \dfrac{1.17^2}{2 \times 9.8}$

$= 3\text{m}$

㉣ $I = \dfrac{h_L}{l} = \dfrac{3}{700}$

02 등류의 마찰속도 U_*를 구하는 공식으로 옳은 것은? (단, H : 수심, I : 수면경사, g : 중력가속도)

① $U_* = \sqrt{gHI}$ ② $U_* = gHI$

③ $U_* = gH^2 I$ ④ $U_* = gHI^2$

해설 ① $U_* = \sqrt{gRI} = \sqrt{gHI}$

03 한계 후루드수(Froude number)를 사용하여 구분할 수 있는 흐름 특성은?

① 등류와 부등류 ② 정류와 부정류

③ 층류와 난류 ④ 상류와 사류

해설 ㉠ $F_r < 1$이면 상류

㉡ $F_r > 1$이면 사류

㉢ $F_r = 1$이면 한계류

04 그림과 같이 지름 3m, 길이 8m인 수문에 작용하는 수평분력의 작용점까지 수심(h_c)은?

① 2.00m
② 2.12m
③ 2.34m
④ 2.43m

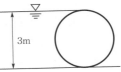

해설 $h_c = \dfrac{2}{3}h = \dfrac{2}{3} \times 3 = 2\text{m}$

05 2초에 10m를 흐르는 물의 속도수두는?

① 1.18m ② 1.28m

③ 1.38m ④ 1.48m

해설 ㉠ $V = \dfrac{10}{2} = 5\text{m/sec}$

㉡ $H = \dfrac{V^2}{2g} = \dfrac{5^2}{2 \times 9.8} = 1.28\text{m}$

06 지름 20cm, 길이가 100m인 관수로 흐름에서 손실수두가 0.2m라면 유속은? (단, 마찰손실계수 $f = 0.030$이다.)

① 0.61m/s ② 0.57m/s

③ 0.51m/s ④ 0.48m/s

해설 $h_L = f \dfrac{l}{D} \dfrac{V^2}{2g}$

$0.2 = 0.03 \times \dfrac{100}{0.2} \times \dfrac{V^2}{2 \times 9.8}$

$\therefore V = 0.51\text{m/sec}$

07 대수층의 두께 2m, 폭 1.2m이고 지하수 흐름의 상·하류 두 점 사이의 수두차는 1.5m, 두 점 사이의 평균거리 300m, 지하수 유량이 2.4m³/d일 때 투수계수는?

① 200m/d
② 225m/d
③ 267m/d
④ 360m/d

해설 $Q = KiA = K \cdot \dfrac{h}{L} \cdot A$

$2.4 = K \times \dfrac{1.5}{300} \times (2 \times 1.2)$

$\therefore K = 200\text{m/day}$

08 관망 문제 해석에서 손실수두를 유량의 함수로 표시하여 사용할 경우 지름 D인 원형단면 관에 대하여 $k_L = kQ^2$으로 표시할 수 있다. 관의 특성 제원에 따라 결정되는 상수 k의 값은? (단, f는 마찰손실계수이고, l은 관의 길이이며 다른 손실은 무시함)

① $\dfrac{0.0827 f \cdot l}{D^3}$
② $\dfrac{0.0827 l \cdot D}{f}$
③ $\dfrac{0.0827 f \cdot l}{D^5}$
④ $\dfrac{0.0827 f \cdot \cdot D}{l^2}$

해설 $h_L = f \dfrac{l}{D} \dfrac{V^2}{2g}$

$= f \dfrac{l}{D} \dfrac{1}{2g} \left(\dfrac{4Q}{\pi D^2}\right)^2 = KQ^2$

$\therefore K = f \dfrac{l}{D} \dfrac{1}{2g} \dfrac{4^2}{\pi^2 D^4}$

$= \dfrac{16}{2g\pi^2} \cdot \dfrac{fl}{D^5} = 0.0827 \dfrac{fl}{D^5}$

09 직경 20cm인 원형 오리피스로 0.1m³/s의 유량을 유출시키려 할 때 필요한 수심(오리피스 중심으로부터 수면까지의 높이)은? (단, 유량계수 $c = 0.6$)

① 1.24m
② 1.44m
③ 1.56m
④ 2.00m

해설 $Q = Ca\sqrt{2gh}$

$0.1 = 0.6 \times \dfrac{\pi \times 0.2^2}{4} \times \sqrt{2 \times 9.8 \times h}$

$\therefore h = 1.44\text{m}$

10 굴착정의 유량 공식으로 옳은 것은? (여기서, C : 피압대수층의 두께, K : 투수계수, h : 압력수면의 높이, h_0 : 우물안의 수심, R : 영향원의 반지름, r_0 : 우물의 반지름)

① $\dfrac{2\pi CK(h-h_0)}{\ln\left(\dfrac{R}{r_0}\right)}$
② $\dfrac{2\pi CK(h-h_0)}{\ln\left(\dfrac{r_0}{R}\right)}$
③ $\dfrac{2\pi CK(h+h_0)}{\ln\left(\dfrac{r_0}{R}\right)}$
④ $\dfrac{2\pi CK(h+h_0)}{\ln\left(\dfrac{R}{r_0}\right)}$

해설 굴착정

$Q = \dfrac{2\pi CK(h-h_0)}{2.3\log\dfrac{R}{r_0}} = \dfrac{2\pi CK(h-h_0)}{\ln\dfrac{R}{r_o}}$

11 물의 성질에 대한 설명으로 옳지 않은 것은? (단, C_w : 물의 압축률, E_w : 물의 체적탄성률, 0℃에서의 일정한 수온 상태)

① 물의 압축률이란 압력 변화에 대한 부피의 감소율을 단위부피당으로 나타낸 것이다.
② 기압이 증가함에 따라 E_w는 감소하고 C_w는 증가한다.
③ C_w와 E_w의 상관식은 $C_w = 1/E_w$이다.
④ E_w는 C_w 값보다 대단히 크다.

해설 체적탄성계수(E)

㉠ $E = \dfrac{\Delta P}{\dfrac{\Delta V}{V}} = \dfrac{1}{C}$

㉡ 압력이 증가하면 체적탄성계수는 증가한다.

12 지름이 20cm인 A관에서 지름이 10cm인 B관으로 축소되었다가 다시 지름이 15cm인 C관으로 단면이 변화되었다. B관의 평균유속이 3m/s일 때 A관과 C관의 유속은? (단, 유체는 비압축성이며, 에너지 손실은 무시한다.)

① A관의 $V_A = 0.75\text{m/s}$,
  C관의 $V_C = 2.00\text{m/s}$
② A관의 $V_A = 1.50\text{m/s}$,
  C관의 $V_C = 1.33\text{m/s}$
③ A관의 $V_A = 0.75\text{m/s}$,
  C관의 $V_C = 1.33\text{m/s}$
④ A관의 $V_A = 1.50\text{m/s}$,
  C관의 $V_C = 0.75\text{m/s}$

해설 ㉠ 수류의 연속방정식으로부터

$$A_1 V_1 = A_2 V_2$$

$$\frac{\pi \times 0.2^2}{4} \times V_1 = \frac{\pi \times 0.1^2}{4} \times 3$$

$$\therefore V_1 = 0.75 m/\sec$$

㉡ $A_2 V_2 = A_3 V_3$

$$\frac{\pi \times 0.1^2}{4} \times 3 = \frac{\pi \times 0.15^2}{4} \times V_3$$

$$\therefore V_3 = 1.33\text{m/sec}$$

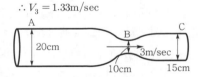

13 개수로에 대한 설명으로 옳은 것은?

① 동수경사선과 에너지경사선은 항상 평행하다.
② 에너지경사선은 자유수면과 일치한다.
③ 동수경사선은 에너지경사선과 항상 일치한다.
④ 동수경사선과 자유수면은 일치한다.

해설 ④ 개수로 흐름에서 동수경사선은 자유수면과 일치한다.

14 한계수심 h_c와 비에너지 h_e와의 관계로 옳은 것은? (단, 광폭직사각형 단면인 경우)

① $h_c = \frac{1}{2} h_e$ ② $h_c = \frac{1}{3} h_e$

③ $h_c = \frac{2}{3} h_e$ ④ $h_c = 2 h_e$

해설 $h_c = \frac{2}{3} h_e$

15 뉴턴유체(Newtonian fluid)에 대한 설명으로 옳은 것은?

① 전단속도 $\left(\frac{dv}{dy}\right)$의 크기에 따라 선형으로 점도가 변한다.
② 전단응력(τ)과 전단속도 $\left(\frac{dv}{dy}\right)$의 관계는 원점을 지나는 직선이다.
③ 물이나 공기 등 보통의 유체는 비뉴턴유체이다.
④ 유체가 압력의 변화에 따라 밀도의 변화를 무시할 수 없는 상태가 된 것을 의미한다.

해설 뉴턴유체

㉠ $\tau = \mu \cdot \frac{dv}{dy}$ 이므로 중심에서는 0이고 중심으로부터의 거리에 비례하여 증가하는 직선형 유속분포가 된다.
㉡ 일반적인 유체, 공기, 물 등은 모두 뉴턴유체로 취급한다.

16 4각 위어의 유량(Q)과 수심(h)의 관계가 $Q \propto h^{3/2}$일 때, 3각 위어의 유량(Q)과 수심(h)의 관계로 옳은 것은?

① $Q \propto h^{1/2}$ ② $Q \propto h^{3/2}$
③ $Q \propto h^2$ ④ $Q \propto h^{5/2}$

해설 3각 위어

$$Q = \frac{8}{15} C \tan \frac{\theta}{2} \sqrt{2g} \, h^{\frac{5}{2}} \propto h^{\frac{5}{2}}$$

17 다음 설명 중 옳지 않은 것은?

① 베르누이 정리는 에너지 보존의 법칙을 의미한다.

② 연속 방정식은 질량보존의 법칙을 의미한다.

③ 부정류(unsteady flow)란 시간에 대한 변화가 없는 흐름이다.

④ Darcy 법칙의 적용은 레이놀즈수에 대한 제한을 받는다.

해설 ③ 부정류란 시간에 대한 변화가 있는 흐름이다.

$$\frac{\partial Q}{\partial t} \neq 0, \quad \frac{\partial V}{\partial t} \neq 0$$

18 단면적 2.5cm², 길이 1.5m인 강철봉이 공기 중에서 무게가 28N이었다면 물(비중=1.0) 속에서 강철봉의 무게는?

① 2.37N 　② 2.43N

③ 23.72N 　④ 24.32N

해설 ㉠ 부력

$$B = wV$$
$$= 9,800 \times (2.5 \times 10^{-4} \times 1.5) = 3.675\text{N}$$
$$(\because w = 1\text{t/m}^3 = 9,800\text{N/m}^3)$$

㉡ 공기중 무게=수중무게+부력

$$28 = T + 3.675$$
$$\therefore T = 24.325\text{N}$$

19 정수압의 성질에 대한 설명으로 옳지 않은 것은?

① 정수압은 수중의 가상면에 항상 직각 방향으로 존재한다.

② 대기압을 압력의 기준(0)으로 잡은 정수압은 반드시 절대압력으로 표시된다.

③ 정수압의 강도는 단위면적에 작용하는 압력의 크기로 표시한다.

④ 정수 중의 한 점에 작용하는 수압의 크기는 모든 방향에서 같은 크기를 갖는다.

해설 정수압

㉠ 절대압력 $P = P_a + wh$

㉡ 계기압력 $P = wh (\because P_a = 0)$

20 레이놀즈수가 갖는 물리적인 의미는?

① 점성력에 대한 중력의 비(중력/점성력)

② 관성력에 대한 중력의 비(중력/관성력)

③ 점성력에 대한 관성력의 비(관성력/점성력)

④ 관성력에 대한 점성력의 비(점성력/관성력)

해설 ③ $R_e = \dfrac{VD}{\nu} = \dfrac{관성력}{점성력}$

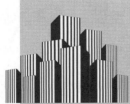

01 개수로 지배단면의 특성으로 옳은 것은?

① 하천 흐름이 부정류인 경우에 발생한다.

② 완경사의 흐름에서 배수곡선이 나타나면 발생한다.

③ 상류 흐름에서 사류 흐름으로 변화할 때 발생한다.

④ 사류인 흐름에서 도수가 발생할 때 발생한다.

해설 ③ 상류에서 사류로 변화할 때의 단면을 지배단면(control section)이라 한다.

02 그림과 같은 액주계에서 수은면의 차가 10cm이었다면 A, B점의 수압차는? (단, 수은의 비중=13.6, 무게 1kg=9.8N)

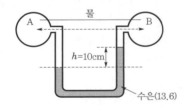

① 133.5kPa

② 123.5kPa

③ 13.35kPa

④ 12.35kPa

해설 등압선에서 $P_a + w_1 h - w_2 h - P_b = 0$

$P_a - P_b = (w_2 - w_1)h = (13.6 - 1) \times 0.1$

$= 1.26 t/m^2 = 1.26 \times 9.8 kN/m^2$

$= 12.35 kPa$

03 도수(hydraulic jump) 전후의 수심 h_1, h_2의 관계를 도수 전의 Froude수 Fr_1의 함수로 표시한 것으로 옳은 것은?

① $\dfrac{h_1}{h_2} = \dfrac{1}{2}\left(\sqrt{8Fr_1^2 + 1} - 1\right)$

② $\dfrac{h_1}{h_2} = \dfrac{1}{2}\left(\sqrt{8Fr_1^2 + 1} + 1\right)$

③ $\dfrac{h_2}{h_1} = \dfrac{1}{2}\left(\sqrt{8Fr_1^2 + 1} - 1\right)$

④ $\dfrac{h_2}{h_1} = \dfrac{1}{2}\left(\sqrt{8Fr_1^2 + 1} + 1\right)$

해설 $\dfrac{h_2}{h_1} = \dfrac{1}{2}\left(-1 + \sqrt{1 + 8Fr_1^2}\right)$

04 관로 길이 100m, 안지름 30cm의 주철관에 0.1m³/s의 유량을 송수할 때 손실수두는?

(단, $v = C\sqrt{RI}$, $C = 63 m^{\frac{1}{2}}/s$ 이다.)

① 0.54m

② 0.67m

③ 0.74m

④ 0.88m

해설 ㉠ $f = \dfrac{8g}{C^2} = \dfrac{8 \times 9.8}{63^2} = 0.02$

㉡ $Q = AV$에서 $0.1 = \dfrac{\pi \times 0.3^2}{4} \times V$

∴ $V = 1.41 m/sec$

㉢ $h_L = f \dfrac{l}{D} \dfrac{V^2}{2g} = 0.02 \times \dfrac{100}{0.3} \times \dfrac{1.41^2}{2 \times 9.8} = 0.68 m$

05 안지름 2m의 관내를 20℃의 물이 흐를 때 동점성계수가 0.0101cm²/s이고, 속도가 50cm/s라면 이때의 레이놀즈수(Reynolds number)는?

① 960,000

② 970,000

③ 980,000

④ 990,000

해설 $R_e = \dfrac{VD}{\nu} = \dfrac{50 \times 200}{0.0101} = 990,099$

06 관 벽면의 마찰력 τ_o, 유체의 밀도 ρ, 점성계수를 μ 라 할 때 마찰속도(U_*)는?

① $\dfrac{\tau_o}{\rho\mu}$

② $\sqrt{\dfrac{\tau_o}{\rho\mu}}$

③ $\sqrt{\dfrac{\tau_o}{\rho}}$

④ $\sqrt{\dfrac{\tau_o}{\mu}}$

해설 $U_* = \sqrt{\dfrac{\tau_o}{\rho}} = \sqrt{\dfrac{wRI}{\rho}} = \sqrt{gRI}$

07 저수지의 물을 방류하는 데 1:225로 축소된 모형에서 4분이 소요되었다면, 원형에서의 소요시간은?

① 60분

② 120분

③ 900분

④ 3,375분

해설 $T_r = \dfrac{T_m}{T_p} = \sqrt{\dfrac{L_r}{g_r}}$

$\dfrac{4}{T_p} = \sqrt{\dfrac{1/225}{1}}$ ∴ $T_p = 60$분

08 강우강도(I), 지속시간(D), 생기빈도(F) 관계를 표현하는 식 $I = \dfrac{kT^x}{t^n}$ 에 대한 설명으로 틀린 것은?

① t : 강우의 지속시간(min)으로서, 강우가 계속 지속될수록 강우강도(I)는 커진다.

② I : 단위시간에 내리는 강우량(mm/hr)인 강우강도이며, 각종 수문학적 해석 및 설계에 필요하다.

③ T : 강우의 생기빈도를 나타내는 연수(年數)로서 재현기간(년)을 의미한다.

④ k, x, n : 지역에 따라 다른 값을 가지는 상수이다.

해설 ① 지속시간(t)이 클수록 강우강도(I)는 작아진다.

09 지속기간 2hr인 어느 단위유량도의 기저시간이 10hr이었다. 강우강도가 각각 2.0, 3.0 및 5.0cm/hr이고, 강우지속기간은 똑같이 모두 2hr인 3개의 유효강우가 연속해서 내릴 경우 이로 인한 직접유출 수문곡선의 기저시간은?

① 2hr

② 10hr

③ 14hr

④ 16hr

해설 기저시간 = $10 + 2 + 2 = 14$시간

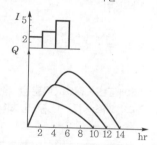

10 직사각형의 단면(폭 4m×수심 2m) 개수로에서 Manning 공식의 조도계수 $n = 0.017$이고, 유량 $Q = 15$m³/s일 때 수로의 경사(I)는?

① 1.016×10^{-3}

② 4.548×10^{-3}

③ 15.365×10^{-3}

④ 31.875×10^{-3}

해설 ㉠ $R = \dfrac{A}{P} = \dfrac{4 \times 2}{4 + 2 \times 2} = 1$m

㉡ $Q = A \cdot \dfrac{1}{n} R^{\frac{2}{3}} \times I^{\frac{1}{2}}$

$15 = (4 \times 2) \times \dfrac{1}{0.017} \times 1^{\frac{2}{3}} I^{\frac{1}{2}}$

∴ $I = 1.016 \times 10^{-3}$

11 하상계수(河狀係數)에 대한 설명으로 옳은 것은?

① 대하천의 주요 지점에서의 강우량과 저수량의 비

② 대하천의 주요 지점에서의 최소 유량과 최대 유량의 비

③ 대하천의 주요 지점에서의 홍수량과 하천유지유량의 비

④ 대하천의 주요 지점에서의 최소 유량과 갈수량의 비

해설 ② 하상계수 $= \dfrac{\text{최대 유량}}{\text{최소 유량}}$

12 어떤 유역에 표와 같이 30분간 집중호우가 발생하였다. 지속시간 15분인 최대 강우강도는?

시간(분)	우량(mm)	시간(분)	우량(mm)
0~5	2	15~20	4
5~10	4	20~25	8
10~15	6	25~30	6

① 80mm/hr ② 72mm/hr

③ 64mm/hr ④ 50mm/hr

해설 $I = (6+4+8) \times \dfrac{60}{15} = 72 \text{mm/hr}$

13 부피가 4.6m³인 유체의 중량이 51.548kN일 때 이 유체의 비중은?

① 1.14 ② 5.26

③ 11.40 ④ 1,143.48

해설 ㉠ $W = wV$

$51.548 = w \times 4.6$

$\therefore w = 11.21 \text{kN/m}^3$

㉡ 비중 $= \dfrac{11.21}{9.8} = 1.14$

14 연직 오리피스에서 일반적인 유량계수 C의 값은?

① 대략 1.00 전후이다.

② 대략 0.80 전후이다.

③ 대략 0.60 전후이다.

④ 대략 0.40 전후이다.

해설 ③ $C = 0.6 \sim 0.64$ 정도이다.

15 직사각형 단면의 수로에서 최소 비에너지가 1.5m라면 단위폭당 최대 유량은? (단, 에너지보정계수 $\alpha = 1.0$)

① 2.86m³/s/m ② 2.98m³/s/m

③ 3.13m³/s/m ④ 3.32m³/s/m

해설 ㉠ $h_c = \dfrac{2}{3} H_e = \dfrac{2}{3} \times 1.5 = 1\text{m}$

㉡ $h_c = \left(\dfrac{\alpha Q^2}{g b^2} \right)^{\frac{1}{3}}$

$1 = \left(\dfrac{Q^2}{9.8 \times 1^2} \right)^{\frac{1}{3}}$

$\therefore Q = Q_{\max} = 3.13 \text{m}^3/\text{sec/m}$

16 수평으로 관 A와 B가 연결되어 있다. 관 A에서 유속은 2m/s, 관 B에서의 유속은 3m/s이며, 관 B에서의 유체압력이 9.8kN/m²이라 하면 관 A에서의 유체압력은? (단, 에너지 손실은 무시한다.)

① 2.5kN/m² ② 12.3kN/m²

③ 22.6kN/m² ④ 37.6kN/m²

해설 $Z_1 + \dfrac{P_1}{w} + \dfrac{V_1{}^2}{2g} = Z_2 + \dfrac{P_2}{w} + \dfrac{V_2{}^2}{2g}$

$w = 1\text{t/m}^3 = 9.8 \text{kN/m}^3$이므로

$0 + \dfrac{P_1}{9.8} + \dfrac{2^2}{2 \times 9.8} = 0 + \dfrac{9.8}{9.8} + \dfrac{3^2}{2 \times 9.8}$

$\therefore P_1 = 12.3 \text{kN/m}^2$

정답 **11.** ② **12.** ② **13.** ① **14.** ③ **15.** ③ **16.** ②

17 여과량이 2m³/s이고 동수경사가 0.2, 투수계수가 1cm/s일 때 필요한 여과지 면적은?

① 2,500m² ② 2,000m²

③ 1,500m² ④ 1,000m²

해설 $Q = AV = AKi$

$2 = A \times 0.2 \times 0.01$

$\therefore A = 1,000\text{m}^2$

18 2개의 불투수층 사이에 있는 대수층의 두께 a, 투수계수 k인 곳에 반지름 r_0인 굴착정 (artesian well)을 설치하고 일정 양수량 Q를 양수하였더니, 양수 전 굴착정 내의 수위 H가 h_0로 하강하여 정상흐름이 되었다. 굴착정의 영향원 반지름을 R이라 할 때 $(H-h_0)$의 값은?

① $\dfrac{2Q}{\pi ak}\ln\left(\dfrac{R}{r_0}\right)$ ② $\dfrac{Q}{2\pi ak}\ln\left(\dfrac{R}{r_0}\right)$

③ $\dfrac{2Q}{\pi ak}\ln\left(\dfrac{r_0}{R}\right)$ ④ $\dfrac{Q}{2\pi ak}\ln\left(\dfrac{r_0}{R}\right)$

해설 $Q = \dfrac{2\pi ak(H-h_o)}{\ln\dfrac{R}{r_0}} = \dfrac{2\pi ak(H-h_o)}{2.3\log\left(\dfrac{R}{r_0}\right)}$

19 베르누이 정리를 $\dfrac{\rho}{2}V^2 + wZ + P = H$로 표현할 때, 이 식에서 정체압(stagnation pressure)은?

① $\dfrac{\rho}{2}V^2 + wZ$로 표시한다.

② $\dfrac{\rho}{2}V^2 + P$로 표시한다.

③ $wZ + P$로 표시한다.

④ P로 표시한다.

해설 $Z + \dfrac{P}{w} + \dfrac{V^2}{2g} = H$

$wZ + P + \dfrac{wV^2}{2g} = H_p$

위치압력＋정압력＋동압력＝총 압력

20 합성단위유량도의 모양을 결정하는 인자가 아닌 것은?

① 기저시간 ② 첨두유량

③ 지체시간 ④ 강우강도

해설 ④ 미계측 지역에서는 다른 유역에서 얻은 기저시간, 첨두유량, 지체시간 등 3개의 매개변수로서 단위도를 합성할 수 있다. 이러한 방법에 의하여 구한 단위도를 합성단위유량도라 한다.

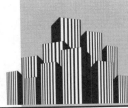
01 그림과 같은 피토관에서 A점의 유속을 구하는 식으로 옳은 것은?

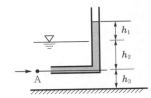

① $V = \sqrt{2gh_1}$

② $V = \sqrt{2gh_2}$

③ $V = \sqrt{2gh_3}$

④ $V = \sqrt{2g(h_1 + h_2)}$

해설 수리에서 h는 수두(수면)차이다.
$$V = \sqrt{2gh_1}$$

02 관수로의 마찰손실수두에 관한 설명으로 틀린 것은?

① 관의 조도에 반비례한다.

② 관수로의 길이에 정비례한다.

③ 층류에서는 레이놀즈수에 반비례한다.

④ 관내의 직경에 반비례한다.

해설 ④ 관의 조도에 비례한다.
$$f = \phi \left(\frac{1}{R_e}, \frac{e}{D} \right)$$
$$h_L = f \frac{l}{D} \frac{V^2}{2g}$$

03 직사각형 단면의 개수로에 흐르는 한계유속을 표시한 것은? (단, V_c : 한계유속, h_c : 한계수심, α : 에너지보정계수)

① $V_c = \left(\frac{gh_c}{\alpha} \right)^{\frac{1}{2}}$

② $V_c = \left(\frac{\alpha h_c}{g} \right)^{\frac{1}{2}}$

③ $V_c = \left(\frac{\alpha h_c^2}{g} \right)^{\frac{1}{3}}$

④ $V_c = \left(\frac{gh_c^2}{\alpha} \right)^{\frac{1}{3}}$

해설 $V_c = \sqrt{\dfrac{gh_c}{\alpha}}$

04 모세관 현상에 의하여 상승한 액체기둥은 어떤 힘들이 평형을 이루어서 정지상태를 유지하고 있는가?

① 부착력에 의한 상방향의 힘과 중력에 의한 하방향의 힘

② 표면장력에 의한 상방향의 힘과 중력에 의한 하방향의 힘

③ 표면장력에 의한 상방향의 힘과 응집력에 의한 하방향의 힘

④ 응집력에 의한 상방향의 힘과 부착력에 의한 하방향의 힘

해설 ② 표면장력에 의한 상향력=중력에 의한 하향력

05 폭 3m인 직사각형 단면 수로에서 최소 비에너지가 2m일 때 발생할 수 있는 최대 유량은?

① $9.83 \text{m}^3/\text{s}$

② $11.7 \text{m}^3/\text{s}$

③ $13.3 \text{m}^3/\text{s}$

④ $14.4 \text{m}^3/\text{s}$

해설 ㉠ $h_c = \dfrac{2}{3} H_e = \dfrac{2}{3} \times 2 = 1.33 \text{m}$

㉡ $h_c = \left(\dfrac{\alpha Q^2}{gb^2} \right)^{\frac{1}{3}}$

$$1.33 = \left(\frac{Q^2}{9.8 \times 3^2} \right)^{\frac{1}{3}}$$

$$\therefore Q = Q_{\max} = 14.4 \text{m}^3/\text{sec}$$

06 관수로에 물이 흐르고 있을 때 유속을 구하기 위하여 적용할 수 있는 식은?

① Torricelli 정리
② 파스칼의 원리
③ 운동량방정식
④ 물의 연속방정식

해설 ④ 수류의 연속방정식
$$Q = A_1 V_1 = A_2 V_2$$

07 그림과 같은 원형관에 물이 흐를 경우 1, 2, 3 단면에 대한 설명으로 옳은 것은? (단, D_1 =30cm, D_2 =10cm, D_3 =20cm이며 에너지손실은 없다고 가정한다.)

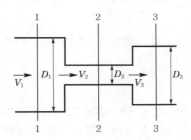

① 유속은 V_2 > V_3 > V_1이 되며 압력은 1단면 > 3단면 > 2단면이다.
② 유속은 V_1 > V_3 > V_2가 되며 압력은 2단면 > 3단면 > 1단면이다.
③ 유속은 V_2 < V_3 < V_1이 되며 압력은 3단면 > 1단면 > 2단면이다.
④ 1, 2, 3 단면의 유속과 압력은 같다.

해설 ① $H = Z + \dfrac{P}{w} + \dfrac{V^2}{2g}$ =일정하므로 속도수두가 크면 압력수두는 작다.

08 그림에서 곡면 AB에 작용하는 전수압의 수평분력은? (단, 곡면의 폭은 1m이고, γ는 물의 단위중량임)

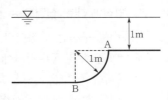

① $4.7\gamma m^3$ ② $3.5\gamma m^3$
③ $3\gamma m^3$ ④ $1.5\gamma m^3$

해설 수평분력은 수평으로 투영된 평면이 받는 전수압과 같다.
$$P_H = wh_G A = \gamma \times 1.5 \times (1 \times 1) = 1.5\gamma t = 1.5\gamma m^3$$

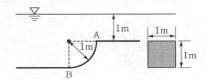

09 유체의 흐름이 일정한 방향이 아니고 무작위하게 3차원 방향으로 이동하면서 흐르는 흐름은?

① 층류   ② 난류
③ 정상류   ④ 등류

해설 ② 유체입자가 상하좌우로 불규칙하게 뒤섞여 흐트러지면서 흐르는 흐름을 난류라 한다.

10 직각삼각위어(weir)에서 월류 수심이 1m이면 유량은? (단, 유량계수 C=0.59이다.)

① 1.0m³/s   ② 1.4m³/s
③ 1.8m³/s   ④ 2.2m³/s

해설 $Q = \dfrac{8}{15} C \tan\dfrac{\theta}{2} \sqrt{2g}\, h^{\frac{5}{2}}$
$= \dfrac{8}{15} \times 0.59 \times \tan\dfrac{90°}{2} \times \sqrt{2 \times 9.8} \times 1^{\frac{5}{2}}$
$= 1.39 m^3/sec$

11 Darcy의 법칙에 대한 설명으로 옳은 것은?

① 점성계수를 구하는 법칙이다.

② 지하수의 유속은 동수경사에 비례한다는 법칙이다.

③ 관수로의 흐름에 대한 상사법칙이다.

④ 개수로의 흐름에 대한 상사법칙이다.

해설 ② 지하수의 유속은 동수경사에 비례한다는 법칙이다.

$$V = Ki$$

12 대수층이 두께 3.8m, 폭 1.5m일 때 지하수의 유량은? (단, 상·하류 두 지점 사이의 수두차 1.6m, 수평거리 520m, 투수계수 $K=$ 300m/d)

① 4.28m³/d ② 5.26m³/d

③ 6.38m³/d ④ 7.46m³/d

해설 $Q = A \cdot V = AKi = A \cdot \dfrac{h}{L} \cdot K$

$$= (3.8 \times 1.5) \times \frac{1.6}{520} \times 300 = 5.26\text{m}^3/\text{day}$$

13 그림과 같은 병렬관수로에서 $d_1 : d_2 = 3 : 1$, $l_1 : l_2 = 1 : 3$이며, $f_1 = f_2$일 때 $\dfrac{V_1}{V_2}$는?

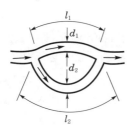

① $\dfrac{1}{2}$ ② 1

③ 2 ④ 3

해설 $h_{L1} = h_{L2}$이므로

$$f_1 \frac{l_1}{D_1} \frac{V_1{}^2}{2g} = f_2 \frac{l_2}{D_2} \frac{V_2{}^2}{2g}$$

$$\therefore \frac{l_1 V_1{}^2}{D_1} = \frac{l_2 V_2{}^2}{D_2}$$

$$\frac{V_1{}^2}{V_2{}^2} = \frac{l_2 D_1}{l_1 D_2} = \frac{l_2}{l_1} \times \frac{D_1}{D_2} = 3 \times 3 = 9$$

$$(\because d_1 = 3d_2, \ l_2 = 3l_1)$$

$$\therefore \frac{V_1}{V_2} = 3$$

14 물의 밀도 ρ, 점성계수 μ, 그리고 동점성계수 ν 사이의 관계식으로 옳은 것은?

① $\rho = \dfrac{\nu}{\mu}$ ② $\rho = \dfrac{\mu}{(\nu - 1)}$

③ $\nu = \dfrac{\mu}{\rho}$ ④ $\nu = \dfrac{\rho}{\mu}$

해설 ③ 동점성계수는 점성계수를 밀도로 나눈 값이다.

$$\nu = \frac{\mu}{\rho}$$

15 안지름 0.5m, 두께 20mm의 수압관이 15 N/cm²의 압력을 받고 있을 때, 관벽에 작용하는 인장응력은?

① 46.8N/cm² ② 93.7N/cm²

③ 140.6N/cm² ④ 187.5N/cm²

해설 $t = \dfrac{PD}{2\sigma_{ta}}$ 로부터

$$2 = \frac{15 \times 50}{2\sigma_{ta}}$$

$$\therefore \sigma_{ta} = 187.5\text{N/cm}^2$$

16 사다리꼴 수로에서 수리학상 가장 경제적인 단면의 조건은? (단, R : 동수반경, B : 수면폭, H : 수심)

① $R = 2H$ ② $B = 2H$

③ $R = H/2$ ④ $B = H$

해설 사다리꼴 수로의 수리상 유리한 단면조건

$$B = 2l, \quad R_{max} = \frac{h}{2}$$

17 유속 20m/s, 수평면과의 각 60°로 사출된 분수가 도달하는 최대 연직높이는? (단, 공기 및 기타 저항은 무시한다.)

① 12.3m
② 13.3m
③ 14.3m
④ 15.3m

해설 $y = \dfrac{V^2}{2g} \sin^2\theta = \dfrac{20^2}{2 \times 9.8} \times \sin^2 60°$

$\qquad = 15.31\text{m}$

18 양쪽의 수위가 다른 저수지를 벽으로 차단하고 있는 상태에서 벽의 오리피스를 통하여 ①에서 ②로 물이 흐르고 있을 때 하류측에서의 유속은?

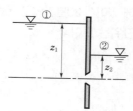

① $\sqrt{2gz_1}$
② $\sqrt{2gz_2}$
③ $\sqrt{2g(z_1 - z_2)}$
④ $\sqrt{2g(z_1 + z_2)}$

해설 $Z_1 + \dfrac{P_1}{w} + \dfrac{V_1^2}{2g} = Z_2 + \dfrac{P_2}{w} + \dfrac{V_2^2}{2g}$

$Z_1 + 0 + 0 = Z_2 + 0 + \dfrac{V_2^2}{2g}$

$\therefore V_2 = \sqrt{2g(z_1 - z_2)}$

19 그림과 같은 역사이펀의 A, B, C, D점에서 압력수두를 각각 P_A, P_B, P_C, P_D라 할 때 다음 사항 중 옳지 않은 것은? (단, 점선은 동수경사선으로 가정한다.)

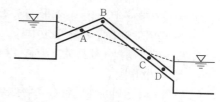

① $P_C > P_D$
② $P_B < 0$
③ $P_C > 0$
④ $P_A = 0$

해설 수압은 수심에 비례한다.
$P_D > P_C > P_A > P_B$, $P_A = 0$, $P_B < 0$이다.

20 그림과 같은 콘크리트 케이슨이 바닷물에 떠 있을 때 흘수는? (단, 콘크리트 비중은 2.4이며, 바닷물의 비중은 1.025이다.)

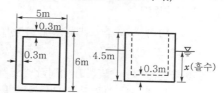

① $x = 2.35\text{m}$
② $x = 2.55\text{m}$
③ $x = 2.75\text{m}$
④ $x = 2.95\text{m}$

해설 $W(\text{무게}) = B(\text{부력})$에서
$2.4(5 \times 6 \times 4.5 - 4.4 \times 5.4 \times 4.2)$
$\qquad = 1.025(5 \times 6 \times x)$
$\therefore x = 2.75\text{m}$

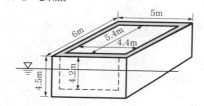

토목기사 (2016년 5월 8일 시행)

PART 03 | 부록 기출문제

01 단위유량도에 대한 설명 중 틀린 것은?

① 일정기저시간 가정, 비례가정, 중첩가정
은 단위도의 3대 기본가정이다.

② 단위도의 정의에서 특정단위시간은 1시간
을 의미한다.

③ 단위도의 정의에서 단위 유효우량은 유역
전 면적 상의 우량을 의미한다.

④ 단위유효우량은 유출량의 형태로 단위
도상에 표시되며, 단위도 아래의 면적은
부피의 차원을 가진다.

> 해설 ② 특정단위시간은 강우의 지속시간이 특정시간으
로 표시됨을 의미한다.

02 물의 순환과정인 증발에 관한 설명으로 옳지
않은 것은?

① 증발량은 물수지방정식에 의하여 산정
될 수 있다.

② 증발은 자유수면뿐만 아니라 식물의 엽면
등을 통하여 기화되는 모든 현상을 의미
한다.

③ 증발접시계수는 저수지 증발량의 증발
접시 증발량에 대한 비이다.

④ 증발량은 수면온도에 대한 공기의 포화
증기압과 수면에서 일정 높이에서의 증
기압의 차이에 비례한다.

> 해설 ㉠ 증발 : 수표면 또는 습한 토양면의 물분자가 태양
> 열에너지에 의해 액체에서 기체로 변하는 현상
> ㉡ 증산 : 식물의 엽면을 통해 지중의 물이 수증기의
> 형태로 대기중에 방출되는 현상

03 관망(pipe network) 계산에 대한 설명으로
옳지 않은 것은?

① 관내의 흐름은 연속방정식을 만족한다.

② 가정 유량에 대한 보정을 통한 시산법
(trial and error method)으로 계산한다.

③ 관내에서는 Darcy-Weisbach 공식을
만족한다.

④ 임의의 두 점 간의 압력강하량은 연결하는
경로에 따라 다를 수 있다.

> 해설 ④ 관망상의 임의의 두 교차점 사이에서 발생되는
> 손실수두의 크기는 두 교차점을 연결하는 경로에
> 관계없이 일정하다($\sum h_L = 0$).

04 강우강도 $I = \dfrac{5,000}{t+40}$ (mm/hr)로 표시되는 어느
도시에 있어서 20분간의 강우량 R_{20}은? (단,
t의 단위는 분이다.)

① 17.8mm   ② 27.8mm

③ 37.8mm   ④ 47.8mm

> 해설 ㉠ $I = \dfrac{5,000}{20+40} = 83.33$ mm/hr
>
> ㉡ $R_{20} = \dfrac{83.33}{60} \times 20 = 27.78$ mm

05 그림과 같은 수로의 단위폭당 유량은? (단,
유출계수 $C=1$이며 이외 손실은 무시함)

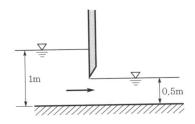

① $2.5\text{m}^3/\text{s/m}$ ② $1.6\text{m}^3/\text{s/m}$

③ $2.0\text{m}^3/\text{s/m}$ ④ $1.2\text{m}^3/\text{s/m}$

해설 $Q = Ca\sqrt{2gh}$

$\qquad = 1 \times (0.5 \times 1) \times \sqrt{2 \times 9.8 \times (1 - 0.5)}$

$\qquad = 1.57\text{m}^3/\text{sec/m}$

06 경심이 5m이고 동수경사가 1/200인 관로에서 Reynolds 수가 1,000인 흐름의 평균유속은?

① 0.70m/s ② 2.24m/s

③ 5.00m/s ④ 5.53m/s

해설 ㉠ $f = \dfrac{64}{R_e} = \dfrac{64}{1,000} = 0.064$

㉡ $f = \dfrac{8g}{C^2}$, $0.064 = \dfrac{8 \times 9.8}{C^2}$

$\qquad \therefore C = 35\text{m}^{\frac{1}{2}}/\text{sec}$

㉢ $V = C\sqrt{RI} = 35\sqrt{5 \times \dfrac{1}{200}}$

$\qquad = 5.53\text{m/sec}$

07 그림과 같이 물속에 수직으로 설치된 2m×3m 넓이의 수문을 올리는 데 필요한 힘은? (단, 수문의 물속 무게는 1,960N이고, 수문과 벽면 사이의 마찰계수는 0.25이다.)

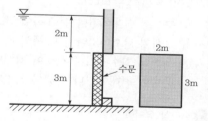

① 5.45kN ② 53.4kN

③ 126.7kN ④ 271.2kN

해설 ㉠ $P = wh_G A = 9.8 \times 3.5 \times (2 \times 3)$

$\qquad = 205.8\text{kN}$

㉡ $T = 205.8 \times 0.25 + 1.96 = 53.41\text{kN}$

08 강수량 자료를 해석하기 위한 DAD 해석 시 필요한 자료는?

① 강우량, 단면적, 최대수심

② 적설량, 분포면적, 적설일수

③ 강우량, 집수면적, 강우기간

④ 수심, 유속단면적, 홍수기간

해설 ③ 최대 평균우량깊이 − 유역면적 − 지속기간 관계를 수립하는 작업을 DAD 해석이라 한다.

09 단위무게 5.88kN/m^3, 단면 40cm×40cm, 길이 4m인 물체를 물속에 완전히 가라앉히려 할 때 필요한 최소 힘은?

① 2.51kN ② 3.76kN

③ 5.88kN ④ 6.27kN

해설 $5.88 \times (0.4 \times 0.4 \times 4) + P = 9.8(0.4 \times 0.4 \times 4)$

$\qquad \therefore P = 2.51\text{kN}$

10 원형관의 중앙에 피토관(Pitot tube)을 넣고 관벽의 정수압을 측정하기 위하여 정압관과의 수면차를 측정하였더니 10.7m이었다. 이때의 유속은? (단, 피토관 상수 $C = 1$이다.)

① 8.4m/s ② 11.7m/s

③ 13.1m/s ④ 14.5m/s

해설 $V = C_V\sqrt{2gh}$

$\qquad = 1 \times \sqrt{2 \times 9.8 \times 10.7}$

$\qquad = 14.48\text{m/sec}$

11 위어(weir)에 관한 설명으로 옳지 않은 것은?

① 위어를 월류하는 흐름은 일반적으로 상류에서 사류로 변한다.

② 위어를 월류하는 흐름이 사류일 경우(완전월류) 유량은 하류 수위의 영향을 받는다.

③ 위어는 개수로의 유량측정, 취수를 위한 수위 증가 등의 목적으로 설치된다.

④ 작은 유량을 측정할 경우 삼각위어가 효과적이다.

해설 ② 완전월류일 때 위어 정부의 흐름은 사류가 되므로 월류량은 하류수심의 영향을 받지 않는다.

12 유선(streamline)에 대한 설명으로 옳지 않은 것은?

① 유선이란 유체입자가 움직인 경로를 말한다.

② 비정상류에서는 시간에 따라 유선이 달라진다.

③ 정상류에서는 유적선(pathline)과 일치한다.

④ 하나의 유선은 다른 유선과 교차하지 않는다.

해설 ㉠ 유선 : 어느 시각에 있어서 각 입자의 속도벡터가 접선이 되는 가상적인 곡선
㉡ 유적선 : 한 유체입자의 이동경로

13 다음의 손실계수 중 특별한 형상이 아닌 경우, 일반적으로 그 값이 가장 큰 것은?

① 입구 손실계수(f_e)

② 단면 급확대 손실계수(f_{se})

③ 단면 급축소 손실계수(f_{sc})

④ 출구 손실계수(f_o)

해설 ④ 손실계수 중 가장 큰 것은 유출손실계수로서 $f_o = 1$ 이다.

14 다음 설명 중 기저유출에 해당되는 것은?

> • 유출은 유수의 생기원천에 따라 (A)지표면 유출, (B)지표하(중간) 유출, (C)지하수 유출로 분류되며, 지표하 유출은 (B_1) 조기 지표하 유출(prompt subsurface runoff), (B_2)지연 지표하 유출(delayed subsurface runoff)로 구성된다.
> • 또한 실용적인 유출해석을 위해 하천수로를 통한 총 유출은 직접유출과 기저유출로 분류된다.

① (A)+(B)+(C)

② (B)+(C)

③ (A)+(B_1)

④ (C)+(B_2)

해설 유출의 분류
㉠ 직접유출 : 강수 후 비교적 단시간 내에 하천으로 흘러 들어가는 유출
　• 지표면 유출
　• 복류수 유출
　• 수로상강수
㉡ 기저유출 : 비가 오기 전의 건조시의 유출
　• 지하수 유출수
　• 지연 지표하 유출

15 개수로에서 일정한 단면적에 대하여 최대 유량이 흐르는 조건은?

① 수심이 최대이거나 수로 폭이 최소일 때

② 수심이 최소이거나 수로 폭이 최대일 때

③ 윤변이 최소이거나 경심이 최대일 때

④ 윤변이 최대이거나 경심이 최소일 때

해설 수리상 유리한 단면
주어진 단면적과 수로의 경사에 대하여 경심이 최대 혹은 윤변이 최소일 때 최대유량이 흐르고 이러한 단면을 수리상 유리한 단면이라 한다.

16 폭이 1m인 직사각형 개수로에서 $0.5m^3/s$의 유량이 80cm의 수심으로 흐르는 경우, 이 흐름을 가장 잘 나타낸 것은? (단, 동점성 계수는 $0.012cm^2/s$, 한계수심은 29.5cm이다.)

① 층류이며 상류
② 층류이며 사류
③ 난류이며 상류
④ 난류이며 사류

해설 ㉠ $V = \dfrac{Q}{A} = \dfrac{0.5}{1 \times 0.8}$
$= 0.625m/sec = 62.5cm/sec$

㉡ $R = \dfrac{A}{P} = \dfrac{1 \times 0.8}{1 + 0.8 \times 2} = 0.31m$

㉢ $R_e = \dfrac{VR}{\nu} = \dfrac{62.5 \times 0.31}{0.012}$
$= 1614.58 > 500$이므로 난류이다.

㉣ $h(= 80cm) > h_c(= 29.5cm)$이므로 상류이다.

17 직각삼각형 위어에서 월류수심의 측정에 1%의 오차가 있다고 하면 유량에 발생하는 오차는?

① 0.4%
② 0.8%
③ 1.5%
④ 2.5%

해설 $\dfrac{dQ}{Q} = \dfrac{5}{2}\dfrac{dh}{h} = \dfrac{5}{2} \times 1\% = 2.5\%$

18 다음 중 부정류 흐름의 지하수를 해석하는 방법은?

① Theis방법
② Dupuit방법
③ Thiem방법
④ Laplace방법

해설 피압대수층 내 부정류 흐름의 지하수 해석법
㉠ Theis법
㉡ Jacob법
㉢ Chow법

19 Darcy의 법칙에 대한 설명으로 옳은 것은?

① 지하수 흐름이 층류일 경우 적용된다.
② 투수계수는 무차원의 계수이다.
③ 유속이 클 때에만 적용된다.
④ 유속이 동수경사에 반비례하는 경우에만 적용된다.

해설 ㉠ Darcy 법칙은 $R_e < 4$인 층류인 경우에 적용된다.
㉡ K의 차원은 $[LT^{-1}]$이다.
㉢ $V = Ki$이므로 V는 i에 비례한다.

20 흐르는 유체 속에 물체가 있을 때, 물체가 유체로부터 받는 힘은?

① 장력(張力)
② 충력(衝力)
③ 항력(抗力)
④ 소류력(掃流力)

해설 ③ 흐르는 유체 속에서 물체가 유체로부터 받는 힘을 항력이라 한다.

01 단면적이 200cm²인 90° 굽어진 관(1/4 원의 형태)을 따라 유량 Q=0.05m³/s의 물이 흐르고 있다. 이 굽어진 면에 작용하는 힘(P)은? (단, 무게 1kg=9.8N)

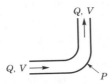

① 157N
② 177N
③ 1,570N
④ 1,770N

해설 ㉠ $Q = AV$

$$0.05 = (200 \times 10^{-4})\,V$$
$$\therefore\ V = 2.5\text{m/sec}$$

㉡ $P_x = \dfrac{wQ}{g}(V_1 - V_2)$

$$= \dfrac{1 \times 0.05}{9.8}(2.5 - 0) \times 9.8$$
$$= 125.05\text{N}$$

㉢ $P_y = \dfrac{wQ}{g}(V_2 - V_1)$

$$= \dfrac{1 \times 0.05}{9.8}(2.5 - 0) \times 9.8$$
$$= 125.05\text{N}$$

㉣ $P = \sqrt{P_x^{\,2} + P_y^{\,2}} = \sqrt{125.05^2 + 125.05^2}$

$$= 176.85\text{N}$$

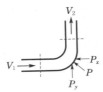

02 수평으로부터 상향으로 60°를 이루고 20 m/s로 사출되는 분수의 최대 연직도달높이는? (단, 공기 및 기타의 저항은 무시함)

① 15.3m
② 17.2m
③ 19.6m
④ 21.4m

해설 $y = \dfrac{V^2}{2g}\sin^2\theta = \dfrac{20^2}{2 \times 9.8} \times \sin^2 60°$

$$= 15.31\text{m}$$

03 직사각형 단면의 개수로에서 한계유속(V_c)과 한계수심(h_c)의 관계로 옳은 것은?

① $V_c \propto h_c$
② $V_c \propto h_c^{-1}$
③ $V_c \propto h_c^{\frac{1}{2}}$
④ $V_c \propto h_c^{2}$

해설 $V_c = \sqrt{\dfrac{gh_c}{\alpha}} \propto h_c^{\frac{1}{2}}$

04 비에너지와 수심의 관계 그래프에서 한계수심보다 수심이 작은 흐름은?

① 사류
② 상류
③ 한계류
④ 난류

해설 ㉠ 상류 : $h > h_c$
㉡ 사류 : $h < h_c$
㉢ 한계류 : $h = h_c$

05 부체가 안정되기 위한 조건으로 옳은 것은? (단, C =부심, G =중심, M =경심)

① $\overline{\text{CM}} = \overline{\text{CG}}$
② $\overline{\text{CM}} < \overline{\text{CG}}$
③ $\overline{\text{CM}} < \overline{2\text{CG}}$
④ $\overline{\text{CM}} > \overline{\text{CG}}$

해설 ㉠ 안정 : $\overline{\text{CM}} > \overline{\text{CG}}$
㉡ 불안정 : $\overline{\text{CM}} < \overline{\text{CG}}$
㉢ 중립 : $\overline{\text{CM}} = \overline{\text{CG}}$

06 지하수에서 Darcy의 법칙이 실측값과 가장 잘 일치하는 경우의 지하수 흐름은?

① 난류   ② 층류

③ 사류   ④ 한계류

해설 ② Darcy의 법칙은 $R_e < 4$인 층류의 흐름에 적용된다.

07 두 단면 간의 거리가 1km, 손실수두가 5.5m, 관의 지름이 3m라고 하면 관 벽의 마찰력은? (단, 무게 1kg= 9.8N)

① 65.5N/m²   ② 26.0N/m²

③ 80.9N/m²   ④ 40.4N/m²

해설 $\tau = \dfrac{w h_L}{2l} \cdot r$

$= \dfrac{1 \times 5.5}{2 \times 1,000} \times 1.5\text{t/m}^2 \times 9.8 \times 10^3$

$= 40.43\text{N/m}^2$

08 두 개의 수조를 연결하는 길이 3.7m의 수평관 속에 모래가 가득 차 있다. 두 수조의 수위차를 2.5m, 투수계수를 0.5m/s라고 하면 모래를 통과할 때의 평균유속은?

① 0.104m/s   ② 0.207m/s

③ 0.338m/s   ④ 0.446m/s

해설 $V = Ki = K\dfrac{h}{L}$

$= 0.5 \times \dfrac{2.5}{3.7} = 0.338\text{m/sec}$

09 관수로에 대한 설명으로 옳은 것은?

① 관내의 유체마찰력은 관 벽면에서 가장 크고 관 중심에서는 0이다.

② 관내의 유속은 관 벽으로부터 관 중심으로 1/3 떨어진 지점에서 최대가 된다.

③ 유체마찰력의 크기는 관 중심으로부터

의 거리에 반비례한다.

④ 관의 최대 유속은 평균유속의 3배이다.

해설 ① 관내의 마찰력은 관 벽면에서 최대이고, 관 중심에서는 0이다.

$\tau = wRI$

10 관의 길이가 80m, 관경 400mm인 주철관으로 0.1m³/s의 유량을 송수할 때 손실수두는? (단, Chezy의 평균유속계수 $C=70$이다.)

① 1.565m   ② 0.129m

③ 0.103m   ④ 0.092m

해설 ㉠ $V = \dfrac{Q}{A} = \dfrac{0.1 \times 4}{\pi \times 0.4^2} = 0.8\text{m/sec}$

㉡ $f = \dfrac{8g}{C^2} = \dfrac{8 \times 9.8}{70^2} = 0.016$

㉢ $h_L = f \times \dfrac{l}{D} \times \dfrac{V^2}{2g}$

$= 0.016 \times \dfrac{80}{0.4} \times \dfrac{80^2}{2 \times 9.8} = 0.104\text{m}$

11 수로의 취입구에 폭 3m의 수문이 있다. 문을 h 올린 결과, 그림과 같이 수심이 각각 5m와 2m가 되었다. 그때 취수량이 8m³/s이었다고 하면 수문의 개방 높이 h는? (단, $C=0.60$)

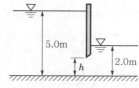

① 0.36m   ② 0.58m

③ 0.67m   ④ 0.73m

해설 $Q = Ca\sqrt{2gh}$

$8 = 0.6 \times (h \times 3)\sqrt{2 \times 9.8 \times (5-2)}$

$\therefore h = 0.58\text{m}$

12 Bernoulli 정리의 적용 조건이 아닌 것은?

① Bernoulli 방정식이 적용되는 임의의 두 점은 같은 유선상에 있다.

② 정상상태의 흐름이다.

③ 압축성 유체의 흐름이다.

④ 마찰이 없는 흐름이다.

해설 베르누이 정리의 성립 조건

㉠ 흐름은 정류이다.

㉡ 임의의 두 점은 같은 유선상에 있어야 한다.

㉢ 마찰에 의한 에너지 손실이 없는 비점성, 비압축성 유체인 이상유체의 흐름이다.

13 어떠한 경우라도 전단응력 및 인장력이 발생하지 않으며 전혀 압축되지도 않고 마찰저항 $h_L = 0$인 유체는?

① 소성유체　　　　② 점성유체

③ 탄성유체　　　　④ 완전유체

해설 ④ 유체가 흐를 때 점성이 전혀 없어서 전단응력이 발생하지 않으며 압력을 가해도 압축이 되지 않는 유체 즉, 비점성, 비압축성인 가상적인 유체를 이상유체(완전유체)라 한다.

14 등류의 정의로 옳은 것은?

① 흐름특성이 어느 단면에서나 같은 흐름

② 단면에 따라 유속 등의 흐름특성이 변하는 흐름

③ 한 단면에 있어서 유적, 유속, 흐름의 방향이 시간에 따라 변하지 않는 흐름

④ 한 단면에 있어서 유량이 시간에 따라 변하는 흐름

해설 등류(uniform flow)

정류 중에서 어느 단면에서나 유속과 수심이 변하지 않는 흐름을 등류라 한다.

15 그림과 같이 높이 2m인 물통에 물이 1.5m만큼 담겨져 있다. 물통이 수평으로 4.9m/s²의 일정한 가속도를 받고 있을 때 물통의 물이 넘쳐 흐르지 않기 위한 물통의 최소 길이는?

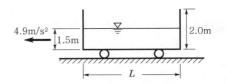

① 2.0m　　　　② 2.4m

③ 2.8m　　　　④ 3.0m

해설 $\tan \theta = \dfrac{\alpha}{g} = \dfrac{h}{L/2}$ 로부터

$$\frac{2-1.5}{L/2} = \frac{4.9}{9.8}$$

$$\therefore L = 2m$$

16 삼각위어의 유량공식으로 옳은 것은? (단, 위어의 각 : θ, 유량계수 : C, 월류수심 : H)

① $Q = \dfrac{8}{15} C \tan \dfrac{\theta}{2} \sqrt{2g}\, H^{\frac{5}{2}}$

② $Q = \dfrac{1}{15} C \tan \dfrac{\theta}{2} \sqrt{2gH}$

③ $Q = \dfrac{4}{15} C \tan \dfrac{\theta}{2} \sqrt{2gH}$

④ $Q = \dfrac{2}{3} C \tan \dfrac{\theta}{2} \sqrt{2g}\, H^{\frac{1}{3}}$

해설 $Q = \dfrac{8}{15} C \tan \dfrac{\theta}{2} \sqrt{2g}\, h^{\frac{5}{2}}$

17 층류와 난류에 관한 설명으로 옳지 않은 것은?

① 층류 및 난류는 레이놀즈(Reynolds)수의 크기로 구분할 수 있다.

② 층류란 직선상의 흐름으로 직각방향의 속도성분이 없는 흐름을 말한다.

③ 층류인 경우는 유체의 점성계수가 흐름

에 미치는 영향이 유체의 속도에 의한 영향보다 큰 흐름이다.

④ 관수로에서 한계 레이놀즈수의 값은 약 4000 정도이고 이것은 속도의 차원이다.

해설 ④ $R_{ec} = \dfrac{VD}{\nu} = 2,000$ 정도이고, 무차원이다

---

18 수심이 3m, 하폭이 20m, 유속이 4m/s인 직사각형단면 개수로에서 비력은? (단, 운동량보정계수 $\eta = 1.1$)

① 107.2m^3 ② 158.3m^3
③ 197.8m^3 ④ 215.2m^3

해설 ㉠ $Q = AV = (3 \times 20) \times 4 = 240\text{m}^3/\text{sec}$

㉡ $M = \eta \dfrac{QV}{g} + h_G A$

$= 1.1 \times \dfrac{240 \times 4}{9.8} + \dfrac{3}{2} \times (3 \times 20)$

$= 197.8\text{m}^3$

---

19 직사각형 단면 개수로의 수리상 유리한 형상의 단면에서 수로의 수심이 2m라면 이 수로의 경심(R)은?

① 0.5m ② 1m
③ 2m ④ 4m

해설 $b = 2h$이므로

$R_{\max} = \dfrac{A}{P} = \dfrac{b \cdot h}{b + 2h} = \dfrac{h}{2} = \dfrac{2}{2} = 1\text{m}$

---

20 물의 성질에 관한 설명 중 틀린 것은?

① 물은 압축성을 가지며, 온도, 압력 및 물에 포함되어 있는 공기의 양에 따라 다르다.
② 물의 단위중량이란 단위체적당 무게로 담수, 해수를 막론하고 항상 동일하다.
③ 물의 밀도는 단위체적당 질량으로 비질량(比質量)이라고도 한다.
④ 물의 비중은 그 질량에 최대 밀도가 생기게 하는 온도에서 그것과 같은 체적을 갖는 순수한 물의 질량과의 비이다.

해설 물의 단위중량은 담수와 해수가 다르다.
㉠ 담수 : $w = 1\text{t/m}^3$
㉡ 해수 : $w = 1.025\text{t/m}^3$

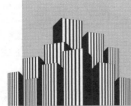

01 직경 10cm인 연직관 속에 높이 1m만큼 모래가 들어있다. 모래면 위의 수위를 10cm로 일정하게 유지시켰더니 투수량 Q=4L/hr이었다. 이때 모래의 투수계수 K는?

① 0.4m/hr　　　② 0.5m/hr

③ 3.8m/hr　　　④ 5.1m/hr

해설　$Q = AV = AKi$

$$4 \times 10^{-3} = \frac{\pi \times 0.1^2}{4} \times K \times \frac{0.1}{1}$$

$$\therefore K = 5.09 \text{m/hr}$$

02 개수로의 흐름에 대한 설명으로 옳지 않은 것은?

① 사류(supercritical flow)에서는 수면변동이 일어날 때 상류(上流)로 전파될 수 없다.

② 상류(subcritical flow)일 때는 Froude 수가 1보다 크다.

③ 수로경사가 한계경사보다 클 때 사류(supercritical flow)가 된다.

④ Reynolds수가 500보다 커지면 난류(turbulent flow)가 된다.

해설　개수로의 흐름

㉠ $F_r < 1$이면 상류, $F_r > 1$이면 사류이다.

㉡ $R_e < 500$이면 층류, $R_e > 500$이면 난류이다.

03 유효강수량과 가장 관계가 깊은 유출량은?

① 지표하 유출량　　② 직접 유출량

③ 지표면 유출량　　④ 기저 유출량

해설　② 유효강수량은 지표면 유출과 복류수 유출을 합한 직접유출에 해당하는 강수량이다.

04 반지름($\overline{OP}$)이 6m이고, $\theta' = 30°$인 수문이 그림과 같이 설치되었을 때, 수문에 작용하는 전수압(저항력)은?

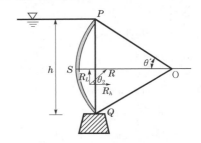

① 185.5kN/m

② 179.5kN/m

③ 169.5kN/m

④ 159.5kN/m

해설　㉠ $P_H = w h_G A$

$= 1 \times 6 \sin 30° \times (2 \times 6 \sin 30° \times 1) = 18\text{t}$

㉡ $P_V = w \times \quad \times b$

$= 1 \times \left(\pi \times 6^2 \times \frac{60°}{360°} - \frac{6 \sin 30° \times 6 \cos 30°}{2} \times 2 \right) \times 1$

$= 3.26\text{t}$

㉢ $P = \sqrt{P_H^2 + P_V^2}$

$= \sqrt{18^2 + 3.26^2} \times 9.8 = 179.24\text{kN}$

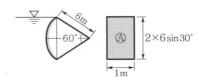

05 강우강도 공식에 관한 설명으로 틀린 것은?

① 강우강도(I)와 강우지속시간(D)과의 관계로서 Talbot, Sherman, Japanese형의 경험공식에 의해 표현될 수 있다.

② 강우강도공식은 자기우량계의 우량자료로부터 결정되며, 지역에 무관하게 적용 가능하다.

③ 도시지역의 우수거, 고속도로 암거 등의 설계 시에 기본자료로서 널리 이용된다.

④ 강우강도가 커질수록 강우가 계속되는 시간은 일반적으로 작아지는 반비례 관계이다.

[해설] ㉠ 강우강도와 지속기간 간의 관계는 지역에 따라 다르다.
ㄴ 강우강도가 크면 클수록 그 강우가 계속되는 기간은 짧다.

06 하천의 임의 단면에 교량을 설치하고자 한다. 원통형 교각 상류(전면)에 2m/s의 유속으로 물이 흘러간다면 교각에 가해지는 항력은? (단, 수심은 4m, 교각의 직경은 2m, 항력계수는 1.50이다)

① 16kN ② 24kN
③ 43kN ④ 62kN

[해설] $D = C_D A \dfrac{1}{2} \rho V^2$

$$= 1.5 \times (4 \times 2) \times \frac{1}{2} \times \frac{1}{9.8} \times 2^2 \times 9.8$$

$$= 24.01 \text{kN}$$

07 원형 단면의 수맥이 그림과 같이 곡면을 따라 유량 0.018m³/s가 흐를 때 x방향의 분력은? (단, 관내의 유속은 9.8m/s, 마찰은 무시한다)

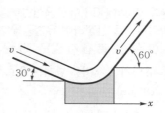

① -18.25N ② 37.83N
③ -64.56N ④ 17.64N

[해설] $P_x = \dfrac{wQ}{g}(V_{1x} - V_{2x})$

$$= \frac{1 \times 0.018}{9.8}(9.8\cos 60^\circ - 9.8\cos 30^\circ)$$

$$= -6.59 \times 10^{-3} \times 9.8$$

$$= -64.57 \text{N}$$

08 강수량 자료를 분석하는 방법 중 이중누가해석(double mass analysis)에 대한 설명으로 옳은 것은?

① 강수량 자료의 일관성을 검증하기 위하여 이용한다.

② 강수의 지속기간을 알기 위하여 이용한다.

③ 평균강수량을 계산하기 위하여 이용한다.

④ 결측자료를 보완하기 위하여 이용한다.

[해설] ① 우량계의 위치, 노출상태, 우량계의 교체, 주위환경의 변화 등이 생기면 전반적인 자료의 일관성이 없어지기 때문에 이것을 교정하여 장기간에 걸친 강수자료의 일관성을 얻는 방법을 2중 누가우량 분석이라 한다.

09 지름 D인 원관에 물이 반만 차서 흐를 때 경심은?

① $D/4$ ② $D/3$
③ $D/2$ ④ $D/5$

[해설] $R = \dfrac{A}{P} = \dfrac{\dfrac{\pi D^2}{4} \times \dfrac{1}{2}}{\dfrac{\pi D}{2}} = \dfrac{D}{4}$

10 SCS 방법(NRCS 유출곡선번호방법)으로 초과강우량을 산정하여 유출량을 계산할 때에 대한 설명으로 옳지 않은 것은?

① 유역의 토지이용 형태는 유효우량의 크기에 영향을 미친다.

② 유출곡선지수(runoff curve number)는 총 우량으로부터 유효우량의 잠재력을 표시하는 지수이다.

③ 투수성 지역의 유출곡선지수는 불투수성 지역의 유출곡선지수보다 큰 값을 갖는다.

④ 선행토양함수조건(antecedent soil moisture condition)은 1년을 성수기와 비성수기로 나누어 각 경우에 대하여 3가지 조건으로 구분하고 있다.

해설 유출곡선지수(runoff curve number : CN)

㉠ SCS에서 흙의 종류, 토지의 사용용도, 흙의 초기 함수상태에 따라 총 우량에 대한 직접유출량(혹은 유효우량)의 잠재력을 표시하는 지표이다.

㉡ 불투수성 지역일수록 CN의 값이 크다.

㉢ 선행토양함수조건은 성수기와 비성수기로 나누어 각 경우에 대하여 3가지 조건으로 구분한다.

11 그림에서 A와 B의 압력차는? (단, 수은의 비중= 13.50)

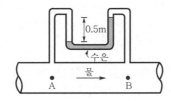

① 32.85kN/m^2

② 57.50kN/m^2

③ 61.25kN/m^2

④ 78.94kN/m^2

해설 $P_a + 1 \times 0.5 - 13.5 \times 0.5 - P_b = 0$

$\therefore P_a - P_b = 6.25\text{t/m}^2 = 61.25\text{kN/m}^2$

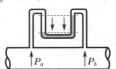

12 xy 평면이 수면에 나란하고, 질량력의 x, y, z축 방향성분을 X, Y, Z라 할 때, 정지평형 상태에 있는 액체 내부에 미소 육면체의 부피를 dx, dy, dz라 하면 등압면(等壓面)의 방정식은?

① $Xdx + Ydy + Zdz = 0$

② $\dfrac{X}{dx} + \dfrac{Y}{dy} + \dfrac{Z}{dz} = 0$

③ $\dfrac{dx}{X} + \dfrac{dy}{Y} + \dfrac{dz}{Z} = 0$

④ $\dfrac{X}{x}dx + \dfrac{Y}{y}dy + \dfrac{Z}{z}dz = 0$

해설 등압면의 방정식

$Xdx + Ydy + Zdz = 0$

13 오리피스에서 C_c를 수축계수, C_v를 유속계수라 할 때 실제유량과 이론유량과의 비(C)는?

① $C = C_c$

② $C = C_v$

③ $C = C_c / C_v$

④ $C = C_c \cdot C_v$

해설 $C = C_a \cdot C_v$

14 유역내의 DAD해석과 관련된 항목으로 옳게 짝지어진 것은?

① 우량, 유역면적, 강우지속시간

② 우량, 유출계수, 유역면적

③ 유량, 유역면적, 강우강도

④ 우량, 수위, 유량

해설 ① 최대 평균우량깊이－유역면적－지속기간 관계를
수립하는 작업을 DAD 해석이라 한다.

15 사각형 개수로 단면에서 한계수심(h_c)과 비
에너지(H_e)의 관계로 옳은 것은?

① $h_c = \dfrac{2}{3}H_e$　　　　② $h_c = H_e$

③ $h_c = \dfrac{3}{2}H_e$　　　　④ $h_c = 2H_e$

해설 $h_c = \dfrac{2}{3}H_e$

16 매끈한 원관 속으로 완전발달상태의 물이 흐
를 때 단면의 전단응력은?

① 관의 중심에서 0이고, 관 벽에서 가장 크다.

② 관 벽에서 변화가 없고, 관의 중심에서 가
장 큰 직선 변화를 한다.

③ 단면의 어디서나 일정하다.

④ 유속분포와 동일하게 포물선형으로 변화
한다.

해설 ① $\tau = \dfrac{wh_L}{2l} \cdot r$ 이므로 중심축에서는 $\tau = 0$이며, 관
벽에서는 $\tau_{\max}$ 인 직선이다.

17 폭 9m의 직사각형 수로에 16.2m³/s의 유량
이 92cm의 수심으로 흐르고 있다. 장파의 전
파속도 C와 비에너지 E는? (단, 에너지보정
계수 $\alpha = 1.0$)

① $C = 2.0$m/s, $E = 1.015$m

② $C = 2.0$m/s, $E = 1.115$m

③ $C = 3.0$m/s, $E = 1.015$m

④ $C = 3.0$m/s, $E = 1.115$m

해설 ㉠ $C = \sqrt{gh} = \sqrt{9.8 \times 0.92} = 3$m/sec

㉡ $H_e = h + \alpha \dfrac{V^2}{2g}$

$= 0.92 + 1 \times \dfrac{\left(\dfrac{16.2}{9 \times 0.92}\right)^2}{2 \times 9.8}$

$= 1.115$m

18 폭 35cm인 직사각형 위어(weir)의 유량을 측
정하였더니 0.03m³/s이었다. 월류수심의 측
정에 1mm의 오차가 생겼다면, 유량에 발생
하는 오차(%)는? (단, 유량계산은 프란시스
(Francis) 공식을 사용하되 월류 시 단면수축
은 없는 것으로 가정한다)

① 1.84%

② 1.67%

③ 1.50%

④ 1.16%

해설 ㉠ $Q = 1.84 b_o h^{\frac{3}{2}}$

$0.03 = 1.84 \times 0.35 \times h^{\frac{3}{2}}$

$\therefore h = 0.129$m $= 12.9$cm

㉡ $\dfrac{dQ}{Q} = \dfrac{3}{2} \times \dfrac{dh}{h}$

$= \dfrac{3}{2} \times \dfrac{0.1}{12.9} \times 100$

$= 1.16\%$

19 관수로에서 미소손실(Minor Loss)은?

① 위치수두에 비례한다.

② 압력수두에 비례한다.

③ 속도수두에 비례한다.

④ 레이놀즈수의 제곱에 반비례한다.

해설 미소손실은 속도수두($\dfrac{V^2}{2g}$)에 비례한다.

20 동해의 일본 측으로부터 300km 파장의 지진 해일이 발생하여 수심 3,000m의 동해를 가로질러 2,000km 떨어진 우리나라 동해안에 도달하다고 할 때, 걸리는 시간은? (단, 파속 $C = \sqrt{gh}$, 중력가속도는 9.8m/s²이고 수심은 일정한 것으로 가정)

① 약 150분   ② 약 194분
③ 약 274분   ④ 약 332분

해설 ㉠ $C = \sqrt{gh}$
$= \sqrt{9.8 \times 3,000}$
$= 171.46\text{m/sec}$

㉡ 시간$= \dfrac{2,000,000}{171.46}$
$= 11,664.53$초
$= 194.41$분

01 정수압의 성질에 대한 설명으로 옳지 않은 것은?

① 정수압은 작용하는 면에 수직으로 작용한다.

② 정수내의 1점에 있어서 수압의 크기는 모든 방향에 대하여 동일하다.

③ 정수압의 크기는 수두에 비례한다.

④ 같은 깊이의 정수압의 크기는 모든 액체에서 동일하다.

해설 정수압

㉠ 면에 직각으로 작용한다.

㉡ 정수 중의 임의의 한 점에 작용하는 정수압 강도는 모든 방향에 대하여 동일하다.

㉢ $P = wh$

02 지하수의 흐름에 대한 Darcy의 법칙은? (단, V : 지하수의 유속, K : 투수계수, Δh : 길이 Δl에 대한 손실수두)

① $V = K\left(\dfrac{\Delta h}{\Delta l}\right)^2$

② $V = K\left(\dfrac{\Delta h}{\Delta l}\right)$

③ $V = K\left(\dfrac{\Delta h}{\Delta l}\right)^{-1}$

④ $V = K\left(\dfrac{\Delta h}{\Delta l}\right)^{-2}$

해설 $V = Ki = K \cdot \dfrac{\Delta h}{\Delta l}$

03 U자관에서 어떤 액체 15cm의 높이와 수은 5cm의 높이가 평형을 이루고 있다면 이 액체의 비중은? (단, 수은의 비중은 13.6이다)

① 3.45

② 5.43

③ 5.34

④ 4.53

해설 $w \times 15 = 13.6 \times 5$

$w = 4.53 \text{t/m}^3$이므로 ∴ 비중은 4.53이다.

04 관수로 내의 흐름을 지배하는 주된 힘은?

① 인력

② 중력

③ 자기력

④ 점성력

해설 관수로 흐름의 원인은 압력과 점성력이다.

05 그림과 같이 흐름의 단면을 A_1에서 A_2로 급히 확대할 경우의 손실수두(h_s)를 나타내는 식은?

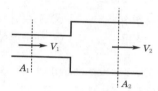

① $h_s = \left(1 - \dfrac{A_1}{A_2}\right)^2 \dfrac{V_1^2}{2g}$

② $h_s = \left(1 - \dfrac{A_1}{A_2}\right)^2 \dfrac{V_2^2}{2g}$

③ $h_s = \left(1 + \dfrac{A_1}{A_2}\right)^2 \dfrac{V_1^2}{2g}$

④ $h_s = \left(1 + \dfrac{A_2}{A_1}\right)^2 \dfrac{V_2^2}{2g}$

해설 $h_s = \left(1 - \dfrac{A_1}{A_2}\right)^2 \dfrac{V_1^2}{2g}$

06 Darcy의 법칙을 지하수에 적용시킬 때 다음 어느 경우가 잘 일치되는가?

① 층류인 경우

② 난류인 경우

③ 상류인 경우

④ 사류인 경우

해설 ① Darcy의 법칙은 $R_e < 4$인 층류의 흐름에 적용된다.

07 관수로에서 Reynolds수가 300일 때 추정할 수 있는 흐름의 상태는?

① 상류　　　　　② 사류
③ 층류　　　　　④ 난류

해설 ㉠ $R_e \leq 2,000$이면 층류이다.
㉡ $2,000 < R_e < 4,000$이면 층류와 난류가 공존한다.
㉢ $R_e \geq 4,000$이면 난류이다.

08 긴 관로의 유량조절 밸브를 갑자기 폐쇄시킬 때, 관로 내의 물의 질량과 운동량 때문에 정상적인 동수압보다 몇 배의 큰 압력 상승이 일어나는 현상은?

① 공동현상　　　② 도수현상
③ 수격작용　　　④ 배수현상

해설 수격작용(water hammering)
관수로에 물이 흐를 때 밸브를 급히 닫거나 열면 수압이 급격히 증가하게 되는데 이러한 작용을 수격작용이라 한다.

09 지름이 변하면서 위치도 변하는 원형 관로에 1.0m³/s의 유량이 흐르고 있다. 지름이 1.0m인 구간에서는 압력이 34.3kPa(0.35kg/cm²)이라면, 그 보다 2m 더 높은 곳에 위치한 지름 0.7m인 구간의 압력은? (단, 마찰 및 미소손실은 무시한다)

① 11.8kPa　　　② 14.7kPa
③ 17.6kPa　　　④ 19.6kPa

해설 ㉠ $Q = A_1 V_1$
$1 = \dfrac{\pi \times 1^2}{4} \times V_1$
$\therefore V_1 = 1.27 \text{m/sec}$
$Q = A_2 V_2$
$1 = \dfrac{\pi \times 0.7^2}{4} \times V_2$
$\therefore V_2 = 2.6 / \text{sec}$

㉡ $\dfrac{V_1{}^2}{2g} + \dfrac{P_1}{w} + Z_1 = \dfrac{V_2{}^2}{2g} + \dfrac{P_2}{w} + Z_2$
$\dfrac{1.27^2}{2 \times 9.8} + \dfrac{3.5}{1} + 0 = \dfrac{2.6^2}{2 \times 9.8} + \dfrac{P_2}{1} + 2$
$\therefore P_2 = 1.24 \text{t/m}^2 = 1.24 \times 9.8$
$= 12.15 \text{kN/m}^2$
$= 12.15 \text{kPa}(\therefore 1\text{kN/m}^2 = 1\text{kPa})$

10 직사각형 단면 개수로의 수리학적으로 유리한 형상의 단면에서 수로수심이 1.5m이었다면, 이 수로의 경심은?

① 0.75m　　　　② 1.0m
③ 2.25m　　　　④ 3.0m

해설 직사각형 단면수로에서 수리상 유리한 단면은 $R = \dfrac{h}{2}$ 이다.
$\therefore R = \dfrac{h}{2} = \dfrac{15}{2} = 0.75 \text{m}$

11 안지름 15cm의 관에 10℃의 물이 유속 3.2m/s로 흐르고 있을 때 흐름의 상태는? (단, 10℃ 물의 동점성계수(ν)=0.0131cm²/s)

① 층류　　　　　② 한계류
③ 난류　　　　　④ 부정류

해설 $R_e = \dfrac{VD}{\nu} = \dfrac{320 \times 15}{0.0131}$
$= 366,412 > 4,000$이므로 난류이다.

12 개수로의 설계와 수공 구조물의 설계에 주로 적용되는 수리학적 상사법칙은?

① Reynolds 상사법칙
② Froude 상사법칙
③ Weber 상사법칙
④ Mach 상사법칙

해설 ② Froude의 상사법칙은 중력이 흐름을 주로 지배하는 개수로 내의 흐름, 댐의 여수토 흐름 등의 상사법칙이다.

13 수축단면에 관한 설명으로 옳은 것은?

① 오리피스의 유출수맥에서 발생한다.
② 상류에서 사류로 변화할 때 발생한다.
③ 사류에서 상류로 변화할 때 발생한다.
④ 수축단면에서의 유속을 오리피스의 평
　균유속이라 한다.

해설 ① 오리피스의 유출수맥 중에서 최소로 축소된 단면
을 수축단면이라 한다.

14 에너지선에 대한 설명으로 옳은 것은?

① 유체의 흐름방향을 결정한다.
② 이상유체 흐름에서는 수평기준면과 평
　행하다.
③ 유량이 일정한 흐름에서는 동수경사선
　과 평행하다.
④ 유선 상의 각 점에서의 압력수두와 위치
　수두의 합을 연결한 선이다.

해설 ㉠ 이상유체 흐름에서는 손실이 없으므로 수평기준
면과 에너지선은 평행하다.

㉡ 에너지선은 기준수평면에서 $\left(Z+\dfrac{P}{w}+\dfrac{V^2}{2g}\right)$의 점
들을 연결한 선이다.

15 직사각형 단면의 개수로에서 비에너지의 최
솟값이 $E_{\min}=1.5\text{m}$ 이라면 단위폭당의 유량
은?

① $1.75\text{m}^3/\text{s}$
② $2.73\text{m}^3/\text{s}$
③ $3.13\text{m}^3/\text{s}$
④ $4.25\text{m}^3/\text{s}$

해설 ㉠ $h_c=\dfrac{2}{3}H_e=\dfrac{2}{3}\times1.5=1\text{m}$

㉡ $h_c=\left(\dfrac{\alpha Q^2}{gb^2}\right)^{\frac{1}{3}}$

$1=\left(\dfrac{1\times Q^2}{9.8\times1^2}\right)^{\frac{1}{3}}$

$\therefore Q=3.13\text{m}^3/\text{sec}$

16 그림과 같은 오리피스를 통과하는 유량은?
(단, 오리피스 단면적 $A=0.2\text{m}^2$, 손실계수
$C=0.78$이다)

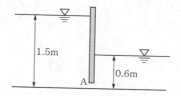

① $0.36\text{m}^3/\text{s}$
② $0.46\text{m}^3/\text{s}$
③ $0.56\text{m}^3/\text{s}$
④ $0.66\text{m}^3/\text{s}$

해설 $Q=Ca\sqrt{2gh}=0.78\times0.2\times\sqrt{2\times9.8\times(1.5-0.6)}$
　　$=0.66\text{m}^3/\text{sec}$

17 유량 Q, 유속 V, 단면적 A, 도심거리 h_G라 할
때 충력치(M)의 값은? (단, 충력치는 비력이
라고도 하며, η : 운동량 보정계수, g : 중력
가속도, W : 물의 중량, w : 물의 단위중량)

① $\eta\dfrac{Q}{g}+Wh_GA$
② $\eta\dfrac{Q}{g}V+h_GA$
③ $\eta\dfrac{gV}{Q}+h_GA$
④ $\eta\dfrac{Q}{g}V+\dfrac{1}{2}w^2$

해설 충력치(비력)

$M=\eta\dfrac{Q}{g}V+h_GA$

18 수로 폭 4m, 수심 1.5m인 직사각형 단면수로에
유량 24m³/s가 흐를 때, 프루드수(Froude
number)와 흐름의 상태는?

① 1.04, 상류
② 1.04, 사류
③ 0.74, 상류
④ 0.74, 사류

해설 ㉠ $V=\dfrac{Q}{A}=\dfrac{24}{4\times1.5}=4\text{m/sec}$

㉡ $F_r=\dfrac{V}{\sqrt{gh}}=\dfrac{4}{\sqrt{9.8\times1.5}}$
　　$=1.04>1$이므로 사류이다.

19 밑면이 7.5m×3m이고, 깊이가 4m인 빈 상자의 무게가 $4×10^5$N이다. 이 상자를 물에 띄웠을 때 수면 아래로 잠기는 깊이는?

① 3.54m ② 2.32m

③ 1.81m ④ 0.75m

해설 ㉠ $M = 4×10^5 \text{N} = \dfrac{4×10^5 × 10^{-3}}{9.8}$

$\quad = 40.82\text{t}$

㉡ $M = wV$

$\quad 40.82 = 1 × (7.5 × 3 × h)$

$\quad ∴ h = 1.81\text{m}$

20 동점성계수인 ν를 나타내는 단위로 옳은 것은?

① Poise ② mega

③ Stokes ④ Gal

해설 ㉠ 동점성계수 단위

$\quad 1\text{stokes} = 1\text{cm}^2/\text{sec}$

㉡ 점성계수 단위

$\quad 1\text{poise} = 1\text{g/cm.sec}$

01 수심 h, 단면적 A, 유량 Q로 흐르고 있는 개수로에서 에너지 보정계수를 α라고 할 때 비에너지 H_e를 구하는 식은? (단, h = 수심, g = 중력가속도)

① $H_e = h + \alpha\left(\dfrac{Q}{A}\right)$

② $H_e = h + \alpha\left(\dfrac{Q}{A}\right)^2$

③ $H_e = h + \alpha\left(\dfrac{Q^2}{A}\right)$

④ $H_e = h + \dfrac{\alpha}{2g}\left(\dfrac{Q}{A}\right)^2$

해설 비에너지

$Q = A \cdot V$로부터 $V = \dfrac{Q}{A}$이다.

$$H_e = h + \alpha\frac{V^2}{2g} = h + \frac{\alpha}{2g}\left(\frac{Q}{A}\right)^2$$

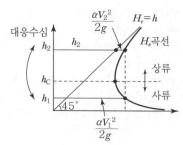

02 두 수조가 관길이 L = 50m, 지름 D = 0.8m, Manning의 조도계수 n = 0.013인 원형관으로 연결되어 있다. 이 관을 통하여 유량 Q = 1.2m³/s의 난류가 흐를 때 두 수조의 수위차(H)는? (단, 마찰, 단면 급확대 및 급축소 손실만을 고려한다.)

① 0.98m ② 0.85m
③ 0.54m ④ 0.36m

해설 ㉠ 유속 및 손실계수

$$V = \frac{Q}{A} = \frac{4Q}{\pi d^2} = \frac{4 \times 1.2}{\pi \times 0.8^2} = 2.39\text{m/sec}$$

$$f = \frac{124.6 n^2}{D^{\frac{1}{3}}} = \frac{124.6 \times 0.013^2}{0.8^{\frac{1}{3}}} = 0.0227$$

$$f_i = 0.5, \ f_o = 1.0$$

㉡ 수위차(H)

$Q = AV = A\sqrt{\dfrac{2gH}{\left(f_i + f\dfrac{l}{D} + f_o\right)}}$ 로부터

$$H = \frac{V^2}{2g}\left(f_e + f\frac{l}{D} + f_o\right)$$

$$= \frac{(2.39)^2}{2 \times 9.8} \times \left(0.5 + 0.0227 \times \frac{50}{0.8} + 1.0\right)$$

$$= 0.8506\text{m}$$

03 어떤 유역에 내린 호우사상의 시간적 분포가 표와 같고 유역의 출구에서 측정한 지표유출량이 15mm일 때 ϕ - 지표는?

시간 (hr)	0~1	1~2	2~3	3~4	4~5	5~6
강우강도 (mm/hr)	2	10	6	8	2	1

① 2mm/hr ② 3mm/hr
③ 5mm/hr ④ 7mm/hr

해설 ϕ - index

$$(10 - \phi) + (6 - \phi) + (8 - \phi) = 15$$

$$24 - 3\phi = 15$$

$$\therefore \phi - \text{index} = \frac{24 - 15}{3} = 3\text{mm/hr}$$

04 DAD(Depth-Area-Duration)해석에 관한 설명으로 옳은 것은?

① 최대평균우량깊이, 유역면적, 강우강도

와의 관계를 수립하는 작업이다.

② 유역면적을 대수축(logarithmic scale)에 최대평균강우량을 산술축(arithmetic scale)에 표시한다.

③ DAD해석 시 상대습도자료가 필요하다.

④ 유역면적과 증발산량과의 관계를 알 수 있다.

해설 ① 각 유역별로 최대우량깊이−유역면적−지속기간 과의 관계를 수립하는 작업이다.

③ DAD해석 시 상대습도자료는 필요하지 않다.

④ 유역면적과 증발산량과의 관계는 알 수 없다.

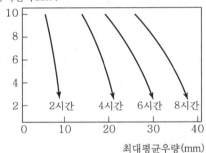

05 정상류(steady flow)의 정의로 가장 적합한 것은?

① 수리학적 특성이 시간에 따라 변하지 않는 흐름

② 수리학적 특성이 공간에 따라 변하지 않는 흐름

③ 수리학적 특성이 시간에 따라 변하는 흐름

④ 수리학적 특성이 공간에 따라 변하는 흐름

해설 정류(정상류)란 한 단면에서 시간이 지남에 따라 수리학적 특성이 변하지 않는 흐름을 말한다.

$$\frac{\partial V}{\partial t}=0, \quad \frac{\partial h}{\partial t}=0, \quad \frac{\partial Q}{\partial t}=0$$

06 개수로 내 흐름에 있어서 한계수심에 대한 설명으로 옳은 것은?

① 상류 쪽의 저항이 하류 쪽의 조건에 따라 변한다.

② 유량이 일정할 때 비력이 최대가 된다.

③ 유량이 일정할 때 비에너지가 최소가 된다.

④ 비에너지가 일정할 때 유량이 최소가 된다.

해설 한계수심

비에너지가 최소인 수심으로 한계유속으로 흐를 때의 수심을 말한다.

$$h_c = \left(\frac{n\alpha Q^2}{ga^2}\right)^{\frac{1}{2n+1}} = \left(\frac{\alpha Q^2}{gb^2}\right)^{\frac{1}{3}} = \frac{2}{3}H_e$$

07 단위유량도 작성 시 필요 없는 사항은?

① 유효우량의 지속시간

② 직접유출량

③ 유역면적

④ 투수계수

해설 ㉠ 단위유량도 작성 시 투수계수는 필요하지 않다.

㉡ 단위도의 가정

• 일정기저시간가정 : 강존강우로 인한 유하시간은 동일하다.

• 비례가정 : 수문곡선의 종거는 강우강도의 크기에 비례한다.

• 중첩가정 : 개개의 유출량을 합한 것은 총 유출 수문곡선의 종거와 같다.

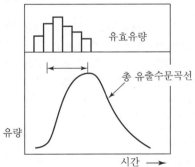

08 컨테이너부두 안벽에 입사하는 파랑의 입사 파고가 0.8m이고, 안벽에서 반사된 파랑의 반사파고가 0.3m일 때 반사율은?

① 0.325   ② 0.375
③ 0.425   ④ 0.475

해설 반사율 $= \dfrac{반사파고}{입사파고} = \dfrac{0.3}{0.8} = 0.375$

09 댐의 여수로에서 도수를 발생시키는 목적 중 가장 중요한 것은?

① 유수의 에너지 감세
② 취수를 위한 수위 상승
③ 댐 하류부에서의 유속의 증가
④ 댐 하류부에서의 유량의 증가

해설 유수의 에너지를 감소하기 위해서다. 도수 전후의 에너지손실은 수면차가 클수록 크다.

$$\Delta H_e = \frac{(h_2 - h_1)^3}{4h_1 h_2}$$

10 강우계의 관측분포가 균일한 평야지역의 작은 유역에 발생한 강우에 적합한 유역평균강우량 산정법은?

① Thiessen의 가중법
② Talbot의 강도법
③ 산술평균법
④ 등우선법

해설 유역평균강우량 산정법

㉠ 산술평균법 : 평야지역에서 강우분포가 균일한 경우 유역면적 500km² 미만인 지역에 적용한다.
㉡ Thiessen 가중법 : 비교적 정확하고 가장 많이 이용하며 유역면적이 약 500~5,000 km²인 곳에 적용한다.
㉢ 등우선법 : 강우에 대한 산악을 영향을 고려할 수 있는 방법이다.

11 흐름에 대한 설명 중 틀린 것은?

① 흐름이 층류일 때는 뉴턴의 점성법칙을 적용할 수 있다.
② 등류란 모든 점에서의 흐름의 특성이 공간에 따라 변하지 않는 흐름이다.
③ 유관이란 개개의 유체입자가 흐르는 경로를 말한다.
④ 유선이란 각 점에서 속도벡터에 접하는 곡선을 연결한 선이다.

해설 ③ 유관이란 유선으로 이루어진 가상적인 관, 즉 유선의 다발을 말한다.

12 우량관측소에서 측정된 5분 단위 강우량 자료가 표와 같을 때 10분 지속 최대강우강도는?

시각(분)	0	5	10	15	20
누가우량 (mm)	0	2	8	18	25

① 17mm/hr   ② 48mm/hr
③ 102mm/hr   ④ 120mm/hr

해설 ㉠ 5분 강우량

시각(분)	0	5	10	15	20
누가우량	0	2	8	18	25
5분우량		2	6	10	7

㉡ 최대 강우강도(10~20분)

$$I = \frac{60}{t} \times I_t = \frac{60}{10} \times 17 = 102 \text{mm/hr}$$

13 흐르는 유체 속에 잠겨있는 물체에 작용하는 항력과 관계가 없는 것은?

① 유체의 밀도   ② 물체의 크기
③ 물체의 형상   ④ 물체의 밀도

해설 항력

$$D = C_D A \frac{1}{2} \rho V^2$$

14 그림과 같이 반지름 R인 원형관에서 물이 층류로 흐를 때 중심부에서의 최대속도를 V라 할 경우 평균속도 V_m은?

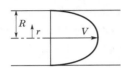

① $V_m = \dfrac{V}{2}$ 　　② $V_m = \dfrac{V}{3}$

③ $V_m = \dfrac{V}{4}$ 　　④ $V_m = \dfrac{V}{5}$

> **해설** 평균유속은 최대유속의 $\dfrac{1}{2}$배이다.
>
> $$V_m = \dfrac{1}{2} V_{\max}$$

15 관수로의 흐름이 층류인 경우 마찰손실계수 (f)에 대한 설명으로 옳은 것은?

① 조도에만 영향을 받는다.
② 레이놀즈수에만 영향을 받는다.
③ 항상 0.2778로 일정한 값을 갖는다.
④ 조도와 레이놀즈수에 영향을 받는다.

> **해설** 층류상태의 마찰손실계수
>
> $$f = \dfrac{64}{R_e}$$

16 중량이 600N, 비중이 3.0인 물체를 물(담수) 속에 넣었을 때 물속에서의 중량은?

① 100N 　　② 200N
③ 300N 　　④ 400N

> **해설** ㉠ 물체의 비중이 물의 비중보다 크다. 따라서 물체를 물속에 넣었을 때 물체의 무게는 부력만큼 가벼워진다.
> ㉡ 물체의 체적($g = 10\text{m/sec}^2$으로 가정)
>
> $$V = \dfrac{W}{w} = \dfrac{60(\text{kg})}{3,000(\text{kg/m}^3)} = 0.02\text{m}^3$$

> ㉢ 물체가 받는 부력
> $$B = w_o\,V = 1,000(\text{kg/m}^3) \times 0.02(\text{m}^3)$$
> $$= 20\text{kg} = 200\text{N}$$
> ㉣ 물속에서 물체의 중량
> $$W' = W - B = 600 - 200 = 400\text{N}$$

17 물속에 존재하는 임의의 면에 작용하는 정수압의 작용방향은?

① 수면에 대하여 수평방향으로 작용한다.
② 수면에 대하여 수직방향으로 작용한다.
③ 정수압의 수직압은 존재하지 않는다.
④ 임의의 면에 직각으로 작용한다.

> **해설** 정수압의 성질
> ㉠ 정수압은 수심에 비례한다.
> ㉡ 정수압은 면에 직각(수직)으로 작용한다.
> ㉢ 물속 한 점에서 작용하는 정수압은 방향에 관계없이 그 크기가 일정하다.

18 저수지의 측벽에 폭 20cm, 높이 5cm의 직사각형 오리피스를 설치하여 유량 200L/s를 유출시키려고 할 때 수면으로부터의 오리피스 설치위치는? (단, 유량계수 $C = 0.62$)

① 33m 　　② 43m
③ 53m 　　④ 63m

> **해설** $Q = CA\sqrt{2gh}$ 로부터
> $$H = \left(\dfrac{Q}{CA}\right)^2 \times \dfrac{1}{2g}$$
> $$= \left(\dfrac{0.2}{0.62 \times 0.2 \times 0.05}\right)^2 \times \dfrac{1}{2 \times 9.8} = 53.09\text{m}$$

19 대수층에서 지하수가 2.4m의 투과거리를 통과하면서 0.4m의 수두손실이 발생할 때 지하수의 유속은? (단, 투수계수 = 0.3m/s)

① 0.01m/s 　　② 0.05m/s
③ 0.1m/s 　　④ 0.5m/s

해설 $V = Ki = K \cdot \dfrac{h}{L} = 0.3 \times \dfrac{0.4}{2.4} = 0.05 \text{m/sec}$

20 삼각위어에 있어서 유량계수가 일정하다고 할 때 유량변화율(dQ/Q)이 1% 이하가 되기 위한 월류수심의 변화율(dh/h)은?

① 0.4% 이하   ② 0.5% 이하

③ 0.6% 이하   ④ 0.7% 이하

해설 삼각위어의 수두에 대한 유량오차

$\dfrac{dQ}{Q} = \dfrac{5}{2} \cdot \dfrac{dh}{h}$ 로부터

$\dfrac{dh}{h} = \dfrac{2}{5} \cdot \dfrac{dQ}{Q} = \dfrac{2}{5} \times 1(\%) = \dfrac{2}{5}\%$

01 수조 1과 수조 2를 단면적 A인 완전 수중 오리피스 2개로 연결하였다. 수조 1로부터 지속적으로 일정한 유량의 물을 수조 2로 송수할 때 두 수조의 수면차(H)는? (단, 오리피스의 유량계수는 C이고, 접근유속수두(h_a)는 무시한다.)

① $H = \left(\dfrac{Q}{A\sqrt{2g}}\right)^2$

② $H = \left(\dfrac{Q}{2A\sqrt{2g}}\right)^2$

③ $H = \left(\dfrac{Q}{2CA\sqrt{2g}}\right)^2$

④ $H = \left(\dfrac{Q}{CA\sqrt{2g}}\right)^2$

해설 $Q = 2CA\sqrt{2gH}$ 로부터

$\sqrt{2gH} = \dfrac{Q}{2CA}$

$\therefore H = \left(\dfrac{Q}{2CA}\right)^2 \times \dfrac{1}{2g} = \left(\dfrac{Q}{2CA\sqrt{2g}}\right)^2$

02 폭 7.0m의 수로 중간에 폭 2.5m의 직사각형 위어를 설치하였더니 월류수심이 0.35m이었다면 이때 월류량은? (단, $C = 0.63$이며, 접근유속은 무시한다.)

① $0.401 \text{m}^3/\text{s}$

② $0.439 \text{m}^3/\text{s}$

③ $0.963 \text{m}^3/\text{s}$

④ $1.444 \text{m}^3/\text{s}$

해설 $Q = \dfrac{2}{3} Cb\sqrt{2g}\, h^{\frac{3}{2}}$

$= \dfrac{2}{3} \times 0.63 \times 2.5 \times \sqrt{2 \times 9.8} \times 0.35^{\frac{3}{2}}$

$= 0.963 \text{m}^3/\text{sec}$

03 압력을 P, 물의 단위무게를 W_o라 할 때, P/W_o의 단위는?

① 시간 ② 길이

③ 질량 ④ 중량

해설 $P = W_o h$ 로부터

$\therefore h = \dfrac{P}{W_o}$ (높이, 길이, 수두)

04 그림과 같이 원관이 중심축에 수평하게 놓여 있고 계기압력이 각각 1.8kg/cm², 2.0kg/cm²일 때 유량은? (단, 압력계의 kg은 무게를 표시한다.)

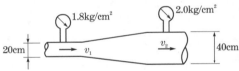

① $203 l/\text{s}$ ② $223 l/\text{s}$

③ $243 l/\text{s}$ ④ $263 l/\text{s}$

해설 $A_1 = \dfrac{\pi \times 0.2^2}{4} = 0.0314 \text{m}^2$

$A_2 = \dfrac{\pi \times 0.4^2}{4} = 0.1257 \text{m}^2$

$H = \dfrac{\Delta P}{w} = \dfrac{20 - 18}{1} = 2\text{m}$

$Q = \dfrac{A_1 A_2}{\sqrt{A_2^2 - A_1^2}}\sqrt{2gH}$

$= \dfrac{0.1257 \times 0.0314}{\sqrt{0.1257^2 - 0.0314^2}} \times \sqrt{2 \times 9.8 \times 2}$

$= 0.203031 \text{m}^3/\text{sec} = 203.03 l/\text{sec}$

05 지름 1m인 원형관에 물이 가득 차서 흐른다면 이때의 경심은?

① 0.25m ② 0.5m

③ 1.0m ④ 2.0m

해설 $R = \dfrac{D}{4} = \dfrac{1}{4} = 0.25m$

06 개수로에서 중력가속도를 g, 수심을 h로 표시할 때 장파(長波)의 전파속도는?

① $\sqrt{gh}$ ② gh

③ $\sqrt{\dfrac{h}{g}}$ ④ $\dfrac{h}{g}$

해설 장파의 전파속도

$C = \sqrt{gh}$

07 물의 점성계수의 단위는 g/cm · s이다. 동점성계수의 단위는?

① cm³/s   ② cm/s²

③ s/cm²   ④ cm²/s

해설 ㉠ 점성계수의 단위 : g/cm · sec(1poise)
㉡ 동점성계수의 단위 : cm²/sec(1stokes)

08 정상적인 흐름에서 한 유선상의 유체입자에 대하여 그 속도수두 $\dfrac{V^2}{2g}$, 압력수두 $\dfrac{P}{w_o}$, 위치수두 Z라면 동수경사로 옳은 것은?

① $\dfrac{V^2}{2g} + \dfrac{P}{w_o}$

② $\dfrac{V^2}{2g} + Z + \dfrac{P}{w_o}$

③ $\dfrac{V^2}{2g} + Z$

④ $\dfrac{P}{w_o} + Z$

해설 동수경사선=위치수두+압력수두

$i = \left(Z + \dfrac{P}{w_o} \right)$

09 원관 내 흐름이 포물선형 유속분포를 가질 때 관 중심선 상에서 유속이 V_o, 전단응력이 τ_o, 관 벽면에서 전단응력이 τ_s, 관내의 평균유속이 V_m, 관 중심선에서 y만큼 떨어져 있는 곳의 유속이 V, 전단응력이 τ라 할 때 옳지 않은 것은?

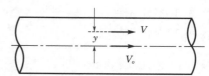

① $V_o > V$ ② $V_o = 2V_m$

③ $\tau_s = 2\tau_o$ ④ $\tau_s > \tau$

해설 ㉠ $V_o = 2V_m$, $V_o > V$
㉡ $\tau_s > \tau > \tau_o$

10 개수로를 따라 흐르는 한계류에 대한 설명으로 옳지 않은 것은?

① 주어진 유량에 대하여 비에너지(specific energy)가 최소이다.
② 주어진 비에너지에 대하여 유량이 최대이다.
③ 프루드(Froude)수는 1이다.
④ 일정한 유량에 대한 비력(specific force)이 최대이다.

해설 비력이 최소인 수심을 한계수심이라 한다.

11 Darcy법칙에서 투수계수의 차원은?

① 동수경사의 차원과 같다.
② 속도수두의 차원과 같다.
③ 유속의 차원과 같다.
④ 점성계수의 차원과 같다.

해설 Darcy법칙에서 동수경사 i는 무차원이므로 투수계수는 속도의 차원을 갖는다.

$V = ki$

12 2m×2m×2m인 고가수조에 관로를 통해 유입되는 물의 유입량이 0.15L/s일 때 만수가 되기까지 걸리는 시간은? (단, 현재 고가수조의 수심은 0.5m이다.)

① 5시간 20분

② 8시간 22분

③ 10시간 5분

④ 11시간 7분

해설 고수수조체적=총 유입량

$2 \times 2 \times 1.5 = (0.15 \times 10^{-3}) \times t$

$\therefore t = 40,000$초$= 11$시간6분40초

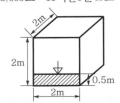

13 개수로흐름에서 수심이 1m, 유속이 3m/s이라면 흐름의 상태는?

① 사류(射流)　　② 난류(亂流)

③ 층류(層流)　　④ 상류(常流)

해설 $F_r = \dfrac{V}{C} = \dfrac{V}{\sqrt{gh}} = \dfrac{3}{\sqrt{9.8 \times 1}} = 0.96 < 1$

$\therefore$ 상류의 흐름

14 도수(Hydraulic jump)현상에 관한 설명으로 옳지 않은 것은?

① 역적－운동량 방정식으로부터 유도할 수 있다.

② 상류에서 사류로 급변할 경우 발생한다.

③ 도수로 인한 에너지 손실이 발생한다.

④ 파상도수와 완전도수는 Froude수로 구분한다.

해설 ㉠ 도수현상은 사류에서 상류로 변하는 경우에 발생한다.

㉡ 완전도수$(F_r \geq \sqrt{3})$와 파상도수 $(1 < F_r < \sqrt{3})$가 있다.

15 그림과 같이 물속에 잠긴 원판에 작용하는 전수압은? (단, 무게 1kg=9.8N)

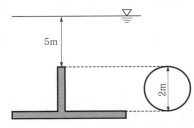

① 92.3kN

② 184.7kN

③ 369.3kN

④ 738.5kN

해설 $P = wh_G A = 1 \times 6 \times \dfrac{\pi \times 2^2}{4} = 18.8496 \mathrm{tf}$

$= 18.8496 \times 9.8 = 184.73 \mathrm{kN}$

16 부체가 물 위에 떠 있을 때 부체의 중심(G)과 부심(C)의 거리($\overline{\mathrm{CG}}$)를 e, 부심(C)과 경심(M)의 거리($\overline{\mathrm{CM}}$)를 a, 경심(M)에서 중심(G)까지의 거리($\overline{\mathrm{MG}}$)를 b라 할 때 부체의 안정조건은?

① $a > e$　　　　② $a < b$

③ $b < e$　　　　④ $b > e$

해설 부체의 안정조건 : $a > e$

17 그림에서 판 AB에 가해지는 힘 F는? (단, ρ 는 밀도)

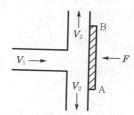

① $Q\dfrac{V_1^{\,2}}{2g}$
② $\rho Q V_1$

③ $\rho Q V_1^{\,2}$
④ $\rho Q V_2$

해설 $V_1 = V_1, \quad V_2 = 0$이므로
$$F = \frac{w}{g}\alpha(V_1 - V_2) = \rho Q V_1 \quad (\because w = \rho g)$$

18 Darcy의 법칙을 지하수에 적용시킬 때 가장 잘 일치하는 흐름은?

① 층류
② 난류
③ 사류
④ 상류

해설 Darcy의 법칙을 지하수에 적용시킬 때 가장 잘 일치 하는 흐름은 층류($R_e < 4$)의 흐름이다.

19 물의 흐름에서 단면과 유속 등 유동특성이 시 간에 따라 변하지 않는 흐름은?

① 층류
② 난류
③ 정상류
④ 부정류

해설 시간이 경과하면서 유동특성이 변하지 않는 흐름은 정류이다.
$$\frac{\partial V}{\partial t} = 0, \quad \frac{\partial Q}{\partial t} = 0, \quad \frac{\partial \rho}{\partial t} = 0$$

20 레이놀즈(Reynolds)수가 1,000인 관에 대 한 마찰손실계수 f의 값은?

① 0.016
② 0.022
③ 0.032
④ 0.064

해설 $R_e < 2000$이므로 층류의 흐름이다.
$$\therefore f = \frac{64}{R_e} = \frac{64}{1,000} = 0.064$$

01 삼각위어에서 수두를 H라 할 때 위어를 통해 흐르는 유량 Q와 비례하는 것은?

① $H^{-1/2}$　　　　② $H^{1/2}$

③ $H^{3/2}$　　　　④ $H^{5/2}$

[해설] 삼각위어 유량

$$Q = \frac{8}{15} C \tan\frac{\theta}{2} \sqrt{2g} H^{\frac{5}{2}}$$

02 도수(hydraulic jump)에 대한 설명으로 옳은 것은?

① 수문을 급히 개방할 경우 하류로 전파되는 흐름

② 유속이 파의 전파속도보다 작은 흐름

③ 상류에서 사류로 변할 때 발생하는 현상

④ Froude수가 1보다 큰 흐름에서 1보다 작아질 때 발생하는 현상

[해설] ① 단파에 대한 설명이다.
② 상류에 대한 설명이다.
③ 지배단면에 대한 설명이다.
④ 흐름이 사류에서 상류로 변할 때 일어나는 과도현상으로 $Fr > 1$흐름(사류)에서 $Fr < 1$(상류)일 때 발생한다.

03 어떤 계속된 호우에 있어서 총 유효우량 ΣR_e (mm), 직접유출의 총량 ΣQ_e(m³), 유역면적 A(km²) 사이에 성립하는 식은?

① $\Sigma R_e = A \times \Sigma Q_e$

② $\Sigma R_e = \dfrac{10^3 \times A}{\Sigma Q_e}$

③ $\Sigma R_e = 10^3 \times A \times \Sigma Q_e$

④ $\Sigma R_e = \dfrac{\Sigma Q_e}{10^3 \times A}$

[해설] 유효유량

$$R_e = \frac{\Sigma q \cdot \Delta t}{A}$$

R_e : 유효강우량(cm)
q : Δt(hr) 동안 유량(m³/hr)
A : 유역면적(km²)

04 DAD해석에 관계되는 요소로 짝지어진 것은?

① 강우깊이, 면적, 지속기간

② 적설량, 분포면적, 적설일수

③ 수심, 하천단면적, 홍수기간

④ 강우량, 유수단면적, 최대수심

[해설] DAD해석

각유역별로 최대우량깊이(D)−유역면적(A)−지속기간(D)과의 관계를 수립하는 작업이다.

05 그림과 같이 원형관 중심에서 V의 유속으로 물이 흐르는 경우에 대한 설명으로 틀린 것은? (단, 흐름은 층류로 가정한다.)

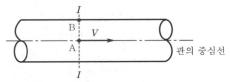

① A점에서의 유속은 단면 평균유속의 2배이다.

② A점에서의 마찰력은 V^2에 비례한다.

③ A점에서 B점으로 갈수록 마찰력은 커진다.

④ 유속은 A점에서 최대인 포물선분포를 한다.

해설 ㉠ $V_m = \dfrac{1}{2} V_{max}$

㉡ $\tau = w_o RI = w_o \dfrac{A}{P} \cdot \dfrac{h_L}{l}$

㉢ A점에서 마찰력은 유속과 무관하다.

06 두 개의 수평한 판이 5mm 간격으로 놓여 있고 점성계수 0.01N·s/cm²인 유체로 채워져 있다. 하나의 판을 고정시키고 다른 하나의 판을 2m/s로 움직일 때 유체 내에서 발생되는 전단응력은?

① 1N/cm² ② 2N/cm²
③ 3N/cm² ④ 4N/cm²

해설 전단응력(내부마찰력)은 뉴턴의 점성법칙으로부터

$\tau = \mu \dfrac{dV}{dy} = 0.01 \times \dfrac{200}{0.5} = 4\text{N/cm}^2$

07 관내의 손실수두(h_L)와 유량(Q)과의 관계로 옳은 것은? (단, Darcy-Weisbach공식을 사용)

① $h_L \propto Q$ ② $h_L \propto Q^{1.85}$
③ $h_L \propto Q^2$ ④ $h_L \propto Q^{2.5}$

해설 마찰손실수두에서

$h_L = f \dfrac{l}{D} \dfrac{V^2}{2g} = f \dfrac{l}{D} \dfrac{1}{2} \left(\dfrac{Q}{A} \right)^2$

08 유역의 평균폭 B, 유역면적 A, 본류의 유로연장 L인 유역의 형상을 양적으로 표시하기 위한 유역형상계수는?

① $\dfrac{A}{L}$ ② $\dfrac{A}{L^2}$
③ $\dfrac{B}{L}$ ④ $\dfrac{B}{L^2}$

해설 ㉠ 유역 형상계수는 유역면적과 동일한 면적을 가지는 원의직경(D_c)에 대한 유역의 무차원길이(L_c)의 비로 정의된다.

$R_s = \dfrac{L_c (\text{km})}{D_c (\text{km})}$

㉡ 유역계수는 하천의 특징, 즉 형상이나 성질을 파악하기 위해 사용되는 계수이다.

$F = \dfrac{A}{L^2}$

F : 유역계수, A : 유역면적
L^2 : 하천유로의 연장

09 지하수흐름과 관련된 Dupuit의 공식으로 옳은 것은? (단, q=단위폭당의 유량, l=침윤선길이, k=투수계수)

① $q = \dfrac{k}{2l}(h_1^2 - h_2^2)$

② $q = \dfrac{k}{2l}(h_1^2 + h_2^2)$

③ $q = \dfrac{k}{l}\left(h_1^{\frac{3}{2}} - h_2^{\frac{3}{2}}\right)$

④ $q = \dfrac{k}{l}\left(h_1^{\frac{3}{2}} + h_2^{\frac{3}{2}}\right)$

해설 제방(Dupit의 침윤선 공식)

㉠ 단위유량 $q = \dfrac{k}{2l}(h_1^2 - h_2^2)$

㉡ 총유량 $Q = L \times q$

여기서, l : 제방폭, L : 제방길이

10 강우자료의 변화요소가 발생한 과거의 기록치를 보정하기 위하여 전반적인 자료의 일관성을 조사하려고 할 때 사용할 수 있는 가장 적절한 방법은?

① 정상연강수량비율법
② Thiessen의 가중법
③ 이중누가우량분석
④ DAD분석

해설 ㉠ 정상 연강수량 비율법은 결측이 된 경우의 보완하기 위한 추정공식이다.

㉡ Thiessen 가중법은 유역의 평균강우량 산정하는 방법이다.

11 수면폭이 1.2m인 V형 삼각수로에서 2.8m³/s의 유량이 0.9m 수심으로 흐른다면 이때의 비에너지는? (단, 에너지보정계수 $\alpha = 1$로 가정한다.)

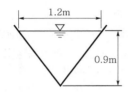

① 0.9m   ② 1.14m
③ 1.84m   ④ 2.27m

해설 ㉠ 유속산정(평균유속)

$$V = \frac{Q}{A} = \frac{2 \times 2.8}{1.2 \times 0.9} = 5.1851 \text{m/sec}$$

㉡ 비에너지 산정

$$H_e = h + \alpha \frac{V^2}{2g} = 0.9 + 1.0 \times \frac{5.19^2}{2 \times 9.8} = 2.2743 \text{m}$$

12 층류영역에서 사용 가능한 마찰손실계수의 산정식은? (단, R_e : Reynolds수)

① $\dfrac{1}{R_e}$ ② $\dfrac{4}{R_e}$

③ $\dfrac{24}{R_e}$ ④ $\dfrac{64}{R_e}$

해설 ㉠ 층류에서 마찰손실계수는

$$f = \frac{64}{R_e} \quad (R_e \leq 2,000)$$

㉡ 난류에서는

$$f = 0.3164 R_e^{-\frac{1}{4}} \quad (R_e > 4000)$$

13 수심 10.0m에서 파속(C_1)이 50.0m/s인 파랑이 입사각(β_1) 30°로 들어올 때 수심 8.0m에서 굴절된 파랑의 입사각(β_2)은? (단, 수심 8.0m에서 파랑의 파속(C_2)=40.0m/s)

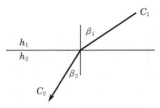

① 20.58°   ② 23.58°
③ 38.68°   ④ 46.15°

해설 파동의 굴절률(굴절의 법칙, 스넬의 법칙)

$$n_{12} = \frac{\sin i}{\sin r} = \frac{V_1}{V_2} = \frac{\lambda_1}{\lambda_2} = \frac{n_2}{n_1} \text{ 로부터}$$

$$\therefore \sin\beta_2 = \frac{V_2}{V_1}\sin\beta_1 = \frac{40}{50} \times \sin 30° = 0.4$$

$$\therefore \beta_2 = \sin^{-1} 0.4 = 23.5782° = 23°41'41.44''$$

14 벤투리미터(venturi meter)의 일반적인 용도로 옳은 것은?

① 수심측정   ② 압력측정
③ 유속측정   ④ 단면측정

해설 베르누이정리를 응용한 벤투리미터는 유속측정기구이다.

15 단면적 20cm²인 원형 오리피스(orifice)가 수면에서 3m의 깊이에 있을 때 유출수의 유량은? (단, 유량계수는 0.6이라 한다.)

① 0.0014m³/s   ② 0.0092m³/s
③ 0.0119m³/s   ④ 0.1524m³/s

해설 작은 오리피스(orifice)

$$Q = CA\sqrt{2gh} = 0.6 \times 0.002 \times \sqrt{2 \times 9.8 \times 3}$$
$$= 0.009202 \text{m}^3/\text{sec}$$

16 그림과 같은 관로의 흐름에 대한 설명으로 옳지 않은 것은? (단, h_1, h_2는 위치 1, 2에서의 손실수두, h_{LA}, h_{LB}는 각각 관로 A 및 B에서의 손실수두이다.)

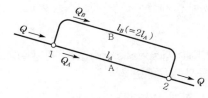

① $h_{LA} = h_{LB}$ ② $Q = Q_A + Q_B$
③ $Q_A = Q_B$ ④ $h_2 = h_1 - h_{LA}$

해설 분지관로에서 각 관로의 유량이 같은 것은 아니다.
$Q_1 \neq Q_2$

17 1시간 간격의 강우량이 15.2mm, 25.4mm, 20.3 mm, 7.6mm이고, 지표유출량이 47.9 mm일 때 $\phi-$ index는?

① 5.15mm/hr ② 2.58mm/hr
③ 6.25mm/hr ④ 4.25mm/hr

해설 $\phi-$index 산정
$(15.2 - \phi) + (25.4 - \phi) + (20.3 - \phi) + (7.6 - \phi)$
$= 47.9$
$68.5 - 4\phi = 47.9$
$\therefore \phi = \dfrac{20.6}{4} = 5.15 \text{mm/hr}$

18 비중 γ_1의 물체가 비중 $\gamma_2 (\gamma_2 > \gamma_1)$의 액체에 떠 있다. 액면 위의 부피($V_1$)와 액면 아래의 부피 ($V_2$)의 비 $\left(\dfrac{V_1}{V_2} \right)$는?

① $\dfrac{V_1}{V_2} = \dfrac{\gamma_2}{\gamma_1} + 1$ ② $\dfrac{V_1}{V_2} = \dfrac{\gamma_2}{\gamma_1} - 1$
③ $\dfrac{V_1}{V_2} = \dfrac{\gamma_1}{\gamma_2}$ ④ $\dfrac{V_1}{V_2} = \dfrac{\gamma_2}{\gamma_1}$

해설 아르키메데스의 원리로부터
$\gamma_1 (V_1 + V_2) = \gamma_2 V_2$
$\gamma_1 V_1 + \gamma_1 V_2 = \gamma_2 V_2$
$\gamma_1 V_1 = (\gamma_2 - \gamma_1) V_2$
$\dfrac{V_1}{V_2} = \dfrac{\gamma_2 - \gamma_1}{\gamma_1} = \dfrac{\gamma_2}{\gamma_1} - 1$

19 기계적 에너지와 마찰손실을 고려하는 베르누이정리에 관한 표현식은? (단, E_P 및 E_T는 각각 펌프 및 터빈에 의한 수두를 의미하며, 유체는 점 1에서 점 2로 흐른다.)

① $\dfrac{v_1^{2}}{2g} + \dfrac{p_1}{\gamma} + z_1 = \dfrac{v_2^{2}}{2g} + \dfrac{p_2}{\gamma} + z_2 + E_P + E_T + h_L$

② $\dfrac{v_1^{2}}{2g} + \dfrac{p_1}{\gamma} + z_1 = \dfrac{v_2^{2}}{2g} + \dfrac{p_2}{\gamma} + z_2 - E_P - E_T - h_L$

③ $\dfrac{v_1^{2}}{2g} + \dfrac{p_1}{\gamma} + z_1 = \dfrac{v_2^{2}}{2g} + \dfrac{p_2}{\gamma} + z_2 - E_P + E_T + h_L$

④ $\dfrac{v_1^{2}}{2g} + \dfrac{p_1}{\gamma} + z_1 = \dfrac{v_2^{2}}{2g} + \dfrac{p_2}{\gamma} + z_2 + E_P - E_T + h_L$

해설 에너지손실(마찰손실, 터빈수두)을 (+)해주고, 기계손실(펌프수두)은 (−)해준다.

20 수심 2m, 폭 4m, 경사 0.0004인 직사각형 단면수로에서 유량 14.56m³/s가 흐르고 있다. 이 흐름에서 수로표면 조도계수(n)는? (단, Manning공식 사용)

① 0.0096 ② 0.01099
③ 0.02096 ④ 0.03099

해설 $R = \dfrac{A}{P} = \dfrac{2 \times 4}{2 \times 2 + 4} = 1\text{m}$

$Q = AV = A \dfrac{1}{n} R^{\frac{2}{3}} I^{\frac{1}{2}}$

$\therefore n = \dfrac{A}{Q} \cdot R^{\frac{2}{3}} I^{\frac{1}{2}} = \dfrac{2 \times 4}{14.56} \times 1^{\frac{1}{3}} \times 0.004^{\frac{1}{2}}$
$= 0.010989$

01 그림과 같은 사다리꼴 인공수로의 유적(A)과 동수반경(R)은?

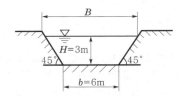

① $A=27\text{m}^2$, $R=2.64\text{m}$
② $A=27\text{m}^2$, $R=1.86\text{m}$
③ $A=18\text{m}^2$, $R=1.86\text{m}$
④ $A=18\text{m}^2$, $R=2.64\text{m}$

해설 $A = \dfrac{6+12}{2} \times 3 = 27\text{m}^2$

$R = \dfrac{A}{P} = \dfrac{27}{3\sqrt{2}\times2+6} = 1.86\text{m}$

02 수심 h가 폭 b에 비해서 매우 작아 $R ≒ h$가 될 때 Chezy 평균유속계수 C는? (단, Manning의 평균유속공식 사용)

① $C=\dfrac{1}{n}h^{\frac{1}{3}}$ ② $C=\dfrac{1}{n}h^{\frac{1}{4}}$

③ $C=\dfrac{1}{n}h^{\frac{1}{5}}$ ④ $C=\dfrac{1}{n}h^{\frac{1}{6}}$

해설 $C=\dfrac{1}{n}R^{\frac{1}{6}} ≒ \dfrac{1}{n}h^{\frac{1}{6}}$

03 초속 20m/s, 수평과의 각 45°로 사출된 분수가 도달하는 최대연직높이는? (단, 공기 및 기타 저항은 무시한다.)

① 10.2m ② 11.6m
③ 15.3m ④ 16.8m

해설 $y = \dfrac{V^2}{2g}\sin^2\theta = \dfrac{20^2}{2\times9.8}\sin^245° = 10.2\text{m}$

04 비에너지(specific energy)에 관한 설명으로 옳지 않은 것은?

① 한계류인 경우 비에너지는 최대가 된다.
② 상류인 경우 수심의 증가에 따라 비에너지가 증가한다.
③ 사류인 경우 수심의 감소에 따라 비에너지가 증가한다.
④ 어느 수로단면의 수로바닥을 기준으로 하여 측정한 단위무게의 물이 가지는 흐름의 에너지이다.

해설 ① 한계류일 때 비에너지는 최소가 된다.

05 지하수에서의 Darcy의 법칙에 대한 설명으로 틀린 것은?

① 지하수의 유속은 동수경사에 비례한다.
② Darcy의 법칙에서 투수계수의 차원은 $[LT^{-1}]$이다.
③ Darcy의 법칙은 지하수의 흐름이 정상류라는 가정에서 성립한다.
④ Darcy의 법칙은 주로 난류로 취급했으며 레이놀즈수 $R_e > 2,000$의 범위에서 주로 잘 적용된다.

해설 Darcy법칙은 $R_e < 4$인 층류의 흐름에 적용된다.

06 관내의 흐름에서 레이놀즈수(Reynolds number)에 대한 설명으로 옳지 않은 것은?

① 레이놀즈수는 물의 동점성계수에 비례한다.
② 레이놀즈수가 2,000보다 작으면 층류이다.
③ 레이놀즈수가 4,000보다 크면 난류이다.
④ 레이놀즈수는 관의 내경에 비례한다.

해설 $R_e = \dfrac{\rho VD}{\mu} = \dfrac{VD}{\nu}$ 이므로, R_e는 동점성계수에 반비례한다.

07 삼각위어(weir)에서 $\theta = 60°$일 때 월류수심은? (단, Q : 유량, C : 유량계수, H : 위어높이)

① $\left(\dfrac{Q}{1.36C}\right)^{\frac{2}{5}}$ ② $\left(\dfrac{Q}{1.36C}\right)^{\frac{5}{2}}$

③ $1.36CH^{\frac{5}{2}}$ ④ $1.36CH^{\frac{2}{5}}$

해설 $Q = \dfrac{8}{15}C\tan\dfrac{\theta}{2}\sqrt{2g}\,h^{\frac{5}{2}}$

$= \dfrac{8}{15}C\tan\dfrac{60°}{2}\sqrt{2\times9.8}\,h^{\frac{5}{2}}$

$h^{\frac{5}{2}} = \dfrac{Q}{1.36C}$

$\therefore\ h = \left(\dfrac{Q}{1.36C}\right)^{\frac{2}{5}}$

08 유체에서 1차원 흐름에 대한 설명으로 옳은 것은?

① 면만으로는 정의될 수 없고 하나의 체적요소의 공간으로 정의되는 흐름
② 여러 개의 유선으로 이루어지는 유동면으로 정의되는 흐름
③ 유동특성이 1개의 유선을 따라서만 변화하는 흐름
④ 유동특성이 여러 개의 유선을 따라서 변화하는 흐름

해설 유체에서 1차원 흐름은 유동특성이 1개의 유선을 따라서만 변화하는 흐름을 말한다.

09 오리피스에서 지름이 1cm, 수축단면(vena contracta)의 지름이 0.8cm이고, 유속계수(C_v)가 0.9일 때 유량계수(C)는?

① 0.584   ② 0.720
③ 0.576   ④ 0.812

해설 ㉠ $C_a = \dfrac{a}{A} = \dfrac{0.8^2}{1^2} = 0.64$
㉡ $C = C_a \times C_v = 0.64 \times 0.9 = 0.576$

10 최적수리단면(수리학적으로 가장 유리한 단면)에 대한 설명으로 틀린 것은?

① 동수반경(경심)이 최소일 때 유량이 최대가 된다.
② 수로의 경사, 조도계수, 단면이 일정할 때 최대유량을 통수시키게 하는 가장 경제적인 단면이다.
③ 최적수리단면에서는 직사각형 수로단면이나 사다리꼴 수로단면이나 모두 동수반경이 수심의 절반이 된다.
④ 기하학적으로는 반원단면이 최적수리단면이나 시공상의 이유로 직사각형단면 또는 사다리꼴단면이 주로 사용된다.

해설 수리상 유리한 단면은 동일단면적에 대하여 최대유량이 흐르는 단면을 말하며, 경심이 최대 또는 윤변이 최소인 단면이다.

11 A저수지에서 1km 떨어진 B저수지에 유량 8m³/s를 송수한다. 저수지의 수면차를 10m로 하기 위한 관의 지름은? (단, 마찰손실만을 고려하고, 마찰손실 계수 $f = 0.030$이다.)

① 2.15m   ② 1.92m
③ 1.74m   ④ 1.52m

해설 ㉠ $V = \dfrac{Q}{A} = \dfrac{k \times 8}{\pi D^2} = \dfrac{10.19}{D^2}$

ㄴ $h = f\dfrac{l}{D}\dfrac{V^2}{2g}$ 에서

$10 = 0.03 \times \dfrac{1,000}{D} \times \dfrac{\left(\dfrac{10.19}{D^2}\right)^2}{2 \times 9.8}$

$D^5 = 15.89$

$\therefore \ D = 1.74\text{m}$

12 2개의 수조를 연결하는 길이 1m의 수평관 속에 모래가 가득 차 있다. 양수조의 수위차는 0.5m이고, 투수계수가 0.01cm/s이면 모래를 통과할 때의 평균유속은?

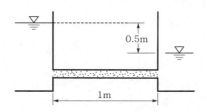

① 0.05cm/s

② 0.0025cm/s

③ 0.005cm/s

④ 0.0075cm/s

해설 $V = Ki = K\dfrac{h}{L} = 0.01 \times \dfrac{50}{100}$

$= 0.005\text{cm/sec}$

13 개수로의 흐름이 사류일 때를 나타내는 것은? (단, h : 수심, h_c : 한계수심, F_r : Froude수)

① $h < h_c, \ F_r < 1$　　② $h < h_c, \ F_r > 1$

③ $h > h_c, \ F_r < 1$　　④ $h > h_c, \ F_r > 1$

해설 ㉠ 상류흐름 : $h > h_e, \ F_r < 1$

ㄴ 사류흐름 : $h < h_e, \ F_r > 1$

14 관로상의 유량조절밸브나 펌프의 급조작으로 유수의 운동에너지가 압력에너지로 변환되어 관벽에 큰 압력이 작용하게 되는 현상은?

① 난류현상　　　　② 수격작용

③ 공동현상　　　　④ 도수현상

해설 관수로에서 밸브를 열거나 닫을 때 급격히 증감하는 압력을 수격압이라 하고, 이러한 작용을 수격작용이라 한다.

15 흐름의 상태를 나타낸 것 중 옳지 않은 것은? (단, t=시간, l=공간, v=유속)

① $\dfrac{\partial v}{\partial t} = 0$(정상류)

② $\dfrac{\partial v}{\partial t} \neq 0$(부정류)

③ $\dfrac{\partial v}{\partial l} = 0, \ \dfrac{\partial v}{\partial t} = 0$(정상등류)

④ $\dfrac{\partial v}{\partial t} \neq 0, \ \dfrac{\partial v}{\partial l} \neq 0$(정상부등류)

해설 ④의 경우는 비정상부등류의 흐름이다.

16 그림과 같은 직사각형 평면이 연직으로 서 있을 때 그 중심의 수심을 H_G라 하면 압력의 중심위치(작용점)를 a, b, H_G로 표현한 것으로 옳은 것은?

① $H_G + \dfrac{1}{H_G ab}$

② $H_G + \dfrac{ab^2}{12}$

③ $H_G + \dfrac{b}{12H_G}$

④ $H_G + \dfrac{b^2}{12H_G}$

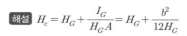

해설 $H_c = H_G + \dfrac{I_G}{H_G A} = H_G + \dfrac{b^2}{12H_G}$

17 밑면이 7.5m×3m이고, 깊이가 4m인 빈 상자의 무게가 4×10^5N이다. 이 상자를 물속에 완전히 가라앉히기 위하여 상자에 넣어야 할 최소 추가무게는? (단, 물의 단위무게＝9,800N/m³)

① 340,000N

② 375,500N

③ 400,000N

④ 482,200N

해설 $M + P = B$

$4 \times 10^5 + P = 9,800 \times (7.5 \times 3 \times 4)$

$\therefore P = 482,000$N

18 물의 성질에 대한 설명으로 옳지 않은 것은?

① 물의 점성계수는 수온이 높을수록 작아진다.

② 동점성계수는 수온에 따라 변하며 온도가 낮을수록 그 값은 크다.

③ 물은 일정한 체적을 갖고 있으나 온도와 압력의 변화에 따라 어느 정도 팽창 또는 수축을 한다.

④ 물의 단위중량은 0℃에서 최대이고, 밀도는 4℃에서 최대이다.

해설 ④ 물의 단위중량과 밀도는 4℃에서 최대이다.

19 물의 밀도에 대한 차원으로 옳은 것은?

① $[FL^{-4}T^2]$

② $[FL^{-1}T^2]$

③ $[FL^{-2}T]$

④ $[FL]$

해설 $\rho = \dfrac{w}{g} = FL^{-4}T^2$

20 임의로 정한 수평기준면으로부터 유선상의 해당 지점까지의 연직거리를 의미하는 것은?

① 기준수두

② 위치수두

③ 압력수두

④ 속도수두

해설 연직거리의 의미는 위치수두를 의미한다.

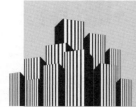

01 미소진폭파(small – amplitude wave)이론을 가정할 때 일정 수심 h의 해역을 전파하는 파장 L, 파고 H, 주기 T의 파랑에 대한 설명 중 틀린 것은?

① h/L이 0.05보다 작을 때 천해파로 정의한다.

② h/L이 1.0보다 클 때 심해파로 정의한다.

③ 분산관계식은 L, h 및 T 사이의 관계를 나타낸다.

④ 파랑의 에너지는 H^2에 비례한다.

해설 ② h/L(상대수심)이 1/2(0.5)보다 클 때 심해파로 정의한다.

　㉠ 천해파는 상대수심(h/L)이 1/2보다 작고, 1/20~1/25보다 클 경우를 말한다.

　㉡ 극천해파(장파)는 상대수심(h/L)이 1/20~1/25보다 작을 때를 말한다.

02 개수로에서 단면적이 일정할 때 수리학적으로 유리한 단면에 해당되지 않는 것은? (단, H : 수심, R_h : 동수반경, l : 측면의 길이, B : 수면폭, P : 윤변, θ : 측면의 경사)

① H를 반지름으로 하는 반원에 외접하는 직사각형단면

② R_h가 최대 또는 P가 최소인 단면

③ $H = B/2$이고 $R_h = B/2$인 직사각형단면

④ $l = B/2$, $R_h = H/2$, $\theta = 60°$인 사다리꼴 단면

해설 ③ $H = B/2$이고, $R_h = H/2$인 직사각형 단면

03 밀도가 ρ인 유체가 일정한 유속 V_0로 수평방향으로 흐르고 있다. 이 유체 속에 지름 d, 길이 l인 원주가 그림과 같이 놓였을 때 원주에 작용되는 항력(抗力)을 구하는 공식은? (단, C_D는 항력계수)

① $C_D \cdot \dfrac{\pi d^2}{4} \cdot \dfrac{\rho V_0}{2}$

② $C_D \cdot d \cdot l \cdot \dfrac{\rho V_0{}^2}{2}$

③ $C_D \cdot \dfrac{\pi d^4}{4} \cdot l \cdot \dfrac{\rho V_0}{2}$

④ $C_D \cdot \pi d \cdot l \cdot \dfrac{\rho V_0}{2}$

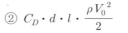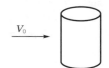

해설 항력에 물체의 저항면적은 흐름방향으로 투영된 평면이 갖는 면적이다.

$$D = C_D A \frac{\rho V^2}{2} = C_D dl \frac{\rho V_0{}^2}{2}$$

04 그림과 같이 정수 중에 있는 판에 작용하는 전수압을 계산하는 식은?

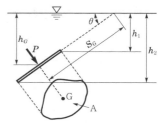

① $P = \gamma S_G A$

② $P = \gamma \dfrac{h_1 + h_2}{2} A$

③ $P = \gamma h_G A$

④ $P = \gamma h_G A \sin\theta$

해설 $h_G = S_G \sin\theta$

　∴ $P = \gamma h_G A = \gamma S_G A \sin\theta$

05 정상류의 흐름에 대한 설명으로 옳은 것은?

① 흐름특성이 시간에 따라 변하지 않는 흐름이다.

② 흐름특성이 공간에 따라 변하지 않는 흐름이다.

③ 흐름특성이 단면에 관계없이 동일한 흐름이다.

④ 흐름특성이 시간에 따라 일정한 비율로 변하는 흐름이다.

해설 정류(정상류)

$$\frac{\partial V}{\partial t}=0, \quad \frac{\partial h}{\partial t}=0, \quad \frac{\partial Q}{\partial t}=0, \quad \frac{\partial \rho}{\partial t}=0$$

06 지름이 4cm인 원형관 속에 물이 흐르고 있다. 관로 길이 1.0m 구간에서 압력강하가 0.1N/m²이었다면 관벽의 마찰응력은?

① 0.001N/m² ② 0.002N/m²

③ 0.01N/m² ④ 0.02N/m²

해설 마찰응력(전단응력)(하겐 포아주의 법칙)

$$\tau = w_o RI = w_o \frac{D}{4} \cdot \frac{h_L}{l} = w_o \frac{h_L}{2l} \cdot r$$

$$= \frac{\Delta p}{2l} r = \frac{0.1}{2 \times 1} \times 0.02 = 0.001 \text{N/m}^2$$

07 그림에서 배수구의 면적이 5cm²일 때 물통에 작용하는 힘은? (단, 물의 높이는 유지되고, 손실은 무시한다.)

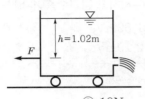

① 1N ② 10N

③ 100N ④ 102N

해설 $V = \sqrt{2gh}$, $V_2 = 0$

$$F = \frac{w}{g} QV = \frac{w}{g} AV^2$$

$$= \frac{1 \times 9.8}{9.8} \times 0.0005 \times 2 \times 9.8 \times 1.02 \times 10^3$$

$$= 9.996 \text{N} \fallingdotseq 10 \text{N}$$

08 지하수의 투수계수에 영향을 주는 인자로 거리가 먼 것은?

① 토양의 평균입경

② 지하수의 단위중량

③ 지하수의 점성계수

④ 토양의 단위중량

해설 지하수의 투수계수에 영향을 주는 인자로는 흙입자의 모양과 크기, 공극비, 포화도, 흙입자의 구성, 흙의 구조, 유체의 점성, 밀도 등이 있다.

$$K = D_s^2 \frac{w}{\mu} \frac{e^3}{1+e} C$$

09 두께가 10m인 피압대수층에서 우물을 통해 양수한 결과 50m 및 100m 떨어진 두 지점에서 수면강하가 각각 20m 및 10m로 관측되었다. 정상상태를 가정할 때 우물의 양수량은? (단, 투수계수는 0.3m/hr)

① $7.6 \times 10^{-2} \text{m}^3/\text{s}$

② $6.0 \times 10^{-3} \text{m}^3/\text{s}$

③ $9.4 \text{m}^3/\text{s}$

④ $21.6 \text{m}^3/\text{s}$

해설 $Q = \dfrac{2\pi a k(H - h_o)}{2.3\log\left(\dfrac{R}{r_o}\right)}$

$$= \frac{2\pi \times 10 \times 0.3 \times (2.0 - 10)}{2.3\log\left(\dfrac{100}{50}\right) \times 3600}$$

$$= 0.075624 \text{m}^3/\text{sec}$$

$$= 7.6 \times 10^{-2} \text{m}^3/\text{sec}$$

10 폭이 넓은 하천에서 수심이 2m이고 경사가 $\dfrac{1}{200}$인 흐름의 소류력(tractive force)은?

① 98N/m^2

② 49N/m^2

③ 196N/m^2

④ 294N/m^2

해설 소류력$(w_o = 1\text{t/m}^3 = 9.8\text{kN/m}^3)$

$$\tau_o = T = w_o RI \fallingdotseq w_o hI$$
$$= 9.8 \times 2 \times \frac{1}{200} = 0.098\text{kN/m}^2$$
$$= 98\text{N/m}^2$$

11 다음 중에서 차원이 다른 것은?

① 증발량

② 침투율

③ 강우강도

④ 유출량

해설 ㉠ ①, ②, ③의 단위는 mm/day, mm/hr

㉡ ④의 단위는 m^3/sec

12 Thiessen 다각형에서 각각의 면적이 20 km^2, 30km^2, 50km^2이고, 이에 대응하는 강우량이 각각 40mm, 30mm, 20mm일 때 이 지역의 면적 평균강우량은?

① 25mm

② 27mm

③ 30mm

④ 32mm

해설 Thiessen 가중법

$$P_m = \frac{A_1 P_1 + A_2 P_2 + A_3 P_3}{A_1 + A_2 + A_3}$$
$$= \frac{20 \times 40 + 30 \times 30 + 50 \times 20}{20 + 30 + 50}$$
$$= \frac{2700}{100} = 27\text{mm}$$

13 관수로흐름에서 난류에 대한 설명으로 옳은 것은?

① 마찰손실계수는 레이놀즈수만 알면 구할 수 있다.

② 관벽조도가 유속에 주는 영향은 층류일 때보다 작다.

③ 관성력의 점성력에 대한 비율이 층류의 경우보다 크다.

④ 에너지손실은 주로 난류효과보다 유체의 점성 때문에 발생된다.

해설 $R_e = \dfrac{\text{관성력}}{\text{점성력}} = \dfrac{\rho VD}{\mu} = \dfrac{VD}{\nu}$

14 수면높이차가 항상 20m인 두 수조가 지름 30cm, 길이 500m, 마찰손실계수가 0.03인 수평관으로 연결되었다면 관내의 유속은? (단, 마찰, 단면 급확대 및 급축소에 따른 손실을 고려한다.)

① 2.76m/s

② 4.72m/s

③ 5.76m/s

④ 6.72m/s

해설 $V = \sqrt{\dfrac{2gh}{f_1 + f\dfrac{l}{D} + f_o}} = \sqrt{\dfrac{2 \times 9.8 \times 20}{0.5 + 0.03 \times \dfrac{500}{0.3} + 1.0}}$

$\qquad = 2.7589\text{m/sec}$

15 폭 3.5m, 수심 0.4m인 직사각형 수로의 Francis 공식에 의한 유량은? (단, 접근유속을 무시하고 양단수축이다.)

① $1.59\text{m}^3/\text{s}$

② $2.04\text{m}^3/\text{s}$

③ $2.19\text{m}^3/\text{s}$

④ $2.34\text{m}^3/\text{s}$

해설 Francis 공식

$$b_o = b - \frac{n}{10}h = 3.5 - \frac{2}{10} \times 0.4 = 3.42\text{m}$$

$$Q = 1.84 b_o h^{\frac{3}{2}} = 1.84 \times 3.42 \times 0.42^3 = 1.5919\text{m}^3/\text{sec}$$

16 수심 H에 위치한 작은 오리피스(orifice)에서 물이 분출할 때 일어나는 손실수두(Δh)의 계산식으로 틀린 것은? (단, V_a는 오리피스에서 측정된 유속이며, C_v는 유속계수이다.)

① $\Delta h = H - \dfrac{V_a^2}{2g}$

② $\Delta h = H(1 - C_v^2)$

③ $\Delta h = \dfrac{V_a^2}{2g}\left(\dfrac{1}{C_v^2} - 1\right)$

④ $\Delta h = \dfrac{V_a^2}{2g}\left(\dfrac{1}{C_v^2 + 1}\right)$

해설 $H_v = C_v^2 H$, $\Delta h_L = (1 - C_v^2)H$

17 개수로흐름에 대한 설명으로 틀린 것은?

① 한계류상태에서는 수심의 크기가 속도수두의 2배가 된다.

② 유량이 일정할 때 상류에서는 수심이 작아질수록 유속은 커진다.

③ 비에너지는 수평기준면을 기준으로 한 단위무게의 유수가 가진 에너지를 말한다.

④ 흐름이 사류에서 상류로 바뀔 때에는 도수와 함께 큰 에너지손실을 동반한다.

해설 ③ 비에너지는 수로바닥을 기준으로 한 단위무게당 물이 갖는 에너지를 말한다.

18 강우량자료를 분석하는 방법 중 이중누가곡선법에 대한 설명으로 옳은 것은?

① 평균강수량을 산정하기 위하여 사용한다.

② 강수의 지속기간을 구하기 위하여 사용한다.

③ 결측자료를 보완하기 위하여 사용한다.

④ 강수량자료의 일관성을 검증하기 위하여 사용한다.

해설 수십 년에 걸친 장기간 동안의 강수자료는 일관성(consistency)에 대한 검사가 필요하다. 우량계의 위치, 노출상태, 우량계의 형, 관측방법 및 주위 환경의 변화가 생기면 전반적인 자료의 일관성이 없어져 무의미한 기록 값이 된다. 이를 교정하기 위한 방법으로 2중 누가우량분석법을 사용한다.

19 면적 10km²인 저수지의 수면으로부터 2m 위에서 측정된 대기의 평균온도가 25℃, 상대습도가 65%, 풍속이 4m/s일 때 증발률이 1.44mm/day이었다면 저수지 수면에서 일 증발량은?

① 9,360m³/day

② 3,600m³/day

③ 7,200m³/day

④ 14,400m³/day

해설 증발량 = 증발률 × 수표면적
$$= 1.44 \times 10^{-3} \times 10 \times 10^6 = 14,400 \text{m}^3/\text{day}$$

20 차원계를 [MLT]에서 [FLT]로 변환할 때 사용하는 식으로 옳은 것은?

① $[M] = [LFT]$

② $[M] = [L^{-1}FT^2]$

③ $[M] = [LFT^2]$

④ $[M] = [L^2FT]$

해설 $F = ma = MLT^{-2}$
$$\therefore M = FL^{-1}T^2$$

01 초속 V_o의 사출수가 도달하는 수평 최대거리는?

① 최대연직높이의 1.2배이다.
② 최대연직높이의 1.5배이다.
③ 최대연직높이의 2.0배이다.
④ 최대연직높이의 3.0배이다.

해설 ㉠ 최대 연직높이

$$y_{max} = \frac{V^2}{2g}\sin^2\theta = \frac{V^2}{2g}(\theta = 90°)$$

㉡ 최대 수평거리

$$x_{max} = \frac{V^2}{g}\sin^2\theta = \frac{V^2}{g}(\theta = 45°)$$

$$\therefore \ x_{max} = 2 \cdot y_{max}$$

02 지하대수층에서의 지하수흐름에 대하여 Darcy법칙을 적용하기 위한 가정으로 옳지 않은 것은?

① 수식의 속도는 지하대수층 내의 실제 흐름속도를 의미한다.
② 다공층을 구성하고 있는 물질의 특성이 균일하고 동질이라 가정한다.
③ 지하수흐름이 정상류이며, 또한 층류로 가정한다.
④ 대수층 내에 모관수대가 존재하지 않는다고 가정한다.

해설 ① 수식의 속도는 지하대수층 내의 평균유속을 의미한다.

03 다음 설명 중 옳지 않은 것은?

① 유선이란 임의순간에 각 점의 속도벡터에 접하는 곡선이다.
② 유관이란 개방된 곡선을 통과하는 유선

으로 이루어진 평면을 말한다.
③ 흐름이 층류일 때 뉴턴의 점성법칙을 적용할 수 있다.
④ 정상류란 한 점에서 흐름의 특성이 시간에 따라 변하지 않는 흐름이다.

해설 ② 유관이란 유선의 가상적인 관모양의 다발을 말한다.

04 그림과 같이 단면적이 A_1, A_2인 두 관이 연결되어 있고 관내 두 점의 수두차가 H일 때 유량을 계산하는 식은?

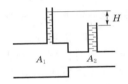

① $Q = \dfrac{A_1 - A_2}{\sqrt{A_1{}^2 - A_2{}^2}}\sqrt{2gH}$

② $Q = \dfrac{A_1 \cdot A_2}{\sqrt{A_1{}^2 + A_2{}^2}}\sqrt{2gH}$

③ $Q = \dfrac{A_1 - A_2}{\sqrt{A_1{}^2 + A_2{}^2}}\sqrt{2gH}$

④ $Q = \dfrac{A_1 \cdot A_2}{\sqrt{A_1{}^2 - A_2{}^2}}\sqrt{2gH}$

해설 관로 내의 수두차에 의한 유량

$$Q = \frac{A_1 A_2}{\sqrt{A_1{}^2 - A_2{}^2}}\sqrt{2gH}\,(\text{m}^3/\text{sec})$$

05 관망의 유량을 계산하는 방법인 Hardy – Cross의 방법에서 가정조건이 아닌 것은?

① 분기점에서 유입하는 유량은 그 점에서 정지하지 않고 전부 유출한다.
② 각 폐합관에서 시계방향 또는 반시계방향으로 흐르는 관로의 손실수두의 합은 0이다.
③ 합류점에 유입하는 유량은 그 점에서 정지하지 않고 전부 유출한다.
④ 보정유량 ΔQ는 크기와 상관없이 균등하게 배분하여 유량을 결정한다.

해설 보정유량 ΔQ는 관의 크기나 손실수두에 따라 배분하여 유량을 결정한다.

$$\Delta Q = \frac{-\sum kQ'^2}{2\sum kQ'} = -\frac{\sum h_L{}'}{2\sum KQ'}$$

06 동수경사선(hydraulic grade line)에 대한 설명으로 옳은 것은?

① 위치수두를 연결한 선이다.
② 속도수두와 위치수두를 합해 연결한 선이다.
③ 압력수두와 위치수두를 합해 연결한 선이다.
④ 전수두를 연결한 선이다.

해설 동수경사선은 (위치수두+압력수두)를 연결한 선을 말한다.

07 길이 130m인 관로에서 양단의 압력수두차가 8m가 되도록 하고 0.3m³/s의 물을 송수하기 위한 관의 직경은? (단, 관로의 마찰손실계수는 0.030이다)

① 43.0cm   ② 32.5cm
③ 30.3cm   ④ 25.4cm

해설 $Q = AV = \dfrac{\pi d^2}{4}\sqrt{\dfrac{2gH}{f\dfrac{l}{D}}}$

$$= \frac{\pi d^2}{4} \times \sqrt{\frac{2 \times 9.8 \times 8 \times d}{0.03 \times 130}} = 4.98 d^{\frac{5}{2}}$$

$$\therefore d = \left(\frac{0.3}{4.98}\right)^{\frac{2}{5}} = 0.325\text{m} = 32.5\text{cm}$$

08 그림과 같은 수중 오리피스에서 오리피스단 면적이 30cm²일 때 유출량은? (단, 유량계수 $C = 0.6$)

① 13.7L/s
② 12.5L/s
③ 10.2L/s
④ 8.0L/s

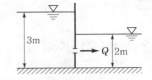

해설 수중 오리피스의 유출량

$Q = Ca\sqrt{2gh} = 0.6 \times 30 \times \sqrt{2 \times 980 \times (300 - 200)}$
$= 7968.9\text{cm}^3/\sec = 7.97l/\sec$

09 물의 점성계수(coefficient of viscosity)에 대한 설명 중 옳은 것은?

① 수온에는 관계없이 점성계수는 일정하다.
② 점성계수와 동점성계수는 반비례한다.
③ 수온이 낮을수록 점성계수는 크다.
④ 4℃에서의 점성계수가 가장 크다.

해설 액체의 경우 온도가 증가할수록 점성계수 및 동점성계수는 감소하고, 기체의 경우는 증가한다.

10 한계류에 대한 설명으로 옳은 것은?

① 유속의 허용한계를 초과하는 흐름
② 유속과 장파의 전파속도의 크기가 동일한 흐름
③ 유속이 빠르고 수심이 작은 흐름
④ 동압력이 정압력보다 큰 흐름

해설 한계류는 천이구역으로 $2,000 < R_e < 4,000$인 경우, $F_r = 1 (C = V)$ 경우가 있다.

11 다음 중 차원이 있는 것은?

① 조도계수 n
② 동수경사 I
③ 상대조도 e/D
④ 마찰손실계수 f

해설 조도계수 (n)의 차원은 $L^{-\frac{1}{3}} T (m^{-\frac{1}{3}}, sec)$이다.

12 유체 내부 임의의 점 (x, y, z)에서의 시간 t에 대한 속도성분을 각각 u, v, w로 표시할 때 정류이며 비압축성인 유체에 대한 연속방정식으로 옳은 것은? (단, ρ는 유체의 밀도이다.)

① $\dfrac{\partial u}{\partial x} + \dfrac{\partial v}{\partial y} + \dfrac{\partial w}{\partial z} = 0$

② $\dfrac{\partial \rho u}{\partial x} + \dfrac{\partial \rho v}{\partial y} + \dfrac{\partial \rho w}{\partial z} = 0$

③ $\dfrac{\partial \rho}{\partial t} + \rho \left(\dfrac{\partial u}{\partial x} + \dfrac{\partial v}{\partial y} + \dfrac{\partial w}{\partial z} \right) = 0$

④ $\dfrac{\partial \rho}{\partial t} + \dfrac{\partial (\rho u)}{\partial x} + \dfrac{\partial (\rho v)}{\partial y} + \dfrac{\partial (\rho w)}{\partial z} = 0$

해설 비압축성 유체의 연속방정식

$\dfrac{\partial u}{\partial x} + \dfrac{\partial v}{\partial y} + \dfrac{\partial w}{\partial z} = 0$

13 원형 관수로의 흐름에서 레이놀즈수 (Re)를 유량 Q, 지름 d 및 동점성계수 ν의 함수로 표시한 것으로 옳은 것은?

① $Re = \dfrac{4Q}{\pi d \nu}$　　② $Re = \dfrac{Q}{4 \pi d \nu}$

③ $Re = \dfrac{\pi \nu}{Qd}$　　④ $Re = \dfrac{\pi d}{\nu Q}$

해설 $R_e = \dfrac{\rho VD}{\mu} = \dfrac{VD}{\nu} = \dfrac{QD}{A\nu} = \dfrac{4Q}{\pi d \nu}$

14 개수로의 흐름에서 등류의 흐름일 때 옳은 것은?

① 유속은 점점 빨라진다.
② 유속은 점점 늦어진다.
③ 유속은 일정하게 유지된다.
④ 유속은 0이다.

해설 등류의 흐름

$\dfrac{\partial v}{\partial l} = 0, \quad \dfrac{\partial Q}{\partial l} = 0, \quad \dfrac{\partial h}{\partial l} = 0$

15 투수계수가 0.1cm/s이고 지하수위의 동수경사가 1/10인 지하수흐름의 속도는?

① 0.005cm/s
② 0.01cm/s
③ 0.5cm/s
④ 1cm/s

해설 $V = Ki = 0.1 \times \dfrac{1}{10} = 0.01$cm/sec

16 오리피스에서 유출되는 실제 유량을 계산하기 위한 수축계수 C_a로 옳은 것은? (단, a_0 : 수축단면의 단면적, a : 오리피스의 단면적, V : 실제 유속, V_0 : 이론유속)

① $\dfrac{a}{a_0}$　　　　② $\dfrac{V_0}{V}$

③ $\dfrac{a_0}{a}$　　　　④ $\dfrac{V}{V_0}$

해설 수축계수

$C_a = \dfrac{\text{수축단면의 단면적}}{\text{오리피스의 단면적}} = \dfrac{a_0}{A}$

17 부체(浮體)가 불안정해지는 조건에 대한 설명으로 옳은 것은?

① 부양면에 대한 단면 1차 모멘트가 클수록

② 부양면에 대한 단면 1차 모멘트가 작을수록

③ 부양면에 대한 단면 2차 모멘트가 클수록

④ 부양면에 대한 단면 2차 모멘트가 작을수록

> 해설 부체의 불안정 조건
> $$\overline{MG}(h) < 0, \quad \frac{I_x}{V} < \overline{GC}$$

18 콘크리트 직사각형 수로폭이 8m, 수심이 6m일 때 Chezy의 공식에서 유속계수(C)의 값은? (단, Manning의 조도계수 $n=0.014$이다.)

① 79

② 83

③ 87

④ 92

> 해설 $R = \dfrac{A}{p} = \dfrac{8 \times 6}{8 + 2 \times 6} = 2.4\text{m}$
>
> $C = \dfrac{1}{n} R^{\frac{1}{6}} = \dfrac{1}{0.014} \times 2.4^{\frac{1}{6}} = 82.65$

19 수압 98kPa(1kg/cm²)을 압력수두로 환산한 값으로 옳은 것은?

① 1m

② 10m

③ 100m

④ 1,000m

> 해설 ㉠ 수압 $P = 98\text{kPa} = 98\text{kN/m}^2$
>
> ㉡ 물의 단위중량 $w_o = 1\text{t/m}^3 = 9.8\text{kN/m}^3$
>
> ∴ $h = \dfrac{P}{w_o} = \dfrac{98}{9.8} = 10\text{m}$

20 개수로의 수면기울기가 1/1,200이고 경심 0.85m, Chezy의 유속계수 56일 때 평균유속은?

① 1.19m/s

② 1.29m/s

③ 1.39m/s

④ 1.49m/s

> 해설 $V = c\sqrt{RI} = 56 \times \sqrt{0.85 \times \dfrac{1}{1,200}}$
>
> $= 1.4904\text{m/sec}$

01 누가우량곡선(rainfall mass curve)의 특성으로 옳은 것은?

① 누가우량곡선의 경사가 클수록 강우강도가 크다.

② 누가우량곡선의 경사는 지역에 관계없이 일정하다.

③ 누가우량곡선으로 일정 기간 내의 강우량을 산출할 수는 없다.

④ 누가우량곡선은 자기우량기록에 의하여 작성하는 것보다 보통우량계의 기록에 의하여 작성하는 것이 더 정확하다.

해설 ㉠ 우량계에 의해 측정된 우량을 기록지에 누가우량의 시간적 변화상태를 기록한 것을 누가우량곡선이라 한다.

㉡ 누가우량곡선은 항상 상향곡선이며, 곡선의 경사가 완만한 경우 강우강도가 작으며, 경사가 급할 경우 강우강도가 크다. 수평인 경우는 무강우를 의미한다.

㉢ 기록지상의 누가우량곡선으로부터 각종 목적에 알맞은 우량자료를 얻게 된다.

02 하천의 모형실험에 주로 사용되는 상사법칙은?

① Reynolds의 상사법칙

② Weber의 상사법칙

③ Cauchy의 상사법칙

④ Froude의 상사법칙

해설 ㉠ Reynolds의 상사법칙
마찰력과 점성력이 흐름을 지배하는 관수로의 흐름에 적용한다.

㉡ Froude의 상사법칙
중력과 관성력이 흐름을 지배하는 일반적인 개수로(하천)의 흐름에 적용한다.

03 폭이 b인 직사각형 위어에서 접근유속이 작은 경우 월류수심이 h일 때 양단수축 조건에서 월류수맥에 대한 단수축 폭(b_o)은? (단, Francis공식을 적용)

① $b_o = b - \dfrac{h}{5}$

② $b_o = 2b - \dfrac{h}{5}$

③ $b_o = b - \dfrac{h}{10}$

④ $b_o = 2b - \dfrac{h}{10}$

해설 $Q = 1.84 b_o h^{\frac{3}{2}}$

$b_o = b - \dfrac{n}{10}h = b - \dfrac{2}{10}h = b - \dfrac{h}{5}$

04 비에너지와 한계수심에 관한 설명으로 옳지 않은 것은?

① 비에너지가 일정할 때 한계수심으로 흐르면 유량이 최소가 된다.

② 유량이 일정할 때 비에너지가 최소가 되는 수심이 한계수심이다.

③ 비에너지는 수로바닥을 기준으로 하는 단위무게당 흐름에너지이다.

④ 유량이 일정할 때 직사각형 단면수로 내 한계수심은 최소 비에너지의 $\dfrac{2}{3}$이다.

해설 ① 비에너지가 일정할 때 한계수심으로 흐르면 유량이 최대가 된다.

$h_c = \dfrac{2}{3}H_e$

05 수리학에서 취급되는 여러 가지 양에 대한 차원이 옳은 것은?

① 유량 $=[L^3T^{-1}]$
② 힘 $=[MLT^{-3}]$
③ 동점성계수 $=[L^3T^{-1}]$
④ 운동량 $=[MLT^{-2}]$

해설 ① 유량(m^3/sec) $=[L^3T^{-1}]$
② 힘($kg \cdot m/sec^2$) $=[MLT^{-2}]$
③ 동점성계수(cm^2/sec) $=[L^2T^{-1}]$
④ 운동량($kg \cdot m/sec$) $=[MLT^{-1}]$

06 A저수지에서 200m 떨어진 B저수지로 지름 20cm, 마찰손실계수 0.035인 원형관으로 0.0628m³/s의 물을 송수하려고 한다. A저수지와 B저수지 사이의 수위차는? (단, 마찰손실, 단면 급확대 및 급축소 손실을 고려한다.)

① 5.75m   ② 6.94m
③ 7.14m   ④ 7.45m

해설 ㉠ $Q=AV$로부터

$$V = \frac{Q}{A} = \frac{4 \times 0.0628}{\pi \times 0.2^2} = 1.9989 \text{m/sec} \fallingdotseq 2\text{m/sec}$$

㉡ $H = \left(f_i + f\dfrac{l}{D} + f_o\right)\dfrac{V^2}{2g}$

$$= \left(0.5 + 0.035 \times \frac{200}{0.2} + 1.0\right) \times \frac{2^2}{2 \times 9.8}$$

$$= 7.4489\text{m}$$

07 배수곡선(backwater curve)에 해당하는 수면곡선은?

① 댐을 월류할 때의 수면곡선
② 홍수 시의 하천의 수면곡선
③ 하천 단락부(段落部) 상류의 수면곡선
④ 상류상태로 흐르는 하천에 댐을 구축했을 때 저수지의 수면곡선

해설 개수로의 흐름이 상류인 장소에 댐, 위어 같은 수문 등의 수리구조물을 만들어 수면을 상승시키면 그 영향이 상류로 미치고, 상류의 수면은 상승한다. 이 현상을 배수라 하며, 이로 인해 생기는 수면곡선을 배수곡선이라 한다.

08 비력(special force)에 대한 설명으로 옳은 것은?

① 물의 충격에 의해 생기는 힘의 크기
② 비에너지가 최대가 되는 수심에서의 에너지
③ 한계수심으로 흐를 때 한 단면에서의 총 에너지 크기
④ 개수로의 어떤 단면에서 단위중량당 운동량과 정수압의 합계

해설 ㉠ 충력치(비력)는 정수압과 운동량의 합으로 나타낸다.
㉡ 충력치는 흐름의 모든 단면에서 일정하다.

09 폭 4.8m, 높이 2.7m의 연직 직사각형 수문이 한쪽 면에서 수압을 받고 있다. 수문의 밑면은 힌지로 연결되어 있고 상단은 수평체인(chain)으로 고정되어 있을 때 이 체인에 작용하는 장력(張力)은? (단, 수문의 정상과 수면은 일치한다.)

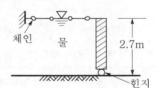

① 29.23kN   ② 57.15kN
③ 7.87kN   ④ 0.88kN

해설 ㉠ 수압

$$P = w_o h_G A$$

$$= 1 \times \frac{2.7}{2} \times 2.7 \times 4.8 \times 9.8 = 171.4608\text{kN}$$

㉡ 체인에 작용하는 힘(T)

$$\Sigma M_A = 0$$

$$T \times 2.7 = 171.4608 \times \frac{1}{3} \times 2.7$$

$$\therefore \ T = 57.1536\text{kN (인장)}$$

10 오리피스(orifice)의 이론유속 $V=\sqrt{2gh}$ 가 유도되는 이론으로 옳은 것은? (단, V : 유속, g : 중력가속도, h : 수두차)

① 베르누이(Bernoulli)의 정리
② 레이놀즈(Reynolds)의 정리
③ 벤투리(Venturi)의 이론식
④ 운동량방정식 이론

해설 베르누이 정리의 응용
㉠ 토리첼리의 정리
㉡ 피토관
㉢ 벤투리미터
㉣ 기타(비행기 양압력 등)

11 어느 소유역의 면적이 20ha, 유수의 도달시간이 5분이다. 강수자료의 해석으로부터 얻어진 이 지역의 강우강도식이 다음과 같을 때 합리식에 의한 홍수량은? (단, 유역의 평균유출계수는 0.6이다.)

> 강우강도식 : $I=\dfrac{6,000}{t+35}[\mathrm{mm/hr}]$
>
> 여기서, t : 강우지속시간(분)

① $18.0\mathrm{m^3/s}$ ② $5.0\mathrm{m^3/s}$
③ $1.8\mathrm{m^3/s}$ ④ $0.5\mathrm{m^3/s}$

해설 ㉠ 강우강도
$I=\dfrac{6,000}{t+35}=\dfrac{6,000}{5+35}=150\mathrm{mm/hr}$
㉡ 유역면적
$A=20ha=20\times10,000=200,000\mathrm{m^2}=0.2\mathrm{km^2}$
㉢ 홍수량
$Q=0.2778CIA$
$=0.2778\times0.6\times150\times0.2=5.0004\mathrm{m^3/s}$

12 다음 중 단위유량도 이론에서 사용하고 있는 기본가정이 아닌 것은?

① 일정 기저시간 가정 ② 비례가정
③ 푸아송 분포 가정   ④ 중첩가정

해설 단위유량도의 기본가정
㉠ 비례가정
㉡ 일정 기저시간 가정
㉢ 중첩가정

13 3차원 흐름의 연속방정식을 다음과 같은 형태로 나타낼 때 이에 알맞은 흐름의 상태는?

$$\frac{\partial u}{\partial x}+\frac{\partial v}{\partial y}+\frac{\partial w}{\partial z}=0$$

① 비압축성 정상류
② 비압축성 부정류
③ 압축성 정상류
④ 압축성 부정류

해설 ① ρ＝상수인 비압축성 정상류의 흐름이다.

14 토양면을 통해 스며든 물이 중력의 영향 때문에 지하로 이동하여 지하수면까지 도달하는 현상은?

① 침투(infiltration)
② 침투능(infiltration capacity)
③ 침투율(infiltration rate)
④ 침루(percolation)

해설 ④의 침루에 대한 설명이다.

15 레이놀즈(Reynolds)수에 대한 설명으로 옳은 것은?

① 중력에 대한 점성력의 상대적인 크기
② 관성력에 대한 점성력의 상대적인 크기
③ 관성력에 대한 중력의 상대적인 크기
④ 압력에 대한 탄성력의 상대적인 크기

해설 $R_e=\dfrac{관성력}{점성력}=\dfrac{\rho VD}{\mu}=\dfrac{VD}{\nu}$

16 동력 20,000kW, 효율 88%인 펌프를 이용하여 150m 위의 저수지로 물을 양수하려고 한다. 손실수두가 10m일 때 양수량은?

① 15.5m³/s   ② 14.5m³/s

③ 11.2m³/s   ④ 12.0m³/s

해설 $P = \dfrac{1,000QH_P}{102\eta}$ 로부터

$Q = \dfrac{102P\eta}{1,000(H+\Sigma h_L)} = \dfrac{102 \times 20,000 \times 0.88}{1,000 \times (150+10)}$

$= 11.22\text{m}^3/\text{s}$

17 Darcy의 법칙에 대한 설명으로 옳지 않은 것은?

① Darcy의 법칙은 지하수의 흐름에 대한 공식이다.
② 투수계수는 물의 점성계수에 따라서도 변화한다.
③ Reynolds수가 클수록 안심하고 적용할 수 있다.
④ 평균유속이 동수경사와 비례관계를 가지고 있는 흐름에 적용될 수 있다.

해설 R_e수가 크면 사류의 흐름이다. Darcy의 법칙은 층류의 흐름에 잘 적용된다.

18 지름이 20cm인 관수로에 평균유속 5m/s로 물이 흐른다. 관의 길이가 50m일 때 5m의 손실수두가 나타났다면 마찰속도(U_*)는?

① $U_* = 0.022$m/s   ② $U_* = 0.22$m/s

③ $U_* = 2.21$m/s   ④ $U_* = 22.1$m/s

해설 마찰속도(전단속도)

$R = \dfrac{A}{P} = \dfrac{\pi D^2}{4 \times \pi D} = \dfrac{D}{4}$

$U_* = \sqrt{\dfrac{\tau_o}{\rho}} = V\sqrt{\dfrac{f}{8}} = \sqrt{gRI}$

$= \sqrt{9.8 \times \dfrac{0.2}{4} \times \dfrac{5}{50}} = 0.2214\text{m/s}$

19 항만을 설계하기 위해 관측한 불규칙 파랑의 주기 및 파고가 다음 표와 같을 때 유의파고($H_{1/3}$)는?

연번	파고(m)	주기(s)	연번	파고(m)	주기(s)
1	9.5	9.8	6	5.8	6.5
2	8.9	9.0	7	4.2	6.2
3	7.4	8.0	8	3.3	4.3
4	7.3	7.4	9	3.2	5.6
5	6.5	7.5			

① 9.0m

② 8.6m

③ 8.2m

④ 7.4m

해설 ㉠ 유의파고란 특정 시간 주기 내에 일어나는 모든 파도의 높이(파고) 중 가장 높은 파고부터 $\dfrac{1}{3}$개에 해당하는 파고들의 평균높이를 말한다.

㉡ $9 \times \dfrac{1}{3} = 3$개이므로

$\therefore H_{\frac{1}{3}} = \dfrac{9.5+8.9+7.4}{3} = \dfrac{25.8}{3} = 8.6\text{m}$

20 측정된 강우량 자료가 기상학적 원인 이외에 다른 영향을 받았는지의 여부를 판단하는, 즉 일관성(consistency)에 대한 검사방법은 어느 것인가?

① 순간단위유량도법
② 합성단위유량도법
③ 이중누가우량분석법
④ 선행강수지수법

해설 우량계의 위치, 노출상태, 우량계의 교체, 주위환경의 변화 등이 생기면 전반적인 자료의 일관성이 없어지기 때문에 이것을 교정하여 장기간에 걸친 강수 자료의 일관성을 얻는 방법을 이중누가우량분석이라 한다.

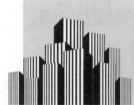
01 관수로와 개수로의 흐름에 대한 설명으로 옳지 않은 것은?

① 관수로는 자유표면이 없고, 개수로는 있다.

② 관수로는 두 단면 간의 속도차로 흐르고, 개수로는 두 단면 간의 압력차로 흐른다.

③ 관수로는 점성력의 영향이 크고, 개수로는 중력의 영향이 크다.

④ 개수로는 프루드수(F_r)로 상류와 사류로 구분할 수 있다.

해설 관수로는 압력과 점성에 의해 흐르고, 개수로는 중력과 수면의 경사에 의해서 흐른다.

02 심정(깊은 우물)에서 유량(양수량)을 구하는 식은? (단, H_0 : 우물 수심, r_0 : 우물 반지름, K : 투수계수, R : 영향원 반지름, H : 지하수면 수위)

① $Q = \dfrac{\pi K(H - H_0)}{\ln(R/r_0)}$

② $Q = \dfrac{2\pi K(H - H_0)}{\ln(r_0/R)}$

③ $Q = \dfrac{2\pi K(H + H_0)^2}{\ln(R/r_0)}$

④ $Q = \dfrac{\pi K(H^2 - H_0{}^2)}{\ln(R/r_0)}$

해설 ㉠ 굴착정 유량
$$Q = \frac{2\pi a K(H - h_0)}{2.3\log(R/r_0)} = \frac{2\pi a K(H - h_0)}{\ln(R/r_0)}$$

㉡ 심정유량
$$Q = \frac{\pi K(H^2 - h_0{}^2)}{2.3\log(R/r_0)} = \frac{\pi K(H^2 - h_0{}^2)}{\ln(R/r_0)}$$

㉢ 얕은 우물(집수정 바닥이 수평한 경우)
$$Q = 4Kr_0(H - h_0)$$

03 원형단면의 관수로에 물이 흐를 때 층류가 되는 경우는? (단, R_e는 레이놀즈(Reynolds)수이다.)

① $R_e > 4,000$

② $4,000 > R_e > 2,000$

③ $R_e > 2,000$

④ $R_e < 2,000$

해설 $R_e = \dfrac{\text{관성력}}{\text{점성력}} = \dfrac{\rho VD}{\mu} = \dfrac{VD}{\nu}$

$R_e < 2,000$ 층류

$2,000 < R_e < 4,000$ 한계류(천이구역)

$R_e > 4,000$ 난류

04 그림과 같이 삼각위어의 수두를 측정한 결과 30cm이었을 때 유출량은? (단, 유량계수는 0.62이다.)

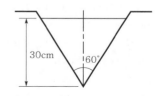

① $0.042\text{m}^3/\text{s}$

② $0.125\text{m}^3/\text{s}$

③ $0.139\text{m}^3/\text{s}$

④ $0.417\text{m}^3/\text{s}$

해설 $Q = \dfrac{8}{15}C\tan\dfrac{\theta}{2}\sqrt{2g}\,h^{\frac{5}{2}}$

$\quad = \dfrac{8}{15} \times 0.62 \times \tan 30° \times \sqrt{2 \times 9.8} \times 0.3^{\frac{5}{2}}$

$\quad = 0.041664\text{m}^3/\text{s}$

05 동수경사선(hydraulic grade line)에 대한 설명으로 옳은 것은?

① 에너지선보다 언제나 위에 위치한다.
② 개수로 수면보다 언제나 위에 있다.
③ 에너지선보다 유속수두만큼 아래에 있다.
④ 속도수두와 위치수두의 합을 의미한다.

해설 ㉠ 동수경사선＝위치수두＋압력수두
　　　에너지선＝위치수두＋압력수두＋속도수두
　　㉡ 동수경사선은 에너지선보다 유속수두만큼 아래에 있다.

06 부체의 경심(M), 부심(C), 무게중심(G)에 대하여 부체가 안정되기 위한 조건은?

① $\overline{MG} > 0$　　② $\overline{MG} = 0$
③ $\overline{MG} < 0$　　④ $\overline{MG} = \overline{CG}$

해설 ㉠ 안정 : $h = \overline{MG} > 0$, $\dfrac{I_x}{V} > \overline{CG}$

　　㉡ 불안정 : $h = \overline{MG} < 0$, $\dfrac{I_x}{V} < \overline{CG}$

　　㉢ 중립 : $h = \overline{MG} = 0$, $\dfrac{I_x}{V} = \overline{CG}$

07 지름이 0.2cm인 미끈한 원형관 내를 유량 0.8cm³/s로 물이 흐르고 있을 때 관 1m당의 마찰손실수두는? (단, 동점성계수 $\nu = 1.12 \times 10^{-2}\text{cm}^2/\text{s}$)

① 20.20cm　　② 21.30cm
③ 22.20cm　　④ 23.20cm

해설 $V = \dfrac{Q}{A} = \dfrac{4 \times 0.8}{\pi \times 0.2^2} = 25.4648\text{cm/sec}$

$R_e = \dfrac{VD}{\nu} = \dfrac{25.4648 \times 0.2}{1.12 \times 10^{-2}} = 454.73$　∴ 층류

$f = \dfrac{64}{R_e} = \dfrac{64}{454.73} = 0.1407$

$\therefore h = f\dfrac{l}{D}\dfrac{V^2}{2g} = 0.1407 \times \dfrac{100}{0.2} \times \dfrac{25.4648^2}{2 \times 980}$

$= 23.2749\text{cm}$

08 연직 평면에 작용하는 전수압의 작용점 위치에 관한 설명 중 옳은 것은?

① 전수압의 작용점은 항상 도심보다 위에 있다.
② 전수압의 작용점은 항상 도심보다 아래에 있다.
③ 전수압의 작용점은 항상 도심과 일치한다.
④ 전수압의 작용점은 도심 위에 있을 때도 있고 아래에 있을 때도 있다.

해설 $P = w_o h_G A$

$h_c = h_G + \dfrac{I_G}{h_G A}$

09 Darcy의 법칙에 대한 설명으로 틀린 것은?

① Reynolds수가 클수록 안심하고 적용할 수 있다.
② 평균유속이 손실수두와 비례관계를 가지고 있는 흐름에 적용될 수 있다.
③ 정상류 흐름에서 적용될 수 있다.
④ 층류 흐름에서 적용 가능하다.

해설 Darcy의 법칙은 층류의 흐름에 적용할 수 있다. 따라서, R_e 수가 작을수록 안심하고 적용할 수 있다.

10 평행하게 놓여 있는 관로에서 A점의 유속이 3m/s, 압력이 294kPa이고, B점의 유속이 1m/s라면 B점의 압력은? (단, 무게 1kg = 9.8N)

① 30kPa　　② 31kPa
③ 298kPa　　④ 309kPa

해설 평행하게 놓여 있으므로 $Z_1 = Z_2$이다.

$\dfrac{P_1}{w_o} + \dfrac{V_1^2}{2g} = \dfrac{P_2}{w_o} + \dfrac{V_2^2}{2g}$ 으로부터

$\dfrac{294}{9.8} + \dfrac{3^2}{2 \times 9.8} = \dfrac{P_2}{9.8} + \dfrac{1^2}{2 \times 9.8}$

$\therefore P_2 = 30.4082 \times 9.8$

$= 298\text{kPa}$

11 점성계수(μ)의 차원으로 옳은 것은?

① $[ML^{-2}T^{-2}]$

② $[ML^{-1}T^{-1}]$

③ $[ML^{-1}T^{-2}]$

④ $[ML^{2}T^{-1}]$

해설 ㉠ 점성계수 $\mu = g/cm \cdot sec = LM^{-1}T^{-1}$
㉡ 동점성계수 $\nu = cm^2/sec = L^2T^{-1}$

12 개수로의 단면이 축소되는 부분의 흐름에 관한 설명으로 옳은 것은?

① 상류가 유입되면 수심이 감소하고, 사류가 유입되면 수심이 증가한다.

② 상류가 유입되면 수심이 증가하고, 사류가 유입되면 수심이 감소한다.

③ 유입되는 흐름의 상태(상류 또는 사류)와 무관하게 수심이 증가한다.

④ 유입되는 흐름의 상태(상류 또는 사류)와 무관하게 수심이 감소한다.

해설 개수로의 축소단면에 상류가 유입되면 수심이 감소하고, 사류가 유입되면 수심이 증가한다.

13 개수로에서 지배단면(control section)에 대한 설명으로 옳은 것은?

① 개수로 내에서 압력이 가장 크게 작용하는 단면이다.

② 개수로 내에서 수로경사가 항상 같은 단면을 말한다.

③ 한계수심이 생기는 단면으로서 상류에서 사류로 변하는 단면을 말한다.

④ 개수로 내에서 유속이 가장 크게 되는 단면이다.

해설 개수로에서 상류에서 사류로 변하는 단면을 지배단면이라 하고, 사류에서 상류로 변하는 현상을 도수라 한다.

14 그림에서 A점에 작용하는 정수압 P_1, P_2, P_3, P_4에 관한 사항 중 옳은 것은?

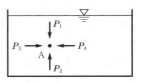

① P_1의 크기가 가장 작다.

② P_2의 크기가 가장 크다.

③ P_3의 크기가 가장 크다.

④ P_1, P_2, P_3, P_4의 크기는 같다.

해설 정지된 물속 어느 한 점에서 정수압의 크기는 방향에 관계없이 일정하다.

15 수평 원형관 내를 물이 층류로 흐를 경우 Hagen-Poiseuille의 법칙에서 유량 Q에 대한 설명으로 옳은 것은? (여기서, w : 물의 단위중량, l : 관의 길이, h_L : 손실수두, μ : 점성계수)

① 유량과 반지름 R의 관계는
$Q = \dfrac{wh_L\pi R^4}{128\mu l}$이다.

② 유량과 압력차 ΔP의 관계는
$Q = \dfrac{\Delta P\pi R^4}{8\mu l}$이다.

③ 유량과 동수경사 I의 관계는
$Q = \dfrac{w\pi IR^4}{8\mu l}$이다.

④ 유량과 지름 D의 관계는
$Q = \dfrac{wh_L\pi D^4}{8\mu l}$이다.

해설 하겐 포아주어(Hagen-Poiseuille)의 법칙
$$Q = \frac{\pi\Delta P}{8\mu l}r_o^{\;4} = \frac{\pi wh_L}{8\mu l}r_o^{\;4}$$

16 그림에서 수문에 단위폭당 작용하는 힘(F)을 구하는 운동량 방정식으로 옳은 것은? (단, 바닥마찰은 무시하며, w는 물의 단위중량, ρ는 물의 밀도, Q는 단위폭당 유량이다.)

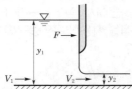

① $\dfrac{y_1^2}{2} - \dfrac{y_2^2}{2} - F = \rho Q(V_2 - V_1)$

② $\dfrac{y_1^2}{2} - \dfrac{y_2^2}{2} - F = \rho Q(V_2^2 - V_1^2)$

③ $\dfrac{wy_1^2}{2} - \dfrac{wy_2^2}{2} - F = \rho Q(V_2 - V_1)$

④ $\dfrac{wy_1^2}{2} - \dfrac{wy_2^2}{2} - F = \rho Q(V_2^2 - V_1^2)$

해설 $F = \dfrac{w}{g} Q(V_2 - V_1) = \rho Q(V_2 - V_1)$

$\therefore \dfrac{1}{2} wy_1^2 - \dfrac{1}{2} wy_2^2 - F = \rho Q(V_2 - V_1)$

17 모세관 현상에 관한 설명으로 옳은 것은?

① 모세관 내의 액체의 상승 높이는 모세관 지름의 제곱에 반비례한다.

② 모세관 내의 액체의 상승 높이는 모세관 크기에만 관계된다.

③ 모세관의 높이는 액체의 특성과 무관하게 주위의 액체면보다 높게 상승한다.

④ 모세관 내의 액체의 상승 높이는 모세관 주위의 중력과 표면장력 등에 관계된다.

해설 액체 속에 모세관을 세우면 유체 입자간의 응집력과 유체 입자와 관벽 사이의 부착력에 의해 수면이 관을 따라 상승 또는 하강하는 현상을 모세관 현상이라 한다.

$h = \dfrac{4T\cos\alpha}{w_o d} = \dfrac{2T\cos\alpha}{w_o r}$

18 단면적이 1m²인 수조의 측벽에 면적 20cm²인 구멍을 내어서 물을 빼낸다. 수위가 처음의 2m에서 1m로 하강하는데 걸리는 시간은? (단, 유량계수 $C = 0.6$)

① 25.0초
② 108.2초
③ 155.9초
④ 169.5초

해설 $t = \dfrac{2A}{Ca\sqrt{2g}}\left(H_1^{\frac{1}{2}} - H_2^{\frac{1}{2}}\right)$

$= \dfrac{2 \times 10,000}{0.6 \times 20\sqrt{2 \times 980}} \times \left(200^{\frac{1}{2}} - 100^{\frac{1}{2}}\right)$

$= 155.9355$초

19 정상류의 흐름에 대한 설명으로 가장 적합한 것은?

① 모든 점에서 유동특성이 시간에 따라 변하지 않는다.

② 수로의 어느 구간을 흐르는 동안 유속이 변하지 않는다.

③ 모든 점에서 유체의 상태가 시간에 따라 일정한 비율로 변한다.

④ 유체의 입자들이 모두 열을 지어 질서 있게 흐른다.

해설 정류(정상류) 흐름

$\dfrac{\partial V}{\partial t} = 0, \quad \dfrac{\partial h}{\partial t} = 0, \quad \dfrac{\partial Q}{\partial t} = 0$

20 프루드(Froude)수와 한계경사 및 흐름의 상태 중 상류일 조건으로 옳은 것은? (단, F_r : 프루드수, I : 수면경사, V : 유속, y : 수심, I_c : 한계경사, V_c : 한계유속, y_c : 한계수심)

① $V > V_c$
② $F_r > 1$
③ $I < I_c$
④ $y < y_c$

해설 ㉠ 상류 : $F_r < 1, \ V < V_c, \ I < I_c, \ h > h_c$
㉡ 사류 : $F_r > 1, \ V > V_c, \ I > I_c, \ h < h_c$

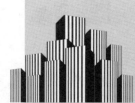
01 다음 중 물의 순환에 관한 설명으로서 틀린 것은?

① 지구상에 존재하는 수자원이 대기권을 통해 지표면에 공급되고, 지하로 침투하여 지하수를 형성하는 등 복잡한 반복과정이다.

② 지표면 또는 바다로부터 증발된 물이 강수, 침투 및 침루, 유출 등의 과정을 거치는 물의 이동현상이다.

③ 물의 순환 과정에서 강수량은 지하수 흐름과 지표면 흐름의 합과 동일하다.

④ 물의 순환 과정 중 강수, 증발 및 증산은 수문기상학 분야이다.

해설 ③ 물의 순환 과정에서 강수량은 지하수 흐름과 지표면 흐름의 합과 같지 않다. 즉, 차단, 증발, 증산, 지면저축 등 손실이 일어난다.

02 다음 중 평균강우량 산정방법이 아닌 것은?

① 각 관측점의 강우량을 산술평균하여 얻는다.

② 각 관측점의 지배면적은 가중인자로 잡아서 각 강우량에 곱하여 합산한 후 전유역면적으로 나누어서 얻는다.

③ 각 등우선 간의 면적을 측정하고 전유역면적에 대한 등우선 간의 면적을 등우선 간의 평균강우량에 곱하여 이들을 합산하여 얻는다.

④ 각 관측점의 강우량을 크기순으로 나열하여 중앙에 위치한 값을 얻는다.

해설 평균강우량 산정법

㉠ 산술평균법
㉡ 티센(Thiessen) 가중법
㉢ 등우선법

03 유역면적이 4km^{2}이고 유출계수가 0.8인 산지하천에서 강우강도가 80mm/hr이다. 합리식을 사용한 유역출구에서의 첨두홍수량은?

① 35.5m^3/s
② 71.1m^3/s
③ 128m^3/s
④ 256m^3/s

해설 첨두홍수량

$$Q = 0.2778 CIA$$
$$= 0.2778 \times 0.8 \times 80 \times 4$$
$$= 71.1168 \text{m}^3/\text{s}$$

04 지하수의 투수계수에 관한 설명으로 틀린 것은?

① 같은 종류의 토사라 할지라도 그 간극률에 따라 변한다.

② 흙입자의 구성, 지하수의 점성계수에 따라 변한다.

③ 지하수의 유량을 결정하는데 사용된다.

④ 지역 특성에 따른 무차원 상수이다.

해설 지하수의 투수계수는 속도의 차원(LT^{-1})을 갖는다.

05 다음 중 유효강우량과 가장 관계가 깊은 것은?

① 직접 유출량
② 기저 유출량
③ 지표면 유출량
④ 지표하 유출량

해설 유효강우량과 가장 관계가 깊은 것은 직접 유출량이다.

06 Δt 시간동안 질량 m인 물체에 속도변화 Δv 가 발생할 때, 이 물체에 작용하는 외력 F는?

① $\dfrac{m\Delta t}{\Delta v}$

② $m\Delta v\Delta t$

③ $\dfrac{m\Delta v}{\Delta t}$

④ $m\Delta t$

해설 $F = ma = m \cdot \dfrac{\Delta v}{\Delta t}$

07 관수로에서 관의 마찰손실계수가 0.02, 관의 지름이 40cm일 때 관내 물의 흐름이 100m 를 흐르는 동안 2m의 마찰손실수두가 발생 하였다면 관내의 유속은?

① 0.3m/s

② 1.3m/s

③ 2.8m/s

④ 3.8m/s

해설 $h_L = f\dfrac{l}{D}\dfrac{V^2}{2g}$ 으로부터

$$V = \sqrt{\dfrac{2gh_L \cdot D}{fl}} = \sqrt{\dfrac{2 \times 9.8 \times 2 \times 0.4}{0.02 \times 100}}$$
$$= \sqrt{7.84} = 2.8\text{m/s}$$

08 정지유체에 침강하는 물체가 받는 항력 (drag force)의 크기와 관계가 없는 것은?

① 유체의 밀도

② Froude수

③ 물체의 형상

④ Reynolds수

해설 $D = C_D A\dfrac{1}{2}\rho V^2$

$C_D = \dfrac{24}{R_e}$ (구체)

09 압력수두 P, 속도수두 V, 위치수두 Z라고 할 때 정체압력수두 P_s는?

① $P_s = P - V - Z$

② $P_s = P + V + Z$

③ $P_s = P - V$

④ $P_s = P + V$

해설 정체압력(총압력)은 정압력과 동압력의 합이다.

10 개수로 흐름에 관한 설명으로 틀린 것은?

① 사류에서 상류로 변하는 곳에 도수현상 이 생긴다.

② 개수로 흐름은 중력이 원동력이 된다.

③ 비에너지는 수로 바닥을 기준으로 한 에 너지이다.

④ 배수곡선은 수로가 단락(段落)이 되는 곳 에 생기는 수면곡선이다.

해설 ㉠ 수로가 단락되어 생기는 수면곡선은 단파이다.
㉡ 배수곡선은 개수로에서 수리구조물에 의해 상류 의 수면이 상승하는 곡선을 말한다.

11 관수로 흐름에서 레이놀즈수가 500보다 작 은 경우의 흐름 상태는?

① 상류

② 난류

③ 사류

④ 층류

해설 ㉠ 관수로의 흐름
$R_e < 2,000$ 층류, $R_e > 4,000$ 난류
㉡ 개수로의 흐름
$R_e < 500$ 층류, $R_e > 500$ 난류
㉢ 지하수의 흐름
$R_e < 4$ 층류, $R_e > 4$ 난류

12 광폭 직사각형 단면 수로의 단위폭당 유량이 16m³/s일 때 한계경사는? (단, 수로의 조도 계수 $n = 0.02$이다.)

① 3.27×10^{-3}

② 2.73×10^{-3}

③ 2.81×10^{-2}

④ 2.90×10^{-2}

해설 ㉠ $h_c = \left(\dfrac{\alpha Q^2}{gb^2}\right)^{\frac{1}{3}} = \left(\dfrac{1.0 \times 16^2}{9.8 \times 1^2}\right)^{\frac{1}{3}} = 2.97\text{m}$

㉡ $C = \dfrac{1}{n}R^{\frac{1}{6}} = \dfrac{1}{0.02} \times 2.97^{\frac{1}{6}} = 59.95$

㉢ $I_c = \dfrac{g}{\alpha C^2} = \dfrac{9.8}{1.0 \times 59.95^2} = 2.7268 \times 10^{-3}$

13 Manning의 조도계수 $n=0.012$인 원관을 사용하여 $1m^3/s$의 물을 동수경사 1/100로 송수하려 할 때 적당한 관의 지름은?

① 70cm
② 80cm
③ 90cm
④ 100cm

해설 $R=\dfrac{A}{P}=\dfrac{D}{4}$

$Q=AV=A\cdot\dfrac{1}{n}R^{\frac{2}{3}}I^{\frac{1}{2}}$ 으로부터

$I=\dfrac{\pi D^2}{4}\times\dfrac{1}{0.012}\times\left(\dfrac{D}{4}\right)^{\frac{2}{3}}\times\left(\dfrac{1}{100}\right)^{\frac{1}{2}}$

$\quad=2.59738D^{\frac{8}{3}}$

$\therefore\ D=(0.385)^{\frac{3}{8}}=0.699m=69.9cm$

14 흐름의 단면적과 수로경사가 일정할 때 최대유량이 흐르는 조건으로 옳은 것은?

① 윤변이 최소이거나 동수반경이 최대일 때
② 윤변이 최대이거나 동수반경이 최소일 때
③ 수심이 최소이거나 동수반경이 최대일 때
④ 수심이 최대이거나 수로폭이 최소일 때

해설 $Q=AV=AC\sqrt{RI}=AC\sqrt{\dfrac{A}{P}I}$

$\therefore$ 경심 R이 최대이거나 윤변 P가 최소일 때이다.

15 강우자료의 일관성을 분석하기 위해 사용하는 방법은?

① 합리식
② DAD해석법
③ 누가우량곡선법
④ SCS(Soil Conservation Service)방법

해설 강우자료의 일관성을 분석하기 위한 방법은 이중누가우량곡선법이다.

16 부체의 안정에 관한 설명으로 옳지 않은 것은?

① 경심(M)이 무게중심(G)보다 낮을 경우 안정하다.
② 무게중심(G)이 부심(B)보다 아래쪽에 있으면 안정하다.
③ 부심(B)과 무게중심(G)이 동일 연직선상에 위치할 때 안정을 유지한다.
④ 경심(M)이 무게중심(G)보다 높을 경우 복원모멘트가 작용한다.

해설 ① 경심(M)이 무게중심(G)보다 높을 경우 안정하다.

17 그림과 같은 노즐에서 유량을 구하기 위한 식으로 옳은 것은? (단, 유량계수는 1.0으로 가정한다.)

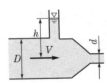

① $\dfrac{\pi d^2}{4}\sqrt{\dfrac{2gh}{1-(d/D)^2}}$

② $\dfrac{\pi d^2}{4}\sqrt{\dfrac{2gh}{1-(d/D)^4}}$

③ $\dfrac{\pi d^2}{4}\sqrt{\dfrac{2gh}{1+(d/D)^2}}$

④ $\dfrac{\pi d^2}{4}\sqrt{2gh}$

해설 노즐의 실제유량(사출수량)

$Q=Ca\sqrt{\dfrac{2gh}{1-\left(\dfrac{Ca}{A}\right)^2}}$

$\quad=\dfrac{\pi d^2}{4}\sqrt{\dfrac{2gh}{1-\left(\dfrac{d^2}{D^2}\right)^2}}=\dfrac{\pi d^2}{4}\sqrt{\dfrac{2gh}{1-(d/D)^4}}$

18 그림과 같이 단위폭당 자중이 3.5×10^6N/m 인 직립식 방파제에 1.5×10^6N/m의 수평 파력이 작용할 때 방파제의 활동 안전율은? (단, 중력가속도=10.0m/s², 방파제와 바닥의 마찰계수=0.7, 해수의 비중=1로 가정하며, 파랑에 의한 양압력은 무시하고, 부력은 고려한다.)

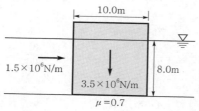

① 1.20
② 1.22
③ 1.24
④ 1.26

해설 ㉠ 연직하중=자중−부력

$B = w_o V = 1 \times 10 \times 8 = 80 \text{tf/m}$
$= 800 \text{kN/m} = 800,000 \text{N/m}$
$N = 3.5 \times 10^6 - 0.8 \times 10^6 = 2.7 \times 10^6 \text{N/m}$

㉡ 마찰력

$R = \mu N = 0.7 \times 2.7 \times 10^6 \text{N/m} = 1.89 \times 10^6 \text{N/m}$

㉢ 활동 안전율

$F_S = \dfrac{R}{P} = \dfrac{1.89 \times 10^6}{1.5 \times 10^6} = 1.26$

19 다음 중 폭 2.5m, 월류수심 0.4m인 사각형 위어(weir)의 유량은? (단, Francis공식 : $Q = 1.84 b_o h^{3/2}$에 의하며, b_o : 유효폭, h : 월류수심, 접근유속은 무시하며 양단수축이다.)

① $1.117 \text{m}^3/\text{s}$
② $1.126 \text{m}^3/\text{s}$
③ $1.145 \text{m}^3/\text{s}$
④ $1.164 \text{m}^3/\text{s}$

해설 $b_o = b - \dfrac{n}{10}h = 2.5 - \dfrac{2}{10} \times 0.4 = 2.42 \text{m}$

$Q = 1.84 b_o h^{\frac{3}{2}}$

$= 1.84 \times 2.42 \times 0.4^{\frac{3}{2}} = 1.12648 \text{m}^3/\text{s}$

20 물의 점성계수를 μ, 동점성계수를 ν, 밀도를 ρ라 할 때 관계식으로 옳은 것은?

① $\nu = \rho \mu$
② $\nu = \dfrac{\rho}{\mu}$
③ $\nu = \dfrac{\mu}{\rho}$
④ $\nu = \dfrac{1}{\rho \mu}$

해설 동점성계수(ν)는 점성계수(μ)를 밀도(ρ)로 나눈 값이다.

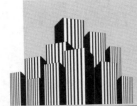
01 그림과 같이 안지름 10cm의 연직관 속에 1.2m만큼 모래가 들어있다. 모래면 위의 수위를 일정하게 하여 유량을 측정하였더니 유량이 4L/hr이었다면 모래의 투수계수 K는?

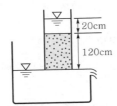

① 0.012cm/s
② 0.024cm/s
③ 0.033cm/s
④ 0.044cm/s

해설 $Q = AVt = AKit = AK\dfrac{h}{L}t$ 로부터

$$K = \dfrac{QL}{Aht}$$
$$= \dfrac{4,000 \times 120 \times 4}{\pi \times 10^2 \times 140 \times 3,600} = 0.012126\text{cm/s}$$

02 원관 내를 흐르고 있는 층류에 대한 설명으로 옳지 않은 것은?

① 유량은 관의 반지름의 4제곱에 비례한다.
② 유량은 단위길이당 압력강하량에 반비례한다.
③ 유속은 점성계수에 반비례한다.
④ 평균유속은 최대유속의 $\dfrac{1}{2}$ 이다.

해설 $Q = \dfrac{\pi \Delta p}{8\mu l} r_o^4 = \dfrac{\pi w h_L}{8\mu l} r_o^4$

㉠ 유량은 반지름(r_o)의 4제곱에 비례한다.
㉡ 유량은 동수경사$\left(I = \dfrac{h_L}{L}\right)$에 비례한다.
㉢ 유량은 점성계수(μ)에 반비례한다.
㉣ 유량은 손실압력(Δp)에 비례한다.

03 유량 147.6L/s를 송수하기 위하여 내경 0.4m의 관을 700m 설치하였을 때의 관로경사는? (단, 조도계수 $n = 0.012$, Manning공식 적용)

① $\dfrac{2}{700}$
② $\dfrac{2}{500}$
③ $\dfrac{3}{700}$
④ $\dfrac{3}{500}$

해설 $Q = AV = A\dfrac{1}{n}R^{\frac{2}{3}}I^{\frac{1}{2}}$

$$I = \left(\dfrac{nQ}{AR^{\frac{2}{3}}}\right)^2 = \left(\dfrac{0.012 \times 0.1476 \times 4}{\pi \times 0.4^2 \times (0.4/4)^{\frac{2}{3}}}\right)^2$$
$$= 4.2844 \times 10^{-3} \fallingdotseq \dfrac{3}{700.2}$$

04 수심 2m, 폭 4m인 직사각형 단면 개수로에서 Manning의 평균유속 공식에 의한 유량은? (단, 수로의 조도계수 $n = 0.025$, 수로경사 $I = 1/100$)

① 32m³/s
② 64m³/s
③ 128m³/s
④ 160m³/s

해설 $Q = AV = A\dfrac{1}{n}R^{\frac{2}{3}}I^{\frac{1}{2}}$

$$= 2 \times 4 \times \dfrac{1}{0.025} \times \left(\dfrac{2 \times 4}{2 \times 2 + 4}\right)^{\frac{2}{3}} \times \left(\dfrac{1}{100}\right)^{\frac{1}{2}}$$
$$= 32\text{m}^3/\text{s}$$

05 단면적 2.5cm², 길이 2m인 원형 강철봉의 무게가 대기 중에서 27.5N이었다면 단위무게가 10kN/m³인 수중에서의 무게는?

① 22.5N
② 25.5N
③ 27.5N
④ 28.5N

해설 $B = w_o V = 10 \times 2.5 \times 10^{-4} \times 2 = 5 \times 10^{-3}\text{kN} = 5\text{N}$
$w = w_o - B = 27.5 - 5 = 22.5\text{N}$

06 베르누이의 정리에 관한 설명으로 옳지 않은 것은?

① 베르누이의 정리는 (운동에너지)+(위치에너지)가 일정함을 표시한다.

② 베르누이의 정리는 에너지(energy)불변의 법칙을 유수의 운동에 응용한 것이다.

③ 베르누이의 정리는 (속도수두)+(위치수두)+(압력수두)가 일정함을 표시한다.

④ 베르누이의 정리는 이상유체에 대하여 유도되었다.

해설 ① 베르누이의 정리는 (위치에너지)+(압력에너지)+(운동에너지)가 일정함을 표시한다.

07 단면이 일정한 긴 관에서 마찰손실만이 발생하는 경우 에너지선과 동수경사선은?

① 일치한다.

② 교차한다.

③ 서로 나란하다.

④ 관의 두께에 따라 다르다.

해설 에너지 손실이 일정하므로 에너지선과 동수경사선은 서로 나란하다.

08 수면의 높이가 일정한 저수지의 일부에 길이(B) 30m의 월류 위어를 만들어 40m³/s의 물을 취수하기 위한 위어 마루부로부터의 상류측 수심(H)은? (단, $C=1.00$이고 접근 유속은 무시한다.)

① 0.70m

② 0.75m

③ 0.80m

④ 0.85m

해설 완전월류의 광정위어 유량 $Q=AV=1.7CbH^{\frac{3}{2}}$ 으로부터

$$H=\left(\frac{Q}{1.7Cb}\right)^{\frac{2}{3}}$$

$$=\left(\frac{40}{1.7\times1.0\times30}\right)^{\frac{2}{3}}=0.85047\text{m}$$

09 모세관 현상에서 액체기둥의 상승 또는 하강 높이의 크기를 결정하는 힘은?

① 응집력

② 부착력

③ 마찰력

④ 표면장력

해설 모세관 현상은 액체의 표면장력에 의해 발생한다.

10 1차원 정상류 흐름에서 질량 m인 유체가 유속이 V_1인 단면 1에서 유속이 V_2인 단면 2로 흘러가는 데 짧은 시간 Δt가 소요된다면 이 경우의 운동량 방정식으로 옳은 것은?

① $Fm=\Delta t(V_1-V_2)$

② $Fm=(V_1-V_2)/\Delta t$

③ $F\Delta t=m(V_2-V_1)$

④ $F\Delta t=(V_2-V_1)/m$

해설 $F=ma=m\cdot\dfrac{\Delta V}{\Delta t}$ 로부터

$$F\Delta t=m\Delta V=m(V_2-V_1)$$

11 저수지로부터 30m 위쪽에 위치한 수조탱크에 0.35m³/s의 물을 양수하고자 할 때 펌프에 공급되어야 하는 동력은? (단, 손실수두는 무시하고, 펌프의 효율은 75%이다.)

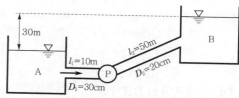

① 77.2kW

② 102.9kW

③ 120.1kW

④ 137.2kW

해설 $$P=\frac{1,000QH_P}{102\eta}$$

$$=\frac{9.8QH_P}{\eta}$$

$$=\frac{9.8\times0.35\times30}{0.75}=137.2\text{kN}$$

12 폭 1.5m인 직사각형 수로에 유량 1.8m³/s의 물이 항상 수심 1m로 흐르는 경우 이 흐름의 상태는? (단, 에너지보정계수 $\alpha = 1.1$)

① 한계류
② 부정류
③ 사류
④ 상류

해설 $V = \dfrac{Q}{A} = \dfrac{1.8}{1.5 \times 1} = 1.2\text{m/sec}$

$V_c = \sqrt{\dfrac{gh_c}{\alpha}} = \sqrt{\dfrac{9.8 \times 1}{1.1}} = 2.9848\text{m/sec}$

$\therefore \ V < V_c$이므로 상류

13 개수로의 지배단면(control section)에 대한 설명으로 옳은 것은?

① 홍수 시 하천흐름이 부정류인 경우에 발생한다.
② 급경사의 흐름에서 배수곡선이 나타나면 발생한다.
③ 상류흐름에서 사류흐름으로 변화할 때 발생한다.
④ 사류흐름에서 상류흐름으로 변화하면서 도수가 발생할 때 나타난다.

해설 상류흐름에서 사류흐름으로 변하는 단면을 지배단면이라 하고, 사류에서 상류로 변하는 현상을 도수현상이라 한다.

14 수로폭이 B이고 수심이 H인 직사각형 수로에서 수리학상 유리한 단면은?

① $B = H^2$
② $B = 0.3H^2$
③ $B = 0.5H$
④ $B = 2H$

해설 수리학상 유리한 구형단면
$\therefore \ B = 2H$

15 부력과 부체 안정에 관한 설명 중에서 옳지 않은 것은?

① 부체의 무게중심과 경심의 거리를 경심고라 한다.
② 부체가 수면에 의하여 절단되는 가상면을 부양면이라 한다.
③ 부력의 작용선과 물체 중심축의 교점을 부심이라 한다.
④ 수면에서 부체의 최심부까지 거리를 흘수라 한다.

해설 부체의 중심선과 부심이 작용하는 중심선과의 만나는 점을 경심(M)이라 한다.

16 오리피스에서 에너지 손실을 보정한 실제유속을 구하는 방법은?

① 이론유속에 유량계수를 곱한다.
② 이론유속에 유속계수를 곱한다.
③ 이론유속에 동점성계수를 곱한다.
④ 이론유속에 항력계수를 곱한다.

해설 에너지 손실을 실제유속에 반영하기 위하여 이론유속에 유속계수를 곱한다.
$\therefore$ 실제유속 $V = C_v \sqrt{2gh}$

17 하나의 유관 내의 흐름이 정류일 때 미소거리 dl만큼 떨어진 1, 2단면에서 단면적 및 평균유속을 각각 A_1, A_2 및 V_1, V_2라 하면 이상유체에 대한 연속방정식으로 옳은 것은?

① $A_1 V_1 = A_2 V_2$
② $d(A_1 V_1 - A_2 V_2)/dl = $ 일정(一定)
③ $d(A_1 V_1 + A_2 V_2)/dl = $ 일정(一定)
④ $A_1 V_2 = A_2 V_1$

해설 $Q_1 = Q_2$로부터
$\therefore \ Q = A_1 V_1 = A_2 V_2$

18 다음 물리량에 대한 차원을 설명한 것 중 옳지 않은 것은?

① 압력 : $[ML^{-1}T^{-2}]$
② 밀도 : $[ML^{-2}]$
③ 점성계수 : $[ML^{-1}T^{-1}]$
④ 표면장력 : $[MT^{-2}]$

해설 밀도 $\rho = \dfrac{m}{V} = ML^{-3}$

19 지하수 흐름의 기본방정식으로 이용되는 법칙은?

① Chezy의 법칙
② Darcy의 법칙
③ Manning의 법칙
④ Reynolds의 법칙

해설 지하수 흐름은 Darcy의 법칙이 이용되고, 지하수는 대부분 층류의 흐름이다.

20 그림과 같이 직경 8cm인 분류가 35m/s의 속도로 vane에 부딪친 후 최초의 흐름 방향에서 150° 수평방향 변화를 하였다. vane이 최초의 흐름 방향으로 10m/s의 속도로 이동하고 있을 때 vane에 작용하는 힘의 크기는? (단, 무게 1kg=9.8N)

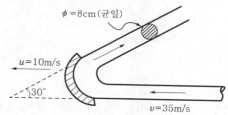

$\phi = 8cm$(균일)
$u = 10m/s$
$30°$
$v = 35m/s$

① 3.6kN ② 5.4kN
③ 6.1kN ④ 8.5kN

해설 ㉠ $Q = A(V - u)$
$$= \frac{\pi \times 0.08^2}{4} \times (35 - 10) = 0.1257 m^3/sec$$

㉡ $V_1 = V - u = 35 - 10 = 25 m/sec$
$V_2 = -25\cos 30° = -21.65 m/sec$
$$F_X = \frac{w}{g} Q(V_1 - V_2)$$
$$= \frac{9.8}{9.8} \times 0.1257 \times [25 - (-21.65)]$$
$$= 5.8658 kN$$

㉢ $V_1 = 0, \quad V_2 = 25\sin 30° = 12.5 m/sec$
$$F_Y = \frac{w}{g} Q(V_1 - V_2)$$
$$= \frac{9.8}{9.8} \times 0.1257 \times (0 - 12.5) = 1.5713 kN$$

㉣ $F = \sqrt{F_X^2 + F_Y^2}$
$$= \sqrt{5.8658^2 + 1.5713^2} = 6.0726 kN$$

01 유속이 3m/s인 유수 중에 유선형 물체가 흐름방향으로 향하여 $h=3$m 깊이에 놓여 있을 때 정체압력(stagnation pressure)은?

① 0.46kN/m^2

② 12.21kN/m^2

③ 33.90kN/m^2

④ 102.35kN/m^2

해설 정체압력(총압력)은 비압축류의 경우 정압력과 동압력의 합이다.

$$P_S = P + \frac{1}{2}\rho V^2 = w_o h + \frac{1}{2}\rho V^2$$
$$= 1 \times 9.8 \times 3 + \frac{1}{2} \times 1 \times 3^2 = 33.90\text{kN/m}^2$$

02 다음 중 직접 유출량에 포함되는 것은?

① 지체지표하 유출량

② 지하수 유출량

③ 기저 유출량

④ 조기지표하 유출량

해설 ㉠ 지표면 유출량 ┐
   ┌ 조기지표하 유출량 ┘ ─ 직접 유출량
㉡ 지표하 유출량 ┤
   └ 지연지표하 유출량 ┐
㉢ 지하수 유출량 ─────── 기저 유출량

03 직사각형 단면수로의 폭이 5m이고 한계수심이 1m일 때의 유량은? (단, 에너지 보정계수 $\alpha = 1.0$)

① $15.65\text{m}^3/\text{s}$

② $10.75\text{m}^3/\text{s}$

③ $9.80\text{m}^3/\text{s}$

④ $3.13\text{m}^3/\text{s}$

해설 $V_c = \sqrt{\dfrac{gh_c}{\alpha}} = \sqrt{\dfrac{9.8 \times 1}{1.0}} = 3.13\text{m/sec}$

$Q = AV_c = 5 \times 1 \times 3.13 = 15.65\text{m}^3/\text{sec}$

04 다음 표와 같은 집중호우가 자기기록지에 기록되었다. 지속기간 20분 동안의 최대 강우강도는?

시각(분)	5	10	15	20	25	30	35	40
누가우량 (mm)	2	5	10	20	35	40	43	45

① 95mm/hr

② 105mm/hr

③ 115mm/hr

④ 135mm/hr

해설 ㉠ 5분 우량

시각(분)	5	10	15	20	25	30	35	40
우량(mm)	2	3	5	10	15	5	3	2

㉡ 20분 최대 우량 $= 5 + 10 + 15 + 5 = 35\text{mm}$

㉢ 최대 강우강도

$$I_{60} = \frac{60}{20} \times 35 = 105\text{mm/hr}$$

05 사각 위어에서 유량산출에 쓰이는 Francis공식에 대하여 양단 수축이 있는 경우에 유량으로 옳은 것은? (단, B : 위어폭, h : 월류수심)

① $Q = 1.84(B - 0.4h)h^{\frac{3}{2}}$

② $Q = 1.84(B - 0.3h)h^{\frac{3}{2}}$

③ $Q = 1.84(B - 0.2h)h^{\frac{3}{2}}$

④ $Q = 1.84(B - 0.1h)h^{\frac{3}{2}}$

해설 $Q = 1.84 b_o h^{\frac{3}{2}}$

$= 1.84 \left(b - \dfrac{n}{10}h\right) h^{\frac{3}{2}}$

$= 1.84 \left(b - \dfrac{2}{10}h\right) h^{\frac{3}{2}}$

06 단위유량도 이론의 가정에 대한 설명으로 옳지 않은 것은?

① 초과강우는 유효지속기간 동안에 일정한 강도를 가진다.

② 초과강우는 전 유역에 걸쳐서 균등하게 분포된다.

③ 주어진 지속기간의 초과강우로부터 발생된 직접유출수문곡선의 기저시간은 일정하다.

④ 동일한 기저시간을 가진 모든 직접유출수문곡선의 종거들은 각 수문곡선에 의하여 주어진 총직접유출수문곡선에 반비례한다.

해설 단위도의 전제조건 및 가정

㉠ 강우가 계속되는 기간 동안에 강우강도가 일정해야 한다.

㉡ 유역 전반에 걸쳐 강우강도가 일정해야 한다.

㉢ 일정 기저시간 가정이란 강우강도가 다른 각종 강우로 인한 유출량은 그 크기는 다를지라도 유하기간은 동일하다.

㉣ 비례가정이란 일정기간 동안의 n배만큼의 강도로 비가 내리면 수문곡선의 종거도 n배 커진다는 가정이다.

㉤ 중첩가정이란 일정기간 동안의 총유출은 각 기간 동안의 개개 유출량을 산술적으로 합한 것과 같다는 가정이다.

07 우물에서 장기간 양수를 한 후에도 수면강하가 일어나지 않는 지점까지의 우물로부터 거리(범위)를 무엇이라 하는가?

① 용수효율권　② 대수층권
③ 수류영역권　④ 영향권

해설 영향권

우물에서 장기간 양수를 한 후에도 수면강하가 일어나지 않는 지점까지의 우물로부터의 거리를 영향권(area of influence)이라 한다.

08 관수로의 마찰손실공식 중 난류에서의 마찰손실계수 f는?

① 상대조도만의 함수이다.

② 레이놀즈수와 상대조도의 함수이다.

③ 프루드수와 상대조도의 함수이다.

④ 레이놀즈수만의 함수이다.

해설 ㉠ 관수로의 난류에서의 마찰손실계수는 레이놀즈수와 상대조도의 함수이다.

㉡ 층류의 경우 $f = \dfrac{64}{R_e}$

㉢ 난류의 경우 $f = 0.3164 R_e^{-\frac{1}{4}}$

09 비에너지(specific energy)와 한계수심에 대한 설명으로 옳지 않은 것은?

① 비에너지는 수로의 바닥을 기준으로 한 단위무게의 유수가 가진 에너지이다.

② 유량이 일정할 때 비에너지가 최소가 되는 수심이 한계수심이다.

③ 비에너지가 일정할 때 한계수심으로 흐르면 유량이 최소가 된다.

④ 직사각형 단면에서 한계수심은 비에너지의 2/3가 된다.

해설 ③ 비에너지가 일정할 때 한계수심(h_c)에서 유량이 최대(Q_{max})이다.

10 빙산(氷山)의 부피가 V, 비중이 0.92이고 바닷물의 비중은 1.025라 할 때 바닷물 속에 잠겨있는 빙산의 부피는?

① 1.1 V　　　② 0.9 V
③ 0.8 V　　　④ 0.7 V

해설 아르키메데스의 원리를 이용하여 구한다.

$W = B$에서 $w V = w_1 V_1$

$\therefore V_1 = \dfrac{w}{w_1} V = \dfrac{0.92}{1.025} V = 0.8976 V ≒ 0.9 V$

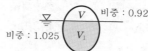

11 지름 d인 구(球)가 밀도 ρ의 유체 속을 유속 V로 침강할 때 구의 항력 D는? (단, 항력계수는 C_D라 한다.)

① $\dfrac{1}{8} C_D \pi d^2 \rho V^2$ ② $\dfrac{1}{2} C_D \pi d^2 \rho V^2$

③ $\dfrac{1}{4} C_D \pi d^2 \rho V^2$ ④ $C_D \pi d^2 \rho V^2$

해설 유체의 저항력

$$D = C_D A \dfrac{1}{2} \rho V^2$$
$$= \dfrac{1}{2} \times \dfrac{\pi d^2}{4} \times C_D \rho V^2 = \dfrac{1}{8} C_D \pi d^2 \rho V^2$$

12 수리실험에서 점성력이 지배적인 힘이 될 때 사용할 수 있는 모형법칙은?

① Reynolds 모형법칙
② Froude 모형법칙
③ Weber 모형법칙
④ Cauchy 모형법칙

해설 ㉠ Reynolds의 모형법칙은 마찰력과 점성력이 흐름을 지배하는 관수로의 흐름에 적용한다.
㉡ Froude의 모형법칙은 중력과 관성력이 흐름을 지배하는 일반적인 개수로(하천)의 흐름에 적용한다.

13 그림과 같이 높이 2m인 물통에 물이 1.5m만큼 담겨져 있다. 물통이 수평으로 4.9m/s^2의 일정한 가속도를 받고 있을 때 물통의 물이 넘쳐흐르지 않기 위한 물통이 길이(L)는?

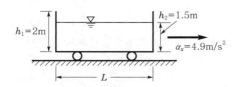

① 2.0m ② 2.4m
③ 2.8m ④ 3.0m

해설 $\tan\theta = \dfrac{h}{L/2} = \dfrac{\alpha}{g}$ 로부터

$$L = \dfrac{2gh}{\alpha}$$
$$= \dfrac{2 \times 9.8 \times (2-1.5)}{4.9} = 2.0\text{m}$$

14 개수로의 상류(subcritical flow)에 대한 설명으로 옳은 것은?

① 유속과 수심이 일정한 흐름
② 수심이 한계수심보다 작은 흐름
③ 유속이 한계유속보다 작은 흐름
④ Froude수가 1보다 큰 흐름

해설 ㉠ 상류란 아래쪽에서 일어나는 수면변화(교란)가 위쪽으로 전달되어 영향을 받을 수 있는 흐름을 말한다.
㉡ 프루드수(F_r)를 이용하여 구분한다.

$$F_r = \dfrac{V}{C} = \dfrac{V}{\sqrt{gh_c}}$$

㉢ $F_r < 1$인 경우 상류의 흐름이므로 $V < C$인 경우이다.

15 미소진폭파(small-amplitude wave) 이론에 포함된 가정이 아닌 것은?

① 파장이 수심에 비해 매우 크다.
② 유체는 비압축성이다.
③ 바닥은 평평한 불투수층이다.
④ 파고는 수심에 비해 매우 작다.

해설 ㉠ 미소진폭파는 파장에 비하여 파고 또는 진폭이 매우 작은 파장을 말한다.
㉡ 규칙파를 이론적으로 취급할 때, 진폭이 파장에 비해 극히 작고, 물분자의 연직가속도가 작다고 가정하여 이것을 생략한다면 파동에 대한 운동방정식은 선형이 된다는 이론이다.

16 관수로에 대한 설명 중 틀린 것은?

① 단면 점확대로 인한 수두손실은 단면 급확대로 인한 수두손실보다 클 수 있다.

② 관수로 내의 마찰손실수두는 유속수두에 비례한다.

③ 아주 긴 관수로에서는 마찰 이외의 손실수두를 무시할 수 있다.

④ 마찰손실수두는 모든 손실수두 가운데 가장 큰 것으로 마찰손실계수에 유속수두를 곱한 것과 같다.

해설 ㉠ 장관($l/D > 3,000$)이면 마찰손실만 고려한다.
ㄴ 모든 소손실은 속도수두에 비례한다.
ㄷ 마찰손실은 가장 커서 대손실이라 하며, 속도수두에 비례하고, 관경이나 관의 길이에도 관계한다.

$$h_L = f\frac{l}{D}\frac{V^2}{2g}$$

17 수문자료의 해석에 사용되는 확률분포형의 매개변수를 추정하는 방법이 아닌 것은?

① 모멘트법(method of moments)

② 회선적분법(convolution integral method)

③ 확률가중모멘트법(method of probability weighted moments)

④ 최우도법(method of maximum likelihood)

해설 ㉠ 수문빈도해석에 많이 쓰이는 확률분포는 정규분포, 대수정규분포, Gamma분포, Gumbel분포, Weibull분포 등이 있다.
ㄴ 수문자료해석에 사용되는 확률분포형의 매개변수를 추정하는 방법에는 최소자승법, 모멘트법, 최우도법, L−모멘트법 등이 있다.
ㄷ 이 중에서 모멘트법, 최우도법, 확률가중모멘트법이 널리 사용되고 있으며, L−모멘트법의 경우 매개변수 추정결과는 확률가중모멘트법의 결과와 동일하다.

18 에너지선에 대한 설명으로 옳은 것은?

① 언제나 수평선이 된다.

② 동수경사선보다 아래에 있다.

③ 속도수두와 위치수두의 합을 의미한다.

④ 동수경사선보다 속도수두만큼 위에 위치하게 된다.

해설 ㉠ 에너지선=위치수두+압력수두+속도수두
ㄴ 동수경사선=위치수두+압력수두
ㄷ 에너지선은 동수경사선보다 속도수두만큼 위에 있다.

19 대기의 온도 t_1, 상대습도 70%인 상태에서 증발이 진행되었다. 온도가 t_2로 상승하고 대기 중의 증기압이 20% 증가하였다면 온도 t_1 및 t_2에서의 포화증기압이 각각 10.0mmHg 및 14.0mmHg라 할 때 온도 t_2에서의 상대습도는?

① 50%   ② 60%

③ 70%   ④ 80%

해설 ㉠ t_1에서 수증기 분압은 $h = \frac{e}{e_s} \times 100(\%)$으로부터

$$e_1 = h \cdot e_s/100 = 70 \times 10/100 = 7\%$$

ㄴ t_2에서 수증기 분압은
$$e_2 = 7 + 7 \times 0.2 = 8.4\%$$

ㄷ t_2에서 상대습도
$$h = \frac{e_2}{e_s} \times 100 = \frac{8.4}{14} \times 100 = 60\%$$

20 다음 물리량 중에서 차원이 잘못 표시된 것은?

① 동점성계수 : $[FL^2T]$

② 밀도 : $[FL^{-4}T^2]$

③ 전단응력 : $[FL^{-2}]$

④ 표면장력 : $[FL^{-1}]$

해설 ㉠ 점성계수의 차원=g/cm · sec
$$= ML^{-1}T^{-1} = FL^{-2}T$$
ㄴ 동점성계수의 차원=$cm^2/sec = L^2T^{-1}$

01 개수로의 특성에 대한 설명으로 옳지 않은 것은?

① 배수곡선은 완경사 흐름의 하천에서 장애물에 의해 발생한다.

② 상류에서 사류로 바뀔 때 한계수심이 생기는 단면을 지배단면이라 한다.

③ 사류에서 상류로 바뀌어도 흐름의 에너지선은 변하지 않는다.

④ 한계수심으로 흐를 때의 경사를 한계경사라 한다.

해설 개수로의 흐름이 사류에서 상류로 바뀌면 도수현상이 발생하여 에너지 손실이 일어난다.

02 폭이 b인 직사각형 위어에서 양단수축이 생길 경우 유효폭 b_o은? (단, Francis 공식 적용)

① $b_o = b - \dfrac{h}{10}$　　② $b_o = b - \dfrac{h}{5}$

③ $b_o = 2b - \dfrac{h}{10}$　　④ $b_o = 2b - \dfrac{h}{5}$

해설
$$Q = 1.84 b_o h^{\frac{3}{2}}, \quad b_o = b - \frac{n}{10}h$$
$$\therefore b_o = b - \frac{2}{10}h = b - \frac{h}{5}$$

03 수심이 3m, 폭이 2m인 직사각형 수로를 연직으로 가로 막을 때 연직판에 작용하는 전수압의 작용점($\overline{y}$)의 위치는? (단, $\overline{y}$는 수면으로부터의 거리)

① 2m　　② 2.5m

③ 3m　　④ 6m

해설
$$P = w_o h_G A, \quad h_C = h_G + \frac{I_G}{h_G A} = \frac{2}{3}h$$
$$\therefore \overline{y} = \frac{2}{3}h = \frac{2}{3} \times 3 = 2m$$

04 관수로에서 Darcy–Weisbach 공식의 마찰손실계수 f가 0.04일 때 Chezy의 평균유속 공식 $V = C\sqrt{RI}$ 에서 C는?

① 25.5　　② 44.3

③ 51.1　　④ 62.4

해설
$$C = \sqrt{\frac{8g}{f}} = \sqrt{\frac{8 \times 9.8}{0.04}} = 44.27$$

05 관수로 내의 흐름에서 가장 큰 손실수두는?

① 마찰 손실수두　　② 유출 손실수두

③ 유입 손실수두　　④ 급확대 손실수두

해설 관수로에서 가장 큰 손실은 마찰에 의한 손실이다.

06 다음 중 점성계수의 차원으로 옳은 것은?

① $L^2 T^{-1}$　　② $ML^{-1}T^{-1}$

③ MLT^{-1}　　④ $ML^{-3}ML^{-3}$

해설 ㉠ 점성계수(μ)=g/cm·sec=$ML^{-1}T^{-1}$
ⓛ 동점성계수(ν)=cm^2/sec=$L^2 T^{-1}$

07 모세관현상에 대한 설명으로 옳지 않은 것은?

① 모세관현상은 액체와 벽면 사이의 부착력과 액체분자 간 응집력의 상대적인 크기에 의해 영향을 받는다.

② 물과 같이 부착력이 응집력보다 클 경우 세관 내의 물은 물 표면보다 위로 올라간다.

③ 액체와 고체 벽면이 이루는 접촉각은 액체의 종류와 관계없이 동일하다.

④ 수온과 같이 응집력이 부착력보다 크면 세관 내의 수은은 수은 표면보다 아래로 내려간다.

해설 액체와 고체 벽면이 이루는 접촉각은 액체의 종류와 고체 벽면의 성질에 따라 다르게 나타난다.

08 지하수에 대한 설명으로 옳은 것은?

① 지하수의 연직분포는 지하수위 상부층인 포화대, 지하수위 하부층인 통기대로 구분된다.

② 지표면의 물이 지하로 침투되어 투수성이 높은 암석 또는 흙에 포함되어 있는 포화상태의 물을 지하수라 한다.

③ 지하수면이 대기압의 영향을 받고 자유수면을 갖는 지하수를 피압지하수라 한다.

④ 상하의 불투수층 사이에 낀 대수층 내에 포함되어 있는 지하수를 비피압지하수라 한다.

해설 ㉠ 흙속에 침투된 물 중에서 지표 가까이 혹은 토사 입자에 부착되어 있거나 암반이나 점토 같은 불투수층에 도달되어 그 이상 통과하지 못하고, 토사 간격에 완전히 충만되어 있는 흙속의 물을 지하수(ground water)라 한다.

ㄴ 지상에 떨어진 강수가 일반 지표면을 통해 침투하여 짧은 시간 내에 하천으로 방출되지 않고, 지하에 머무르면서 흐르는 물을 지하수라 한다.

09 개수로의 흐름에서 상류의 조건으로 옳은 것은? (단, h_c : 한계수심, V_c : 한계유속, I_c : 한계경사, h : 수심, V : 유속, I : 경사)

① $F_r > 1$
② $h < h_c$
③ $V > V_c$
④ $I < I_c$

해설 개수로의 상류 조건
$F_r < 1$, $h_c < h$, $V_c > V$, $I_c > I$

10 정상적인 흐름 내 하나의 유선 상에서 유체 입자에 대하여 속도수두가 $\dfrac{V^2}{2g}$, 압력수두가 $\dfrac{P}{W_0}$, 위치수두가 Z라고 할 때 동수경사선은?

① $\dfrac{V^2}{2g} + Z$ ② $\dfrac{V^2}{2g} + \dfrac{P}{W_o}$

③ $\dfrac{P}{W_o} + Z$ ④ $\dfrac{V^2}{2g} + \dfrac{P}{W_o} + Z$

해설 동수경사선 = 위치수두 + 압력수두
$$= Z + \dfrac{P}{W_o}$$

11 그림과 같이 단면 ①에서 단면적 $A_1 = $ 10cm², 유속 $V_1 = $ 2m/s이고, 단면 ②에서 단면적 $A_2 = $ 20cm²일 때 단면 ②의 유속(V_2)과 유량(Q)은?

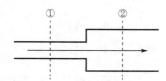

① $V_2 = $ 200cm/s, $Q = 2,000$cm³/s
② $V_2 = $ 100cm/s, $Q = 1,500$cm³/s
③ $V_2 = $ 100cm/s, $Q = 2,000$cm³/s
④ $V_2 = $ 200cm/s, $Q = 1,000$cm³/s

해설 ㉠ 수류의 연속방정식으로부터 $A_1 V_1 = A_2 V_2$
$$\therefore V_2 = \dfrac{A_1}{A_2} V_1 = \dfrac{10}{20} \times 2$$
$$= 1 \text{m/sec} = 100 \text{cm/sec}$$
ㄴ 유량 $Q = Q_1 = Q_2$
$$\therefore Q = A_1 V_1 = 10 \times 200$$
$$= 2,000 \text{cm}^3/\text{sec}$$

12 그림과 같이 1/4원의 벽면에 접하여 유량 $Q=0.05\text{m}^3/\text{s}$가 면적 200cm^2로 일정한 단면을 따라 흐를 때 벽면에 작용하는 힘은? (단, 무게 1kg=9.8N)

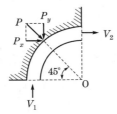

① 117.6N   ② 176.4N
③ 1,176N   ④ 1,764N

해설 ㉠ 유속

$$V=\frac{Q}{A}=\frac{50,000}{200}=250\text{cm/sec}=2.5\text{m/sec}$$

㉡ $V_1=0$, $V_2=2.5\text{m/sec}$

$$P_x=\frac{w}{g}Q(V_2-V_1)$$
$$=\frac{1}{9.8}\times0.05\times(2.5-0)\times1,000\times9.8$$
$$=125\text{N}$$

㉢ $V_1=2.5\text{m/sec}$, $V_2=0$

$$P_y=\frac{w}{g}Q(V_1-V_2)$$
$$=\frac{1}{9.8}\times0.05\times(2.5-0)\times1,000\times9.8$$
$$=125\text{N}$$

$$\therefore P=\sqrt{P_x{}^2+P_y{}^2}=\sqrt{125^2+125^2}=176.78\text{N}$$

13 오리피스에서의 실제 유속을 구하기 위하여 에너지 손실을 고려하는 방법으로 옳은 것은?

① 이론 유속에 유속계수를 곱한다.
② 이론 유속에 유량계수를 곱한다.
③ 이론 유속에 수축계수를 곱한다.
④ 이론 유속에 모형계수를 곱한다.

해설 실제 유속(V)=유속계수×이론 유속(V_o)
$$V=C_vV_o=C_v\sqrt{2gH}$$

14 수리학적으로 유리한 단면(best hydraulic section)에 대한 설명으로 옳은 것은?

① 동수반경이 최소가 되는 단면이다.
② 유량을 최소로 하여 주는 단면이다.
③ 윤변을 최대로 하여 주는 단면이다.
④ 주어진 유량에 대하여 단면적을 최소로 하는 단면이다.

해설 수리학적 유리한 단면이란 동일 단면적에 대하여 최대유량이 흐르는 단면을 말하는 것으로, 윤변이 최소이거나 경심이 최대인 단면을 말한다.
$$Q=AV=AC\sqrt{RI}=AC\sqrt{\frac{A}{P}I}$$

15 부체에 관한 설명 중 틀린 것은?

① 수면으로부터 부체의 최심부(가장 깊은 곳)까지의 수심을 흘수라 한다.
② 경심은 물체 중심선과 부력 작용선의 교점이다.
③ 수중에 있는 물체는 그 물체가 배제한 배수량만큼 가벼워진다.
④ 수면에 떠 있는 물체의 경심이 중심보다 위에 있을 때는 불안정한 상태이다.

해설 수면에 떠 있는 부체의 경우 경심(M)이 중심(G)보다 위에 있을 때 안정한 상태이다.

16 Darcy-Weisbach의 마찰손실계수 $f=\dfrac{64}{Re}$ 이고, 지름 0.2cm인 유리관 속을 $0.8\text{cm}^3/\text{s}$의 물이 흐를 때 관의 길이 1.0m에 대한 손실수두는? (단, 레이놀즈수는 500이다.)

① 1.1cm   ② 2.1cm
③ 11.3cm   ④ 21.2cm

해설 $$V=\frac{Q}{A}=\frac{0.8\times4}{\pi\times0.2^2}=25.48\text{cm/sec}$$

$$h_L=f\frac{l}{D}\frac{V^2}{2g}$$
$$=\frac{64}{500}\times\frac{100}{0.2}\times\frac{25.48^2}{2\times980}=21.1994\text{cm}$$

정답 **12.** ② **13.** ① **14.** ④ **15.** ④ **16.** ④

17 아래 식과 같이 표현되는 것은?

$$(\Sigma F)dt = m(V_2 - V_1)$$

① 역적－운동량 방정식
② Bernouill 방정식
③ 연속방정식
④ 공선조건식

[해설] 운동량과 충격량(역적)방정식

$$F = ma = m\frac{\Delta v}{\Delta t} = m\frac{(V_2 - V_1)}{\Delta t}$$

$$\therefore \ F \cdot \Delta t = m(V_2 - V_1)$$

18 폭이 1.5m인 직사각형 단면 수로에 유량 $Q = 0.5\text{m}^3/\text{s}$의 물이 흐르고 있다. 수심 $h = $ 1m인 경우 흐름의 상태는?

① 상류
② 사류
③ 한계류
④ 층류

[해설]

$$V = \frac{Q}{A} = \frac{0.5}{1 \times 1.5} = \frac{1}{3}\text{m/sec}$$

$$F_r = \frac{V}{C} = \frac{V}{\sqrt{gh_c}} = \frac{1/3}{\sqrt{9.8 \times 1}} = 0.11 < 1\text{이므로}$$

$$\therefore \ \text{상류}$$

19 직사각형 광폭 수로에서 한계류의 특징이 아닌 것은?

① 주어진 유량에 대해 비에너지가 최소이다.
② 주어진 비에너지에 대해 유량이 최대이다.
③ 한계수심은 비에너지의 2/3이다.
④ 주어진 유량에 대해 비력이 최대이다.

[해설] ㉠ 비력(충력치)이 최소가 되는 수심은 근사적으로 한계수심과 같다.
ⓛ 비력(충력치)은 정수압과 운동량의 합으로 나타내며, 흐름의 모든 단면에서 일정하다.

20 지하수의 흐름에서 Darcy 공식에 관한 설명으로 옳지 않은 것은? (단, dh : 수두 차, ds : 흐름의 길이)

① Darcy 공식은 물의 흐름이 층류인 경우에만 적용할 수 있다.
② 투수계수 K의 차원은 $[LT^{-1}]$이다.
③ 투수계수는 흙입자의 크기에만 관계된다.
④ 동수경사는 $I = -\dfrac{dh}{ds}$로 표현할 수 있다.

[해설] 투수계수에 영향을 주는 인자로는 흙입자의 모양과 크기, 공극비, 포화도, 흙입의 구성, 흙의 구조, 유체의 점성, 밀도 등이 있다.

$$K = D_s{}^2\frac{\omega}{\mu}\frac{e^3}{1+e}C$$

Series 03 수리·수문학

2018. 1. 15. 초   판 1쇄 발행
2018. 2. 5. 초   판 2쇄 발행
2019. 1. 7. 개정증보 1판 1쇄 발행

지은이 | 박경현
펴낸이 | 이종춘
펴낸곳 | **BM** ㈜도서출판 **성안당**
주소 | 04032 서울시 마포구 양화로 127 첨단빌딩 5층(출판기획 R&D 센터)
         10881 경기도 파주시 문발로 112 출판문화정보산업단지(제작 및 물류)
전화 | 02) 3142-0036
         031) 950-6300
팩스 | 031) 955-0510
등록 | 1973. 2. 1. 제406-2005-000046호
출판사 홈페이지 | **www.cyber.co.kr**
ISBN | **978-89-315-6912-4 (13530)**
정가 | 20,000원

이 책을 만든 사람들

기획 | 최옥현
진행 | 이희영
교정·교열 | 이후영
전산편집 | 최은지
표지 디자인 | 박현정
홍보 | 정가현
국제부 | 이선민, 조혜란, 김혜숙
마케팅 | 구본철, 차정욱, 나진호, 이동후, 강호묵
제작 | 김유석